Josef Blahous

Übungen zur physikalischen Chemie

mit Lösungen und Erklärung der theoretischen Grundlagen

SpringerWienNewYork

Mag. Ing. Josef Blahous
Altenburg, Österreich

Printed in Austria

Satz: Reproduktionsfertige Vorlage des Autors
Druck: Novographic Druck G. m. b. H., A- 1238 Wien
Bindearbeiten: Papyrus, A- 1100 Wien

Gedruckt auf säurefreiem, chlorfrei gebleichtem Papier – TCF

SPIN: 10786137

Mit zahlreichen Abbildungen

Die Deutsche Bibliothek – CIP Einheitsaufnahme
Ein Titeldatensatz für diese Publikation ist bei
Der Deutschen Bibliothek erhältlich

ISBN 3-211-83573-3 Springer-Verlag Wien New York

Vorwort

Eine gute Kenntnis der physikalisch-chemischen Rechenmethoden ist Voraussetzung dafür, um konkrete praktische Probleme lösen zu können. Dies erspart oft viele Versuche im Labor und Betrieb und damit auch viel Zeit und Geld.
Außerdem erleichtert und vertieft die praktische Übung auch das Verständnis der Theorie. Deren Gesetze und Gleichungen werden durch die Anwendung erst lebendig. Allerdings zeigt die Erfahrung, dass das bloße Erlernen der theoretischen Grundlagen der Physikalischen Chemie nicht ausreicht, um die anfangs erwähnte Fertigkeit zu erreichen. Die Schwierigkeiten kommen meist erst dann, wenn Aufgaben rechnerisch gelöst werden sollen. Das Finden des Lösungsweges und die Anwendung geeigneter Rechenverfahren sind dann oft die Hürden, die überwunden werden müssen. Eine Fertigkeit lässt sich nur durch ein Mindestmaß an Übung erreichen. Die etwa 650 Beispiele und Aufgaben dieses Buches aus den Basisgebieten der Physikalischen Chemie sollen dazu helfen.

Zu Beginn jedes Kapitels sind die theoretischen Grundlagen so ausführlich dargestellt, dass die Beispiele und Aufgaben ohne Zuhilfenahme anderer Bücher gelöst werden können. Zur Erleichterung des Verständnisses sind zu vielen der angeführten Gesetze auch die Gedankengänge ihres Zustandekommens skizziert. Manche allgemeine Überlegungen sind in den Beispielen enthalten oder sind als Aufgabe zu lösen.
Möglichst viele Fragestellungen sind aus der Praxis entnommen. Wie dort haben auch hier die Aufgaben die verschiedensten Schwierigkeitsgrade sowohl hinsichtlich der theoretischen Anforderungen als auch der verwendeten Rechenverfahren. Bei Beispielen aus demselben Wissensgebiet werden die Fragestellungen breit variiert und so ein guter Übungserfolg angestrebt.
Viele Querverweise sollen außerdem das Erkennen der Zusammenhänge zwischen den verschiedenen Gebieten und die oft gleiche mathematische Struktur der Lösungswege fördern.
Bis auf wenige Ausnahmen wurden durchweg Größengleichungen und SI-Einheiten verwendet. Wo alte Einheiten heute noch vorkommen sind die Umrechnungen angegeben.

Dieses Buch ist auch zur Vorbereitung und Begleitung von Praktika aus Physikalischer Chemie gedacht. Da bei der Laborarbeit immer Messfehler auftreten, sind auch Abschnitte über Messfehler und Fehlerfortpflanzung, sowie über Methoden der Auswertung von Versuchsergebnissen im Buch enthalten. In der Physikalischen Chemie kommen auch häufig Gleichungen vor, die nur durch Näherungsverfahren gelöst werden können. Daher wurden auch einige dieser Verfahren erklärt.
Das Verständnis für die Möglichkeiten und Grenzen dieser numerischen Verfahren zur Auswertung von Versuchsergebnissen erscheint mir wichtig sowohl für eine sinnvolle Planung der Experimente als auch für eine geschickte Anwendung der Computerprogramme. Für viele dieser Auswertungs- und Näherungsmethoden ist ein beträchtlicher Rechenaufwand erforderlich. Mit den elektronischen Rechnern kann dieser aber heute leicht bewältigt werden.

Herrn Dr. P. Weinberger, TU Wien, danke ich herzlich für die Durchsicht des Manuskriptes und für zahlreiche Hinweise und Anregungen. Ebenfalls danke ich meiner Kollegin Frau Dr. W. Vodenik für wertvolle Diskussionen. Mein Dank gilt auch dem Verlag, insbesondere Herrn Petri-Wieder, für die gute Zusammenarbeit.
Trotz sorgfältiger Überprüfung sind wahrscheinlich noch Fehler stehen geblieben - für Hinweise darauf sind Verlag und ich sehr dankbar.
So möge dieses Buch für alle Lernenden in chemischen und chemisch-technischen Fachrichtungen eine Hilfe zur Überwindung der anfangs erwähnten Schwierigkeiten sein. Für den geübten Chemiker, Chemieingenieur und Chemotechniker kann das Buch zur schnellen Information und Auffrischung vielleicht schon vergessenen Wissens dienen.

J. B.

INHALTSVERZEICHNIS

Symbole, Abkürzungen und Indices

Die Symbole entsprechen den Empfehlungen der IUPAC (International Union of Pure and Applied Chemistry), IUPAP (International Union of Pure and Applied Physics) und ISO (International Organization for Standardization).
Einige Ausnahmen wurden gemacht, um Verwechslungen zu vermeiden.

- b statt m für die Molalität
- Analog zur molaren Masse M sind alle molaren Größen groß geschrieben, um Indices zu vermeiden.

Die Liste ist geordnet in nichtalphabetische, griechische und lateinische Symbole mit ihrer Bedeutung. Die Seitenzahlen zum Vorkommen der Symbole im Buch findet man im Stichwortverzeichnis.

%	Prozent, Massenprozent
[...]	Konzentration (meist Molarität)
°	thermodynamischer Standardwert; z. B. S°.. Standardwert der Entropie
α	Dissoziationsgrad, Protolysegrad
α	Beugungswinkel
α	isobarer Volumsausdehnungskoeffizient
α	mittlere elektrische Polarisierbarkeit
β	Protolysegrad
γ	Massenkonzentration
γ	Grüneisenkonstante
δ	Bruchteil der bei der Adsorption besetzten Oberfläche
Δ	Änderung einer Größe
ε	Energieinhalt eines Teilchens
ε	Dielektrizitätskonstante
ε	molarer dekadischer Extinktionskoeffizient
ε_o	elektrische Feldkonstante
ε_o	Nullpunktsenergie
ε_r	relative Dielektrizitätskonstante
η	thermischer Wirkungsgrad
η	dynamische Viskosität
η_o	fiktive Viskosität
Θ	charakteristische Temperatur
κ	isotherme Kompressibilität
κ	spezifische Leitfähigkeit
λ	Wellenlänge
λ	Materiewellenlänge
λ	Zerfallskonstante
Λ	Äquivalentleitfähigkeit
Λ°	Grenzleitfähigkeit
μ	arithmetisches Mittel
μ	chemisches Potential
μ	Dipolmoment
μ	Massenabsorptionskoeffizient
μ	reduzierte Masse
μ_o	magnetische Feldkonstante
ν	Koeffizienten einer Reaktionsgleichung
ν	kinematische Viskosität
ν	Frequenz
$\tilde{\nu}$	Wellenzahl
ξ	Reaktionslaufzahl
Π	Produkt mehrerer Faktoren
Π	osmotischer Druck
ρ	Dichte
ρ	spezifischer Widerstand
σ	Standardabweichung
σ	Oberflächenspannung
σ_M	molare Oberflächenenergie
σ	Einfangquerschnitt
Σ	Summe mehrerer Summanden
τ	Halbwertszeit
τ	Relaxationszeit
φ	Volumenanteil, Volumenbruch
φ	Neutronenflußdichte
ω	Winkelgeschwindigkeit

a	Aktivität, wirksame Konzentration
a	van der Waals - Konstante
a, b, c	Gitterkonstante
A	Anfangszustand
A	Aktivität, radioaktive
A	Massenzahl
(aq)	verdünnte wässrige Lösung
b	Molalität
b_o	Standardmolalität
b	van der Waals - Konstante
B	erste Rotationskonstante
c	Stoffmengenkonzentration, Molarität
c_o	Standardmolarität
c	Lichtgeschwindigkeit im Vakuum
$\overline{c^2}$	mittleres Geschwindigkeitsquadrat
C_p	molare Wärmekapazität bei konstantem Druck
C_v	molare Wärmekapazität bei konstantem Volumen
d	Teilchendurchmesser
d	Gitterabstand
d	Schichtdicke
D	zweite Rotationskonstante
D	Dissoziationsenergie
e	Elementarladung
E	Endzustand
E	Potential einer Elektrode
ΔE	Leerlaufspannung einer galvanischen Zelle
E	Aktivierungsenergie
E	Extinktion
E_g	kryoskopische Konstante
E_s	ebullioskopische Konstante
f	Aktivitätskoeffizient
f	Anzahl der statistischen Freiheitsgrade
f	Kraftkonstante
f	Anzahl der Freiheitsgrade bei Phasenumwandlungen
f, (f)	fest
fl, (fl)	flüssig
F	Faradaykonstante
F%	prozentueller Fehler
F_{abs}	absoluter Fehler
F_{rel}	relativer Fehler
Fp	Schmelzpunkt, Fließpunkt
g, (g)	gasförmig
g	Anzahl der Zustände mit gleichgroßem Energieinhalt
g	Erdbeschleunigung
g	freie Enthalpie
G	molare freie Enthalpie
G	Größe
[G]	Einheit einer Größe
{G}	Zahlenwert einer Größe
h	Enthalpie
H	molare Enthalpie
H	Henry-Konstante
H	Häufigkeitsfaktor, Frequenzfaktor
HWD	Halbwertsdicke
i	Index, Laufzahl
I	Stromstärke
I	Lichtintensität
I	Trägheitsmoment
J	Ionenstärke
J	Rotationsquantenzahl
k	Boltzmannkonstante
k	Assoziationsfaktor
k	Anzahl der Komponenten
k	Verteilungskoeffizient
k	Geschwindigkeitskonstante
k	Absorptionskonstante
K	Gleichgewichtskonstante
$\overline{l}$	mittlere freie Weglänge
L	Lösungsmittel
L	Löslichkeitsprodukt
m(x)	arithmetisches Mittel
m	Masse
M	molare Masse
$\overline{M}$	mittlere molare Masse
mol%	Molprozent
n	Stoffmenge
n	Beugungsordnung
n	Hauptquantenzahl
n	Brechungsindex
n	Drehzahl
N	Teilchenanzahl
N_L	Loschmidtkonstante
N	Anzahl der Neutronen im Atomkern
oh	Konzentration der OH^--Ionen in der Lösung
p	Gasdruck
p_o	Standarddruck
$\tilde{p}$	Fugazität
p_k	kritischer Druck
p	Anzahl der Phasen
p	Operator: p = -lg; z. B. pH

p	Impuls eines Teilchens
P(...)	statistische Sicherheit, Wahrscheinlichkeit
P	Leistung
P	Platzwechselenergie
P	molare Polarisation
P_E	Molrefraktion
q	Wärmemenge
q	Drehimpuls
Q	Ladung
r	Korrelationskoeffizient
r	relative Luftfeuchtigkeit
r	Reaktionsgeschwindigkeit
R	Gaskonstante
(R)	Reaktion (Wert einer Größe für die gesamte Reaktion)
R	Widerstand
R	Rydbergkonstante
Re	Reynolds-Zahl
RG	Reaktionsgeschwindigkeit
s_x^2	Varianz
s_{xy}	Kovarianz
s	Standardabweichung
s	Abschirmkonstante
s	Entropie
S	molare Entropie
S	gelöster Stoff
Sp	Siedepunkt
t	Zeit
t_K, t_A	Überführungszahl des Kations bzw. Anions
t	Temperatur in °C
T	absolute Temperatur
T_i	Inversionstemperatur
T_k	kritische Temperatur
Tr	Tripelpunkt
T_s	Siedepunkt
u	atomare Masseneinheit
u	innere Energie
U	molare innere Energie
U	Umwandlung
U	Spannung
var(x)	Varianz
v	Volumen
v	Geschwindigkeit
v	Schwingungsquantenzahl
v	Einzelfehler
V	Gesamtfehler
V	molares Volumen
V_k	kritisches molares Volumen
Vol%	Volumsprozent
V	potentielle Energie
w	Massenanteil, Massenbruch
w	Arbeit
$\bar{x}$	arithmetisches Mittel
x	Molenbruch
x	Anharmonizitätskonstante
z	Stoßzahl
z	elektrische Ladung eines Ions
Z	Kernladungszahl, Ordnungszahl

1 GRUNDLAGEN

1.1 Größen und Einheiten

Die Naturwissenschaft erforscht die Zusammenhänge zwischen den für die Naturvorgänge charakteristischen messbaren Naturerscheinungen. Diese **messbaren Naturerscheinungen** nennt man **Größen**.
Die Zusammenhänge zwischen den Größen werden, wenn möglich, in Form mathematischer Beziehungen (Gleichungen) angegeben. Diese nennt man **Größengleichungen**.
Zum **Messen** einer Größe prüft man wie oft ein willkürlich festgesetzter Betrag dieser Größe - ihre Einheit - in der gegebenen Größe enthalten ist. Eine Größe wird daher angegeben durch das Produkt aus einem **Zahlenwert** und einer **Einheit**.
Die Einheit bestimmt die Art der Größe. Der Zahlenwert gibt die Quantität der Größe an.

GR 1 $G = \{G\} . [G]$ $\{G\}$... Zahlenwert von G; $[G]$... Einheit von G

Da die Größe nicht davon abhängt, in welcher Einheit sie angegeben wird, gilt

GR 2 $G = \{G\}_1 . [G]_1 = \{G\}_2 . [G]_2$

$[G]_1$ und $[G]_2$ sind dabei zwei verschiedene Einheiten derselben Größe.
Die Maßzahl ist also um so kleiner je größer die Einheit ist und umgekehrt.

Eine Größengleichung enthält immer zwei Gleichungen: eine **Zahlenwertgleichung** und eine **Einheitengleichung**.

Beispiel GR- 1: m = 27 kg Der Zahlenwert ist $\{G\} = 27$, die Einheit ist $[G] = 1$ kg.

Beispiel GR- 2: l = 10 m = 10000 mm; große Maßzahl, kleine Einheit
l = 10 m = 0,010 km; kleine Maßzahl, große Einheit

Beispiel GR- 3: $W = F . s$ Sei z. B. 45 J = 15 N . 3 m
Die Zahlenwertgleichung ist 45 = 15 . 3, die Einheitengleichung ist 1 J = 1 N . 1 m

Größengleichungen sind im Gegensatz zu den früher oft verwendeten Zahlenwertgleichungen unabhängig von den verwendeten Einheiten und enthalten daher auch keine Umrechnungsfaktoren. Es ist daher zweckmäßig Definitionen und Gesetze immer als Größengleichungen anzugeben.

Die vielen möglichen Größen lassen sich alle auf **sieben Grundgrößen** zurückführen.
Die sieben Grundgrößen und ihre Einheiten sind Länge (1 Meter, 1 m), Masse (1 Kilogramm, 1 kg), Zeit (1 Sekunde, 1 s), Stromstärke (1 Ampere, 1 A), Temperatur (1 Kelvin, 1 K), Stoffmenge (1 Mol, 1 mol) und Lichtstärke (1 Candela, 1 cd).
Eine Grundgröße kann nicht mehr auf andere Größen zurückgeführt werden. Daher gibt es für eine Grundgröße keine Definition, sondern nur eine Messvorschrift mit der ihre Einheit festgelegt wird.
Die Einheiten der Grundgrößen sind die **Grundeinheiten**.
Heute wird allgemein das **„Internationale Einheitensystem“** (SI... systeme international d'unites) verwendet.

Alle anderen Größen sind **abgeleitete Größen** und können entsprechend ihrer Definition als Potenzprodukte der Grundgrößen dargestellt werden. Das gleiche gilt für die Einheiten.
Eine **abgeleitete Einheit** heißt in einem Einheitensystem (z. B. SI) **kohärent**, wenn ihre Dar-

stellung als Potenzprodukt der Grundeinheiten nur den Faktor 1 enthält. Sonst ist sie inkohärent.

Beispiel GR- 4: Die Kraft ist eine abgeleitete Größe.
F = m . a = Masse.Länge/Zeit². Ihre im SI kohärente Einheit ist 1 N = 1 kg.m/s²
Die frühere Einheit 1 dyn ist nicht kohärent im SI, denn 1 dyn = 1 g.cm/s² = 10^{-5} N = 10^{-5} kg.m/s². Die Definitionsgleichung enthält den Faktor 10^{-5}.

Beispiel GR- 5: Man berechne die SI-Einheit der molaren Oberflächenenergie (s. Kap. 2.2.3)

$$\sigma_M = \sigma \,.\, V^{\frac{2}{3}} \Rightarrow [\sigma_M] = [\sigma]\,.\,[V^{\frac{2}{3}}] = \frac{N}{m}.\left(\frac{m^3}{mol}\right)^{\frac{2}{3}} = Nm.mol^{-\frac{2}{3}} = J.mol^{-\frac{2}{3}}$$

Beispiel GR- 6: Umrechnung von Größen in andere Einheiten
a.) Man rechne die Gaskonstante R = 8,314 J/mol.K in die Einheit l.bar/mol.K um.
1 J = 1 Pa.1m³ = 10^{-5} bar.10^3 l = 10^{-2} l.bar $\Rightarrow$
R = 8,314.10^{-2} l.bar/mol.K = 0,08314 l.bar/mol.K
b.) Man rechne die SI-Einheit der dynamischen Viskosität in cP um.
Die Einheit cP stammt aus dem cgs-System. 1 P(oise) = 1 dyn.s/cm²
1 N = 1 kg.m/s² = 1000 g . 100 cm/s² = 10^5 g.cm/s² = 10^5 dyn $\Rightarrow$
1 Pa.s = 1 s . 1 N/m² = 1 s. 10^5 dyn/10^4 cm² = 10 dyn.s/cm² = 10 P $\Rightarrow$ 1 mPa.s = 1 cP

1.1.1 Stoffmenge

Die **Stoffmenge** ist eine Grundgröße mit der **Einheit 1 mol**.
1 mol ist jene Stoffmenge, die so viele Teilchen enthält, wie genau 12 g des Isotops ^{12}C.
Diese Teilchenanzahl ist eine Naturkonstante, die **Loschmidtkonstante N_L**.
N_L = 6,022.10^{23} Teilchen pro mol. Ihre Einheit ist also mol $^{-1}$.
Die Stoffmenge spielt in der Chemie eine fundamentale Rolle, da für sie zwei wichtige Beziehungen zur Teilchenanzahl und zur Masse gelten, die die praktische Arbeit des Chemikers erst ermöglichen:

GR 3 $N = n \,.\, N_L$ und
GR 4 $m = n \,.\, M$

Die Stoffmenge ist proportional zur Teilchenanzahl (GR 3).
Dies ist ihre für die Chemie wichtigste Eigenschaft, da es ja unmöglich ist bei einem Experiment die reagierenden Teilchen abzuzählen.
Wie GR 4 zeigt lässt sich die Stoffmenge außerdem, bei Kenntnis der molaren Masse M, makroskopisch - mit der Waage - messen.

Molare Größen:
Eine molare Größe ist immer der Quotient aus einer Größe und der Stoffmenge.
Die **Loschmidtkonstante** ist die molare Teilchenanzahl, denn N_L = N/n [N_L] = 1/mol
Die **molare Masse** M eines Stoffes ist M = m/n. [M] = g/mol
V = v/n ist das **molare Volumen**. [V] = l/mol

1.1.2 Extensive und intensive Größen

Extensive Größen sind Größen, die zur Teilchenanzahl proportional sind. Der Wert einer solchen Größe für einen ganzen Körper ist gleich der Summe der Werte für die einzelnen Teile aus denen der Körper besteht. Extensive Größen sind additiv. Dies sind z. B. die Masse, die Stoffmenge, das Volumen und die elektrische Ladung.

Intensive Größen hängen nicht von der Teilchenanzahl ab. Dies sind z. B. die Temperatur, der Druck, die Konzentration die molaren Größen und die Dichte.
Der Quotient zweier extensiver Größen ist immer eine intensive Größe (z. B. Dichte, molare Größen).
Beim Zusammenfügen zweier gleichartiger Systeme (z. B. je 20 ml 10%iger H_2SO_4) verändern sich die intensiven Eigenschaften nicht, wie etwa Temperatur, Dichte, Konzentration, die extensiven verdoppeln sich (Masse, Volumen, ...).

1.1.3 Zustandsfunktionen

Zunächst ein Beispiel:
Das Volumen einer bestimmten Gasmenge werde durch eine Änderung des Druckes und der Temperatur von einem bestimmten Anfangswert v_A zu einem bestimmten Endwert v_E gebracht. Man stellt experimentell fest, dass die Reihenfolge der Druck- und Temperaturänderungen keinen Einfluss auf die Größe der Volumsänderung Δv hat. Egal ob man zuerst den Druck bei konstanter Temperatur oder die Temperatur bei konstantem Druck oder beides gleichzeitig ändert, die Änderung $\Delta v = v_E - v_A$ ist immer gleich groß.

Eine Folge von Zustandsänderungen nennt man **Weg.**
Eine Folge von Zustandsänderungen bei der der Endzustand mit dem Ausgangszustand wieder übereinstimmt heißt **Kreisprozess.**
Eine **Funktion z = z(p, T, c, ...), von Größen** wie Temperatur, Druck, Volumen, Konzentration, Energie, Entropie u. a., nennt man eine **Zustandsfunktion**, wenn für zwei beliebige Zustände, A(nfang) und E(nde), die Änderung Δz von z unabhängig vom Weg gleich der Differenz $z_E - z_A$ ist.
Dem gleichwertig ist die Bedingung, dass die Änderung von z für jeden Kreisprozess null ist.
In der physikalischen Chemie ist es üblich statt des Funktionenzeichens f den Buchstaben der abhängigen Variablen zu verwenden. Statt z = f(x) schreibt man z = z(x).
Mathematisch formuliert:

GR 5 z = z(x, y,...) ist eine **Zustandsfunktion**, wenn das Differential von z,

$$dz = \frac{\partial z}{\partial x} dx + \frac{\partial z}{\partial y} dy + \ldots,$$ ein totales Differential ist.

Statt „total" sind auch die Begriffe „vollständig" und „exakt" gebräuchlich.
Das Differential dz ist total, wenn die gemischten zweiten Ableitungen von z gleich sind, wenn also $\frac{\partial}{\partial y}\left(\frac{\partial z}{\partial x}\right) = \frac{\partial}{\partial x}\left(\frac{\partial z}{\partial y}\right)$ (Satz von Schwarz).

Die Gleichung $dz = \frac{\partial z}{\partial x} dx + \frac{\partial z}{\partial y} dy + \ldots$ ist dann eine totale Differentialgleichung.

Die Änderung von z wird so berechnet, dass man schrittweise immer nur für eine Variable integriert, während die anderen Variablen konstant bleiben, und die einzelnen Beiträge dann summiert.
Dieser Formalismus ist sehr wichtig für die **Thermodynamik**. Dort sind die wesentlichen Größen - innere Energie, Enthalpie, Entropie und freie Enthalpie - Zustandsfunktionen. Die Änderung einer solchen Größe kann wie oben schrittweise berechnet werden. Die Änderungen dieser Größen sind unabhängig vom Weg!

Summe, Differenz, Produkt und **Quotient** von Zustandsfunktionen sind wieder **Zustandsfunktionen**.

Beispiel GR- 7: Das Volumen eines idealen Gases ist eine Zustandsfunktion von p und T. $v(p,T) = \frac{nRT}{p}$. Es ist $\frac{\partial v}{\partial T} = \frac{nR}{p}$ und $\frac{\partial v}{\partial p} = -\frac{nRT}{p^2}$. Die gemischten zweiten Ableitungen sind $\frac{\partial}{\partial p}\left(\frac{\partial v}{\partial T}\right) = -\frac{nR}{p^2}$ und $\frac{\partial}{\partial T}\left(\frac{\partial v}{\partial p}\right) = -\frac{nR}{p^2}$ Sie sind gleich.

Die Änderung des Volumens Δv ist unabhängig davon in welcher Reihenfolge man Druck und Temperatur ändert.

1.2 Konzentration und Aktivität

1.2.1 Konzentrationsangaben

Konzentrationsangaben bei Gemischen sind als Quotienten zweier extensiver Größen immer intensive Größen. Im Zähler steht immer eine Größe (Masse, Stoffmenge), die ein Maß für die Menge des Stoffes ist, dessen Konzentration angegeben werden soll. Im Nenner steht entweder das Volumen oder die Masse der Mischung (manchmal auch des Lösungsmittels). Alle auf das Volumen der Mischung bezogenen Konzentrationsangaben sind, wie das Volumen selbst, von der Temperatur der Mischung abhängig.
Die auf die Masse der Mischung bezogenen Konzentrationsgrößen besitzen den Vorteil, dass sie nicht von der Temperatur abhängen.
In den folgenden Definitionen bezeichnen Größen ohne Index immer eine Eigenschaft der ganzen Mischung.
Der Index S kennzeichnet den gelösten Stoff, der Index L das Lösungsmittel. **i** ist die **Laufzahl** für die Komponenten, die in der Mischung vorkommen.

Massenbruch (Massenanteil): Der Massenbruch w ist der Quotient aus der Masse des gelösten Stoffes und der Masse der Mischung.

GR 6 $$w_i = \frac{m_i}{m_1 + m_2 + \dots + m_k} = \frac{m_i}{\sum_{i=1}^{k} m_i} = \frac{m_i}{m}$$ [w] = 1. Die Einheit von w ist 1

Das Hundertfache des Massenbruches sind die **Massenprozente**. 100 w_i = %
$\sum w_i = 1$. Die Summe aller Massenbrüche einer Mischung ist 1 bzw. 100%.

Molenbruch (Stoffmengenanteil): Der Molenbruch x ist der Quotient aus der Stoffmenge des gelösten Stoffes und der Summe der Stoffmengen aller Komponenten der Mischung.
100x sind die **Molprozente**.

GR 7 $$x_i = \frac{n_i}{n_1 + n_2 + \dots + n_k} = \frac{n_i}{\sum_{i=1}^{k} n_i};$$ [x] = 1; $\sum x_i = 1$; 100x_i = mol%

[x] =1. Die Einheit von x ist 1. Die Summe aller Molenbrüche ist 1 bzw. 100 mol%.

Volumenbruch (Volumenanteil)**:** Die Definition und Eigenschaften sind analog zum Massenbruch

GR 8 $\varphi_i = \frac{v_i}{\sum_{i=1}^{k} v_i}$; $[\varphi] = 1$; $\sum \varphi_i = 1; 100\varphi_i = \text{Vol\%}$

Diese Konzentrationsgröße hat allerdings nur bei Gasen eine große Bedeutung, da bei Gasen das Gesetz von Dalton gilt. Dieses besagt, dass die Summe der Volumina der Komponenten gleich dem Volumen der Mischung ist. Es besteht Volumenadditivität. Gase verhalten sich „ideal".
Gemische, an denen flüssige und feste Phasen beteiligt sind, verhalten sich nicht mehr ideal. Die Summe der Volumina der Komponenten ist verschieden vom Volumen der Mischung. Die obigen Gleichungen sind dann nicht mehr gültig. Für die mathematische Behandlung solcher Gemische verwendet man das Konzept der **partiellen Molvolumina**. Für diese gelten dann wieder die obigen Gleichungen.

Massenkonzentration: Die Massenkonzentration γ ist der Quotient aus der Masse des gelösten Stoffes m_S und dem Volumen v der Mischung.

GR 9 $\gamma = \frac{m_S}{v}$ Die SI-Einheit ist $[\gamma]$ = kg/m³. Meist wird aber g/l verwendet, da diese Einheit den Verhältnissen im chemischen Labor besser entspricht.

Molarität (Stoffmengenkonzentration)**:** Die Stoffmengenkonzentration c ist der Quotient aus der Stoffmenge des gelösten Stoffes n_S und dem Volumen v der Mischung.

GR 10 $c = \frac{n_S}{v}$ Die SI-Einheit ist [c] = mol/m³. Meist wird die Einheit mol/l verwendet.

Molalität: Die Molalität b ist der Quotient aus der Stoffmenge n_S des gelösten Stoffes und der Masse m_L des Lösungsmittels.

GR 11 $b = \frac{n_S}{m_L}$ Die Einheit ist [b] = mol/kg

Benötigt man häufig Umrechnungen von Konzentrationsangaben, dann ist es zweckmäßig Umrechnungsgleichungen abzuleiten, diese in einem Rechner zu programmieren und dann erst die Rechnungen durchzuführen.

Eine zusammenfassende Darstellung dieser **Umrechnungen** zeigt Tabelle GR- 1.
S, L sind die Indices für gelösten Stoff und Lösungsmittel.
M ist die molare Masse (Einheit g/mol).
ρ ist die Dichte der Mischung (Einheit g/ml).
w ist in % angegeben!

Tabelle GR- 1

		Gesucht				
		w	x	γ	c	b
Gegeben	w	---	$\frac{w M_L}{w M_L + (100 - w) M_s}$	$10 \rho w$	$\frac{10 \rho w}{M_s}$	$\frac{1000 w}{(100 - w) M_s}$
	x	$\frac{100 x M_s}{x M_s + (1 - x) M_L}$	---	$\frac{1000 \rho x M_s}{x M_s + (1 - x) M_L}$	$\frac{1000 \rho x}{x M_s + (1 - x) M_L}$	$\frac{1000 x}{(1 - x) M_L}$
	γ	$\frac{\gamma}{10 \rho}$	$\frac{\gamma M_L}{\gamma (M_L - M_s) + 1000 \rho M_s}$	---	$\frac{\gamma}{M_s}$	$\frac{1000 \gamma}{(1000 \rho - \gamma) M_s}$
	c	$\frac{c M_s}{10 \rho}$	$\frac{c M_L}{c (M_L - M_s) + 1000 \rho}$	$c M_s$	---	$\frac{1000 c}{1000 \rho - c M_s}$
	b	$\frac{100 b M_s}{1000 + b M_s}$	$\frac{b M_L}{b M_L + 1000}$	$\frac{1000 \rho b M_s}{1000 + b M_s}$	$\frac{1000 \rho b}{1000 + b M_s}$	---

1.2.2 Mischungsrechnung

Zwei oder mehrere Gemische (Lösungen) die aus denselben Stoffen bestehen, werden gemischt. Dabei dürfen aber keine chemischen Reaktionen eintreten.
Durch Aufstellen einer Mengenbilanz für den Stoff, der für die Fragestellung wichtig ist, bekommt man die **Mischungsgleichung.**
Diese verknüpft die Mengen der gemischten Komponenten mit den Konzentrationsgrößen des gelösten Stoffes. Die Sonderfälle, dass zu einer Mischung ein Reinstoff (Lösungsmittel oder gelöster Stoff) zugegeben wird, sind eingeschlossen.
Gewöhnlich werden dafür die Masse und Massenprozent verwendet.
Das Volumen ist für die Mischungsrechnung ungeeignet, da meist keine Volumenadditivität besteht. Sind Volumina für die Komponenten gegeben, dann müssen diese mit der Dichte in Massen umgerechnet werden.
Nur beim Mischen von verdünnten Lösungen addieren sich nicht nur die Massen sondern auch die Volumina. In diesem Fall kann man für die Mengen Volumina und für die Konzentrationen auch die Molarität c oder die Massenkonzentration γ verwenden.

Seien m_i die Massen der zu mischenden Komponenten und w_i die Massenbrüche des gelösten Stoffes S. Dann ist $m_i.w_i$ die Masse von S in der i-ten Komponente.
Ist w der Massenbruch von S in der Mischung, dann ist $w \sum m_i$ die Masse von S in der Mischung.
Die Massenbilanz von S ist daher

$$m_1 w_1 + m_2 w_2 + \ldots\ldots + m_k w_k = (m_1 + m_2 + \ldots\ldots + m_k) w \quad \Rightarrow$$

GR 12 Mischungsgleichung $\sum_{i=1}^{k} m_i w_i = w \sum_{i=1}^{k} m_i$. Für den häufigsten Fall zweier

Komponenten ist $m_1 w_1 + m_2 w_2 = w\left(m_1 + m_2\right)$

Diese Gleichungen gelten sowohl für den Massenbruch als auch für die Massenprozente. Wird ein Reinstoff zugesetzt, dann ist w entweder 0 für das Lösungsmittel oder 1 für den gelösten Stoff.
Die Mischungsgleichung gilt für alle Größen, die sich so wie die Masse additiv verhalten. Daher ist sie beispielsweise auch verwendbar für die Größenpaare

- Molenbruch und molare Masse (Berechnung der mittleren molaren Masse; Berechnung der molaren Masse von Mischelementen)
- Stoffmenge und alle molaren Größen.

Mischungskreuz
Formt man die Mischungsgleichung für zwei Komponenten um, dann erhält man

$$m_1 w_1 + m_2 w_2 = w\left(m_1 + m_2\right)$$

$$m_1 w_1 - m_1 w = m_2 w - m_2 w_2$$

$$m_1(w_1 - w) = m_2(w - w_2)$$

GR 13 $$\frac{m_2}{m_1} = \frac{w_1 - w}{w - w_2}$$

Die Differenzen (w_1 - w) zu (w - w_2) verhalten sich wie die Massen der beiden Komponenten. Diese Proportion kann man in Form eines Kreuzes darstellen und damit das Massenverhältnis berechnen:

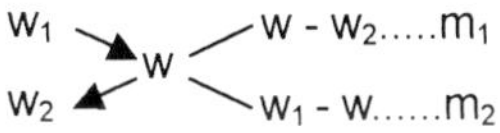

Das Hebelgesetz PH 16 ist eine spezielle Form der Mischungsgleichung (ein Mischungskreuz!), wie folgende Rechnung zeigt:

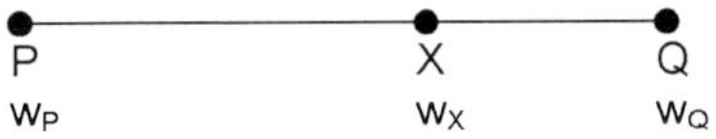

w sei der Gehalt an Stoff B in der jeweiligen Phase. Dann gilt $\frac{m_P}{m_Q} = \frac{w_Q - w_X}{w_X - w_P}$

Umformung ergibt $m_P (w_X - w_P) = m_Q (w_Q - w_X)$ und schließlich
$m_P \,.\, w_P + m_Q \,.\, w_Q = (m_P + m_Q)\, w_X$ Dies ist aber die Mischungsgleichung.

Beispiel GR- 8: 35,0 g KOH (M = 56,1 g/mol) werden in 215,0 g Wasser (M = 18,0 g/mol) gelöst. Die Dichte der Lösung ist ρ = 1,130 g/cm³. Man berechne die Konzentrationsangaben Massenprozent %, Massenkonzentration γ, Molarität c, Molalität b und Molprozente mol%.

$w = \frac{35}{35 + 215} = 0{,}14$ Dies entspricht 14% KOH.

$\gamma = \frac{35}{v}$ Das Volumen der Lösung ist $v = \frac{250}{1{,}13}$ ml $\Rightarrow$ $\gamma = \frac{35.1{,}13.1000}{250} = 158{,}2$ g/l

$$c = \frac{\gamma}{M} = \frac{158{,}2}{56{,}1} = 2{,}82 \text{ mol/l}$$

$$b = \frac{n_S}{m_L} = \frac{35 \cdot 1000}{56{,}1 \cdot 215} = 2{,}902 \text{ mol/kg}$$

$$x = \frac{n_S}{n_S + n_L} = \frac{\frac{35}{56{,}1}}{\frac{35}{56{,}1} + \frac{215}{18{,}0}} = 0{,}0496.$$ Dies entspricht 4,96 mol% KOH

Die Faktoren 1000 ergeben sich aus der Umrechnung vom ml in l und g in kg.

Beispiel GR- 9: Welche Mengen der Reinstoffe benötigt man für die Herstellung von 900 ml einer 30%igen Lösung von Salpetersäure in Wasser? Dichte der Lösung ρ = 1,180 g/cm³.
Die Masse der Lösung ist m = v . ρ = 900 . 1,18 = 1062 g
m(HNO_3) = 1062 . 0,30 = 318,6 g und m(H_2O) = 1062 . 0,70 = 743,4 g

Beispiel GR- 10: Von einer wässrigen Lösung an Salpetersäure sind die unter a stehenden Konzentrationsangaben gegeben. Man berechne die unter b stehenden Konzentrationsmaße. M(HNO_3) = 63,02 g/mol; M(H_2O) = 18,02 g/mol

	a	b	Ergebnisse
1.	**w** = 7,50%, ρ = 1,040 g/cm³	γ (g/l) und **c** (mol/l)	78,0 g/l; 1,237 mol/l
2.	**c** = 2,58 mol/l, ρ = 1,084 g/cm³	γ (g/l) und **w%**	162,6 g/l; 15,0%
3.	**w** = 20,00%	**b** (mol/kg) und **x** (mol%)	3,967 mol/kg; 6,67 mol%
4.	**x** = 10,92 mol%	**w%**	30,0%
5.	**b** = 3,483 mol/kg	**w%**	18,0%

Für solche Umrechnungen ist es immer zweckmäßig von den Definitionen der gegebenen und der gesuchten Größe auszugehen und zu prüfen welche Veränderungen im Zähler und Nenner notwendig sind.
Für die Umrechnung Molarität in % (2.) soll dies gezeigt werden:
c = 2,58 mol/l bedeutet, in 1l Lösung sind 2,58 mol HNO_3 gelöst.
Dies sind m_S = 2,58 . 63,02 = 162,5916 g HNO_3.
1l Lösung sind m = 1000 . 1,084 = 1084 g Lösung.

Daher ist $w = \frac{162{,}5916}{1084} = 0{,}150$ Dies entspricht 15,0% HNO_3

Beispiel GR- 11: Umrechnung des Massenbruches in den Molenbruch
Aus der Definition von w folgt: 1 g Lösung enthält w g Stoff und (1 - w) g Lösungsmittel.

Es ist $x = \frac{n_S}{n_S + n_L}$ Mit $n = \frac{m}{M} \Rightarrow n_s = \frac{w}{M_s}$ und $n_L = \frac{1-w}{M_L}$.

Daher ist der Molenbruch (schon vereinfacht) $x = \frac{w M_L}{w M_L + (1-w) M_s}$

Beispiel GR- 12: Umrechnung von Massenprozente in die Molarität.

% bedeutet 100 g Lösung enthalten w g Stoff. Aus der Definition von $c = \frac{n_S}{v}$ sieht man, dass die Masse des Stoffes in die Stoffmenge und die Masse der Lösung in das Volumen umgerechnet werden müssen.

$n_S = \frac{w}{M_S}$ mol und $v = \frac{100}{\rho}$ ml $= \frac{0,1}{\rho}$ l Lösung. Daher ist $c = \frac{10\,w\,\rho}{M_S}$.

Beispiel GR- 13: Umrechnung von Molarität in Molenbruch: Gegeben ist die Molarität c und die Dichte ρ.

Es ist $x_S = \frac{n_S}{n_S + n_L}$ Nimmt man 1 l Lösung, dann ist n_S = c. Es muss noch die Stoffmenge des Lösungsmittels berechnet werden. $m_S = cM_S$, $m = 1000\rho \Rightarrow m_L = 1000\rho - cM_S \Rightarrow$

$$n_L = \frac{1000\,\rho - c\,M_S}{M_L}.\quad x_S = \frac{c}{c + \frac{1000\,\rho - c\,M_S}{M_L}} = \frac{c\,M_L}{c\left(M_L - M_S\right) + 1000\,\rho}$$

Aufgabe GR- 1: Man wähle aus Tabelle GR- 1 zwei beliebige Konzentrationsgrößen aus und leite die Umrechnungsgleichungen ab.
Aufgabe GR- 2: Welche Masse (kg) einer 10%igen Lösung muss man mit 150 kg einer 65%igen Lösung zusammenmischen, um eine 25%ige Mischung zu bekommen?
Aufgabe GR- 3: 560 g einer 37%igen Lösung ergaben beim Mischen mit einer zweiten Lösung 800 g einer 52%igen Mischung. Welchen Gehalt hatte die zweite Lösung?
Aufgabe GR- 4: Eine 26%ige und eine 75%ige Lösung sollen so gemischt werden, dass eine 47%ige Mischung entsteht. In welchem Massenverhältnis muss man die beiden Lösungen mischen? Welche Mengen der beiden Lösungen benötigt man für 385 g Mischung?
Aufgabe GR- 5: 200 l einer 20%igen Lösung (ρ = 1,15 g/ml) werden mit 700 l einer 60%igen Lösung (ρ = 1,55 g/ml) gemischt. Welchen Prozentgehalt hat die Mischung?
Aufgabe GR- 6: In einem Lager befinden sich 200 kg einer 25%igen, 350 kg einer 67%igen und 280 kg einer 43%igen Schwefelsäure. Zur Bereinigung des Lagers sollen diese Reste gemischt und daraus eine 60%ige Säure hergestellt werden. Welchen Gehalt hat die Mischung? Muss noch Wasser oder konzentrierte (98%ige) Säure zugesetzt werden? Welche Menge?
Aufgabe GR- 7: 2 l zweimolare KOH-Lösung sollen aus 40%iger KOH-Lösung durch Zusatz von Wasser hergestellt werden. Welche Menge der konzentrierten Lösung muss im Messkolben auf 2 l aufgefüllt werden?
Aufgabe GR- 8: 5 l einer 0,95 molaren Schwefelsäure (ρ = 1,0578 g/ml) sollen durch Zusatz einer 98%igen Säure auf genau 1 molar (ρ = 1,0608 g/ml) eingestellt werden. Welche Masse an 98%iger Lösung wird benötigt?

1.2.3 Aktivität

In vielen Bereichen der Chemie haben Gesetze, die die Konzentration oder den Gasdruck als Variable enthalten, eine sehr einfache mathematische Form, wenn sich die Stoffe „ideal" verhalten. Man vergleiche dazu etwa die Gaszustandsgleichung, das Raoultsche Gesetz, elektrochemische und thermodynamische Gesetze.
Das **ideale** Verhalten wird dabei auf zweierlei Weise definiert:

- Gase und Elektrolyte nennt man ideal, wenn zwischen den Gasmolekülen bzw. den gelösten Ionen des Elektrolyten keinerlei Anziehungs- oder Abstoßungskräfte vorhanden sind.
- Gemische von festen oder flüssigen Stoffen, die aus ungeladenen Teilchen bestehen, nennt man ideal, wenn die Wechselwirkungen zwischen allen vorhandenen Teilchen etwa gleich groß sind.

Diese beiden Definitionen haben zunächst nichts miteinander gemein. Es zeigt sich jedoch, dass beide Gruppen die gleichen Mischungsphänomene zeigen:

Beim Zusammenmischen der Komponenten tritt keine Mischungswärme auf und das Volumen der Mischung ist die Summe der Volumina der Komponenten.
Einigermaßen ideal verhalten sich jedoch nur Gase bei geringem Druck und verdünnte Lösungen. Die obigen Gesetze sind daher im allgemeinen nur Grenzgesetze für niedrige Konzentrationen und Drucke.
Um die einfache mathematische Form der Naturgesetze auch bei nichtidealem Verhalten beibehalten zu können, berücksichtigt man die zunehmenden Wechselwirkungen zwischen den Teilchen mit einem Korrekturfaktor bei der Konzentration („Aktivitätskoeffizient").
In den entsprechenden Formeln wird dann statt der Konzentration die Aktivität oder „wirksame Konzentration" verwendet.

GR 14 Die **Aktivität a** ist das Produkt aus der Konzentration und dem Aktivitätskoeffizienten f. Bei Gasen nennt man die entsprechende Größe **Fugazität**. Diese ist dann das Produkt aus dem Gasdruck und dem Fugazitätskoeffizienten.
a = f. Konzentration bei Gasen $\tilde{p}$ **= f. Gasdruck**

Genauere Definitionen folgen in den Kapiteln „Thermodynamik" und „Elektrochemie".

1.3 Stöchiometrie chemischer Reaktionen

Gegeben sei folgende chemische Reaktion:

GR 15 $\nu_1 A_1 + \nu_2 A_2 + \ldots + \nu_k A_k \rightleftharpoons \nu_{k+1} A_{k+1} + \nu_{k+2} A_{k+2} + \ldots + \nu_L A_L$
$A_1, \ldots A_k$ sind die Ausgangsstoffe
$A_{k+1}, \ldots A_L$ sind die Endstoffe
$\nu_1, \ldots \nu_L$ sind die stöchiometrischen Koeffizienten (normalerweise ganzzahlig).

Die **Ausgangsstoffe** sind jene Stoffe, deren Menge während der Reaktion **abnimmt**. Die Koeffizienten dieser Stoffe werden daher **negativ** genommen. $\nu_1, \ldots \nu_k < 0$
Die **Endstoffe** sind jene Stoffe, deren Menge während der Reaktion **zunimmt**. Die Koeffizienten dieser Stoffe werden daher **positiv** genommen. $\nu_{k+1}, \ldots \nu_L > 0$
Die Reaktionsgleichung lässt sich dann kürzer schreiben:

GR 16 $$0 = \sum_{i=1}^{L} \nu_i A_i$$

Es sei nun vorausgesetzt, dass das Reaktionsgemisch mit der Umgebung keine Stoffe austauscht. Für jedes beliebige Stadium der Reaktion hängen dann die umgesetzten Stoffmengen mit den Koeffizienten gesetzmäßig zusammen, da bei chemischen Vorgängen die Anzahl der Atome unverändert bleibt (Erhaltungssatz!).

Beispiel GR- 14: Ammoniakgleichgewicht $N_2 + 3\,H_2 \rightleftharpoons 2\,NH_3$
Hier ist $\nu_1 = -1$, $\nu_2 = -3$ und $\nu_3 = 2$. Angenommen die Stoffmenge des N_2 nimmt um 0,1 mol ab. Nach der Reaktionsgleichung muss dann die Stoffmenge des H_2 um 0,3 mol abnehmen und die Stoffmenge des NH_3 um 0,2 mol zunehmen. Es ist also $\Delta n_{N_2} = -0{,}1$; $\Delta n_{H_2} = -0{,}3$ und

$\Delta n_{NH_3} = +0{,}2$. Die Quotienten $\xi = \frac{\Delta n_{N_2}}{\nu_1} = \frac{\Delta n_{H_2}}{\nu_2} = \frac{\Delta n_{NH_3}}{\nu_3} = 0{,}1$ sind konstant.

ξ ist nichts anderes als der Bruchteil eines Formelumsatzes (im obigen Beispiel 0,1). Da ξ ein Maß für den Fortschritt der Reaktion ist, nennt man ξ auch Reaktionslaufzahl.

ξ = 1 bedeutet, dass 1 mol N_2 mit 3 mol H_2 zu 2 mol NH_3 reagiert haben. Allgemein ist $\xi = \frac{\Delta n_i}{\nu_i}$. Die umgesetzten Stoffmengen der einzelnen Stoffe sind dann $\Delta n_i = \nu_i \cdot \xi$

GR 17 Ist bei einer chemischen Reaktion Δn_i die umgesetzte Stoffmenge eines Stoffes und ν_i sein Koeffizient, dann heißt $\xi = \frac{\Delta n_i}{\nu_i}$ **Reaktionslaufzahl** (Anzahl der Formelumsätze). Die während einer Reaktion umgesetzten Stoffmengen sind $\Delta n_i = \nu_i \cdot \xi$
In differentieller Form $dn_i = \nu_i \cdot d\xi$

Beispiel GR- 15: Man berechne die Stoffmengen und Molenbrüche der an der folgenden Reaktion beteiligten Stoffe für das angegebene Stadium des Reaktionsfortschrittes.

	$2\,NO$	$+\ O_2$	$\rightleftharpoons 2\,NO_2$	
Stoffmengen zu Beginn	1	1	0	mol
Stoffmengen zu einem bestimmten Zeitpunkt	0,7	?	?	mol

a.) Berechnung mit der Reaktionslaufzahl

$\Delta n(NO) = 0{,}7 - 1 = -0{,}3;\quad \nu(NO) = -2 \Rightarrow \xi = \frac{-0{,}3}{-2} = 0{,}15$. Daher ist

$\Delta n(O_2) = 1 - 1 \cdot 0{,}15 = 0{,}85$ mol; $\quad \Delta n(NO_2) = 0 + 2 \cdot 0{,}15 = 0{,}3$ mol

$\sum n_i = 0{,}7 + 0{,}85 + 0{,}3 = 1{,}85$ mol. Die Molenbrüche sind daher

$$x_{NO} = \frac{0{,}7}{1{,}85} = 0{,}378;\quad x_{O_2} = \frac{0{,}85}{1{,}85} = 0{,}459;\quad x_{NO_2} = \frac{0{,}3}{1{,}85} = 0{,}162$$

b.) Dieses Beispiel mit wenigen Stoffen kann auch mit einer einfachen Überlegung gelöst werden:
1 - 0,7 = 0,3 mol NO wurden verbraucht. Dies entspricht mit den Koeffizienten der Reaktionsgleichung einem Verbrauch von 0,15 mol O_2 und einer gebildeten Stoffmenge von 0,3 mol NO_2. Daher sind 1 - 0,15 = 0,85 mol O_2 und 0,3 mol NO_2 vorhanden. Die weitere Rechnung erfolgt wie unter a.)

Beispiel GR- 16: Man berechne die Stoffmengen und Molenbrüche für ein beliebiges Stadium der Reaktion (z.B. im Gleichgewicht) als Funktion der Reaktionslaufzahl.

	$4\,HCl$	$+\ O_2$	$\rightleftharpoons 2\,Cl_2$	$+\ 2\,H_2O$	
Stoffmengen zu Beginn	4	1	0	0	mol

Man wähle für die entstandene Stoffmenge an Cl_2: $\Delta n(Cl_2) = 2\xi$.
Dann ist $\Delta n(H_2O) = 2\xi$, $\Delta n(HCl) = -4\xi$ und $\Delta n(O_2) = -\xi$.

Zu dem gewählten Zeitpunkt sind dann folgende Stoffmengen vorhanden

	$4HCl$	$+\ O_2$	$\rightleftharpoons 2Cl_2$	$+\ 2H_2O$	
	$4(1-\xi)$	$1-\xi$	2ξ	2ξ	$\sum n_i = (5-\xi)$ mol
Die Molenbrüche sind daher	$\frac{4(1-\xi)}{5-\xi}$	$\frac{1-\xi}{5-\xi}$	$\frac{2\xi}{5-\xi}$	$\frac{2\xi}{5-\xi}$	

Beispiel GR- 17: n_o mol N_2O_4 dissoziieren zu NO_2. Der **Dissoziationsgrad** sei α, das ist der Bruchteil von 1mol Ausgangsstoff, der dissoziiert ist. Wie groß sind die Stoffmengen und Molenbrüche der beiden Stoffe im Gleichgewicht?
Wenn von 1mol N_2O_4 im Gleichgewicht α mol dissoziiert sind, dann sind noch (1- α) mol N_2O_4 vorhanden. Außerdem haben sich 2 α mol NO_2 gebildet. Bei einer Anfangsmenge von n_o sind daher im Gleichgewicht vorhanden

	N_2O_4 $\rightleftharpoons$	$2\,NO_2$	
Stoffmengen	$n_o(1-\alpha)$	$2n_o\alpha$	$\sum n_i = n_o(1+\alpha)$
Molenbrüche	$\frac{1-\alpha}{1+\alpha}$	$\frac{2\alpha}{1+\alpha}$	Hier ist $\xi = n_o\alpha$

Viele weitere Beispiele findet man in den Kapiteln „Thermodynamik", „Elektrochemie" und „Reaktionskinetik". Dort ist allerdings wegen der einfacheren Schreibweise die Reaktionslaufzahl meist mit y bezeichnet.

Aufgabe GR- 9: Man berechne die Stoffmengen und Molenbrüche der an der folgenden Reaktion beteiligten Stoffe für das angegebene Stadium des Reaktionsfortschrittes.

	CH_3COOH +	C_2H_5OH $\rightleftharpoons$	$CH_3COOC_2H_5$ +	H_2O
Stoffmengen zu Beginn (mol)	2	3	0	0
Stoffmengen zu einem bestimmten Zeitpunkt	?	?	0,2	?

Aufgabe GR- 10: Man berechne die Stoffmengen und Molenbrüche der an der folgenden Reaktion beteiligten Stoffe für das angegebene Stadium des Reaktionsfortschrittes.

	$2\,SO_2$ +	O_2 $\rightleftharpoons$	$2\,SO_3$	
Stoffmengen zu Beginn	2	1	0,4	mol
Stoffmengen zu einem bestimmten Zeitpunkt	?	0,8	?	mol

Aufgabe GR- 11: Man berechne die Stoffmengen und Molenbrüche für ein beliebiges Stadium der Reaktion als Funktion der Reaktionslaufzahl.

	CH_4 +	$2\,H_2O$ $\rightleftharpoons$	CO_2 +	$4\,H_2$	
Stoffmengen zu Beginn	1	3	0	0	mol

Aufgabe GR- 12: Man berechne die Stoffmengen und Molenbrüche für ein beliebiges Stadium der Reaktion als Funktion der Reaktionslaufzahl.

	CH_4 +	H_2O $\rightleftharpoons$	CO +	$3\,H_2$	
Stoffmengen zu Beginn	1	1	0,1	0,2	mol

1.4 Mittelwert und Standardabweichung

Hat man eine Größe n-mal gemessen und damit eine Stichprobe $\{x_1, x_2, \ldots x_n\}$ erhalten, dann stellt sich die Frage, wie man das Ergebnis kurz angeben kann.
Eine Stichprobe lässt sich mit zwei Maßzahlen kennzeichnen. Der Mittelwert ist der Repräsentant aller Messwerte und die Standardabweichung bzw. Varianz ist das Maß für die Streuung der Werte.

GR 18 Der **Mittelwert**, mit $\overline{x}$ oder m(x) bezeichnet, ist das arithmetische Mittel der Stichprobenwerte: $m(x) = \overline{x} = \frac{1}{n}\sum_{i=1}^{n} x_i$

Die **Varianz** ist $\text{var}(x) = s_x^2 = \frac{1}{n-1}\sum_{i=1}^{n}(x_i - \bar{x})^2$

Die positive Wurzel aus der Varianz ist die **Standardabweichung**.

Die Standardabweichung hat den Vorteil, dass sie dieselbe Dimension wie die Stichprobenwerte besitzt aber den Nachteil der Quadratwurzel.

Die Begründung dafür, warum gerade das arithmetische Mittel verwendet wird, gibt das Prinzip der kleinsten Fehlerquadratsumme (GR 31). Dies zeigt die folgende Rechnung:
Zu einer gegebenen Stichprobe $\{ x_1, x_2, \ldots x_n \}$ wird ein Wert $\bar{x}$ gesucht, für den die Summe der Quadrate der Differenzen zwischen Einzelwert und Mittelwert ein Minimum wird.

$V = \sum_{i=1}^{n}(\bar{x} - x_i)^2$ soll minimal werden. Da $\bar{x}$ die Variable ist, gilt

$\frac{dV}{d\bar{x}} = 2\sum_{i=1}^{n}(\bar{x} - x_i) = 0 \Rightarrow \sum_{i=1}^{n}(\bar{x} - x_i) = 0$ oder ausführlich

$$(\bar{x} - x_1) + (\bar{x} - x_2) + \ldots + (\bar{x} - x_n) = 0 \Rightarrow n\bar{x} = \sum_{i=1}^{n} x_i \Rightarrow \bar{x} = \frac{1}{n}\sum_{i=1}^{n} x_i$$

Das arithmetische Mittel ist der beste Repräsentant der Stichprobe, wenn man den durch die Streuung der Werte verursachten Fehler V als Maßstab nimmt.

Die Varianz - und damit die Standardabweichung - ergibt sich zwanglos aus dem Gesamtfehler V. Dieser hängt von der Anzahl n der Stichprobenwerte ab. Die Gesamtfehler verschiedener Stichproben sind daher nicht miteinander vergleichbar.
Normiert man V auf einen Messwert, dann bekommt man vergleichbare Zahlen.
Aus statistischen Gründen wird V nicht durch n sondern durch n - 1 dividiert. Man bezieht auf eine „unabhängige Beobachtung", auf einen Freiheitsgrad. (Vgl. Kap.1.6.1)

Die Varianz ist daher $s_x^2 = \frac{1}{n-1}\sum_{i=1}^{n}(x_i - \bar{x})^2$

Aus der Rechnung ist außerdem ersichtlich, dass $\sum_{i=1}^{n}(\bar{x} - x_i) = 0$

Für das arithmetische Mittel ist die Summe aller Abweichungen der Einzelwerte vom Mittel immer null, egal wie groß die Streuung der Werte ist!

1.4.1 Praktische Berechnung des Mittelwertes und der Varianz

Die Berechnung der Varianz nach der Definitionsformel ist sehr ungünstig, da sich Rundungsfehler stark auswirken. Dies vor allem dann, wenn die Stichprobenwerte x_i groß und die Differenzen $(x_i - \bar{x})$ klein sind. Daher wird s^2 praktisch immer wie folgt berechnet:

$\sum(x_i - \bar{x})^2 = \sum x_i^2 - 2\bar{x}\sum x_i + n\bar{x}^2$ Setzt man $\sum x_i = n\bar{x}$ ein, dann folgt

$$\sum(x_i - \bar{x})^2 = \sum x_i^2 - n\bar{x}^2 = \sum x_i^2 - \frac{1}{n}\left(\sum x_i\right)^2$$

GR 19 $s^2 = \frac{1}{n-1}\left[\sum x_i^2 - \frac{1}{n}\left(\sum x_i\right)^2\right]$ und $s = \sqrt{\frac{1}{n-1}\left[\sum x_i^2 - \frac{1}{n}\left(\sum x_i\right)^2\right]}$

Ändern sich in den Aktivstellen der Stichprobenwerte jeweils nur die letzte oder die letzten zwei Stellen, dann lässt sich durch eine **lineare Transformation** der Rechenaufwand bedeutend verringern. Man setzt zur Vereinfachung

GR 20 $x_i = c_1 . u_i + c_2$

x_i... ursprüngliche Messwerte, u_i... transformierte Messwerte.
c_1 und c_2 sind Konstante, die so gewählt werden, dass die transformierten Werte möglichst einfache Zahlen werden. Sind $\overline{u}$ und s_u Mittelwert und Standardabweichung der vereinfachten Werte, dann sind $\overline{x} = c_1\overline{u} + c_2$ und $s_x = c_1 . s_u$ Mittelwert und Standardabweichung der Originalwerte.

Beispiel GR- 18: Man berechne Mittelwert und Standardabweichung der Stichprobe {1,54732; 1,54727; 1,54731; 1,54732; 1,54728}. Da sich jeweils nur die letzten zwei Stellen verändern, ist es einfacher mit {32, 27, 31, 32, 28} zu rechnen. Man setzt daher $x_i = 10^{-5} . u_i + 1{,}547$ und bekommt

x_i	u_i	u_i^2
1,54732	32	1024
1,54727	27	729
1,54731	31	961
1,54732	32	1024
1,54728	28	784
Summen	150	4522

$\overline{u} = \frac{150}{5} = 30$ und $s_u^2 = \frac{1}{4}\left(4522 - \frac{1}{5}150^2\right) = 5{,}5$; $s_u = 2{,}345 \Rightarrow$

$\overline{x} = 1{,}54730$ und $s_x = 2{,}3.10^{-5}$

Aufgabe GR- 13: Man berechne mit möglichst einfachen Zahlen Mittelwert und Standardabweichung folgender Stichproben

A	22,0675	22,0670	22,0672	22,0672	22,0674	22,0671	22,0672	22,0673
B	0,0342	0,0342	0,0343	0,0345	0,0345	0,0347		
C	1234,7	1235,5	1235,2	1235,6	1234,6	1234,9	1234,3	1235,1

1.4.2 Mittelwert einer Funktion

GR 21: Der arithmetische Mittelwert einer stetigen Funktion f(x) in einem Intervall [a, b] ist

$$\overline{f(x)} = \frac{1}{b-a}\int_a^b f(x)\,dx$$

Geometrische Deutung (Abb.GR- 1): Das Integral $\int_a^b f(x)\,dx$ entspricht dem Inhalt der Fläche zwischen der x-Achse und dem Graphen von f(x) im Intervall [a, b]. $(b-a).\overline{f(x)}$ entspricht dem inhaltsgleichen Rechteck mit der Länge (b - a) und der Höhe $\overline{f(x)}$.

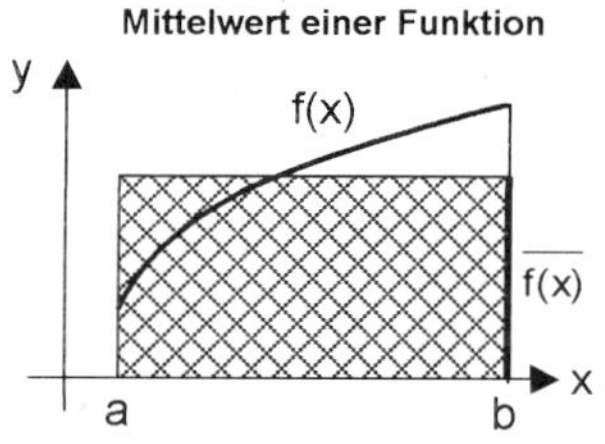

Abb.GR- 1

Beispiel GR- 19: Hängt die molare Wärmekapazität linear von der Temperatur ab, dann ist die mittlere molare Wärmekapazität zwischen den Temperaturen T_1 und T_2 gleich dem Mittelwert aus den Wärmekapazitäten für T_1 und T_2: $\overline{C_p} = \frac{C_p(T_2) + C_p(T_1)}{2}$.

Es sei $C_p(T) = a + bT$. Dann ist

$$\overline{C_p} = \frac{1}{T_2 - T_1}\int_{T_1}^{T_2}(a + bT)\,dT = \frac{1}{T_2 - T_1}\left(aT + \frac{b}{2}T^2\right)\Bigg|_{T_1}^{T_2} = \frac{1}{T_2 - T_1}\left[a(T_2 - T_1) + \frac{b}{2}\left(T_2^2 - T_1^2\right)\right]$$

$\overline{C_p} = a + \frac{b}{2}(T_2 + T_1)$. Dies ist aber der Mittelwert aus $C_p(T_2) = a + bT_2$ und $C_p(T_1) = a + bT_1$.

Aufgabe GR- 14: Welche mittlere molare Wärmekapazität besitzt Ethan im Temperaturbereich zwischen T = 400 und 500 K. Die Temperaturabhängigkeit der molaren Wärmekapazität ist $C_p(T) = 9{,}222 + 0{,}1599.T - 4{,}626.10^{-5}.T^2$ J/mol.K
Aufgabe GR- 15: Welche mittlere molare Wärmekapazität besitzt Al_2O_3 im Temperaturbereich zwischen T = 300 und 500 K. Die Temperaturabhängigkeit der molaren Wärmekapazität ist $C_p(T) = 110{,}2 + 0{,}01828.T - 3{,}284.10^{6}.T^{-2}$ J/mol.K

1.5 Fehlerrechnung

1.5.1 Messfehler

In der Regel ist jede Messung, je nach Meßmethode und Sorgfalt während des Messvorganges, mehr oder weniger fehlerhaft. Der Messwert weicht vom meist unbekannten wahren Wert ab. Trotz der Vielfalt an Fehlerursachen lassen sich die Messfehler in zwei Gruppen einteilen.

Systematische oder regelmäßige Fehler bewirken, dass der Messwert immer in dieselbe Richtung, meist auch um denselben Betrag, abweicht. Häufige Ursachen für systematische Fehler sind:

- Mangelhafte Justierung (z. B. falsche Nullpunkte), falsche Kalibrierung und Funktionsfehler von Messgeräten
- Nicht konstante Versuchsbedingungen (z. B. schlecht eingestellter Thermostat, Schwankungen in der Netzspannung, u. a.)
- Parallaxenfehler bei der Ablesung, nichtberücksichtigte Blindwerte.

Manchmal ist ein systematischer Fehler zur Größe des Messwertes proportional. Dann wird der Fehler um so größer, je höher der Messwert ist. In der volumetrischen Analyse etwa, bewirkt ein falscher Titer einen systematischen Fehler, der mit dem Verbrauch an Maßlösung zunimmt.
Durch sorgfältige Kontrolle der Versuchsbedingungen kann man die systematischen Fehler

meist vermeiden. Wenn möglich sollten die Ursachen von systematischen Fehlern vor den Messungen beseitigt werden. Es ist besser gleich richtig zu messen als nachträgliche Korrekturen anbringen zu müssen.
Einen **Messwert** nennt man **richtig**, wenn er im Idealfall mit dem wahren Wert übereinstimmt oder wenn er wenigstens frei von systematischen Fehlern ist.

Zufällige oder statistische Fehler bewirken trotz konstanter Versuchsbedingungen eine Streuung der Messwerte, deren Betrag und Richtung unkontrollierbar schwankt. Der wahre Wert liegt innerhalb dieses Streubereiches.
Ursachen dieser Fehler sind

- begrenztes Auflösungsvermögen der Messgeräte
- Unvollkommenheit der menschlichen Sinnesorgane aber auch
- statistische Schwankungen der Messgröße selbst (z. B. die Aktivität eines radioaktiven Stoffes).

Präzise nennt man **Messwerte**, wenn sie gut reproduzierbar sind. Messwerte sind um so präziser, je geringer ihre Streuung ist.
Die statistischen Verfahren der Versuchsauswertung behandeln nur den Einfluss der zufälligen Fehler. Daher ist die Kenntnis und Vermeidung der systematischen Fehler um so wichtiger.

Absoluter, relativer und prozentueller Fehler
Ist x ein Messwert und Δx sein Fehler, so ist

$F_{abs} = \Delta x$ der **absolute**, $F_{rel} = \frac{\Delta x}{x}$ der **relative** und $F\% = 100\frac{\Delta x}{x}$ der **prozentuelle** Fehler.

Der relative oder anschaulicher der prozentuelle Fehler dienen zum Vergleich. Beide Fehler sind auf gleichgroße Messwerte - der relative Fehler auf 1, der prozentuelle auf 100 - normiert und daher vergleichbar.
Die Angabe eines relativen Fehlers ist allerdings nur sinnvoll, wenn der Wertebereich der Größe x die untere Grenze null hat. Bei Temperaturangaben in °C trifft dies z. B. nicht zu. Für $t = 0{,}0 \pm 0{,}1\,°C$ wäre $\frac{\Delta t}{t} = \infty$. Hier muss die absolute Temperatur T verwendet werden.

$T = 273{,}2 \pm 0{,}1$ K und $\frac{\Delta T}{T} = 0{,}00037$ oder $100\frac{\Delta T}{T} = 0{,}037\%$

Beispiel GR- 20: Welche von den zwei Größen wurde genauer gemessen: $x = 8{,}573 \pm 0{,}022$ und $y = 9{,}207 \pm 0{,}023$.
$\Delta x = 0{,}022$ und $\Delta y = 0{,}023$. Der absolute Fehler von y ist größer als der von x. Die relativen Fehler sind aber $100\frac{\Delta x}{x} = 0{,}26\%$ und $100\frac{\Delta y}{y} = 0{,}25\%$. y wurde genauer gemessen!

1.5.2 Fehlerfortpflanzung

Sehr häufig wird eine Größe nicht direkt gemessen, sondern aus anderen direkt gemessenen Größen berechnet. Die berechnete Größe nennt man dann **mittelbare Größe**.

Misst man die drei Seiten a, b, c eines Quaders, so wird das Volumen nach v = a.b.c berechnet. v ist die mittelbare Größe.
Die Viskosität einer Flüssigkeit wird bestimmt, indem man die Durchflusszeit t eines gegebenen Volumens in einem Kapillarviskosimeter misst und nach $\nu = k\,.\,t$ berechnet.

Die Äquivalentleitfähigkeit eines Elektrolyten ist nicht direkt messbar, sondern wird nach $\Lambda = \frac{\kappa}{c}$ berechnet, ist also eine mittelbare Größe.
Wie pflanzen sich die Fehler der direkt gemessenen Größen in die mittelbare Größe fort?

Die mittelbare Größe z = f(x, y) werde aus den beiden direkt gemessenen Größen x und y berechnet. Die absoluten Fehler von x und y seien Δx und Δy.
Der absolute Fehler von z ist dann $\Delta z = f(x + \Delta x, y + \Delta y) - f(x, y)$.

Entwickelt man $f(x + \Delta x, y + \Delta y)$ in eine Taylorreihe und bricht diese nach den linearen Gliedern ab, dann erhält man $f(x+\Delta x, y+\Delta y) = f(x,y) + \frac{\partial f(x,y)}{\partial x}\Delta x + \frac{\partial f(x,y)}{\partial y}\Delta y$

Der Restfehler durch den Abbruch der Reihe ist vernachlässigbar, wenn $\Delta x \ll x$ und $\Delta y \ll y$, wenn also die Fehler klein gegen die Messwerte sind. Um eine gegenseitige Kompensation von Fehlern durch verschiedene Vorzeichen zu verhindern, nimmt man noch die Beträge der Ableitungen. Dann wird $\Delta z = \left|\frac{\partial f(x,y)}{\partial x}\right|\Delta x + \left|\frac{\partial f(x,y)}{\partial y}\right|\Delta y$.

Allgemein gilt:

GR 22 Ist eine Größe $z = f(x_1, x_2, \ldots x_n)$ von n fehlerhaften Größen abhängig, dann ist der

maximale absolute Fehler $\Delta z = \sum_{i=1}^{n}\left|\frac{\partial f}{\partial x_i}\right| . \Delta x_i$

Die Δx_i können beliebige Fehler - zufällige oder systematische - sein.

GR 23 Ist z = x + y oder z = x - y dann gilt $\Delta z = \Delta x + \Delta y$
Der absolute Fehler einer **Summe** oder **Differenz** zweier Größen ist die **Summe** der **absoluten** Fehler dieser Größen.

Ist z = x . y oder $z = \frac{x}{y}$ dann gilt $\frac{\Delta z}{z} = \frac{\Delta x}{x} + \frac{\Delta y}{y}$

Der relative (prozentuelle) Fehler eines **Produkts** oder **Quotienten** zweier Größen ist die **Summe** der **relativen** (prozentuellen) Fehler dieser Größen.

Für $z = a . x^n$ ist $\frac{\Delta z}{z} = n\frac{\Delta x}{x}$

GR 24 Für **rein zufällige** Fehler gilt das **Fehlerfortpflanzungsgesetz** von GAUẞ.
Es sei $z = f(x_1, x_2, \ldots x_n)$ wieder eine Funktion von n Messgrößen x_i und s_i ihre Standardabweichungen, dann gilt

$s_z = \sqrt{\sum_{i=1}^{n}\left(\frac{\partial f}{\partial x_i}s_i\right)^2}$ oder analog für die Varianzen $s_z^2 = \sum_{i=1}^{n}\left(\frac{\partial f}{\partial x_i}\right)^2 s_{x_i}^2$

Die Varianz der **Summe** oder **Differenz** zweier Größen ist die Summe der Varianzen dieser Größen: Für z = x + y und z = x - y gilt $s_z^2 = s_x^2 + s_y^2$.

Ist z = a . x (a ist ein **konstanter Faktor**), dann gilt $s_z^2 = a^2 . s_x^2$ bzw. $s_z = a . s_x$

Das Fehlerfortpflanzungsgesetz in der obigen vereinfachten Form gilt streng nur, wenn folgende Voraussetzungen erfüllt sind:

- Die x_i sind voneinander unabhängige Größen. Die Körpergröße und die Armlänge eines Menschen wären nicht voneinander unabhängig.

- Die Standardabweichungen stammen aus Messreihen mit gleicher Anzahl von Einzelmessungen.
- Die Messwerte jeder Messreihe sind normalverteilt.
- Die Standardabweichungen sind sehr klein gegenüber ihren zugehörigen Messgrößen.

Sind diese Voraussetzungen nur teilweise erfüllt, dann ist das Fehlerfortpflanzungsgesetz zumindest eine gute Schätzung des Fehlers. Ist zu den Voraussetzungen nichts bekannt, dann rechnet man besser mit GR 22.

Schon bei der **Planung eines Experimentes** sollte man die möglichen Fehler überlegen. GR 22 und GR 23 können dazu verwendet werden, um jene Größe, deren Fehler auf das Endergebnis am stärksten einwirkt, festzustellen. Diese Größe sollte dann genauer gemessen werden.
Wird etwa bei einem Versuch die Temperatur nur auf drei Aktivstellen genau gemessen (z. B. 23,1°C) und die Masse mit einer Analysenwaage aber auf sechs Stellen genau (z. B. 13,2479 g), dann sollte ein genaueres Thermometer verwendet werden, um den Gesamtfehler klein zu halten.
Bei der **Auswahl von Messreihen** sollte man Messgrößen, die linear voneinander abhängen, in arithmetischer Reihenfolge festlegen. Wird z. B. die Abhängigkeit der Extinktion von der Konzentration untersucht (Lambert-Beer-Gesetz!), dann ist es günstig die Konzentrationen der herzustellenden Lösungen in gleichmäßigen Schritten (arithmetische Reihe!) zu erhöhen.
Ist die Abhängigkeit exponentiell, dann sollte die exponentielle Größe in geometrischer Reihenfolge festgelegt werden. Dies gilt z. B. für den Druck bei Dampfdruckuntersuchungen, wenn dieser eingestellt und danach die Temperatur gemessen wird.

Beispiel GR- 21: Man berechne den relativen Fehler eines Produktes zweier Größen $z = x.y$

$$\Delta z = \left|\frac{\partial f}{\partial x}\right| \Delta x + \left|\frac{\partial f}{\partial y}\right| \Delta y = y\,\Delta x + x\,\Delta y \quad \Rightarrow \quad \frac{\Delta z}{z} = \frac{y\,\Delta x}{x\,y} + \frac{x\,\Delta y}{x\,y} = \frac{\Delta x}{x} + \frac{\Delta y}{y}$$

Beispiel GR- 22: Ein Tiegel hat leer die Masse $m_1 = 22{,}1894$ g, mit Substanz $m_2 = 22{,}2853$ g
Die Präzision der Waage ist 0,2 mg. Welchen prozentuellen Fehler hat die Auswaage?
$m = m_2 - m_1 = 0{,}0959$ g
$F_{abs} = \Delta m = \Delta m_2 + \Delta m_1 = 0{,}2 + 0{,}2 = 0{,}4$ mg. Der relative Fehler ist

$$F_{rel} = \frac{\Delta m}{m} = \frac{\Delta m_2 + \Delta m_1}{m_2 - m_1} = \frac{(0{,}2 + 0{,}2).10^{-3}}{22{,}2853 - 22{,}1894}.\ \text{Daher ist } F\% = 100\frac{\Delta m}{m} = 0{,}42\%.$$

Beispiel GR- 23: Man berechne den absoluten und prozentuellen Fehler des Volumens eines Würfels. Die Seitenlänge beträgt $a = 60{,}0 \pm 0{,}1$ mm $\Rightarrow V = a^3 = 216000$ mm^3
$F_{abs} = \Delta V = 3a^2.\ \Delta a = 1080$ mm^3 ist der absolute Fehler.

$$F\% = 100\frac{\Delta V}{V} = 0{,}5\%$$

Der prozentuelle Fehler, direkt aus der Seitenlänge berechnet, ist

$$F\% = 100.3.\frac{\Delta a}{a} = \frac{300.0{,}1}{60} = 0{,}5\%$$

Beispiel GR- 24: Eine Lösung mit bestimmter Molalität wird durch Einwägen der Stoffe hergestellt. Welchen prozentuellen Fehler hat die Molalität b. $M_S = 120{,}05 \pm 0{,}02$ g
Einwaage gelöster Stoff... $m_S = 2{,}1343 \pm 0{,}0001$ g
Einwaage Lösungsmittel... $m_L = 122{,}25 \pm 0{,}01$ g

$b = \frac{1000 m_s}{M_s m_L} = 0{,}1454$ mol/kg. Da bei der Berechnung von b nur Produkte und Quotienten vorkommen, kann GR 23 verwendet werden

$$\frac{\Delta b}{b} = \frac{\Delta m_s}{m_s} + \frac{\Delta M_s}{M_s} + \frac{\Delta m_L}{m_L} = \frac{0{,}0001}{2{,}1343} + \frac{0{,}02}{120{,}05} + \frac{0{,}01}{122{,}25} = 2{,}95.10^{-4}$$

F% = 0,03%

Beispiel GR- 25: Zur Bestimmung des Brechungsindex n eines Stoffes wurden der Einfalls- und der Ausfallswinkel gemessen. Welchen absoluten und prozentuellen Fehler hat n?

$\alpha = 34{,}0 \pm 0{,}1°$; $\beta = 30{,}0 \pm 0{,}1°$

$\Delta\alpha$ und $\Delta\beta$ müssen im Bogenmaß eingesetzt werden! 0,1° = 0,001745 rad

$$n = \frac{\sin\alpha}{\sin\beta} = 1{,}118$$

$$\Delta n = \left|\frac{\partial n}{\partial \alpha}\right| \Delta\alpha + \left|\frac{\partial n}{\partial \beta}\right| \Delta\beta = \frac{\cos\alpha}{\sin\beta}\Delta\alpha + \frac{\sin\alpha . \cos\beta}{\sin^2\beta}\Delta\beta$$

$$\Delta n = \frac{\cos 34°}{\sin 30°} 0{,}001745 + \frac{\sin 34° . \cos 30°}{\sin^2 30°} 0{,}001745 = 0{,}00627$$

$n = 1{,}118 \pm 0{,}006$; F% = 0,56%.

Beispiel GR- 26: Die Molrefraktion einer Flüssigkeit ist $R = \frac{n^2 - 1}{n^2 + 2} . \frac{M}{\rho}$. Wie groß ist der relative Fehler von R? Die molare Masse M wird ohne Fehler angenommen. Der Brechungsindex $n \pm \Delta n$ und die Dichte $\rho \pm \Delta\rho$ sind mit ihrem Messfehler gegeben.

Der Fehler von R ist $\Delta R = \left|\frac{\partial R}{\partial n}\right| \Delta n + \left|\frac{\partial R}{\partial \rho}\right| \Delta\rho$

$$\left|\frac{\partial R}{\partial n}\right| = \frac{M}{\rho} . \frac{2n(n^2+2) - 2n(n^2-1)}{(n^2+2)^2} \Delta n = \frac{M}{\rho} . \frac{6n}{(n^2+2)^2} \Delta n$$

$$\left|\frac{\partial R}{\partial \rho}\right| = \frac{n^2-1}{n^2+2} . \frac{M}{\rho^2} . \Delta\rho = R\frac{\Delta\rho}{\rho}$$

$$\Delta R = \frac{M}{\rho} . \frac{6n}{(n^2+2)^2} . \Delta n + R\frac{\Delta\rho}{\rho} \Rightarrow \frac{\Delta R}{R} = \frac{6n}{(n^2+2)(n^2-1)} \Delta n + \frac{\Delta\rho}{\rho}$$

Beispiel GR- 27: Ein Kapillarviskosimeter wird mit einer Testflüssigkeit (ν = 1,0037 mPa.s; s_ν = 0,0009 mPa.s) kalibriert. Der Mittelwert der Durchflusszeiten ist $\overline{t} = 105{,}37$ s; $s_t = 0{,}08$ s. Welchen prozentuellen Fehler besitzt die Gerätekonstante k?

$$k = \frac{\nu}{t} \Rightarrow \frac{\partial k}{\partial \nu} = \frac{1}{t} \text{ und } \frac{\partial k}{\partial t} = -\frac{\nu}{t^2}$$

$$s_k^2 = \left(\frac{\partial k}{\partial \nu}\right)^2 s_\nu^2 + \left(\frac{\partial k}{\partial t}\right)^2 s_t^2 = \frac{1}{t^2} s_\nu^2 + \left(\frac{\nu}{t^2}\right)^2 s_t^2 = \frac{1}{105{,}37^2} . 0{,}0009^2 + \left(\frac{1{,}0037}{105{,}37^2}\right)^2 . 0{,}08^2$$

$s_k = 1{,}119.10^{-5}$

Daher ist $k = 0{,}009525 \pm 0{,}000011$ und der prozentuelle Fehler ist 0,12%.

1.6 Beurteilung von Versuchsergebnissen mit statistischen Methoden

Ziel dieser Methoden ist es, aus den gemessenen Werten einer Versuchsreihe einen möglichst richtigen Näherungswert des wahren Wertes einer Größe zu bekommen und ein Urteil über seine Präzision abgeben zu können.

1.6.1 Grundbegriffe

Die **Grundgesamtheit** ist die Zahlenmenge aus der die Messwerte stammen. Sie ist die Menge aller möglichen Werte, die gemessen werden können.
Eine **Stichprobe** ist ein zufällig ausgewählter Teil der Grundgesamtheit.
Wird ein Wert einer statistischen Funktion aus **allen** Werten der Grundgesamtheit berechnet, dann nennt man ihn **Erwartungswert**. Erwartungswerte werden mit griechischen Buchstaben bezeichnet: μ ist der Mittelwert, σ die Standardabweichung.
Wird der Wert der statistischen Funktion **nur** aus den Messwerten der Stichprobe berechnet, dann heißt er **Schätzwert**. Bezeichnung mit lateinischen Buchstaben: $\overline{x}$ oder m(x) ist der Mittelwert, s die Standardabweichung.

Werden beispielsweise aus einer mit Äpfel gefüllten Kiste alle Äpfel gewogen, dann erhält man daraus die Erwartungswerte μ und σ für die mittlere Masse eines Apfels. Wägt man nur zehn zufällig daraus entnommene Äpfel, dann bekommt man die Schätzwerte $\overline{x}$ und s.

Kommt in einer Messreihe mit n Messungen ein bestimmter Wert W k-mal vor, dann heißt k **absolute Häufigkeit** und $h(W) = \frac{k}{n}$ **relative Häufigkeit** dieses Wertes. Da k nur zwischen den Werten 0 (W wurde nicht gefunden) und n (W wurde n-mal gemessen) liegen kann, gilt $0 \leq h(W) \leq 1$.

Anzahl der Freiheitsgrade. Liegt eine Stichprobe mit n Werten vor, so ist die Anzahl f der Freiheitsgrade für die Berechnung einer statistischen Größe G gleich n, vermindert um die Anzahl der statistischen Größen, die zuvor aus derselben Stichprobe berechnet werden müssen, um danach G zu erhalten.
Beispielsweise muss zur Berechnung der Varianz zuvor der Mittelwert $\overline{x}$ berechnet werden: $s_x^2 = \frac{1}{n-1}\sum_{i=1}^{n}(x_i - \overline{x})^2$. Daher ist im Nenner f = n - 1. Der Mittelwert $\overline{x} = \frac{1}{n}\sum_{i=1}^{n} x_i$ kann direkt aus den x_i berechnet werden, daher ist im Nenner f = n.

1.6.2 Verteilungsfunktionen

Zieht man aus einer Grundgesamtheit mehrere Stichproben, so werden sich die Mittelwerte und Standardabweichungen dieser Stichproben unterscheiden. Mit welcher Zuverlässigkeit kann man aus den Schätzwerten $\overline{x}$ und s auf die eigentlich gesuchten Werte μ und σ schließen?

Beispiele:

- Aus einer großen Menge Eisenerz werden mehrere Proben gezogen und der Eisengehalt bestimmt. In welchem Bereich um den Mittelwert $\overline{x}$ der Eisenbestimmungen kann man den wahren Eisengehalt mit einer bestimmten Wahrscheinlichkeit erwarten?
- Misst man die Oberflächenspannung von Proben der gleichen Flüssigkeit mit zwei verschiedenen Tensiometern, sind dann die Unterschiede in den Mittelwerten der Oberflä-

chenspannung signifikant (also tatsächliche Unterschiede) oder nur zufällig? Messen die beiden Tensiometer gleich richtig und gleich präzise?

Genaue Rückschlüsse von der Stichprobe auf die Grundgesamtheit sind nur möglich, wenn die Verteilung der Werte der Grundgesamtheit bekannt ist oder zumindest eine bestimmte Verteilung zugrundegelegt werden kann.

GR 25 Es ist eine Erfahrungstatsache, dass **Messwerte** von physikalischen und chemischen Untersuchungen normalverteilt oder zumindest annähernd normalverteilt sind. Selbst wenn sie nicht normalverteilt sind, besagt der **zentrale Grenzwertsatz der Statistik**, dass die Mittelwerte von Stichproben aus der nicht normalverteilten Grundgesamtheit um so besser normalverteilt sind, je größer der Stichprobenumfang n ist.
Da für die meisten Fragestellungen einer statistischen Auswertung sowieso die Mittelwerte gebraucht werden, wird man mit diesen rechnen, wenn die Messwerte selbst nicht normalverteilt sind.

Die wichtigsten Verteilungsfunktionen für Messwerte und ihre Mittelwerte sind daher die **Normalverteilung** (für große n; theoretisch für $n \rightarrow \infty$) und die **t-Verteilung** (für kleine n). Für n = 200 ist der Unterschied zwischen t-Verteilung und Normalverteilung nur noch etwa 1%. Für die Varianzen benötigt man noch die **F-Verteilung**.

Jede Verteilung wird durch zwei Funktionen charakterisiert (Abb.GR- 2). Die **Dichtefunktion** f(v) gibt die Abhängigkeit der relativen Häufigkeit h vom Wert v an. Es ist also h = f(v).

Die **Verteilungsfunktion** F(z) ist bei stetigen Verteilungen das Integral $F(z) = \int_{-\infty}^{z} f(v)\,dv$.

Stetige Verteilungen sind Verteilungen, die für kontinuierliche Wertemengen, wie etwa Messwerte, gelten.

Stetige symmetrische Verteilung

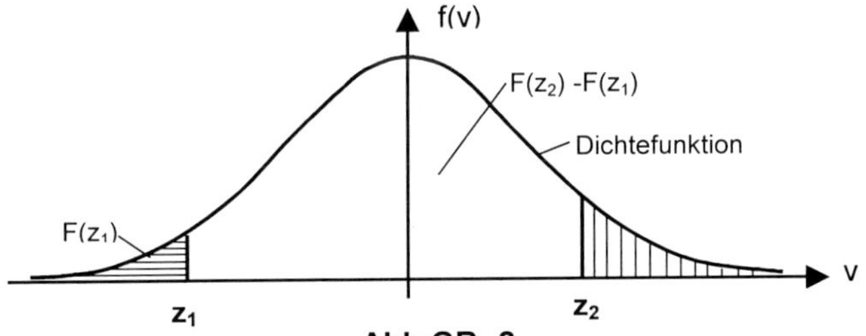

Abb.GR- 2

$P(v \leq z_1) = F(z_1) = \int_{-\infty}^{z_1} f(v)\,dv$ ist gleich der Wahrscheinlichkeit dafür (man sagt auch statistische Sicherheit P), dass v kleiner als z_1 ist. Geometrisch gesehen ist dieses Integral gleich dem Inhalt der Fläche zwischen der Kurve der Dichtefunktion und der Abszissenachse von $-\infty$ bis z_1, in Abb.GR- 2 horizontal schraffiert.

$P(z_1 < v \leq z_2) = F(z_2) - F(z_1) = \int_{z_1}^{z_2} f(v)\,dv$ ist analog die statistische Sicherheit dafür, dass ein Wert v zwischen zwei Werten z_1 und z_2 liegt und ist gleich der Fläche unter der Dichtefunktion zwischen z_1 und z_2, in Abb.GR- 2 nicht schraffiert.

$\int_{-\infty}^{\infty} f(v)\,dv = 1$ entspricht dem sicheren Ereignis - der Wert z muss irgendwo zwischen $-\infty$ und ∞ liegen.

$P(v > z_2) = \int_{z_2}^{\infty} f(v)\,dv = 1 - \int_{-\infty}^{z_2} f(v)\,dv = 1 - F(z_2)$ ist die Wahrscheinlichkeit dafür, dass ein Wert v oberhalb von z_2 liegt, in Abb.GR- 2 vertikal schraffiert.

Die **Normalverteilung** und die **t-Verteilung** besitzen eine um den Mittelwert **symmetrische** Dichtefunktion (Abb.GR- 2).

Die folgende Eigenschaft von Verteilungsfunktionen mit symmetrischen Dichtefunktionen ist für die später erklärten Tests wichtig.
Für ein symmetrisches Intervall um den Mittelwert μ gilt: $P(-z < v \le z) = F(z) - F(-z)$
Da die Verteilung symmetrisch ist, ist außerdem $F(-z) = 1 - F(z)$. Daher ist
$F(z) - F(-z) = F(z) - 1 + F(z) = 2\,F(z) - 1$

GR 26 Bei einer **Verteilungsfunktion** mit **symmetrischer Dichtefunktion** gilt für ein symmetrisches Intervall um den Mittelwert μ: $P(-z < v \le z) = 2\,F(z) - 1$

Beispiel GR- 28: Gesucht sind die Grenzen z des symmetrischen Intervalls $(\mu - z, \mu + z)$ um μ, sodass die statistische Sicherheit P = 0,95 (95%) ist, einen Wert v darin zu finden?

Es ist $0{,}95 = 2F(z) - 1 \Rightarrow F(z) = \frac{1 + 0{,}95}{2} = 0{,}975$

In einer Tabelle der Verteilungsfunktion F(z) (ANH- 2: t-Verteilung) findet man daher den Wert z nicht bei P = 0,95 sondern bei P = 0,975.

Die **F-Verteilung** ist unsymmetrisch und besitzt nur Werte für positive z, da die Varianz σ^2 ebenfalls nur positiv ist (Abb.GR- 3).

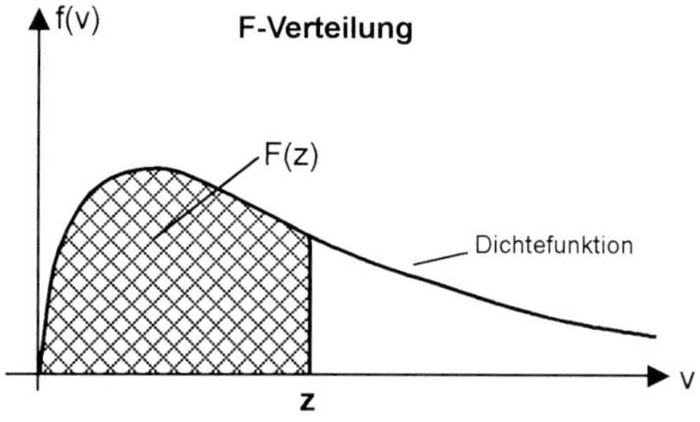

Abb.GR- 3

1.6.3 **Streubereich** um den Mittelwert

Gegeben sei eine Stichprobe mit n normalverteilten Messwerten, dem Mittelwert $\bar{x}$ und der Standardabweichung s.

GR 27 Das symmetrische Intervall $\bar{x} \pm \Delta x$, in dem sich mit der statistischen Sicherheit P einer der Messwerte befindet ist $\Delta x = z(t).s$
z(t) entnimmt man einer Tabelle der t-Verteilung (ANH- 2) für den Wert
$F(z) = ½\,(1 + P)$ und $f = n - 1$ Freiheitsgraden. Der Test kann auch so durchgeführt

werden, dass man $t = \frac{|x_i - \bar{x}|}{s}$ berechnet und mit z(t) vergleicht. Ist t > z(t), dann liegt x_i nicht mehr innerhalb des Intervalls. (s. Beispiel GR- 29)

Da mit zunehmendem n die t-Verteilung in die Normalverteilung übergeht, kann man ab etwa n > 200 das z(N) der Normalverteilung (Spalte ∞ in ANH- 2) verwenden. Dieses z(N) hängt nur noch von P und nicht mehr vom Stichprobenumfang n ab.
Das Intervall ist dann $\Delta x = z(N) \cdot \sigma$ (Die Standardabweichung s ist für große n praktisch dem σ gleich).
Der Streubereich kann z. B. dazu verwendet werden, um „**Ausreißer**" zu erkennen und unerwartete systematische Fehler aufzuspüren. In der Statistik wurden außerdem spezielle Prüfmethoden auf Ausreißer entwickelt.

Beispiel GR- 29: Eine Stichprobe (n = 22) enthält einen auffallenden Wert x_n = 2,50 sonst nur Werte um 2,3 bis 2,4. Kann man 2,50 als Ausreißer ausscheiden?
Um 2,50 eventuell ausscheiden zu können, berechnet man aus den restlichen 21 Werten $\bar{x}$ und s und damit den Streubereich der Messwerte um $\bar{x}$ mit einer hohen statistischen Sicherheit, z. B. 99%.
Es ist $\bar{x}$ = 2,37 und s = 0,029
Mit f = n - 1 = 20 und F(z) = ½ (1+ 0,99) = 0,995 ist z(t) = 2,845 (ANH- 2)
$\Delta x = 2{,}845 \cdot 0{,}029 = 0{,}0825$
Dies bedeutet anschaulich: Von 100 Messwerten liegen 99 zwischen den Werten 2,29 (2,37 - 0,08) und 2,45 (2,37 + 0,08).
Der Wert 2,50 ist deutlich zu hoch und damit ziemlich sicher ein Ausreißer.

Mit der zweiten Methode hätte man $t = \frac{|2{,}37 - 2{,}50|}{0{,}029} = 4{,}48$. Dieser Wert ist viel größer als 2,85. 2,50 liegt daher nicht mehr im Streubereich von $\bar{x}$.

Beispiel GR- 30: Bei der Überprüfung eines Photometers mit einer Testlösung, die 1,00 mg/l enthält, wurde nur ein Wert von 0,85 mg/l gefunden. Könnte dieser Wert bei einer statistischen Sicherheit P = 0,99 noch eine zufällige Abweichung sein oder ist der Unterschied signifikant und deutet auf einen systematischen Fehler (z. B. Verschiebung des Nullpunktes) hin?
Die Genauigkeit der Meßmethode ist aus vielen vorhergehenden Messungen bekannt und beträgt $\pm$0,02 mg/l.
Hier kann man setzen μ = 1,00 mg/l (Sollwert!) und σ = 0,02.
Für P = 0,99 und F(z) = 0,995 ist z(N) = 2,576 (ANH- 2, Normalverteilung, da μ und σ bekannt!).
$\Delta x = 2{,}576 \cdot 0{,}02 = 0{,}0515$
Die Messwerte dürften mit 99%-iger Sicherheit nur zwischen 0,95 und 1,05 schwanken.
Da 0,85 deutlich tiefer liegt, wird man durch weitere Messungen mit der Testlösung das Gerät genauer überprüfen.

1.6.4 Vertrauensbereich (Konfidenzintervall) eines Mittelwertes

Die Prüfmethode aus Beispiel GR- 29 ist empfindlich auf Abweichungen der Messwerte von der Normalverteilung. Daher ist es nach dem zentralen Grenzwertsatz der Statistik (GR 25) besser mehrere Testmessungen zu machen und den Mittelwert mit dem Sollwert zu vergleichen.

Gegeben sei eine Stichprobe mit n normalverteilten Messwerten, dem Mittelwert $\overline{x}$ und der Standardabweichung s.

GR 28 Das symmetrische Intervall $\overline{x} \pm \Delta\overline{x}$, in dem sich mit der statistischen Sicherheit P der Erwartungswert μ (der wahre Wert der Messgröße) befindet, ist $\Delta\overline{x} = z(t)\frac{s}{\sqrt{n}}$.

z(t) entnimmt man einer Tabelle der t-Verteilung (ANH- 2) für den Wert F(z) = ½ (1+ P) und f = n -1 Freiheitsgraden.

Ist μ bekannt (z. B. ein Sollwert), dann kann der Test auch so durchgeführt werden, dass man $t = \frac{|\overline{x} - \mu|}{s}\sqrt{n}$ berechnet und mit z(t) vergleicht. Ist t > z(t), dann sind $\overline{x}$ und μ signifikant verschieden. (s. Beispiel GR- 31)

Für große n (etwa ab 200) kann man s als σ annehmen und statt z(t) das z(N) der Normalverteilung mit f = n -1 und F(z) = ½ (1+ P) verwenden (ANH- 2). Dann ist $\Delta\overline{x} = z(N)\frac{\sigma}{\sqrt{n}}$

Beispiel GR- 31: Vergleich eines Mittelwerts mit einem Sollwert.

Die Dichte von Wasser bei 20°C ist ρ = 0,9982 g/ml. Mit einem Dichtemeßgerät wurde 11 mal die Dichte von Wasser bei 20°C gemessen: $\overline{x}$ = 0,9984 g/cm³, s = 0,00035 g/cm³.

Man prüfe mit einer statistischen Sicherheit von 99% (P = 0,99) ob das Gerät richtig misst.

f = n - 1 = 10; F(z) = ½ (1 + 0,99) = 0,995 $\Rightarrow$ z(t) = 3,17 (ANH- 2)

$$\Delta\overline{x} = 3{,}17\frac{0{,}00035}{\sqrt{11}} = 3{,}35.10^{-4}$$

Daher ist $0{,}9981 \le \mu \le 0{,}9987$. Der Sollwert ist im Konfidenzintervall enthalten. Die Abweichung von 0,0002 ist nur zufallsbedingt, also nicht signifikant. Das Gerät misst richtig.

Methode 2: $t = \frac{|0{,}9984 - 0{,}9982|}{0{,}00035}.\sqrt{11} = 1{,}90$. Es ist t < z(t). Zwischen $\overline{x}$ und μ ist kein signifikanter Unterschied.

1.6.5 Vergleich zweier Standardabweichungen (F-Test)

Da die Standardabweichung ein Maß für die Präzision ist, kann man damit testen, welches von zwei Messverfahren für dieselbe Größe präziser misst.

GR 29 Gegeben sind zwei Stichproben mit n_1 und n_2 normalverteilten Messwerten und den Standardabweichungen s_1 und s_2. Die gewählte statistische Sicherheit sei P. Die Testgröße $F = \frac{s_1^2}{s_2^2}$, $s_1 > s_2$ wird verglichen mit einem Wert z(F) der F-Verteilung für die Wahrscheinlichkeit F(z) = P und die beiden Freiheitsgrade $f_1 = n_1 - 1$ und $f_2 = n_2 - 1$.
Ist F > z(F), dann besteht zwischen den beiden Standardabweichungen ein gesicherter (signifikanter) Unterschied.
Das Verfahren mit der kleineren Standardabweichung misst präziser.

Diesmal ist F(z) = P, da nicht wie bisher ein Intervall um einen Wert gesucht wird, sondern die Gleichheit ($s_1 = s_2$) der beiden Standardabweichungen gegen die Alternative $s_1 > s_2$ getestet wird. Es wird also nach einer oberen Grenze gefragt.

Man achte daher darauf, dass immer die größere Standardabweichung im Zähler steht!

Der F-Test, kann auch dazu verwendet werden, um die Standardabweichung **s** einer **Stichprobe** (n Werte) mit einer aus vielen Messungen schon bekannten Standardabweichung σ eines **Messverfahrens** zu **vergleichen**. Damit kann etwa geprüft werden ob die Präzision eines Verfahrens sich gegenüber früher verändert hat. Man setzt $s_2 = \sigma$, $n_2 = \infty$ und vergleicht $F = \frac{s^2}{\sigma^2}$ mit z(F) für $f_1 = n - 1$, $f_2 = \infty$ und der statistischen Sicherheit P.

Beispiel GR- 32: Eine Eigenschaft eines Stoffes wurde mit zwei verschiedenen Messgeräten gemessen. Welches Gerät misst präziser? Man prüfe mit 95% statistischer Sicherheit.
Stichprobe1: $n_1 = 21$; $s_1 = 0,0057$
Stichprobe2: $n_2 = 31$; $s_2 = 0,0048$

$$F = \frac{s_1^2}{s_2^2} = 1,410 .$$

In der Tabelle der F-Verteilung (ANH- 3) findet man für $f_1 = 20$, $f_2 = 30$ und P = 0,95, z(F) = 1,93. Da F< z(F), ist der Unterschied zwischen s_1 und s_2 nur rein zufällig also nicht signifikant. Beide Geräte messen gleich präzise.

1.6.6 Vergleich zweier Mittelwerte (t-Test)

Bei diesem Vergleich testet man ob der Unterschied zwischen zwei Mittelwerten $\bar{x}$ und $\bar{y}$ nur zufällig oder signifikant ist. Man nimmt dazu an, dass $\bar{x}$ und $\bar{y}$ gleich sind, dass sie also nur zwei Schätzwerte für den Wert μ derselben normalverteilten Grundgesamtheit sind. Dies bedeutet aber, dass auch die Standardabweichungen der beiden Stichproben Schätzwerte für ein und dasselbe σ sind. Der t-Test darf also streng genommen nur durchgeführt werden, wenn vorher mit dem F-Test die Gleichheit der Varianzen geprüft wurde.
Folgende Fälle sind zu unterscheiden.

A. Die beiden **Stichproben** sind voneinander **abhängig** und gleich groß.
Beispiele:
a.) Mehrere Proben eines Erzes wurden gelöst und aus jeder der Lösungen wurde nach zwei verschiedenen Methoden der Gehalt desselben Stoffes bestimmt.
b.) Von derselben Flüssigkeit wurden zwei Proben entnommen und mit zwei verschiedenen Viskosimetern die Viskosität gleich oft gemessen.
c.) Aus einer Schraubenproduktion wurde eine Stichprobe entnommen und an jeder Schraube mit zwei verschiedenen Messgeräten der Durchmesser bestimmt.

Im Fall A. bildet man die Differenzen zusammengehöriger Werte und prüft mit $\Delta\bar{x} = z(t)\frac{s}{\sqrt{n}}$ (GR 28) ob der Mittelwert der Differenzen aus einer normalverteilten Grundgesamtheit mit Mittelwert 0 stammen könnte.

Beispiel GR- 33: Der Mittelwert und die Standardabweichung der Differenzen zweier gleich großer Stichproben (n = 17) sind m = 0,17 und s = 0,21. Sind die Mittelwerte der beiden Stichproben signifikant verschieden? P = 0,95.

z(t) = 2,12 (ANH- 2) für f = 16 und F(z) = ½ (1+ P) = 0,975 $\Rightarrow \Delta\bar{x} = 2,12\frac{0,21}{\sqrt{17}} = 0,108$.

$\mu = 0$ liegt nicht im Konfidenzintervall $0,06 \leq m \leq 0,28$ des Mittelwertes m. Die beiden Stichproben besitzen verschiedene Mittelwerte.
Zur Sicherheit kann man noch mit P = 0,99 prüfen.

Für f = 16 und F(z) = 0,995 ist z(t) = 2,92 $\Rightarrow \Delta\bar{x} = 2{,}92\frac{0{,}21}{\sqrt{17}} = 0{,}15$. Auch mit 99%iger Wahrscheinlichkeit sind die Mittelwerte verschieden. Der Unterschied ist gesichert.

B. Die beiden **Stichproben** sind voneinander **unabhängig** und daher auch nicht notwendigerweise gleich groß.
Der Test verläuft dann folgendermaßen:

GR 30 Man berechne $\bar{x}$, s_1 und $\bar{y}$, s_2 der beiden Stichproben (Umfang n_1 und n_2).

Man berechne die Testgröße $t = (\bar{x} - \bar{y})\sqrt{\frac{n_1.n_2.(n_1 + n_2 - 2)}{(n_1 + n_2).\left[(n_1 - 1).s_1^2 + (n_2 - 1).s_2^2\right]}}$, $\bar{x} > \bar{y}$.

Wählt man schon beim Messen $n_1 = n_2 = n$, dann wird $t = (\bar{x} - \bar{y})\sqrt{\frac{n}{s_1^2 + s_2^2}}$, also viel einfacher.
Aus der Tabelle der t-Verteilung (ANH- 2) suche man z(t) für F(z) = P und $f = n_1 + n_2 - 2$ Freiheitsgrade.
Ist t > z(t), dann ist der Unterschied zwischen den Mittelwerten gesichert.

Wie beim F-Test ist F(z) = P, da wieder geprüft wird ob $\bar{x}$ gleich oder größer als $\bar{y}$ ist. Man achte darauf, dass $\bar{x} > \bar{y}$!

C. Hat der F-Test gezeigt, dass die **Varianzen nicht gleich** sind, dann messe man zwei gleich große Stichproben ($n_1 = n_2 = n$) mit großem n (n > 30). Bei großem n darf man annehmen, dass $t = (\bar{x} - \bar{y})\sqrt{\frac{n}{s_1^2 + s_2^2}}$ ein Wert einer annähernd normalverteilten Zufallsvariablen mit dem Mittelwert 0 und der Varianz 1 ist und prüfe dies (GR 27).

Beispiel GR- 34: Aus zwei verschiedenen Lieferungen Glycerin wurden Proben gezogen und die Viskositäten gemessen:
$\bar{x}$ = 915 mPa.s; s_1 = 1,7 mPa.s; n_1 = 9 und $\bar{y}$ = 919 mPa.s; s_2 = 1,3 mPa.s; n_2 = 11.
Haben beide Lieferungen die gleiche Qualität? P = 0,95.

Die beiden Proben stammen von verschiedenen Lieferungen, daher Fall B.
Prüfung der Gleichheit der Varianzen:

$F = \frac{s_1^2}{s_2^2} = 1{,}71$; z(F) = 3,07 für $f_1 = 8$, $f_2 = 10$ und P = 0,95. Da F < z(F), sind s_1 und s_2 nicht signifikant verschieden. Auch bei P = 0,99 ist $s_1 = s_2$. Der t-Test liefert also exakte Aussagen.
Misst man immer mit demselben Messgerät, dann braucht man den F-Test nur noch fallweise zur Kontrolle durchführen.
Da die Präzision des Gerätes sich normalerweise nicht ändert, sind dann auch die Varianzen gleich.

t-Test: $t = (919 - 915).\sqrt{\frac{9.11.(9 + 11 - 2)}{(9 + 11).\left[8.1{,}7^2 + 10.1{,}3^2\right]}} = 5{,}97$

z(t) = 1,73 für $n_1 + n_2 - 2 = 18$ und P = 0,95. Es ist t > z(t).
Die Viskositäten der beiden Lieferungen sind signifikant verschieden.
Die beiden Glycerinsorten sind von verschiedener Qualität.

1.7 Ausgleichsrechnung (Regressionsrechnung)

1.7.1 Ausgleichsfunktion und Fehlermaße

Die Abhängigkeit einer Größe von einer anderen wird häufig untersucht.
So ist beispielsweise in der Chemie das Arbeiten mit Stoffen kaum möglich ohne die Kenntnis der Abhängigkeit der Stoffeigenschaften von der Temperatur, dem Druck und der Konzentration.
Das Ergebnis einer Untersuchung des Zusammenhangs zweier Größen ist zunächst immer eine Menge von Wertepaaren. Die verschiedensten Nachschlagewerke mit den Tabellen der Stoffeigenschaften sind Beispiele dafür.
Es ist viel einfacher, den Zusammenhang zweier Größen durch eine Funktion als durch eine umfangreiche Wertetabelle darzustellen. Daher werden derartige Funktionen mit Hilfe der Ausgleichsrechnung häufig berechnet.
Der große Rechenaufwand, den die Ausgleichsrechnung erfordert, wird heute durch elektronische Rechner leicht bewältigt.

Festlegung einer Ausgleichsfunktion
Bevor die Ausgleichsrechnung angewendet werden kann, muss die Art der Funktion, mit der man eine Wertemenge beschreiben will, überlegt werden.
Häufig ergibt sich die Funktion aus den theoretischen Grundlagen zu dem gegebenen Problem (die Gesetze dieses Fachgebietes).
Ist der funktionale Zusammenhang nicht bekannt, dann wird man zunächst die gemessenen Wertepaare grafisch darstellen und danach eine möglichst einfache Funktion festlegen, deren Graph dem Verlauf der Messpunkte gut entspricht.
Hat sich etwa herausgestellt, dass sich die Messpunkte einigermaßen gut um eine Gerade scharen, dann wird man als Funktion $y = ax + b$, die Gleichung einer Geraden, wählen.

Aufgabe der **Ausgleichsrechnung** ist es dann in beiden Fällen, die in der Funktionsgleichung auftretenden **Koeffizienten** zu **berechnen**.

Es sei **n** die Anzahl der gemessenen Wertepaare (x_i, y_i) und **k** die Anzahl der unbekannten Koeffizienten in der Ausgleichsfunktion $y = f(x)$. Setzt man die n Werte in $y = f(x)$ ein, dann bekommt man n Gleichungen für die k Koeffizienten.

Ist **n < k**, dann ist das Gleichungssystem unterbestimmt, eine Berechnung aller Koeffizienten ist nicht möglich. Es liegen zu wenige Messungen vor. Entweder wählt man eine einfachere Ausgleichsfunktion mit weniger Koeffizienten oder man macht mehr Messungen.

Ist **n = k**, dann ist die Berechnung der k Koeffizienten ohne Ausgleichsrechnung möglich (abgesehen von Sonderfällen). Ein einziges falsch gemessenes Wertepaar würde aber das Endergebnis stark verfälschen.

n > k ist der Fall der **Ausgleichsrechnung**. Je mehr Messungen gemacht werden, um so weniger wirkt sich ein Einzelfehler auf das Endergebnis aus.
Die obigen Überlegungen können natürlich auch auf Zusammenhänge mit mehr als zwei Variablen angewandt werden.

Ziel der Ausgleichsrechnung ist dabei immer, jene Funktion zu finden, die die gegebene Wertemenge mit möglichst kleinem Fehler beschreibt.
Dazu ist aber die Festlegung eines Fehlermaßes notwendig.

Fehlermaße

Gegeben sei eine Menge von Wertepaaren $\{ (x_i, y_i) \}$, i =1, 2,... n
x ist dabei die unabhängige Variable (z. B. Temperatur, Konzentration, u. a.). y ist die abhängige Variable (die untersuchte Eigenschaft).
Es sei $P(x_i, y_i)$ ein Punkt der Wertemenge, $Q(x_i, f(x_i))$ sei der entsprechende Punkt der Ausgleichsfunktion. Je näher der Punkt Q dem Messpunkt P liegt, desto besser entspricht die Ausgleichsfunktion dem Messergebnis. (Abb.GR- 4).

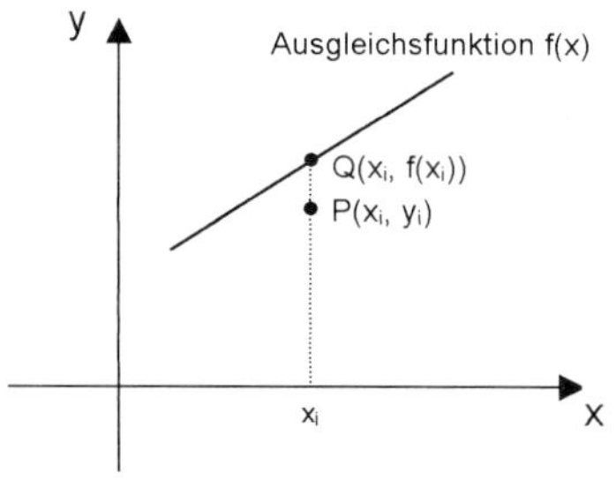

Abb.GR- 4

Ist y_i der gemessene, $f(x_i)$ der berechnete Wert zu einem vorgegebenen x_i, dann wird als **Einzelfehler** definiert: $v_i = f(x_i) - y_i$

Drei Möglichkeiten bieten sich an, den **Gesamtfehler** zu definieren:

1. Der Gesamtfehler V ist die Summe aller Einzelfehler $V = \sum_{i=1}^{n} v_i = \sum_{i=1}^{n} (f(x_i) - y_i)$

Da die Einzelfehler v_i sowohl positiv wie negativ sein können, kompensieren sie sich zumindest teilweise bei der Summenbildung. Der Gesamtfehler V könnte trotz großer Differenzen $f(x_i) - y_i$ klein, ja sogar null werden (vgl.1.4, arithmetisches Mittel!). Daher ist dieses Fehlermaß ungeeignet.

2. Um die Kompensation zu verhindern, könnte man festlegen, dass der Gesamtfehler die Summe der Beträge der Einzelfehler ist. $V = \sum_{i=1}^{n} |v_i| = \sum_{i=1}^{n} |f(x_i) - y_i|$

Der Gesamtfehler V würde dann, wie gewünscht, mit zunehmender Streuung der Messwerte größer werden. Er ist aber trotzdem als Fehlermaß für die Ausgleichsrechnung nicht geeignet. Gesucht wird das Minimum von V. Dazu müssen die Nullstellen der ersten Ableitung von V bestimmt werden. Die Betragsfunktion ist aber genau in ihrem Minimum a nicht differenzierbar. (Abb.GR- 5)

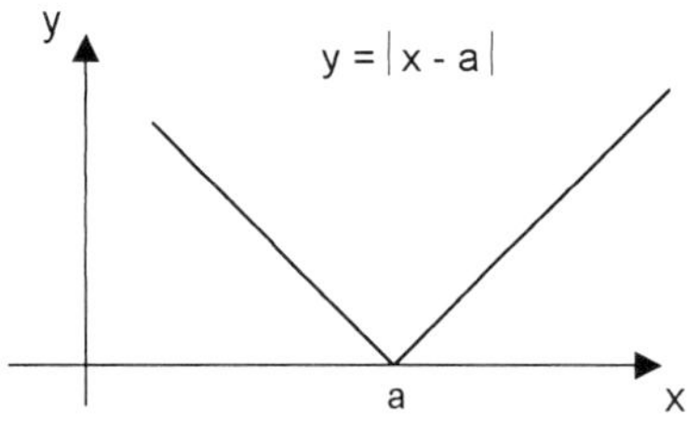

Abb.GR- 5

3. Eine Funktion, die für alle reellen x positiv und differenzierbar ist, ist die Funktion $y = x^2$.
Man definiert daher $V = \sum_{i=1}^{n} v_i^2 = \sum_{i=1}^{n} (f(x_i) - y_i)^2$ und sucht das Minimum dieser Fehlerfunktion. Dies ist das schon von GAUß aufgestellte

GR 31 Prinzip der kleinsten Fehlerquadratsumme: Die **Ausgleichsfunktion** f(x) für die Wertemenge $\{(x_i, y_i)\}$, i = 1, 2,... n ist so zu bestimmen, dass die Summe aller Quadrate der Einzelfehler $V = \sum_{i=1}^{n} v_i^2 = \sum_{i=1}^{n} (f(x_i) - y_i)^2$ möglichst klein wird.

Dieses Prinzip ist von **fundamentaler Bedeutung** für die gesamte Auswertung von Messergebnissen.
Ob es etwa die Berechnung eines einfachen funktionalen Zusammenhangs aus gemessenen Wertepaaren (wie z. B. die Bestimmung der Temperaturabhängigkeit der Dichte) oder die komplizierte Auswertung spektroskopischer Messungen (z. B. FTIR oder NMR) mit der Fourieranalyse ist, die Grundlage ist immer das Prinzip der minimalen Fehlerquadratsumme.

1.7.2 Linearregression

Zu einer Menge von Wertepaaren $\{ (x_i, y_i) \}$, i = 1, 2,... n sollen die Koeffizienten a, b einer linearen Funktion y = ax + b so berechnet werden, dass die Fehlerfunktion $V = \sum_{i=1}^{n} (f(x_i) - y_i)^2$ minimal wird. In der Fehlerfunktion V ist nun f(x) = ax + b.
Das Minimum von V wird wie üblich durch Nullsetzen der partiellen Ableitungen von V bestimmt.

$$\frac{\partial V}{\partial a} = 2\sum_{i=1}^{n}(ax_i + b - y_i).x_i = 0 \text{ und } \frac{\partial V}{\partial b} = 2\sum_{i=1}^{n}(ax_i + b - y_i) = 0$$

Daraus erhält man durch Vereinfachen das **System der Normalgleichungen**

GR 32 (1) $a\sum_{i=1}^{n} x_i^2 + b\sum_{i=1}^{n} x_i = \sum_{i=1}^{n} x_i y_i$

(2) $a\sum_{i=1}^{n} x_i + nb = \sum_{i=1}^{n} y_i$

Das System der Normalgleichungen wird nach a und b aufgelöst.
a ist die **Steigung** und b der **Ordinatenabschnitt** der Geraden.

Sind für eine Versuchsreihe die statistischen Größen $\bar{x}$, s_x^2, $\bar{y}$, s_y^2 (GR 18 bis GR 20) schon vorhanden, dann kann man a und b auch aus diesen berechnen.
Man benötigt dazu noch die

GR 33 **Kovarianz** $s_{xy} = \frac{1}{n-1}\sum_{i=1}^{n}(x_i - \bar{x})(y_i - \bar{y})$. Die praktische Berechnung erfolgt auch hier, wie bei der Varianz, besser nach $s_{xy} = \frac{1}{n-1}\left[\sum x_i y_i - \frac{1}{n}\sum x_i \sum y_i\right]$

Wird $\sum x_i = n\bar{x}$ in GR 32(2) eingesetzt, dann erhält man $\bar{y} = a\bar{x} + b$.
Dies bedeutet, dass die Ausgleichsgerade immer durch den Mittelwert $(\bar{x}, \bar{y})$ hindurchgeht.

Setzt man $b = \bar{y} - a\bar{x}$ in GR 32(1) ein und vereinfacht, dann erhält man $a = \frac{s_{xy}}{s_x^2}$.

Zusammengefasst ist also

GR 34 $a = \frac{s_{xy}}{s_x^2}$ und $b = \bar{y} - a\,\bar{x}$

GR 35 Der Quotient $r = \frac{s_{xy}}{s_x . s_y}$ heißt **Korrelationskoeffizient**.

Für den Korrelationskoeffizienten gilt: $-1 \leq r \leq 1$. Der Korrelationskoeffizient liegt immer zwischen -1 und +1. Genau dann, wenn alle Wertepaare $\{ (x_i, y_i) \}$ auf der Regressionsgeraden liegen ist $|r| = 1$.
r ist negativ (positiv), wenn die Steigung a der Regressionsgeraden negativ (positiv) ist.

Der Korrelationskoeffizient wird daher verwendet, um die Güte der Anpassung der Regressionsgeraden zu überprüfen. Je näher der Korrelationskoeffizient bei 1 liegt, desto näher zur Regressionsgeraden liegen auch die Messpunkte.

Zusätzlich kann man noch den **auf einen Messwert normierten Gesamtfehler** als Maß für die Anpassung angeben: $F = \sqrt{\frac{1}{n}\sum_{i=1}^{n}(f(x_i) - y_i)^2}$

Beispiel GR- 35: Ein einfaches Beispiel soll die obigen Überlegungen verdeutlichen
Gegeben ist die Stichprobe { (1, 2) (2, 3) (3, 6) (4, 9) (5, 11)}.
Die grafische Darstellung zeigt, dass die Messpunkte verhältnismäßig gut auf einer Geraden liegen. Wie lautet die Gleichung der Regressionsgeraden?
Methode A (mit den Normalgleichungen GR 32)

	x_i	y_i	x_i^2	x_iy_i	y_i^2	$f(x_i)$
(1) $a\sum_{i=1}^{n} x_i^2 + b\sum_{i=1}^{n} x_i = \sum_{i=1}^{n} x_i y_i$	1	2	1	2	4	1,4
	2	3	4	6	9	3,8
(2) $a\sum_{i=1}^{n} x_i + nb = \sum_{i=1}^{n} y_i$	3	6	9	18	36	6,2
	4	9	16	36	81	8,6
	5	11	25	55	121	11,0
Summen	15	31	55	117	251	31,0

Das Gleichungssystem in a und b lautet daher
55 a + 15 b = 117
15 a + 5 b = 31
$\Rightarrow$ 10 a = 24; a = 2,4 und b = -1
Die Gleichung der Geraden ist y = 2,4 x - 1
Methode B

$\bar{x} = 3,\ \bar{y} = 6,2;\ s_x^2 = \frac{1}{n-1}\left[\sum x_i^2 - \frac{1}{n}\left(\sum x_i\right)^2\right] = \frac{1}{4}\left(55 - \frac{1}{5}225\right) = 2,5$; analog ist $s_y^2 = 14,7$

$s_{xy} = \frac{1}{n-1}\left[\sum x_i y_i - \frac{1}{n}\sum x_i \sum y_i\right] = \frac{1}{4}\left(117 - \frac{1}{5}.15.31\right) = 6$

Daher ist $a = \frac{s_{xy}}{s_x^2} = \frac{6}{2,5} = 2,4$ und $b = \bar{y} - a\,\bar{x} = 6,2 - 2,4.3 = -1$

Der Korrelationskoeffizient ist $r = \frac{s_{xy}}{s_x . s_y} = \frac{6}{\sqrt{2,5.14,7}} = 0,98974$; $F = \sqrt{\frac{1.2}{5}} = 0,49$ ist der durchschnittliche Fehler pro Wertepaar.

Linearisierung
Viele nichtlineare Funktionen lassen sich durch geeignete Koordinatentransformationen in lineare Funktionen umwandeln und damit der Linearregression zugänglich machen.
Man berechnet dann zunächst von der linearen Funktion Steigung ST und Ordinatenabschnitt OA und transformiert diese auf die ursprünglichen Koeffizienten zurück.
Einige Möglichkeiten dazu zeigt die Übersicht Tabelle GR- 2.

Tabelle GR- 2

Linearisierung nichtlinearer Funktionen					
Gegebene Funktion	Gegebene Funktion umgeformt	In der transformierten Funktion **v = ST.u + OA** ist daher			
		v	u	ST	OA
$y = a x^n + b$ n ist beliebig und bekannt. Z. B. ist $y = \frac{a}{x} + b$ für n= -1	$y = a x^n + b$ also unverändert	y	x^n	a	b
$y = a x^2 + b x$	$\frac{y}{x} = a x + b$	$\frac{y}{x}$	x	a	b
$y = \frac{a}{x + b}$	$\frac{1}{y} = \frac{1}{a} x + \frac{b}{a}$	$\frac{1}{y}$	x	$\frac{1}{a}$	$\frac{b}{a}$
$y = \frac{a x}{b + x}$	$\frac{1}{y} = \frac{b}{a} . \frac{1}{x} + \frac{1}{a}$	$\frac{1}{y}$	$\frac{1}{x}$	$\frac{b}{a}$	$\frac{1}{a}$
$y = \frac{x}{a x + b}$	$\frac{x}{y} = a x + b$	$\frac{x}{y}$	x	a	b
$y = a b^x$	lny = lna + x lnb	lny	x	lnb	lna
$y = a e^{bx}$	lny = lna + bx	lny	x	b	lna
$y = a e^{\frac{b}{x}}$	$\ln y = \ln a + b \frac{1}{x}$	lny	$\frac{1}{x}$	b	lna
$y = a x^b$	lny = lna + b lnx	lny	lnx	b	lna

Multiple lineare Regression
Ist eine Größe von mehr als einer Variablen linear abhängig, $z = a_0 + a_1 x_1 + a_2 x_2 + ... + a_k x_k$, dann kann man ebenfalls eine Linearregression durchführen.

Auch hier muss die Fehlerfunktion $V = \sum_{i=1}^{n} (z_i - y_i)^2$ ein Minimum werden.

Durch Einsetzen von z und Nullsetzen der partiellen Ableitungen von V nach den Koeffizienten a_i erhält man das Normalgleichungssystem.

1.7.3 Nichtlineare Regression

Prinzipiell kann man in die Minimalbedingung $V = \sum_{i=1}^{n}(f(x_i) - y_i)^2$ jede Regressionsfunktion $f(x)$ einsetzen und wie oben beschrieben das System der Normalgleichungen berechnen. Ist das System der Normalgleichungen ein lineares Gleichungssystem, dann kann es relativ einfach gelöst werden (Beispiel GR- 35 und Beispiel GR- 36). Bilden die Normalgleichungen ein nichtlineares Gleichungssystem, dann ist es nur noch mit Näherungsmethoden lösbar. Dies trifft z. B. für Summen von e-Funktionen, wie etwa $f(x) = a\,e^{\alpha x} + b\,e^{\beta x}$, oder rationale Funktionen, wie $f(x) = \frac{a\,x + b}{c\,x^2 + d}$, zu (Beispiel GR- 37).

Der Korrelationskoeffizient nach GR 35 macht nur eine Aussage über einen **linearen** Zusammenhang!
Bei nichtlinearen Regressionsfunktionen kann eine enge funktionale Beziehung zwischen zwei Größen bestehen und trotzdem der Korrelationskoeffizient sehr klein oder sogar null werden.
Als **Korrelationskoeffizient** bei nichtlinearen Regressionen wird verwendet

GR 36 $$r = \frac{\sum_{i=1}^{n}(f(x_i) - \bar{y})^2}{\sum_{i=1}^{n}(y_i - \bar{y})^2}$$ $\bar{y}$ ist der Mittelwert der Messwerte y_i

$f(x_i)$ sind die mit der Regressionsfunktion $f(x)$ berechneten Werte.
Für die praktische Berechnung genauer ist wieder (analog zur Varianz!)

$$r = \frac{n\sum f^2(x_i) - 2\sum y_i \sum f(x_i) + \left(\sum y_i\right)^2}{n\sum y_i^2 - \left(\sum y_i\right)^2}$$

Im Zähler steht die Summe der Fehlerquadrate (bezogen auf $\bar{y}$) für die berechneten Werte $f(x_i)$, im Nenner die Summe der Fehlerquadrate für die gemessenen Werte y_i. Je besser die $f(x_i)$ mit den y_i übereinstimmen, desto näher bei 1 liegt r.

Beispiel GR- 36: Es seien n Wertepaare { (x_i, y_i) }, i = 1, 2,... n gemessen worden. Sie sollen durch eine Regressionsfunktion z(x) = a.f(x) + b.g(x) + c.h(x) beschrieben werden. f(x), g(x) und h(x) seien Terme von x, in denen keine durch die Regression zu bestimmenden Koeffizienten mehr vorkommen. z(x) ist also in a, b und c linear. Das System der Normalgleichungen wird damit ebenfalls linear. Man berechne das System der Normalgleichungen.

$$V = \sum_{i=1}^{n}(z(x_i) - y_i)^2 = \sum_{i=1}^{n}\left[a\,f(x_i) + b\,g(x_i) + c\,h(x_i) - y_i\right]^2 \Rightarrow$$

$$\frac{\partial V}{\partial a} = 2\sum_{i=1}^{n}\left[a\,f(x_i) + b\,g(x_i) + c\,h(x_i) - y_i\right]\,f(x_i) = 0$$

$$\frac{\partial V}{\partial b} = 2\sum_{i=1}^{n}\left[a\,f(x_i) + b\,g(x_i) + c\,h(x_i) - y_i\right]\,g(x_i) = 0$$

$$\frac{\partial V}{\partial c} = 2\sum_{i=1}^{n} \left[a f(x_i) + b g(x_i) + c h(x_i) - y_i\right] h(x_i) = 0$$

Ausmultiplizieren und trennen der Summanden ergibt das System der Normalgleichungen, das ein lineares System in a, b, c ist.

$$a\sum_{i=1}^{n} f^2(x_i) + b\sum_{i=1}^{n} f(x_i)g(x_i) + c\sum_{i=1}^{n} f(x_i)h(x_i) = \sum_{i=1}^{n} y_i f(x_i)$$

$$a\sum_{i=1}^{n} g(x_i)f(x_i) + b\sum_{i=1}^{n} g^2(x_i) + c\sum_{i=1}^{n} g(x_i)h(x_i) = \sum_{i=1}^{n} y_i g(x_i)$$

$$a\sum_{i=1}^{n} h(x_i)f(x_i) + b\sum_{i=1}^{n} h(x_i)g(x_i) + c\sum_{i=1}^{n} h^2(x_i) = \sum_{i=1}^{n} y_i h(x_i)$$

Dieses allgemeine Lösungsschema für Ausgleichsfunktionen mit drei Koeffizienten ist für mehrere Ausgleichsfunktionen, die häufig verwendet werden, brauchbar.
Ist z. B. $f(x) = x^2$, $g(x) = x$ und $h(x) = 1$, dann bekommt man die **Ausgleichsparabel** $z(x) = ax^2 + bx + c$. Diese wird dann verwendet, wenn die Linearregression nicht ausreichend genau ist.
Setzt man $z(x) = \ln K(T)$, $f(x) = \ln T$, $g(x) = 1/T$ und $h(x) = 1$, dann erhält man die in der **Thermodynamik** wichtige Funktion $\ln K(T) = a.\ln T + b/T + c$, die die Temperaturabhängigkeit der Gleichgewichtskonstanten angibt.

Beispiel GR- 37: Kein lineares Normalgleichungssystem erhält man z. B. mit
$f(x) = a e^{\alpha x} + b e^{\beta x}$. a, α, b und β sind die Koeffizienten, die berechnet werden sollen.

$$V = \sum_{i=1}^{n} (f(x_i) - y_i)^2 = \sum_{i=1}^{n} (ae^{\alpha x_i} + be^{\beta x_i} - y_i)^2$$

$$\frac{\partial V}{\partial a} = 2\sum_{i=1}^{n} (ae^{\alpha x_i} + be^{\beta x_i} - y_i)e^{\alpha x_i} = 0$$ usw. Die erste Normalgleichung wäre dann

$$a\sum_{i=1}^{n} e^{2\alpha x_i} + b\sum_{i=1}^{n} e^{(\alpha+\beta)x_i} = \sum_{i=1}^{n} y_i\, e^{\alpha x_i}$$

Die Regressionskoeffizienten α und β können nicht separiert werden.

In neuerer Zeit wurden sehr **wirkungsvolle Iterationsverfahren** entwickelt, die durch schrittweise Variation der Koeffizienten direkt das Minimum der Fehlerfunktion V suchen.
Sie sind wie die Normalgleichungsmethode ebenfalls für beliebige Regressionsfunktionen geeignet. Da der Lösungsweg aber nicht über das System der Normalgleichungen geht, erspart man sich das Differenzieren der Fehlerfunktion und eventuell die umständliche Auflösung eines nichtlinearen Gleichungssystems.
Der Rechenaufwand ist allerdings bei beiden Methoden - Normalgleichungen bzw. Iterationsverfahren - schon so groß, dass es zweckmäßig ist, einen Computer dafür einzusetzen.
Heute gibt es schon fast auf jedem elektronischen Taschenrechner den Algorithmus der Linearregression. Mit der Linearregression und den Methoden der Linearisierung (s. Tabelle GR- 2) kann man aber die meisten Probleme aus der Praxis lösen.

In den meisten Fällen darf man annehmen, dass die Messwerte normalverteilt sind. Dann kann man die berechneten Regressions- und Korrelationskoeffizienten als Schätzwerte auffassen und mit den statistischen Methoden **Konfidenzintervalle** dafür berechnen. Gute Computerprogramme enthalten auch diese Algorithmen.

1.8 Näherungsmethoden zur Lösung von Gleichungen

1.8.1 Grundlagen

In der physikalischen Chemie kommen häufig **nichtlineare** Gleichungen vor. Je nach Art der Funktion f(x) in der Gleichung f(x) = 0 sind dies entweder algebraische oder transzendente Gleichungen.

Algebraische Gleichungen enthalten keine transzendenten Funktionen sondern nur Polynome oder Terme, die beim Umformen zu Polynomen führen.
Algebraische Gleichungen sind etwa
$x^2 - 2x - 6 = 0$; $3x^5 - 3x + 7 = 0$; $xy^2 - 3x^2y - 2x^3 + 8 = 0$ und $\sqrt{x+2} - \sqrt{x-3} = \sqrt{3x-7}$.
Lösungsformeln gibt es im allgemeinen nur für algebraische Gleichungen bis zum vierten Grad. In der Praxis wird allerdings nur die einfachste algebraische Gleichung - die quadratische Gleichung - mit einer Lösungsformel gelöst. Die Lösungsformeln für die Gleichungen dritten und vierten Grades sind schon so kompliziert, dass sie praktisch nicht verwendet werden.

Transzendente Gleichungen enthalten transzendente Funktionen, wie etwa den Logarithmus, die Exponentialfunktion und die Kreisfunktionen.
Beispiele dafür sind etwa $e^x + x - 3 = 0$ und $2\ln x - 3x^2 + 1 = 0$.
Für transzendente Gleichungen gibt es, abgesehen von einigen einfachen Fällen, keine Lösungsformeln.

Algebraische Gleichungen ab dem dritten Grad und transzendente Gleichungen löst man daher mit **Näherungsmethoden**.
Meist geht man dabei so vor, dass man zunächst einen groben Näherungswert für die Lösung sucht und diesen dann durch ein sogenanntes **Iterationsverfahren** schrittweise bis zur gewünschten Genauigkeit verbessert.
In der physikalischen Chemie werden fast immer nur die **reellen Lösungen** einer Gleichung gesucht. Konzentrationen beispielsweise haben immer nur reelle positive Werte in einem beschränkten Zahlenbereich. Molenbrüche liegen immer zwischen null und eins.
Daher beschränken sich die folgenden Methoden auf die Suche von reellen Lösungen.

Um eine Näherungsmethode anwenden zu können, muss die der Gleichung f(x) = 0 zugrundeliegende Funktion f(x) bestimmte Voraussetzungen erfüllen.
f(x) muss, zumindest in einem Intervall um eine Lösung x_L, stetig und so oft es für die Methode notwendig ist differenzierbar sein.

Bestimmung eines groben Näherungswertes
Meist kann man einen ungefähren Wert für die Lösung aus der Problemstellung ableiten. Da die Funktion f(x) laut Voraussetzung stetig ist, muss es nach dem **Zwischenwertsatz** von BOLZANO zwischen einem positiven und einem negativen Funktionswert auch den Funktionswert null geben. Die Abszisse x zum Funktionswert null ist aber die Lösung der Gleichung f(x) = 0.
Algebraisch findet man daher einen Näherungswert für die Lösung so, dass man durch

Probieren zwei Werte a und b bestimmt für die die Funktionswerte f(a) und f(b) verschiedenes Vorzeichen haben. Der Mittelwert $x_o = \frac{a+b}{2}$ ist dann etwa als Anfangswert für die Iteration geeignet.

Häufig ist es am einfachsten, **grafisch** einen Näherungswert zu bestimmen. Eine reelle Wurzel der Gleichung f(x) = 0 ist grafisch die Abszisse des Schnittpunktes der Funktion f(x) mit der x-Achse. Diese hat ja die Gleichung y = 0. Zeichnet man einige Punkte der Funktion in der Nähe der x-Achse, so kann man den Schnittpunkt meist leicht bestimmen.

Oft ist es zeichnerisch einfacher die Gleichung f(x) = 0 in der Form $f_1(x) = f_2(x)$ darzustellen. $f_1(x)$ und $f_2(x)$ sollen dabei zwei leicht zu zeichnende Funktionen sein. Die Lösung der Gleichung ist der Schnittpunkt von $f_1(x)$ mit $f_2(x)$. Spaltet man z.B. die Gleichung lnx - x + 4 = 0 in $f_1(x) = \ln x$ und $f_2(x) = x - 4$ auf, dann sind die Schnittpunkte zwischen der Geraden $f_2(x) = x - 4$ und dem Logarithmus $f_1(x) = \ln x$ leicht zu bestimmen. Die Abszisse dieses Schnittpunktes verwendet man als Startwert für die Iteration.

1.8.2 Allgemeines Iterationsverfahren

Prinzip eines Iterationsverfahrens ist, dass man von einem Startwert x_o ausgeht und daraus eine Folge von Zahlen $\{ x_k \}$ berechnet, die gegen die Lösung x_L konvergiert: $\lim\limits_{k\to\infty} x_k = x_L$.

Die Zahlen der Folge werden **rekursiv** gebildet, d. h. x_k wird aus einem oder mehreren vorhergehenden Werten berechnet.

Bei einem **Einschrittverfahren** wird zur Berechnung von x_k nur der vorhergehende Wert x_{k-1} benötigt. Das Newtonsche Iterationsverfahren ist ein Einschrittverfahren.

Bei einem **Zweischrittverfahren** werden zur Berechnung von x_k zwei vorhergehende Werte benötigt. Zweischrittverfahren sind z. B. die Intervallhalbierungsmethode und das Sekantenverfahren („Regula falsi").

Gegeben sei eine Gleichung f(x) = 0. f(x) sei stetig und differenzierbar.
Gesucht wird eine reelle Lösung x_L dieser Gleichung, $f(x_L) = 0$.
f(x) wird zunächst umgeformt $f(x) = x - \varphi(x) = 0$. Dies ist gleichbedeutend mit $x = \varphi(x)$.

Nun definiert man rekursiv eine Folge $\{ x_k \}$ durch die Vorschriften
$x_{k+1} = \varphi(x_k)$ k = 0, 1, 2,... bei einem **Einschrittverfahren** und
$x_{k+2} = \varphi(x_{k+1}, x_k)$ k = 0, 1, 2,... bei einem **Zweischrittverfahren**.

Die Bildung von $\varphi(x)$ ist beliebig. Jedoch wird man trachten $\varphi(x)$ so zu wählen, dass die Berechnung einfach wird und dass die Folge $\{ x_k \}$ rasch konvergiert.

Beispiel GR- 38:

a.) Sei $f(x) = e^x + x - 2 = 0$.
$\varphi(x)$ könnte dann etwa folgendermaßen definiert werden:
$x = 2 - e^x$, also $\varphi(x) = 2 - e^x$ mit der Iteration $x_{k+1} = 2 - e^{x_k}$ oder
$e^x = 2 - x \Rightarrow x = \ln(2-x)$, also $\varphi(x) = \ln(2-x)$ mit der Iteration $x_{k+1} = \ln(2 - x_k)$.

b.) Sei $f(x) = x^2 - x - 6 = 0$. Drei Möglichkeiten für $\varphi(x)$:
$\varphi(x) = \sqrt{x+6}$ mit der Iteration $x_{k+1} = \sqrt{x_k + 6}$ oder
$x^2 - x - 6 = x(x-1) - 6 \Rightarrow \varphi(x) = \frac{6}{x-1}$ mit der Iteration $x_{k+1} = \frac{6}{x_k - 1}$ und
$\varphi(x) = x^2 - 6$ mit der Iteration $x_{k+1} = x_k^2 - 6$

Konvergenzbedingung
Für eine bestimmte Zerlegung $x = \varphi(x)$ von $f(x) = 0$ stellt sich natürlich sofort die Frage, ist die Folge $\{x_{k+1} = \varphi(x_k)\}$ konvergent?
Es sei x_L eine Lösung der Gleichung $f(x) = 0$. Dann gilt
(1) $x_L = \varphi(x_L)$ und außerdem
(2) $x_{k+1} = \varphi(x_k)$ gemäß der Definition der Rekursion.
Subtrahiert man die erste von der zweiten Gleichung, dann erhält man
(3) $x_{k+1} - x_L = \varphi(x_k) - \varphi(x_L)$
$\varphi(x)$ ist differenzierbar, daher gilt im Intervall (x_k, x_L) der Mittelwertsatz der Differentialrechnung.

Mittelwertsatz der Differentialrechnung:
Ist eine Funktion $f(x)$ in einem Intervall (a, b) differenzierbar, dann gibt es in diesem Intervall mindestens einen Wert ξ für den gilt $f'(\xi) = \frac{f(b) - f(a)}{b - a}$.
Dies bedeutet geometrisch, dass im Intervall (a, b) mindestens an einer Stelle ξ die Steigung der Tangente im Punkt $P(\xi, f(\xi))$ gleich der Steigung der Sekante durch die beiden Punkte $Q(a, f(a))$ und $R(b, f(b))$ ist. Tangente und Sekante sind parallel.

Angewandt auf (3) erhält man
(4) $x_{k+1} - x_L = \varphi'(\xi_k).(x_k - x_L)$ Geht man zu den Absolutbeträgen über, so folgt
$|x_{k+1} - x_L| = |\varphi'(\xi_k)|.|x_k - x_L|$
Wendet man die gleiche Überlegung auf die in der Iteration vorhergehenden Schritte an, dann erhält man

$$|x_k - x_L| = |\varphi'(\xi_{k-1})|.|x_{k-1} - x_L|$$
$$\ldots$$
$$\ldots$$
$$|x_1 - x_L| = |\varphi'(\xi_0)|.|x_o - x_L|$$

Nun nehmen wir an, dass es in dem betrachteten Intervall eine obere Schranke S für den Betrag der Ableitung von $\varphi(x)$ gäbe. Es sei $|\varphi'(x)| \leq S$. In einem genügend kleinen Intervall trifft dies immer zu.
Für die obigen Gleichungen folgt daraus

$$|x_{k+1} - x_L| \leq S.|x_k - x_L|$$
$$|x_k - x_L| \leq S.|x_{k-1} - x_L|$$
$$\ldots$$
$$\ldots$$
$$|x_1 - x_L| \leq S.|x_o - x_L|$$

Von unten nach oben setzt man eine Gleichung in die andere ein und erhält schließlich
(5) $|x_{k+1} - x_L| \leq S^{k+1}.|x_o - x_L|$.
Ist nun $S < 1$, dann folgt $\lim_{k\to\infty} |x_k - x_L| = \lim_{k\to\infty} S^k.|x_o - x_L| = 0 \Rightarrow \lim_{k\to\infty} x_k = x_L$.
Zusammengefasst:

GR 37 Die Gleichung $f(x) = x - \varphi(x) = 0$ besitze eine Lösung x_L. In einem Intervall um x_L sei die Funktion $f(x)$ und damit auch $\varphi(x)$ stetig und differenzierbar und für $|\varphi'(x)|$ gäbe es eine obere Schranke S für die gilt $|\varphi'(x)| \leq S < 1$. Bildet man durch die Vorschrift

$x_{k+1} = \varphi(x_k)$ $k = 0, 1, 2, \ldots$ eine Folge $\{ x_k \}$, beginnend mit einem x_o aus dem Intervall, dann konvergiert $\{ x_k \}$ gegen die Lösung x_L der Gleichung.

Die vier Möglichkeiten für Konvergenz oder Divergenz zeigt die folgende Tabelle

$\varphi'(x)$	$\lvert\varphi'(x)\rvert$	Die Folge ist
>0	<1	konvergent
>0	>1	divergent
<0	<1	konvergent
<0	>1	divergent

Die folgenden Skizzen zeigen die beiden konvergenten Fälle:

Allgemeines Iterationsverfahren

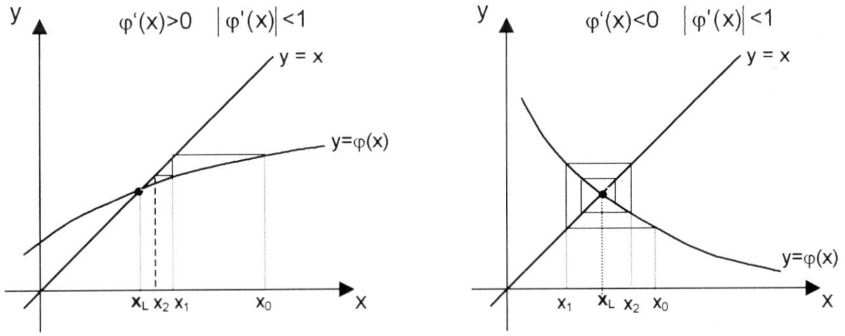

Abb.GR- 6

Anzahl der Iterationsschritte und Genauigkeit der Näherungslösung.

Vorbemerkung: Eine durch ein Iterationsverfahren berechnete Lösung einer Gleichung hat grundsätzlich nur jene Genauigkeit, die auch das Rechengerät hat, mit dem die Lösung berechnet wurde. Werden z. B. durch den Rechner alle Werte auf sechs Stellen gerundet, so ist die Lösung bedingt durch die Rundungsfehler bestenfalls auf fünf Stellen genau. Mit einem solchen Rechner hat es keinen Sinn, mehr Iterationsschritte zu rechnen als für eine Genauigkeit von fünf Stellen notwendig sind.

Um den Einfluss der Rundungsfehler auszuschalten, müssen alle Rechenschritte mit einer um etwa drei Stellen höheren Genauigkeit durchgeführt werden. Man rechnet mit mindestens „drei **Schutzstellen**". Innerhalb des gesamten Rechenganges darf nicht gerundet werden. **Gerundet werden erst die Endresultate**.

Den Zusammenhang zwischen Anzahl der Rechenschritte und Genauigkeit des Ergebnisses bekommt man aus (s. o.)

(5) $\lvert x_k - x_L \rvert \leq S^k . \lvert x_o - x_L \rvert$. Dabei ist $\lvert\varphi'(x)\rvert \leq S$

G_o sei eine obere Grenze für die Abweichung des Startwertes von der Lösung x_L.

G_k sei eine obere Grenze für die Abweichung des Näherungswertes x_k von der Lösung x_L. Dies ist z. B. die gewünschte Genauigkeit. Soll x_k auf fünf Dezimalstellen genau sein, dann ist $G_k = 0{,}5.10^{-5}$

Es ist dann $\lvert x_o - x_L \rvert \leq G_o$ und $\lvert x_k - x_L \rvert \leq G_k$. Mit (5) $\Rightarrow$

GR 38: Die **Genauigkeit** des Näherungswertes x_k ist $G_k \leq S^k.G_o$.
Die **Anzahl** der notwendigen Schritte zur Erreichung dieser Genauigkeit ist

$$k \geq \frac{\lg G_k - \lg G_o}{\lg S}$$

Mit GR 38 lässt sich sowohl die Anzahl der Rechenschritte für eine vorgegebene Genauigkeit als auch die Genauigkeit für eine gewählte Schrittanzahl abschätzen.

In dem folgenden Beispiel wurde bewusst eine einfache Gleichung gewählt, um nicht durch umfangreiche Rechnungen das Wesentliche zu verdecken.

Beispiel GR- 39: $f(x) = x^2 - x - 6 = 0$. Die Lösungen dieser Gleichung sollen durch Iteration auf fünf Dezimalstellen genau berechnet werden.
Diese Gleichung besitzt die Lösungen $x_1 = -2$ und $x_2 = 3$.

a.) Wir wählen die Iteration $x_{k+1} = \pm\sqrt{x_k + 6}$.
Die negative Wurzel wird für x_1, die positive für x_2 verwendet.

Sei $\varphi(x) = -\sqrt{x+6}$, dann ist $\varphi'(x) = -\dfrac{1}{2\sqrt{x+6}}$

Die Folge $x_{k+1} = \varphi(x_k)$ ist in jenem Intervall konvergent, in dem gilt $|\varphi'(x)| < 1$.

$$\frac{1}{2\sqrt{x+6}} < 1 \Rightarrow \frac{1}{2} < \sqrt{x+6} \Rightarrow x+6 > 0{,}25 \Rightarrow x > -5{,}75$$

Für beide gesuchten Lösungen ist die gewählte Iteration konvergent.
Berechnung von x_1: In der Nähe der Lösung ist $|\varphi'(x)| \approx 0{,}25$. Sei S = 0,25 und $x_o = -1{,}8$.
$G_o = 0{,}2$ und $G_k = 0{,}5.10^{-5}$. Mit GR 38 ist k = 7,6. Nach etwa 8 Schritten sollte der gewünschte Wert erreicht sein. Beginnt man mit $x_o = -1{,}8$, dann sind die Werte der Reihe nach

k	x_k	k	x_k
0	-1,8	5	-2,000193
1	-2,05	6	-1,9999516
2	-1,988	7	-2,00001209
3	-2,0031	8	-1,99999698
4	-1,999226		

Für x_8 ist tatsächlich $|x_8 - x_L| = 0{,}3.10^{-5}$

Auf wie viele Stellen wäre die Näherungslösung mit der doppelten Anzahl von Rechenschritten genau? Sei wieder $G_o = 0{,}2$; S = 0,25 aber k = 16.
Es ist (GR 38) $G_k \leq S^k.G_o \Rightarrow G_k \leq 0{,}25^{16}.0{,}2$; $G_k \leq 0{,}466.10^{-10}$. Die Näherungslösung wäre auf 10 Dezimalstellen genau.
Allerdings müsste der Rechner mit dem diese Iteration gerechnet wird auf 13 Dezimalstellen genau rechnen. (Drei Schutzstellen!).
Berechnung von x_2: Man nimmt die positive Wurzel $\varphi(x) = \sqrt{x+6}$. Die Iteration ist
$x_{k+1} = \sqrt{x_k + 6}$.
In der Nähe der Lösung ist $|\varphi'(x)| \approx 0{,}17$. Sei S = 0,17 und $x_o = 2{,}8$.
$G_o = 0{,}2$ und $G_k = 0{,}5.10^{-5}$. Mit GR 38 ist k = 6. Nach etwa 6 Schritten sollte der gewünschte Wert erreicht sein. Beginnt man mit $x_o = 2{,}8$, dann sind die Werte der Reihe nach

k	x_k	k	x_k
0	2,8	4	2,9998446
1	2,966	5	2,9999741
2	2,9944	6	2,999995684
3	2,999068	7	2,999999281

Für x_6 ist $|x_6 - x_L| = 0{,}4.10^{-5}$

b.) Nun sei die Iteration $x_{k+1} = \frac{6}{x_k - 1}$; $\varphi(x) = \frac{6}{x-1}$; $\varphi'(x) = -\frac{6}{(x-1)^2}$.

Die Konvergenzbedingung ist daher

$$|\varphi'(x)| = \frac{6}{(x-1)^2} < 1 \Rightarrow 6 < (x-1)^2 \Rightarrow x-1 > \sqrt{6} \text{ oder } x-1 < -\sqrt{6}$$

x muss also größer als 3,45 oder kleiner als -1,45 sein, damit das Iterationsverfahren konvergiert. Die Lösung $x_2 = 3$ bekommt man mit dieser Iteration nicht.

Für x_1 ist $|\varphi'(x)| = \frac{6}{(x-1)^2} = 0{,}67$. Die Folge wird nur langsam konvergieren.

Wählt man wieder $G_o = 0{,}2$, dann ist $k \geq \frac{\lg \frac{0{,}5.10^{-5}}{0{,}2}}{\lg 0{,}67} = 26{,}5$.

27 Schritte sind bis zur gewünschten Genauigkeit von 5 Dezimalstellen notwendig. Beginnt man mit $x_o = -1{,}8$, dann ist $x_{27} = -2{,}000003667$.

c.) Die dritte Iteration ist $x_{k+1} = x_k^2 - 6$ mit $\varphi(x) = x^2 - 6$. $\varphi'(x) = 2x$

Konvergenz ist gegeben für $|2x| < 1 \Rightarrow -0{,}5 < x < 0{,}5$. In diesem Intervall liegt keine der beiden Wurzeln, daher ist diese Iteration für beide Wurzeln divergent.

Verbesserung der Konvergenz

Die Anzahl der Rechenschritte zur Erreichung einer bestimmten Genauigkeit ist um so kleiner je kleiner auch $|\varphi'(x)|$ ist.

Ist $|\varphi'(x)| \leq 0{,}1$, dann konvergiert die Iterationsfolge sehr schnell. Bis $|\varphi'(x)| \leq 0{,}5$ ist die Konvergenz noch ausreichend. Für $0{,}5 < |\varphi'(x)| < 1$ ist die Anzahl der notwendigen Rechenschritte meist schon unbefriedigend groß.

GR 39 Konvergiert für ein bestimmtes $\varphi(x)$ die Iteration nicht schnell genug, dann kann man diese beschleunigen, wenn man statt $\varphi(x)$ die neue Funktion $\psi(x) = \frac{\varphi(x) - tx}{1-t}$ verwendet. Dabei ist t ein mittlerer Wert von $\varphi'(x)$ im Iterationsintervall. Ist im Iterationsintervall $|\varphi'(x)| > 1$, dann wird sogar ein zunächst divergentes Verfahren konvergent.

Eine zweite Möglichkeit ein divergentes Iterationsverfahren $x_{k+1} = \varphi(x_k)$ konvergent zu machen besteht darin, statt der Funktion φ (x) die Umkehrfunktion $\varphi^{-1}(x)$ zu verwenden. Geometrisch betrachtet ist $\varphi^{-1}(x)$ die an der ersten Mediane, der Geraden $y = x$, gespiegelte Funktion φ (x).

Typisch für die divergente Iteration ist $|\varphi'(x)| > 1$. Unter den am Beginn des Kapitels gemachten Voraussetzungen ist dann aber $|(\varphi^{-1})'(x)| < 1$ und die neue Iteration $x_{k+1} = \varphi^{-1}(x_k)$ ist konvergent.
Im Beispiel GR- 39 c.) war die Iteration $x_{k+1} = x_k^2 - 6$ divergent. Die Umkehrfunktion von $\varphi(x) = x^2 - 6$ ist $\varphi^{-1}(x) = \sqrt{x+6}$. Diese Funktion ergab aber das konvergente Verfahren von Punkt a.).

Beispiel GR- 40: Die Iteration $x_{k+1} = x_k^2 - 6$ mit $\varphi(x) = x^2 - 6$ und $\varphi'(x) = 2x$ war für beide Lösungen divergent. Sie soll für $x_2 = 3$ konvergent gemacht werden.
Für $x = 3$ ist $\varphi'(x) = 2x = 6$. Es sei $t = 6$

$\psi(x) = \frac{\varphi(x) - tx}{1-t} = \frac{x^2 - 6 - 6x}{-5} = \frac{6 + 6x - x^2}{5}$. Die neue Iterationsfolge ist dann

$x_{k+1} = \frac{6 + 6x_k - x_k^2}{5}$. Beginnend mit $x_o = 2,8$, sind die Werte der Reihe nach

k	x_k
0	2,8
1	2,992
2	2,9999872
3	2,999999999977

Wie man sieht, konvergiert das neue Verfahren sehr schnell.

1.8.3 Newtonsches Iterationsverfahren

Dieses Verfahren hat den Vorteil, dass die Anzahl der richtigen Stellen mit jedem Iterationsschritt doppelt so schnell zunimmt als bei den meisten anderen Verfahren.
Für Gleichungen, die nichtdifferenzierbare Funktionen enthalten, ist es allerdings nicht verwendbar.
Geometrisch gesehen ist das Newtonsche Iterationsverfahren eine lineare Extrapolation.
Die Funktion wird stückweise durch ihre Tangente ersetzt (Abb.GR- 7). Die Abszissen der Schnittpunkte der Tangenten mit der x-Achse sind die Näherungswerte für die Lösung der Gleichung.
Für einen beliebigen Punkt (x, y) auf der Tangente t gilt $\frac{y - f(x_k)}{x - x_k} = \tan\alpha = f'(x_k)$.
Der Schnittpunkt der Tangente mit der x-Achse hat die Koordinaten $(x_{k+1}, 0)$.

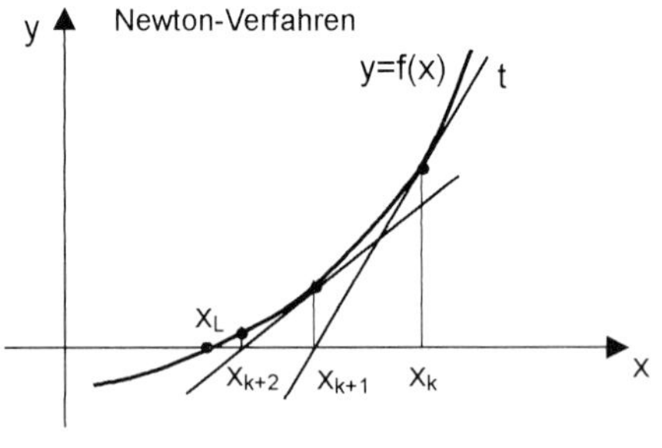

Abb.GR- 7

Daher gilt für den Schnittpunkt $\frac{-f(x_k)}{x_{k+1} - x_k} = f'(x_k)$.

Daraus erhält man folgende Iteration:

GR 40 $x_{k+1} = x_k - \frac{f(x_k)}{f'(x_k)}$; $f'(x_k) \neq 0$. Ändert sich die Ableitung f'(x) im Iterationsintervall nur noch wenig, dann kann man statt $f'(x_k)$ eine Konstante K im Nenner verwenden und bekommt $x_{k+1} = x_k - \frac{f(x_k)}{K}$. Dies erspart etwa die Hälfte des Rechenaufwands. K im Nenner ist auch zu empfehlen, wenn $f'(x_k)$ bei einem Schritt null wird.

Konvergenz: Die Newton-Iteration ist ein Einschrittverfahren $x_{k+1} = \varphi(x_k)$ mit $\varphi(x) = x - \frac{f(x)}{f'(x)}$. Die Konvergenz ist gesichert, wenn $|\varphi'(x)| < 1$ ist in einem Intervall um die gesuchte Lösung. $|\varphi'(x)| = \left|1 - \frac{f'(x).f'(x) - f(x).f''(x)}{f'(x).f'(x)}\right| = \left|\frac{f(x).f''(x)}{f'(x).f'(x)}\right| < 1$. Die Iteration ist also konvergent, wenn $|f(x).f''(x)| < [f'(x)]^2$.

Genauigkeit der Näherungslösung x_k:

GR 41 Sei $G_o \geq |x_o - x_L|$ eine obere Grenze für die Abweichung des Startwertes von der Lösung x_L und $G_k \geq |x_k - x_L|$ eine obere Grenze für die Abweichung des Näherungswertes x_k von der Lösung x_L.
Außerdem sei innerhalb des Iterationsintervalls $o \geq |f''(x)|$ eine obere Schranke für $|f''(x)|$ und $0 < u \leq |f'(x)|$ eine untere Schranke für $|f'(x)|$.

Dann ist $G_k \leq \frac{(C.G_o)^{2k}}{C}$, mit $C = \frac{o}{2u}$.
Diese Ungleichung zeigt auch, dass die Iteration konvergiert, wenn $C.G_o < 1$. Die Anzahl der Iterationsschritte für eine bestimmte Genauigkeit G_k ist $k \geq \frac{\lg(C.G_k)}{2\lg(C.G_o)}$

Beispiel GR- 41: Man berechne die Abszisse des Schnittpunktes der beiden Funktionen $f_1(x) = \ln x$ und $f_2(x) = \frac{1}{x}$ auf fünf Dezimalstellen genau.
Der Schnittpunkt ist gegeben durch $f_1(x) = f_2(x)$. Dies führt zur Gleichung $x.\ln x - 1 = 0$.
Die Lösung liegt zwischen 1,5 und 2.
Es ist $f(x) = x.\ln x - 1$, $f'(x) = \ln x + 1$ und $f''(x) = \frac{1}{x}$.
Zur Abschätzung der Konvergenz und der Anzahl der Rechenschritte benötigt man die folgenden Werte:

x	f(x)	f'(x)	f''(x)
1,5	-0,39	1,41	0,67
2,0	0,39	1,69	0,50

Es sei $o = 0{,}68 \geq |f''(x)|$; $u = 1{,}40 \leq |f'(x)|$; $G_o = 0{,}5$ und $G_k = 0{,}5.10^{-5}$ (5 Dezimalstellen sollen genau sein). C = 0,243. Es ist $C.G_o = 0{,}12$. Die Konvergenz ist gesichert.
$k \geq \frac{\lg(C.G_k)}{2\lg(C.G_o)} = 3{,}2$. Es sind voraussichtlich vier Rechenschritte notwendig.

Die Iterationsfolge ist $x_{k+1} = x_k - \frac{x_k . \ln x_k - 1}{\ln x_k + 1}$. Sowohl mit dem Anfangswert 1,5 als auch mit 2,0 ist nach drei Rechenschritten der gewünschte Wert erreicht.

k	x_k	x_k
0	1,5	2,0
1	1,7787706	1,7718483
2	1,763266078	1,763236211
3	1,763222834	1,763222834
4	1,763222834	1,763222834

Beispiel GR- 42: Die Temperaturabhängigkeit der Gleichgewichtskonstanten einer chemischen Reaktion ist gegeben durch $\ln K = -11{,}52 + 9{,}31.10^{-5} T + \frac{6003}{T} + \frac{28935}{T^2} + 0{,}1311. \ln T$

Bei welcher Temperatur ist K = 1? Dies ist gleichbedeutend mit $\Delta G° = 0$ (Reaktion im Gleichgewicht!) Es genügt eine richtige Dezimalstelle. Zu lösen ist die transzendente Gleichung

$$f(T) = -11{,}52 + 9{,}31.10^{-5} T + \frac{6003}{T} + \frac{28935}{T^2} + 0{,}1311. \ln T = 0$$

$$f'(T) = 9{,}31.10^{-5} - \frac{6003}{T^2} - \frac{57870}{T^3} + \frac{0{,}1311}{T}$$

$$f''(T) = \frac{12006}{T^3} + \frac{173610}{T^4} - \frac{0{,}1311}{T^2}.$$

Die Lösung liegt zwischen 500 K und 600 K.

T (K)	f(T)	f'(T)	f''(T)
500	1,463	-0,02412	0,00009830
600	-0,540	-0,01663	0,00005656

Es ist o = 0,0001; u = 0,015; G_o = 100; G_k = 0,05; C = 0,00333; $C.G_o$ = 0,33. Die Iteration ist konvergent.

$k \geq \frac{\lg 0{,}00333 . 0{,}05}{2 \lg 0{,}333} = 3{,}96$. Voraussichtlich sind vier Schritte notwendig.

Beginn mit T_o = 600, da f(600) näher bei null liegt als f(500).

k	0	1	2	3
T_k	600	567,52	569,22	569,22

T = 569,2 K. Nach dem zweiten Schritt hat der Wert schon die gewünschte Genauigkeit.

1.8.4 Intervallhalbierungsmethode

Die Intervallhalbierung ist ein Zweischrittverfahren.
Der Vorteil dieser Methode ist, dass sie auch für nicht differenzierbare Funktionen geeignet ist. Sie konvergiert allerdings langsamer als die Newton-Methode.
Die Methode beruht auf dem Zwischenwertsatz (s. Beginn des Kapitels).
Man geht von einem Intervall um die Lösung x_L der Gleichung f(x) = 0 aus, für das die Funktionswerte in den Endpunkten verschiedenes Vorzeichen haben. Dieses Intervall wird schrittweise halbiert. Für den nächsten Rechenschritt wird immer jene Hälfte verwendet, für die die Funktionswerte in den Intervallendpunkten verschiedenes Vorzeichen haben.

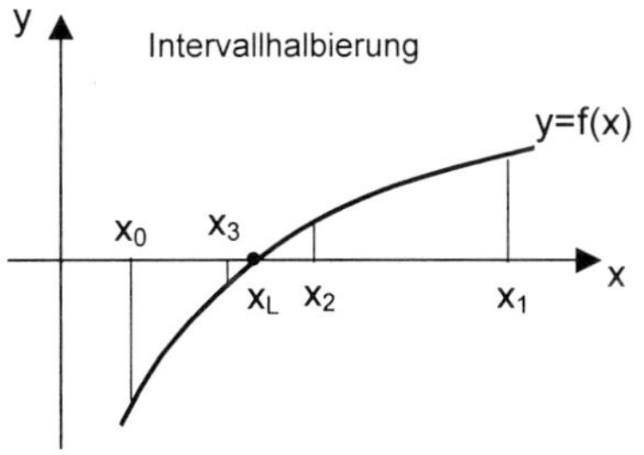

Abb.GR- 8

(x_o, x_1) sei das Anfangsintervall um x_L für das die Bedingung $f(x_o)\,.\,f(x_1) < 0$ erfüllt ist. Dann berechnet man den Mittelwert $x_2 = \frac{x_o + x_1}{2}$ (Abb.GR- 8).

Ist allgemein (x_k, x_{k+1}) ein geeignetes Intervall um x_L, dann ist $x_{k+2} = \frac{x_k + x_{k+1}}{2}$.

Ist $f(x_k)\,.\,f(x_{k+2}) < 0$, dann setzt man $x_{k+3} = \frac{x_k + x_{k+2}}{2}$

Ist $f(x_k)\,.\,f(x_{k+2}) > 0$, dann setzt man $x_{k+3} = \frac{x_{k+1} + x_{k+2}}{2}$

Dies wird bis zur gewünschten Genauigkeit fortgesetzt.

Der Fehler des k-ten Näherungswertes ist $|x_k - x_L| \le \frac{|x_1 - x_o|}{2^k}$.

Dies bedeutet, dass z. B. zehn Iterationsschritte den Fehler auf ein Tausendstel des Anfangsintervalls verkleinern ($2^{-10} = \frac{1}{1024}$). Je kleiner die Intervalle werden, desto mehr ist darauf zu achten, dass durch Rundungsfehler beim x_k der Funktionswert $f(x_k)$ nicht ein falsches Vorzeichen bekommt. Dies ist ein Nachteil dieses Verfahrens.

GR 42 Ist die geforderte Genauigkeit G_k, dann muss $|x_k - x_L| \le \frac{|x_1 - x_o|}{2^k} \le G_k$ sein. Die Anzahl der Iterationsschritte zur Erreichung dieser Genauigkeit ist $k \ge \frac{\lg \frac{|x_1 - x_o|}{G_k}}{\lg 2}$.

Beispiel GR- 43: Die Gleichung x.lnx - 1 = 0 soll mit dem Intervallhalbierungsverfahren auf drei Dezimalstellen genau gelöst werden. Das Anfangsintervall sei (1,5; 2).

$$|x_1 - x_o| = 0,5\,;\ G_k = 0,5.10^{-3} \Rightarrow k \ge \frac{\lg \frac{0,5}{0,0005}}{\lg 2} = 9,97\,.$$

Man benötigt mindestens 10 Rechenschritte.
Der zehnte Wert bestätigt, dass schon drei Dezimalstellen richtig sind.
Die x_k dürfen erst nach einigen Schutzstellen gerundet werden, da sonst $f(x_k)$ falsche Vorzeichen haben könnten.
Siehe folgende Tabelle:

k	x_k	x_{k+1}	$f(x_k)$	$f(x_{k+1})$	x_{k+2}
0	1,5	2,0	-0,39	0,39	1,75
1	1,75	2,0	-0,0207	0,39	1,875
2	1,75	1,875	-0,0207	0,1786	1,8125
3	1,75	1,8125	-0,0207	0,0779	1,78125
4	1,75	1,78125	-0,0207	0,0283	1,765625
5	1,75	1,765625	-0,0207	0,003766	1,7578125
6	1,7578125	1,765625	-0,00847	0,003766	1,76171875
7	1,76171875	1,765625	-0,00236	0,003766	1,763671875
8	1,76171875	1,763671875	-0,00236	0,000704	1,7626953125
9	1,7626953125	1,763671875	-0,000827	0,000704	1,76318359375
10	1,76318359375	1,763671875	-0,0000615	0,000704	1,76342773438

1.8.5 Sekantenmethode („regula falsi")

Auch die Regula falsi ist ein Zweischrittverfahren.
Der Vorteil dieser Methode ist ebenfalls, dass sie für nicht differenzierbare Funktionen verwendet werden kann. Sie konvergiert allerdings langsamer als die Newton-Methode.
Die Methode beruht ebenfalls auf dem Zwischenwertsatz (s. Beginn des Kapitels).
Geometrisch gesehen ist die Sekantenmethode eine lineare Interpolation. Die Funktion wird stückweise durch ihre Sehne ersetzt. Die Abszissen der Schnittpunkte der Sehnen mit der x-Achse sind die Näherungswerte für die Lösung der Gleichung (Abb. GR-9).

Man geht von einem Intervall (x_o, x_1) um die Lösung x_L der Gleichung $f(x) = 0$ aus.
Die Funktionswerte $f(x_o)$ und $f(x_1)$ sollen wieder verschiedenes Vorzeichen haben. Die Sekante

$$\frac{y-f(x_1)}{x-x_1} = \frac{f(x_1)-f(x_o)}{x_1-x_o}$$ wird mit der x-Achse geschnitten.

Der Schnittpunkt $(x_2, 0)$ wird in die Sekantengleichung eingesetzt und x_2 berechnet:

$$\frac{-f(x_1)}{x_2-x_1} = \frac{f(x_1)-f(x_o)}{x_1-x_o} \Rightarrow x_2 = x_1 - f(x_1)\frac{x_1-x_o}{f(x_1)-f(x_o)}$$

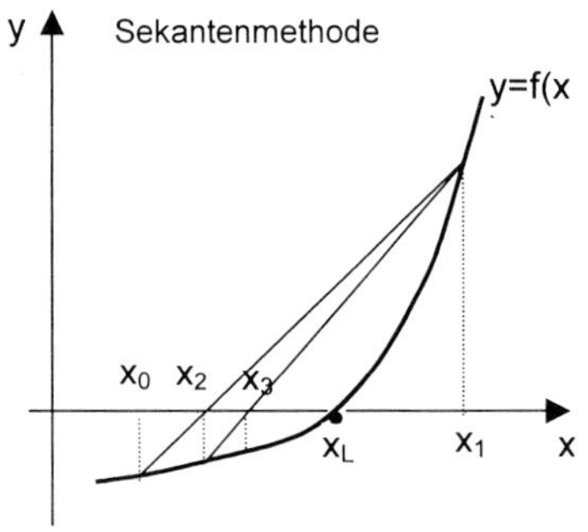

Abb.GR- 9

Setzt man schrittweise fort, erhält man die Iteration

GR 43 $$x_{k+2} = x_{k+1} - f(x_{k+1})\frac{x_{k+1}-x_k}{f(x_{k+1})-f(x_k)}; \; k = 0, 1, 2,\ldots$$

Die Konvergenz ist gesichert, wenn darauf geachtet wird, dass immer $f(x_{k+1}) . f(x_k) < 0$

Die Anzahl der Iterationsschritte zu einer vorgegebenen Genauigkeit lässt sich im vorhinein nicht berechnen.

Beispiel GR- 44: Die Gleichung x.lnx - 1 = 0 (s. Beispiel GR- 41) soll mit dem Sekantenverfahren auf drei Dezimalstellen genau gelöst werden.
Das Anfangsintervall sei wieder (1,5; 2).

k	x_k	x_{k+1}	$f(x_k)$	$f(x_{k+1})$	x_{k+2}
0	1,5	2,0	-0,39	0,39	1,7518
1	1,7518	2,0	-0,017911	0,39	1,76277
2	1,76277	2,0	-0,0007105	0,39	1,763205
3	1,763205	2,0	-0,00002802	0,39	1,76322213
4	1,76322213	2,0	-0,0000011047	0,39	1,76322281

Die Funktionswerte in der Tabelle wurden alle mit vierzehnstelliger Genauigkeit gerechnet, sind aber zum Teil nur gerundet angegeben.
Bei dieser Funktion hat die fünfte Näherung schon sieben richtige Dezimalstellen. Drei Stellen sind schon nach dem dritten Schritt richtig.
Allerdings kann bei komplizierteren Funktionen die Konvergenz sehr langsam sein.

1.8.6 Näherungsmethoden zum Lösen nichtlinearer Gleichungssysteme

Ein System von n nichtlinearen Gleichungen mit n Variablen ist im allgemeinen viel schwieriger zu lösen als eine Gleichung mit einer Variablen.
Man kann sowohl das allgemeine Iterationsverfahren (s. 1.8.2) als auch das Newtonsche Verfahren (s. 1.8.3) in verallgemeinerter Form verwenden.
Der Rechenaufwand nimmt allerdings etwa mit dem Quadrat der Variablenanzahl zu.

An einem Gleichungssystem mit zwei Variablen soll das rasch konvergierende Newton-Verfahren gezeigt werden. Eine Verallgemeinerung auf drei und mehr Variable ist dann leicht möglich. Gegeben sei das Gleichungssystem

$$(1) \quad \begin{aligned} u(x,y) &= 0 \\ v(x,y) &= 0 \end{aligned}$$

Die exakte Lösung dieses Systems sei (x_L, y_L), eine Näherungslösung (x_k, y_k).
Die Differenzen sind $\Delta x = x_L - x_k$ und $\Delta y = y_L - y_k$.

Dann wird aus dem gegebenen Gleichungssystem $\begin{aligned} u(x_k + \Delta x, y_k + \Delta y) &= 0 \\ v(x_k + \Delta x, y_k + \Delta y) &= 0 \end{aligned}$

Entwicklung beider Funktionen in eine Taylorreihe um den Punkt (x_k, y_k) ergibt

$$(2) \quad \begin{aligned} u(x_k, y_k) + \Delta x \left(\frac{\partial u}{\partial x}\right)_{x_k, y_k} + \Delta y \left(\frac{\partial u}{\partial y}\right)_{x_k, y_k} + \ldots\ldots &= 0 \\ v(x_k, y_k) + \Delta x \left(\frac{\partial v}{\partial x}\right)_{x_k, y_k} + \Delta y \left(\frac{\partial v}{\partial y}\right)_{x_k, y_k} + \ldots\ldots &= 0 \end{aligned}$$

$\left(\frac{\partial u}{\partial x}\right)_{x_k, y_k}$ ist der Wert der partiellen Ableitung von u nach x an der Stelle (x_k, y_k).

Eine analoge Bedeutung haben die anderen partiellen Ableitungen.
Liegt die Näherungslösung (x_k, y_k) genügend nahe an der exakten Lösung (x_L, y_L), dann bricht man die Taylorreihe nach dem linearen Term ab und bekommt damit ein Gleichungssystem für Δx und Δy. Da die Reihe abgebrochen wurde, erhält man allerdings auch nur Näherungswerte für Δx und Δy.
Es seien Δx_k und Δy_k die Näherungswerte im k-ten Iterationsschritt für die Korrekturen Δx und Δy. Das Gleichungssystem (2) bekommt dann folgende Gestalt und wird nach Δx_k und Δy_k aufgelöst:

GR 44

$$\Delta x_k \left(\frac{\partial u}{\partial x}\right)_{x_k, y_k} + \Delta y_k \left(\frac{\partial u}{\partial y}\right)_{x_k, y_k} = - u(x_k, y_k)$$

$$\Delta x_k \left(\frac{\partial v}{\partial x}\right)_{x_k, y_k} + \Delta y_k \left(\frac{\partial v}{\partial y}\right)_{x_k, y_k} = - v(x_k, y_k)$$

Die verbesserten Werte x_{k+1} und y_{k+1} sind dann $\begin{aligned} x_{k+1} &= x_k + \Delta x_k \\ y_{k+1} &= y_k + \Delta y_k \end{aligned}$

GR 44 besitzt eine eindeutige Lösung, wenn die Funktionaldeterminante $D = \begin{vmatrix} \frac{\partial u}{\partial x} & \frac{\partial u}{\partial y} \\ \frac{\partial v}{\partial x} & \frac{\partial v}{\partial y} \end{vmatrix}$,

das ist die aus den partiellen Ableitungen gebildete Determinante, in der Umgebung der Lösung (x_L, y_L) von null verschieden ist.
Das Verfahren ist konvergent, wenn die partiellen Ableitungen wenigstens in einem Intervall um (x_L, y_L) stetig sind und die Anfangswerte (x_o, y_o) in diesem Intervall hinreichend nahe der Lösung gewählt werden.

Beispiel GR- 45: Zu lösen ist das Gleichungssystem
$u(x, y) = x^2 + y^2 - 9 = 0$
$v(x, y) = e^{-x} - y - 1 = 0$

Zeichnet man die beiden Funktionen in der Form $f(x) = e^{-x} - 1$ und $f(x) = \pm\sqrt{9 - x^2}$, so stellen die Schnittpunkte die Lösungen dar. u(x, y) ist ein Kreis mit dem Radius 3.
Als Näherungswerte bekommt man $S_1(-1{,}3;\ 2{,}7)$ und $S_2(2{,}8;\ -0{,}9)$. (Siehe Abb.GR- 10)

Die erste Lösung soll genauer berechnet werden: $\frac{\partial u}{\partial x} = 2x,\ \frac{\partial u}{\partial y} = 2y,\ \frac{\partial v}{\partial x} = -e^{-x},\ \frac{\partial v}{\partial y} = -1$

Das erste Gleichungssystem für Δx, Δy ist

$$-2{,}6\ \Delta x + 5{,}4\ \Delta y = 0{,}0200$$
$$-3{,}6693\ \Delta x - \Delta y = 0{,}0307$$

Das zweite Gleichungssystem für Δx, Δy ist

$$-2{,}616578\ \Delta x + 5{,}3994258\ \Delta y = -0{,}0000703899$$
$$-3{,}69983787\ \Delta x - \Delta y = -0{,}0001248709$$

Damit erhält man dann folgende Werte:

k	0	1
x	-1,3	-1,308289
y	2,7	2,699713
u(x,y)	-0,0200	0,0000703899
v(x,y)	-0,03070	0,0001248709
2x	-2,6	-2,616578
2y	5,4	5,3994258
$-e^{-x}$	-3,6693	-3,69983787
-1	-1	-1
Δx	$-8{,}2885.10^{-3}$	$-3{,}2957.10^{-5}$
Δy	$-2{,}871.10^{-4}$	$-2{,}9346.10^{-6}$

Wie die zweiten Werte für die Korrekturen zeigen, ist die Lösung nach der ersten Iteration schon auf 4 Dezimalstellen genau: x = -1,3083; y = 2,6997.

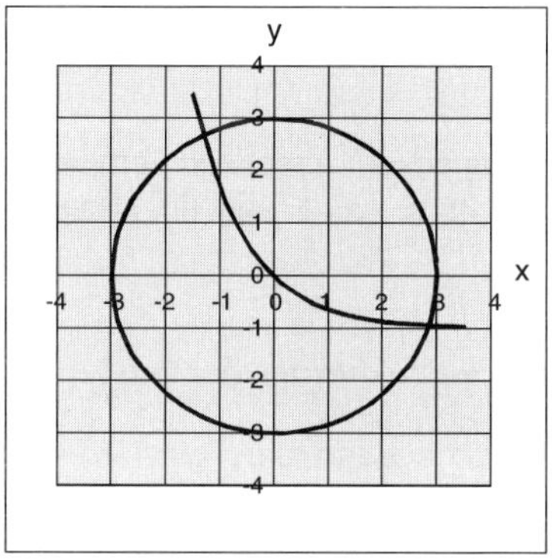

Abb.GR- 10

2 AGGREGATZUSTÄNDE

2.1 Gase

2.1.1 Ideale Gase

Für n mol eines reinen Gases, das bei der absoluten Temperatur T ein Volumen v und einen Druck p besitzt und sich ideal verhält (s. GA 17) gilt die **allgemeine Zustandsgleichung**.

GA 1 $p\,v = n\,R\,T$

Der Zustand eines Gases ist also, wenn drei der vier Größen p, v, n oder T bekannt sind, vollständig beschrieben.
Ist die Temperatur in der Einheit °C gegeben, dann gilt T(K) = t(°C) + 273,15.
R, die allgemeine **Gaskonstante**, ist eine **universelle Naturkonstante**.
R = 8,3145 J/mol.K = 8,3145 Pa.m³/mol.K = 0,083145 l.bar/mol.K

In der Zustandsgleichung sind alle schon lange bekannten empirischen Gasgesetze zusammengefasst. Sei C eine Konstante, dann gilt:

GA 2 Ist n und T konstant $\Rightarrow$ $p \,.\, v = C$ Gesetz von BOYLE-MARIOTTE
n und p konstant $\Rightarrow$ $v = C \,.\, T$ }
n und v konstant $\Rightarrow$ $p = C \,.\, T$ } Gesetze von GAY-LUSSAC
p und T konstant $\Rightarrow$ $v = C \,.\, n$ Gesetz von AVOGADRO

2.1.1.1 Gasgemische

Ist p und T konstant und mischt man r ideale Gase mit den einzelnen Volumina v_1, v_2, ... v_r zusammen, dann gilt, wenn die Gase chemisch nicht miteinander reagieren,

GA 3 $$v_1 + v_2 + \dots + v_r = \sum_i v_i = v$$

Beim Mischen von Gasen addieren sich die Volumina der einzelnen Komponenten.

Ein analoges Gesetz für die Partialdrücke (Gesetz von DALTON) lässt sich aus GA 3 ableiten.

GA 4 $$p_1 + p_2 + \dots + p_r = \sum_i p_i = p$$

GA 5 Der **Partialdruck** ist jener Druck, den eine Komponente der Mischung ausübt, wenn sie alleine das Gesamtvolumen der Mischung ausfüllt. Jedes Gas verhält sich so, als ob die anderen Gase nicht vorhanden wären.

Daraus lassen sich folgende Gesetze für Mischungen ableiten:

GA 6 **Zustandsgleichung** für **Gasgemische** $p\,v = R\,T \sum_i n_i$

Dies folgt aus $p\,v_i = n_i\,R\,T$ (gilt für jeden Reinstoff!) mit $v = v_1 + v_2 + \dots + v_r$

Berechnung von **Partialdruck** und **Partialvolumen.** Es gilt:

GA 7 $\frac{v_i}{v} = \frac{p_i}{p} = x_i$

Multipliziert man diese Gleichung mit 100, dann folgt:
Bei Gasen ist **Vol% = Mol% = Druck%**

Mittlere molare Masse

GA 8 Definition: $\overline{M} = \frac{m}{\sum n_i} = \frac{\sum m_i}{\sum n_i}$ Diese Definition ist analog der für M!

Zusammenhang zwischen $\overline{M}$ und der Zusammensetzung des Gemisches:
Mit $m_i = n_i \,.\, M_i$ folgt:

$$\overline{M} = \frac{m_1 + m_2 + \ldots\ldots + m_r}{\sum n_i} = \frac{n_1 M_1 + n_2 M_2 + \ldots\ldots + n_l M_r}{\sum n_i} = x_1 M_1 + x_2 M_2 + \ldots\ x_l M_r$$

GA 9 Nicht nur für Gase sondern für Gemische aller Stoffe gilt $\overline{M} = \sum_{i=1}^{r} x_i M_i$

Abscheidung von Dämpfen:
Eine bestimmte Menge eines Trägergases (meist Luft) mit dem Volumen v_A ist unter den Anfangsbedingungen p_A und T_A mit dem Dampf eines Stoffes gesättigt. Aus der Trägergasmenge wird durch Abkühlen auf eine Endtemperatur T_E und Erhöhung des Druckes auf p_E ein möglichst großer Teil des Dampfes kondensiert.
Welcher Anteil (in %) der ursprünglichen Dampfmenge wurde kondensiert?
Welche Masse hat diese Menge?

Folgende Abkürzungen werden verwendet:
A... Anfangszustand, E... Endzustand, S... Stoff, L... Luft
p_A , p_E ...... Luftdruck am Anfang und Ende
p_{SA} , p_{SE} ... Dampfdruck des Stoffes am Anfang und Ende
n_{SA} , n_{SE} ... Stoffmengen des Stoffes am Anfang und Ende
n_{LA} , n_{LE} ... Stoffmengen der Luft am Anfang und Ende

Im Anfangszustand gilt (mit GA 4 und GA 7):

$p_{SA} = p_A \,.\, x_{SA}$; $x_{SA} = \frac{n_{SA}}{n_{SA} + n_{LA}}$; $p_{LA} = p_A - p_{SA}$ und

$p_{LA} = p_A \,.\, x_{LA}$; $x_{LA} = \frac{n_{LA}}{n_{SA} + n_{LA}}$; $p_{LE} = p_E - p_{SE}$ $\Rightarrow$

(a) $\frac{p_{SA}}{p_{LA}} = \frac{n_{SA}}{n_{LA}}$ und $n_{LA} = n_{SA} \frac{p_{LA}}{p_{SA}}$

Analog erhält man für den Endzustand

(b) $\frac{p_{SE}}{p_{LE}} = \frac{n_{SE}}{n_{LE}}$ und $n_{LE} = n_{SE} \frac{p_{LE}}{p_{SE}}$

Bei der Kondensation des Dampfes bleibt die Trägergasmenge unverändert.
Es ist also $n_{LA} = n_{LE}$

Mit (a) und (b) $\Rightarrow$ $n_{SA}\frac{p_{LA}}{p_{SA}} = n_{SE}\frac{p_{LE}}{p_{SE}}$ $\Rightarrow$

GA 10 $\frac{n_{SE}}{n_{SA}} = \frac{(p_A - p_{SA})p_{SE}}{(p_E - p_{SE})p_{SA}}$

$\frac{n_{SE}}{n_{SA}}$ ist der Bruchteil des Dampfes der nach der Kondensation im Trägergas noch vorhanden ist. $100.\left(1-\frac{n_{SE}}{n_{SA}}\right)$ ist daher die prozentuelle Ausbeute.

Die am Anfang vorhandene Stoffmenge n_{SA} wird mit der Gaszustandsgleichung GA 1 berechnet $p_{SA}\, v_A = n_{SA}\, R\, T$

GA 11 Die **relative Luftfeuchtigkeit** ist $r = 100\frac{p_w}{p_s}$

p_w ist der Partialdruck des Wasserdampfes in der feuchten Luft
p_S ist der Sättigungsdampfdruck

Beispiel GA- 1: Formen der Zustandsgleichung
Wie lautet die Gaszustandsgleichung, wenn man die Stoffmenge durch

- die Masse m,
- die Teilchenanzahl N,
- die Dichte des Gases ρ ersetzt?

Masse: Aus $p\,v = n\,R\,T$ und $n = \frac{m}{M}$ $\Rightarrow$

GA 12 $p\,v = \frac{m}{M}RT$

Anwendungen für Rechnungen bei gegebener Masse eines Gases und für Molmassebestimmungen.

Teilchenanzahl N: Aus $p\,v = n\,R\,T$ und $n = \frac{N}{N_L}$ $\Rightarrow$

GA 13 $p\,v = N\,k\,T$ **Boltzmannkonstante** $k = R/N_L = 1{,}38054.10^{-23}$ J/K

Dichte: Aus $p\,v = n\,R\,T$ und $m = v\,\rho$ $\Rightarrow$

GA 14 $p\,M = \rho\,R\,T$

Beispiel GA- 2: Man berechne für das ideale Gas die Grüneisenkonstante $\gamma = \frac{\alpha V}{\kappa C_v}$.

GA 15 α ist der **isobare Volumsausdehnungskoeffizient** $\alpha = \frac{1}{v}\left(\frac{\partial v}{\partial T}\right)$

α gibt an, wie sich das Einheitsvolumen eines Stoffes verändert, wenn man die Temperatur um eine Einheit verändert. 100 α ist die prozentuelle Volumsänderung pro Grad.

GA 16 κ ist die **isotherme Kompressibilität** $\kappa = -\frac{1}{v}\left(\frac{\partial v}{\partial p}\right)$

κ gibt an, wie sich das Einheitsvolumen eines Stoffes verändert, wenn man den Druck um eine Einheit verändert. 100 κ ist die prozentuelle Volumsänderung pro Druckeinheit.

Für das ideale Gas gilt: $v = \frac{nRT}{p} \Rightarrow \frac{\partial v}{\partial T} = \frac{nR}{p}$ und $\frac{\partial v}{\partial p} = -\frac{nRT}{p^2}$. Das molare Volumen ist $V = \frac{RT}{p}$, da n = 1. Die molare Wärmekapazität bei konstantem Volumen ist für das ideale Gas $C_v = \frac{3}{2}R$ (siehe TD 14). Setzt man ein und kürzt, so erhält man $\gamma = \frac{2}{3}$.

Beispiel GA- 3: Zur Bestimmung der molaren Masse eines Gases nach der Methode von Dumas wurden folgende Versuchsergebnisse erhalten:

Glaskolben offen, leer	KL = 37,4780 g
Glaskolben verschlossen, mit dem Dampf der Flüssigkeit gefüllt	KD = 37,7395 g
Glaskolben gefüllt mit Wasser	KW = 132,321 g
Dichte des Wassers	DW = 0,9978 g/cm³
Luftdruck beim Verdampfen der Flüssigkeit	PLFT = 995 hPa
Badtemperatur beim Verdampfen	BT = 97°C
Lufttemperatur beim Wägen	ZT = 22°C
Molare Masse der Luft	MLFT = 28,90 g/mol

Man beachte, dass die Einheiten auf jene von R umgerechnet werden müssen!

Das Volumen des Glaskolbens ist (Der Luftauftrieb beim Wägen kann hier vernachlässigt werden): $v_K = \frac{(KW - KL)}{DW} = \frac{132,321 - 37,478}{0,9978} = 95,05\ cm^3$

Bei der Berechnung der Masse des Dampfes muss die Masse der verdrängten Luft berücksichtigt werden, da sie von gleicher Größenordnung wie jene ist.
Die Masse der verdrängten Luft ist nach GA 12:

$$m_L = \frac{PLFT.v_K.MLFT}{R.(ZT + 273,2)} = \frac{0,995.0,09505.28,90}{0,083144.(22 + 273,2)} = 0,1114\ g$$

Daher ist die Masse des Dampfes: $m_D = KD - KL + m_L = 0,3729\ g$

Die molare Masse des Dampfes ist nach GA 12:

$$M = \frac{m_D.R.(BT + 273,2)}{PLFT.v_K} = \frac{0,37286.0,083144.370,2}{0,995.0,095052} = 121,3\ g/mol$$

Beispiel GA- 4: Welches Volumen v muss ein mit Helium gefüllter Ballon haben, damit er bei t = 15°C und p = 1bar eine Masse von m = 100 kg tragen kann? M(Luft) = 29 g/mol
Damit der Ballon schwebt, muss die Auftriebskraft A in der Luft so groß sein wie das Gewicht G des Ballons. G = m . g und A = v . ρ_{Luft} . g $\Rightarrow$ m = v . ρ_{Luft}

Nach GA 14 ist $\rho = \frac{pM}{RT} \Rightarrow v = \frac{m\,RT}{pM_{Luft}} = \frac{100.10^3.0,08314.288,2}{1.29} = 82,6\ m^3$

Beispiel GA- 5: Ein Gasbläschen aus O_2 hat einen Durchmesser von 0,5 mm. Der herrschende Druck ist 980 hPa, die Temperatur ist 23°C. Welche Masse hat das Bläschen und wie viele O_2-Moleküle enthält es?

Volumen des Bläschens $v = \frac{4}{3} r^3 \pi = \frac{4}{3} . 0,25^3 . \pi \; mm^3$ = 0,06545 mm³ = 0,06545 .10⁻⁹ m³

$$n = \frac{p.v}{R.T} = \frac{0,98.10^5 \; . \; 6,545.10^{-11}}{8,314 \; . \; 296,2} = 2,6046.10^{-9} \; mol$$

$m = n \; . \; M = 2,6046.10^{-9} \; .32,0 = 8,33.10^{-8} \; g = 83,3 \; ng$

$N = n \; . \; N_L = 1,57.10^{15}$ Moleküle.

Beispiel GA- 6: Trockene **Luft** hat folgende Zusammensetzung (in Vol%):
N_2: 78,08; O_2: 20,95; Ar: 0,934; CO_2: 0,0314. Luftdruck p = 980 hPa, Temperatur t = 21°C.
Man berechne die mittlere molare Masse $\overline{M}$, die Dichte der Luft, den Partialdruck von O_2 und die Zusammensetzung in Massenprozent.

$$\overline{M} = \sum_i x_i . M_i = 0,7808. \; 28,02 + 0,2095. \; 32,00 + 0,00934. \; 39,95 + 0,000314. \; 44,01$$

$\overline{M} = 28,97$ g/mol

Die Dichte folgt aus GA 14 $\rho = \frac{0,98 \; . \; 28,97}{0,08314 \; . \; 294,2} = 1,161 \; g/l$

Nach GA 7 ist $p_{Sauerstoff} = p. \; x_{Sauerstoff} = 980. \; 0,2095 = 205,3$ hPa

In 100 mol Luft sind 78,08 mol N_2, 20,95 mol O_2, 0,934mol Ar und 0,0314mol CO_2. Dies sind
78,08. 28,02 = 2187,8 g N_2
20,95. 32,00 = 670,4 g O_2
0,934. 39,95 = 37,31 g Ar
0,0314. 44.01 = 1,382 g CO_2

Die Gesamtmasse der Luft ist 2896,9 g $\Rightarrow$ 75,52% N_2, 23,14% O_2, 1,29% Ar, 0,0477% CO_2.

Beispiel GA- 7: In einem geschlossenen Gefäß von v = 100 l Inhalt befindet sich Luft bei 22°C und p = 1,1 bar und noch 200 g Wasser. Welcher Druck herrscht in dem Gefäß bei 110°C?

Die Stoffmenge der Luft ist $n = \frac{1,1.99,8}{0,083145.295,2} = 4,4735 \, mol$

Die Stoffmenge des Wassers ist $n = \frac{200}{18,02} = 11,099$ mol

$\sum n = 15,57$ mol. Mit GA 6 ergibt dies 4,96 bar.

Beispiel GA- 8: Wie groß ist der Explosionsdruck von Nitroglycerin? (ohne Berücksichtigung einer eventuellen Dissoziation)
Als Explosionstemperatur wird t = 2600°C angenommen. Die Dichte von Nitroglycerin ist ρ = 1,596 g/ml. Es wird weiter angenommen, dass im Augenblick der Explosion die entstehenden Gase das Volumen des flüssigen Nitroglycerin einnehmen. M = 227,1 g/mol
Nitroglycerin zerfällt nach $4 \; C_3H_5N_3O_9 \rightarrow 12 \; CO_2 + 10 \; H_2O + 6 \; N_2 + O_2$

4 mol Nitroglycerin sind $v = \frac{4.227,1}{1,596} = 569,2 \, ml$ und setzen 29 mol Gas frei.

Mit der Zustandsgleichung GA 6 $\Rightarrow p = \frac{29.0,083145.2873}{0,5692} = 12,2 \, kbar$

Beispiel GA- 9: Welche Masse Wasser enthalten v = 100 m³ feuchter Luft bei einer relativen Luftfeuchtigkeit von r = 74% und einer Temperatur t = 31°C? Wie groß ist der Wassergehalt der feuchten Luft in Vol%? Gesamtdruck p = 980 hPa; Sättigungsdampfdruck von Wasser bei 31°C p_S = 44,9 hPa.

Nach GA 11 ist p_W = 0,74. 44,9 = 33,23 hPa. Nach GA 7 ist Vol% gleich Druck% $\Rightarrow$

$$\text{Vol\%} = \frac{p_W}{p}.100 = \frac{33,23}{980}.100 = 3,39\,\text{Vol\% Wasserdampf}$$

Die Wassermenge ist nach $p_W\, v = n_W\, R\, T$

$$n_W = \frac{33,23.10^{-3}.10^5}{0,083145.304,2} = 131,38\ \text{mol}$$

m_W =131,38.18,02 = 2368g = 2,37 kg Wasser

Beispiel GA- 10: 1000 m³ Erdgas sind mit Wasserdampf gesättigt. Durch Erniedrigung der Temperatur von 23° auf 2°C soll der Wasserdampf entfernt werden. Die Partialdrücke von Wasser sind p_{SA} = 28,1 hPa und p_{SE} = 7,06 hPa. Der Gesamtdruck ist gleichbleibend $p_A = p_E$ = 990 hPa. Siehe GA 10

$$p_{SA} v_A = n_{SA} R T \;\Rightarrow\; n_{SA} = \frac{p_{SA}.v_A}{R.T} = \frac{0,0281.10^6}{0,083145.296,2} = 1141,01\ \text{mol}$$

$$\frac{n_{SE}}{n_{SA}} = \frac{(p_A - p_{SA})p_{SE}}{(p_E - p_{SE})p_{SA}} = \frac{(990-28,1).7,06}{(990-7,06).28,1} = 0,2459$$

24,6% Wasserdampf können nicht entfernt werden. Die Ausbeute ist also 75,4%.
Von der anfangs vorhandenen Wassermenge fallen 1141,1. 0,754 = 860,47 mol aus.
Dies sind 15,51 kg Wasser. Im Erdgas verbleiben noch 5,06 kg Wasser.

Beispiel GA- 11: Aus einer mit Benzoldampf gesättigten Luft soll bei gleichbleibender Temperatur von 22°C durch Erhöhung des Druckes das Benzol zu 95% abgeschieden werden.
(A) Wie stark muss der Druck erhöht werden?
(B) Wie stark lässt sich die Ausbeute verbessern, wenn zusätzlich die Temperatur auf 6°C erniedrigt wird? Luftdruck p_A = 0,985 bar. Partialdruck von Benzol p_{SA} = 109 mbar (22°C) und 49,8 mbar (6°C).

(A) Rest an Benzol 5% $\Rightarrow$

$$0,05 = \frac{n_{SE}}{n_{SA}} = \frac{(p_A - p_{SA})p_{SE}}{(p_E - p_{SE})p_{SA}} = \frac{(0,985-0,109).0,109}{(p_E - 0,109).0,109}$$

0,05 (p_E - 0,109) = (0,985-0,109) $\Rightarrow$ p_E = 17,63 bar

(B) $$\frac{n_{SE}}{n_{SA}} = \frac{(p_A - p_{SA})p_{SE}}{(p_E - p_{SE})p_{SA}} = \frac{(0,985-0,109).0,0498}{(17,63-0,0498).0,109} = 0,02277$$

Der Benzolrest kann von 5% auf 2,28% erniedrigt werden.

Aufgabe GA- 1: Welche Masse Stickstoff enthält eine Stahlflasche, wenn ihr Inhalt v = 50 l ist und die Flasche bei t = 17°C bis zu einem Druck von p = 200 bar gefüllt wurde?
Aufgabe GA- 2: Welche Dichte hat UF_6 bei 60°C und 950 hPa Druck?
Aufgabe GA- 3: 0,2847 g eines flüssigen Kohlenwasserstoffes C_nH_{2n+2} nehmen bei t = 98°C und p = 1006 hPa ein Volumen von v = 121 ml ein. Welche Formel besitzt dieser KW?

Aufgabe GA- 4: Zur Bestimmung der molaren Masse eines Gases nach der Methode von Dumas wurden folgende Versuchsergebnisse erhalten:

KL = 80,228 g	Glaskolben offen, leer
KD = 80,457 g	Glaskolben verschlossen, mit dem Dampf der Flüssigkeit gefüllt
KW = 167,103 g	Glaskolben gefüllt mit Wasser
DW = 0,9965 g/cm³	Dichte des Wassers
PLFT = 986,6 hPa	Luftdruck beim Verdampfen der Flüssigkeit
BT = 100°C	Badtemperatur beim Verdampfen
ZT = 27°C	Lufttemperatur beim Wägen
MLFT = 28,90 g/mol	Molare Masse der Luft

Aufgabe GA- 5: In ein evakuiertes Gefäß von 250 ml Inhalt werden 0,8 g einer Mischung von 55% Hexan und 45% Heptan eingesaugt. Welcher Druck herrscht in dem Gefäß, wenn man die Temperatur auf t = 160°C erhöht?

Aufgabe GA- 6: 7,00 g Trockeneis (CO_2) werden in einen luftgefüllten Kolben mit v = 0,500 l bei t = 25°C und p = 1,005 bar gegeben. Welcher Druck herrscht nach dem Verdampfen des CO_2 im Kolben, wenn die Temperatur auf t = -11°C gefallen ist?

Aufgabe GA- 7: Ein Gemisch aus N_2 und H_2 enthält 80 Vol% H_2. Zu berechnen ist: %, $\overline{M}$, die Partialdrücke bei p = 7,5 bar, die Dichte bei 45°C.

Aufgabe GA- 8: Wie groß ist der Explosionsdruck (ohne Berücksichtigung einer eventuellen Dissoziation) von Tetranitropentaerythrit (PETN, $C_5H_8N_4O_{12}$). Als Explosionstemperatur wird T = 3000K angenommen. Die Dichte von PETN ist ρ = 1,773 g/ml. Es wird weiter angenommen, dass im Augenblick der Explosion die entstehenden Gase das Volumen des explodierten PETN einnehmen. Als Verbrennungsgase entstehen CO_2, CO, H_2O und N_2.

Aufgabe GA- 9: Luft enthält 78,08 Vol% Stickstoff und 0,934 Vol% Argon. Welche Dichte hat bei 20°C und 100 kPa der aus Luft gewonnene, mit dem Argon verunreinigte Stickstoff, im Vergleich zu reinem Stickstoff?

Aufgabe GA- 10: 10 l Luft perlen bei 22°C langsam durch CCl_4. Die Luft ist danach mit dem CCl_4 -Dampf gesättigt. Der Gewichtsverlust an flüssigem CCl_4 betrug 8,765 g. Welchen Dampfdruck besitzt CCl_4 bei dieser Temperatur? Der Gesamtdruck ist p = 988 hPa.

Aufgabe GA- 11: Eine Flasche mit einem Volumen v = 1 l enthält 800 ml flüssiges Pentan. Das restliche Volumen ist mit Pentandampf erfüllt. 600 ml Pentan werden entnommen. Welche Kraft wirkt nach Einstellung des Verdampfungsgleichgewichtes auf einen Verschluss mit einem Durchmesser d = 2 cm.
Im Labor herrsche ein Luftdruck von p = 956 hPa und eine Temperatur von t = 27°C. Der Dampfdruck von Pentan bei 27°C ist p_P = 736 hPa.

Aufgabe GA- 12: Welche Temperatur darf in den Abgasleitungen von Feuerstellen nicht unterschritten werden, ohne dass der durch die Verbrennung entstandene Wasserdampf kondensiert. Die Kondensation bewirkt zusammen mit dem in den üblichen Brennstoffen immer vorhandenen Schwefel die Bildung von Schwefelsäure und damit starke Korrosion. Wichtig ist dies etwa für die Auspuffe von Motoren oder die Kamine von Heizungen und Kraftwerken. Vereinfachende Annahmen: Benzin (C_8H_{18}) werde mit Luft (21 Vol% O_2) vollständig verbrannt. Luftdruck p_L = 100 kPa. Dampfdruck von Wasser s. ANH- 10.

2.1.2 Kinetische Theorie

Durch die Annahme, dass ein Gas aus Teilchen besteht, die sich im Raum regellos bewegen, konnte man die in GA 1 und GA 2 schon angegebenen empirischen Gasgesetze auch theoretisch erklären.

GA 17 Ein **Gas** verhält sich **ideal**, wenn es folgende vier Postulate erfüllt:

1. Die betrachtete Gasmenge enthält eine sehr große Anzahl von Teilchen. Dies ermöglicht statistische Rechenmethoden und bewirkt unter gleichen Bedingungen gleichbleibende Mittelwerte.
2. Die Teilchen sind sehr klein im Vergleich zur Behältergröße und zur mittleren Entfernung untereinander. Streng genommen sollten sie Massenpunkte sein, also kein Eigenvolumen besitzen.
3. Die Teilchen bewegen sich nur fortschreitend (nur Translation) und regellos im Raum (keine Raumrichtung ist bevorzugt).
4. Zwischen den Teilchen gibt es keine Wechselwirkungen außer elastischen Stößen. Es gibt also keine Anziehungs- und Abstoßungkräfte irgendwelcher Art.

Das streng ideale Gas gibt es zwar tatsächlich nicht aber die realen Gase verhalten sich in weiten Bereichen des Druckes und der Temperatur mit genügender Genauigkeit ideal.

GA 18: e-Satz von BOLTZMANN: Ein im Gleichgewicht befindliches System enthalte N Teilchen, die sich auf die atomaren Zustände mit den verschiedenen **Energieniveaus** ε_0, ε_1, ε_2,.... verteilen können. Dann ist

$N_i = A \cdot e^{-\frac{\varepsilon_i}{kT}}$ die Anzahl N_i der Teilchen, die eine Energie ε_i besitzen.

Sind die Energien von zwei oder allgemein g_i Zuständen gleich groß, dann gilt

$N_i = A \cdot g_i \cdot e^{-\frac{\varepsilon_i}{kT}}$ Es liegt eine „g_i-fache **Entartung**" vor.

Das Verhältnis der Teilchenanzahlen in zwei Energieniveaus ε_1 und ε_2 ist danach

$\frac{N_2}{N_1} = \frac{g_2}{g_1} e^{-\frac{\varepsilon_2 - \varepsilon_1}{kT}}$ Man nennt es auch **Besetzungsverhältnis**.

Aus den Postulaten und dem e-Satz von Boltzmann konnte man die folgenden Ergebnisse ableiten:
Es sei N die Anzahl der Teilchen, v das Volumen des Gases, μ die Masse eines Teilchens und $\overline{c^2}$ der Mittelwert der Quadrate aller Teilchengeschwindigkeiten (das „mittlere Geschwindigkeitsquadrat"). Dann ist der

GA 19: Gasdruck $p = \frac{1}{3} \cdot \frac{N}{v} \mu \overline{c^2}$ $\quad \frac{N}{v}$ ist die Teilchenkonzentration.

GA 20: Mit $\overline{\varepsilon} = \frac{1}{2} \mu \overline{c^2}$ (mittlere kinetische Energie eines Teilchens!) folgt $p\,v = \frac{2}{3} N \overline{\varepsilon}$

Setzt man $u = N\overline{\varepsilon}$, dann ist $p\,v = \frac{2}{3} u$.

u nennt man die **„innere Energie"** des Gases.
p v gibt den Energieinhalt der Gasmenge an.

GA 21: Die mittlere kinetische Energie eines Teilchens ist $\overline{\varepsilon} = \frac{3}{2} kT$

Vergleicht man $\overline{\varepsilon} = \frac{1}{2} \mu \overline{c^2}$ mit $\overline{\varepsilon} = \frac{3}{2} kT$, so erhält man die Geschwindigkeit von Gasteilchen:

$\overline{c^2} = \frac{3RT}{M}$. Mit $\bar{c} = \sqrt{\frac{8}{3\pi}}.\sqrt{\overline{c^2}}$ (Diesen Zusammenhang bekommt man aus der Statistik) folgt

GA 22: Die **mittlere Geschwindigkeit** eines Gasteilchens ist $\bar{c} = \sqrt{\frac{8RT}{\pi M}}$.

GA 23: Die **Stoßzahl** z für ein Teilchen und seine **mittlere freie Weglänge** $\bar{l}$ ist:

$$z = \sqrt{2}.\frac{N}{v}.\pi.d^2.\bar{c} \quad \text{und} \quad \bar{l} = \frac{\bar{c}}{z} = \frac{v}{\sqrt{2}.N.\pi.d^2}$$

Beispiel GA- 12: Man leite aus GA 19 und GA 21 die Gaszustandsgleichung ab.

$pv = \frac{1}{3}N\mu\overline{c^2} = \frac{2}{3}N\bar{\varepsilon}$. Mit $\bar{\varepsilon} = \frac{3}{2}kT \Rightarrow \quad pv = \frac{2}{3}\,N\,\frac{3}{2}\,kT = NkT$

Beispiel GA- 13: Wie verhalten sich die mittleren Geschwindigkeiten der Moleküle zweier Gase zu ihren molaren Massen bzw. zu den Temperaturen.
Aus GA 22 kann man leicht ableiten:

$$\frac{\bar{c}_1}{\bar{c}_2} = \frac{\sqrt{M_2}}{\sqrt{M_1}} \quad \text{und} \quad \frac{\bar{c}_1}{\bar{c}_2} = \frac{\sqrt{T_1}}{\sqrt{T_2}}$$

Um die Geschwindigkeit eines Teilchens zu verdoppeln, muss die absolute Temperatur auf den vierfachen Wert ansteigen.
Bei gleicher Temperatur besitzen H-Atome (M = 1 g/mol) die zweifache Geschwindigkeit von He-Atomen (M = 4 g/mol).

Beispiel GA- 14: Berechne den Energieinhalt von 1 m^3 Argon bei 20°C und 1 bar. Wie groß ist die Bewegungsenergie eines Ar-Atoms?
u = 1,5 p v = 150000 J (0,0417 kWh)

$$N = \frac{pv}{kT} = \frac{100000}{1,381\,.10^{-23}.293} = 2,47\,.10^{25} \text{ Teilchen} \quad \Rightarrow$$

$$\bar{\varepsilon} = \frac{u}{N} = 6,07.10^{-21} \text{ J/Teilchen} \quad (0,1 \text{ eV/Teilchen})$$

Beispiel GA- 15: Berechne die mittlere Geschwindigkeit, die Stoßzahl und die freie Weglänge der Stickstoffmoleküle in Stickstoff bei t = 22°C und p = 750 hPa. d = 375 pm.
Achten auf die Einheiten! Alles in SI-Einheiten einsetzen.

Mittlere Geschwindigkeit: $\bar{c} = \sqrt{\frac{8.8,3145.295,2}{\pi.0,02802}} = 472,3\,\text{m/s}$

Stoßzahl: Aus der Zustandsgleichung erhält man $\frac{N}{v} = \frac{p}{kT} = \frac{75000}{1,3807.10^{-23}.295,2} = 1,84.10^{25}$

Teilchen pro m³.

$z = \sqrt{2}.\ 1,84.10^{25}.\ (375.10^{-12})^2.\pi.\ 472,3 = 5,43.10^9$ Stöße/s

Mittlere freie Weglänge: $\bar{l} = \frac{472,3}{5,43.10^9} = 8,70.10^{-8} = 87\,\text{nm}$.

$\frac{\bar{l}}{d} = 232$ Das zweite Postulat ist erfüllt. Die mittlere freie Weglänge ist etwa 250 mal größer als der Moleküldurchmesser.

Beispiel GA- 16: N_L-Bestimmung. Anwendung des e-Satzes
Unter dem Einfluss der Schwerkraft nimmt in einer Suspension, von der Oberfläche der Flüssigkeit zum Boden des Gefäßes hin, die Teilchenkonzentration zu. Man berechne unter Anwendung des Boltzmann'schen e-Satzes die Loschmidtkonstante. Für eine wässrige Goldsuspension wurden folgende Messwerte gefunden:
In einer um 10 mm höheren Schicht der Suspension wurde nur noch 21,0% der Teilchenkonzentration gemessen.
Durchmesser der Goldteilchen (kugelförmig angenommen) d = 19 nm. t = 22°C, Erdbeschleunigung g = 9,81 m/s², Dichte von Gold ρ_G = 19,3 g/cm³, Dichte des Wassers ρ_W = 1,00 g/cm³

Man geht aus vom Besetzungsverhältnis (GA 18) $\ln\frac{N_2}{N_1} = -\frac{\varepsilon_2 - \varepsilon_1}{kT}$

Die Energie eines Teilchens ist die Summe aus einem nicht näher bekannten konstanten Grundanteil ε_o und der potentiellen Energie ε_{pot}, die durch die Höhe, in der sich das Teilchen befindet, bestimmt wird.
$\varepsilon_{pot} = G'.\,h$ G' ist das um den Auftrieb verminderte Gewicht des Teilchens.
$G' = G - A = m_G\, g - m_W\, g = v\, g\, (\rho_G - \rho_W)$ m_G, m_W sind die entsprechenden Massen, v das Volumen des Goldteilchens. Mit $v = \frac{d^3\pi}{6}$ folgt schließlich

$$\varepsilon_{pot} = \frac{d^3\pi}{6} g\, h\, (\rho_G - \rho_W) \Rightarrow \ln\frac{N_2}{N_1} = -\frac{d^3\pi\, g(\rho_G - \rho_W).(h_2 - h_1)}{6kT}$$

$$\ln\frac{21}{100} = -\frac{(19.10^{-9})^3.\pi.9,81.(19300\text{-}1000).0,01}{6.k\,.295,2}$$ (Alle Werte in SI-Einheiten!)

Daraus berechnet man $k = 1,40.10^{-23}$ J/K und über $k = \frac{R}{N_L}$ die Loschmidtkonstante N_L.

Beispiel GA- 17: Die **Diffusionsgeschwindigkeit** eines Gases ist proportional zur mittleren Teilchengeschwindigkeit und damit umgekehrt proportional zur Wurzel aus der molaren Masse. Dies kann zur Trennung von Gasen mit verschiedenen molaren Massen, z. B. Isotopen, ausgenützt werden.
Über die Wirksamkeit dieser Methode gibt das Verhältnis t der Teilchengeschwindigkeiten Auskunft.
Man berechne dieses Verhältnis für
(a) Wasserstoff und schwerem Wasserstoff
(b) $^{238}UF_6$ und $^{235}UF_6$.

$$t = \frac{\bar{c}_1}{\bar{c}_2} = \sqrt{\frac{M_2}{M_1}}$$

Für (a) ist dies 1,414, für (b) 1,0043.
Der Unterschied in den Diffusionsgeschwindigkeiten ist bei Wasserstoff etwa 41%, bei Uranhexafluorid nur 0,4%.
Das Diffusionsverfahren trennt mit steigender molarer Masse immer schlechter.

Aufgabe GA- 13: Man berechne für Protonen bei $T = 10^9$ K (Temperatur in den Sternen) die mittlere Energie eines Teilchens, den Energieinhalt von 1 kg H und die mittlere Geschwindigkeit der H-Kerne.

Aufgabe GA- 14: Welche Temperatur (°C) hat Stickstoff, wenn seine Moleküle eine mittlere Geschwindigkeit von 1000 m/s besitzen?
Aufgabe GA- 15: Ein Behälter mit 500 ml Inhalt enthält $N = 8{,}0.10^{22}$ He-Atome bei einem Druck von p = 1 MPa. Welche Temperatur (°C) hat das Gas und wie groß ist die mittlere Geschwindigkeit der Atome?
Aufgabe GA-16: Wie viel Wärmeenergie muss man m = 20,0 g Argon zuführen, damit die Temperatur von 20°C auf 200°C steigt?
Aufgabe GA-17: Wie groß ist die Stoßzahl in He bei 20°C, wenn sich 2,00 mg in einem Volumen von v = 8,00 ml befinden? d = 200 pm
Aufgabe GA-18: Sauerstoff befindet sich bei t = 45°C in einem Behälter mit v = 5,00 l. Bei welchem Druck ist die mittlere freie Weglänge 5 cm? Wie groß ist der gesamte Translationsenergieinhalt des vorhandenen Gases? d = 360 pm
Aufgabe GA-19: Unter dem Einfluss der Schwerkraft nimmt in einer wässrigen Goldsuspension die Teilchenkonzentration, von der Oberfläche der Flüssigkeit zum Boden des Gefäßes hin, zu. Um welchen Faktor steigt die Teilchenkonzentration, wenn man um 5 mm näher zum Boden geht? Durchmesser der Goldteilchen (kugelförmig angenommen) d = 19 nm. Dichte von Gold ρ_G = 19,3 g/cm³, Dichte des Wassers ρ_W = 1,00 g/cm³, t = 22°C.

2.1.3 Reale Gase

Die tatsächlich vorkommenden Gase unterscheiden sich vom idealen Gas dadurch, dass die Teilchen ein Eigenvolumen besitzen und dass es Wechselwirkungen gibt. Je größer die Moleküle eines Gases sind und je stärker die zwischenmolekularen Kräfte sind (dies ist besonders bei Dipolmolekülen der Fall), desto größer sind die Abweichungen vom idealen Verhalten. Besonders wenn der Gasdruck steigt machen sich die Abweichungen immer stärker bemerkbar. Sind die Fugazitätskoeffizienten (GR 14) bekannt, dann kann man statt des Gasdruckes p die Fugazität $\tilde{p} = f.p$ in die einfachen Gasgesetze einsetzen.
Will man weiterhin mit dem Gasdruck und nicht mit der Fugazität rechnen, dann muss man kompliziertere Zustandsgleichungen als die des idealen Gases verwenden.

Die einfachste Zustandsgleichung für reale Gase ist die

GA 24 **Gleichung nach VAN DER WAALS** $\left(p + \frac{a}{V^2}\right)(V - b) = RT$

Diese Gleichung gilt für 1 mol Gas. a und b sind Stoffkonstante.

Der Gasdruck p wird durch die Anziehungskräfte zwischen den Teilchen gegenüber dem idealen Druck verkleinert. Daher muss p um $\frac{a}{V^2}$ vergrößert werden.
b ist eine Korrektur für das Eigenvolumen der Teilchen und wird daher vom molaren Volumen V abgezogen. b ist das vierfache Eigenvolumen der Teilchen (als Kugeln angenommen).

GA 25 $b = \frac{2}{3} d^3 \pi N_L$ d... Teilchendurchmesser

Aus der Konstanten b lassen sich daher Teilchendurchmesser abschätzen.
Gleichung GA 24 gilt für 1 mol Gas. Ist n beliebig, dann folgt mit $V = \frac{v}{n}$

GA 26 $\left[p + a\left(\frac{n}{v}\right)^2\right](v - nb) = nRT$

Jedes reale Gas lässt sich als Folge der Wechselwirkungskräfte **verflüssigen**. Dies ist allerdings nur unterhalb einer bestimmten Temperatur - der kritischen Temperatur T_k - möglich. Der kleinste bei T_k dazu notwendige Druck ist der kritische Druck p_k. Das sich dabei ergebende molare Volumen ist das kritische Volumen V_k.

Eine Folge der Wechselwirkungskräfte im Gas ist auch der **JOULE-THOMSON-Effekt** der realen Gase. Darunter versteht man die Tatsache, dass ein Gas sich bei adiabatischer Expansion entweder erwärmt oder abkühlt. Welche Temperaturänderung eintritt, hängt von der Temperatur ab. Unterhalb der Inversionstemperatur T_i tritt Abkühlung, oberhalb Erwärmung ein. Die **Inversionstemperatur T_i** ist also jene Temperatur bei der der Joule-Thomson-Effekt sein Vorzeichen umkehrt.
Aus der Siedetemperatur bei p = 1,013 bar (1 atm) kann man mit zwei einfachen Regeln die **kritische Temperatur** und die Inversionstemperatur abschätzen:

GA 27 $T_k = 1{,}5\ T_s$ Regel von GULDBERG
GA 28 $T_i = 10\ T_s$

Beispiel GA- 18: Gasverflüssigung. H_2 hat einen Siedepunkt von 20 K. Man erkläre die physikochemischen Grundlagen des Verflüssigungsvorganges.
Die höchste Temperatur, bei der verflüssigt werden kann, ist die kritische Temperatur. Diese ist mit GA 27 etwa 30 K. Mit üblichen Kühlmethoden sind 30 K nicht erreichbar. Diese Temperatur kann nur mit dem Joule-Thomson-Effekt erreicht werden. Damit man mit dem Joule-Thomson-Effekt eine Abkühlung erzielt, muss die Inversionstemperatur unterschritten werden. Diese ist mit GA 28 etwa 200 K. Zur Vorkühlung des Wasserstoffes auf 200 K wird flüssige Luft verwendet.

Beispiel GA- 19: Man berechne den Zusammenhang zwischen den kritischen Größen p_k, T_k, V_k und den Konstanten a und b aus der van der Waals-Zustandsgleichung.
Zunächst wird p explizit als Funktion von V dargestellt

$$\left(p + \frac{a}{V^2}\right)(V - b) = RT \Rightarrow p = \frac{RT}{V - b} - \frac{a}{V^2}$$

Die kritische Isotherme eines Gases besitzt im kritischen Punkt eine horizontale Wendetangente. Daher gilt:

(a) $p_k = \frac{R\,T_k}{V_k - b} - \frac{a}{V_k^2}$ Der kritische Punkt liegt auf der Isothermen

(b) $0 = \frac{-R\,T_k}{(V_k - b)^2} + \frac{2a}{V_k^3}$ Die Steigung der Tangente (die erste Ableitung) ist 0

(c) $0 = \frac{2R\,T_k}{(V_k - b)^3} - \frac{6a}{V_k^4}$ Die Tangente ist Wendetangente. Die zweite Ableitung ist 0.

Umformen ergibt

(b) $\frac{R\,T_k}{(V_k - b)^2} = \frac{2a}{V_k^3}$

(c) $\frac{R\,T_k}{(V_k - b)^3} = \frac{3a}{V_k^4}$

Dividiert man (b) durch (c) so erhält man $\frac{V_k - b}{2} = \frac{V_k}{3}$ $\Rightarrow$ $V_k = 3$ b. Setzt man dies in (b) ein, dann erhält man $T_k = \frac{8a}{27Rb}$. V_k und T_k in (a) eingesetzt ergibt schließlich $p_k = \frac{a}{27b^2}$

Zusammengefasst ist

GA 29: $V_k = 3b \quad T_k = \frac{8a}{27Rb} \quad p_k = \frac{a}{27b^2}$

Beispiel GA- 20: Die kritischen Daten von Toluol sind t_k = 318,6°C und p_k = 41,08 bar. Man berechne a, b und den Durchmesser des Toluolmoleküles.

Für b verwendet man $\frac{T_k}{p_k} = \frac{8b}{R} \Rightarrow b = \frac{RT_k}{8p_k} = \frac{0,083145.591,8}{8.41,08} = 0,1497$ l/mol

$a = 27b^2p_k = 24,86$ l^2bar/mol^2

Die Abschätzung des Teilchendurchmessers erhält man mit GA 25.

$$d = \sqrt[3]{\frac{3.\ 0,1497.10^{-3}}{2.\pi.6,022.10^{23}}} = 4,91.10^{-10}\,m = 491\ pm$$

Beispiel GA- 21: In einer Stahlflasche mit v = 40 l Inhalt befinden sich 8500 g Sauerstoff bei 25°C. a = 1,382 l^2.bar/mol^2; b = 0,03186 l/mol. Man berechne den Druck in der Flasche
(a) nach der idealen Zustandsgleichung
(b) nach der van der Waals-Zustandsgleichung.

(a) $p = \frac{mRT}{Mv} = \frac{8500.0,083145.298,2}{32.40} = 164,6$ bar

(b) Aus GA 24 $\Rightarrow p = \frac{RT}{V-b} - \frac{a}{V^2} \quad V = \frac{v}{n} = \frac{vM}{m} = \frac{40.32}{8500} = 0,1506$ l/mol

Für den Druck erhält man dann

$$p = \frac{0,083145.298,2}{0,1506 - 0,03186} - \frac{1,382}{0,1506^2} = 208,8 - 60,9 = 148\,bar$$

Das Zwischenergebnis 208,8 bar wäre der Druck im Gas, wenn man nur das Eigenvolumen der Teilchen berücksichtigt. 60,9 bar gibt die Verringerung des Druckes durch die Wechselwirkungskräfte an.

Beispiel GA- 22: In einer Stahlflasche mit dem Inhalt v = 45,0 l befindet sich Sauerstoff unter einem Druck von p = 150 bar bei 23°C. Welche Masse Sauerstoff (kg) enthält die Stahlflasche? a = 1,382 l^2.bar/mol^2; b = 0,03186 l/mol.
Aus GA 24 erhält man durch umformen $p V^3 - (b\,p + R\,T)\,V^2 + a\,V - a\,b = 0$
Einsetzen der Werte ergibt: $150\,V^3 - 29,4024\,V^2 + 1,382\,V - 0,044031 = 0$
Diese Gleichung dritten Grades in V wird nach einem der Iterationsverfahren gelöst.
Die zugrundeliegende Funktion $f(V) = 150\,V^3 - 29,4024\,V^2 + 1,382\,V - 0,044031$ ist ein Polynom in V. Polynome sind leicht zu differenzieren, daher wird das Verfahren nach Newton verwendet. Dieses konvergiert außerdem sehr schnell.

Die Iteration nach Newton ist: $V_{i+1} = V_i - \frac{f(V_i)}{f'(V_i)}$

$f'(V) = 450\,V^2 - 58,8048\,V + 1,382$

Einen ersten Näherungswert für V erhält man aus der idealen Zustandsgleichung.

FL 4 $\kappa = -\frac{1}{v}\left(\frac{\partial v}{\partial p}\right)_T$ nennt man isotherme Kompressibilität der Flüssigkeit. Dies ist anschaulich die Abnahme des Volumens pro Volumseinheit, wenn der Druck um eine Einheit (z. B. 1 bar) steigt (vgl. GA 16).

Beispiel FL- 1: Für Ethanol wurden bei mehreren Temperaturen die Dichten gemessen. Man berechne den Volumsausdehnungskoeffizient α.

$v_1 = v_o\,[1 + \alpha\,(t_1 - t_o)]$ Mit $v = \frac{m}{\rho}$ und $t_1 - t_o = \Delta t \Rightarrow \frac{1}{\rho_1} = \frac{1}{\rho_o}(1+\alpha\,\Delta t) \Rightarrow \frac{\rho_o}{\rho_1} = 1 + \alpha\,\Delta t$

Setzt man $x = \Delta t$ und $y = \frac{\rho_o}{\rho_1}$ so erhält man die Gleichung einer Geraden mit der Steigung β und dem Ordinatenabschnitt 1.
Führt man daher mit den gegebenen Messwerten eine Linearregression durch, so erhält man unmittelbar die gefragten Größen. Siehe Tabelle.

t °C	Dichte g/ml	t_i - 20 °C	ρ_{20}/ρ_i	Ergebnisse	
0	0,80625	-20	0,9791628	Steigung	0,0010565
10	0,79788	-10	0,9894345	Ordinatenabschnitt	1,0001465
20	0,78945	0	1,0000000	Korrelationskoeffizient	0,9999230
30	0,78097	10	1,0108583		

$\alpha = 1{,}057.10^{-3}\ K^{-1}$.

Beispiel FL- 2: Ein geschlossenes Gefäß ist vollständig mit Ethanol gefüllt. Wie stark steigt der Druck im Gefäß an, wenn die Temperatur um 5°C steigt? Hält das Gefäß dem steigenden Druck stand?
$\alpha = 1{,}057.10^{-3}\ K^{-1}$, $\kappa = 11{,}19.10^{-10}\ m^2/N$

Gesucht ist die Änderung des Druckes mit der Änderung der Temperatur $\left(\frac{\partial p}{\partial T}\right)_V$

Diese Größe lässt sich aus α und κ berechnen:

$$\left(\frac{\partial p}{\partial T}\right)_V = -\frac{\left(\frac{\partial v}{\partial T}\right)_p}{\left(\frac{\partial v}{\partial p}\right)_T} = \frac{\alpha}{\kappa} = \frac{1{,}057.10^{-3}}{11{,}19.10^{-10}} = 944593\ \text{Pa/K} = 9{,}44\ \text{bar/K}$$

Für 5 K steigt der Druck daher um 47,2 bar. Ein Glasgefäß könnte diesem Druck noch standhalten.

Für Hg ergibt die gleiche Rechnung allerdings

$\left(\frac{\partial p}{\partial T}\right)_V = \frac{1{,}813.10^{-4}}{0{,}4.10^{-10}} = 45{,}3\,\text{bar}$. Für 5 K würde hier der Druck um 227 bar steigen.
Diesem Druck würde das Gefäß nicht mehr standhalten.

Aufgabe FL- 1: Man berechne für Quecksilber und Tetrachlorkohlenstoff aus der Temperaturabhängigkeit der Dichte den Volumsausdehnungskoeffizient α.

Hg	
t °C	Dichte g/ml
10	13,5708
20	13,5462
30	13,5217
40	13,4973
50	13,4729

CCl_4	
t °C	Dichte g/ml
15	1,6042
20	1,5950
25	1,5844
30	1,5743
35	1,5651
40	1,5554

Flüssigkeiten besitzen zwei für die praktische Verwendung sehr wichtige Eigenschaften: Die Viskosität und die Oberflächenspannung.

2.2.2 Viskosität

Bewegen sich zwei benachbarte Flüssigkeitsschichten relativ zueinander, so wirkt eine Reibungskraft, die die schnellere Schicht bremst und die langsamere beschleunigt.
Für **laminare** Strömung (keine Wirbel!) gilt das

FL 5 Newtonsche Reibungsgesetz $F = \eta A \frac{dc}{dx}$

F... Reibungskraft
A... Berührungsfläche zwischen zwei Flüssigkeitsschichten im Abstand dx
$\frac{dc}{dx}$... Geschwindigkeitsgefälle (Änderung der Geschwindigkeit dc innerhalb der Schichtdicke dx)

Zwei Viskositätsgrößen werden in der Praxis verwendet:

Dynamische Viskosität η
Einheiten im SI $[\eta]$ = 1 Pa.s
im cgs-System $[\eta]$ = 1 Poise (1P) = 1 dyn.s/cm^2
1 cP ≙ 1 mPa.s
Der Quotient aus der dynamischen Viskosität und der Dichte der Flüssigkeit ist die
Kinematische Viskosität ν

FL 6 $\nu = \frac{\eta}{\rho}$

Einheiten im SI $[\nu]$ = 1 m^2/s
im cgs-Sytem $[\nu]$ = 1 Stokes (1St) = 1 St = 1 cm^2/s
1 St ≙ 10^{-4} m^2/s 1cSt ≙ 1 mm^2/s

Temperaturabhängigkeit: Die Viskosität fällt stark mit steigender Temperatur.
1° Temperaturänderung entspricht etwa 3% Viskositätsänderung.
10° Temperaturanstieg senken die Viskosität also etwa auf 2/3 des Ausgangswertes.
Die meisten Flüssigkeiten befolgen

FL 7 $\eta = \eta_o e^{\frac{P}{RT}}$

η_o und P sind Stoffkonstante.
P ist die Platzwechselenergie, η_o ist eine fiktive Viskosität für P = 0.

Der Temperaturabhängigkeit der Viskosität liegt der e-Satz von Boltzmann zugrunde. Die Strömungsgeschwindigkeit in der Flüssigkeit ist proportional zu $e^{-\frac{P}{RT}}$. Da aber die Viskosität umgekehrt proportional zur Strömungsgeschwindigkeit ist, wird das Vorzeichen im Exponenten positiv.

Messung der Viskosität: Die Viskosität reinviskoser Flüssigkeiten wird häufig in einem Kapillarviskosimeter gemessen. Für die laminare stationäre Strömung einer Flüssigkeit in einer Kapillare gilt das

FL 8 **Gesetz** nach **HAGEN-POISEUILLE**: $\eta = \frac{\pi r^4 t \, \Delta p}{8 v l}$

r... Radius der Kapillare; t... Durchflusszeit; Δp... Druckdifferenz zwischen Anfang und Ende der Kapillare; v... Volumen der durch die Kapillare fließenden Flüssigkeit; l... Länge der Kapillare.
(Ableitung des Gesetzes s. Beispiel FL- 3)

Wird mit einer senkrecht hängenden Kapillare gearbeitet, dann ist die Druckdifferenz der hydrostatische Druck der Flüssigkeitssäule. $\Delta p = \rho g h$ (ρ... Dichte der Flüssigkeit; g... Erdbeschleunigung; h... mittlere Höhe der Flüssigkeitssäule während des Durchfließens)

$\eta = \frac{\pi r^4 t \, \Delta p}{8 v l} = k \rho t$ Dabei sind in k alle konstanten Werte zusammengefasst.

FL 9 $\frac{\eta}{\rho} = \nu = k t$ k nennt man Gerätekonstante.

Aus der gemessenen Durchlaufzeit t kann die kinematische Viskosität - mit der Dichte ρ auch die dynamische Viskosität - berechnet werden.

Die Strömung in einer Kapillare ist laminar, wenn die **REYNOLDS-Zahl** - eine dimensionslose Kennzahl - einen Wert von 1000 nicht überschreitet.

FL 10 $Re = \frac{r c \rho}{\eta} \leq 1000$

Beispiel FL- 3: Man leite aus dem Newtonschen Reibungsgesetz das Hagen-Poiseuille-Gesetz ab. Die Situation der strömenden Flüssigkeit in der Kapillare zeigt die folgende Skizze.

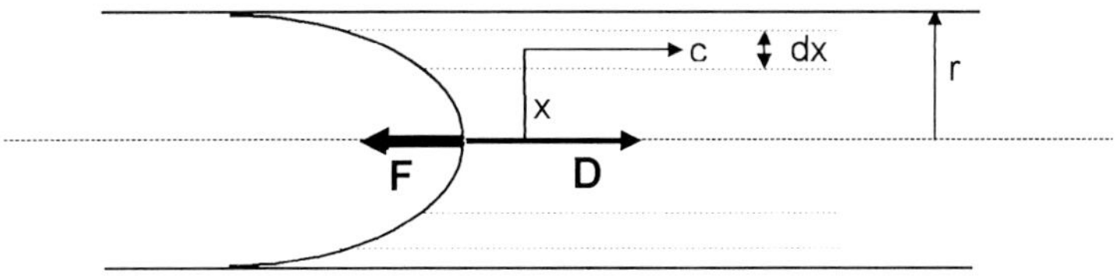

Abb.FL- 1

Auf die Flüssigkeit wirkt eine durch die Druckdifferenz Δp verursachte Druckkraft $D = \pi x^2 \Delta p$, die die Flüssigkeit beschleunigt und die Reibungskraft $F = \eta . 2\pi x l . \frac{dc}{dx}$, die bremsend wirkt. Die Reibungskraft nimmt mit der Geschwindigkeit immer mehr zu. Nach einer kurzen Beschleunigungsphase ist die Kräftesumme null. Die Bewegung ist nun unbeschleunigt, die Flüssigkeit strömt mit konstanter Geschwindigkeit (stationäre Strömung).

$\pi x^2 \Delta p + 2\pi\eta.l.x.\dfrac{dc}{dx} = 0 \Rightarrow \dfrac{dc}{dx} = -\dfrac{x\,\Delta p}{2\eta l}$ Diese Gleichung wird integriert: $c = -\dfrac{\Delta p}{4\eta l}x^2 + C$

Die Integrationskonstante $C = \dfrac{\Delta p}{4\eta l}r^2$ erhält man aus der Randbedingung x = r für c = 0.

Die Flüssigkeit haftet an der Wand des Rohres. Die Strömungsgeschwindigkeit ist daher

$c = \dfrac{\Delta p}{4\eta l}.\left(r^2 - x^2\right).$

Das durch die Kapillare in der Zeit t strömende Volumen ist:

$dv = 2\pi x dx.c.t. \Rightarrow$ (mit einsetzen von c) $dv = \dfrac{\pi\,\Delta p\,t}{2\eta l}\left(r^2x - x^3\right)dx$

Diese Differentialgleichung wird bestimmt integriert $\Rightarrow$

$$\int_0^v dv = \frac{\pi\,\Delta p\,t}{2\eta l}\int_0^r \left(r^2x - x^3\right)dx \Rightarrow v = \frac{\pi r^4 \Delta p\,t}{8\eta l} \Rightarrow \eta = \frac{\pi r^4 \Delta p\,t}{8 v l}$$

Beispiel FL- 4: Durch eine Kapillare mit einer Länge l = 2 m und einem Durchmesser r = 1 mm soll ein Volumen v = 10 ml Wasser in einer Zeit von t = 10 s hindurchgepresst werden. Welche Druckdifferenz ist dazu notwendig? Ist die Strömung noch laminar? η = 1 mPa.s

$$\Delta p = \frac{8 v l \eta}{\pi r^4 t} = \frac{8.10.10^{-6}.2.10^{-3}}{\pi.\left(10^{-3}\right)^4.10} = 5093\ \text{Pa} = 51\ \text{mbar}$$

$$Re = \frac{r c \rho}{\eta} = \frac{10^{-3}.0,318.1000}{10^{-3}} = 318$$ Die Strömung ist noch laminar.

Die Geschwindigkeit c in der Kapillare errechnet sich nach: $v = c\,t\,r^2\,\pi$

Beispiel FL- 5: Von einer Flüssigkeit sind die kinematische Viskosität und die Dichte gegeben. Man berechne die dynamische Viskosität und ihren absoluten und prozentuellen Fehler.

$\nu = 0{,}8474 \pm 0{,}0003$ cSt, $\rho = 0{,}9543 \pm 0{,}0002$ g/ml

Es gilt $\eta = \nu\,\rho = 0{,}8088$ cP

(a) Differentialmethode: Aus $d\eta = \left|\dfrac{\partial\eta}{\partial\nu}\right|d\nu + \left|\dfrac{\partial\eta}{\partial\rho}\right|d\rho$ folgt $d\eta = \rho\,d\nu + \nu\,d\rho$

$D = d\eta = 0{,}9543.0{,}0003 + 0{,}8475.0{,}0002 = 4{,}56.10^{-4} \Rightarrow \eta = 0{,}8088 \pm 0{,}0005$ cP

D% = 0,056%

(b) Fehlerfortpflanzung nach Gauß:

$G = d\eta = \sqrt{(\rho\,d\nu)^2 + (\nu\,d\rho)^2} = 3{,}33.10^{-4}$

G% = 0,041%

Beispiel FL- 6: Um welchen Faktor ändert sich die Viskosität einer Flüssigkeit, wenn die Temperatur von 20 auf 30°C, also um 10 Grad, steigt. Für die Platzwechselenergie nehme man 20 kJ/mol an.

Aus Gleichung FL 7 erhält man

$$\ln\frac{\eta_2}{\eta_1} = \frac{P}{R}\left(\frac{1}{T_2} - \frac{1}{T_1}\right) = \frac{20000}{8{,}314}.\left(\frac{1}{303} - \frac{1}{293}\right) = -0{,}271 \Rightarrow \frac{\eta_2}{\eta_1} = 0{,}76$$

Eine Faustregel besagt, dass die Viskosität bei Temperaturerhöhung um 10 Grad auf etwa $^2/_3$ bis $^3/_4$ ihres ursprünglichen Wertes fällt.

Beispiel FL- 7: Ein Kapillarviskosimeter mit der ungefähren Gerätekonstante $k \approx 0{,}01$ cSt/s wird mit Wasser ($\nu = 1{,}0037$ cSt) als Testflüssigkeit bei t = 20°C kalibriert. Es wurde 21 mal die Durchlaufzeit gemessen. Zu berechnen ist die Gerätekonstante und ihr Fehler nach der Differential- und der Gaußmethode.
Rechengang: Die Grundlagen dazu siehe 1.4 und 1.5
(a) Berechnung von $\bar{x}$ und s der Durchlaufzeiten. Zur Verkürzung der Rechnung kann man die Durchlaufzeiten auf einfache Zahlen transformieren (s. Tabelle).
(b) Fehlerrechnung: $k = \frac{\nu}{t} \Rightarrow$ Fehler nach der Differentialmethode: $dk = \frac{1}{t}d\nu + \frac{\nu}{t^2}dt$

Fehler nach der Gaußmethode: $dk = \sqrt{\left(\frac{1}{t}d\nu\right)^2 + \left(\frac{\nu}{t^2}dt\right)^2}$

$\nu = 1{,}0037$ stammt aus einer Tabelle ohne Angabe des Fehlers, daher wird für $d\nu$ der Rundungsfehler 0,00005 genommen.
Für dt wird die Standardabweichung genommen. Auch das Konfidenzintervall wäre möglich. Siehe folgende Tabelle. D.. Fehler nach der Differentialmethode, G.. Gaußmethode.

Messwerte (s) t_i	t_i^*	**Konstante Werte**		
102,32	2	Viskosität der Testflüssigkeit (cSt)		1,0037
102,32	2	Konstante der Wertetransformation	c_1=	0,01
102,33	3		c_2=	102,3
102,33	3			
102,33	3	**Ergebnisse**		
102,35	5	Mittelwert der transformierten Werte		4,762
102,35	5	Standardabw. der transformierten Werte		1,446
102,35	5	Mittelwert		102,348
102,35	5	Standardabweichung		0,01446
102,35	5	k (cSt/s)		0,009807
102,35	5	D_{abs}		$1{,}87.10^{-6}$
102,35	5	D %		0,019
102,35	5	G_{abs}		$1{,}47.10^{-6}$
102,35	5	G %		0,015
102,35	5			
102,35	5			
102,36	6			
102,36	6			
102,36	6			
102,36	6			
102,38	8			

Beispiel FL- 8: Von n-Butanol wurde die dynamische Viskosität bei mehreren Temperaturen gemessen. Man berechne die beiden Stoffkonstanten P (Platzwechselenergie) und η_0.
Die Gleichung FL 7 wird durch eine Koordinatentransformation linearisiert und die Konstanten dann durch Linearregression berechnet: $\eta = \eta_0 e^{\frac{P}{RT}} \Rightarrow \ln\eta = \ln\eta_0 + \frac{P}{R}\cdot\frac{1}{T}$

Man setzt $\frac{1}{T}$ = x, $\ln\eta$ = y und erhält damit die Gleichung einer Geraden mit der Steigung

$ST = \frac{P}{R}$ und dem Ordinatenabschnitt $OA = \ln\eta_o \Rightarrow P = R.\,ST$ und $\eta_o = e^{OA}$.

Siehe folgende Tabelle (r... Korrelationskoeffizient):

Temperatur °C	K	Viskosität mPa.s	1/T 1/K	lnη	Ergebnisse
0,0	273,2	5,186	0,0036603	1,6460	ST = 2313,655
15,0	288,2	3,379	0,0034698	1,2176	OA = -6,81179
20,0	293,2	2,948	0,0034106	1,0811	r = 0,999953
30,0	303,2	2,300	0,0032982	0,8329	P = 19236 J/mol
40,0	313,2	1,782	0,0031928	0,5777	η_o = 0,001101 mPa.s
50,0	323,2	1,411	0,0030941	0,3443	
70,0	343,2	0,930	0,0029138	-0,0726	
100,0	373,2	0,540	0,0026795	-0,6162	

Aufgabe FL- 2: Eine Flüssigkeit hat eine Dichte von 0,80 g/cm³ und eine Viskosität von 0,40 cSt. Welchen Radius r muss ein Kapillarviskosimeter haben, damit 2 ml dieser Flüssigkeit bei hängender Kapillare eine Durchlaufzeit von t = 200 s haben? Wie groß sind die Durchflussgeschwindigkeit und die Reynolds-Zahl? Die Kapillare ist 10 cm lang. Die mittlere Höhe der Flüssigkeitssäule während des Durchfließens ist h = 15 cm.

Aufgabe FL- 3: Ein Kapillarviskosimeter mit der ungefähren Gerätekonstante k ≈ 0,005 cSt/s wird mit Wasser (ν = 1,0037 cSt) als Testflüssigkeit bei t = 20°C kalibriert. Es wurde 31mal die Durchlaufzeit gemessen. Sie betrug immer 199 s und einige Hundertstel Sekunden. Im folgenden sind nur die Hundertstel und ihre Anzahl angegeben: 0,22 einmal; 0,24 dreimal; 0,25 zehnmal; 0,26 siebzehnmal. Zu berechnen ist die Gerätekonstante und ihr Fehler nach der Differential- und der Gaußmethode.

Aufgabe FL- 4: Von einer Flüssigkeit sind die dynamische Viskosität und die Dichte gegeben. Man berechne die kinematische Viskosität und ihren absoluten und prozentuellen Fehler. $\eta = 2{,}0707 \pm 0{,}0004$ cP, $\rho = 0{,}8022 \pm 0{,}0003$ g/ml

Aufgabe FL- 5: Die dynamische Viskosität von n-Butanol ist bei 15°C 3,379 mPa.s und bei 30°C 2,300 mPa.s . Man berechne die Platzwechselenergie, η_o und die Viskosität bei 40°C.

Aufgabe FL- 6: Von Methanol wurde die dynamische Viskosität bei mehreren Temperaturen gemessen. Man berechne die beiden Stoffkonstanten P und η_o.

t (°C)	0,0	15,0	20,0	25,0	30,0	40,0	50,0
η (mPa.s)	0,820	0,623	0,597	0,547	0,510	0,456	0,403

Aufgabe FL- 7: Die Durchlaufzeiten von Anilin in einem Kapillarviskosimeter (Gerätekonstante k = 0,01755 cSt/s) bei mehreren Temperaturen sind:

t (°C)	10,0	20,0	30,0	40,0	50,0
Zeit (s)	359,7	245,4	177,7	134,4	105,8

Man berechne die beiden Stoffkonstanten P und η_o.

2.2.3 Oberflächenspannung

FL 11 Die **spezifische Oberflächenenergie** σ („Oberflächenspannung"; „Grenzflächenspannung") ist jene Energie, die man gegen die Kohäsionskräfte aufbringen muss, um eine Flächeneinheit neue Oberfläche zu erzeugen.
Daher ist auch ihre Einheit $[\sigma] = 1\ J/m^2 = 1\ N/m$. Meist wird verwendet 1 mN/m.

Temperaturabhängigkeit
Die Oberflächenspannung nimmt mit der Temperatur ab und wird spätestens bei der kritischen Temperatur der Flüssigkeit null. Die **Regel von Eötvös** gibt dies genauer an:

FL 12 $\sigma_M = k\,(T_k - 6 - T)$

FL 13 $\sigma_M = \sigma V^{\frac{2}{3}} = \sigma \left(\frac{M}{\rho}\right)^{\frac{2}{3}}$ σ_M... molare Oberflächenenergie $[\sigma_M] = J.mol^{-2/3}$

T_k... kritische Temperatur; T.... absolute Temperatur; k... Assoziationsfaktor

$k = 2{,}2.10^{-7}\ J/K.mol^{2/3}$ bei Flüssigkeiten, deren Moleküle keine oder nur schwache Dipole sind.
Bei Flüssigkeiten, deren Moleküle starke Dipole sind, ist k kleiner und außerdem von T abhängig. Für Wasser z. B. ist $k \approx 1{,}1.10^{-7}\ J/K.mol^{2/3}$.

Denkt man sich einen Würfel mit dem molaren Volumen V, dann ist $V^{\frac{2}{3}}$ ein Quadrat dieses Molwürfels. Die molare Oberflächenenergie ist dann jene Energie, die zur Erzeugung eines solchen Quadrates neuer Oberfläche benötigt wird. Da sich auf dem Quadrat jedes Molwürfels immer die gleiche Teilchenanzahl, nämlich $\sqrt[3]{N_L^2} = 7{,}13.10^{15}$, befindet, kann man mit der molaren Oberflächenenergie alle Flüssigkeiten miteinander vergleichen.

Aus Messungen der Temperaturabhängigkeit der Oberflächenspannung kann man mit der Regel von Eötvös den Assoziationsfaktor und die kritische Temperatur berechnen. Allerdings befolgen nur die Flüssigkeiten, deren Moleküle keine Dipole sind, die Regel gut.

Beispiel FL- 9: Ein Volumen v = 1 m³ Wasser soll zu Tröpfchen mit einem Durchmesser d = 0,01 mm zerstäubt werden. Welche Energiemenge wird dazu benötigt? σ = 72,6 mN/m

Die entstehenden Tröpfchen haben ein Volumen $v_T = \frac{d^3\pi}{6}$ und eine Oberfläche $o_T = d^2\pi$.

Die Anzahl der Tröpfchen ist $z = \frac{v}{v_T} = \frac{6}{d^3\pi}$. Die gesamte neugebildete Oberfläche ist

$O = z.o_T = \frac{6}{d}$. Die Energiemenge ist daher $E = O.\sigma = \frac{6\sigma}{d} = \frac{6.0{,}0726}{10^{-5}} = 43560\ J$.

Die Oberflächenenergie, die 1 m³ Wasser vor dem Zerstäuben hatte, kann man vernachlässigen: E = 6. 0,0726 = 0,4356J.

Beispiel FL- 10: Von Wasser wurde die Oberflächenspannung und Dichte bei mehreren Temperaturen gemessen. Man berechne die kritische Temperatur T_k und den Assoziationsfaktor k.
Man geht aus von FL 12 und FL 13.
FL 12 wird umgeformt zu $\sigma_M = k\,(T_k - 6) - kT$

Eine lineare Regression mit $x = T$ und $y = \sigma_M$ ergibt als Steigung ST = -k und als Ordinatenabschnitt OA = k (T_k - 6) $\Rightarrow$ k = -ST und $T_k = -\frac{OA}{ST} + 6$.

Die Zahlenwerte enthält die folgende Tabelle.

t °C	T K	Dichte kg/m³	Oberfl.sp. N/m	Molvolumen m³/mol	molare Ob.fl.sp J.mol$^{-2/3}$	Ergebnisse	
10	283,15	999,6996	0,07422	$1{,}803.10^{-5}$	$5{,}1024.10^{-5}$	ST	$-1{,}024.10^{-7}$
20	293,15	998,2041	0,07275	$1{,}805.10^{-5}$	$5{,}0064.10^{-5}$	OA	$8{,}0091.10^{-5}$
30	303,15	995,6473	0,07118	$1{,}810.10^{-5}$	$4{,}9067.10^{-5}$	Korr.koeff.	-0,999818
40	313,15	992,2158	0,06956	$1{,}816.10^{-5}$	$4{,}8061.10^{-5}$	T_k (K)	788
50	323,15	988,0363	0,06791	$1{,}824.10^{-5}$	$4{,}7053.10^{-5}$	T_k (°C)	515
60	333,15	983,1989	0,06618	$1{,}833.10^{-5}$	$4{,}6005.10^{-5}$	Ass.faktor k	$1{,}024.10^{-7}$
70	343,15	977,7696	0,06440	$1{,}843.10^{-5}$	$4{,}4933.10^{-5}$		
80	353,15	971,7978	0,06260	$1{,}854.10^{-5}$	$4{,}3856.10^{-5}$		

Es ist darauf zu achten, dass alle Werte in SI-Einheiten eingesetzt werden!
Gemessen wurden T_k = 374°C und k = 1,1.10-7 J/K.mol$^{2/3}$. Ein Vergleich der berechneten T_k und k mit den gemessenen zeigt, dass der Assoziationsfaktor recht gut stimmt, die berechnete kritische Temperatur aber weit größer als die gemessene ist. Wasser ist eine stark polare Flüssigkeit.
In Aufgabe FL- 11 wird die gleiche Rechnung für eine nichtpolare Flüssigkeit durchgeführt. Dort stimmt auch die kritische Temperatur recht gut mit der gemessenen überein.

Aufgabe FL- 8: Die Oberflächenspannung von Wasser bei 25°C beträgt σ = 72,0 mN/m. Die Überprüfung eines Tensiometers ergab folgende Werte für σ : 71,9; 71,9; 72,0; 72,0; 72,0; 72,0; 72,0; 72,1; 72,1; 72,1; 72,1. Misst das Tensiometer richtig? P = 0,99.

Aufgabe FL- 9: Von zwei Proben der gleichen Flüssigkeit wurde mit zwei verschiedenen Tensiometern die Oberflächenspannung gemessen. Messen die beiden Geräte gleich richtig und gleich präzise? P = 0,95

$\bar{x}$ = 65,4 mN/m; s_1 = 0,07 mPa.s; n_1 = 21
$\bar{y}$ = 64,7 mN/m; s_2 = 0,10 mPa.s; n_2 = 17

Aufgabe FL- 10: Welches Volumen Wasser kann man mit einer Energiemenge von 100000 J zu Tröpfchen mit 1 μm Durchmesser zerstäuben? σ = 72,6 mN/m

Aufgabe FL- 11: Man berechne für Toluol aus der Temperaturabhängigkeit der Oberflächenspannung und der Dichte die kritische Temperatur T_k und den Assoziationsfaktor k.

t (°C)	10	25	50	75	100
Dichte (g/cm³)	0,8773	0,8616	0,8342	0,8051	0,7744
σ (mN/m)	29,71	27,93	24,96	21,98	19,01

2.3 Feststoffe

2.3.1 Kristalle

Das charakteristische Kennzeichen des festen Zustandes ist die Bildung von Kristallen.

FST 1 **Kristalle** sind konvexe Polyeder, die von ebenen Flächen begrenzt sind und daher stets gerade Kanten besitzen.

Kristalle sind **symmetrisch**. Eine geometrische Figur (Kristall) nennt man symmetrisch, wenn sie bei der Durchführung bestimmter geometrischer Operationen wieder in sich selbst übergeht. Die Grundoperationen der Symmetrie sind Translation, Spiegelung und Drehung.

Den Aufbau der Kristalle kann man mit der **Raumgittertheorie** erklären:

1. Die Teilchen sind regelmäßig im Raum angeordnet. Sie bilden ein **räumliches Punktgitter.**
2. In jedem Kristall gibt es einen kleinsten räumlichen Bereich, durch dessen Veschiebung (Translation) und Vervielfältigung in die drei Raumrichtungen man sich den Kristall entstanden denken kann, die **Elementarzelle**
3. Die Kantenlängen der Elementarzelle in den Richtungen der Koordinatenachsen sind die **Gitterkonstanten a, b, c**.
4. Durch die Gitterpunkte lassen sich auf verschiedenste Weise zueinander parallele Ebenen legen. Diese nennt man **Gitterebenen**.
5. Der Normalabstand zweier benachbarter, paralleler Gitterebenen heißt **Gitterabstand d**.
6. Die Lage paralleler Gitterebenen im Raum lässt sich durch die **Millerschen Indices h, k** und **l** angeben.
7. **Festlegung** der Millerschen Indices h, k, l :
   - In einem Gitterpunkt den Ursprung des Koordinatensystems festlegen
   - Nächste parallele Ebene in positiver Richtung suchen
   - Achsenabschnitte dieser Ebene als Vielfache der Gitterkonstanten angeben
   - Kehrwerte davon bilden
   - Die dabei entstehenden Vielfachen von 1/a, 1/b, 1/c sind die Millerschen Indices
   - Negative Indices werden mit einem Querstrich gekennzeichnet, z. B. $(2\ 1\ \bar{1})$

FST 2 Im kubischen System gilt: $a = d_{hkl}\sqrt{h^2 + k^2 + l^2}$

2.3.2 Kristalle und Röntgenstrahlung

Über Röntgenstrahlung siehe 7.1.2
Der Gitterabstand der Kristalle und die Wellenlänge der Röntgenstrahlung sind von gleicher Größenordnung. Ein Röntgenstrahl, der einen Kristall durchdringt, wird daher gebeugt.
Die stärkste Intensität der gebeugten Strahlung tritt beim sogenannten Glanzwinkel α auf. Dafür gilt das

FST 3 **Gesetz von Bragg**: $2\,d\,\sin\alpha = n\,\lambda$
d... Gitterabstand, α... Beugungswinkel, Glanzwinkel; n... Beugungsordnung, λ... Wellenlänge der Strahlung.

Beispiel FST- 1: KCl besitzt eine Gitterkonstante von a = 629,1 pm. Man berechne den Gitterabstand für die Ebenen mit folgenden Miller-Indices (1 0 0); (2 0 0); (1 1 0); (2 2 0); (1 1 1) und zeichne diese Ebenen in ein Würfelgitter ein.

Aus $a = d_{hkl}\sqrt{h^2+k^2+l^2} \Rightarrow d_{hkl} = \dfrac{a}{\sqrt{h^2+k^2+l^2}}$ Einsetzen ergibt folgende Werte:

Miller-Indices	Gitterabstand
(1 0 0)	629,1
(2 0 0)	314,6
(1 1 0)	444,8
(2 2 0)	222,4
(1 1 1)	363,2

(100)

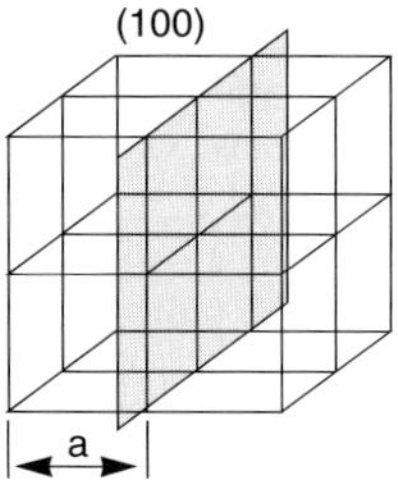

(200)

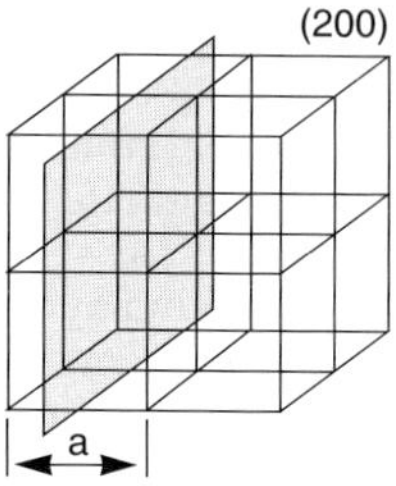

(110)

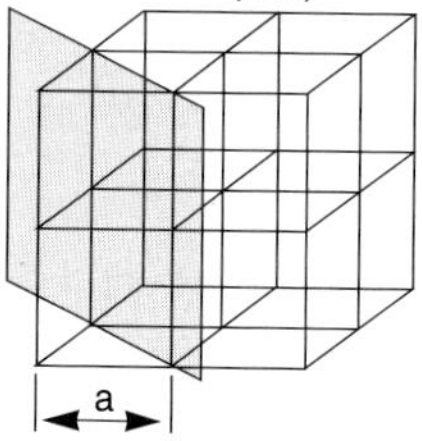

(220)

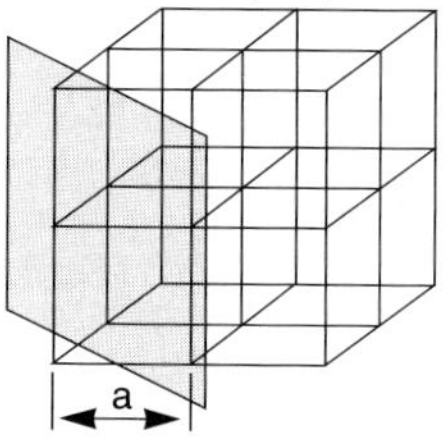

(111)

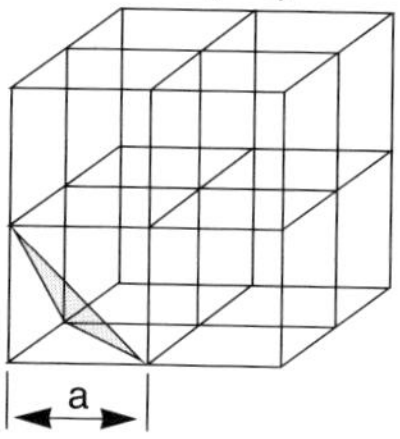

Beispiel FST- 2: N_L-Bestimmung

Mit Röntgenstrahlung der Wellenlänge λ = 154 pm wurden an einem LiCl-Kristall folgende Beugungsmaxima gemessen:

α = 17,40° für die erste Beugungsordnung,

α = 36,73° für die zweite Beugungsordnung.

Der Kristall hat die Dichte ρ = 2,061 g/ml und ist kubisch flächenzentriert. Die bestrahlte Ebene hat die Miller-Indices (2 0 0). Man berechne den Gitterabstand d, die Gitterkonstante a und die Loschmidtkonstante N_L.

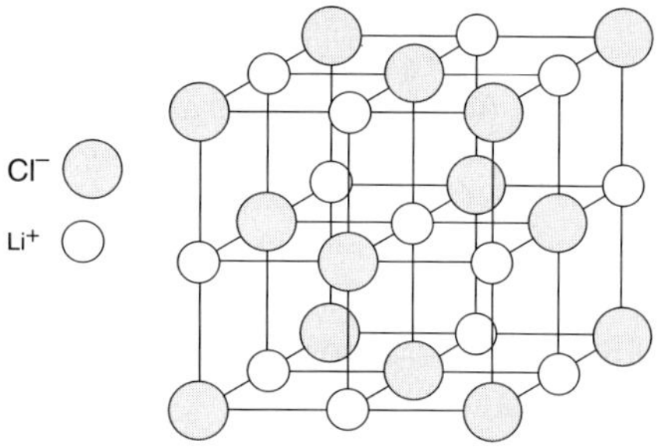

d wird nach FST 3 berechnet:

$$d = \frac{n\lambda}{2.\sin\alpha} = \frac{154}{2.\sin 17{,}40^{\circ}} = 257{,}5 \text{ pm}.$$

Denselben Wert erhält man auch für n = 2. Nach FST 2 ist a = 515,0 pm

Die Loschmidtkonstante bekommt man mit folgender Überlegung (siehe Skizze):

Aus dem molaren Volumen des LiCl und dem Volumen der Elementarzelle erhält man die Anzahl der Elementarzellen pro Mol. Über den Gitteraufbau der Elementarzelle ermittelt man die Anzahl der LiCl-Einheiten in einer Elementarzelle und daraus die Loschmidtkonstante.

Die Elementarzelle enthält 8 Cl-Atome an den Würfelecken. Jedes dieser Atome gehört zu einem Achtel zur Elementarzelle. Außerdem befinden sich noch 6 Cl-Atome in den Flächenmittelpunkten und diese gehören je zur Hälfte zur Elementarzelle.

Die Elementarzelle enthält daher 8.1/8 + 6.1/2 = 4 Cl-Atome.

Eine analoge Überlegung gilt für Li. Die Elementarzelle enthält also 4 LiCl

$V = M / \rho = 20{,}57$ ml/mol $= 20{,}57.10^{-6}$ m^3/mol

$v_Z = a^3 = 1{,}3659.10^{-28}$ m^3

$z = V / v_Z = 1{,}506.10^{23}$ Zellen/mol

$N_L = 4z = 6{,}024.10^{23}$ Teilchen/mol

Beispiel FST- 3: Zur Bestimmung der Wellenlänge der K_α-Strahlung von Mo wurde ein NaCl-Kristall bestrahlt.
Der Beugungswinkel des ersten Intensitätsmaximums betrug $\alpha = 6{,}261°$.
Die Daten des Kristalls sind: $\rho = 2{,}166$ g/ml, kubisch flächenzentriert, Miller-Indices (1 1 1).

Man geht aus von FST 3: $2\,d \sin\alpha = n\,\lambda$. In dieser Gleichung ist aber d noch unbekannt. Dieses erhält man aus:

$$N_L = 4z\,; \quad z = \frac{V}{v_Z}; \quad V = \frac{M}{\rho} \text{ und } v_Z = a^3 \quad \Rightarrow a = \sqrt[3]{\frac{4.M}{N_L.\rho}}$$

Mit $a = d_{hkl}.\sqrt{h^2 + k^2 + l^2}$ erhält man schließlich d.
Ergebnisse: a = 563,8 pm; d = 325,5 pm und λ = 71 pm
Es ist darauf zu achten, dass alle Größen in SI-Einheiten eingesetzt werden.

Aufgabe FST- 1: Man ermittle die Miller-Indices der dunklen Ebenen in der Skizze.

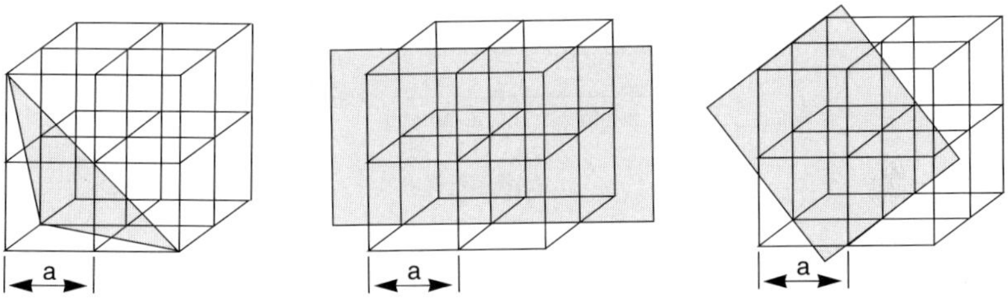

Aufgabe FST- 2: Mit Röntgenstrahlung der Wellenlänge λ = 154,0 pm wurde an einem NaF-Kristall ein Beugungsmaximum von α = 16,76° für die erste Beugungsordnung gemessen. Der Kristall hat die Dichte ρ = 2,821 g/ml und ist kubisch flächenzentriert. Die bestrahlte Ebene hat die Miller-Indices (1 1 1). Man berechne den Gitterabstand d, die Gitterkonstante a und die Loschmidt-Konstante N_L.
Aufgabe FST- 3: Zur Bestimmung der Wellenlänge der K_α-Strahlung von Cu wurde ein NaF-Kristall bestrahlt. Der Beugungswinkel des ersten Intensitätsmaximums betrug α = 19,454°. Die Daten des Kristalls sind: ρ = 2,821 g/ml, kubisch flächenzentriert, Miller-Indices (2 0 0).
Aufgabe FST- 4: Welchen prozentuellen Fehler hat der Gitterabstand eines Kristalls, wenn für n = 1 die Wellenlänge $\lambda = 154{,}1 \pm 0{,}1$ pm und der Beugungswinkel $\alpha = 45°10' \pm 5'$ ist?

3 PHASENLEHRE

3.1 Phasenumwandlungen bei Reinstoffen

3.1.1 Grundbegriffe und Phasengesetz

Die möglichen Phasenübergänge eines Reinstoffes zeigt die folgende Skizze (Abb.PH- 1).

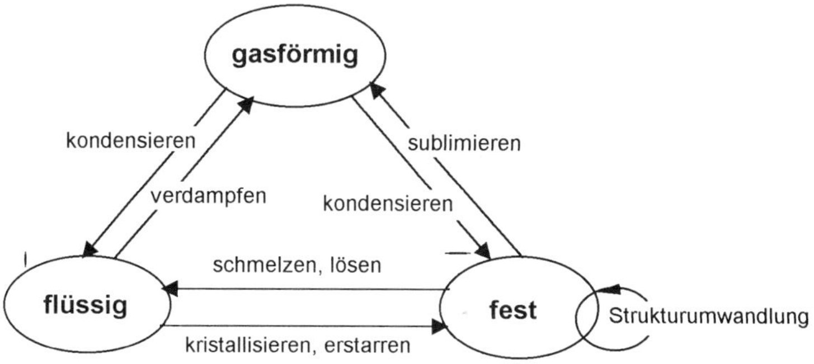

Abb.PH- 1

Diese Umwandlungen sind Umwandlungen 1. Ordnung: Die thermodynamischen und andere Eigenschaften ändern sich sprunghaft (z. B. die molare Wärmekapazität).
Im festen Zustand gibt es noch Umwandlungen 2. Ordnung. Gewisse Eigenschaften (z. B. Magnetisierung; Curietemperatur) ändern sich stetig. Die Kristallstruktur bleibt gleich.

Für alle Phasenumwandlungen gilt das **Phasengesetz** von **GIBBS**

PH 1 $p + f = k + 2$

Ein **System** sei ein beliebig herausgegriffener Teil der uns umgebenden Welt.
Im Labor kann dies etwa eine Flüssigkeit in einem Becherglas sein, an der eine Phasenumwandlung untersucht wird.
Die **Umgebung** des Systems ist dann alles, was außerhalb liegt. Im obigen Beispiel ist die Umgebung das Becherglas und alles außerhalb davon.

p ist die Anzahl der Phasen, die im System vorkommen.
Unter einer **Phase** versteht man einen Teil eines Systems, der bis in den molekularen Bereich physikalisch gleiche Eigenschaften hat. Einen solchen Teil eines Systems nennt man **homogen**.
Ein System in dem mindestens zwei Phasen vorkommen heißt **heterogen**.
An der Phasengrenze kommt es zu einer sprunghaften Änderung der Eigenschaften.

k ist die Anzahl der **Komponenten**. Man versteht darunter die **kleinste** Anzahl von Stoffen, deren Menge man angeben muss, um die Zusammensetzung aller Phasen des Systems berechnen zu können. Meist ist k die Anzahl der vorhandenen Stoffe.

f ist die Anzahl der **Freiheitsgrade**. Meist sind die Freiheitsgrade der Druck, die Temperatur und Konzentrationsangaben.
f ist die Anzahl der intensiven Zustandsvariablen, die man unabhängig voneinander verändern kann, ohne dass die Anzahl der Phasen sich ändert.

Die **Umwandlungstemperatur** T_U, ist jene Temperatur, bei der zwei oder mehrere Phasen dauernd miteinander beständig sind (z. B. Siedepunkt, Schmelzpunkt).
Unter dem **Standardsiedepunkt** T_s versteht man den Siedepunkt beim thermodynamischen Standarddruck 1013,25 hPa.
Die molare **Umwandlungsenthalpie**, ΔH_U, ist jene Wärmemenge, die bei einer Phasenumwandlung von ein Mol Stoff bei konstantem Druck umgesetzt wird. $[\Delta H_U]$ = J/mol.
Zum Beispiel ist für Wasser ΔH_V = 40,6 kJ/mol und ΔH_{Schm} = 6,0 kJ/mol
Bei nichtassoziierten Flüssigkeiten (die Moleküle dieser Flüssigkeiten besitzen kein Dipolmoment) ist die Verdampfungsenthalpie nur die Hälfte bis $^2/_3$ des Wertes von ähnlichen assoziierten Flüssigkeiten.
Die Schmelzenthalpie ist immer kleiner als die Verdampfungsenthalpie.
Bei gleicher Temperatur ist $\Delta H_{Subl} = \Delta H_{Verd} + \Delta H_{Schm}$
Bei konstanter Temperatur gilt:

PH 2 $\frac{\Delta H_U}{T_U} = \Delta S_U$ Dieser Quotient heißt **Umwandlungsentropie**.

Bei einem Reinstoff genügen zur Beschreibung der Phasenübergänge die beiden Zustandsgrößen Druck und Temperatur (s. Beispiel PH- 2)
Die graphische Darstellung des Zusammenhanges zwischen den Zustandsgrößen p und T nennt man **Zustandsdiagramm** (Abb.PH- 2).

Zustandsdiagramm eines Reinstoffes

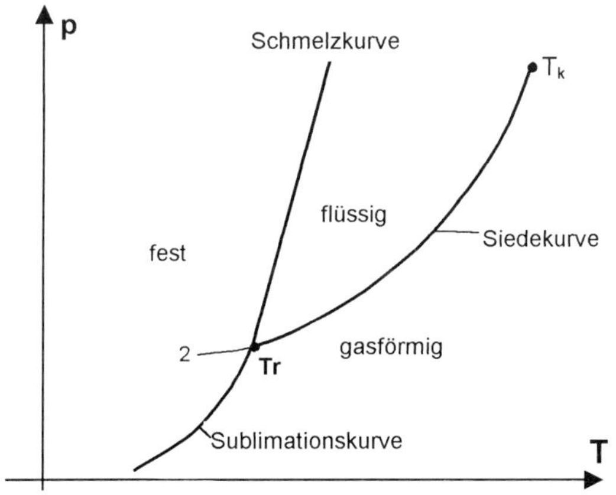

Abb.PH- 2

Die Sublimationskurve ist immer steiler als die Siedekurve, da die Sublimationswärme immer größer als die Verdampfungswärme ist (s. Beispiel PH- 14).
2 ist die Dampfdruckkurve (Siedekurve) der unterkühlten Flüssigkeit.
Tr ist der Tripelpunkt. Im Tripelpunkt ist f = 0 und daher p = 3.
Maximal 3 Phasen sind bei einem Reinstoff im Gleichgewicht. T_k ist der kritische Punkt.

Besonderheiten

- Die Schmelzkurve hat normalerweise positive Steigung. Es gibt aber Ausnahmen (s. Beispiel PH- 5 und Beispiel PH- 6).

- Stoffe bei denen der Tripelpunktsdruck größer als 1 bar ist, sind bei den gewöhnlichen Laborbedingungen nicht als Flüssigkeit beständig. So etwa CO_2 (Tripelpunkt: -56,6°C, 5,35 bar) Jod und Naphthalin.
- Meist hat ein Reinstoff mehrere Tripelpunkte. Dies ist dann der Fall, wenn ein Stoff mehrere feste Phasen besitzt, also polymorph ist. Wasser etwa hat 8 Tripelpunkte.

3.1.2 CLAUSIUS-CLAPEYRON-Gleichung

Es sei ein Phasengleichgewicht gegeben:

$$\text{Phase A} \rightleftharpoons \text{Phase E}$$
$$V_A \qquad\qquad V_E$$

V_A und V_E sind die molaren Volumina der beiden Phasen. Dann gilt

PH 3 $$\frac{dp}{dT} = \frac{\Delta H_U}{T_U(V_E - V_A)} = \frac{\Delta S_U}{(V_E - V_A)}$$

Alle Kurven des Phasendiagramms und damit auch alle Phasenübergänge lassen sich durch die Clausius-Clapeyron-Gleichung beschreiben.

Lösungen der Clausius-Clapeyron-Gleichung
2 Phasenübergänge lassen sich immer zusammenfassen.

A. **Schmelzen** und **Kristallstrukturänderungen**
Dies sind jene Phasenumwandlungen bei denen die gasförmige Phase nicht vorkommt!
Die entsprechenden p, T-Kurven sind fast gerade $\Rightarrow$ $\frac{dp}{dT}$ kann durch $\frac{\Delta p}{\Delta T}$ ersetzt werden:

PH 4 $$\frac{\Delta p}{\Delta T} = \frac{\Delta H_U}{T_U(V_E - V_A)} = \frac{\Delta S_U}{(V_E - V_A)}$$

B. **Sieden** und **Sublimieren**
$\frac{dp}{dT}$ kann nicht mehr durch $\frac{\Delta p}{\Delta T}$ ersetzt werden, da die entsprechenden Zustandsfunktionen im Gegensatz zu Pkt. A stark von einer linearen Funktion abweichen.
Zum Lösen der Differentialgleichung kann man vereinfachende Annahmen treffen:

a. V_A (f, fl) $\ll V_E$ (g). Das molare Volumen der kondensierten Phase kann man gegenüber dem Molvolumen des Gases vernachlässigen. Dies ist erfüllt, da $V_{Gas} \approx 1000\ V_{fl}$

b. Für V_{Gas} wird die ideale Gaszustandsgleichung verwendet. $V_{Gas} = \frac{RT}{p}$

c. ΔH_U ist nicht von T abhängig. Diese Bedingung ist zwar nicht unbedingt notwendig, vereinfacht aber das Ergebnis (s. Beispiel PH- 7).

Setzt man diese Annahmen in die Differentialgleichung ein, dann erhält man

$$\frac{dp}{dT} = \frac{p\,\Delta H_U}{RT^2} \Rightarrow \frac{dp}{p} \cdot \frac{1}{dT} = \frac{\Delta H_U}{RT^2} \Rightarrow$$

PH 5 $$\frac{d\ln p}{dT} = \frac{\Delta H_U}{RT^2}$$

Integration dieser Gleichung ergibt $\ln p = -\frac{\Delta H_U}{R} \cdot \frac{1}{T} + B$

Wie in der Thermodynamik gezeigt wird, ist $B = \frac{\Delta S_U}{R} \Rightarrow$

PH 6 $$\ln p = -\frac{\Delta H_U}{R} \cdot \frac{1}{T} + \frac{\Delta S_U}{R}$$

Dabei muss p aber in der Einheit atm in die Gleichung eingesetzt worden sein (Standarddruck der Thermodynamik ist p = 1,01325bar = 1 atm). Andernfalls gilt $B - \ln p_o = \frac{\Delta S_U}{R}$.

p_o ist dabei der Druck von 1atm angegeben in der verwendeten Druckeinheit. Wurde z. B. p in hPa = mbar gemessen, dann ist $\ln p_o = \ln 1013{,}25$, da 1 Atm = 1013,25 mbar.
(s. Kap. 4.3.5.1)
Für zwei Punkte der p-T-Kurve gilt:

PH 7 $$\ln \frac{p_2}{p_1} = -\frac{\Delta H_U}{R}\left[\frac{1}{T_2} - \frac{1}{T_1}\right]$$

Temperaturabhängigkeit der Verdampfungs- bzw. Sublimationsenthalpie:

$$\text{Phase A (fl, f)} \rightleftharpoons \text{Phase E (g)}$$

Eine kondensierte Phase stehe mit der gasförmigen Phase im Gleichgewicht. $C_p(g)$, $C_p(fl)$ seien die entsprechenden molaren Wärmekapazitäten. Dann gilt für die Temperaturabhängigkeit der Enthalpie:

$$\frac{d(\Delta H_U)}{dT} = C_p(g) - C_p(fl) = \Delta C_p$$

Mit sehr guter Näherung kann man annehmen, dass ΔC_p konstant ist.

$$\int_{T_1}^{T_2} d(\Delta H) = \Delta C_p \int_{T_1}^{T_2} dT \Rightarrow \Delta H(T_2) - \Delta H(T_1) = \Delta C_p(T_2 - T_1) \Rightarrow \Delta H(T_2) = \Delta H(T_1) + \Delta C_p\,(T_2 - T_1)$$

Dies bedeutet, dass die Verdampfungs- bzw. Sublimationsenthalpie linear von T abhängt:

PH 8 $$\Delta H = a + b\,T$$

Für sehr genaue Berechnungen wird angenommen, dass die Abhängigkeit von der Temperatur quadratisch ist: $\Delta H = a + b\,T + c\,T^2$ (s. 4.3.5.1).

3.1.3 Regel von TROUTON

Sie sagt aus, dass die Verdampfungsentropie aller Flüssigkeiten im Standardsiedepunkt etwa gleich groß ist. Damit kann man dann auch die Verdampfungswärme, wenn sie unbekannt ist, abschätzen.

PH 9 Für die meisten Flüssigkeiten gilt: $\Delta S_V = \frac{\Delta H_V}{T_S} \approx 88$ J/mol.K

T_S... Standardsiedepunkt (bei 1 atm = 1,01325 bar).

Abweichungen von der Regel:

- Assoziierte Flüssigkeiten (H_2O, Alkohole, NH_3, u. a.) haben höhere Verdampfungsentropien.
- Sehr tiefsiedende Flüssigkeiten (He, H_2, u. a.) haben (viel) kleinere Verdampfungsentropien.

Beispiel PH- 1: $NH_3 + H_2O \rightleftharpoons NH_4^+ + OH^-$ Ist k gleich 4?
k = 2, da es zwei zusätzliche Bedingungen für die Konzentrationen der vier Stoffe gibt: Das Protolysengleichgewicht des NH_3 und die Bedingung der Elektroneutralität. Dies bedeutet, dass nur die Angaben der Konzentration zweier Stoffe voneinander unabhängig sind.

Beispiel PH- 2: Man zeige, dass bei einem Reinstoff zur Beschreibung der Phasenübergänge die zwei intensiven Zustandsgrößen Druck und Temperatur genügen.
Es ist $k = 1 \Rightarrow f = 3 - p$. $p \geq 1$, da mindestens eine Phase vorhanden sein muß $\Rightarrow f \leq 2$. Es gibt höchstens zwei Freiheiten. Dies sind p und T. Die Konzentration ist nicht veränderbar, da der Stoff Reinstoff ist.

Beispiel PH- 3: Man zeige, dass bei einem Reinstoff die Umwandlungstemperatur immer konstant ist.
Bei der Umwandlung sind immer mindestens zwei Phasen beteiligt (beim Tripelpunkt sogar drei). Daher ist p = 2. Der Stoff ist Reinstoff, daher ist k = 1.
$p + f = k + 2 \Rightarrow f = 1$, für die Phasenumwandlung gibt es einen Freiheitsgrad. Dieser Freiheitsgrad ist aber durch die Wahl des Druckes schon vergeben. Für die Veränderung der Temperatur gibt es keine Freiheit mehr, sie bleibt daher konstant.
Bei einem Tripelpunkt - drei Phasen stehen miteinander im Gleichgewicht - ist f = 0. Hier bleiben Druck und Temperatur konstant, solange alle drei Phasen vorhanden sind.

Beispiel PH- 4: Abb.PH- 3 zeigt das Schmelzdiagramm zweier Stoffe A und B mit einem Eutektikum E (Minimumschmelzpunkt; vgl. Abb.PH- 5, Kap. 3.2). Die in den Feldern stehenden Symbole geben die dort beständigen Phasen an.
Die Stoffe A und B sind im festem Zustand ineinander unlöslich, im flüssigen Zustand vollständig löslich. Es gibt daher nur eine flüssige Phase Fl.
Eine Mischung M wird, beginnend bei der Temperatur 1, abgekühlt. Man berechne die Freiheitsgrade in den Punkten 1, 2, 3 und 4.
Welche der Temperaturen bleibt konstant und wie lange?
Die Anzahl der Komponenten ist 2. Daher ist p + f = 4.

Punkt 1: Es ist nur eine, die flüssige Phase, vorhanden: f = 3. Druck, Temperatur und Zusammensetzung können verändert werden, ohne dass die Anzahl der Phasen sich ändert. M kühlt sich ab bis zum Punkt 2.

Punkt 2: A beginnt auszukristallisieren, daher ist p = 2 und f = 2. Eine der beiden Freiheiten ist schon vergeben, nämlich durch die Wahl des Druckes in der Apparatur in der dieser Versuch gemacht wird (meist Luftdruck). Es kann sich nur noch die Temperatur ändern. Sie fällt allerdings etwas langsamer als von 1 nach 2, da beim Kristallisieren die Schmelzwärme von A frei wird.

Punkt 3: Es beginnt zusätzlich auch B auszukristallisieren, daher ist p = 3 und f = 1. Diese Freiheit ist durch den Druck schon vergeben. Daher bleibt die Temperatur so lange konstant, bis die ganze flüssige Phase erstarrt ist.

Punkt 4: p = 2 und f = 2. Analog Punkt 2. Die Temperatur fällt weiter.

Schmelzdiagramm mit Eutektikum

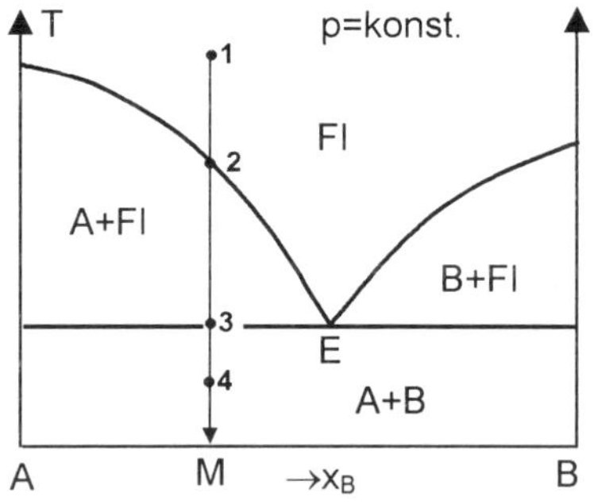

Abb.PH- 3

Beispiel PH- 5: Welchen Einfluss hat der Unterschied der Dichten zwischen den beiden Phasen eines Phasengleichgewichtes auf die Abhängigkeit der Umwandlungstemperatur vom Druck?

Man verwendet PH 3 $\frac{dp}{dT} = \frac{\Delta H_U}{T_U(V_E - V_A)}$ und $V = \frac{M}{\rho}$.

Zwei Fälle sind zu unterscheiden:

1. Phasenübergänge von einer kondensierten Phase in den Gaszustand (Verdampfen und Sublimieren). V_E bzw. ρ_E sind hier die für das Gas, V_A bzw. ρ_A die für die kondensierte Phase charakteristischen Größen. Da hier immer $\rho_E < \rho_A \Rightarrow V_E > V_A \Rightarrow \frac{dp}{dT} > 0$. Die Steigung der p-T-Funktion ist immer positiv $\Rightarrow$ mit steigendem Druck steigt auch die Umwandlungstemperatur. Siedepunkt und Sublimationstemperatur steigen also immer mit steigendem Druck.
2. Beim Schmelzen und bei Umwandlungen der Kristallstruktur sind die Dichten und damit auch die molaren Volumina der Phasen im Gleichgewicht von gleicher Größenordnung. Normalerweise ist auch hier die Dichte der bei der höheren Temperatur beständigen Phase (etwa die Flüssigkeit) kleiner als die Dichte der anderen Phase. Dann gilt das schon unter 1. Gesagte.

Einige Stoffe, wie etwa Wasser zwischen 0°C und 4°C, verhalten sich jedoch anders. In einem bestimmten Temperaturbereich ist die Dichte der Flüssigkeit größer als die der festen Phase, daher ist $V_{Fl} < V_{Eis}$ und $\frac{dp}{dT} < 0$. Der Schmelzpunkt sinkt mit steigendem Druck. Auch Ga und Bi verhalten sich so. Bei Rb, Cs, und Graphit ist ΔV zunächst > 0, dann < 0.

Beispiel PH- 6: Man berechne für Wasser und Benzol die Änderung des Schmelzpunktes für eine Erhöhung des Druckes um 100 bar.

Wasser: Fp = 0°C; ρ_{Fl} = 0,999841 g/cm³ ; ρ_{fest} = 0,9174 g/cm³ ; M = 18,02 g/mol ; Schmelzenthalpie ΔH = 6012 J/mol.

$$\frac{\Delta p}{\Delta T} = \frac{\Delta H}{T(V_{Fl} - V_{fest})} = \frac{\Delta H}{T\left(\frac{M}{\rho_{Fl}} - \frac{M}{\rho_{fest}}\right)} = \frac{\Delta H}{MT\left(\frac{1}{\rho_{Fl}} - \frac{1}{\rho_{fest}}\right)}$$

Beim Einsetzen auf SI-Einheiten achten!

$$\frac{\Delta p}{\Delta T} = \frac{6012}{0{,}01802.273{,}2.\left(\frac{1}{999{,}841} - \frac{1}{917{,}4}\right)} = -135{,}9.10^5 \text{ Pa/K} = -135{,}9 \text{ bar/K}$$

Dies entspricht einer Erniedrigung des Schmelzpunktes um -0,0074 K pro bar.
Scharf geschliffene Kufen eines Schlittschuhes erzeugen einen so hohen Druck, dass Eislaufen eigentlich „Wasserlaufen" ist.

Benzol: Fp = 5,53°C ; ρ_{Fl} = 0,8845 g/cm³ ; ρ_{fest} = 1,0104 g/cm³ ; M = 78,11 g/mol ;
ΔH = 9954 J/mol

$$\frac{\Delta p}{\Delta T} = \frac{9954}{0{,}07811.278{,}7.\left(\frac{1}{884{,}5} - \frac{1}{1010{,}4}\right)} = 32{,}46.10^5 \text{ Pa/K} = 32{,}5 \text{ bar/K.}$$

Dies entspricht einer Erhöhung des Schmelzpunktes um 0,031 K pro bar.

Beispiel PH- 7: Man berechne die Abhängigkeit des Dampfdruckes p einer Flüssigkeit von der Temperatur T, wenn die Verdampfungsenthalpie linear von T abhängt.

$\Delta H = a + b\,T$ Mit PH 5 folgt: $\frac{d\ln p}{dT} = \frac{a + bT}{RT^2} = \frac{1}{R}\left(\frac{a}{T^2} + \frac{b}{T}\right)$

$$\int d\ln p = \frac{1}{R}\int\left(\frac{a}{T^2} + \frac{b}{T}\right)dT \Rightarrow \ln p = \frac{1}{R}\left(-\frac{a}{T} + b\ln T\right) + C$$

PH 10 $\ln p = \frac{A}{T} + B\ln T + C$

Dabei ist C Integrationskonstante, diese muss aus einem bekannten Wertepaar (T, p) berechnet werden (s. 4.3.5.1).
Außerdem folgt:

PH 11 $a = -R\,A$ und $b = R\,B \Rightarrow \Delta H = R\,(-A + B\,T)$

Aus der Gleichung für lnp kann man auch die Verdampfungsentropie berechnen (s. 4.3.5.1 Verdampfung und Sublimation). Man erhält

PH 12 $\Delta S = R\,(C - \ln p_o + B + B\ln T)$ Wurde der Druck in atm eingesetzt, dann fällt $\ln p_o$ wieder weg.

Beispiel PH- 8: Man berechne näherungsweise die Wärmemenge, die für die Verdampfung von 1 kg c-Hexan notwendig ist. Sp = 80,7°C; M = 84,2 g/mol.

Man verwendet die Regel von Trouton: $\Delta S_V = \frac{\Delta H_V}{T_S} \approx 88$ J/mol.K

Danach ist $\Delta H = 88\,T_U$ J/mol und $\Delta h = \frac{88\,T_U}{M}$ J/g bzw. $\Delta h = \frac{88.T_U.1000}{M}$ J/kg = 370 kJ/kg.

Dies sind etwa 0,1 kWh pro 1 kg c-Hexan.

Beispiel PH- 9: Von i-Propanol wurden bei zwei Temperaturen die Dampfdrücke gemessen. Man berechne die Verdampfungsenthalpie ΔH_V, die Verdampfungsentropie ΔS_V und den Standardsiedepunkt T_S. Ist die Trouton-Regel erfüllt? Man schätze die kritische Temperatur T_k ab.
Gegeben ist: t_1 = 80,6°C, p_1 = 950 hPa; t_2 = 72,8°C, p_2 = 700 hPa. Man setzt in PH 7 ein:

$\ln\frac{950}{700} = -\frac{\Delta H}{8{,}3145}\left(\frac{1}{353{,}75} - \frac{1}{345{,}95}\right)$ Um die Rundungsfehler zu verkleinern ist es vorteilhaft den Klammerterm umzuformen in $\frac{345,95-353,75}{353,75.345,95}$. ΔH = 39,84 kJ/mol

Setzt man ein Wertepaar (t, p) in $\ln p = -\frac{\Delta H_U}{R}.\frac{1}{T}+B$ ein, so erhält man B = 20,4009.

Da p in hPa eingesetzt wurde, muss B um ln1013,25 verringert werden. Dann ist
ΔS = R (B - ln1013,25) = 112,1 J/mol.K.
Die Trouton-Regel ist also nicht erfüllt, wie bei einem Alkohol zu erwarten war.

Der Siedepunkt ist $T_S = \frac{\Delta H}{\Delta S} = 355,4\,K = 82,2°C$

Die kritische Temperatur ist $T_k \approx 1,5\ T_s$ = 533 K = 260°C (Literaturwert 236°C)

Beispiel PH- 10: Von i-Propanol wurden bei drei Temperaturen die Dampfdrücke gemessen. Man berechne die Verdampfungsenthalpie ΔH_V, die Verdampfungsentropie ΔS_V und den Standardsiedepunkt T_S. Ist die Trouton-Regel erfüllt? Man schätze die kritische Temperatur T_k ab.

t (°C)	80	70	60
p (hPa)	928,1	624,9	410,9

Einsetzen der Messwerte in $\ln p = \frac{A}{T} + B \ln T + C$ ergibt ein Gleichungssystem in den drei Unbekannten A, B und C. Dieses wird nach einer der dafür vorgesehenen Methoden aufgelöst.

$$\ln 928,1 = A\,\frac{1}{353,15} + B.\ln 353,15 + C$$

$$\ln 624,9 = A\,\frac{1}{343,15} + B.\ln 343,15 + C$$

$$\ln 410,9 = A\,\frac{1}{333,15} + B.\ln 333,15 + C$$

A = -4772,686; B = 0,05946; C = 19,9989

ΔH = a + b T mit a = -R A und b = R B
ΔH = 39682,5 + 0,49438.T
ΔS = R (C -ln1013,25 + B +B lnT) = 109,23 + 0,49438.lnT

T_s berechnet man aus $\ln p = -4772,686/T + 0,05946.\ln T + 19,9989$. Man setzt p = 1013,25 ein und löst die transzendente Gleichung $-4772,686/T + 0,05946.\ln T + 13,0780 = 0$ mit einem Iterationsverfahren. Hier soll das Newton-Verfahren verwendet werden, da alle vorkommenden Funktionen leicht differenzierbar sind und das Verfahren sehr schnell konvergiert.

$$T_{n+1} = T_n - \frac{f(T_n)}{f'(T_n)} \Rightarrow T_{n+1} = T_n - \frac{-4772,686/T_n + 0,05946.\ln T_n + 13,0780}{4772,686/T_n^2 + 0,05946/T_n}$$

Anhand der Angaben kann man abschätzen, dass der Siedepunkt bei etwa 82°C liegen dürfte. Daher beginnt man die Iteration mit 355 K.
Schrittweise ergeben sich folgende Werte: T_1 = 355; T_2 = 355,448; T_3 = 355,448.
Schon der zweite Wert ist die Lösung, T_s = 355,45K = 82,3°C.
ΔS (355,45 K) = 112,1 J/mol.K . Die Trouton-Regel ist nicht erfüllt. Dies war zu erwarten, da i-Propanol als Alkohol (Dipolmoleküle!) eine wesentlich höhere Verdampfungsentropie als 88 J/mol.K haben sollte. T_k ist 260°C.

Beispiel PH- 11: Misst man nur zwei p,T- Paare, dann verfälscht ein Messfehler in einem der Messwerte das Endergebnis (die Verdampfungsenthalpie!) sehr stark. Misst man hingegen etwa zehn Wertepaare, dann kann man bei einer grafischen Darstellung der Messpunkte eventuelle Messfehler leichter erkennen und ausscheiden. Die Berechnung der charakteristischen Größen des Verdampfungsgleichgewichtes erfolgt dann mit einer Ausgleichsrechnung. Von Benzol wurden mehrere Paare von Temperatur und zugehörigem Dampfdruck gemessen. Man berechne die Verdampfungsenthalpie ΔH_v, die Verdampfungsentropie ΔS_v, und den Standardsiedepunkt T_s^o. Es sei ΔH_v und ΔS_v als konstant angenommen.

$\ln p = -\frac{\Delta H_U}{R} \cdot \frac{1}{T} + \frac{\Delta S_U}{R}$ ist dann die Gleichung einer Geraden, wenn man folgende Koordinatentransformation durchführt: x = 1/T und y = lnp.

Die Steigung der Geraden ist $ST = -\frac{\Delta H_U}{R}$, der Ordinatenabschnitt $OA = \frac{\Delta S_U}{R}$.

Zunächst zeichnet man ein Diagramm (Abb.PH- 4) mit den obigen Koordinaten. Die Messpunkte liegen dann auf einer Geraden. Grobe Messfehler bei einem Messwert kann man dabei sofort erkennen und diesen Punkt ausscheiden.
Mit den brauchbaren Messwerten wird eine Linearregression gerechnet.
Aus ST kann man die Verdampfungsenthalpie, aus OA die Entropie berechnen.

Den Siedepunkt bekommt man aus $T_s = \frac{\Delta H_U}{\Delta S_U}$.

Ob die Trouton-Regel erfüllt ist erkennt man am Wert der Entropie.
Die Details der Rechnung enthält die folgende Tabelle PH- 1.

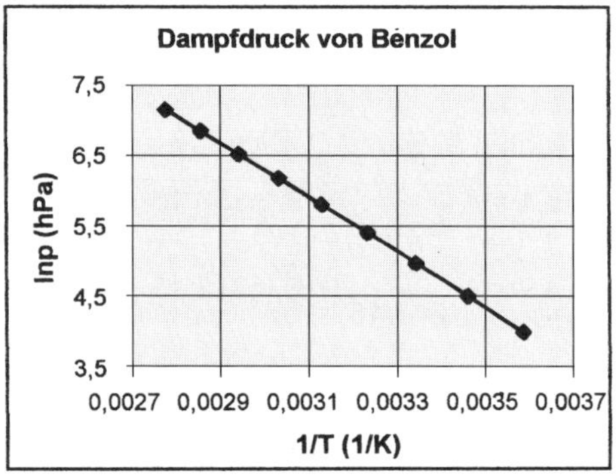

Abb.PH- 4

Tabelle PH- 1

T K	Druck hPa	1/T 1/K	ln p hPa	Ergebnisse	
280	51,5	0,003571	3,9412	ST	-4008,837699
290	86,1	0,003448	4,4550	OA	18,281750
300	138,2	0,003333	4,9284	Korrelationskoeff.	-0,9999043
310	213,9	0,003226	5,3655	ΔH_v (J/mol)	33331
320	320,5	0,003125	5,7700	ΔS_v (J/mol.K)	94,46
330	466,6	0,003030	6,1454	T_s (K)	352,9
340	661,5	0,002941	6,4945	T_s (°C)	79,7
350	916,1	0,002857	6,8201		
360	1241,9	0,002778	7,1244		

Beispiel PH- 12: Flüssiggas. Butan soll bei 20°C verflüssigt werden. Ist dies möglich? Wenn ja, bei welchem Druck? (Flüssiges Butan wird z. B. in Gasfeuerzeugen verwendet)
Gegeben: Siedepunkt bei 1,013 bar t_s = -0,5°C; Δh = 386,1 J/g
Abschätzen der kritischen Temperatur: $T_K \approx 1{,}5 . T_s = 1{,}5\,(273{,}2 - 0{,}5) = 409K$; t_K = 136°C
Es ist $t_K > 20°C$, daher ist eine Verflüssigung möglich.

Gleichung PH 7 wird wieder umgeformt zu $\ln\frac{p_2}{p_1} = -\frac{\Delta H}{R} . \frac{T_1 - T_2}{T_1 T_2}$

$\Delta H = \Delta h.\ M = 386{,}1.\ 58{,}12 = 22440$ J/mol

$p = 2{,}025$ bar

Für die Verflüssigung benötigt man einen Mindestdruck von 2,03 bar

Beispiel PH- 13: Kühlfalle. Durch Abkühlen von Luft auf t = -79°C (Kühlfalle mit Kohlensäureschnee) soll der Wasserdampf entfernt werden. Bis zu welchem Restgehalt (mg/m³) ist dies möglich?

Luftdruck p_L = 945 hPa. Dampfdruck von Eis bei t_1 = 0°C ist p_1 = 6,11 hPa. Sublimationsenthalpie ΔH = 51890 J/mol.

$\ln\frac{p_2}{6{,}11} = -\frac{51890}{8{,}3145}\left(\frac{273{,}15 - 194{,}15}{273{,}15.194{,}15}\right) \Rightarrow p_2 = 0{,}056$ Pa, Dampfdruck des Eises bei -79°C.

Die Restmenge ist

$$p_i.v = \frac{m_i}{M} R\,T \Rightarrow \frac{m_i}{v} = \frac{p_i M}{R\,T} = \frac{0{,}056.0{,}01802}{8{,}3145.194{,}15}$$

$\frac{m_i}{v} = 6{,}3\ .10^{-7}$ kg/m³ = 0,63 mg/m³

Beispiel PH- 14: Von Benzol sind die Gleichungen der Siedekurve und der Sublimationskurve gegeben (der Druck wurde in hPa gemessen!). Man berechne die Enthalpien und die Entropien für die Sublimation, die Verdampfung und das Schmelzen. Bei welcher Temperatur liegt der Tripelpunkt dieses Stoffes und wie groß ist der Dampfdruck im Tripelpunkt?

Man berechne die Änderung der Dampfdrücke für das Sieden und Sublimieren pro K im Tripelpunkt.

Siedekurve: $\ln p = \frac{-4110{,}0}{T} + 18{,}625$; Sublimationskurve: $\ln p = \frac{-5318{,}72}{T} + 22{,}963$

Im Tripelpunkt sind die Dampfdrücke der festen und flüssigen Phase gleich groß $\Rightarrow$

$\frac{-4110{,}0}{T} + 18{,}625 = \frac{-5318{,}72}{T} + 22{,}963 \Rightarrow T = 278{,}64$ K. Dies sind 5,5°C im Tripelpunkt.

Tripelpunktsdruck p = 48,2 hPa (berechnet aus einer der beiden gegebenen Gleichungen).

Die Enthalpien und Entropien für das Verdampfen und Sublimieren erhält man aus PH 6.

$$\ln p = -\frac{\Delta H_U}{R} . \frac{1}{T} + \frac{\Delta S_U}{R}$$

$\Delta H_v = 4110{,}0\ R = 34{,}17$ kJ/mol; $\Delta H_s = 5318{,}72\ R = 44{,}22$ kJ/mol

$\Delta S_v = (18{,}625 - \ln 1013{,}25)\ R = 97{,}3$ J/mol.K $\Delta S_s = (22{,}963 - \ln 1013{,}25)\ R = 133{,}4$ J/mol.K

Die Schmelzenthalpie ist $\Delta H_{Schm} = \Delta H_s - \Delta H_v = 10{,}05$ kJ/mol.

Die Schmelzentropie ist $\Delta H_{Schm} /278{,}64 = \Delta S_s - \Delta S_v = 36{,}07$ J/mol.K

Änderung der Dampfdrücke pro K: $\ln p = -\frac{A}{T} + B \Rightarrow \frac{d\ln p}{dT} = \frac{A}{T^2}$ mit $d\ln p = \frac{dp}{p} \Rightarrow \frac{dp}{dT} = \frac{A\,p}{T^2}$

Für das Sieden ist daher: $\frac{dp}{dT} = \frac{4110{,}0.\ 48{,}2}{278{,}64^2} = 2{,}55$ hPa/K

Für das Sublimieren: $\frac{dp}{dT} = \frac{5318{,}7.48{,}2}{278{,}64^2} = 3{,}30$ hPa/K.

Die Sublimationskurve ist steiler als die Siedekurve!

Beispiel PH- 15: Explosive Gasgemische. Man schätze ab bei welchem Gehalt (Vol%) an n-Oktan in Luft die untere Explosionsgrenze liegt. Bei welcher Temperatur würde eine explosive Gasmischung an der Flüssigkeitsoberfläche entstehen?
Es ist bekannt, dass für die Entzündung ein Partialdruck ausreicht, der etwa die Hälfte des stöchiometrischen Partialdrucks der Verbrennung ist.
Luftdruck: 1000 mbar. Luft enthält 20,9 Vol% Sauerstoff. Siedepunkt von n-Oktan 125,6°C.
$C_8H_{18} + 12{,}5\ O_2 \rightarrow 8\ CO_2 + 9\ H_2O$
1 Volumseinheit Oktan benötigt zur Verbrennung 12,5 Volumseinheiten O_2 (Gesetz von Avogadro). Dies entspricht 59,8 Volumseinheiten Luft (12,5.100/20,9).

Mit $\frac{p_i}{p} = \frac{v_i}{v}$ ist der Partialdruck von Oktan $p_{Okt} = 1000/(1+59{,}8) = 16{,}4$ mbar.

Dies entspricht 100/(1+59,8) = 1,64 Vol% Oktan.
Die untere Explosionsgrenze ist daher etwa 0,8 Vol% Oktan in der Luft (Literaturwert ist 1,0 Vol%).
Entflammtemperatur:
Der stöchiometrische Partialdruck der Verbrennung ist 16,4 mbar (1,64 Vol% Oktan!).
Die Entflammtemperatur ist jene Temperatur bei der der Dampfdruck des Oktans 8,2 mbar erreicht. Sie wird mit der Gleichung von Clausius- Clapeyron berechnet.
Mit der Regel von Trouton schätzt man die Verdampfungsenthalpie ab. $\Delta H \approx 88.\ (125{,}6 + 273{,}2) = 35100$ J/mol (Literaturwert 34410 J/mol).
$p_1 = 1013{,}25$ mbar; $T_1 = 398{,}8$K (Siedepunkt)
$p_2 = 8{,}2$ mbar; $T_2 = ?$
Einsetzen der Werte ergibt $T_2 = 274{,}1$ K. Dies entspricht 1°C.
Die Regel von Trouton gibt einen Näherungswert für die Verdampfungsenthalpie beim Siedepunkt. Bei 1°C wäre die Verdampfungsenthalpie wesentlich größer. Führt man dieselbe Rechnung mit der Verdampfungsenthalpie bei 25°C durch (41490 J/mol), so erhält man für die Entflammtemperatur 15°C. Dies stimmt gut mit dem gemessenen Wert von 13°C überein.

Aufgabe PH- 1: Man berechne die Anzahl der Freiheitsgrade für einen Reinstoff, wenn nur eine Phase vorhanden ist.
Aufgabe PH- 2: Ein Ausschnitt aus dem Phasendiagramm eines Reinstoffes hat folgendes Aussehen:
Man zeichne in das Diagramm bzw. erkläre:

- Die Siedekurve und die Schmelzkurve
- Den Sektor der festen Phase
- Den Siedepunkt bei p = 1 bar
- Den Sublimationsdruck bei t = 20°C
- Hat im Schmelzgleichgewicht die flüssige Phase eine größere oder kleinere Dichte als die feste Phase?
- Man beschreibe die Phasenänderungen auf dem Weg A → D.
- Man berechne die Freiheitsgrade in C und D

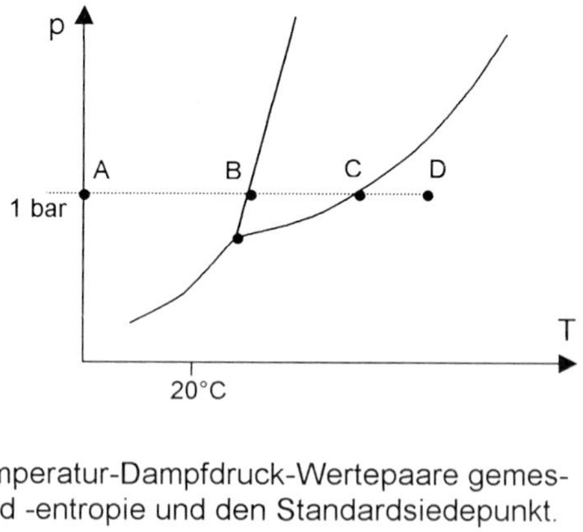

Aufgabe PH- 3: Von n-Oktan wurden folgende Temperatur-Dampfdruck-Wertepaare gemessen. Man berechne die Verdampfungsenthalpie und -entropie und den Standardsiedepunkt. Ist die Trouton-Regel erfüllt? ΔH_v und ΔS_v seien im gegebenen Temperaturbereich konstant.

t (°C)	19,2	45,1	65,7	104,0	125,6	152,7
p (hPa)	13,3	53,3	133,3	533,3	1013,3	2026,5

Aufgabe PH- 4: Für die Verdampfungsenthalpie einer Flüssigkeit gelte $\Delta H = a + b\,T + c\,T^2$. Man berechne die Abhängigkeit des Dampfdruckes p von der Temperatur T. Rechengang wie im Beispiel PH- 7.

Aufgabe PH- 5: Von Benzol wurden folgende Temperatur-Dampfdruck-Wertepaare gemessen. Man nehme an, dass die Verdampfungsenthalpie linear von der Temperatur abhängt und berechne die Verdampfungsenthalpie, Verdampfungsentropie und den Standardsiedepunkt. Ist die Trouton-Regel erfüllt?

T (K)	280	290	300	320	320	330	340	350	360
p (hPa)	51,5	86,1	138,2	213,9	320,5	466,6	661,5	916,1	1241,9

Aufgabe PH- 6: Naphthalin besitzt bei 6,8°C einen Sublimationsdruck von 1,662 Pa und bei 36,8°C 34,15 Pa. Man berechne die Sublimationsenthalpie. Welche Masse Naphthalin ist in 1 m³ Luft bei 25°C enthalten? Luftdruck 950 hPa.

Aufgabe PH- 7: Von Distickstoffmonoxid sind die Gleichungen der Siedekurve und der Sublimationskurve gegeben. Man berechne die Enthalpien und die Entropien für die Sublimation, die Verdampfung und das Schmelzen. Wie groß sind Temperatur und Dampfdruck im Tripelpunkt? Man berechne die Änderung der Dampfdrücke pro K für den Tripelpunkt.

Siedekurve: $\ln p = \frac{-1977{,}3}{T} + 17{,}641$; Sublimationskurve: $\ln p = \frac{-2837{,}3}{T} + 22{,}348$ (Der Druck wurde in hPa gemessen!)

Aufgabe PH- 8: Stearinsäure siedet bei p = 1 bar bei etwa 370°C nur unter Zersetzung. Auf welche Temperatur kann man den Siedepunkt erniedrigen und damit Zersetzung vermeiden, wenn man den Druck auf 1 mbar (= hPa) erniedrigt?

Bekannt ist noch der Siedepunkt für p = 100 mbar: t = 282°C.

Aufgabe PH- 9: Chloroform hat bei 20°C einen Dampfdruck von 210 hPa. Welchen Dampfdruck hat diese Flüssigkeit bei 30°C. Siedetemperatur t = 61,1°C

Aufgabe PH- 10: Um wie viel Prozent sinkt der Siedepunkt einer Flüssigkeit, wenn man den Druck auf den Bruchteil a erniedrigt?

Aufgabe PH- 11: 10,0 g Aceton wird in einem Gefäß mit v = 0,5 l auf t = 120°C erhitzt (die Luft wurde vorher entfernt). Welcher Druck stellt sich ein?

M = 58,1 g/mol; T_k = 509 K; Sp = 56,2°C; ΔH_v = 31,99 kJ/mol

Aufgabe PH- 12: Man schätze ab bei welchem Gehalt an Toluol (Vol%) in Luft die untere Explosionsgrenze liegt. Bei welcher Temperatur würde eine solche Gasmischung an der Flüssigkeitsoberfläche entstehen und daher auch mit einem Funken explodieren?

Für die Entzündung genügt ein Partialdruck, der etwa die Hälfte des stöchiometrischen Partialdrucks der Verbrennung beträgt.

Luftdruck: 1000 mbar. Luft enthält 20,9 Vol% Sauerstoff. Siedepunkt von Toluol 111°C.

3.2 Binäre Phasengleichgewichte

Welche Phasenumwandlungen zeigen Gemische mit zwei Komponenten?

Hier ist k = 2 und $p \geq 1$ (mindestens eine Phase muss vorhanden sein!). Daher ist $f \leq 3$.

In solchen Systemen gibt es also **maximal 3 Freiheitsgrade**: Temperatur, Druck und eine Konzentrationsangabe.

Ein Phasendiagramm mit allen drei Variablen ist dreidimensional. Zur Vereinfachung wird meist entweder der Druck oder die Temperatur konstant gehalten.

Im ersten Fall erhält man ein Temperatur-Konzentrations-Diagramm (T, x - Diagramm).

Im zweiten Fall ein Druck-Konzentrationsdiagramm (p, x - Diagramm).

Die Möglichkeiten für die wichtigsten Phasendiagramme zeigt folgende Übersicht. (Abb.PH- 5):

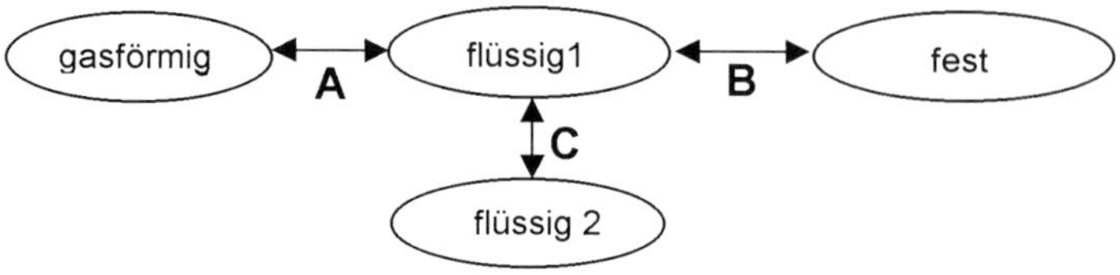

Abb.PH- 5

Übergang A........ Dampfdruckdiagramme und Siedediagramme
Übergang B........ Löslichkeitsdiagramme und Schmelzdiagramme
Übergang C........ Löslichkeitsdiagramme

3.2.1 Dampfdruck- und Siedediagramme

3.2.1.1 Einphasige Gemische

Die flüssigen Komponenten sind unbeschränkt mischbar. Je nach der Wechselwirkung der Teilchen gibt es drei Möglichkeiten für das Verhalten solcher Mischungen.

A. Ideale Gemische
Die **Wechselwirkungskräfte** zwischen gleichartigen und verschiedenartigen Teilchen sind **gleich** oder fast gleich groß. Sie sind an folgenden Mischungsphänomenen erkennbar:

1. Die Summe der Volumina der beiden Komponenten ist dem Volumen der Mischung gleich: $\sum v_i = v_{Mischung}$
2. Der Mischungsvorgang hat **keine** Wärmetönung: $\Delta H_{Misch} = 0$
3. Das **Raoult'sche Gesetz** gilt für Mischungen aller Zusammensetzungen.

PH 13 RAOULT'sches Gesetz: Bei konstanter Temperatur ist der Partialdruck einer beliebigen Komponente im Dampf des Gemisches proportional zum Molenbruch dieser Komponente im flüssigen Gemisch.

$$p_A = p_A^\circ \cdot x_{FA}$$
$$p_B = p_B^\circ \cdot x_{FB}$$

p_A , p_B .... Partialdrücke der Komponenten A und B im Dampf
p_A°, p_B° ...... Dampfdrücke der Reinstoffe, abhängig von der Versuchstemperatur
x_{FA} , x_{FB} ...... Molenbrüche von A und B in der flüssigen Phase.

Für mehr als zwei Stoffe gelten analoge Gleichungen.
Wichtige technische Beispiele für solche Gemische sind flüssige Luft (Stickstoff - Sauerstoff) und Gemische von Homologen, wie etwa aliphatische Kohlenwasserstoffe im Erdöl oder aromatische Kohlenwasserstoffe im Teer.

Aus dem Raoult-Gesetz und den Gesetzen für Gasgemische ($p = p_A + p_B$ und $p_A = p\, x_{DA}$, $p_B = p\, x_{DB}$; p..... Gesamtdruck) lassen sich folgende für die Lösung von praktischen Problemen nützliche Gleichungen ableiten:

PH 14 $p = (p_A^\circ - p_B^\circ)\, x_{FA} + p_B^\circ$ und analog $p = (p_B^\circ - p_A^\circ)\, x_{FB} + p_A^\circ$

PH 15 $x_{FA}\, p_A^\circ = x_{DA}\, p$
$x_{FB}\, p_B^\circ = x_{DB}\, p$

Abb.PH- 6 zeigt das Dampfdruck - und das Siedediagramm einer idealen Mischung.

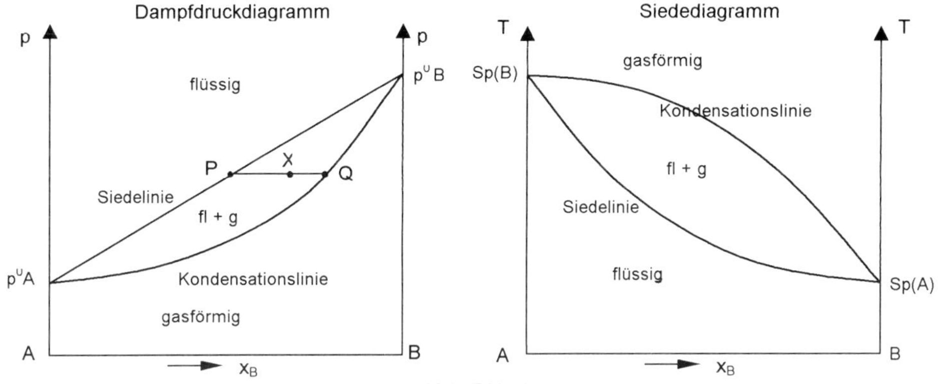

Abb.PH- 6

Die **Siedelinie** kennzeichnet den Siedebeginn aller flüssigen Mischungen.
Die **Kondensationslinie** kennzeichnet den Beginn der Kondensation der Dämpfe. Sie heißt deswegen auch **Taulinie**. Die Punkte der Taulinie geben die Zusammensetzung der konjugierten Dampfphase zu einer gegebenen flüssigen Mischung an.
Die Strecke $\overline{PQ}$ nennt man **Konode.** Sie verbindet zwei miteinander im Gleichgewicht stehende - sogenannte **konjugierte** - Phasen.

Für die Lage der Kondensationslinie im Vergleich zur Siedelinie gilt die **Regel von KONOWALOW**: Der Dampf ist stets reicher an jener Komponente, deren Zugabe den Siedepunkt erniedrigt bzw. den Dampfdruck erhöht.
Deshalb hat bei idealen Gemischen der Dampf immer eine andere Zusammensetzung als die konjugierte flüssige Phase. Dies hat zur Folge, dass man ideale Gemische durch fraktionierte Destillation immer vollständig in die Reinstoffe auftrennen kann. Aus dem Siedediagramm ersieht man auch, dass nur die Reinstoffe eine eindeutige Siedetemperatur, also einen Siedepunkt, besitzen. Alle Gemische hingegen haben ein Siedeintervall.
Für jeden Punkt X auf einer Konode gilt das **Hebelgesetz** der Phasenlehre (vgl. GR 13):
Die Massen der beiden konjugierten Phasen m_P und m_Q verhalten sich wie die Strecken $\overline{XQ}$ und $\overline{PX}$, die der Punkt X auf der Konode erzeugt:

PH 16 $$\frac{m_P}{m_Q} = \frac{\overline{XQ}}{\overline{PX}}$$

Bei idealen Gemischen kann man mit dem Raoultschen Gesetz, den Gasgesetzen und der Clausius-Clapeyron-Gleichung sowohl das Dampfdruckdiagramm als auch das Siedediagramm berechnen (s. Beispiele).

B. Nichtideale Gemische

Die Wechselwirkungskräfte zwischen den verschiedenartigen Teilchen sind größer oder kleiner als die zwischen gleichartigen Teilchen. Tabelle PH- 2 zeigt den Vergleich zwischen den verschiedenen Verhaltensweisen.
In beiden Fällen des nichtidealen Verhaltens besitzen sowohl die Dampfdruckkurven als auch die Siedekurven ein Extremum.

Tabelle PH- 2

Wechselwirkungskräfte zwischen den verschiedenartigen Teilchen im Vergleich zu den gleichartigen	Mischungsenthalpie	Summe der Volumina der Komponenten im Vergleich zum Volumen der Mischung	Partialdrücke	Bemerkung
Gleich groß	0	$\sum v_i = v_M$	Ändern sich linear mit dem Molenbruch	**Ideale** Mischung
Größer	< 0 Erwärmung beim Mischen	$\sum v_i > v_M$ Volumskontraktion	Sind geringer als der linearen Abhängigkeit entspricht	**„Anziehung"** z. B. Wasser und HCl; HNO_3; H_2SO_4
Kleiner	> 0 Abkühlung beim Mischen	$\sum v_i < v_M$ Volumsdilatation	Sind größer als der linearen Abhängigkeit entspricht	**„Abstoßung"** z. B. H_2O - Ethanol; auch die meisten Gemische organischer Flüssigkeiten

Ein Gemisch mit extremem Siedepunkt oder Dampfdruck nennt man **Azeotrop**.
Ein **Azeotrop** besitzt drei charakteristische Eigenschaften:

- Es hat einen Siedepunkt und kein Siedeintervall
- dieser ist ein Minimum oder Maximum
- die Zusammensetzung von Flüssigkeit und Dampf sind gleich.

Daher kann ein Azeotrop durch Destillation auch nicht in die Komponenten A und B aufgetrennt werden. Eine fraktionierte Destillation von nichtidealen Gemischen ergibt immer das Azeotrop und jenen der beiden Reinstoffe, dessen Gehalt in der Ausgangsmischung größer war als sein Gehalt im Azeotrop.
Durch Änderung des Destillationsdruckes kann allerdings die azeotrope Zusammensetzung verschoben werden.
Abb.PH- 7 zeigt das Siedediagramm eines Gemisches mit „Anziehung".

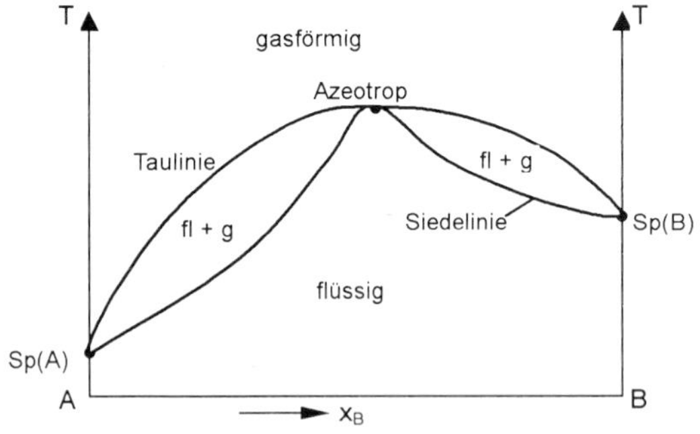

Abb.PH- 7

Für **verdünnte Lösungen** - etwa unterhalb 10 mol% - kann man mit ausreichender Genauigkeit annehmen:

1. Für das Lösungsmittel (der Stoff, der im Überschuss vorhanden ist) gilt weiterhin das Raoultsche Gesetz: $p_L = p_L^o \cdot x_{FL}$. Der Partialdruck p_L des Lösungsmittels ist proportional zu seinem Molenbruch x_{FL} in der Lösung und seinem Dampfdruck p_L^o.

2. Für den gelösten Stoff gilt das Henrysche Gesetz (PH 25): $p_S = k_S . x_{FS}$. Auch in diesem Fall steigt der Partialdruck linear mit dem Molenbruch x_{FS} in der Lösung an, aber die Proportionalitätskonstante ist nicht der Dampfdruck des reinen Stoffes.

Aus Messungen des Dampfdruckes an nichtidealen Gemischen kann man die **Aktivitätskoeffizienten** f_i der Komponenten berechnen. Damit ist es möglich die für ideale Gemische abgeleiteten Gesetze in ihrer Form beizubehalten. Das Raoultsche Gesetz für die i-te Komponente einer Mischung lautet dann $p_i = p_i^o \, x_i \, f_i$.

3.2.1.2 Zweiphasige Gemische

Die beiden Flüssigkeiten sind ganz oder teilweise unmischbar.
Im **zweiphasigen Bereich** ist in jeder Phase vom andern Stoff nichts oder nur sehr wenig vorhanden. Es kommt zu keinen nennenswerten gegenseitigen Wechselwirkungen.
Der Gesamtdampfdruck ist bei jeder Temperatur die Summe der Dampfdrücke der Reinstoffe A und B: $p = p_A + p_B$
Dies bedeutet aber, dass der zum Sieden notwendige Dampfdruck bei tieferer Temperatur erreicht wird als bei jedem der beiden Reinstoffe.
Eine zweiphasige Mischung siedet immer tiefer als jeder der beiden Reinstoffe.

Dies wird technisch ausgenützt bei der **Wasserdampfdestillation**.
Das Massenverhältnis der beiden Stoffe A und B im Destillat erhält man aus den Dampfdrücken p_A und p_B bei der Destillationstemperatur.

Für die Dampfphase gilt: $\frac{p_A}{p_B} = \frac{p\,x_A}{p\,x_B} = \frac{n_A}{n_B} = \frac{m_A\,M_B}{M_A\,m_B} \Rightarrow$

PH 17 $\frac{m_A}{m_B} = \frac{p_A\,M_A}{p_B\,M_B}$ Die Massen der beiden Stoffe im Destillat verhalten sich so wie die Produkte aus Dampfdruck mal molarer Masse.

Sind die beiden Stoffe teilweise mischbar, dann sind Mischungen mit Konzentrationen in der Nähe der Reinstoffe einphasig. Dann gelten wieder - wie schon unter A ausgeführt - das Raoultsche und das Henrysche Gesetz (s. Beispiel PH- 24).

Beispiel PH- 16: **Hebelgesetz**. 630 g Stoff A werden mit 1470 g Stoff B gemischt. A und B sind flüssig und nur beschränkt mischbar. Man berechne die Menge der beiden entstehenden Phasen P und Q, wenn diese folgende Zusammensetzung haben: Phase P.. 20% B und Phase Q.. 80% B.

Die Gesamtmenge der Mischung ist 2100 g. Daher sind $\frac{1470}{2100}.100 = 70\%$ B in der Mischung.

Nach PH 16 ist das Massenverhältnis der Phasen P und Q gegeben durch

$$\frac{m_P}{m_Q} = \frac{\overline{XQ}}{\overline{PX}} = \frac{70-80}{20-70} = \frac{1}{5}$$

P	X	Q
20%B	70%B	80%B

Die Gesamtmenge 2100 g muss im Verhältnis 1:5 geteilt werden. Dies ergibt 350 g Phase P und 1750 g Phase Q.

Beispiel PH- 17: Eine Mischung enthält 70,0 mol% Oktan (O) (p_O^o =129,3 hPa) und 30,0 mol% Hexan (H) (p_H^o = 900,8 hPa). Diese Mischung steht mit ihrem Dampf im Gleichgewicht.

Man berechne
a. Die Partialdrücke der beiden Komponenten und den Gesamtdampfdruck.
b. Die Zusammensetzung des Dampfes in mol% und Vol%;
Man verwendet das Gesetz von Raoult und die Gasgesetze für Gemische.
$p_O = 129{,}3 \cdot 0{,}70 = 90{,}5$ hPa
$p_H = 900{,}8 \cdot 0{,}30 = 270{,}2$ hPa Gesamtdruck p = 360,7 hPa.

$x_{DO} = \frac{p_O}{p} = 0{,}2509 \Rightarrow$ 25,1 mol% und auch Vol% Oktan im Dampf und 74,9 mol% bzw. Vol% Hexan.

Beispiel PH- 18: Man löse das Beispiel PH- 17 grafisch.
Der Dampfdruck der Mischung ist
$p = p_O + p_H = p_O^\circ \cdot x_{FO} + p_H^\circ \cdot x_{FH} = p_O^\circ \cdot (1 - x_{FH}) + p_H^\circ \cdot x_{FH}$
$p = (p_H^\circ - p_O^\circ)\, x_{FH} + p_O^\circ$
Der Dampfdruck hängt linear vom Molenbruch des Hexan ab. Sein Wert ist p_O°, wenn kein Hexan in der Mischung vorkommt ($x_{FH} = 0$) und p_H° für reines Hexan ($x_{FH} = 1$).
Gezeichnet wird eine Strecke mit den beiden Endpunkten (0; 129,3) und (1; 900,8). Den Wert des Dampfdruckes für $x_{FH'} = 0{,}3$ kann man dann leicht ablesen (Abb.PH- 8).

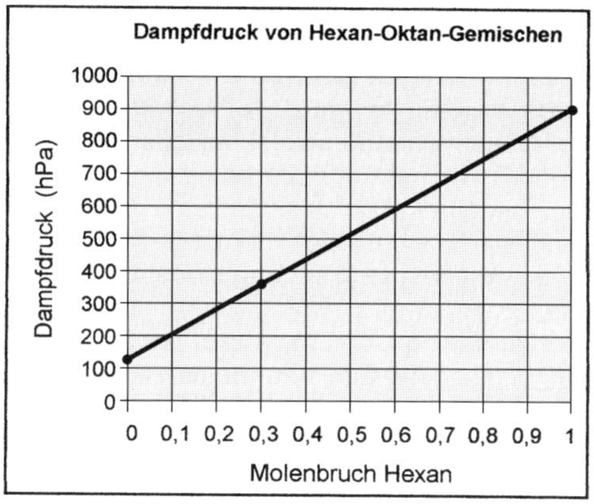

Abb.PH- 8

Beispiel PH- 19: Wie viel % Butan (B) darf ein Oktan (O) enthalten, damit diese Mischung bei einem Luftdruck von p = 1013 hPa erst oberhalb einer Temperatur von t = 40°C siedet?
Die Dampfdrücke der Reinstoffe bei 40°C sind $p_B^o = 3860{,}3$ hPa und $p_O^o = 41{,}0$ hPa.
Siehe PH 14 : $p = (p_B^\circ - p_O^\circ)\, x_{FB} + p_O^\circ \Rightarrow 1013 = x_{FB}\,(3860{,}3 - 41{,}0) + 41{,}0 \Rightarrow x_{FB} = 0{,}2545$
Sei m_B die Masse Butan in 100 g Mischung (der Prozentgehalt), dann ist

$$x_{FB} = \frac{\frac{m_B}{58{,}12}}{\frac{m_B}{58{,}12} + \frac{100 - m_B}{114{,}23}} \Rightarrow m_B = 14{,}8\% \text{ Butan.}$$

Beispiel PH- 20: Berechnung des Dampfdruckdiagrammes. Man berechne für t = -198°C die Siede- und Kondensationslinie des Dampfdruckdiagrammes der beiden Stoffe Stickstoff N_2 (Index N, $p_N^\circ = 761$ hPa) und Sauerstoff O_2 (Index O, $p_O^\circ = 145$ hPa).

Die Gleichung PH 14 zur Berechnung des Gesamtdruckes ist die Gleichung der Siedelinie $p = (p_N^\circ - p_O^\circ)\, x_{FN} + p_O^\circ$. Diese ist eine Gerade. Die Punkte der Taulinie erhält man aus

$$x_{DN} = \frac{p_N}{p} = \frac{x_{FN} \cdot p_N^o}{x_{FN} \cdot \left(p_N^o - p_O^o\right) + p_O^o} \quad \text{(PH 15)}$$

Siehe Tabelle PH- 3 und Abb.PH- 9.

Tabelle PH- 3

flüssig	gasförmig	
x_{FN}	x_{DN}	p (hPa)
0,00	0,000	145
0,05	0,216	176
0,10	0,368	207
0,20	0,567	268
0,30	0,692	330
0,40	0,778	391
0,60	0,887	515
0,80	0,955	638
1,00	1,000	761

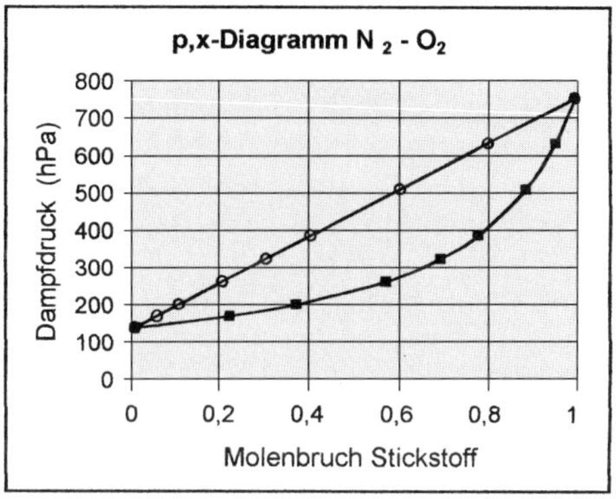

Abb.PH- 9

Beispiel PH- 21: Berechnung des Siedediagrammes. Man berechne die Siede- und Kondensationslinie des Siedediagramms von Benzol - Toluol.
Das Siedediagramm bei idealen Mischungen kann man berechnen, wenn die Abhängigkeit des Dampfdruckes der Reinstoffe von der Temperatur bekannt ist. Die Dampfdrücke der beiden Reinstoffe werden nach folgender Gleichung berechnet:

$$p° = \mathrm{Exp}\left(\frac{A}{t+273{,}15} + B.\ln(t+273{,}15) + C\right)$$ t ist die Temperatur in °C.

Den Gehalt an Toluol in der flüssigen Phase erhält man durch Umformen von PH 14:

$$x_{FT} = \frac{p - p_B^o}{p_T^o - p_B^o}$$ p ist der äußere Luftdruck; in diesem Beispiel 1013 hPa

Der Toluolgehalt in der Dampfphase ist $x_{DT} = x_{FT}\frac{p_T^o}{p}$. Details siehe Tabelle und Abb.PH- 10

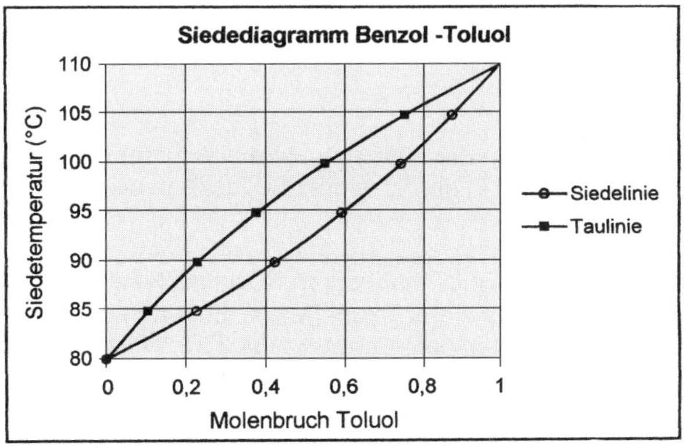

Abb.PH- 10

Stoff	A	B	C	t °C	$p_B°$ hPa	$p_T°$ hPa	x_{FT}	x_{DT}
Benzol	-5564,23	-4,91086	51,4857	80,1	1013	392	0,000	0,000
Toluol	-5976,21	-4,59240	49,8326	85,0	1175	463	0,228	0,104
				90,0	1360	547	0,426	0,230
				95,0	1565	643	0,598	0,379
				100,0	1794	751	0,748	0,554
				105,0	2047	873	0,880	0,758
				110,0	2325	1010	0,997	0,994
				110,1	2332	1013	1,000	1,000

Beispiel PH- 22: Von Benzol-Ethanol-Gemischen wurden die Siedetemperatur und die Zusammensetzung der konjugierten Dampfphase bestimmt.
Man zeichne das Siedediagramm und beantworte:

a.) Welche Siedetemperatur und welche Zusammensetzung hat das Azeotrop?

b.) Welche Zusammensetzung (flüssige und gasförmige Phase) haben jene Mischungen, die bei 74°C sieden?

c.) Welches Siedeintervall hat eine Mischung mit 25 mol% Ethanol? Siehe Abb.PH- 11.

Siedepunkt °C	Ethanol x_{fl}	Ethanol x_g
80,0	0,00	0,00
75,2	0,05	0,20
70,4	0,10	0,34
68,5	0,20	0,41
68,0	0,30	0,43
67,9	0,40	0,44
67,9	0,50	0,44
68,1	0,60	0,50
68,5	0,70	0,53
69,3	0,80	0,58
71,6	0,90	0,69
73,6	0,95	0,79
78,0	1,00	1,00

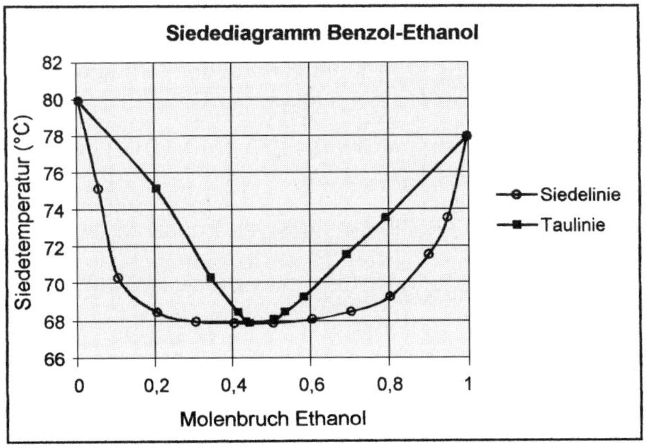

Abb.PH- 11

a.) 68°C; 47 mol% Ethanol

b.) Mischung 1: 7 mol% Ethanol in der flüssigen, 24 mol% in der gasförmigen Phase
Mischung 2: 96 mol% Ethanol in der flüssigen, 80 mol% in der gasförmigen Phase

c.) 68 - 74°C

Beispiel PH- 23: Ein Pulver soll mit Toluol durch Rückflußdestillation mit Wasserabscheidung entwässert werden. Gemische aus Toluol (M_{Tol} = 92 g/mol) und Wasser (M_W = 18 g/mol) haben bei 1013 mbar eine Siedetemperatur von t = 84,3°C. Welche Menge Toluol muss man destillieren, um 1 g Wasser aus dem Pulver zu entfernen? p_{Wasser} = 562 hPa.
Man verwendet PH 17:

$$\frac{m_{Tol}}{m_W} = \frac{451.92}{562.18} = 4,1$$

Man benötigt 4g Toluol für 1g Wasser.

Beispiel PH- 24: Schwefeldioxid (SO_2) wird in der Kälteindustrie als Kühlmittel verwendet. Reines flüssiges SO_2 wirkt auf die Rohrleitungen und Behälter nicht korrodierend. Schon ein Wassergehalt von 0,1% macht das SO_2 korrodierend.
Durch fraktionierte Destillation kann der Wassergehalt im SO_2 nur auf etwa 0,2% gesenkt werden. Um deutlich unter die Grenze von 0,1% - Annahme 0,02% - zu kommen, muss ein Trockenmittel verwendet werden. Damit man mit diesem Trockenmittel den Gehalt von 0,02% erreicht, muss der Dampfdruck von Wasser über diesem Trockenmittel kleiner oder gleich dem Partialdruck des Wassers über einer 0,02%-igen Lösung von Wasser in SO_2 sein. Danach kann man dann das Trockenmittel auswählen. Wie groß ist dieser Partialdruck?
Aus den Tabellenwerken benötigt man noch folgende Angaben:
Dampfdruck von Wasser bei 20°C $p_W°$= 23,3 hPa; $M(H_2O)$ = 18 g/mol, $M(SO_2)$ = 64 g/mol
Das binäre System Wasser - SO_2 ist bei 20°C zweiphasig im Bereich von 7 mol% H_2O (Punkt P) bis 95 mol% H_2O (Punkt Q).
Da die einphasigen Gemische verdünnt sind, kann man annehmen, dass für den Partialdruck des Wassers in der Nähe des reinen Wassers das Raoultsche Gesetz, in der Nähe des reinen SO_2 das Henrysche Gesetz gilt.
Die Partialdruckkurve des Wassers hat folgendes Aussehen:

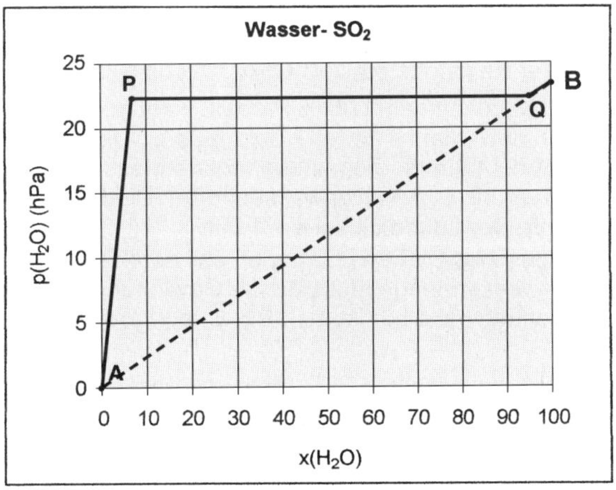

Abb.PH- 12

$\overline{QB}$ .... Gültigkeitsbereich des Raoultschen Gesetzes
$\overline{AP}$ .... Gültigkeitsbereich des Henry-Gesetzes.
$\overline{PQ}$ .... Mischungslücke. In diesem Bereich ist der Partialdruck von Wasser konstant. Nach der Phasenregel mit k = 2 und p = 3 ist f = 1. Diese Freiheit ist die schon gewählte Temperatur.
$\overline{AB}$ .... Verlauf des Dampfdruckes bei durchgehender Gültigkeit des Raoultschen Gesetzes
In Q ist nach dem Raoultschen Gesetz der Partialdruck des Wassers
$p_W = x_W\, p_W° = 0{,}95 .\ 23{,}3 = 22{,}14$ hPa. Derselbe Partialdruck herrscht auch in P.
Im Bereich $\overline{AP}$ steigt der Partialdruck des Wassers linear von 0 bis zu 22,14 hPa an. Daher gilt in diesem Bereich $p_W = x_W .\ 22{,}14/0{,}07 = x_W .\ 316{,}2$.
Für 0,02% Wasser und 99,98% SO_2 ist der Molenbruch $x_W = 7{,}1.10^{-4}$.
Der Partialdruck des Wassers für die 0,02%-ige Lösung ist daher $p_W = 7{,}1.10^{-4}.\ 316{,}2$ = 0,22 hPa. Das Trockenmittel muss den Partialdruck auf mindestens 0,22 hPa senken.
Dies kann z. B. Calciumchlorid.

Aufgabe PH- 13: Von Stoff A und Stoff B wurden zwei Mischungen gemacht und diese bei gleicher und konstanter Temperatur gehalten. Die Gemische trennten sich in zwei Phasen P und Q auf, deren Mengen festgestellt wurden. Da die Temperatur bei beiden Versuchen die gleiche ist, unterscheiden sich P und Q nur in den Mengen und nicht in der Zusammensetzung. Man berechne die Zusammensetzung der beiden Phasen P und Q (die Konodenendpunkte).
1. Versuch: 60 g A und 60 g B bildeten 86 g P und 34 g Q.
2. Versuch: 72 g A und 48 g B bildeten 104,8 g P und 15,2 g Q.

Aufgabe PH- 14: Welchen Dampfdruck und welche Dampfzusammensetzung hat eine Mischung, die gleiche Massen an Benzol (B) (p_B^o = 361,9 hPa, M_B = 78,12 g/mol) und Toluol (T) (p_T^o = 122,0 hPa, M_T = 92,15 g/mol) enthält?

Aufgabe PH- 15: Welche Zusammensetzung muss eine Mischung aus Benzol (B) (p_B^o = 522,5 hPa; M_B = 78,12 g/mol) und Toluol (T) (p_T^o = 184,7 hPa; M_T = 92,15 g/mol) haben, damit nach Einstellung des Verdampfungsgleichgewichtes der Dampf je 50 mol% der beiden Stoffe enthält? Wie groß ist der Dampfdruck dieser Lösung?

Aufgabe PH- 16: Welche Zusammensetzung (% und mol%) besitzt eine Mischung aus Hexan (H) (M_H = 86,18 g/mol) und Oktan (O), (M_O = 114,23 g/mol), damit diese bei einem Luftdruck von 1013 hPa bei 100°C siedet? Man berechne auch die Zusammensetzung des Dampfes. Dampfdrücke der Reinstoffe bei 100°C: p_H^o = 2403 hPa, p_O^o = 473,9 hPa.

Aufgabe PH- 17: Ein Schmieröl enthält 0,05 % Propan. Kann dieser Gehalt zu explosiven Propan-Luft-Gemischen in den Öltanks führen? Sei t = 30°C. Dampfdruck von Propan bei 30°C ist p_{Pr} = 10,73 bar. M = 44 g/mol. Die mittlere molare Masse des Schmieröls wird mit 300 g/mol angenommen (C_{20} bis C_{24} -Kohlenwasserstoffe). Die Explosionsgrenzen sind 2,3 bis 9,5 Vol% Propan in Luft. Der Luftdruck sei p = 1 bar.

Aufgabe PH- 18: Ein ätherisches Öl (M $\approx$ 250 g/mol) soll durch Wasserdampfdestillation gewonnen werden. Welche Wassermenge muss für die Gewinnung von 1 kg Öl destilliert werden? Siedepunkt der Mischung bei 1 bar ist t = 99,6°C. p_{Wasser} = 998 mbar.

3.3 Ternäre Phasengleichgewichte

3.3.1 Phasendreieck

Hier ist k = 3 und p $\geq$ 1 (mindestens eine Phase muss vorhanden sein.)
Mit p + f = k + 2 $\Rightarrow$ f $\leq$ 4. In solchen Systemen gibt es also **maximal 4 Freiheitsgrade**: Temperatur, Druck und zwei Konzentrationsangaben.
Ein Phasendiagramm mit allen vier Variablen ist vierdimensional.
In den praktischen Anwendungen wird meist p und T konstant gehalten und Diagramme dargestellt, die nur die Konzentrationsangaben der drei Komponenten enthalten.

Als Koordinatensystem verwendet man ein gleichseitiges Dreieck, das „Gibbs'sche Dreieck" oder **Phasendreieck** (Abb.PH- 13).
Die **Eckpunkte** stellen die Reinstoffe dar.
Die **Dreieckseiten** enthalten die binären Gemische.
In der **Fläche** des Dreiecks sind alle Dreistoffgemische.
Auf jeder **Parallelen** zu einer Dreiecksseite ist die Konzentration desjenigen Stoffes konstant, dessen Eckpunkt der Parallelen gegenüberliegt. In Abb.PH- 13 ist der Gehalt an C konstant 20 mol%.
Auf jeder **Ecktransversalen** durch eine Dreieckspitze ist das Konzentrationsverhältnis der Stoffe der beiden anderen Ecken konstant.

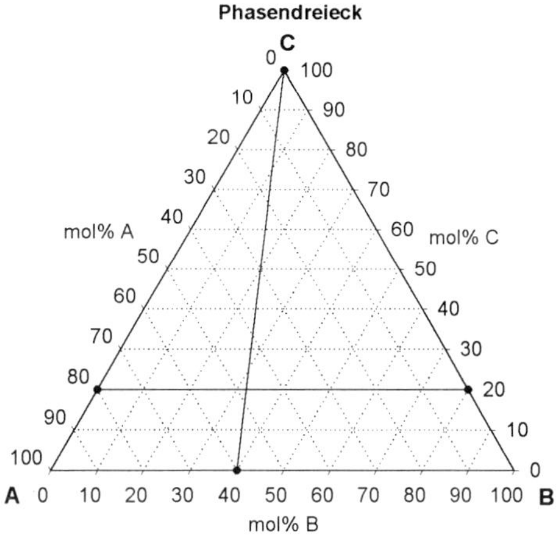

Abb.PH- 13

In Abb.PH- 13 ist auf der Ecktransversalen das Verhältnis von A zu B konstant 60 : 40. Das **Hebelgesetz** PH 16 gilt auch im Phasendreieck

Beispiel PH- 25: Man zeichne in ein Phasendreieck folgende Mischungen ein:
35 mol% A, 25 mol% B, Rest C
Zur Mischung 1) wird reines C zugesetzt. Dadurch steigt sein Gehalt auf 70 mol% an. Welchen Gehalt an A und B hat nun das Gemisch?
Zur Mischung 1) wird reines B zugesetzt. Dadurch steigt sein Gehalt auf 80 mol% an. Welchen Gehalt an A und C hat nun das Gemisch? Siehe Abb.PH- 14

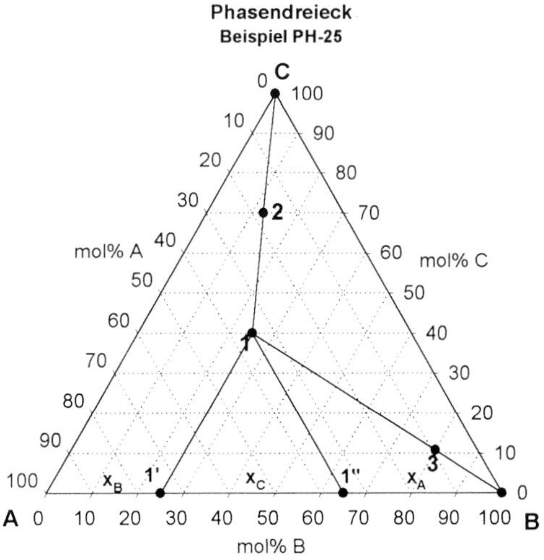

Abb.PH- 14

Zu 1. Unter den verschiedenen Methoden zum Eintragen eines Punktes ist eine einfache Methode folgende:
Auf der Grundlinie $\overline{AB}$ die Strecke x_B von A weg und die Strecke x_A von B weg auftragen. Die Parallelen durch 1' und 1''schneiden sich im gesuchten Punkt 1.
Zu 2. und 3: Punkt 2 erhält man indem man die Ecktransversale von Punkt 1 zum Eckpunkt C zeichnet und mit der Parallelen für 70 mol% C schneidet.
Analog findet man Punkt 3.

3.3.2 Ternäre Löslichkeitsdiagramme

Sie sind für die Arbeit mit Lösungsmittelgemischen und für Extraktionen sehr wichtig. Siehe Abb.PH- 15.
Meist sind dabei zwei Stoffe A und B nur begrenzt mischbar. Sie bilden eine Mischungslücke. Die **Binodalkurve** trennt das zweiphasige vom einphasigen Gebiet. Ein dritter Stoff C, der in beiden Stoffen A, B gut löslich ist, wirkt als **Lösungsvermittler**. Nach Zusatz von C wird aus dem zweiphasigen binären Gemisch von A und B schließlich ein einphasiges ternäres Gemisch.
P, Q sind konjugierte Phasen.
P ist eine Lösung, die vorwiegend A enthält. In diesem sind B und C gelöst. Diese steht im Gleichgewicht mit der Lösung Q, deren Hauptanteil B ist. Auf jeder dieser Konoden gilt das Hebelgesetz.

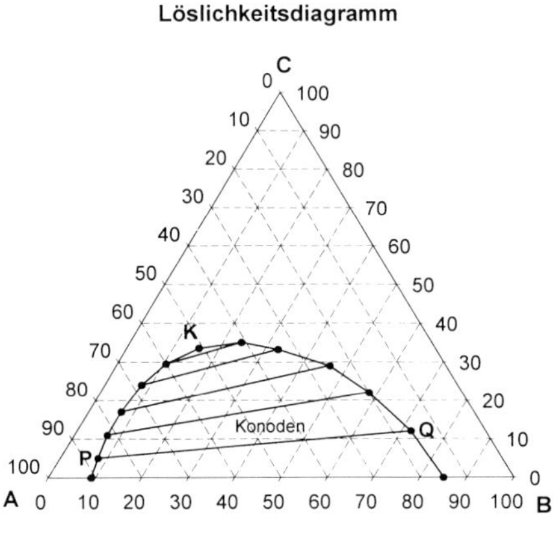

Abb.PH- 15

Bei ternären Gemischen verlaufen die Konoden nicht mehr parallel, da der Stoff C verschieden gut gegenüber A und B als Lösungsvermittler wirkt.
Der Punkt K ist der sogenannte kritische Lösungspunkt. Man erhält ihn, wenn man die Verbindungslinie der Konodenmittelpunkte mit der Binodalkurve schneidet.

Beispiel PH- 26: Flüssiggas. In einer Stahlflasche befindet sich ein Flüssiggas bestehend aus n-Butan, n-Pentan und Propan. Bei 25°C soll ein Druck von p = 3,5 bar nicht überschritten werden. Man zeichne in ein Phasendreieck die Linie aller Mischungen mit diesem Dampfdruck ein.
Wie viel mol% Propan darf eine Mischung mit 30 mol% Pentan enthalten, ohne dass sie den

zulässigen Druck überschreitet? Bei 25°C sind die Dampfdrücke der Reinstoffe:

n-Pentan p^o_{Pe} = 0,68 bar, n-Butan p^o_{Bu} = 2,44 bar, Propan p^o_{Pr} = 9,52 bar.

Da es sich um Gemische von Homologen handelt, kann man mit dem Raoult-Gesetz rechnen. Es gelten folgende zwei Bedingungen:

(1) $x_1 + x_2 + x_3 = 1$

(2) $p^o_1\, x_1 + p^o_2\, x_2 + p^o_3\, x_3 = p$

Ersetzt man in (2) x_3 aus (1), dann erhält man $p = p^o_1\, x_1 + p^o_2\, x_2 + p^o_3\,(1 - x_1 - x_2) \quad \Rightarrow$

$$p = x_1\left(p^o_1 - p^o_3\right) + x_2\left(p^o_2 - p^o_3\right) + p^o_3$$

Mit den obigen Dampfdrücken ist dann $p = x_{Pe}\left(p^o_{Pe} - p^o_{Pr}\right) + x_{Bu}\left(p^o_{Bu} - p^o_{Pr}\right) + p^o_{Pr}$ bzw.

$8{,}84\, x_{Pe} + 7{,}08\, x_{Bu} = 6{,}02$

Dies ist die Gleichung einer Strecke im Phasendreieck. Die Endpunkte der Strecke bekommt man indem man abwechselnd x_{Pe} und x_{Bu} null setzt. Für x_{Pe} = 0 ist x_{Bu} = 0,850 und für x_{Bu} = 0 ist x_{Pe} = 0,681. Schneidet man diese Grenzgerade mit der Parallelen für 30 mol% Pentan, dann erhält man den Propangehalt 22 mol% (Punkt X). Siehe Abb.PH- 16

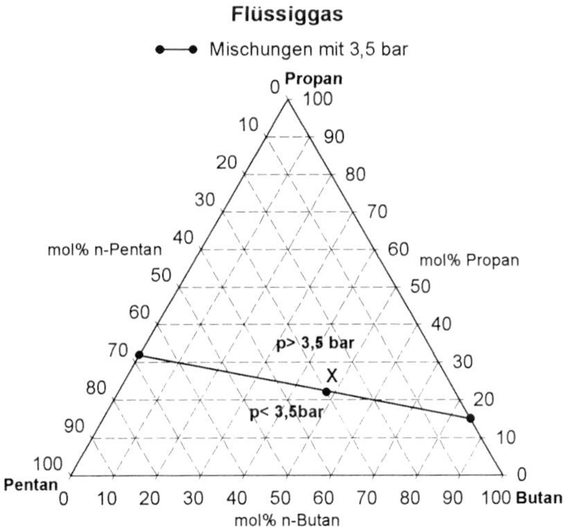

Abb.PH- 16

Aufgabe PH- 19: Man zeichne in ein Phasendreieck folgende Mischungen ein:

1) 30 mol% B, 40 mol% C, Rest A
2) Zur Mischung 1) wird reines B zugesetzt. Dadurch steigt sein Gehalt auf 45 mol% an. Welchen Gehalt an A und C hat nun das Gemisch?
3) Zur Mischung 1) wird reines A zugesetzt. Dadurch steigt sein Gehalt auf 75 mol% an Welchen Gehalt an B und C hat nun das Gemisch?

Aufgabe PH- 20: Man verwende die Angaben von Beispiel PH- 26 und zeichne in ein Phasendreieck die Linie aller Flüssiggasmischungen mit einem Dampfdruck von p = 5 bar ein. Wie lautet die Gleichung der Dampfdruckgeraden? Wie viel mol% Pentan muss eine Mischung mit 40 mol% Propan enthalten, ohne dass sie den zulässigen Druck überschreitet.

Aufgabe PH- 21: Zur Bestimmung der Mischungslücke in einem ternären Löslichkeitsdiagramm wurde die Zusammensetzung mehrerer koexistierender Phasen bestimmt

Phase P			Phase Q	
%			%	
A	B		A	B
9,0	91,0	steht im Gleichgewicht mit	85,0	15,0
8,0	87,0		72,0	16,0
7,0	83,0	+ +	58,0	20,0
7,0	76,0		46,0	25,0
8,0	68,0		32,8	34,0
10,5	60,0		24,0	41,0

1. Man zeichne das Löslichkeitsdiagramm
2. Man bestimme den kritischen Lösungspunkt K
3. Welche Zusammensetzung hat jene Mischung von A und B, die die größte Zugabe an C benötigt um einphasig zu werden?
4. Welche Mischung von A und B führt durch Zusatz von C zu K?
5. Man bestimme das Mengenverhältnis der beiden konjugierten Phasen P und Q (in der Tabelle mit + bezeichnet) für eine Mischung X die 20% C enthält.

3.4 Verdünnte Lösungen

Sind in einem Lösungsmittel nur wenige Molprozent eines Stoffes gelöst, dann lassen sich besonders einfache Gesetze ableiten.
Dabei kann man zwei Arten von Gleichgewichten unterscheiden.

3.4.1 Kolligative Eigenschaften

Bei diesen Gleichgewichten, kommt nur das Lösungsmittel in beiden Phasen vor.
Dies tritt ein, wenn der gelöste Stoff im Vergleich zum Lösungsmittel so schwer flüchtig ist, dass sein Dampf in der Gasphase (fast) nicht vorkommt.
Die Lösung sei außerdem noch so stark verdünnt, dass das Raoultsche Gesetz für das Lösungsmittel gilt. Solche Lösungen besitzen dann vier Eigenschaften, die nicht mehr von der Art sondern nur noch von der Teilchenkonzentration des gelösten Stoffes abhängen. Man nennt sie **kolligative Eigenschaften**.

A. Dampfdruckerniedrigung
Anschaulich kann man die Entstehung der Dampfdruckerniedrigung so erklären, dass die Teilchen des nichtflüchtigen Stoffes die Flüssigkeitsoberfläche teilweise blockieren, sodass im Vergleich zum reinen Lösungsmittel weniger der flüchtigen Lösungsmittelmoleküle entweichen können.
Aus dem Raoultschen Gesetz folgt für die Dampfdruckerniedrigung Δp:

$$\Delta p = \Delta p = p_L^o - p_L = p_L^o - p_L^o x_L = p_L^o (1 - x_L) = p_L^o x_S$$

PH 18 $\Delta p = p_L^o x_S$

Im p,T-Diagramm (Abb.PH- 17) lässt sich die Dampfdruckerniedrigung gut veranschaulichen: (Die Abstände zwischen Lösung und Lösungsmittel wurden übertrieben groß gezeichnet!).
In das Diagramm wurden auch schon die Siedepunktserhöhung (Sp-Erh) und die Gefrierpunktserniedrigung (Fp-Ern), die eine Folge der Dampfdruckerniedrigung sind, eingezeichnet.

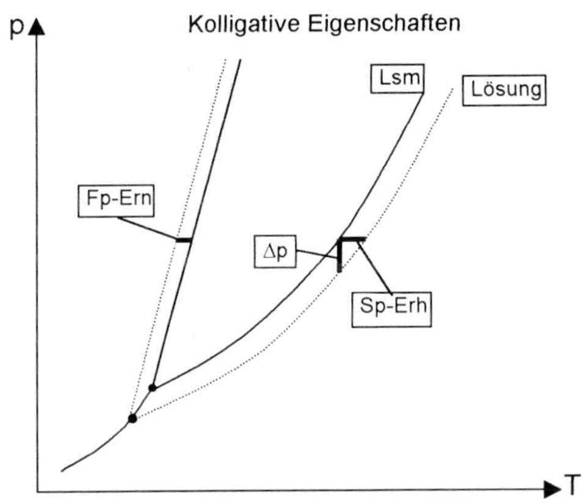

Abb.PH- 17

B. Siedepunkterhöhung
C. Gefrierpunkterniedrigung
Diese sind eine unmittelbare Folge der Dampfdruckerniedrigung (Abb.PH- 17).
Für die Berechnung beider Phänomene gilt die gleiche Formel. Die Bedeutung der Symbole entspricht dem Phasenübergang.

PH 19 $$\Delta T = \frac{RT_L^2}{\Delta H_L} x_S$$

ΔT.... Siedepunktserhöhung bzw. Gefrierpunktserniedrigung
R..... Gaskonstante
T_L.... Siedepunkt bzw. Schmelzpunkt des Lösungsmittels
ΔH_L.. Verdampfungsenthalpie bzw. Schmelzenthalpie des Lösungsmittels

Nicht im p,T-Diagramm sichtbar ist die vierte kolligative Eigenschaft

D. Osmotischer Druck
Befindet sich zwischen einer Lösung und ihrem Lösungsmittel eine Membran (halbdurchlässige oder „semipermeable“ Membran), die nur die Moleküle des Lösungsmittels nicht aber die Teilchen des gelösten Stoffes hindurchlässt, dann diffundiert in die Lösung das Lösungsmittel. Befindet sich die Lösung in einem geschlossenen Gefäß, dann steigt dort der Druck an, bis sich ein Gleichgewicht eingestellt hat. Dieser Gleichgewichtsdruck ist der osmotische Druck. Im Gleichgewicht diffundieren pro Zeiteinheit in jede Richtung gleich viele Teilchen des Lösungsmittels.

PH 20 $$\Pi = c_S R T$$

Π... osmotischer Druck; c_S.. Molarität des gelösten Stoffes; R... Gaskonstante;
T.... absolute Temperatur der Lösung

Mit $c_S = \frac{n_S}{v} \Rightarrow \Pi\, v = n_S R T$ Diese Gleichung ist formal gleich der Gaszustandsgleichung.
Man kann daher den osmotischen Druck auch so deuten, dass sich der gelöste Stoff wie ein

ideales Gas verhält, welches das Volumen der Lösung ausfüllt.

Die obigen Gleichungen PH 18 bis PH 20 gelten in dieser einfachen Form nur, wenn der gelöste Stoff in der Lösung nicht dissoziiert oder protolysiert. Vermehrt sich die Anzahl der Teilchen beim Auflösen, dann müssen alle Konzentrationsgrößen in den Gleichungen mit dem sogenannten **Dissoziationsbinom** oder **VAN T'HOFFschen Faktor i** multipliziert werden.

PH 21 $i = [1 + \alpha (\nu - 1)]$

ν... Anzahl der Teilchen, die aus einem Teilchen des gelösten Stoffes entstanden sind

α... Dissoziationsgrad. Dies ist der Bruchteil von einem Mol Ausgangsstoff, der zerfallen ist oder reagiert hat.

Da die kolligativen Eigenschaften leicht messbar sind, kann man damit ohne großen Aufwand Größen, die in den obigen Gesetzen vorkommen, wie molare Masse oder Umwandlungsenthalpien, messen.

A. Bestimmung der molaren Masse gelöster Stoffe

A.1 Dampfdruckerniedrigung, **Siedepunktserhöhung** und **Gefrierpunktserniedrigung** können nur für niedrigmolekulare Stoffe bis zu einer molaren Masse von etwa 1000 g/mol verwendet werden, da darüber der Effekt zu gering und daher nicht mehr genügend genau messbar ist.
Aus praktischen Gründen (die Rechnungen werden einfacher) wird bei der Siedepunktserhöhung und Gefrierpunktserniedrigung als Konzentrationsmaß nicht der Molenbruch sondern die Molalität verwendet.

PH 22 $\Delta T = E.b$

E ist eine Stoffkonstante des Lösungsmittels. Man nennt sie ebullioskopische Konstante E_s bei der Siedepunktserhöhung und kryoskopische Konstante E_g bei der Gefrierpunktserniedrigung.

A.2 Bestimmung der molaren Masse mit dem osmotischen Druck
Der osmotische Druck ist schon in sehr kleinen Konzentrationen sehr hoch und damit auch gut messbar. Eine 0,001 molare Lösung erzeugt bei Zimmertemperatur einen osmotischen Druck von etwa 25 hPa, dies ist der Druck einer 250mm hohen Wassersäule. Von den kolligativen Eigenschaften ist daher der osmotische Druck besonders gut für hochmolekulare Stoffe geeignet.

$$\Pi\, v = n_S\, R\, T\,; \quad \text{mit } n_S = \frac{m_S}{M_S} \Rightarrow \quad \Pi = \frac{m_S}{v} . \frac{RT}{M_S} = \gamma . \frac{RT}{M_S}$$

PH 23 $$\frac{\Pi}{\gamma} = \frac{RT}{M_S}$$

Bei konstanter Temperatur ist der Quotient $\frac{\Pi}{\gamma}$ konstant.

Gemessen wird der osmotische Druck von Lösungen verschiedener Konzentration γ.

Man berechnet die Quotienten $\frac{\Pi}{\gamma}$. Sind diese konstant, kann man M_S aus dem Mittelwert der Quotienten berechnen.
Oft verhalten sich aber schon verdünnte Lösungen von Hochpolymeren nicht mehr ideal.

Dann ist $\frac{\Pi}{\gamma}$ nicht mehr konstant und hängt selbst wieder von der Konzentration γ ab.

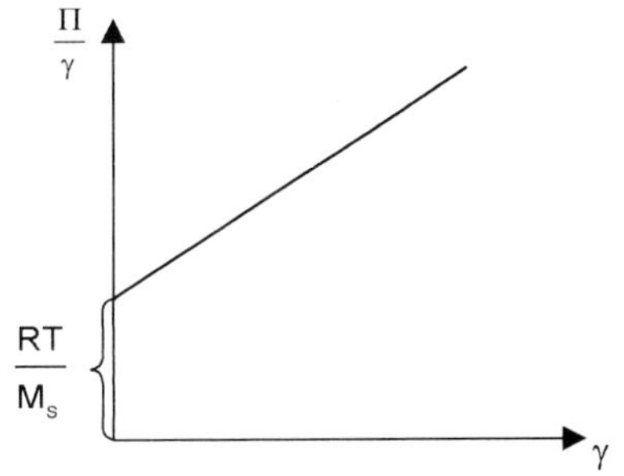

Abb.PH- 18

PH 24 $$\frac{\Pi}{\gamma} = \frac{RT}{M_S} + A\gamma$$

Gemessen wird wieder der osmotische Druck von Lösungen verschiedener Konzentration γ.

Der Graph der Funktion PH 24 ist eine Gerade mit der Steigung A und dem Ordinatenabschnitt $\frac{RT}{M_S}$ (Abb.PH- 18). Durch Linearregression wird der Ordinatenabschnitt und daraus M_S berechnet. Die Steigung A hängt selbst wieder von der Temperatur ab. Es gibt eine Temperatur bei der A = 0 ist. Darunter ist A negativ, darüber positiv.

B. Bestimmung der Verdampfungs- bzw. Schmelzenthalpie des Lösungsmittels

Man verwendet $\Delta T = \frac{RT_L^2}{\Delta H_L} x_S$. Es werden wieder Lösungen verschiedener Konzentrationen x_S hergestellt und ΔT gemessen. Der Graph der Funktion $\Delta T \leftrightarrow x_S$ ist eine Gerade mit der Steigung $\frac{RT_L^2}{\Delta H_L}$. Über eine Linearregression mit den (x_S, ΔT)-Paaren erhält man aus der Steigung die Enthalpie.

Die Konstanten für die folgenden Aufgaben entnehme man Tabelle PH- 4.

Tabelle PH- 4

	M g/mol	Fp °C	E_g K.kg/mol	Sp °C	E_s K.kg/mol
H_2O	18,02	0,00	1,86	100,0	0,513
CH_3COOH	60,05	16,60	3,63	---	---
C_6H_6	78,11	5,53	5,07	80,1	2,64
CCl_4	153,82	---	---	76,8	5,26
n-Heptan	100,21	---	---	98,5	3,62

Beispiel PH- 27: Der durchschnittliche Gefrierpunkt des menschlichen Blutserums beträgt t = -0,56°C. Welche Konzentration γ (g/l) und w (%) hat eine a.) Glucose-Lösung, b.) NaCl-Lösung mit gleichem osmotischen Druck wie das Serum? (Solche **Lösungen** nennt man **isotonisch**). t = 37°C; E_G = 1,86 K.kg/mol; der scheinbare Dissoziationsgrad des NaCl ist 0,84; in erster Näherung kann man die Dichte der isotonischen Glucose-Lösung mit 1,02 g/cm³ und der NaCl-Lösung mit 1,00 g/cm³ annehmen.

Glucose-Lösung:

Mit PH 22 erhält man b = $\frac{0,56}{1,86}$ = 0,301mol/kg. Die Molalität wird in % umgerechnet:

$$w = \frac{100.0,301.180,2}{1000 + 0,301.180,2} = 5,14\%\ \text{Glucose.}$$

Wie in Kap.1.2 erklärt, wird auch c und γ ausgerechnet. γ = 52,4 g/l und c = 0,291 mol/l

Π = c RT = 0,291. 0,083145. 310,2 = 7,5 bar osmotischer Druck.

NaCl-Lösung:

$\Delta T = E\,b\,(1+\alpha) \Rightarrow 0,56 = 1,86.\ b.1,84 \Rightarrow b = 0,1636$ mol/kg.

Die Konzentrationsumrechnungen ergeben:

w = 0,947%ige NaCl-Lösung

γ = 9,5 g/l

Beispiel PH- 28: Zu einer Einwaage von 110g CCl_4 (Siedepunkt 76,8°C) wurden mehrere Portionen von je 1,00g Naphthalin ($C_{10}H_8$) zugegeben. Von allen Lösungen wurden die Siedepunktserhöhungen bestimmt:

Einwaage (g)	1,000	2,000	3,000	4,000	5,000	6,000	7,000
ΔT (K)	0,369	0,731	1,082	1,427	1,766	2,102	2,423

Man berechne die Verdampfungsenthalpie des Lösungsmittels.

Man benötigt $\Delta T = \frac{RT_L^2}{\Delta H_L} x_S$. Zunächst werden die Molenbrüche aller Lösungen berechnet.

Dann zeichnet man den Graph der Funktion $\Delta T \leftrightarrow x_S$ und prüft ob keine Ausreißer in den Messwerten vorhanden sind. Mit den brauchbaren Werten macht man eine Linearregression und berechnet ΔH_L aus der Steigung ST. Der Ordinatenabschnitt OA sollte theoretisch null sein. Bedingt durch die unvermeidlichen Messfehler weicht er etwas von null ab. Sein Wert ist eine Kontrolle für genaues Arbeiten.

Siehe Tabelle und Abb.PH- 19.

E (g)	x_S	ΔT (K)	Linearregression	
0	0,0000	0,00	r	0,9999966
1	0,0108	0,37	ST	34,1427
2	0,0214	0,73	OA	0,0007761
3	0,0317	1,08	ΔH_v (kJ/mol)	29,82
4	0,0418	1,43		
5	0,0517	1,77		
6	0,0614	2,10		
7	0,0710	2,42		

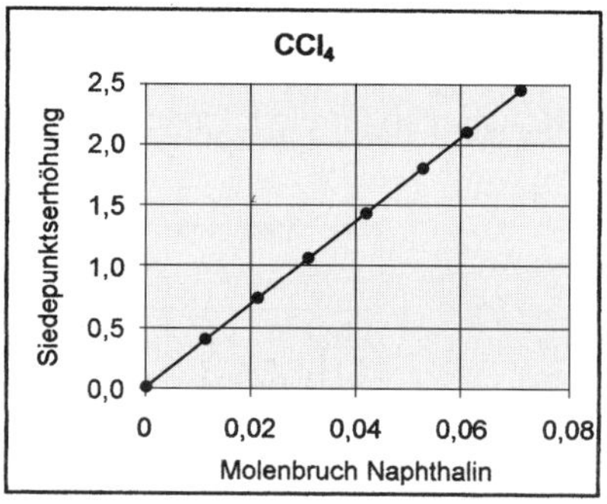

Abb.PH- 19

Die Verdampfungsenthalpie von Tetrachlormethan beträgt 29,8 kJ/mol.

Beispiel PH- 29: Man berechne zunächst allgemein und setze dann die gegebenen Werte ein: ES g einer schwachen einprotonigen Säure wurden in EW g Wasser gelöst. Die Dichte dieser Lösung beträgt ρ g/cm³.

EL g dieser Lösung verbrauchen bei der Titration v ml einer k molaren NaOH.

Der Gefrierpunkt dieser Lösung beträgt t °C. Gefrierpunkt von Wasser 0°C.

Man berechne die molare Masse M, den Dissoziationsgrad α und die Protolysenkonstante K.

Konkrete Zahlen: ES = 5,000 g; EW = 125,0 g; EL = 10,10 g; ρ = 1,01 g/cm³; v = 30,10 ml; k = 0,1 mol/l; t = -0,634°C

Titration: v ml einer k molaren NaOH enthalten 0,001.v.k mol NaOH. Da die Säure einprotonig ist entspricht dies derselben Stoffmenge an Säure: n = 0,001.v.k mol Säure

Die in EL g Lösung enthaltene Masse an Säure ist $m = EL\dfrac{ES}{ES+EW}$ g.

Daher ist die molare Masse $M = \dfrac{m}{n}$ g/mol

<u>Dissoziationsgrad:</u> ΔT = 0,634 K ; die Säure ist einprotonig, daher ist ν = 2.

Die Molalität der Säure in der Lösung ist $b = \dfrac{1000.ES}{M.EW}$ mol/kg

$$\Delta T = E.b(1+\alpha) = E(1+\alpha)\frac{1000.ES}{M.EW} \Rightarrow \alpha = \frac{\Delta T.M.EW}{1000.E.ES} - 1$$

<u>Protolysenkonstante</u>: Der Zusammenhang zwischen α und K ist bei einprotonigen Säuren durch das Ostwald'sche Verdünnungsgesetz (EL 14) gegeben: $K = \dfrac{c\alpha^2}{1-\alpha}$.

Die zur Berechnung von K notwendige Molarität c ist: $c = \dfrac{1000.ES.\rho}{M(ES+EW)}$

Setzt man die Angaben ein, dann erhält man:
n = 0,00301 mol; m = 0,38846 g; M = 129,06 g/mol; b = 0,30994 mol/kg; α = 0,09976;
c = 0,301 mol/l; K = 0,00333 mol/l.

Beispiel PH- 30: Zwei Gaswaschflaschen befinden sich auf gleicher konstanter Temperatur. Die erste Flasche enthält eine Lösung aus a = 8,76 g eines Stoffes in b = 120,0 g Tetrachlormethan als Lösungsmittel. Die zweite Flasche enthält das reine Lösungsmittel. Ein trockener Luftstrom strömt zuerst durch die Lösung, dann durch das Lösungsmittel. Die Lösung verliert r = 4,957g an Masse, das Lösungsmittel s = 0,3120g. Man berechne die molare Masse des gelösten Stoffes.
Der Massenverlust der Lösung ist proportional zum Dampfdruck p_L des Lösungsmittels. Der Massenverlust des Lösungsmittels ist proportional zur Dampfdruckerniedrigung Δp.

Es ist $\Delta p = p°.\ x_S$ und $p_L = p°.\ x_L \Rightarrow \dfrac{\Delta p}{p_L} = \dfrac{x_S}{x_L} = \dfrac{n_S}{n_L} \Rightarrow \dfrac{s}{r} = \dfrac{n_S}{n_L} = \dfrac{a.M_L}{b.M_S} \Rightarrow$

$$M_S = \frac{r\,a\,M_L}{s\,b} = \frac{4,957.8,76.153,8}{0,312.120,0} = 178,4\ \text{g/mol.}$$

Aufgabe PH- 22: Welche Menge (g) Ethylenglycol muss man zu 1 l (= 1 kg) Wasser zugeben, damit der Gefrierpunkt um 5°C erniedrigt wird (ideales Verhalten angenommen)?
Aufgabe PH- 23: Welchen Wassergehalt hat ein Eisessig, dessen Schmelzpunkt 15,25°C beträgt. Die reine Essigsäure hat einen Fp = 16,60°C.
Aufgabe PH- 24: Welchen Siedepunkt hat eine 10%ige Lösung von Glycerin in Wasser?
Aufgabe PH- 25: Zur Bestimmung der molaren Masse einer organischen Substanz wurden 0,9802 g in 57,56 g Benzol gelöst. Die Gefrierpunktserniedrigung der Lösung betrug 0,675°C.
Aufgabe PH- 26: Welcher Mindestdruck ist für die Entsalzung von Meerwasser durch umgekehrte Osmose notwendig? Meerwasser hat einen Gefrierpunkt t = -1,922°C; seine Dichte bei 20°C ist ρ = 1,025 g/cm³; die Molalität aller gelösten Salze - als NaCl angenommen - beträgt b = 0,6675 molNaCl/kg Wasser. E_G = 1,86 K.kg/mol
Aufgabe PH- 27: 8,674 g Saccharose wurden in Wasser gelöst, so dass 250 ml Lösung entstanden. Bei 22°C betrug der osmotische Druck dieser Lösung 2,488 bar. Man berechne die Gaskonstante R.
Aufgabe PH- 28: Welchen scheinbaren Dissoziationsgrad α haben KBr, K_2SO_4 und $ZnSO_4$ in einer 5%igen wässrigen Lösung? Die Gefrierpunkte der Lösungen sind: KBr : -1,48°C; K_2SO_4 : -1,17°C; $ZnSO_4$: -0,65°C.

Aufgabe PH- 29: Von einem Kunststoff wurden mit verschieden großen Einwaagen E jeweils 100 ml Lösung in demselben Lösungsmittel hergestellt. Bei 22°C wurde der osmotische Druck Π gemessen. Man berechne die mittlere molare Masse M des Kunststoffes.

Einwaage (mg)	102	210	305	396	514	625
Osm. Druck (hPa)	3,7	15,0	31,2	52,3	87,7	129,4

Aufgabe PH- 30: Von einem Kunststoff wurden mit verschieden großen Einwaagen E jeweils 100 ml Lösung in demselben Lösungsmittel hergestellt. Bei 21°C wurde der osmotische Druck Π gemessen. Man berechne die mittlere molare Masse M des Kunststoffes.

Einwaage (mg)	656	1067	1546	2110	2576	3063
Osm. Druck (hPa)	1,37	2,23	3,23	4,41	5,38	6,40

3.4.2 Löslichkeit

Bei diesen Gleichgewichten, kommt nur der gelöste Stoff in beiden Phasen vor.

3.4.2.1 Löslichkeit von Gasen in Flüssigkeiten

Bei konstanter Temperatur stehe ein Gas im Gleichgewicht mit seiner Lösung. Praktisch nur das Gas kommt in beiden Phasen vor, da der Partialdruck des Lösungsmittels gegenüber dem Partialdruck des Gases vernachlässigbar ist. Für diesen Fall gilt das

PH 25 Gesetz von HENRY $\quad$ **p.H = c**

p.... Partialdruck des Gases über der Lösung.

c.... Konzentration des Gases in der Lösung. Meist wird der Molenbruch oder Massenprozent verwendet.

H... Henry-Konstante. Sie hängt ab von der Temperatur und der Art des Gases bzw. des Lösungsmittels.

Die Löslichkeit der Gase nimmt mit steigender Temperatur ab, da der Lösungsvorgang exotherm ist. Daher nimmt auch H mit steigender Temperatur ab.
Das Henry-Gesetz gilt streng nur dann, wenn das Gas in der gasförmigen und flüssigen Phase denselben Molekülzustand hat.
Reagiert das Gas mit dem Lösungsmittel (HCl, NH_3, u. a.), dann treten starke Abweichungen vom Henry-Gesetz auf. Häufig wird aber auch bei Gasen, die mit Wasser chemisch reagieren, (z. B. SO_2, CO_2, H_2S und andere) das Henry-Gesetz verwendet. Die Konzentration c wird dann vollständig als Konzentration des gelösten Gases angesehen. Die Reaktionsprodukte werden nicht extra berücksichtigt sondern sind in c enthalten.

3.4.2.2 Verteilung eines Stoffes zwischen zwei flüssigen Phasen

In zwei ineinander unlöslichen Flüssigkeiten verteilt sich ein dritter Stoff. Dieser Stoff ist der gelöste Stoff, der in den beiden flüssigen Phasen vorkommt.

PH 26 Ist die Temperatur konstant, die Lösung verdünnt und bleibt der Molekularzustand des gelösten Stoffes unverändert, dann gilt das **Verteilungsgesetz von NERNST**.

$$\frac{c_1}{c_2} = k$$ k... Verteilungskoeffizient

Ein dritter Stoff verteilt sich in beiden flüssigen Phasen so, dass das Verhältnis der Konzentrationen des gelösten Stoffes konstant ist.

Ändert sich der Molekularzustand (z. B. durch Assoziation, Dissoziation oder Protolyse), dann wird k von der Konzentration abhängig, ist also nicht mehr konstant. Das Gesetz gilt jedoch weiter für jenen Teil der Konzentrationen, die in gleicher Molekülform vorliegen (z. B. CH_3COOH und $(CH_3COOH)_2$).

Das Verteilungsgesetz hat beispielsweise große Bedeutung bei Extraktionen, in der Metallurgie für die Grenzflächen vom flüssigen Metall zur Schlacke und in der Flüssigchromtographie.
Zur Wirksamkeit von Extraktionen s. Beispiel PH- 33 bis Beispiel PH- 37.

Verteilung eines Stoffes mit Änderung des Molekularzustandes
Zur Änderung des Molekülzustandes kommt es, wenn der gelöste Stoff in einem der beiden Lösungsmittel noch zusätzlich chemisch reagiert. Die drei häufigsten Fälle sind:

1. Der gelöste Stoff bildet im organischen Lösungsmittel Doppelmoleküle
2. Der gelöste Stoff protolysiert in der wässrigen Phase
3. Der gelöste Stoff bildet in der wässrigen Phase mit einem anderen anwesenden Stoff einen Komplex (z. B. J_2 mit J^- zu J_3^-).

In allen diesen Fällen kommt zum Verteilungsgleichgewicht noch mindestens ein zweites Gleichgewicht dazu (Simultangleichgewichte! Siehe „Thermodynamik").

A. Bildung von Doppelmolekülen
Z.B. organische Karbonsäuren dimerisieren häufig.
Verteilt sich ein Stoff S zwischen den beiden Lösungsmitteln B und W. Dann gilt

(1) $k = \frac{[S]_B}{[S]_W}$ Verteilungsgleichgewicht

[S] sei die Konzentration (in mol/l) von monomerem S im jeweiligen Lösungsmittel.
Außerdem sollen sich in B (meist ein organisches Lösungsmittel) teilweise Doppelmoleküle S_2 bilden. Für das Gleichgewicht $S_2 \rightleftharpoons 2S$ mit der Gleichgewichtskonstanten KA gilt dann

(2) $KA = \frac{[S]_B^2}{[S_2]_B}$ Assoziationsgleichgewicht

In W soll keine Veränderung des Molekülzustandes eintreten.
Es seien $[S]_B^o$ und $[S]_W^o$ die gemessenen Gesamtkonzentrationen von **monomerem** S, unabhängig davon in welchem Zustand S in B oder W vorliegt. Diese Konzentrationen sind analytisch leicht bestimmbar.
Da in W keine Veränderung des Molekülzustandes eintritt, ist

(3) $[S]_W^o = [S]_W$

Im zweiten Lösungsmittel B ist ein Teil monomer, ein Teil dimer. Daher ist die Gesamtkonzentration

(4) $[S]_B^o = [S]_B + 2[S_2]_B$

Der Faktor 2 ist notwendig, da 1 mol dimeres S_2 2 mol monomeres S enthält und alle Konzentrationen als monomeres S angegeben werden.
Dividiert man (4) durch (3) und eliminiert $[S_2]_B$ mit (2), so erhält man

$$\frac{[S]_B^o}{[S]_W^o} = \frac{[S]_B}{[S]_W} + \frac{2[S]_B^2}{KA.[S]_W}$$ $[S]_B$ wird mit (1) durch $k[S]_W$ ersetzt

$$\frac{[S]_B^o}{[S]_W^o} = k + \frac{2k^2[S]_W}{KA}$$ Nach (3) gilt aber $[S]_W^o = [S]_W$. Daher folgt

PH 27 $$\frac{[S]_B^o}{[S]_W^o} = k + \frac{2k^2}{KA}[S]_W^o$$

Setzt man $\frac{[S]_B^o}{[S]_W^o} = y$ und $[S]_W^o$ = x, dann ist PH 27 eine lineare Funktion.

y gegen x in einem Diagramm dargestellt ist eine Gerade mit dem Ordinatenabschnitt OA = k und der Steigung $ST = \frac{2k^2}{KA}$.

B. Protolyse in der wässrigen Phase (z. B. organische Säure).

Wenn der Stoff S im Lösungsmittel W noch protolysiert, dann ist von $[S]_W^o$ nur noch der Bruchteil $(1-\alpha)[S]_W^o$ undissoziiert vorhanden. Aus PH 27 wird dann

PH 28 $$\frac{[S]_B^o}{(1-\alpha)[S]_W^o} = k + \frac{2k^2}{KA}(1-\alpha)[S]_W^o$$

α wird aus der Protolysenkonstanten KP mit dem Ostwaldschen Verdünnungsgesetz (EL 14) berechnet: $KP = \frac{[S]_W^o \alpha^2}{1-\alpha}$.

C. Komplexbildung

Ist bei der Verteilung von Jod zwischen Wasser und einem organischen Lösungsmittel im Wasser noch Kaliumjodid gelöst, dann bildet das Jod mit den Jodidionen die komplexen Ionen J_3^-.

Bei der Berechnung solcher Simultangleichgewichte sind zu berücksichtigen:
Das Verteilungsgleichgewicht,
das Komplexbildungsgleichgewicht $J_2 + J^- \rightleftharpoons J_3^-$ und, da Ionen vorkommen,
die Elektroneutralitätsbedingung. Die Konzentration der K^+-Ionen muss gleich sein der Summe der Konzentrationen der negativen Ionen J^- und J_3^-.

Beispiel PH- 31: In ein Gefäß von v = 6 l Inhalt gibt man 1 kg Wasser und presst Kohlendioxid bis zu einem Druck von 960 hPa dazu. Die beiden Stoffe werden intensiv gemischt, damit sich das Gleichgewicht schnell einstellt. t = 8°C; H = $1{,}019.10^{-3}$ 1/bar.
a.) Welche Menge (l) CO_2 hat sich im Wasser gelöst?
b.)Wie groß ist der Partialdruck p_{KD} des Kohlendioxids nach der Einstellung des Gleichgewichtes?
Der Molenbruch des gelösten Kohlendioxids ist $x = p.H = 0{,}96.1{,}019.10^{-3} = 0{,}000978$. Es sind daher 0,000978 mol CO_2 und (1-0,000978) mol H_2O in der Lösung gemischt.

Die Stoffmenge des gesamten gelösten CO_2 ist folglich: $n_{CO_2} = \frac{x_{CO_2}}{x_{H_2O}} \cdot \frac{m_{H_2O}}{M_{H_2O}} = 0{,}05434$ mol.

Die Stoffmenge von 5 l CO_2 vor der Absorption war

$$n = \frac{pv}{RT} = \frac{0{,}96 . 5}{0{,}083145 . 281{,}15} = 0{,}20534 \text{ mol}$$

Die Stoffmenge des restlichen CO_2 im Gasraum ist dann 0,151mol.

Im Wasser haben sich gelöst: $v = \frac{5 . 0{,}05434}{0{,}20534} = 1{,}323 \text{ l } CO_2$.

Der Partialdruck des CO_2 ist daher $p_{KD} = \frac{0{,}151 . 0{,}083145 . 281{,}15}{5} = 706$ hPa

Beispiel PH- 32: In einem geschlossenen Kreislauf werden 10 l eines Gasgemisches, bestehend aus 50 Vol% Kohlenmonoxid (H = $2{,}192.10^{-5}$ 1/bar) und 50 Vol% Kohlendioxid (H = $8{,}913.10^{-4}$ 1/bar) bis zur Einstellung des Gleichgewichtes mit 1000 g Wasser gewaschen. Die Temperatur ist t = 12°C, der Gesamtdruck p = 980 hPa und der Partialdruck des Wasserdampfes p_W = 14 hPa.
a.) Welche Zusammensetzung (Vol%) hat das im Wasser gelöste Gasgemisch?
b.) Welche Zusammensetzung hat das Restgas?
c.) Welcher Gasdruck herrscht nach dem Waschvorgang?
Die für die Berechnung verwendeten Gleichungen sind (v_i%... Abkürzung für Vol%):

Anfangszustand im Gasraum: $p_i = (p - p_W)\frac{v_i\%}{100} \qquad n_i = p_i \frac{v}{RT}$

In der Lösung: $x_i = H_i . p_i$; $v_i\% = \frac{100\, x_i}{\sum x_{Gase}}$; $n_i = \frac{x_i}{x_{H2O}} . \frac{m_{H2O}}{M_{H2O}}$; $x_{H_2O} + \sum x_{Gase} = 1$

Endzustand im Gasraum: $n_i = n_i(\text{Anfang}) - n_i(\text{Lsg})$; $p_i = n_i \frac{RT}{v}$; $v_i\% = 100 \frac{p_i}{p}$

Wie die folgende Tabelle zeigt, hat sich, bedingt durch die bessere Löslichkeit, etwa 50 mal mehr CO_2 gelöst als CO.
Der Gesamtdruck ist von 980 auf 922 hPa gefallen.

		CO	CO_2	H_2O-Dampf	Summe
Gasraum Anfang	Vol%	50	50		
	Partialdruck (hPa)	483	483	14	980
	Stoffmenge (mol)	0,20372	0,20372	0,00590	0,41335
In der Lösung	Molenbrüche	$1{,}059.10^{-5}$	$4{,}305.10^{-4}$	---	$4{,}411.10^{-4}$
	Vol%	2,40	97,60	---	100
	Stoffmenge (mol)	0,000588	0,02390		
Gasraum Ende	Stoffmenge (mol)	0,20313	0,17982		
	Partialdruck (hPa)	481,6	426,3	14	921,9
	Vol%	52,24	46,24	1,52	100

Beispiel PH- 33: 400 ml einer Lösung von Phenol in Wasser mit c_o = 12,25 g/l werden mit 200 ml Amylalkohol (k = 0,0626) extrahiert. Welche Menge Phenol bleibt im Wasser zurück?
Es sei: v_o das Volumen der Phase R, aus der extrahiert wird.
v das Volumen des Extraktionsmittels E.
v und v_o können eine beliebige Einheit haben, sie muss nur gleich sein.
c_o die Anfangskonzentration des gelösten Stoffes in R.
c_n die Konzentration nach der n-ten Extraktion.

$k = \frac{c_R}{c_E}$ der Verteilungskoeffizient.

Stoffmenge in R vor der 1. Extraktion...... $n_o = c_o.v_o$ mol
Stoffmenge in R nach der 1. Extraktion... $n_1 = c_1.v_o$ mol
In E hat sich gelöst $n_0 - n_1 = v_o.(c_o - c_1)$ mol

Die Konzentration in E nach der 1. Extraktion ist daher $c_E = \frac{(c_o - c_1)v_o}{v}$ mol/l $\Rightarrow$

$k = \frac{c_1}{\frac{(c_o - c_1)v_o}{v}} = \frac{v\,c_1}{(c_o - c_1)v_o}$. Formt man diese Gleichung so um, dass c_1 explizit dargestellt wird, dann erhält man:

PH 29 $$c_1 = c_o \frac{k\,v_o}{k\,v_o + v}$$

Mit den angegebenen Zahlen folgt c_1 = 1,363 g/l. Es bleibt ein Rest von 11,1% zurück.

Beispiel PH- 34: Man berechne die Restkonzentration, die zurückbleibt, wenn man eine Lösung n mal mit dem gleichen Volumen eines Lösungsmittels extrahiert.

Nach dem ersten Extrahieren ist $c_1 = c_o \frac{k\,v_o}{k\,v_o + v}$. Führt man eine analoge Überlegung für das zweite Extrahieren durch, so erhält man: $c_2 = c_1 \frac{k\,v_o}{k\,v_o + v} = c_o \left(\frac{k\,v_o}{k\,v_o + v}\right)^2$.

Nach n Extraktionen ist daher („Schluss von n auf n+1")

PH 30 $$c_n = c_o \left(\frac{k\,v_o}{k\,v_o + v}\right)^n$$

Beispiel PH- 35: Man berechne die kleinstmögliche Restkonzentration, die man durch Extrahieren mit einer gegebenen Menge Extraktionsmittel E erreichen kann, wenn man die einzelnen Portionen an E immer kleiner macht, dafür aber immer öfter ausschüttelt.

Es sei g die Gesamtmenge an Extraktionsmittel E. Dann ist $v = \frac{g}{n}$ eine Portion von E.

Man geht von PH 30 aus und formt um:

$$c_n = c_o \left(\frac{k\,v_o}{k\,v_o + v}\right)^n \Rightarrow c_n = c_o \left(\frac{k\,v_o + v}{k\,v_o}\right)^{-n} = c_o \left(1 + \frac{v}{k\,v_o}\right)^{-n} \Rightarrow c_n = c_o \left(1 + \frac{g}{k\,v_o}.\frac{1}{n}\right)^{-n}$$

c_n ist eine monoton abnehmende Funktion, da $\left(1 + \frac{g}{k\,v_o}.\frac{1}{n}\right)$ immer größer als 1 ist (vgl. Bemerkung zu TD 63). Die praktische Konsequenz davon ist, dass das Extrahieren eines Stoffes um so wirksamer ist, je kleiner man bei einer gegebenen Menge an Extraktionsmittel die Portionen $v = \frac{g}{n}$ macht. Wie groß ist der Grenzwert von c_n für $n \to \infty$?

$$\lim_{n\to\infty} c_n = \lim_{n\to\infty} c_o \left(1 + \frac{g}{k\,v_o}.\frac{1}{n}\right)^{-n} = c_o \lim_{n\to\infty} \left(1 + \frac{g}{k\,v_o}.\frac{1}{n}\right)^{-n}$$

Dies ergibt zunächst die unbestimmte Form $1^{-\infty}$. Man wendet daher die Regel von l'Hospital an. Zur Vereinfachung setzt man $a = \frac{g}{k\,v_o}$ und logarithmiert: $\ln c_n = \ln c_o - n.\ln\left(1+\frac{a}{n}\right)$

$$\lim_{n\to\infty} n.\ln\left(1+\frac{a}{n}\right) = \lim_{n\to\infty}\frac{\ln\left(1+\frac{a}{n}\right)}{\frac{1}{n}} = \lim_{n\to\infty}\frac{-\frac{a}{n^2}}{\left(1+\frac{a}{n}\right).\left(-\frac{1}{n^2}\right)} = \lim_{n\to\infty}\frac{a}{\left(1+\frac{a}{n}\right)} = a \Rightarrow \ln c_\infty = \ln c_o - a \Rightarrow$$

PH 31 $$c_\infty = c_o\, e^{-\frac{g}{k\,v_o}}$$

Beispiel PH- 36: Auf einem Filter befindet sich ein Niederschlag. Dieser halte 3 cm³ einer Flüssigkeit zurück, in der 0,14 mol/l Sulfationen gelöst sind. Durch Auswaschen mit jeweils 40 cm³ Waschflüssigkeit soll das Sulfation soweit entfernt werden, dass nur noch 1 µg zurückbleibt. Wie oft muss gewaschen werden? Es sei noch vorausgesetzt, dass die Waschflüssigkeit den Filterkuchen gleichmäßig durchdringt (keine Risse im Kuchen!) und dass der Niederschlag keine Sulfationen adsorbiert.
Dieses Problem hat scheinbar zunächst nichts mit den bisherigen Aufgaben zu tun.
Die Lösung dieses Problems führt jedoch formal zu denselben Gleichungen.
Man vergleiche dazu die Überlegungen im Beispiel PH- 33 und Beispiel PH- 34.
Es sei m_o... die Masse an Sulfation, die nach der Filtration im Niederschlag zurückbleibt und ausgewaschen werden soll,
r...... das Volumen der Restflüssigkeit, das jeweils im Niederschlag zurückbleibt,
w.... das Volumen der Waschflüssigkeit.

Dann ist der Rest an Sulfationen nach dem ersten Auswaschen $m_1 = m_o\left(\frac{r}{r+w}\right)$

Nach n-maligem Auswaschen ist $m_n = m_o\left(\frac{r}{r+w}\right)^n$

Mit den Angaben erhält man:
$m_o = c\ v\ M = 0{,}14.3.96{,}06 = 40{,}345$ mg Sulfationen.

$$0{,}001 = 40{,}345.\left(\frac{3}{3+40}\right)^n$$

n = 3,98. Man muss viermal auswaschen.
Dies ist die Mindestanzahl. Ist der Niederschlag nicht kristallin, dann absorbiert er meist Fremdionen und wird auch gerne rissig. Die Waschflüssigkeit durchdringt dann den Niederschlag nicht mehr gleichmäßig und man muss öfter als viermal auswaschen.

Beispiel PH- 37: Man berechne analog wie in Beispiel PH- 35 die minimale Restkonzentration, die man mit einer bestimmten Menge Waschflüssigkeit erreichen kann.

Ist g das Volumen der gesamten Menge an Waschflüssigkeit, dann ist $w = \frac{g}{n}$ die Portion für einmaliges Waschen.
Damit wird

$$m_n = m_o\left(\frac{r}{r+\frac{g}{n}}\right)^n = m_o\left(\frac{nr}{nr+g}\right)^n = m_o\left(\frac{nr+g}{nr}\right)^{-n} = m_o\left(1+\frac{g}{r}.\frac{1}{n}\right)^{-n} \text{ und}$$

$\lim\limits_{n\to\infty}\left(1+\frac{g}{r}.\frac{1}{n}\right)^{-n} = e^{-\frac{g}{r}}$ Die minimale Restkonzentration ist $m_{\infty} = m_0 e^{-\frac{g}{r}}$.

Beispiel PH- 38: Von i-Buttersäure wurden bei 25°C die Konzentrationen der Verteilung zwischen Benzol und Wasser gemessen. Man berechne den Verteilungskoeffizienten k und die Assoziationskonstante KA. Welcher Anteil der i-Buttersäure liegt im Benzol dimer vor? Die Protolyse in Wasser kann vernachlässigt werden.

Man rechnet mit der Gleichung PH 27: $\frac{[S]_B^o}{[S]_w^o} = k + \frac{2k^2}{KA}[S]_w^o$

Für die Linearregression benötigt man daher $[S]_w^o$ und den Quotienten $\frac{[S]_B^o}{[S]_w^o}$

Die Angaben und die weitere Rechnung enthält die folgende Tabelle:

Gesamtkonzentration in Benzol $[S]_B°$ (mol/l)	Gesamtkonzentration in Wasser $[S]_w°$ (mol/l)	$[S]_B°/[S]_w°$	Linearregression	
0,00213	0,00774	0,275194	Korrelationskoeffizient	0,9999729
0,00639	0,0164	0,389634	Ordinatenabschnitt OA	0,176279
0,0232	0,0364	0,637363	Steigung ST	12,89566
0,1156	0,0877	1,31813	k	0,1763
0,5014	0,1906	2,63064	KA	0,00482

Aus OA erhält man den Verteilungskoeffizienten k = 0,1763.

Die Assoziationskonstante ist $KA = \frac{2k^2}{ST} = 0{,}004819$

Den Anteil an monomerer und dimerer i-Buttersäure im Benzol berechnet man mit den Gleichungen

(1) $KA = \frac{[S]_B^2}{[S_2]_B}$ und (2) $[S]_B^o = [S]_B + 2[S_2]_B$,

indem man $[S_2]_B$ aus (1) in (2) einsetzt.

Man erhält eine quadratische Gleichung in $[S]_B$: $2[S]_B^2 + KA.[S]_B - KA.[S]_B^o = 0$

Je nach der Größe der Gesamtkonzentration $[S]_B^o$ variiert dann der Gehalt an Monomerem und Dimerem. Für die größte Konzentration an i-Buttersäure im Benzol, nämlich $[S]_B^o$ = 0,5014 mol/l ist $[S]_B$ = 0,0336. Dies sind nur noch 6,7% monomere Säure.

Beispiel PH- 39: Eine wässrige Lösung, die Jod und 0,05mol/l KJ enthält, wird mit Tetrachlormethan geschüttelt, bis sich das Gleichgewicht eingestellt hat. In beiden Phasen wird die Gesamtkonzentration an J_2 durch Titration mit Thiosulfatlösung bestimmt.
In Wasser ist die Jodkonzentration 0,007264 mol/l, in CCl_4 0,0155 mol/l. Der Verteilungskoeffizient ist k = 0,0125 (Wasser zu CCl_4).
Man berechne die Komplexbildungskonstante K der Reaktion $J_2 + J^- \rightleftharpoons J_3^-$.
Mit dem Verteilungsgesetz bekommt man die Konzentration der J_2-Moleküle in Wasser zu $[J_2]_W$= 0,0125.0,0155 = 0,00019375 mol/l.

Jod ist im Wasser als J_2 und als J_3^- gelöst. Daher ist 0,007264 = 0,00019375 + $[J_3^-]$.
$[J_3^-]$= 0,007070 mol/l.
Da außerdem Elektroneutralität erfüllt sein muss, gilt $[J_3^-] + [J^-] = [K^+] = 0{,}05$.
Daher ist $[J^-]$ = 0,04293 mol/l.

Die Komplexbildungskonstante ist schließlich $K = \frac{[J_3^-]}{[J_2][J^-]} = 850$.

Aufgabe PH- 31: Das Wasser eines Teiches sei bei t = 15°C mit Luft gesättigt. Welchen Sauerstoffgehalt (Vol%) hat die im Wasser gelöste Luft? Luftdruck p = 1 bar
Der Gehalt der Luft an den vier häufigsten Gasen und ihre Henry-Koeffizienten sind:

	Stickstoff	Sauerstoff	Argon	Kohlendioxid
Vol%	78,08	20,95	0,934	0,033
H (1/bar)	$1{,}368.10^{-5}$	$2{,}720.10^{-5}$	$2{,}985.10^{-5}$	$8{,}103.10^{-4}$

Aufgabe PH- 32: Wie oft muss man 500 ml einer Lösung von Phenol in Wasser (c_o = 5,0 g/l) mit 150 ml Diethylether (k = 0,0227) ausschütteln, damit nur noch 1 mg/l gelöst bleibt? Man vergleiche mit Benzol (k = 0,422).

Aufgabe PH- 33: Aus 600 ml einer Lösung von Jod in Wasser soll das Jod bis auf einen Rest von 0,01% der ursprünglichen Menge mit jeweils 200 ml CCl_4 (k = 0,0125) extrahiert werden. Wie oft muss man ausschütteln?

Aufgabe PH- 34: Eine wässrige Lösung, die Jod und 0,02 mol/l KJ enthält, wird mit Chloroform geschüttelt bis sich das Gleichgewicht eingestellt hat. In beiden Phasen wird die Gesamtkonzentration an J_2 durch Titration mit Thiosulfatlösung bestimmt. In Wasser ist die Jodkonzentration 0,002600 mol/l, in Chloroform 0,02134 mol/l.
Der Verteilungskoeffizient ist k = 0,00765 (Wasser zu $CHCl_3$). Man berechne die Komplexbildungskonstante K der Reaktion $J_2 + J^- \rightleftharpoons J_3^-$.

Aufgabe PH- 35: Man berechne den Verteilungskoeffizienten k und die Assoziationskonstante KA aus den in der Tabelle angegebenen Werten. Welcher Anteil des Stoffes liegt im organischen Lösungsmittel dimer vor? Die Protolyse in Wasser kann vernachlässigt werden.

n-Buttersäure		Propionsäure	
Gesamtkonzentration in Chloroform $[S]_B°$ (mol/l)	Gesamtkonzentration in Wasser $[S]_W°$ (mol/l)	Gesamtkonzentration in Benzol $[S]_B°$ (mol/l)	Gesamtkonzentration in Wasser $[S]_W°$ (mol/l)
0,000924	0,00178	0,00245	0,0310
0,002130	0,00367	0,00858	0,0780
0,012580	0,01435	0,01790	0,1241
0,038080	0,02832	0,03980	0,2062
0,085200	0,04670	0,07420	0,2979
0,232400	0,08160	0,15600	0,4540

Aufgabe PH- 36: Man berechne mit Berücksichtigung der Protolyse in der wässrigen Phase den Verteilungskoeffizienten k und die Assoziationskonstante KA aus den in der Tabelle angegebenen Werten.

Salicylsäure Protolysenkonstante KP = $1{,}07 \cdot 10^{-3}$		Trichloressigsäure Protolysenkonstante KP = 0,200	
Gesamtkonzentration in Benzol $[S]_B°$ (mol/l)	Gesamtkonzentration in Wasser $[S]_W°$ (mol/l)	Gesamtkonzentration in Benzol $[S]_B°$ (mol/l)	Gesamtkonzentration in Wasser $[S]_W°$ (mol/l)
0,00440	0,00260	0,000465	0,0535
0,01149	0,00503	0,001630	0,1096
0,02969	0,00950	0,006220	0,2366
0,06150	0,01460	0,022130	0,4512
0,07370	0,01635	0,152500	1,1530

4 THERMODYNAMIK

Bei allen chemischen Reaktionen kommt es nicht nur zu Veränderungen der Stoffe, sondern auch zu einer Umsetzung von Energie. Wichtige praktische Probleme hängen damit zusammen:
Wie groß ist der Wärmeumsatz bei großtechnischen Prozessen (Apparatebau!)?
Lassen sich Voraussagen über den freiwilligen Ablauf einer chemischen Reaktion und über die günstigsten Reaktionsbedingungen dafür machen?
Wie groß ist die Ausbeute einer chemischen Reaktion?

Die **Thermodynamik** untersucht diesen Zusammenhang zwischen Reaktionsablauf und Energieumsatz und deren Gesetzmäßigkeiten.
Aus relativ leicht messbaren Größen (wie Druck, Temperatur, Volumen und seine Abhängigkeit von Druck und Temperatur, molare Wärmekapazität, Reaktionswärmen u. a.) kann mit den Methoden, die die Thermodynamik entwickelt hat, der Reaktionsablauf vorausberechnet oder wenigstens abgeschätzt werden. Es ist klar, dass dies zu einer beträchtlichen Einsparung an Versuchskosten führt.
Grundlage der Thermodynamik sind die drei **Hauptsätze der Wärmelehre**.

4.1 Erster Hauptsatz

Der 1.Hauptsatz ist eine spezielle Form des Energieerhaltungssatzes.

TD 1 **Erster Hauptsatz:** Jeder Austausch von Wärme oder Arbeit, den ein System mit der Umgebung hat, bewirkt bei konstanter Stoffmenge eine gleichgroße Änderung der Menge an innerer Energie: $\mathbf{u_E - u_A = \Delta u = q + w}$
In Differentialform $du = dq + dw$

Die Differentialformen werden benötigt, um die Abhängigkeit wichtiger thermodynamischer Größen (h, g) von den Zustandsvariablen p, T, v zu berechnen.

u ist die „**innere Energie**". Δu ihre Änderung bei einem Vorgang.
u_A, u_E sind die inneren Energien des Systems am Anfang und am Ende des Energieaustausches.
Die innere Energie ist der Energieinhalt eines Systems, der in der ungeordneten Teilchenbewegung und in der Lage der Teilchen zueinander enthalten ist. Beiträge zur inneren Energie kommen etwa von der Translation, Rotation und Schwingung der Teilchen (kinetische Energie) oder von den Bindungen der Teilchen im Molekül bzw. im Atomkern (potentielle Energie; Massendefekt).
Nicht zur inneren Energie gehört etwa die kinetische Energie, die ein Reaktionsgefäß hat, wenn es von einem Ort zum anderen getragen wird oder die potentielle Energie, die dieses Gefäß durch die Schwerkraft der Erde hat.

q ist die abgegebene oder aufgenommene Wärmemenge.
Wird bei einer Reaktion Wärmeenergie abgegeben, nennt man die Reaktion **exotherm**.
Wird bei einer Reaktion Wärmeenergie aufgenommen, nennt man die Reaktion **endotherm**.

w ist die ausgetauschte „Arbeit". Unter Arbeit versteht man jede andere Energieform außer Wärme. Bei chemischen Reaktionen ist dies zunächst immer die im System selbst erzeugte Volumsarbeit (s. TD 4). Eventuell kommt noch durch Rühren oder elektrischen Strom von außen Energie dazu.

Heute ist allgemein üblich jene **Vorzeichengebung**, die vom System ausgeht:
Energien die das System abgibt, werden negativ, die es aufnimmt, positiv bezeichnet.

TD 2 **u** ist **Zustandsfunktion** (s. GR 5)
Dies bedeutet: Δu ist vom Weg unabhängig bzw. bei jedem Kreisprozess ist $\Delta u = 0$.

Dass u Zustandsfunktion ist, ist eine unmittelbare Folge des Energieerhaltungssatzes. Abb.TD- 1 skizziert einen Kreisprozess.
Wäre u keine Zustandsfunktion, dann wäre bei diesem Kreisprozess $\Delta u \neq 0$.
Sei etwa $\Delta u_2 > \Delta u_1$, dann würde in dem skizzierten Kreisprozess die Energiemenge $\Delta u_2 - \Delta u_1$ aus dem Nichts entstehen, was ein Widerspruch zum Energieerhaltungssatz ist. Man hätte ein Perpetuum mobile.

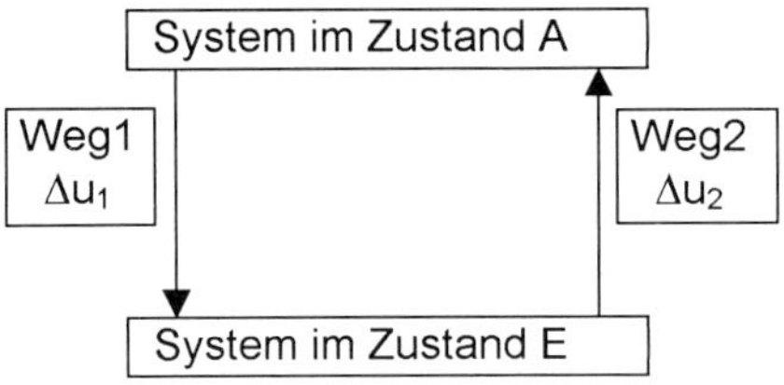

Abb.TD- 1

4.1.1 Volumsarbeit

Welche Arbeit wird verrichtet, wenn sich Stoffe gegen einen äußeren Druck ausdehnen? Zur Veranschaulichung denke man sich ein Gas in einem Zylinder mit beweglichem Kolben eingeschlossen (Abb.TD- 2).

Sei zunächst **p = konst.**

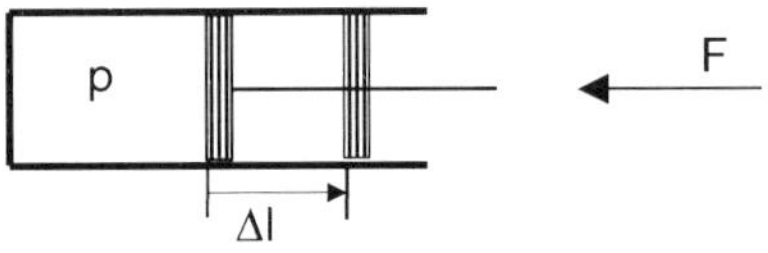

Abb.TD- 2

Die Kraft F halte dem Gasdruck p das Gleichgewicht. Dem Gas wird etwas Wärme zugeführt. Damit p konstant bleibt, dehnt sich das Gas aus, der Kolben verschiebt sich um die Strecke Δl. A sei die Kolbenfläche.
Dann ist $F = p\,A$ und $w = F\,\Delta l \Rightarrow w = p\,A\,\Delta l = p\,\Delta v$
Bei einer Ausdehnung ist die Änderung des Volumens $v_E - v_A = \Delta v > 0$, p ist ebenfalls positiv. $p\Delta v$ wäre daher auch positiv. Da das System aber Arbeit abgibt, muss w negativ genommen werden.

TD 3 $$w = -p\,\Delta v = -p\,(v_E - v_A)$$

In einem p,v-Diagramm ist w die Fläche eines Rechtecks mit den Seitenlängen p und $v_E - v_A$.
Im allgemeinen ist **p nicht konstant**.
Die p-Linie im p,v-Diagramm ist dann keine Gerade parallel zur v-Achse. Die Fläche unter der p,v-Kurve wird dann mit einem Integral berechnet.

TD 4 $$dw = -p\,dv \Rightarrow w_E - w_A = \Delta w = -\int_{v_A}^{v_E} p\,dv$$

Anwendung auf **chemische Reaktionen**:
Immer wenn bei einer chemischen Reaktion das Volumen sich ändert, wird Volumsarbeit verrichtet (bei Ausdehnung) oder verbraucht (bei Kontraktion).

a. Sind nur feste und flüssige Stoffe („**kondensierte Phasen**“) an der Reaktion beteiligt, dann kann die Volumsarbeit im Vergleich zur Reaktionswärme fast immer vernachlässigt werden.
Seien beispielsweise 100 ml Reaktionsmischung vorhanden und der Druck p = 1 bar.
Sei die Volumsänderung 10%. Dies ist ein sehr hoher Wert, der tatsächlich kaum vorkommt.
Dann ist Δv = 10 ml.
$\Delta w = -p\,\Delta v = 10^5.10.10^{-6}$ ($Pa.m^3$) = -1 J
Die Volumsarbeit ist 1 J. Da die meisten Reaktionsenergien aber wesentlich größer sind (zwischen 50 - 5000 kJ/mol), kann bei den kondensierten Phasen die Volumsarbeit fast immer vernachlässigt werden.

b. Sind auch **Gase** an der Reaktion beteiligt, dann ändert sich das Reaktionsvolumen stark. In der Berechnung brauchen nur die gasförmigen Stoffe berücksichtigt werden. $p\,\Delta v$ wird mit der Gaszustandsgleichung berechnet.
$\Delta w = -p\,\Delta v = -\Delta n\,R\,T$

TD 5 $$\Delta w = -\Delta n\,R\,T$$

Δn ist die Änderung der Stoffmenge der gasförmigen Stoffe während der Reaktion.
Auch hier tritt keine Volumsarbeit auf, wenn die Stoffmenge der gasförmigen Reaktionspartner sich nicht verändert.
Beispiele dafür sind etwa die Reaktionen $N_2 + O_2 = 2\,NO$ oder $H_2 + Cl_2 = 2\,HCl$.

4.1.2 Wärmesatz von HESS

TD 6 **Wärmesatz** von Hess: Die Reaktionswärme(-enthalpie) einer chemischen Reaktion ist unabhängig davon, ob die Reaktion direkt oder über Zwischenstufen abläuft. (Zum Begriff der Enthalpie s. TD 7)

Der Wärmesatz von Hess ist eine unmittelbare Anwendung des 1. Hauptsatzes. Mit ihm ist es möglich Reaktionswärmen, die nicht direkt messbar sind, aus messbaren Reaktionswärmen zu berechnen. Darin liegt die praktische Bedeutung dieses Satzes.

Beispiel TD- 1: Verbrennungsenthalpie von CO
(1) $C + \frac{1}{2} O_2 \rightarrow CO$ ΔH_1 = ? Diese Reaktionswärme ist nicht direkt messbar!
Diese Reaktion wird aus zwei anderen zusammengesetzt:
(2) $CO + \frac{1}{2} O_2 \rightarrow CO_2$ ΔH_2
(3) $C + O_2 \rightarrow CO_2$ ΔH_3
Man denkt sich vom C zum CO_2 zwei Wege:
Einmal direkt über die Reaktion (3), das zweitemal über die Reaktionen (1) und (2).
Für die Reaktionen gilt dann (1) + (2) = (3).
Analog gilt auch $\Delta H_1 + \Delta H_2 = \Delta H_3$ und daher $\Delta H_1 = \Delta H_3 - \Delta H_2$.

4.1.3 Die Enthalpie

4.1.3.1 Definition und Eigenschaften

Außer der inneren Energie u wird zur Angabe des Energieinhaltes eines Systems auch die Enthalpie verwendet.

TD 7 Definition: $\mathbf{h = u + p\,v}$

In Differentialform: $dh = du + d(p\,v)$

Wie man aus der Definition sieht, ist in h außer der inneren Energie noch die Volumsarbeit enthalten. Die Bedeutung dieser Definition wird sich im nächsten Abschnitt zeigen.

Eigenschaften der Enthalpie

1. h ist ebenfalls **Zustandsfunktion** (wie die innere Energie u). Dies bedeutet, dass Δh vom Weg unabhängig ist.

2. Zusammenhang mit den **molaren Wärmekapazitäten**
a. Einem System, bestehend aus n mol Stoff wird bei **konstantem Druck** p eine Wärmemenge q_p zugeführt.
Anwendung des 1. Hauptsatzes auf diese Zustandsänderung ergibt: $\Delta u = q_p + w$.
Da der Druck p konstant ist, gilt $w = -p\,\Delta v \Rightarrow \Delta u = q_p + -p\,\Delta v \Rightarrow q_p = \Delta u + p\,\Delta v$
Bei konstantem Druck bewirkt also die zugeführte Wärmemenge q_p nicht nur eine Erhöhung der inneren Energie sondern verrichtet auch Volumsarbeit.
Diese zugeführte Wärmemenge bezeichnet man nun nicht mit q_p sondern mit Δh.
Dann ist: $\Delta h = \Delta u + p\,\Delta v$. Ausführlich geschrieben
$h_E - h_A = u_E - u_A + p(v_E - v_A)$ und schließlich $h_E - h_A = u_E + p\,v_E - (u_A + p\,v_A)$
Die Enthalpiedifferenz ist, wie sich zeigt, die Differenz zweier Terme $u + p\,v$.
Man vergleiche die Definition TD 7.

TD 8 Bei konstantem Druck ist die von einem System aufgenommene Wärmemenge gleich der Enthalpieänderung und es gilt: $\Delta h = \Delta u + p\,\Delta v = \Delta u + \Delta n\,R\,T$
Δn ist darin wieder die Änderung der Stoffmenge der gasförmigen Stoffe während der Zustandsänderung (vgl. TD 5).

Da im chemischen Labor meist isobar gearbeitet wird, entspricht Zu- oder Abfuhr von Wärme in diesem Fall auch einer gleich großen Enthalpieänderung. Die vom System aufgenommene Wärmemenge ist aber andererseits auch $q_p = n\,C_p\,\Delta T \Rightarrow$

TD 9 $\Delta h = n\,C_p\,\Delta T$ n... Stoffmenge; ΔT... Temperaturdifferenz, um die erwärmt wird.
TD 10 C_p ist die **molare Wärmekapazität** bei **konstantem Druck**. Dies ist jene Wärmemenge, die notwendig ist, um 1 mol Stoff bei konstantem Druck um 1 K zu erwärmen.

Gleichung TD 9 gilt nur dann exakt, wenn C_p konstant ist. Für kleine Temperaturdifferenzen kann sie zur Berechnung der Enthalpieänderungen verwendet werden. Ist $C_p = C_p(T)$ von T abhängig, dann gilt $\partial h = n\,C_p(T)\,\partial T$
Partielle Differentiale werden verwendet, da die Enthalpie auch noch von anderen Größen abhängt (z. B. dem Druck).

TD 11 $\frac{\partial h}{\partial T} = n\,C_p(T)$ oder integriert $h_E - h_A = \Delta h = n \int_{T_A}^{T_E} C_p(T)\,\partial T$

b. Einem System, bestehend aus n mol Stoff wird nun bei **konstantem Volumen** v eine Wärmemenge q_v zugeführt. Nach dem 1. Hauptsatz ist dann $\Delta u = q_v + w$.
Da der Vorgang isochor ist, ist die Änderung des Volumens null. Es wird keine Volumsarbeit verrichtet. Daher ist $\Delta u = q_v$

TD 12 Bei konstantem Volumen ist die von einem System aufgenommene Wärmemenge gleich der Änderung der inneren Energie.

Analog wie bei der Enthalpie folgt mit $q_v = n\,C_v\,\Delta T$:
$\Delta u = n\,C_v\,\Delta T$ und $\partial u = n\,C_v\,(T)\,\partial T$, wenn C_v von T abhängt.

TD 13 $\frac{\partial u}{\partial T} = n\,C_v(T)$ oder integriert $u_E - u_A = \Delta u = n \int_{T_A}^{T_E} C_v(T)\,\partial T$

TD 14 C_v ist dabei die **molare Wärmekapazität** bei **konstantem Volumen**: Dies ist jene Wärmemenge, die notwendig ist, um 1 mol Stoff bei konstantem Volumen um 1 K zu erwärmen.

Der Unterschied $\mathbf{C_p - C_v}$ der beiden Wärmekapazitäten ist:

TD 15 Für das ideale Gas: $C_p - C_v = R$

TD 16 Für alle Aggregatzustände: $C_p - C_v = V\,T\,\frac{\alpha^2}{\kappa}$

α... isobarer Volumsausdehnungskoeffizient (GA 15)
κ... isotherme Kompressibilität (GA 16)
V... molares Volumen
T... absolute Temperatur

Für alle **einatomigen Gase** (Edelgase, Metalldämpfe) ist immer $C_v = 1{,}5\ R = 12{,}47$ J/mol.K
Dies ist der Energieinhalt der Translation der Teilchen; eine andere Bewegungsmöglichkeit der Teilchen gibt es bei einatomigen Gasen nicht.
Bei diesen Gasen ist daher auch immer $C_p = 2{,}5\ R = 20{,}79$ J/mol.K

3. Abhängigkeit der Enthalpie von Temperatur und Druck

TD 17 $dh = n\,C_p(T)\,dT + v\,(1-\alpha T)\,dp$. Daher ist die Abhängigkeit von der Temperatur (vgl. TD 11) $\frac{\partial h}{\partial T} = n\,C_p(T)$ und die Abhängigkeit vom Druck $\frac{\partial h}{\partial p} = v\,(1-\alpha T)$.
Die Ableitung dieser Beziehung s. Beispiel TD- 22

4.1.3.2 Berechnung von Enthalpien (und inneren Energien)

Aus gemessenen C_p (C_v) kann ΔH (ΔU) berechnet werden.
Die Überlegung wird nur für die molare Enthalpie H durchgeführt.
Sind andere Stoffmengen als 1 mol vorhanden, dann muss mit n multipliziert werden.
Analoge Überlegungen gelten für U: Statt C_p wird C_v verwendet.

Für 1 mol eines Stoffes gilt:

TD 18 $$\frac{\partial H}{\partial T} = C_p(T) \Rightarrow H_E - H_A = \Delta H = \int_{T_A}^{T_E} C_p(T)\,\partial T$$

Wie immer beim Integrieren bekommt man ohne Kenntnis der Integrationskonstanten nur die Differenz zweier Funktionswerte.
Die Integration ergibt daher auch hier nur Änderungen von H, keine Absolutwerte. Für die Berechnung des Absolutwertes H_E müsste man den Wert H_A kennen. Naheliegend wäre der Wert H_o beim absoluten Nullpunkt $T_A = 0$ K.
Es gibt aber kein Naturgesetz, welches bei 0 K oder einer anderen Temperatur einen natürlichen Nullpunkt für die Enthalpie festlegt. Daher muss ein Nullpunkt willkürlich festgelegt werden. Es sind dies die sogenannten **Standardbedingungen** der **Thermodynamik**.

Elemente: Jedes Element, das bei 25°C und 1 atm (1,10325 bar) im stabilen Zustand vorliegt, hat die Enthalpie null. Schreibweise: ΔH^o_{298} (Graphit) = 0

Aber ΔH^o_{298} (Diamant) = 1,85 kJ/mol, da der Diamant nicht die stabile Modifikation ist.

Verbindungen: Die Standardbildungsenthalpie einer Verbindung ist die Reaktionsenthalpie jener Reaktion, bei der man sich die Verbindung bei 25°C und 1 atm (1,10325 bar) aus den Elementen entstanden denkt. z. B.

C(Graphit) + O_2 (g) $\rightarrow$ CO_2 (g) ΔH^o_{298} = -393,7 kJ/mol

Die Reaktionsenthalpie dieser Reaktion bei 25°C und 1 atm ist -393,7 kJ/mol. Dies ist auch die Standardbildungsenthalpie.

Ionen: Die Enthalpie von Einzelionen ist nicht messbar, daher wird auch hier ein Nullpunkt festgelegt.
Die Bildungsenthalpie von H^+ in wässriger verdünnter Lösung (ideales Verhalten!) bei 25°C und 1 atm wird null gesetzt. ΔH^o_{298} (H^+, aq) = 0
Die Enthalpien der restlichen Ionen berechnet man nach dem Wärmesatz von Hess.

Bemerkung: H_o kann heute in vielen Fällen mit den Methoden der statistischen Thermodynamik berechnet werden, wenn die Energieniveaus des Stoffes aus spektroskopischen Messungen bekannt sind (vgl. ST 39).

Für die molaren Wärmekapazitäten **C_p(T)** werden heute meist **Temperaturfunktionen** angegeben, die aus den Messwerten durch Regressionsrechnung berechnet wurden.
International üblich sind:

TD 19

$C_p(T)$ = konstant	
$C_p(T) = a + b\,T$	$C_p(T)$ hängt linear von T ab
$C_p(T) = a + b\,T + c\,T^2$	$C_p(T)$ hängt quadratisch von T ab
$C_p(T) = a + b\,T + d\,T^{-2}$	$C_p(T)$ hängt „inversquadratisch" von T ab.

Die **Enthalpie einer chemischen Reaktion**

$$\nu_1 A_1 + \nu_2 A_2 + \ldots + \nu_k A_k \rightleftharpoons \nu_{k+1} A_{k+1} + \nu_{k+2} A_{k+2} + \ldots + \nu_L A_L \text{ oder kürzer } 0 = \sum_{i=1}^{L} \nu_i A_i$$

(GR 15 und GR 16) wird berechnet nach

TD 20 $\Delta h(R) = \sum_{1}^{L} \nu_i . \Delta H_i$ Von der Summe der Enthalpien der Endstoffe wird die Summe der Enthalpien der Ausgangsstoffe abgezogen.

Es kann sein, dass bei der Berechnung der Enthalpie aus der Temperaturfunktion $C_p(T)$ in dem gewünschten Temperaturbereich eine **Phasenumwandlung** eintritt. Dann ändert sich bei der Umwandlungstemperatur auch sprunghaft die $C_p(T)$-Funktion.
Mathematisch betrachtet ist die Temperaturfunktion bei der Umwandlungstemperatur unstetig. Daher muss die Integration für jede $C_p(T)$- Funktion der beiden Phasen getrennt durchgeführt werden.
Liegt beispielsweise bei einem flüssigen Stoff im Integrationsintervall von 298 K bis zur Temperatur T der Siedepunkt Sp, dann wird die Enthalpie bei der Temperatur T folgendermaßen berechnet:

TD 21
$$\Delta H_T^o = \Delta H_{298}^o + \int_{298}^{Sp} C_p(T)(fl)\, dT + \Delta H_V^o + \int_{Sp}^{T} C_p(T)(g)\, dT$$

$C_p(T)(fl)$ und $C_p(T)(g)$ sind die Wärmekapazitätsfunktionen für die Flüssigkeit und das Gas; ΔH_V^o ist die Verdampfungsenthalpie.

Wünscht man für einen Stoff zunächst nicht einen bestimmten Zahlenwert, sondern die **Enthalpie als Funktion der Temperatur** zu bekommen, dann lässt man bei der Integration die obere Grenze als T variabel.

Beispiel TD- 2: Born-Haber-Kreisprozess
Ein illustratives Beispiel zu den bisherigen Überlegungen ist der Born-Haber-Kreisprozess. Er dient zur Berechnung der experimentell nicht bestimmbaren Gitterenergie eines Kristalls.

TD 22 Definition: Die molare Gitterenergie ist jene innere Energie $\Delta U_o(G)$, die frei wird, wenn man 1 mol eines Kristalls aus den gasförmigen Kationen und Anionen bei T = 0 K bildet. Die Bezugstemperatur T = 0 K wurde gewählt, damit man statistisch berechnete Gitterenergiewerte mit thermodynamisch berechneten vergleichen kann.

Der Kreisprozess enthält vier Schritte. Zur Darstellung dieses Kreisprozesses wurde hier KCl gewählt.

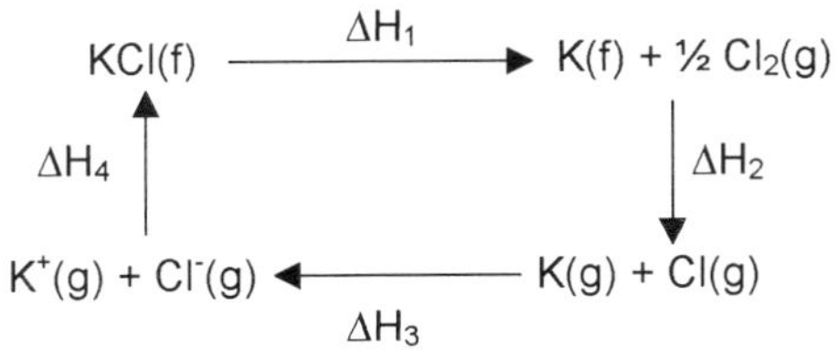

1. Schritt: Umkehrung der Bildungsreaktion von festem KCl(f). Daher ist $\Delta H_1 = -\Delta H_{298}^o(KCl)$
2. Schritt: Sublimation des festen K(f) und Dissoziation des gasförmigen $Cl_2(g)$ in die Atome.
   $K(f) \rightarrow K(g)$ $\Delta H_{Subl}(K)$
   $\frac{1}{2} Cl_2 \rightarrow Cl(g)$ $\frac{1}{2} \Delta H_{Diss}(Cl_2)$
   Da meist nur die Dissoziationsenergie ΔU_{Diss} (meist mit D bezeichnet) tabelliert ist, muss die Dissoziationsenthalpie erst berechnet werden.

Die Volumsarbeit ist hier ½ RT, da $\Delta n = 1 - ½ = ½$

Daher ist ½ $\Delta H_{Diss}(Cl_2)$= ½ $D(Cl_2)$ + ½ RT = ½ ($D(Cl_2)$ + RT).

Ist das Element im Standardzustand nicht gasförmig, dann müssen noch die Enthalpien für die Verdampfung (wie beim Brom) und eventuell auch noch für das Schmelzen (wie beim Jod) hinzugezählt werden.

Die Enthalpie des zweiten Schrittes ist also $\Delta H_2 = \Delta H_{Subl}(K) + ½\, \Delta H_{Diss}(Cl_2)$

3. Schritt: Ionisierung der Atome

   $K(g) \rightarrow K^+(g) + e^-$

   $Cl(g) + e^- \rightarrow Cl^-(g)$

   $\Delta H_3 = \Delta H_{Ion}(K) + \Delta H_{Ion}(Cl)$

   $\Delta H_{Ion}(K)$ ist meist unter dem Namen Ionisationsenthalpie I, $\Delta H_{Ion}(Cl)$ unter dem Namen Elektronenaffinität EA tabelliert. Häufig ist die Elektronenaffinität nicht in J/mol sondern in eV pro Molekül angegeben. Sie kann dann durch Multiplikation mit $e.N_L$= 96485,3 in J/mol umgerechnet werden.

4. Schritt: Bildung des Kristalls aus den gasförmigen Ionen. $\Delta H_4 = \Delta H_{298}(G)$

   Die Enthalpie dieser Reaktion ist die Gitterenthalpie bei 298 K. Um daraus die Gitterenergie zu erhalten, muss wieder die Volumsarbeit berücksichtigt werden.

   Für $K^+(g) + Cl^-(g) \rightarrow KCl(f)$ ist $\Delta n = -2$. Daher ist $\Delta U_{298}(G) = \Delta H_{298}(G) + 2\,RT$. Nun müsste noch der Temperaturunterschied von 0 K auf 298 K berücksichtigt werden. Die Differenz $\Delta U_{298}(G) - \Delta U_o(G)$ ist aber vernachlässigbar klein, sodass man $\Delta U_{298}(G) = \Delta U_o(G)$ setzen kann.

Für den Kreisprozess ist die gesamte Enthalpieänderung null:
$\Delta H_1 + \Delta H_2 + \Delta H_3 + \Delta H_4 = 0$ und daher $\Delta H_4 = -(\Delta H_1 + \Delta H_2 + \Delta H_3)$.

Zusammengefasst ist also

$$\Delta U_o(G) = \Delta H^o_{298}(KCl) - [\Delta H_{Subl}(K) + ½\, \Delta H_{Diss}(Cl_2) + I + EA] + 2RT$$

Bei Salzen der Formel M_xN_y müssen in obiger Gleichung noch die Atomanzahlen x und y berücksichtigt werden.

Beispiel TD- 3: Man berechne die Arbeit, die ein ideales Gas verrichten kann, wenn es sich isotherm ausdehnt.

Es gilt allgemein dw = -p dv.

Das Gas verhält sich ideal, daher ist $p = \dfrac{nRT}{v}$. Setzt man ein und integriert, dann erhält man: $\int_0^w dw = -nRT \int_{v_A}^{v_E} \dfrac{dv}{v}$ und $w = -nRT \ln \dfrac{v_E}{v_A}$. Da die Zustandsänderung isotherm ist, gilt $p_E\, v_E = p_A\, v_A$ bzw. $\dfrac{v_E}{v_A} = \dfrac{p_A}{p_E}$. Damit wird $w = -nRT \ln \dfrac{p_A}{p_E}$. Kehrt man die Brüche im Logarithmus um, so werden die Terme positiv. Man erhält schließlich $w = nRT \ln \dfrac{p_E}{p_A}$.

Damit bei der Ausdehnung die Temperatur konstant bleibt, muss diese Energiemenge als Wärme zugeführt werden.

Beispiel TD- 4: Man berechne die **Differenz $C_p - C_v$** für das ideale Gas.

Man geht aus von h = u + p v (TD 7) und differenziert nach T : $\dfrac{dh}{dT} = \dfrac{du}{dT} + \dfrac{d(pv)}{dT}$.

Für das ideale Gas gilt die Zustandsgleichung p v = n R T.

Daher ist $\frac{d(p\,v)}{dT} = \frac{d(nRT)}{dT} = nR$. Außerdem ist $\frac{dh}{dT} = nC_p$ und $\frac{du}{dT} = nC_v$ (TD 11 und TD 13)

$\Rightarrow nC_p = nC_v + nR \Rightarrow C_p - C_v = R$

Beispiel TD- 5: Man berechne die Volumsarbeit für die Verbrennung von Heptan (Sp = 98,3°C) bei den Temperaturen t = 50°C und t = 200°C.

$C_7H_{16} + 11\,O_2 \rightarrow 7\,CO_2 + 8\,H_2O$

t (°C)						Δw
50	fl	g	g	fl	$\Delta n = 7 - 11 = -4$	$-4RT = -10747$J
200	g	g	g	g	$\Delta n = 8 + 7 - 12 = 3$	$3RT = 11802$J

Man sieht, dass der Einfluss des Aggregatzustandes, vor allem des Wassers wegen seines hohen Reaktionskoeffizienten, sehr groß ist.

Beispiel TD- 6: Man berechne die Enthalpie der Oxidation von NH_3 zu NO.

$4\,NH_3 + 5\,O_2 \rightarrow 4\,NO + 6\,H_2O$ alle Stoffe sind gasförmig

Die Bildungsenthalpien der einzelnen Stoffe sind:

$\Delta H^o_{298}(NH_3) = -45{,}9$ kJ/mol

$\Delta H^o_{298}(O_2) = 0$ (definitionsgemäß!)

$\Delta H^o_{298}(NO) = 91{,}3$ kJ/mol

$\Delta H^o_{298}(H_2O) = -241{,}8$ kJ/mol

Die Reaktionsenthalpie (TD 20) ist daher:

$\Delta h(R) = 6.\,\Delta H^o_{298}(H_2O) + 4.\,\Delta H^o_{298}(NO) - 4.\,\Delta H^o_{298}(NH_3) = -902$ kJ/mol.

Beispiel TD- 7: Berechnung der **Bildungsenthalpie** von Benzol. Gegeben sind die Verbrennungsenthalpien der beteiligten Stoffe

Gesucht: (1)	$6\,C + 3\,H_2$	→	C_6H_6	ΔH_1 =?
Gegeben: (2)	$C + O_2$	→	CO_2	$\Delta H_2 = -393{,}5$ kJ/mol
(3)	$H_2 + ½\,O_2$	→	$H_2O(g)$	$\Delta H_3 = -241{,}8$ kJ/mol
(4)	$C_6H_6 + 7{,}5\,O_2$	→	$6\,CO_2 + 3\,H_2O$	$\Delta H_4 = -3169{,}3$ kJ/mol

Die Reaktion (1) wird aus den gegebenen Reaktionen zusammengesetzt:

(1) = 6.(2) + 3.(3) - (4)

Rechengang:

C kommt in (1) links und sechsmal vor, in (2) ebenfalls links aber nur einmal, daher +6.(2);

H_2 kommt in (1) links und dreimal vor, in (3) ebenfalls links aber nur einmal, daher +3.(3);

C_6H_6 kommt in (1) rechts und einmal vor, in (4) aber links und einmal, daher -(4).

Analog kann man auch die Enthalpien kombinieren (Energieerhaltungssatz!):

$\Delta H_1 = 6\,\Delta H_2 + 3\,\Delta H_3 - \Delta H_4$

$\Delta H_1 = 6.(-393{,}5) + 3.(-241{,}8) - (-3169{,}3) = 82{,}9$ kJ/mol

Beispiel TD- 8: Man berechne die Gitterenergie von $BaBr_2$ (Stoffwerte s. ANH-8).

Für $Br_2(fl) \rightarrow 2\,Br(g)$ sind folgende thermodynamische Größen gegeben: D = 192,8 kJ/mol; Verdampfungsenthalpie ΔH_{Verd}= 29,6 kJ/mol.

Die Elektronenaffinität des Br ist EA = -3,36359 eV.

EA = -3,36359. 96485,3 = -325 kJ/mol

$\Delta H_{Diss}(Br_2) = D + RT + \Delta H_{Verd} = 192{,}8 + 2{,}5 + 29{,}6 = 224{,}9$ kJ/mol

$\Delta H_o(G) = \Delta H^o_{298}(BaBr_2) - [\Delta H_{Subl}(Ba) + \Delta H_{Diss}(Br_2) + I + 2\,EA]$

$\Delta H_o(G) = -758 - [182 + 225 + 1469 - 2.325] = -1984$ kJ/mol
$\Delta U_o(G) = \Delta H_o(G) + 3RT = -1984 + 7 = -1977$ kJ/mol
(3RT: $BaBr_2$ entsteht aus drei gasförmigen Teilchen!)

Beispiel TD- 9: Von Naphthalin ($C_{10}H_8$, M = 128,174 g/mol) wurde im **Verbrennungskalorimeter** bei t = 25°C die Verbrennungswärme bestimmt.
Dazu wurden folgende Werte gemessen:
Einwaage an Eisendraht EFe = 0,0011 g (zur Zündung notwendig).
Verbrennungswärme von Eisen ΔuFe = -6646 J/g
Aus der Probe wurde eine Pille mit eingebettetem Eisendraht gepresst.
Masse der Pille mit Draht EPi = 1,0578 g.
Der Temperaturanstieg im Kalorimeter nach der Verbrennung der Pille betrug $\Delta t = 4{,}716$ K.
Der „Wasserwert" des Kalorimeters betrug WW = 9010 J/K.
Der **Wasserwert** ist jene Wärmemenge, die notwendig ist, um das Kalorimeter um 1 Grad zu erwärmen.
Man berechne die Bildungsenthalpie $\Delta H_B(C_{10}H_8)$.
$\Delta H_B(CO_2) = -393{,}51$ kJ/mol und $\Delta H_B(H_2O\ fl) = -285{,}84$ kJ/mol.

Rechengang:
1. Berechnung der Verbrennungswärme Δu_v der Probe
2. Bestimmung der Änderung Δn der Stoffmenge der gasförmigen Stoffe während der Verbrennung
3. Berechnung der molaren Verbrennungswärme mit $\Delta U_v = M\ \Delta u_v$
4. Berechnung der molaren Verbrennungsenthalpie mit $\Delta H_v = \Delta U_v + \Delta n\ R\ T$
5. Berechnung der Bildungsenthalpie mit dem Wärmesatz von Hess (TD 6) und folgenden Reaktionen

(1)	$C_cH_hO_o + (c + 0{,}25h - 0{,}5o)\ O_2 \rightarrow c\ CO_2 + 0{,}5h\ H_2O$	$\Delta H_v(\text{Stoff})$
(2)	$C + O_2 \rightarrow CO_2$	$\Delta H_B(CO_2)$
(3)	$H_2 + 0{,}5\ O_2 \rightarrow H_2O$	$\Delta H_B(H_2O\ fl)$
(4)	$cC + 0{,}5h\ H_2 + 0{,}5o\ O_2 \rightarrow C_cH_hO_o$	$\Delta H_B(\text{Stoff})$

Die Bildungsreaktion (4) wird aus den anderen drei Reaktionen zusammengesetzt:
(4) = c. (2) + 0,5h. (3) - (1)
Analog gilt für die Enthalpien: $\Delta H_B(\text{Stoff}) = c.\ \Delta H_B(CO_2) + 0{,}5h.\ \Delta H_B(H_2O\ fl) - \Delta H_v(\text{Stoff})$.
Mit den obigen Angaben ist daher:
Verbrennungswärme: Die Einwaage an Probe ist EPr = EPi - EFe = 1,0567 g
Die Wärmebilanz im Kalorimeter ist: $WW\ .\ \Delta t + \Delta uFe.\ EFe + \Delta u_v\ .\ EPr = 0$
Man achte darauf, dass man die Wärmemengen mit ihren richtigen Vorzeichen einsetzt!

$$\Delta u_v = \frac{-(WW.\Delta t + \Delta uFe.EFe)}{EPr} = \frac{-(9010.4{,}716 - 6646.0{,}0011)}{1{,}0567} = -40204{,}3\ J/g$$

$C_{10}H_8 + 12\ O_2 \rightarrow 10\ CO_2 + 4\ H_2O(fl)$
$\Delta n = 10 - 12 = -2$ mol
$\Delta U_v = -40204{,}3.128{,}174 = -5153{,}146$ kJ/mol
$\Delta H_v = -5153{,}146 - 2.8{,}3145.298{,}15.10^{-3} = -5158{,}104$ kJ/mol
$\Delta H_B = 10.(-393{,}51) + 4.(-285{,}84) - (-5158{,}104)$
$\Delta H_B = 79{,}6$ kJ/mol

Beispiel TD- 10: Fehlerbetrachtung zur Berechnung der Bildungsenthalpie aus der Verbrennungswärme.
Wie groß ist der prozentuelle Fehler in der Bildungsenthalpie ΔH_B einer organischen Substanz ($C_cH_hO_o$), wenn man bei der Bestimmung der Verbrennungswärme Δu_v einen Fehler von p% gemacht hat?
Die Gleichungen sind wie im Beispiel TD- 9
(1) Die molare Verbrennungswärme ist $\Delta U_v = M\ \Delta u_v$.
(2) Die molare Verbrennungsenthalpie ist $\Delta H_v = \Delta U_v + \Delta n\ R\ T$
(3) $\Delta H_B(\text{Stoff}) = c.\ \Delta H_B(CO_2) + ½\ h.\ \Delta H_B(H_2O\ fl) - \Delta H_v(\text{Stoff})$. Wärmesatz von Hess

Sei $f = 0{,}01\ p\,|\Delta u_v|$ der Fehler in der Verbrennungswärme. Der Betrag muss genommen werden, damit sich nicht Zahlen verschiedenen Vorzeichens kompensieren.
Dann ist der Fehler in der molaren Verbrennungswärme $F = 0{,}01p\,|\Delta u_v|\,M = 0{,}01p\,|\Delta U_v|$.
Dieser Fehler kommt in den weiteren Gleichungen (2) und (3) unverändert als Summand vor.
Der prozentuelle Fehler in der Bildungsenthalpie ΔH_B ist daher

$$F\% = \frac{100F}{|\Delta H_B|} = \frac{0{,}01\,p|\Delta U_v|100}{|\Delta H_B|} \quad \text{oder} \quad F\% = p\frac{|\Delta U_v|}{|\Delta H_B|}$$

Wie man sieht, wird der Fehler um so größer, je kleiner der Betrag der Bildungsenthalpie des Stoffes ist. Die Messung der Verbrennungswärme muss dann mit möglichst großer Genauigkeit erfolgen.
Nimmt man etwa die Ergebnisse von Beispiel TD- 9, dann bekommt man mit einem Messfehler von 1% in der Verbrennungswärme in der Bildungsenthalpie einen Fehler von
$F\% = \frac{5153}{79{,}6} \approx 65\%$. Das bedeutet, dass der berechnete Wert von $\Delta H_B \approx 80$kJ/mol schwanken kann zwischen 28 und 131 kJ/mol.

Beispiel TD- 11: Weißes Zinn wandelt sich unterhalb t = 13,2°C in graues Zinn um.

$$\text{Sn(weiß)} \rightleftharpoons \text{Sn(grau)}$$

Wie groß ist die Umwandlungsenthalpie bei der Umwandlungstemperatur?
Folgende thermodynamische Daten entnimmt man den Tabellen:

	ΔH^o_{298} (J/mol)	S^o_{298} (J/mol.K)	C_p (J/mol.K)
Zinn weiß	0	51,55	27,0
Zinn grau	-2130	44,14	25,8

Sei $\Delta H_U(T)$ die Umwandlungsenthalpie bei der Temperatur T.

$$\Delta H_U(298) = \Delta H^o_{298}(\text{Sn gr}) - \Delta H^o_{298}(\text{Sn w}) = -2130\ \text{J/mol}$$

$$\Delta H_U(T_U) = \Delta H_U(298) + \int_{298{,}15}^{286{,}35} (25{,}8 - 27{,}0)\,dT = -2130 - 1{,}2.(286{,}35 - 298{,}15)$$

$\Delta H_U(T_U) = -2116$ J/mol

Beispiel TD- 12: Wie groß ist die molare Enthalpie ΔH^o_T von CO-Gas für t = 1100°C.
$\Delta H^o_{298} = -110{,}530$ kJ/mol; $C_p(T) = 26{,}874 + 0{,}006940\ T - 8{,}235.10^{-7}\ T^2$ J/mol.K

Man verwendet TD 18: $\frac{\partial H}{\partial T} = C_p(T) \Rightarrow H_E - H_A = \int_{T_A}^{T_E} C_p(T)\,\partial T$

Angewandt auf obige Aufgabe:

$$\Delta H_T^o = \Delta H_{298}^o + \int_{298,15}^{1373,15} \left(26,874 + 0,006940T - 8,235.10^{-7}T^2\right) dT$$

$$\Delta H_T^o = -110530 + \left(26,874T + 0,00347\,T^2 - 2,745.10^{-7}\,T^3\right)\Big|_{298,15}^{1373,15}$$

$$\Delta H_T^o = -110530 + 26,874.(1373,15 - 298,15) + 0,00347.\left(1373,15^2 - 298,15^2\right) -$$

$$2,745.10^{-7}.\left(1373,15^3 - 298,15^3\right)$$

ΔH_T^o = -76110 J/mol

Man achte besonders auf die richtigen Einheiten (J; kJ) und auf die Verwendung der absoluten Temperatur!

Beispiel TD- 13: Man berechne die Enthalpie von Kalium für t = 300°C. Festes Kalium: Fp = 63,7°C; Schmelzenthalpie ΔH_u = 2334 J/mol; $C_p(T)$ = 9,9013 + 0,0660 T J/mol.K
Flüssiges Kalium: $C_p(T)$ = 37,627 - 0,02085 T + $1,395.10^{-5}$ T^2 J/mol.K

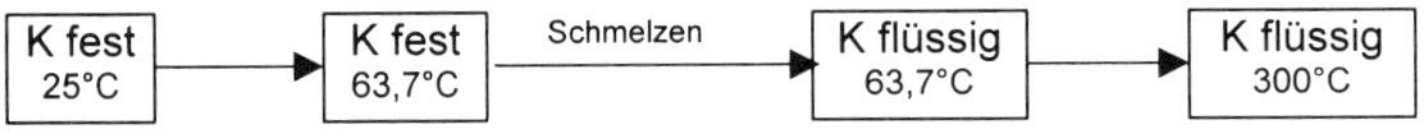

Die Enthalpie von K bei 300°C ist die Summe folgender Wärmemengen:
Enthalpie bei 25°C, Zunahme der Enthalpie von 25°C bis zur Schmelztemperatur, Schmelzenthalpie, Zunahme der Enthalpie von der Schmelztemperatur bis 300°C.
Mit TD 21 bekommt man

$$\Delta H_T^o = \Delta H_{298}^o + \int_{298}^{Fp} C_p(T)fl\, dT + \Delta H_u + \int_{Fp}^{T} C_p(T)g\, dT$$

$$\Delta H_T^o = 0 + \int_{298,15}^{336,85} (9,9013+0,0660T)\,dT + 2334 + \int_{336,85}^{573,15} \left(37,627-0,02085T+1,395.10^{-5}T^2\right)dT$$

ΔH_T^o = 0 + 1194 + 2334 + 7347 = 10875 J/mol

Beispiel TD- 14: Für MgO soll die Temperaturabhängigkeit der Enthalpie berechnet werden.
ΔH_{298}^o = -601,240kJ/mol; $C_p(T)$ = 45,47 + 0,005012 T - 873800.1/T^2 J/mol.K.
Man geht analog vor wie in Beispiel TD- 13, lässt allerdings die obere Grenze des Integrals variabel als T.

$$\Delta H_T^o = \Delta H_{298}^o + \int_{298,15}^{T} \left(45,47 + 0,005012T - \frac{873800}{T^2}\right) dT$$

$$\Delta H_T^o = -601240 + \left(45,47T + 0,002506T^2 + \frac{873800}{T}\right)\Bigg|_{298,15}^{T}$$

$$\Delta H_T^o = -601240 + \left(45,47T + 0,002506T^2 + \frac{873800}{T}\right)$$

$$-\left(45,47.298,15 + 0,002506.298,15^2 + \frac{873800}{298,15}\right)$$

$$\Delta H_T^o = -617950 + 45,47T + 0,002506T^2 + \frac{873800}{T} \quad \text{J/mol}$$

Beispiel TD- 15: Man berechne die Temperaturabhängigkeit der Reaktionsenthalpie für die Reaktion $2\,CO + O_2 \rightarrow 2\,CO_2$. Thermodynamische Daten:

	ΔH^o_{298} kJ/mol	$C_p(T) = a + b\,T + c\,T^2$ J/mol.K a	b	c
CO	-110,530	26,87	0,006939	$-0{,}8235.10^{-6}$
O_2	0	25,75	0,01294	$-3{,}843.10^{-6}$
CO_2	-393,510	25,98	0,04361	$-14{,}94.10^{-6}$

Die Reaktionsenthalpie ist $\Delta h(R) = \sum_1^L \nu_i \Delta H_i$ (TD 20).

Analog ist die Änderung der molaren Wärmekapazität $\Delta C_p(R) = \sum_1^L \nu_i C_{pi}$

$\Delta h^o_{298}(R) = 2.(-393510) - 0 - 2.(-110530) = -565960$ J/mol = -565,96 kJ/mol

$\Delta c_p(R) = -27{,}53 + 0{,}06040\,T - 2{,}4390.10^{-5}\,T^2$ J/mol.K

Die weitere Rechnung ist wie in Beispiel TD- 14.

Schließlich erhält man: $\Delta h^o_T = -560221 - 27{,}53T + 0{,}03020T^2 - 8{,}130.10^{-6}T^3$ J/mol

Aufgabe TD- 1: Man berechne die Arbeit, die ein reales Gas verrichten kann, wenn es sich isotherm ausdehnt. Es gelte die Van-der-Waals-Zustandsgleichung.

Aufgabe TD- 2: Man berechne die Arbeit, die ein ideales Gas verrichten kann, wenn es sich polytrop ausdehnt.

Ist C eine Konstante, dann hat die polytrope Zustandsänderung die Gleichung $p.v^a = C$.

Man verwende $v^{(1-a)} = v.v^{-a}$ und vereinfache soweit wie möglich.

Der Wert von a liegt zwischen 1 und dem Quotienten der molaren Wärmekapazitäten $\frac{C_p}{C_v}$.

a = 1 entspricht der isothermen Zustandsänderung. Dabei wird die gesamte vom Gas verrichtete Arbeit als Wärmeenergie wieder zugeführt.

$a = \frac{C_p}{C_v}$ entspricht der adiabatischen Zustandsänderung. Die Verrichtung der Ausdehnungsarbeit erfolgt ohne Wärmeaustausch mit der Umgebung.

Aufgabe TD- 3: Der menschliche Körper habe im Durchschnitt eine Masse von m = 70 kg, eine molare Wärmekapazität von $C_p = 4{,}2$ J/g und eine durchschnittliche Leistung von P = 120 W. Wie groß wäre der Temperaturanstieg ΔT des Körpers pro Tag, wenn der Körper als abgeschlossenes System (kein Energie- und Massenaustausch mit der Umgebung) betrachtet wird?

Der menschliche Körper ist aber ein offenes System, das die Überschusswärme fast völlig durch Verdampfung von Wasser abgibt. Welche Masse Wasser muss pro Tag verdampft werden, damit die Temperatur konstant bleibt? Die Verdampfungswärme von Wasser bei 37°C ist 2410 J/g.

Aufgabe TD- 4: Man berechne die Volumsarbeit, die bei der Verbrennung von n = 1 mol flüssiger Stearinsäure ($C_{18}H_{36}O_2$; Kerze!) verrichtet wird. Sei t = 200°C. Endprodukte sind CO_2 und H_2O-Dampf.

Aufgabe TD- 5: Welche Volumsarbeit wird bei der Verbrennung von n-Oktan bei den drei Temperaturen 90°C, 120°C und 150°C verrichtet? (C_8H_{18}; Sp = 125,8°C)

Aufgabe TD- 6: Wasser siedet in einem offenem Gefäß bei einer Temperatur von 100°C und einem Luftdruck von 1 bar. Wie groß ist für 1 mol Wasser der Wärmebedarf q_p für das Sieden und die Änderung der inneren Energie Δu?
Die Verdampfungsenthalpie von Wasser ist ΔH_v = 40,65 kJ/mol.
Aufgabe TD- 7: Man berechne die Enthalpie der Reaktion $H_2 + S \rightarrow H_2S$ aus der Bildungsenthalpie von H_2O(g) (-241,8 kJ/mol), der Bildungsenthalpie von SO_2 (-296,8 kJ/mol) und der Verbrennungsenthalpie von H_2S (-517,9 kJ/mol). Endprodukte H_2O und SO_2.
Aufgabe TD- 8: Man berechne die Enthalpie der Hydrierungsreaktion von Benzol C_6H_6 (fl) zu Cyclohexan (fl) aus der Bildungsenthalpie von H_2O(g) (-241,8 kJ/mol) und den Verbrennungsenthalpien von flüssigem Benzol (-3267,6 kJ/mol) und Cyclohexan (-3919,6 kJ/mol). Endprodukte H_2O(g) und CO_2.
Aufgabe TD- 9: Man berechne die Bildungsenthalpie (ΔH_B) von Phthalsäureanhydrid $C_8H_4O_3$ aus der Verbrennungsenthalpie von Phthalsäureanhydrid (-3277,6 kJ/mol) und den Bildungsenthalpien von CO_2 (-393,5 kJ/mol) und H_2O (-285,8 kJ/mol).
Aufgabe TD- 10: Man berechne die Enthalpie der Isomerisierung von Maleinsäure $C_4H_4O_4$ (cis-Form) zur Fumarsäure $C_4H_4O_4$ (trans-Form) aus den Verbrennungsenthalpien der Maleinsäure (-1355,2 kJ/mol) und der Fumarsäure (-1334,7 kJ/mol).
Endprodukte H_2O(g) und CO_2.
Aufgabe TD- 11: Es soll die Gitterenergie ΔU_o(G) der Salze LiF, KJ, $MgBr_2$ und $BaCl_2$ berechnet werden. Man verwende die Tabellen ANH-8.
Aufgabe TD- 12: Man berechne die Gitterenergie ΔU_o(G) von BaJ_2.
Für J_2(f) $\rightarrow$ 2 J(g) sind folgende thermodynamische Größen gegeben:
D = 152,0 kJ/mol; Schmelzenthalpie ΔH_{Schm} = 15,5 kJ/mol; Verdampfungsenthalpie ΔH_{Verd} = 42,0 kJ/mol. Die restlichen Größen entnehme man Tabelle ANH-8.
Aufgabe TD- 13: Die Verbrennungswärme der Stearinsäure, $C_{18}H_{36}O_2$, beträgt Δu_v = -39583 J/g. Man berechne die Verbrennungsenthalpie und die Bildungsenthalpie der Stearinsäure. t = 25°C. $\Delta H_B(CO_2)$ = -393,51 kJ/mol und $\Delta H_B(H_2O$ fl) = -285,84 kJ/mol.
Aufgabe TD- 14: Von Bernsteinsäure ($C_4H_6O_4$) wurde im Verbrennungskalorimeter bei t = 25°C die Verbrennungswärme bestimmt (vgl. Beispiel TD- 9).
Messwerte: EFe = 0,0012 g; EPi = 1,5575 g; Δt = 2,181 K
Verbrennungswärme von Eisen ΔuFe = -6646 J/g; Wasserwert WW = 9010 J/K.
Man berechne die Bildungsenthalpie ΔH_B der Bernsteinsäure.
$\Delta H_B(CO_2)$ = -393,51 kJ/mol und $\Delta H_B(H_2O$ fl) = -285,84 kJ/mol.
Aufgabe TD- 15: Von Benzil ($C_{14}H_{10}O_2$) wurde im Verbrennungskalorimeter bei t = 25°C die Verbrennungswärme bestimmt (vgl. Beispiel TD- 9).
Messwerte: EFe = 0,0013 g; EPi = 1,0070 g; Δt = 3,609 K
Verbrennungswärme von Eisen ΔuFe = -6646 J/g;
Wasserwert WW = 9010 J/K.
Man berechne die Bildungsenthalpie ΔH_B des Benzils.
$\Delta H_B(CO_2)$ = -393,51 kJ/mol und $\Delta H_B(H_2O$ fl) = -285,84 kJ/mol.
Aufgabe TD- 16: Man berechne die Enthalpie eines geschmolzenen Stoffes im Schmelzpunkt. Fp = 500°C, ΔH^o_{298} = -300,00 kJ/mol, ΔH^o_{Schm} = 80,00 kJ/mol; für den festen Stoff ist $C_p(T) = 62,8 + 20,9.10^{-3}$ T J/mol.K
Aufgabe TD- 17: Man berechne die Enthalpie von Natrium für t = 500°C.
Festes Natrium: Fp = 97,9°C; Schmelzenthalpie ΔH_u = 2603 J/mol;
$C_p(T) = 23,67 + 0,01361\ T + 2,42.10^{-6}\ T^2$ J/mol.K
Flüssiges Natrium: $C_p(T) = 37,464 - 0,01915\ T + 1,063.10^{-5}\ T^2$ J/mol.K
Aufgabe TD- 18: Man berechne die Standardenthalpie eines gasförmigen Stoffes aus folgenden Daten: ΔH^o_T bei 800°C = 50,3 kJ/mol und $C_p(T) = 25 + 0,004\ T - 40000.1/T^2$ J/mol.K

Aufgabe TD- 19: Für H_2S soll die Temperaturabhängigkeit der Enthalpie berechnet werden.

ΔH^o_{298} = -20,60 kJ/mol; $C_p(T)$ = 28,95 + 0,01682 T J/mol.K

Aufgabe TD- 20: Für N_2 soll die Temperaturabhängigkeit der Enthalpie berechnet werden.
$C_p(T) = 26,84 + 5,556.10^{-3}\,T + 48500\,T^{-2}$ J/mol.K

Aufgabe TD- 21: Die Standardumwandlungsenthalpie für die Umwandlung von Graphit (Gr) in Diamant (D) ist 1850 J/mol. Wie groß ist die Umwandlungsenthalpie $\Delta H_U(T)$ bei T = 400 K und p = 1,01325 bar?
Die molaren Wärmekapazitäten bei 298,15 und 400K sind

	298,15 K	400 K
$C_p(Gr)$	8,536	11,974
$C_p(D)$	6,109	10,321

Man nehme einen linearen Anstieg der Wärmekapazitäten an und berechne zunächst die Temperaturabhängigkeit der Wärmekapazitäten.

Aufgabe TD- 22: Man berechne die Temperaturabhängigkeit der Reaktionsenthalpie für die Reaktion $2\,NO + O_2 \rightarrow 2\,NO_2$. Thermodynamische Daten:

	ΔH^o_{298} kJ/mol	$C_p(T) = a + b\,T$ J/mol.K	
		a	b
NO	91277	27,82	0,006024
O_2	0	26,81	0,008599
NO_2	34193	29,49	0,02710

Aufgabe TD- 23: Man berechne die Temperaturabhängigkeit der Reaktionsenthalpie für die Reaktion $N_2 + 3\,H_2 \rightarrow 2\,NH_3$. Thermodynamische Daten:

	ΔH^o_{298} kJ/mol	$C_p(T) = a + b\,T + c\,T^2$ J/mol.K		
		a	b	c
N_2	0	27,31	0,005187	0
H_2	0	26,99	0,004009	$0,2288.10^{-6}$
NH_3	-45940	24,19	0,04013	$-8,161.10^{-6}$

Aufgabe TD- 24: Man berechne die Temperaturabhängigkeit der Reaktionsenthalpie für die Reaktion $CaO + H_2O(g) \rightarrow Ca(OH)_2$. Thermodynamische Daten:

	ΔH^o_{298} kJ/mol	$C_p(T) = a + b\,T + c/T^2$ J/mol.K		
		a	b	c
CaO	-635100	49,953	0,004627	-820433
H_2O	-241830	28,521	0,012668	113856
$Ca(OH)_2$	-986100	105,54	0,01200	-1921100

4.2 Zweiter und dritter Hauptsatz

4.2.1 Zweiter Hauptsatz

Der 1. Hauptsatz macht eine Aussage über die Bilanz der Wärmemengen bei einer chemischen Reaktion.
Der 2. Hauptsatz macht eine Aussage über die Richtung in der eine Reaktion freiwillig, also von selbst, abläuft.

Formulierungen des **2. Hauptsatzes**
(1) Wärmeenergie fließt von selbst nur vom wärmeren zum kälteren System. Soll Wärme vom kälteren zum wärmeren System transportiert werden, so ist dies nur möglich, wenn gleichzeitig dafür ein bestimmter zusätzlicher Betrag an Arbeit („Nichtwärme") aufgewendet wird. Diese Arbeit wird dabei in Wärmeenergie umgewandelt.

Beispiele dazu sind etwa Heizen, Kühlen, Temperaturmessung und Wärmepumpen (Kühlschrank)

(2) Es ist unmöglich bei einem Kreisprozess Wärmeenergie vollständig in Arbeit („Nichtwärme") umzuwandeln. Ein Teil der vom wärmeren System entnommenen Wärmemenge wird ungenützt an die kältere Umgebung abgegeben.

Beispiele dazu sind die Wärmekraftmaschinen. Der **thermische Wirkungsgrad** einer solchen Maschine ist der Quotient aus der gewonnenen Arbeit w und der aus dem wärmeren System insgesamt entnommenen Wärmemenge q_h. Er ist auch gleich der Quotient aus der Temperaturdifferenz $T_h - T_t$ zwischen wärmerem System und kälterer Umgebung und der Temperatur T_h des wärmeren Systems. $\eta = \frac{w}{q_h} = \frac{T_h - T_t}{T_h}$

Für die Anwendungen in der Chemie ist die folgende Form die geeignete:

TD 23 Bei konstanter Temperatur ist $\Delta h = \Delta g + T\,\Delta s$
Differentialform $dh = dg + d(T.s)$, wenn T nicht konstant ist.

Die gesamte bei einer chemischen Reaktion umgesetzte Wärmemenge Δh besteht aus zwei Anteilen:
Δg ist die **Änderung** der **freien Enthalpie** (höchstens diese Wärmemenge kann in jede andere Energieform umgewandelt werden).
TΔs ist die **Änderung** der **gebundenen Enthalpie** („Verlustwärme").
s ist die Entropie.

4.2.2 Die Entropie

Irreversible Vorgänge verlaufen von alleine nur in eine Richtung, auch wenn dabei Energie verbraucht wird.
Beispiele:

- Das Vermischen von Stoffen. Öffnet man eine Parfumflasche, so entweicht der Geruchsstoff. Von alleine kehrt er nicht in die Flasche zurück.
- Der Wärmeübergang vom wärmeren zum kälteren Körper. Greift man mit der Hand auf einen heißen Ofen, so verbrennt man sich. Die Umkehrung wäre, dass die Hand kälter

und der Ofen noch heißer wird. Nach dem 1. Hauptsatz wäre die Umkehrung möglich, sofern nur die Wärmebilanz stimmt.

- Die Reibung wandelt mechanische (elektrische) Energie in Wärme um. Die in der Kaffeeschale nach dem Umrühren rotierende Flüssigkeit kommt unter Erwärmung zur Ruhe. Wäre die Umkehrung möglich, müsste die Flüssigkeit von alleine unter Abkühlung immer schneller rotieren.

Reversibel sind Vorgänge dann, wenn der Anfangszustand wieder erreicht werden kann, ohne dass Änderungen in der Umgebung zurückbleiben.
Streng reversible Vorgänge gibt es bei tatsächlichen Zustandsänderungen nicht.
Annähernd reversibel sind Vorgänge nahe dem Gleichgewicht:

- Phasenumwandlungen bei der Gleichgewichtstemperatur. Im Schmelzpunkt schmilzt bei Zufuhr einer kleinen Wärmemenge etwas von der festen Phase, entzieht man diese Wärmemenge wieder, dann wird die verflüssigte Stoffmenge wieder fest.
- Ein Salz im Gleichgewicht mit seiner gesättigten Lösung. Geringer Wärmeentzug bewirkt Ausfallen der festen Phase, Wärmezufuhr wieder Auflösen.
- Eine galvanische Zelle an die man eine Spannung anlegt, die gleich groß wie ihre Leerlaufspannung (EMK) ist. Bei einer kleinen Erhöhung der angelegten Spannung wird elektrische Energie zugeführt und Stoffe chemisch verändert (Elektrolyse). Erniedrigt man die Spannung unter die EMK, dann kann man die elektrische Energie wieder entnehmen, wobei gleichzeitig die chemischen Veränderungen rückgängig gemacht werden.

TD 24 **Definition**: $ds = \frac{dq_{rev}}{T}$

Die Änderung der Entropie eines Systems bei der Temperatur T ist der Quotient aus einer reversibel zugeführten oder entnommenen Wärmemenge dq_{rev} und T. Die Differentiale müssen verwendet werden, da die Entropie selbst wieder von T abhängt.
Ist jedoch die Temperatur während der Zustandsänderung konstant, dann kann die Entropie ohne Integration mit den Differenzen berechnet werden. Solche Zustandsänderungen sind die Phasenumwandlungen eines Reinstoffes (z. B. Siedepunkt, Schmelzpunkt).

TD 25 Ist T = konstant, dann gilt: $\Delta s_U = \frac{\Delta q_{rev}}{T} = \frac{\Delta h_U}{T}$ (Man vergleiche die Trouton-Regel)

Eigenschaften der **Entropie**

1. Durchläuft ein System einen **reversiblen Kreisprozess**, so ändert sich die Entropie nicht: $\Delta s = 0$. Die Entropie ist Zustandsfunktion. Ist der Kreisprozess irreversibel, so nimmt die Entropie zu ($\Delta s > 0$).

2. In einem **abgeschlossenen System** nimmt die Entropie von selbst nur zu.
Stoffe vermischen sich von selbst, weil dabei die Entropie zunimmt.
Für ideale Gase, ideal mischbare Flüssigkeiten und verdünnte Lösungen gilt

TD 26 **Mischungsentropie** $\Delta S = -R \sum x_i . \ln x_i$ J/mol.K

x_i sind die Molenbrüche der Mischungskomponenten.

Da die Molenbrüche x_i immer kleiner als 1 sind, sind ihre Logarithmen immer negativ. ΔS ist daher immer positiv. Die Entropie nimmt beim Mischen immer zu.

Beispielsweise ist für zwei Stoffe mit x_i = 0,5: $\Delta S = -R.2.0{,}5.\ln 0{,}5 = -R.\ln 0{,}5 = 5{,}76$ J/mol.K

3. Die statistische Thermodynamik zeigt, dass die Entropie ein **Maß für den Ordnungszustand** eines Systems ist. Je geordneter das System, desto kleiner die Entropie. Von den drei Aggregatzuständen besitzen daher die Kristalle die kleinsten, die Gase die größten Entropien.

4. Abhängigkeit von **Druck** und **Temperatur**

TD 27 $$ds = \frac{nC_p}{T} dT - \left(\frac{\partial v}{\partial T}\right)_p dp$$

Dabei ist $\left(\frac{\partial v}{\partial T}\right)_p = \alpha v$. α ist der isobare Volumsausdehnungskoeffizient. $\alpha = \frac{1}{v}\left(\frac{\partial v}{\partial T}\right)_p$

Die Ableitung dieser Formel s. Beispiel TD- 21

Da s Zustandsfunktion ist, können die Änderungen der Entropie mit Druck und Temperatur, getrennt für p und T, schrittweise berechnet werden. Die **Druckabhängigkeit** alleine ist

TD 28 $$ds = -\left(\frac{\partial v}{\partial T}\right)_p dp \qquad \text{für } T = \text{konst.}$$

Mit TD 28 kann man zeigen, dass sich Gase deswegen spontan ausdehnen, weil dabei die Entropie immer zunimmt (s. Beispiel TD- 18).

Die **Temperaturabhängigkeit** alleine ist

TD 29 $$dS = \frac{C_p(T)}{T} dT \quad \text{und} \quad S_T = S_o + \int_0^T \frac{C_p(T)}{T} dT \qquad \textbf{für p = konst.}$$

(Von nun an wird wieder fast ausschließlich die molare Entropie S verwendet)

Im Gegensatz zur Enthalpie können die Absolutwerte der Entropie berechnet werden, da der folgende 3. Hauptsatz der Thermodynamik eine Aussage über S_o macht.

TD 30 **3. Hauptsatz:** Die Entropie S_o reiner kristallisierter Stoffe ist null im absoluten Nullpunkt. Kein System kann negative Entropie besitzen. Die Entropie von Mischungen, metastabilen Formen (z. B. Gläser) und flüssigem Helium ist größer als null.

Analog zur Enthalpie wird aus praktischen Gründen die Entropie bei 25°C und 1,01325 bar (1atm) als **Standardentropie** S^o_{298} bezeichnet. Die Einheit von S^o_{298} ist J/mol.K
Da die Werte für die Entropie Absolutwerte sind, fällt das sonst notwendige Δ weg.

Da auch die **Entropien von Einzelionen** nicht messbar sind, muss für Ionen wieder ein Nullpunkt festgelegt werden. Es gilt $S^o_{298}(H^+, aq) = 0$.
Die Entropie des H^+ in verdünnter wässriger Lösung wird null gesetzt (ideales Verhalten vorausgesetzt!).

Manche Einzelionen besitzen negative Entropie. Negative Entropie einer Ionenart bedeutet, dass diese Ionen in Lösung regelmäßiger angeordnet sind als H^+.

Der Elektrolyt als Ganzes hat selbstverständlich positive Entropie, die größer ist als vor dem Zusammenmischen. Negative Entropien gehen immer parallel mit negativen partiellen Molvolumina beim Auflösen, Ionen binden das Lösungsmittel.

Die Berechnung der Entropie erfolgt mit analogen Methoden wie bei der Enthalpie.
Die **Entropie einer chemischen Reaktion**

$\nu_1 A_1 + \nu_2 A_2 + ...+ \nu_k A_k \rightleftharpoons \nu_{k+1} A_{k+1} + \nu_{k+2} A_{k+2} + ... + \nu_L A_L$ oder kürzer $0 = \sum_{i=1}^{L} \nu_i A_i$

(GR 15 und GR 16) wird berechnet nach

TD 31 $\Delta s(R) = \sum_{1}^{L} \nu_i . S_i$ Von der Summe der Entropien der Endstoffe wird die Summe der Entropien der Ausgangsstoffe abgezogen.

Auch die Berechnung der Entropieänderungen, wenn Phasenumwandlungen auftreten und wenn man die Entropie als Funktion der Temperatur erhalten will, erfolgt sowohl für einzelne Stoffe als auch für Reaktionsgemische analog wie bei der Enthalpie.
Bei der Temperaturabhängigkeit kann man dieselben Formeln wie für die Enthalpie verwenden, wenn man $C_p(T)$ durch $\frac{C_p(T)}{T}$ ersetzt.
Liegt beispielsweise bei einem flüssigen Stoff im Integrationsintervall von 298 K bis zur Temperatur T der Siedepunkt Sp, dann wird die Entropie bei der Temperatur T folgendermaßen berechnet:

TD 32 $$\Delta S_T^o = \Delta S_{298}^o + \int_{298}^{Sp} \frac{C_p(T)(fl)}{T}\, dT + \Delta S_V^o + \int_{Sp}^{T} \frac{C_p(T)(g)}{T}\, dT$$

$C_p(T)(fl)$ und $C_p(T)(g)$ sind die Wärmekapazitätsfunktionen für die Flüssigkeit und das Gas; ΔS_V^o ist die Verdampfungsentropie.

4.2.3 Die freie Enthalpie. Chemisches Potential

TD 33 **Definition**: $\mathbf{g = h - T\,s}$
In Differentialform: $dg = dh - d(T\,s)$

Diese Definition steht im Einklang mit dem 2.Hauptsatz $\Delta g = \Delta h - T\,\Delta s$, denn
$g_2 - g_1 = h_2 - h_1 - T\,(s_2 - s_1)$
$g_2 - g_1 = h_2 - T\,s_2 - (h_1 - T\,s_1)$
Δg ist die Differenz zweier Terme $h - T\,s$

TD 34 Die freie Enthalpie einer **chemischen Reaktion** ist $\Delta g°(R) = \Delta h°(R) - T\,\Delta s°(R)$

Eigenschaften der **freien Enthalpie**

1. TD 35 Die Änderung der freien Enthalpie Δg ist jene Wärmemenge, die **maximal** (d. h. bei reversibler Versuchsführung) als **Arbeit nutzbar** gemacht werden kann.

Gemäß dem 2. Hauptsatz, $\Delta g = \Delta h - T\Delta s$, wird von der Reaktionsenthalpie Δh der Anteil $T\,\Delta s$ immer ungenützt an die Umgebung abgegeben. Nur der Rest Δg kann in andere Energieformen („Arbeit") umgewandelt werden.

Bei einer Wärmekraftmaschine (z. B. Benzinmotor) wird nicht die ganze Reaktionsenthalpie der Benzinverbrennung in Bewegungsenergie umgewandelt, sondern nur die freie Enthalpie. Da der Motor außerdem auch nicht streng reversibel arbeitet, wird auch vom Δg nur ein Teil ausgenützt. Daher ist der Wirkungsgrad nur etwa 20% bis 30%. Die restliche Wärmemenge wird an die Umgebung abgegeben (Auspuff, Kühler u. a.)
Bei einer galvanischen Zelle (Batterie) hingegen kann fast die gesamte freie Enthalpie in elektrische Energie umgewandelt werden, da der Vorgang fast reversibel ist. Vgl. dazu Aufgabe TD- 35.

2. TD 36 Ist $\mathbf{\Delta g < 0}$, dann verläuft die Reaktion freiwillig in Richtung der Endstoffe. Solche Reaktionen nennt man **exergonisch**
Ist $\mathbf{\Delta g > 0}$, dann verläuft die Reaktion nicht in Richtung der Endstoffe aber dafür freiwillig in Richtung der Ausgangsstoffe. Solche Reaktionen nennt man **endergonisch**
Ist $\mathbf{\Delta g = 0}$, dann befindet sich die Reaktion im Gleichgewicht.
Das Vorzeichen von ΔG gibt an, in welche Richtung eine Reaktion freiwillig verläuft.

Verläuft eine exergonische Reaktion nicht spontan, dann ist sie kinetisch gehemmt. Gemische von Wasserstoff und Sauerstoff („Knallgas") besitzen eine große negative freie Enthalpie, reagieren bei Zimmertemperatur aber nicht spontan. Siehe Reaktionskinetik. Einige Beispiele sollen dies veranschaulichen:

Beispiel TD- 16: Unter welchen Bedingungen verlaufen endotherme Reaktionen von selbst?
Sie verlaufen dann von selbst, wenn $\Delta g = \Delta h - T\Delta s < 0$
Sei zunächst $\mathbf{\Delta s < 0}$ (d. h. die Entropie nimmt während der endothermen Reaktion ab) $\Rightarrow$
Δg ist immer positiv. Die Reaktion verläuft nie freiwillig zu den Endstoffen.
Siehe dazu Beispiel TD- 29 (Umwandlung Graphit-Diamant)
Sei nun $\mathbf{\Delta s > 0}$ (S nimmt zu !)
Nur wenn $T\Delta s > \Delta h$, dann ist $\Delta g < 0$
Dies kann sein:
1. Bei mäßigen Temperaturen, wenn Δs sehr groß ist. Z. B. beim Verdampfen; beim Lösen eines Salzes; wenn die Endprodukte gasförmig sind.
2. Bei genügend hohen Temperaturen verläuft jede endotherme Reaktion freiwillig, weil $T\Delta s > \Delta h$ dann immer erfüllt ist.

Beispiel TD- 17: Unter welchen Umständen ist es sinnvoll einen Katalysator für eine Reaktion zu suchen?
$N_2 + 3\,H_2 \rightleftharpoons 2\,NH_3$ verläuft nicht spontan. Aus welchem Grund?
Bei Standardbedingungen ist Δh = -91,88 kJ/mol, Δs = -198,1 J/mol.K $\Rightarrow$ Δg = -32,8 kJ/mol.
Die freie Enthalpie ist negativ, die Reaktion müsste von selbst in Richtung des Ammoniaks verlaufen. Sie ist nur kinetisch (hohe Aktivierungsenergie!) gehemmt.
Ein Katalysator - ein Stoff, der die kinetische Hemmung beseitigt - kann angewendet werden.

3. Die **freie Enthalpie** ist eine **Zustandsfunktion** (GR 5). Dies bedeutet, Δg ist vom Weg unabhängig. Da g Zustandsfunktion ist, können die Änderungen der freien Enthalpie schrittweise für p und T getrennt berechnet werden, wenn sich Druck und Temperatur ändern.

4. Abhängigkeit von **Druck** und **Temperatur**.
Wir betrachten die freie Enthalpie g zunächst nur als Funktion g = g(p, T) von Druck und Temperatur. Die Änderung der freien Enthalpie mit diesen beiden Zustandsgrößen ist dann gegeben durch das Differential

TD 37
$$dg = \frac{\partial g}{\partial T}dT + \frac{\partial g}{\partial p}dp$$

Andererseits ist:

$g = h - T\,s$ mit $h = u + p\,v \Rightarrow$

$g = u + p\,v - T\,s$

$dg = du + d(p\,v) - d(T\,s)$

$dg = du + v\,dp + p\,dv - s\,dT - T\,ds$ mit $p\,dv = -\,dw$ (TD 4) und $T\,ds = dq$ (TD 24) $\Rightarrow$

$dg = du - dw - dq + v\,dp - s\,dT$ nach dem 1. Hauptsatz ist $du - dw - dq = 0 \Rightarrow$

TD 38: $$dg = v\,dp - s\,dT$$

Vergleich mit TD 37 ergibt

TD 39: $$\left(\frac{\partial g}{\partial T}\right)_p = -s \quad \text{und} \quad \left(\frac{\partial g}{\partial p}\right)_T = v$$

Bei Reaktionen ist nur Δg - der Unterschied zwischen Endzustand (Endstoffe) und Anfangszustand (Ausgangsstoffe) - interessant.

Für Δg gilt analog:

TD 40 $$\left(\frac{\partial \Delta g}{\partial T}\right)_p = -\Delta s \quad \text{und} \quad \left(\frac{\partial \Delta g}{\partial p}\right)_T = \Delta v$$

ΔG bei 25°C und 1 atm nennt man die **freie molare Standardenthalpie** ΔG^o_{298}.
Diese hat für Elemente den Wert null.

Es soll nur angedeutet sein, dass man analog auch eine freie Energie definieren kann:

$f = u - T\,s \qquad g = f + p\,v$

$$\left(\frac{\partial f}{\partial v}\right)_T = -p \quad \text{und} \quad \left(\frac{\partial f}{\partial T}\right)_v = -s$$ Meistens wird aber nur die freie Enthalpie verwendet.

5. Abhängigkeit von der **Konzentration** der Stoffe eines Reaktionsgemisches

Gegeben sei wieder eine chemische Reaktion mit der Reaktionsgleichung $0 = \sum_{i=1}^{L} \nu_i A_i$

$A_1, \ldots A_k$ sind die Ausgangsstoffe, $A_{k+1}, \ldots\ldots A_L$ die Endstoffe.

Die Koeffizienten der Ausgangsstoffe sind negativ, die der Endstoffe positiv:

$\nu_1, \ldots \nu_k < 0; \quad \nu_{k+1}, \ldots\ldots \nu_L > 0$

Sei ξ (differentiell $d\xi$) der Bruchteil eines Formelumsatzes (die Reaktionslaufzahl).

Die umgesetzten Stoffmengen der einzelnen Stoffe sind dann $\Delta n_i = \nu_i\,\xi$

In differentieller Form: $dn_i = \nu_i\,d\xi$

Die Änderung der freien Enthalpie g mit dem Druck, der Temperatur und den Stoffmengen wird beschrieben durch das Differential von g.

TD 41 $$dg = \left(\frac{\partial g}{\partial p}\right)_{T,n} dp + \left(\frac{\partial g}{\partial T}\right)_{p,n} dT + \sum_{i=1}^{L} \left(\frac{\partial g}{\partial n_i}\right)_{T,p,n_j \neq n_i} dn_i$$

Da die Abhängigkeit von Druck und Temperatur schon untersucht wurde, hält man p und T nun konstant. Dann sind die p- und T-Terme in Gleichung TD 41 null.

Es bleibt also $dg = \sum_{i=1}^{L} \left(\frac{\partial g}{\partial n_i}\right)_{T,p,n_j \neq n_i} dn_i$

TD 42 Definition: $\mu_i = \left(\frac{\partial g}{\partial n_i}\right)_{T,p}$ heißt **chemisches Potential** oder partielle molare freie Enthalpie des Stoffes i.

Das chemische Potential μ_i entspricht der Zunahme an freier Enthalpie eines Systems, wenn man sich 1 mol des Stoffes i zugesetzt denkt. Die Zugabe von Kupfersulfat zur Kupfersulfatlösung eines Daniell-Elementes erhöht das chemische Potential des Kupferions. Die galvanische Zelle kann dann entsprechend mehr elektrische Energie abgeben.

Anschaulich vergleichbar ist das chemische Potential mit dem Druck in einer Wasserleitung. Solange noch Druckunterschiede im Leitungssystem herrschen, strömt die Flüssigkeit von Stellen höheren Druckes zu Stellen niedrigeren Druckes.
Das chemische Potential ist ein „chemischer Druck". Unterschiede im chemischen Potential innerhalb eines Systems sind die Triebfeder für die Diffusion von Teilchen oder für eine chemische Reaktion.
Als partielles Differential muss das chemische Potential deswegen definiert werden, weil sein Wert auch von den anderen im System anwesenden Stoffen abhängt. Ist dies nicht der Fall, wie bei idealen Gemischen, dann kann man statt des chemischen Potentials auch die molare freie Enthalpie des Stoffes in der Mischung verwenden.

Das chemische Potential hängt von T und p so ab, wie die freie Enthalpie:

TD 43 $\left(\frac{\partial \mu_i}{\partial T}\right)_p = -S_i$ und $\left(\frac{\partial \mu_i}{\partial p}\right)_T = V_i$

S_i... partielle molare Entropie des Stoffes i
V_i... partielles molares Volumen des Stoffes i

Mit TD 42 und $dn_i = \nu_i \, d\xi$ wird aus dg:

$$dg = \sum \mu_i dn_i = \sum \mu_i \nu_i d\xi \Rightarrow \frac{dg}{d\xi} = \sum \mu_i \nu_i = \Delta G$$

TD 44 $\Delta G = \sum_{i=1}^{L} \nu_i \mu_i$ Die Summe aller Produkte - Koeffizient eines Stoffes mal chemisches Potential des Stoffes - ist gleich der Änderung der molaren freien Enthalpie der Reaktion.

Es bleibt noch die Frage offen, wie das chemische Potential von der Konzentration des Stoffes abhängt.
Für ideale Gase lässt sich die Abhängigkeit von der Konzentration aus der Zustandsgleichung berechnen: Man geht aus von TD 43 $\left(\frac{\partial \mu}{\partial p}\right)_T = V$

Das molare Volumen des Gases ist $V = \frac{RT}{p} \Rightarrow \left(\frac{\partial \mu}{\partial p}\right)_T = \frac{RT}{p} \Rightarrow \int_{\mu_o}^{\mu} \partial \mu = \int_{p_o}^{p} \frac{RT}{p} \partial p$

TD 45 $$\mu = \mu^o + RT \ln \frac{p}{p_o}$$

p ist der Partialdruck des Gases in der Mischung. Für p_o muss ein **Standarddruck** willkürlich festgelegt werden. $p_o = 0$ ist nicht möglich, da der Bruch $\frac{p}{p_o}$ dann nicht definiert ist. Es wurde p_o = 1 atm = 1,01325 bar festgelegt. Den meisten thermodynamischen Tabellen liegt dieser Druck zugrunde.
Im Rahmen der internationalen Umstellung auf SI-Einheiten soll 10^5 Pa = 1 bar der neue Standarddruck sein. Es gibt aber erst wenige Tabellen, in welchen die thermodynamischen Werte für einen Standarddruck von 10^5 Pa = 1 bar angegeben sind.

Wie obige Rechnung zeigt, muss die Zustandsgleichung des Stoffes bekannt sein, um das Integral lösen zu können. Schon für reale Gase wäre eine Lösung wesentlich komplizierter, da auch die entsprechenden Zustandsgleichungen komplexer sind. Für kondensierte Phasen gibt es keine Zustandsgleichungen, daher ist eine exakte Lösung des Integrals nicht möglich. Um die einfache Form der Gleichung TD 45 beibehalten zu können, wird für beliebige Mischungen (nicht nur gasförmige!) statt des Druckes p die Aktivität - also die wirksame Konzentration - verwendet (vgl. GR 14). Es ist

TD 46 $a = \frac{p}{p_o}$ für ideale Gase;

TD 47 $a = \frac{\tilde{p}}{p_o} = \frac{p f}{p_o}$ für Gase, die sich nicht mehr ideal verhalten; $\tilde{p}$ ist die Fugazität, f der Fugazitätskoeffizient.

TD 48 $a = f x$ bzw. $a = f \frac{c}{c_o}$ bzw. $a = f \frac{b}{b_o}$ für Lösungen, je nach Konzentrationsangabe. x... Molenbruch; c... Molarität; b... Molalität. f ist bei Lösungen der jeweilige, zu der gewählten Konzentration gehörende, Aktivitätskoeffizient.
Für Lösungen wählt man als Standardzustand c_o = 1 mol/l bzw. b_o = 1 mol/kg

Das chemische Potential ist dann:

TD 49 $$\mu = \mu^\circ + RT \ln a$$

In $\Delta G = \sum \nu_i \mu_i$ (TD 44) wird nun $\mu_i = \mu_i^\circ + RT \ln a_i$ eingesetzt: $\Delta G = \sum_{i=1}^{L} \nu_i \left(\mu_i^o + RT \ln a_i\right)$

Ausführlich geschrieben ist dies

$$\Delta G = \nu_1 \mu_1^o + RT\nu_1 \ln a_1 + \nu_2 \mu_2^o + RT\nu_2 \ln a_2 + \dots\dots + \nu_N \mu_N^o + RT\nu_L \ln a_L$$

$$\Delta G = \sum_{i=1}^{L} \nu_i \mu_i^o + RT\left(\nu_1 \ln a_1 + \nu_2 \ln a_2 + \dots\dots + \nu_L \ln a_L\right)$$

$$\Delta G = \sum_{i=1}^{L} \nu_i \mu_i^o + RT\left(\ln a_1^{\nu 1} + \ln a_2^{\nu 2} + \dots\dots + \ln a_L^{\nu L}\right)$$

$$\Delta G = \sum_{i=1}^{L} \nu_i \mu_i^o + RT \ln\left(a_1^{\nu 1} . a_2^{\nu 2} . a_{3i}^{\nu 3i} \dots\dots a_L^{\nu Li}\right)$$

$$\Delta G = \sum_{i=1}^{L} \nu_i \mu_i^o + RT \ln \prod_{i=1}^{L} a_i^{\nu_i}$$

Bezeichnet man $\sum_{i=1}^{L} \nu_i \mu_i^o$ mit $\Delta G°$ (freie Standardenthalpie der Reaktion), dann erhält man schließlich für die Änderung der freien Enthalpie einer Reaktion mit der Konzentration

TD 50 $$\Delta G = \Delta G^o + RT \ln \prod_{i=1}^{L} a_i^{\nu_i}$$

Beispiel TD- 18: Man erkläre am Beispiel des idealen Gases, warum sich Gase spontan ausdehnen. Man geht aus von TD 28.

$$ds = -\frac{\partial v}{\partial T} dp \quad \text{mit} \quad pv = nRT \Rightarrow \frac{\partial v}{\partial T} = \frac{nR}{p} \Rightarrow ds = -\frac{nR}{p} dp \Rightarrow \Delta s = -nR \ln \frac{p_E}{p_A}$$

und mit $p\,v$ = konst. $\Rightarrow \Delta s = -nR \ln \frac{v_A}{v_E} \Rightarrow \Delta s = nR \ln \frac{v_E}{v_A}$

Die Entropie steigt, wenn sich das Gas ausdehnt ($v_E > v_A$).
Da die innere Energie eines idealen Gases sich bei der Ausdehnung nicht ändert ($\Delta u = 0$), ist die Entropieerhöhung die alleinige Erklärung für die spontane Ausdehnung.

Beispiel TD- 19: Man zeige am idealen Gas, das die Entropie eine Zustandsfunktion ist. Zur Vereinfachung wähle man n = 1 mol.

$$dS = \frac{dH}{T} = \frac{dU + p\,dV}{T} = \frac{C_v dT}{T} + \frac{p\,dV}{T} \quad \text{mit } p\,v = n\,R\,T \text{ und } n = 1 \text{ ist } \frac{p}{T} = \frac{R}{V} \Rightarrow$$

$$dS = \frac{C_v}{T} dT + \frac{R}{V} dV.$$

Dieses Differential ist vollständig:

$$\frac{\partial S}{\partial T} = \frac{C_v}{T} \quad \text{und} \quad \frac{\partial S}{\partial V} = \frac{R}{V} \Rightarrow \quad \frac{\partial}{\partial V}\left(\frac{\partial S}{\partial T}\right) = 0 \quad \text{und} \quad \frac{\partial}{\partial T}\left(\frac{\partial S}{\partial V}\right) = 0$$

Die gemischten zweiten Ableitungen sind gleich, dS ist ein totales Differential, S ist Zustandsfunktion.

Beispiel TD- 20: Man berechne die Entropie für sehr tiefe Temperaturen, bei welchen das T^3-Gesetz von DEBYE schon gilt.

$$C_v = aT^3 \Rightarrow S_T = \int_0^T \frac{C_v}{T} dT = \int_0^T \frac{aT^3}{T} dT = \frac{1}{3} aT^3 \Rightarrow S_T = \frac{1}{3} C_v(T)$$

Beispiel TD- 21: Man berechne die Abhängigkeit der Entropie s von der Temperatur T und dem Druck p.
Die Änderung der Entropie mit Druck und Temperatur ist gegeben durch das Differential $ds = \frac{\partial s}{\partial T} dT + \frac{\partial s}{\partial p} dp$. Der Differentialquotient $\frac{\partial s}{\partial T}$ gibt darin die Abhängigkeit von T, der Differentialquotient $\frac{\partial s}{\partial p}$ die Abhängigkeit von p an.

a. Temperatur

Es ist $\partial s = \frac{\partial h}{T}$ (TD 24) und $\partial h = nC_p(T)\,\partial T$ (TD 11), daher ist $\frac{\partial s}{\partial T} = \frac{nC_p(T)}{T}$.

Alle Größen auf der rechten Seite dieser Gleichung sind leicht messbar, daher ist es zweckmäßig diesen Term zu belassen.

b. Druck

$\frac{\partial s}{\partial p}$ ist nicht direkt messbar. Kann man $\frac{\partial s}{\partial p}$ durch eine leicht messbare Größe ersetzen?

$\frac{\partial s}{\partial p}$ kann man durch $-\frac{\partial v}{\partial T}$ ersetzen. Es wird dazu der Satz von Schwarz, wonach bei Zustandsfunktionen die zweiten gemischten Ableitungen gleich sind, verwendet. Ausgangspunkt ist TD 37, da darin die gesuchten Variablen vorkommen.

$\frac{\partial g}{\partial T} = -s$ und $\frac{\partial g}{\partial p} = v \Rightarrow \frac{\partial}{\partial p}\left(\frac{\partial g}{\partial T}\right) = -\frac{\partial s}{\partial p}$ und $\frac{\partial}{\partial T}\left(\frac{\partial g}{\partial p}\right) = \frac{\partial v}{\partial T}$. Da die gemischten zweiten Ableitungen gleich sein müssen (g ist Zustandsfunktion!) ist $\frac{\partial s}{\partial p} = -\frac{\partial v}{\partial T}$

Das Differential der Entropie ist dann $ds = \frac{nC_p(T)}{T}dT - \frac{\partial v}{\partial T}dp$.

Da aber $\frac{\partial v}{\partial T} = \alpha\, v$ (GA 15) folgt schließlich $ds = \frac{nC_p(T)}{T}dT - \alpha\, v\, dp$

Beispiel TD- 22: Man berechne die Abhängigkeit der Enthalpie h von der Temperatur T und dem Druck p.

Wir gehen aus von der Definition von h (TD 7).

$h = u + p\,v$

$dh = du + d(p\,v)$

$dh = du + p\,dv + v\,dp$ (Produktregel des Differenzierens)

Setzt man $du = dq + dw$ (1. Hauptsatz TD 1) ein, dann erhält man $dh = dq + dw + p\,dv + v\,dp$

Man ersetzt $dq = T\,ds$ (TD 24) und $dw = -p\,dv$ (TD 4) und bekommt $dh = T\,ds + v\,dp$

Im Beispiel TD- 21 wurde gezeigt, dass $ds = \frac{nC_p(T)}{T}dT - \alpha\, v\, dp \Rightarrow$

$dh = n\,C_p(T)\,dT - T\,\alpha\, v.dp + v\,dp$

$dh = n\,C_p(T)\,dT + v\,(1 - \alpha T)dp$

Da andererseits das Differential $dh = \frac{\partial h}{\partial T}dT + \frac{\partial h}{\partial p}dp$ ganz allgemein die Abhängigkeit der Enthalpie von T und p angibt, erhält man durch Vergleich die Temperatur- und Druckabhängigkeit der Enthalpie: $\frac{\partial h}{\partial T} = nC_p(T)$ und $\frac{\partial h}{\partial p} = v(1-\alpha T)$.

Beispiel TD- 23: n = 5mol Helium befinden sich in einem Gefäß von $v_A = 10\ dm^3$ unter einem Druck von $p_A = 15$ bar. Diese Gasmenge lässt man auf ein Volumen $v_E = 100\ dm^3$ ausdehnen. Der Druck beträgt dann $p_E = 1$ bar. Wie groß ist die Änderung Δs der Entropie?

Die Temperatur bleibt bei dieser Zustandsänderung nicht konstant!

Die Entropieänderung besteht aus zwei Anteilen, $\Delta s(T)$ und $\Delta s(p)$, verursacht einerseits durch die Temperaturänderung andererseits durch die Druckänderung.

Verwendet wird $ds = \frac{nC_p}{T}dT - \left(\frac{\partial v}{\partial T}\right)_p dp$ (TD 27)

$$\Delta s(T) = n\,C_p \int_{T_A}^{T_E} \frac{dT}{T} = n\,C_p \ln\frac{T_E}{T_A}$$

Helium verhält sich wie ein ideales Gas, daher ist C_p = 2,5 R = 20,79 J/mol.K und außerdem gilt $\frac{p_A v_A}{T_A} = \frac{p_E v_E}{T_E} \Rightarrow \frac{T_E}{T_A} = \frac{p_E v_E}{p_A v_A} \Rightarrow \Delta s(T) = n\,C_p \ln\frac{p_E v_E}{p_A v_A}$

$$\Delta s(p) = -\int_{p_A}^{p_E} \frac{\partial v}{\partial T}\,dp \qquad \text{Da } v = \frac{nRT}{p} \Rightarrow \frac{\partial v}{\partial T} = \frac{nR}{p}$$

$$\Delta s(p) = -nR\int_{p_A}^{p_E} \frac{dp}{p} = -nR\ln\frac{p_E}{p_A} = nR\ln\frac{p_A}{p_E}$$

Die gesamte Entropieänderung ist daher

$$\Delta s = n\left(C_p \ln\frac{p_E v_E}{p_A v_A} + R\ln\frac{p_A}{p_E}\right) = 5.(-8,43 + 22,52) = 70,4 \text{ J/mol.K}$$

Der erste Anteil ist negativ, da (wie man mit der Gaszustandsgleichung berechnen kann) die Temperatur von 87,7°C auf -32,6°C fällt.

Beispiel TD- 24: Welche Entropie besitzt Benzoldampf (n = 1 mol) bei T = 300 K?

Tabellenwerte für 300 K: Entropie von flüssigem Benzol: $S^o_{300}(\text{fl})$=174,29 J/mol.K.

Verdampfungsenthalpie: ΔH_v = 34014 J/mol; Dampfdruck p = 138,16 hPa.

Die Entropieänderung ΔS setzt sich zusammen aus der Entropiezunahme ΔS_v beim Verdampfen und der durch den Druckunterschied zum Standarddruck p_o = 1013,25 hPa bewirkten Entropieänderung $\Delta S(p)$.

$\Delta S = \Delta S_v + \Delta S(p)$

$$\Delta s = n\frac{\Delta H_v}{T} + nR\ln\frac{p_o}{p_E} = \frac{34014}{300} + R\ln\frac{1013,25}{138,16} = 113,38 + 16,57 = 129,95$$

ΔS = 130 J/mol.K

$S^o_{300}(g) = S^o_{300}(\text{fl}) + \Delta S$ = 304,2 J/mol.K

Wie sich zeigt, kommt der Entropiezuwachs fast ausschließlich von der Verdampfung.

Beispiel TD- 25: Man berechne die Temperaturabhängigkeit der Entropie von Al_2O_3 und den Wert für 1800°C. S^o_{298} = 50,90 J/mol.K; $C_p(T) = 110,2 + 18,28.10^{-3}.T - 3,284.10^6.1/T^2$ J/mol.K

Man geht aus von $S_T = S_o + \int_0^T \frac{C_p(T)}{T}dT$ (TD 29)

$$S^o_T = S^o_{298} + \int_{298}^{T} \frac{C_p(T)}{T}dT = 50,90 + \int_{298}^{2073}\left(\frac{110,2}{T} + 0,01828 - 3,284.10^6\frac{1}{T^3}\right)dT$$

$$S^o_T = 50,90 + \left(110,2\ln T + 0,01828T + 3,284.10^6\frac{1}{2T^2}\right)\Bigg|_{298}^{T}$$

$S^o_T = -600,90 + 18,28.10^{-3}.T + 1,642.10^6.1/T^2 + 110,2.\ln T$; S^o_{2073} = 279,0 J/mol.K

Beispiel TD- 26: Man berechne die Entropie von n = 1 mol festem Quecksilber für t = -50°C beim Standarddruck p_o = 1,01325 bar.

Tabellenwerte: S^o_{298} = 75,90 J/mol.K; Fp = -38,85°C. C^o_p (Hg fl) = 28,05 J/mol.K;

C^o_p (Hg f) = 28,25 J/mol.K; Schmelzenthalpie ΔH_U = 2290 J/mol.

Die Zustandsänderungen des Hg sind:

Hg flüssig 25°C → Hg flüssig -38,9°C → (Erstarren) → Hg fest -38,9°C → Hg fest -50°C

$$S^o_{223} = S^o_{298} + S_1 + S_U + S_2 = S^o_{298} + \int_{298,15}^{234,3} \frac{28,05}{T} dT + S_U + \int_{234,3}^{223,15} \frac{28,25}{T} dT$$

$$S^o_{223} = 75,90 + 28,05 . \ln\frac{234,3}{298,15} - \frac{2290}{234,3} + 28,25 . \ln\frac{223,15}{234,3} = 57,99 \text{ J/mol.K}$$

S_U ist in diesem Fall negativ, da beim Erstarren die Schmelzwärme frei wird!

Beispiel TD- 27: n = 1 mol flüssiges Wasser wird von t_A = 25°C auf t_E = 200°C erhitzt und dabei vollständig verdampft. Der Druck ist konstant p = 1 atm = 1,01325 bar.
Wie groß sind die Änderungen der inneren Energie ΔU, der Enthalpie ΔH, der Entropie ΔS und der freien Enthalpie ΔG.
Mittlere molare Wärmekapazitäten C_p(fl) = 75,5 J/mol.K und C_p(g) = 34,0 J/mol.K. Verdampfungsenthalpie ΔH_v = 40,65 kJ/mol; Dichte bei 25°C = 1,0 g/cm³

Die Zustandsänderungen sind:

H_2O flüssig 25°C → H_2O flüssig 100°C → (Verdampfen) → H_2O gasförmig 100°C → H_2O gasförmig 200°C

$$\Delta H = C_p(\text{fl})\int_{298}^{373} dT + \Delta H_v + C_p(g)\int_{373}^{473} dT = 75,5.75 + 40650 + 34,0.100 = 49713 \text{ J/mol}$$

ΔH = 49,71 kJ/mol

$\Delta U = \Delta H - p\,\Delta V = \Delta H - p\,(V_{200}(g) - V_{25}(fl))$

$V_{200}(g) - V_{25}(fl)$ ist die Zunahme des Volumens während der Zustandsänderung.

$V_{200}(g) = \frac{RT}{p}$ ist das Volumen von 1mol Wasserdampf bei 200°C.

$V_{25}(fl) = \frac{M}{\rho_{25}}$ ist das molare Volumen von flüssigem Wasser bei 25°C.

$$\Delta U = 49713 - (RT - \frac{pM}{\rho_{25}}) = 49713 - 3933 + \frac{101325 \,.\, 18,02 \,.\, 10^{-6}}{1} = 49713 - 3933 + 1,8$$

Die Werte im Bruch müssen in SI- Einheiten eingesetzt werden!
Wie schon im Kapitel „Volumsarbeit" erläutert, kann man das Volumen der flüssigen Phase gegenüber der gasförmigen Phase vernachlässigen!
ΔU = 45,78 kJ/mol.

$$\Delta S = C_p(\text{fl})\int_{298}^{373} \frac{dT}{T} + \frac{\Delta H_v}{T_U} + C_p(g)\int_{373}^{473} \frac{dT}{T} = 75,7 . \ln\frac{373}{298} + \frac{40650}{373} + 34,0 . \ln\frac{473}{373} = 134,1 \text{ J/mol.K}$$

$\Delta G = \Delta H - T\,\Delta S$ = 49,71 - 473. 0,1341 = -13,72 kJ/mol

Wie zu erwarten ist die freie Enthalpie für den Verdampfungsvorgang negativ. Wasser geht bei 200°C von selbst von der flüssigen Phase in die Gasphase über.

Beispiel TD- 28: Die Stoffwerte für weißes und graues Zinn sind:

	ΔH^o_{298} (J/mol)	S^o_{298} (J/mol.K)
Sn(w)	0	51,55
Sn(gr)	-2130	44,14

1. Man entscheide anhand der freien Enthalpie, welche Modifikation bei 25°C die stabile ist.
2. Unter der Annahme der Konstanz von ΔH^o_{298} und S^o_{298} berechne man die Temperatur, ab der die Umwandlung in die andere Modifikation von selbst erfolgen kann.

$\Delta g(R) = \Delta h(R) - T\,\Delta s(R) = (-2130 - 0) - T\,(44{,}14 - 51{,}55)$
$\Delta g(R) = -2130 + 7{,}41T$.

Zu 1. Für 298 K ist $\Delta g(R) = 78{,}2$ J/mol für die Bildung des grauen Zinn. Da das $\Delta g(R)$ positiv ist, verläuft die Umwandlung von selbst nur vom grauen Zinn zum weißen Zinn. Daher ist bei 25°C das weiße Zinn die stabile Form.

Zu 2. Die Umwandlung ist ab der Temperatur möglich, bei der beide Modifikationen im Gleichgewicht stehen. Dies ist der Fall, wenn $\Delta g(R) = 0$.
T = 287,4 K; t = 14,3°C. Der gemessene Wert ist 13,2°C.

Beispiel TD- 29: Umwandlung Graphit – Diamant. Es soll gezeigt werden:
1. Beim Standarddruck (p_o = 1,01325 bar) gibt es keine Temperatur, bei der eine Umwandlung von Graphit in Diamant möglich ist.
2. Durch eine Erhöhung des Druckes kann man aber die Umwandlung möglich machen. Man berechne für die Temperaturen 700 K, 1000 K und 1300 K die notwendigen Drücke.

	Graphit	Diamant
Dichte (g/cm³)	2,266	3,513
Kompressibilität κ (1/TPa)	25	1,8
ΔH^o_{298} (J/mol)	0	1850
S^o_{298} (J/mol.K)	5,740	2,362
$C_p(T)$ (J/mol.K)	$0{,}4411+0{,}03266T-1{,}1237.10^{-5}T^2$	$-3{,}004+0{,}03825T-1{,}3011.10^{-5}T^2$

Die Reaktion ist: $C(Gr) \rightleftharpoons C(D)$

1. Schätzt man zunächst mit den Standardwerten ab, wie die freie Enthalpie der Umwandlung sich mit der Temperatur verändert, dann bekommt man:
$\Delta G(R) = (1850 - 0) - T\,(2{,}362 - 5{,}740) = 1850 + 3{,}378\,T$

Man sieht, dass die freie Reaktionsenthalpie immer positiv ist. Die Umwandlung verläuft von alleine immer nur vom Diamant zum Graphit. Graphit und Diamant sind zwei monotrope Modifikationen des Kohlenstoffes.

Rechnet man nun genauer mit den molaren Wärmekapazitäten die thermodynamischen Funktionen für die Reaktion aus, dann bekommt man:

$\Delta C_p(T) = -3{,}4451 + 0{,}00559\,T - 1{,}774.10^{-6}\,T^2$
$\Delta H°(T) = 2644{,}4 - 3{,}4451\,T + 0{,}002795\,T^2 - 5{,}913.10^{-7}\,T^3$
$\Delta S°(T) = 14{,}663 + 0{,}00559\,T - 8{,}87.10^{-7}\,T^2 - 3{,}4451\,\ln T$
$\Delta G°(T) = 2644{,}4 - 18{,}11\,T - 0{,}002795\,T^2 + 2{,}957.10^{-7}\,T^3 + 3{,}4451.T.\,\ln T$

Die Zahlenwerte für $\Delta G°(T)$ sind am Schluss zusammengefasst.

2. Einfluss des Druckes

Man geht aus von TD 40: $\left(\frac{\partial \Delta G}{\partial p}\right)_T = \Delta V$; mit Großbuchstaben, da n = 1 mol.

ΔV ist die Differenz der Molvolumina V(D) - V(Gr).

$$\Delta V^o = V^o(D) - V^o(Gr) = M\left(\frac{1}{\rho_D} - \frac{1}{\rho_{Gr}}\right) = 12{,}011.\left(\frac{1}{3{,}513} - \frac{1}{2{,}266}\right) = 3{,}419 - 5{,}301 =$$

ΔV° = -1,882 cm³/mol beim Standarddruck p_o = 1,01325 bar.

Da die Differenz negativ ist, ist die Steigung $\frac{\partial \Delta G}{\partial p}$ der (ΔG, p) - Funktion ebenfalls negativ.

Dies bedeutet, dass die freie Enthalpie bei konstanter Temperatur mit steigendem Druck sinkt! Wenn der notwendige Druck technisch erreichbar ist, kann man durch Erhöhung des Druckes $\Delta G(R) = 0$ erreichen und damit Graphit in Diamant umwandeln.

a.) Berechnung ohne Berücksichtigung der Kompressibilität.
In diesem Fall nimmt man an, dass ΔV° mit steigendem Druck konstant bleibt. Dies trifft natürlich nicht zu, der Fall b.) wird aber zeigen, dass ΔV° sich nicht stark ändert.

$$\left(\frac{\partial \Delta G}{\partial p}\right)_T = \Delta V \Rightarrow \int_{\Delta G^o}^{\Delta G} \partial \Delta G = \Delta V^o \int_{p_o}^{p} \partial p$$

$\Delta G - \Delta G^\circ = \Delta V^\circ(p - p_o)$

Dies ist die Änderung der freien Enthalpie durch die Erhöhung des Druckes. Bei den zu erwartenden hohen Drucken kann man p statt (p - p_o) setzen. Es sei $\Delta G(p) = \Delta G - \Delta G^\circ$.
Dann ist $\Delta G(p) = -1{,}882.10^{-6}.p$. Wurde ΔV° in m³ eingesetzt, dann bekommt man p in Pa. Die gesamte Änderung der freien Enthalpie muss null werden, damit die Umwandlung möglich wird. $\Delta G(R) = \Delta G(p) + \Delta G^\circ(T) = 0 \Rightarrow \Delta G^\circ(T) = -p\,\Delta V = 1{,}882.10^{-6}\,p$
Werte siehe Tabelle.

b.) Mit Berücksichtigung der Kompressibilität.

$\kappa = -\frac{1}{v}.\frac{\partial v}{\partial p}$ Es sei angenommen, dass κ konstant ist. Wie verändert sich dann das Molvolumen mit steigendem Druck? (Tatsächlich nimmt κ mit steigender Temperatur und steigendem Druck etwas ab.)

$$\int_{V^o}^{V} \frac{\partial V}{V} = -\kappa \int_{p_o}^{p} \partial p \Rightarrow \ln\frac{V}{V^o} = -\kappa(p - p_o) \approx \kappa p$$

Dabei wurde p_o gegen p wieder vernachlässigt.

$V = V^o e^{-\kappa p}$

Die Differenz der molaren Volumina ist daher $\Delta V = V^o(D)e^{-\kappa_D p} - V^o(Gr)e^{-\kappa_{Gr} p}$. Für den Druck erhält man die transzendente Gleichung $\Delta G_T^o = -p\left[V^o(D)e^{-\kappa_D p} - V^o(Gr)e^{-\kappa_{Gr} p}\right]$

Die Ergebnisse sind:

T (K)	$\Delta G^\circ(T)$ (J/mol)	p (GPa) ohne Kompr.	p (GPa) mit Kompr.	ΔV (cm³/mol)
700	4500	2,4	3,0	-1,56
1000	5835	3,1	4,3	-1,37
1300	7142	3,8	6,1	-1,17

Aufgabe TD- 25: Um welchen Betrag hat die Entropie zugenommen, wenn bei konstantem p und T aus reinem Stickstoff, Sauerstoff und Argon ein Gemisch mit der Zusammensetzung der Luft entstanden ist? Die Luft enthält 78,1 Vol% N_2, 21,0 Vol% O_2 und 0,93 Vol% Ar.

Aufgabe TD- 26: m = 1600 g Argon befinden sich in einem Behälter von v_A = 70 dm³ unter einem Druck von p_A = 15 bar. Diese Gasmenge wird auf ein Volumen von v_E = 20 dm³ bis zu einem Druck von p_E = 60 bar komprimiert. Wie groß ist die Änderung Δs der Entropie?

Aufgabe TD- 27: m = 1000 g i-Propanol verdampft bei t = 50°C vollständig. Um welchen Betrag hat die Entropie zugenommen? Stoffwerte für 50°C: Verdampfungsenthalpie: ΔH_v = 43834 J/mol; Dampfdruck p = 230,12 hPa.

Aufgabe TD- 28: Man berechne die Entropie von Fe für 450°C. S^o_{298} = 27,28 J/mol.K; $C_p(T)$ = 17,13 + 0,02566 T J/mol.K.

Aufgabe TD- 29: Man berechne die Temperaturabhängigkeit der Entropie von CO_2.
S^o_{298} = 213,8 J/mol.K; $C_p(T) = 25{,}98 + 0{,}04361\ T - 1{,}494.10^{-5}.T^2$ J/mol.K

Aufgabe TD- 30: Man berechne die Temperaturabhängigkeit der Entropie von MgO und den Wert für 800°C. S^o_{298} = 26,92 J/mol.K; $C_p(T) = 45{,}47 + 5{,}012.10^{-3}.T - 8{,}738.10^{5}.1/T^2$ J/mol.K

Aufgabe TD- 31: Man berechne die Entropie von Kalium für t = 300°C.
Festes Kalium: Fp = 63,7°C; S^o_{298} = 64,68 J/mol.K; Schmelzenthalpie ΔH_u = 2334 J/mol;
$C_p(T)$ = 9,9013 + 0,0660 T J/mol.K
Flüssiges Kalium: $C_p(T) = 37{,}627 - 0{,}02085\ T + 1{,}395.10^{-5}\ T^2$ J/mol.K

Aufgabe TD- 32: Man berechne die Entropie von Natrium für t=500°C.
Festes Natrium: Fp= 97,9°C; S^o_{298} = 51,50 J/mol.K; Schmelzenthalpie ΔH_u= 2603J/mol;
$C_p(T) = 23{,}67 + 0{,}01361T + 2{,}42.10^{-6}T^2$ J/mol.K
Flüssiges Natrium: $C_p(T) = 37{,}464 - 0{,}01915T + 1{,}063.10^{-5}T^2$ J/mol.K.

Aufgabe TD- 33: Man berechne die Temperaturabhängigkeit der Reaktionsentropie für
$2\ NO + O_2 \rightarrow 2\ NO_2$. Stoffwerte:
NO..... $C_p(T) = 27{,}82 + 6{,}024.10^{-3}.T$ J/mol.K; S^o_{298} = 210,75 J/mol.K
O_2...... $C_p(T) = 26{,}81 + 8{,}599.10^{-3}.T$ J/mol.K; S^o_{298} = 205,15 J/mol.K
NO_2... $C_p(T) = 29{,}49 + 27{,}10.10^{-3}.T$ J/mol.K; S^o_{298} = 240,17 J/mol.K

Aufgabe TD- 34: Man berechne die Temperaturabhängigkeit der Reaktionsentropie für
$2\ H_2 + O_2 \rightarrow 2\ H_2O(g)$. Stoffwerte:
H_2....... $C_p(T) = 27{,}69 + 3{,}060.10^{-3}.T + 8585{,}4.1/T^2$ J/mol.K; S^o_{298} = 130,68 J/mol.K
O_2....... $C_p(T) = 26{,}81 + 8{,}599.10^{-3}.T$ J/mol.K; S^o_{298} = 205,15 J/mol.K
H_2O.... $C_p(T) = 28{,}52 + 12{,}67.10^{-3}.T + 113857.1/T^2$ J/mol.K; S^o_{298} = 188,83 J/mol.K

Aufgabe TD- 35: Dem Daniell-Element als galvanische Zelle liegt die Reaktion
$Cu^{2+} + Zn \rightarrow Cu + Zn^{2+}$ zugrunde. Welchen Anteil (%) der Reaktionsenthalpie kann diese galvanische Zelle als elektrische Energie abgeben?
Tabellenwerte:

	Cu	Cu^{2+}	Zn	Zn^{2+}
ΔH^o_{298} (kJ/mol)	0	64,9	0	-153,4
S^o_{298} (J/mol.K)	33,2	-98,0	41,6	-109,8

Aufgabe TD- 36: Für zwei chemische Reaktionen wurde die Reaktionsenthalpie und die Reaktionsentropie für folgende Temperaturen gemessen:

	Reaktion1			Reaktion2	
T (K)	$\Delta H°$ (kJ)	$\Delta S°$ (J/K)	T (K)	$\Delta H°$ (kJ)	$\Delta S°$ (J/K)
300	71,8	141,6	400	-79,3	-123,8
500	73,3	146,6	600	-75,6	-126,0
700	76,7	167,5	800	-73,5	-128,4

Man berechne $\Delta G°$ und entscheide in welche Richtung die Reaktion bei den drei Temperaturen von selbst verläuft.

Aufgabe TD- 37: Von der Reaktion $N_2O_3 \rightleftharpoons NO + NO_2$ ist bei 47°C gegeben:
ΔH = 51,1 kJ/mol; ΔS = 173,8 J/mol.K . Verläuft die Reaktion in die angegebene Richtung freiwillig? Man begründe dies thermodynamisch.

Aufgabe TD- 38: Die folgende Tabelle enthält die Standardwerte der Enthalpien und Entropien.

Element	S^o_{298} (J/mol.K)	Oxid	ΔH^o_{298} (kJ/mol)	S^o_{298} (J/mol.K)
Al	28,3	Al_2O_3	-1675,7	50,9
C	5,7	CO	-110,5	197,7
Fe	27,3	CO_2	-393,5	213,8
H_2	130,7	FeO	-266,3	57,5
O_2	205,2	$H_2O(g)$	-241,8	188,8

Man nehme an, dass diese Werte nicht von der Temperatur T abhängen und berechne die freie Reaktionsenthalpie $\Delta g°(R) = \Delta h°(R) - T\,\Delta s°(R)$ für die Bildungsreaktion der angegebenen Oxide als näherungsweise Funktion von T. Damit die Werte von $\Delta g°(R)$ für alle Reaktionen vergleichbar werden, berechne man sie für 1 mol O (Sauerstoff). Man stelle diese linearen Funktionen graphisch dar und gebe anhand der Lage der Geraden an, welches Oxid man ab welcher Temperatur mit welchem Element reduzieren kann.

Von zwei Elementen, die Oxide bilden, kann jenes Element, dessen Oxid die kleinere freie Enthalpie hat, das Oxid des anderen Elementes reduzieren.

Aufgabe TD- 39: Die Umwandlung von Graphit in Diamant bzw. von weißem in roten Phosphor hat folgende thermodynamische Kennwerte:

	ΔH^o_{298} (J/mol)	S^o_{298} (J/mol.K)		ΔH^o_{298} (J/mol)	S^o_{298} (J/mol.K)
C(Gr)	0	5,740	P(w)	0	41,10
C(D)	1850	2,362	P(r)	-17570	22,80

1. Man entscheide anhand der freien Enthalpie, welche Modifikation bei 25°C die stabile ist.
2. Unter der Annahme der Konstanz von ΔH^o_{298} und S^o_{298} berechne man die Temperatur, ab der die Umwandlung in die andere Modifikation möglich ist.

4.3 Das chemische Gleichgewicht

4.3.1 Gleichgewichtskonstante einer Reaktion

Für jede Reaktion gilt: $\Delta G = \Delta G^o + RT \ln \prod_{i=1}^{L} a_i^{\nu_i}$ (TD 50). Solange die Reaktion noch nicht im Gleichgewicht ist, ist $\Delta G \neq 0$. Alle Aktivitäten der Stoffe verändern sich während der Reaktion ständig so, dass $\Delta G = 0$ angestrebt wird. Solange sind auch die Aktivitäten a_i variabel. Ist $\Delta G = 0$ erreicht, dann ist die Reaktion im Gleichgewicht.

Mit $\Delta G = 0$ wird dann aus TD 50: $\Delta G^o = -RT \ln \prod_{i=1}^{L} a_i^{\nu_i}$. Da die Reaktion nach außen hin aber nun stillsteht, sind jetzt alle Aktivitäten konstant und der Term, der die Aktivitäten enthält, ist ebenfalls konstant. Das Produkt $\prod_{i=1}^{L} a_i^{\nu_i}$ oder ausführlich geschrieben $\frac{a_{k+1}^{\nu_{k+1}} a_{k+2}^{\nu_{k+2}} \ldots a_L^{\nu_L}}{a_1^{\nu_1} a_2^{\nu_2} \ldots a_k^{\nu_k}}$, mit den Ausgangsstoffen A_1 bis A_k und den Endstoffen A_{k+1} bis A_L, ist eine für die Reaktion charakteristische Konstante.

TD 51 $K_{th} = \prod_{1}^{L} a_i^{\nu_i}$ heißt **thermodynamische Gleichgewichtskonstante** und es gilt:

TD 52 $\Delta G_T^o = - RT \ln K_{th}$

Gleichung TD 51 ist auch bekannt unter dem Namen **Massenwirkungsgesetz** (**MWG**).
Vgl. auch TD 65 Pkt.3

ΔG_T^o ist die freie Standardenthalpie der Reaktion bei der Temperatur T.

K_{th} ist dimensionslos und hängt nur noch von der Temperatur ab, da die Aktivitäten (TD 46 bis TD 48) immer Quotienten von Konzentrationen enthalten.

Beispiel TD- 30: Die Gleichgewichtskonstanten für die folgenden Reaktionen sind:

$$N_2 + 3\,H_2 \rightleftharpoons 2\,NH_3$$

Die Koeffizienten sind $\nu_{N_2} = -1$, $\nu_{H_2} = -3$, $\nu_{NH_3} = 2$. Daher ist $K_{th} = \frac{a_{NH_3}^2}{a_{N_2} a_{H_2}^3}$

$$4\,NH_3 + 5\,O_2 \rightleftharpoons 4\,NO + 6\,H_2O$$

Hier sind die Koeffizienten $\nu_1 = -4$, $\nu_2 = -5$, $\nu_3 = 4$ und $\nu_4 = 6$ und daher $K_{th} = \frac{a_{NO}^4 a_{H_2O}^6}{a_{NH_3}^4 a_{O_2}^5}$

In einer wässrigen Essigsäurelösung existiert folgendes Gleichgewicht:

$$CH_3COOH + H_2O \rightleftharpoons H_3O^+ + CH_3COO^-$$

In Kurzform: $HAc + H_2O \rightleftharpoons H_3O^+ + Ac^-$

Die Koeffizienten in der Reihenfolge der Stoffe sind -1, -1, 1, 1

Um die komplizierte Indexschreibweise zu vereinfachen, wird statt des Symbols a für die Aktivität häufig auch der Stoff in eckige Klammer gesetzt.

Daher ist $K_{th} = \frac{[H_3O^+].[Ac^-]}{[HAc].[H_2O]}$

Wie man sieht, stehen die **Endstoffe immer im Zähler der Gleichgewichtskonstanten**. Dies ergibt sich automatisch dadurch, dass die Koeffizienten der Endstoffe positiv, die der Ausgangsstoffe negativ sind. Damit verbunden ist auch der Vorteil, dass man an einem großen Wert der Gleichgewichtskonstanten erkennt, dass die Endstoffe überwiegen und dass die Ausbeute hoch ist.

4.3.2 Arten von Gleichgewichtskonstanten

Außer der thermodynamischen Gleichgewichtskonstanten verwendet man in der Praxis auch noch andere Arten von Gleichgewichtskonstanten. Dies hat seinen Grund darin, dass die in der thermodynamischen Gleichgewichtskonstanten vorkommenden Aktivitäten bzw. Fugazitäten der Stoffe meist nicht genügend genau bekannt und auch nicht leicht messbar sind. Bekannt bzw. leicht messbar sind der Partialdruck und die Konzentration (Molenbrüche, Molaritäten und Molalitäten).
Daher verwendet man Gleichgewichtskonstante in denen diese Größen vorkommen.
Im Gegensatz zur thermodynamischen Gleichgewichtskonstanten sind allerdings diese neuen Konstanten vom Gesamtdruck bei einer Reaktion mit Gasen bzw. von der Konzentration bei Reaktionen in Lösungen abhängig. Bei niedrigem Gasdruck und geringer Konzentration sind die Unterschiede aber vernachlässigbar.
Bei Reaktionen mit Gasen ersetzt man die Aktivitäten der Stoffe entweder durch ihre Partialdrücke oder durch ihre Molenbrüche. Manchmal kann man auch die Stoffmengen einsetzen (s. TD 57). Daher wird definiert:

TD 53 $$K_p = \prod_{i=1}^{L} p_i^{\nu_i}\,,\ K_x = \prod_{i=1}^{L} x_i^{\nu_i} \quad \text{und} \quad K_n = \sum_{1}^{L} n_i^{\nu_i}$$

Bei Reaktionen in Lösungen ersetzt man die Aktivitäten der Stoffe entweder durch ihre Molaritäten oder durch ihre Molalitäten und definiert

TD 54 $$K_c = \prod_{i=1}^{L} c_i^{\nu_i} \quad \text{bzw.} \quad K_b = \prod_{i=1}^{L} b_i^{\nu_i}$$

Damit stellen sich aber sofort zwei Fragen:
Wie hängen diese neuen Konstanten mit der thermodynamischen Gleichgewichtskonstanten zusammen und unter welchen Bedingungen darf man die thermodynamische Gleichgewichtskonstante mit genügender Genauigkeit durch die anderen Konstanten ersetzen?

Zwischen den Konstanten besteht folgender Zusammenhang:
Bei Gasen:
Es seien $\tilde{p}_i = p_i\, f_i$ die Fugazitäten der reagierenden Gase (p_i sind die Partialdrücke!).
Mit TD 51 und TD 47 folgt:

$$K_{th} = \prod_{i=1}^{L} a_i^{\nu_i} = \prod_{i=1}^{L}\left(\frac{\tilde{p}_i}{p_o}\right)^{\nu_i} = \prod_{i=1}^{L}\left(\frac{p_i\, f_i}{p_o}\right)^{\nu_i} = \prod_{i=1}^{L}\left(\frac{p_i}{p_o}\right)^{\nu_i} \prod_{i=1}^{L} f_i^{\nu_i} = p_o^{-\sum \nu_i} \prod_{i=1}^{L} p_i^{\nu_i} \prod_{i=1}^{L} f_i^{\nu_i}$$

Setzt man analog zu den anderen Produkttermen $K_f = \prod_{i=1}^{L} f_i^{\nu_i}$, dann erhält man

TD 55 $$K_{th} = K_p\, p_o^{-\sum \nu_i}\, K_f$$

K_{th} kann durch K_p unter folgenden Bedingungen ersetzt werden:

- Die Fugazitätskoeffizienten weichen von 1 nicht sehr stark ab. Dann ist nämlich $K_f \approx 1$. Dies ist der Fall, wenn der Gasdruck nicht zu hoch wird (bis einige bar).
- Alle Gasdrücke werden in der Einheit des Standarddruckes (p_o = 1 atm), also in atm, eingesetzt. Setzt man die Partialdrücke in einer anderen Einheit ein, dann ist darauf zu

achten, dass für alle p_i dieselbe Einheit verwendet wird. p_o = 1 atm muss dann ebenfalls auf diese Einheit umgerechnet werden. Die Quotienten $\frac{p_i}{p_o}$ müssen immer dimensionslos sein

Wie hängt K_n mit K_x und mit K_p zusammen?

$p_i = p\, x_i$ (GA 7) p.... Gesamtdruck bei der Reaktion.

$$K_p = \prod_{i=1}^{L} p_i^{\nu_i} = \prod_{i=1}^{L} (p\, x_i)^{\nu_i} = p^{\sum \nu_i} \prod_{i=1}^{L} x_i^{\nu_i} = p^{\sum \nu_i} K_x$$

$$K_x = \prod_{i=1}^{L} x_i^{\nu_i} = \prod_{i=1}^{L} \left(\frac{n_i}{\sum n_i} \right)^{\nu_i} = \frac{1}{\left(\sum n_i\right)^{\sum \nu_i}} \prod_{i=1}^{L} n_i^{\nu_i} = \left(\sum n_i\right)^{-\sum \nu_i} K_n$$

TD 56 $$K_p = p^{\sum \nu_i} K_x \qquad K_x = \left(\sum n_i\right)^{-\sum \nu_i} K_n$$

Bei Lösungen:

Mit TD 48: $a_i = f_i\, x_i$ bzw. $a_i = f_i \frac{c_i}{c_o}$ bzw. $a_i = f_i \frac{b_i}{b_o}$ erhält man die Gleichungen:

$$K_{th} = \prod_{i=1}^{L} a_i^{\nu_i} = \prod_{i=1}^{L} (f_i\, x_i)^{\nu_i} = \prod_{i=1}^{L} f_i^{\nu_i} \prod_{i=1}^{L} x_i^{\nu_i} = K_f\, K_x$$

$$K_{th} = \prod_{i=1}^{L} a_i^{\nu_i} = \prod_{i=1}^{L} \left(f_i \frac{c_i}{c_o} \right)^{\nu_i} = \prod_{i=1}^{L} f_i^{\nu_i} \prod_{i=1}^{L} \left(\frac{c_i}{c_o} \right)^{\nu_i} = \prod_{i=1}^{L} f_i^{\nu_i} \prod_{i=1}^{L} (c_i)^{\nu_i} c_o^{-\sum \nu_i} = K_f\, K_c\, c_o^{-\sum \nu_i}$$

$$K_{th} = \prod_{i=1}^{L} a_i^{\nu_i} = \prod_{i=1}^{L} \left(f_i \frac{b_i}{b_o} \right)^{\nu_i} = \prod_{i=1}^{L} f_i^{\nu_i} \prod_{i=1}^{L} \left(\frac{b_i}{b_o} \right)^{\nu_i} = \prod_{i=1}^{L} f_i^{\nu_i} \prod_{i=1}^{L} (b_i)^{\nu_i} b_o^{-\sum \nu_i} = K_f\, K_b\, b_o^{-\sum \nu_i}$$

Da die Standardkonzentrationen wieder 1 gewählt werden und in verdünnten Lösungen $K_f \cong 1$ ist, kann man in vielen Fällen zumindest näherungsweise $K_{th} = K_x$, $K_{th} = K_c$ und $K_{th} = K_b$ verwenden. Zusammengefasst:

TD 57 Für **Gase** ist $K_{th} = K_p\, p_o^{-\sum \nu_i} K_f = \left(\frac{p}{p_o} \right)^{\sum \nu_i} K_x\, K_f$ und $K_p = p^{\sum \nu_i} K_x = \left(\frac{p}{\sum n_i} \right)^{\sum \nu_i} K_n$

Für **Lösungen** ist $K_{th} = K_c\, c_o^{-\sum \nu_i} K_f$

$K_{th} = K_b\, b_o^{-\sum \nu_i} K_f$

$K_{th} = K_x\, K_f$

Standardwerte: Für Gase p_o = 1 atm = 1,01325 bar. In neuester Literatur p_o = 1 bar. Für Lösungen c_o = 1 mol/l und b_o = 1 mol/kg.

Ist die **Koeffizientensumme** $\sum \nu_i$ **null**, dann stimmen, unter der Annahme $K_f = 1$, alle Gleichgewichtskonstanten überein. Dann gilt $\mathbf{K_{th} = K_p = K_x = K_n}$ und $\mathbf{K_{th} = K_c = K_b}$.

4.3.3 Rechnen mit der Gleichgewichtskonstanten

1. Einfluss der Schreibweise der Reaktionsgleichung auf den Wert von K
Die Koeffizienten einer Reaktionsgleichung sind nur bis auf einen Faktor k bestimmt. Die Gleichung für die Ammoniaksynthese kann man z. B. auf die beiden folgenden Arten schreiben.

(1) $N_2 + 3\,H_2 \rightleftharpoons 2\,NH_3$ oder (2) $\frac{1}{2}\,N_2 + \frac{3}{2}\,H_2 \rightleftharpoons NH_3$

Obwohl in beiden Fällen dieselben Stoffe reagieren, ist der Wert der Gleichgewichtskonstanten nicht derselbe. Dies soll nun allgemein untersucht werden.
Gegeben seien die beiden, in den Stoffen identischen, in der Schreibweise aber verschiedenen, Reaktionen. Zu jeder Gleichung gehöre eine Gleichgewichtskonstante K und eine freie Enthalpie $\Delta G°$. Die zweite Gleichung entsteht aus der ersten durch Multiplikation mit einem konstanten Faktor k.

(1) $A + B \rightleftharpoons C$ K_1 ; ΔG_1^o

(2) $k\,A + k\,B \rightleftharpoons k\,C$ K_2 ; ΔG_2^o

Nach dem Energieerhaltungssatz ist: $\Delta G_2^o = k\ \Delta G_1^o$ und mit TD 52 folgt

$- RT\ \ln K_2 = - k\ RT\ \ln K_1 \Rightarrow \ln K_2 = k\ \ln K_1$.

TD 58 $K_2 = K_1^k$

Die Gleichgewichtskonstante der zweiten Gleichung ist die k-te Potenz der Konstanten der ersten Gleichung.
k = -1 bedeutet nichts anderes als eine **Umkehrung** der **Reaktionsrichtung**.

TD 59 $K_2 = \dfrac{1}{K_1}$

Im Beispiel der Ammoniaksynthese ist $K_2 = K_1^{\frac{1}{2}} = \sqrt{K_1}$. Der Kehrwert von K_1 ist die Konstante für den Zerfall des NH_3 in seine Elemente.

2. Konstante gekoppelter Gleichgewichte
Man vergleiche dazu den Satz von Hess für die Enthalpie.
Auch hier geht es wieder darum, dass man die Gleichgewichtskonstante einer experimentell schwer durchführbaren Reaktion aus bekannten Gleichgewichtskonstanten anderer geeigneter Reaktionen berechnet.
Es seien zwei Reaktionen mit den zugehörigen Konstanten K und $\Delta G°$ gegeben. Aus diesen wird die gesuchte Reaktion durch Multiplikation mit Faktoren k und anschließender Addition gebildet.

(1) $(\text{Ausgangsstoffe})_1 \rightleftharpoons (\text{Endstoffe})_1$ $|\,.k_1$ K_1; ΔG_1^o

(2) $(\text{Ausgangsstoffe})_2 \rightleftharpoons (\text{Endstoffe})_2$ $|\,.k_2$ K_2; ΔG_2^o

(3) $(\text{Ausgangsstoffe})_3 \rightleftharpoons (\text{Endstoffe})_3$ K_3; ΔG_3^o

Sei (3) = k_1. (1) + k_2. (2) $\Rightarrow \Delta G_3^o = k_1\,\Delta G_1^o + k_2\,\Delta G_2^o$ mit TD 52 ergibt dies

$\ln K_3 = k_1\ \ln K_1 + k_2\ \ln K_2$

In diesem Fall ist es meist vorteilhafter mit dekadischen Logarithmen zu rechnen. Daher gilt:

TD 60 $$\lg K_3 = k_1 \lg K_1 + k_2 \lg K_2$$

TD 61 $$K_3 = K_1^{k_1} . K_2^{k_2}$$

4.3.4 Abhängigkeit der Gleichgewichtskonstanten von Temperatur und Druck

1. Abhängigkeit von der **Temperatur**

Aus $\Delta G°(T) = - RT \ln K(T)$ und
$\Delta G°(T) = \Delta H°(T) - T\,\Delta S°(T)$ folgt

TD 62 $$\ln K(T) = -\frac{\Delta H^o(T)}{R} . \frac{1}{T} + \frac{\Delta S^o(T)}{R}$$

Differenziert man TD 62 nach T, dann bekommt man TD 63, die Temperaturabhängigkeit von lnK (s. Aufgabe TD- 40).

TD 63 $$\frac{\partial \ln K(T)}{\partial T} = \frac{\Delta H^o(T)}{R T^2}$$ Gleichung von VAN T'HOFF

Es genügt die Temperaturabhängigkeit des Logarithmus von K anzugeben, da der Logarithmus eine streng monotone Funktion ist.

Eine **Funktion** f heißt in einem Intervall **streng monoton** steigend, wenn für alle x_1, x_2 dieses Intervalls aus $x_1 < x_2$ folgt $f(x_1) < f(x_2)$. Anschaulich bedeutet dies, dass mit steigendem (fallendem) x auch f(x) steigt (fällt).

Daher ist TD 63 nicht nur die Temperaturabhängigkeit von lnK sondern auch die von K. Wegen der Einfachheit von TD 63 bleibt man beim Logarithmus und verwendet nicht die zugehörige e-Funktion. Mit TD 63 ist leicht bestimmbar, wie sich K mit T ändert (s. Beispiele).

Die Gleichung TD 62 $\ln K(T) = -\frac{\Delta H^o(T)}{R} . \frac{1}{T} + \frac{\Delta S^o(T)}{R}$ ist für die praktische Anwendung sehr wichtig: Sehr häufig sind $\Delta H°$ und $\Delta S°$ nur wenig von der Temperatur abhängig.
Dann ist TD 62 die Gleichung einer Geraden, wenn man die Koordinaten so transformiert, dass $x = \frac{1}{T}$ und y = lnK wird.
Misst man die Gleichgewichtskonstante bei mehreren Temperaturen, so kann man daraus die Reaktionsenthalpie $\Delta H°$ und Reaktionsentropie $\Delta S°$ berechnen.

Die Gleichungen TD 62 und TD 63 sind nicht nur für chemische Reaktionsgleichgewichte anwendbar. Sie gelten auch für andere Gleichgewichtszustände, wie etwa Phasengleichgewichte.

Bei **Phasengleichgewichten** ist K gleich
- dem Dampfdruck bei der Verdampfung und Sublimation,
- der Henry-Konstanten bei der Gaslöslichkeit,
- dem Verteilungskoeffizienten bei der Verteilung eines Stoffes zwischen zwei Flüssigkeiten,

- der Konzentration des gelösten Stoffes bei einem Gleichgewicht zwischen einem nicht dissoziierenden Bodenkörper und seiner gesättigten Lösung,
- dem Löslichkeitsprodukt des gelösten Stoffes bei einem Gleichgewicht zwischen einem dissoziierenden Bodenkörper (z. B. einem Salz) und seiner gesättigten Lösung.

$\Delta H°$ und $\Delta S°$ sind dann die Enthalpien und Entropien, die umgesetzt werden, wenn ein Mol eines Stoffes von einer Phase in die andere übergeht.

2. Abhängigkeit vom **Druck**

Man geht aus von $\frac{\partial \Delta G^o}{\partial p} = \Delta V^o$ und $\Delta G° = -RT \ln K \Rightarrow$

TD 64 $$\frac{\partial \ln K}{\partial p} = -\frac{\Delta V^o}{RT}$$

Wie sich später zeigen wird, benötigt man diese Gleichung bei der Berechnung von Gleichgewichten kaum, da die Druckabhängigkeit bei Gasreaktionen schon im K_p enthalten ist und bei kondensierten Phasen (Reaktionen in Lösung!) meist vernachlässigbar ist.
Analog wie mit TD 63 kann man aber mit TD 64 schnell erkennen, wie sich ein Gleichgewicht bei Veränderung des Druckes verschiebt.
Die Gedanken des letzten Kapitels ergeben zusammengefasst das

TD 65 **Prinzip vom kleinsten Zwang**: Wird ein chemisches Gleichgewicht durch
1. Änderung des Druckes
2. Zu- oder Abfuhr von Wärme
3. Zugabe oder Wegnahme eines Reaktionsteilnehmers beeinflusst,

so verschiebt es sich in jene Richtung, in der die Wirkung dieses Einflusses verringert wird.
Verdünnen mit einem inerten Gas oder einem Lösungsmittel wirkt wie eine Druckerniedrigung (s. Aufgabe TD- 41).

Erklärung von Punkt 3: Die Gleichgewichtskonstante ist $K_{th} = \frac{a_{k+1}^{\nu_{k+1}} a_{k+2}^{\nu_{k+2}} \ldots\ldots a_L^{\nu_L}}{a_1^{\nu_1} a_2^{\nu_2} \ldots\ldots a_k^{\nu_k}}$

Erhöht man z. B. die Konzentration eines der Ausgangsstoffe - eines der a_1 bis a_k - so wird der Nenner vergrößert. Da K_{th} eine Konstante ist, der Wert des Bruches also konstant bleibt, muss sich auch der Zähler vergrößern. Die Konzentration der Endstoffe nimmt zu. Das Gleichgewicht verschiebt sich so, dass der zugegebene Ausgangsstoff zumindest teilweise verbraucht wird.

4.3.5 Heterogene Gleichgewichte

Dies sind Gleichgewichte an denen mindestens zwei Phasen beteiligt sind.
Zwei Fälle muss man unterscheiden:

A. Das Reaktionsgemisch enthält mindestens eine gasförmige Phase

Es sei wieder eine chemische Reaktion gegeben:

$$\nu_1 A_1 + \nu_2 A_2 + .. + \nu_k A_k \rightleftharpoons \nu_{k+1} A_{k+1} + \nu_{k+2} A_{k+2} + .. + \nu_L A_L \quad \text{oder in Kurzform } 0 = \sum_{i=1}^{L} \nu_i A_i$$

Von diesen L Stoffen seien j gasförmig und die restlichen fest oder flüssig.
Wichtige Voraussetzung für die folgenden Überlegungen ist, dass die festen und flüssigen

Stoffe praktisch rein vorliegen, sich also nicht merklich ineinander lösen. Trifft dies nicht zu, dann müsste man die durch die Mischungsvorgänge verursachte Änderung der freien Reaktionsenthalpie berücksichtigen. Diese Änderung ist so groß, dass man sie nicht vernachlässigen kann. Solche Gemische muss man dann wie Lösungen berechnen.

Die für alle chemischen Reaktionen gültige Gleichgewichtsbedingung lautet $\Delta G = \sum_{1}^{L} \nu_i \mu_i = 0$

Diese Summe wird nun aufgeteilt in eine Summe für die j gasförmigen Stoffe und eine Summe für die restlichen Stoffe: $\sum_{i=1}^{j} \nu_i \mu_i + \sum_{i=j+1}^{L} \nu_i \mu_i = 0$

Für die Gase setzt man für das chemische Potential ein: $\mu_i = \mu_i^{\circ} + RT \ln a_i = \mu_i^{\circ} + RT \ln p_i$ (p_o = 1atm! Vgl. TD 46 bis TD 48). Dann folgt:

$$RT\sum_{i=1}^{j} \ln p_i^{\nu_i} + \sum_{i=1}^{j} \nu_i \mu_i^{o} + \sum_{i=j+1}^{L} \nu_i \mu_i = 0$$

Es ist aber $\sum_{i=1}^{j} \ln p_i^{\nu_i} = \ln p_1^{\nu_1} + \ln p_2^{\nu_2} + \ldots\ldots + \ln p_j^{\nu_j} = \ln \prod_{i=1}^{j} p_i^{\nu_i} = \ln K_p$

K_p ist die Gleichgewichtskonstante mit den Partialdrücken der gasförmigen Stoffe. (Es soll daran erinnert werden, dass die p_i tatsächlich wieder die Quotienten $\frac{p_i}{p_o}$ sind.) Daher folgt

$$-RT \ln K_p = \sum_{i=1}^{j} \nu_i \mu_i^{o} + \sum_{i=j+1}^{L} \nu_i \mu_i$$

Die erste Summe enthält die chemischen Standardpotentiale aller gasförmigen Stoffe bei der Temperatur T. Die zweite Summe enthält die Werte der chemischen Potentiale μ_i der nichtgasförmigen Stoffe bei den gerade herrschenden Reaktionsbedingungen (p, T und Zusammensetzung). Wie schon früher ausgeführt, hat bei kondensierten Phasen der Druck einen vernachlässigbaren Einfluss auf die Änderung der freien Enthalpie und damit auch des chemischen Potentials. Jedes chemische Potential μ_i kann daher ohne merklichen Fehler durch μ_i° - das Potential beim Standarddruck - ersetzt werden. Man bekommt schließlich:

$-RT \ln K_p = \sum_{i=1}^{L} \nu_i \mu_i^{o} = \Delta G_T^{o}$. ΔG_T^{o} ist die Änderung der freien Standardenthalpie der Reaktion. Das Ergebnis ist:

TD 66 Bei **heterogenen Gleichgewichten** brauchen in der Gleichgewichtskonstanten **nur** die Partialdrücke der **gasförmigen Stoffe** berücksichtigt werden.

Die Änderung der freien Standardenthalpie der Reaktion ΔG_T^{o} wird, wie üblich, durch Summieren über **alle** Stoffe (Endstoffe positiv, Ausgangsstoffe negativ) berechnet und es gilt dann $\Delta G_T^{o} = -RT \ln K_p$.

Anders ausgedrückt: In einem heterogenen Gleichgewicht liegen die reinen festen und flüssigen Stoffe im Standardzustand vor. Molenbruch und Aktivitätskoeffizient haben daher den Wert 1. Ihre Aktivität ist auch 1 und hat in $K_{th} = \prod_{1}^{L} a_i^{\nu_i}$ als Faktor keine Auswirkung auf das Produkt.

Beispiel TD- 31:
a.) Kalkbrennen $CaCO_3(f) \rightleftharpoons CaO(f) + CO_2(g)$
Es ist nur ein gasförmiger Stoff vorhanden. Daher ist $K_p = p_{CO_2}$, wenn der Standarddruck p_o = 1 atm ist und für die Einheit des Partialdruckes ebenfalls 1atm gewählt wird.
Dies gilt solange beide feste Phasen vorhanden sind. Dann ist auch die Menge der festen Stoffe unerheblich. Ist eine der beiden festen Phasen verbraucht, dann liegt kein Gleichgewicht mehr vor. Die obigen Gleichungen sind nicht mehr gültig.

b.) Prozesse bei der Eisengewinnung

$$Fe_2O_3 + 3\,CO \rightleftharpoons 2\,Fe + 3\,CO_2 \qquad K_p = \frac{p^3_{CO_2}}{p^3_{CO}} = \left(\frac{p_{CO_2}}{p_{CO}}\right)^3$$

$$FeO + CO \rightleftharpoons Fe + CO_2 \qquad K_p = \frac{p_{CO_2}}{p_{CO}}$$

B. Alle Stoffe des Reaktionsgemisches sind fest oder flüssig.

TD 67 Enthält das System **nur flüssige** und **feste Reinstoffe**, dann gibt es keine Gleichgewichtskonstante entsprechend TD 66. Zur Untersuchung solcher Gleichgewichte verwendet man die freie Enthalpie ΔG^o_T und prüft deren Vorzeichen in den gewünschten Druck- und Temperaturbereichen.

Bekannte Gleichgewichte dieser Art sind Strukturumwandlungen, wie etwa
Graphit $\rightleftharpoons$ Diamant (vgl. Beispiel TD- 29) und
weißes Zinn $\rightleftharpoons$ graues Zinn (vgl. Beispiel TD- 28).

4.3.5.1 Verdampfung und Sublimation

Nach TD 66 ist für das Gleichgewicht A (fl; f) $\rightleftharpoons$ A (g) die Gleichgewichtskonstante K_p gleich dem Dampfdruck des festen oder flüssigen Stoffes.
Genauer muss man ausgehen von TD 55: $K_{th} = K_p\, p_o^{-\sum \nu_i} K_f$
Da im allgemeinen bei der Verdampfung der Druck nicht allzu hoch ist, kann man K_f = 1 setzen. Dann ist $K_{th} = K_p\, p_o^{-1} = \frac{p}{p_o}$ und es gilt $\Delta G^o_T = -RT \ln \frac{p}{p_o}$

Dies führt zu der schon bekannten Gleichung PH 6 $\ln \frac{p}{p_o} = -\frac{\Delta H^o_V}{RT} + \frac{\Delta S^o_V}{R}$.

a.) Ist ΔH^o_V und ΔS^o_V nur sehr wenig von der Temperatur abhängig, also **praktisch konstant**, dann hängt lnp linear von 1/T ab.

b.) Sei ΔH^o_V und ΔS^o_V **nicht konstant:**
1. Die Verdampfungsenthalpie des Reinstoffes hänge **linear** von der Temperatur ab.
Es sei $\Delta H° = a + b\,T$ (vgl. dazu PH 8; dies bedeutet, dass ΔC_p konstant ist)

Mit TD 63 erhält man $\frac{d\ln p}{dT} = \frac{\Delta H^o}{RT^2} = \frac{1}{R}\left(\frac{a}{T^2} + \frac{b}{T}\right) \Rightarrow \int_{p_o}^{p} d\ln p = \frac{1}{R}\int\left(\frac{a}{T^2} + \frac{b}{T}\right)dT$

$$\ln \frac{p}{p_o} = \frac{1}{R}\left(-\frac{a}{T} + b\ln T\right) + K$$ K... Integrationskonstante

Setzt man a = -R A und b = R B, dann ist

TD 68 $$\ln\frac{p}{p_o} = \frac{A}{T} + B\ln T + K \quad \text{und} \quad \Delta H^o = R(-A + BT)$$

Die Entropie bekommt man mit TD 52 und TD 40:

$$\Delta G^o = -RT\ln\frac{p}{p_o} = -R(A + BT\ln T + KT)$$

$$-\frac{\partial \Delta G^o}{\partial T} = \Delta S^o = R[B(1 + \ln T) + K]$$

TD 69 $$\Delta S^o = R(K + B + B\ln T)$$

2. Die Verdampfungsenthalpie des Reinstoffes hänge **quadratisch** von der Temperatur ab.
Es sei $\Delta H° = a + b\,T + c\,T^2$ (Dies bedeutet, dass ΔC_p linear von T abhängt.)
Die Integration von TD 63 ergibt:

$\ln\frac{p}{p_o} = \frac{1}{R}\left(-\frac{a}{T} + b\ln T + cT\right) + K$. Wird wieder a = -A R, b = B R und c = C R gesetzt, dann ist

TD 70 $$\ln\frac{p}{p_o} = \frac{A}{T} + B\ln T + CT + K \quad \text{und} \quad \Delta H^o = R(-A + BT + CT^2)$$

Für die Entropie bekommt man

TD 71 $$\Delta S^o = R(K + B + B\ln T + 2CT)$$

Aus Messungen des Dampfdruckes einer Flüssigkeit bei verschiedenen Temperaturen kann man die Verdampfungsenthalpie ΔH_V^o, die Verdampfungsentropie ΔS_V^o und mit $\frac{\Delta H_V^o}{\Delta S_V^o} = T_V^o$ auch den Siedepunkt beim Standarddruck (p_o = 1,01325 bar = 1 atm) berechnen.
Bei konkreten Rechnungen ist darauf zu achten, dass p und p_o immer in derselben Einheit eingesetzt werden, damit wegen des Logarithmus der Bruch $\frac{p}{p_o}$ immer dimensionslos bleibt.

In den Gleichungen PH 6, TD 68 und TD 70 wird in der Praxis häufig lnp statt $\ln\frac{p}{p_o}$ verwendet. Statt K bekommt man dann eine neue Konstante M. Diese wird aus den Dampfdruckmessungen durch Regression berechnet. Ihr Wert hängt aber nun von der Einheit, in der p und p_o eingesetzt werden, ab. Es ist $M = K + \ln p_o$.
Ist beispielsweise die Druckeinheit hPa, dann ist der Standarddruck 1013,25 hPa (1 atm) und M = K + ln1013,25.
Für die Berechnung der Verdampfungsenthalpie ist dies belanglos, da K in der Temperaturfunktion von $\Delta H°$ nicht vorkommt.
Für die Berechnung der Verdampfungsentropie nach TD 68 und TD 70 muss aber aus dem gemessenen M zuerst das K = M - ln1013,25 berechnet werden.

4.3.5.2 Adsorption

Grenzt ein Festkörper an ein Gas oder eine Lösung, so bildet sich an der Grenzfläche ein heterogenes Gleichgewicht aus zwischen Adsorption und Desorption von Teilchen aus der homogenen Phase. Den Vorgang kann man auffassen als Reaktion zwischen den Molekülen X der homogenen Phase und den aktiven Teilchen A der Oberfläche

$$n\,X + A \underset{\text{Desorption}}{\overset{\text{Adsorption}}{\rightleftarrows}} AX_n$$

Wird die Oberfläche nur mit einer einzigen Molekülschicht besetzt (häufiger Fall!), dann ist n = 1 und die Gleichgewichtskonstante dieser Reaktion ist $K = \frac{[AX]}{[A][X]}$.

[A]............ ist die Konzentration der noch freien Plätze der Oberfläche. Sie wird meist in mol/kg Adsorbens angegeben.
[AX] = y..... ist die Konzentration der besetzten Plätze. Einheit ebenfalls mol/kg Adsorbens.
[X]............ ist die Konzentration der adsorbierfähigen Teilchen in der homogenen Phase. Als Konzentrationsmaß wird bei Gasen meist der Partialdruck p, bei Lösungen die Stoffmengenkonzentration c im Gleichgewicht verwendet.

Ist y_s die maximal adsorbierbare Konzentration und setzt man zur Vereinfachung [AX] = y, dann gilt [A] = y_s - y. Damit wird $K = \frac{y}{p(y_s - y)}$ und $\frac{y}{y_s} = \frac{K.p}{1+K.p}$

TD 72 Adsorptionsisotherme nach LANGMUIR

$\delta = \frac{y}{y_s} = \frac{K.p}{1+K.p}$ bzw. analog für Lösungen $\delta = \frac{y}{y_s} = \frac{K.c}{1+K.c}$

$\delta = \frac{y}{y_s}$ ist der Bruchteil der besetzten Oberfläche. K ist die Gleichgewichtskonstante der Adsorption und y_s ist die Sättigungskonzentration an der Oberfläche.

y als Funktion des Partialdruckes p (Abb.TD- 3) steigt zunächst für kleine p linear an, verflacht dann rasch und nähert sich asymptotisch dem Sättigungswert y_s.

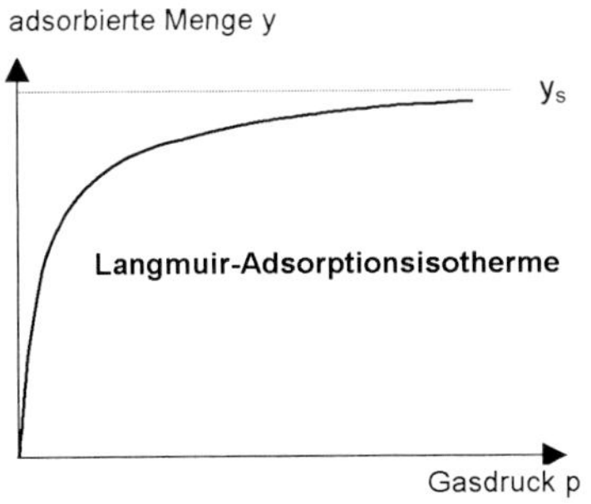

Abb.TD- 3

Zur Bestimmung der Konstanten K und y_s wird der adsorbierte Anteil y bei verschiedenen Partialdrücken p (Konzentrationen c) gemessen.
Zur Auswertung wird die Gleichung TD 72 durch Bildung des Kehrwertes umgeformt:

TD 73 $$\frac{p}{y} = \frac{1}{y_s K} + \frac{1}{y_s} p$$

$\frac{p}{y}$ gegen p (bzw. c) wird zunächst graphisch dargestellt.
Liegen die Punkte auf einer Geraden, dann ist das Gesetz von Langmuir erfüllt und K bzw. y_s werden durch Linearregression berechnet.
Liegen die Messpunkte nicht auf einer Geraden, dann prüft man ob eine der beiden anderen Adsorptionsisothermen (s. u.) geeignet ist, die Messungen zu beschreiben.

Vor allem bei höheren Drucken bzw. Konzentrationen werden in vielen Fällen auf die erste molekulare Schicht noch weitere Molekülschichten adsorbiert. Die Isotherme bekommt dann ein Aussehen wie in Abb.TD- 4. Nach einer kurzen Sättigungsphase - die Kurve wird flacher - setzt neue Adsorption ein. Die Kurve wird wieder steiler und nähert sich dem Grenzwert $\frac{p}{p_o}$
(p.. Partialdruck; p_o.. Dampfdruck des reinen flüssigen Gases bei der Messtemperatur).

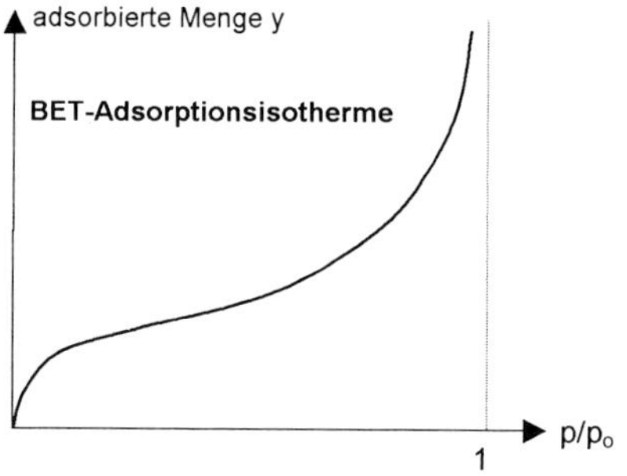

Abb.TD- 4

Für diese Mehrschichtadsorption gilt die

TD 74 **BET- Isotherme** (Isotherme nach BRUNAUER, EMMETT und TELLER)

$$\delta = \frac{y}{y_s} = \frac{K.p}{(p_o - p)\left[1 + (K-1)\frac{p}{p_o}\right]}$$

δ... Bruchteil der besetzten Oberfläche
y... adsorbierte Gasmenge (mol/kg Adsorbens)
y_s.. adsorbierte Gasmenge bei vollständiger monomolekularer Bedeckung
p... Gleichgewichtspartialdruck des Gases
p_o.. Dampfdruck des reinen flüssigen Gases bei der Arbeitstemperatur
K... Stoffkonstante, die ebenfalls die Bedeutung einer Gleichgewichtskonstanten der Adsorption hat

Auch die BET- Isotherme kann man durch Umformen linearisieren:

TD 75 $$\frac{p}{y(p_o - p)} = \frac{1}{K y_s} + \frac{K-1}{K y_s} \cdot \frac{p}{p_o}$$

Die transformierten Messwerte $\frac{p}{y(p_o - p)}$ und $\frac{p}{p_o}$ hängen linear voneinander ab.

Durch lineare Regression der transformierten Werte erhält man als Steigung $\frac{K-1}{K y_s}$ und als Ordinatenabschnitt $\frac{1}{K y_s}$, woraus man die Konstanten y_s und K berechnet.

Die für die Adsorption aktive **spezifische Oberfläche** (m^2/kg Adsorbens) lässt sich aus der Sättigungskonzentration y_s abschätzen:

- Die maximale Anzahl der adsorbierten Teilchen ist $N_s = y_s . N_L$
- Zur Abschätzung des Platzbedarfes eines adsorbierten Teilchens nimmt man an, dass der an der Oberfläche adsorbierte Stoff dort etwa die Dichte seines flüssigen Zustandes hat.

  Der Querschnitt eines Teilchens wird damit $\alpha = \left(\frac{V}{N_L}\right)^{\frac{2}{3}} = \left(\frac{M}{\rho_{Fl} \cdot N_L}\right)^{\frac{2}{3}}$
- Die spezifische Oberfläche ist dann $O_s = N_s . \alpha$

Wie die folgende Überlegung zeigt, ist die **Adsorptionsenthalpie** immer negativ. Daher nimmt, unter sonst gleichen Bedingungen, mit zunehmender Temperatur der Bruchteil der besetzten Oberfläche immer mehr ab.
Der adsorbierte Zustand ist immer geordneter als der gasförmige oder gelöste, daher ist die Entropie der Adsorption negativ.
Als spontane Reaktion ist die Adsorption exergonisch, die freie Enthalpie also ebenfalls negativ.
Nach dem zweiten Hauptsatz $\Delta H = \Delta G + T\,\Delta S$ ist daher die Enthalpie auch negativ, die Reaktion also exotherm.
Die thermodynamischen Größen einer Adsorption lassen sich aus Messungen der Temperaturabhängigkeit der Gleichgewichtskonstanten K (vgl. Kap 4.3.4) bestimmen.
Für die Beschreibung der **Adsorption aus Lösungen** ist manchmal die Isotherme nach Freundlich am besten geeignet.

TD 76 Adsorptionsisotherme nach FREUNDLICH: $y = K\left(\frac{c}{c_o}\right)^n$

K und n sind Stoffkonstante. n liegt meist zwischen 0,1 und 0,6.
y ist die adsorbierte Konzentration in Abhängigkeit von der Gleichgewichtskonzentration c der Lösung. c_o ist Standardkonzentration (meist 1 mol/l)

Die Adsorptionsisotherme nach Freundlich kann man durch logarithmieren linearisieren:
$\lg y = n \lg c + \lg K$

Beispiel TD- 32: Zur Untersuchung der Adsorptionseigenschaften eines Katalysators bestimmte man mit m = 10 g Katalysator bei 20°C für verschiedene Gleichgewichtsdrücke p die adsorbierten Mengen n-Butan.

p (hPa)	22,7	54,2	129,3	219	394	588	759	962
a (g Butan)	0,1378	0,2598	0,3766	0,4464	0,5452	0,6580	0,7742	0,9614

Man prüfe die Vermutung, dass die Adsorption der BET-Isotherme gehorcht und berechne
a.) die Butanmenge y_S, die die Katalysatoroberfläche vollständig monomolekular bedeckt,
b.) die spezifische Oberfläche O_s des Katalysators und
c.) die Gleichgewichtskonstante K

Bei 20°C ist die Dichte und der Dampfdruck des flüssigen Butans $\rho_{Fl} = 0{,}578$ g/cm^3 und $p_o = 2082$ hPa. M = 58,124 g/mol.

Die adsorbierten Gasmengen sind $y = \dfrac{a.1000}{M.10}$ mol/kg Katalysator.

Da die linearisierte BET-Isotherme die Gleichung $\dfrac{p}{y(p_o - p)} = \dfrac{1}{K y_s} + \dfrac{K-1}{K y_s} . \dfrac{p}{p_o}$ hat, berechnet man zunächst die transformierten Größen $\dfrac{p}{y(p_o - p)}$ und $\dfrac{p}{p_o}$ und stellt sie in einem Diagramm dar (Abb.TD- 5 und Tabelle).
Die Punkte liegen gut auf einer Geraden.
Die Vermutung stimmt also.

y mol/kg	p/p_o	$p/y(p_o\text{-}p)$ kg/mol
0,237	0,0109	0,0465
0,447	0,0260	0,0598
0,648	0,0621	0,1022
0,768	0,1052	0,1531
0,938	0,1892	0,2488
1,132	0,2824	0,3477
1,332	0,3646	0,4307
1,654	0,4621	0,5193

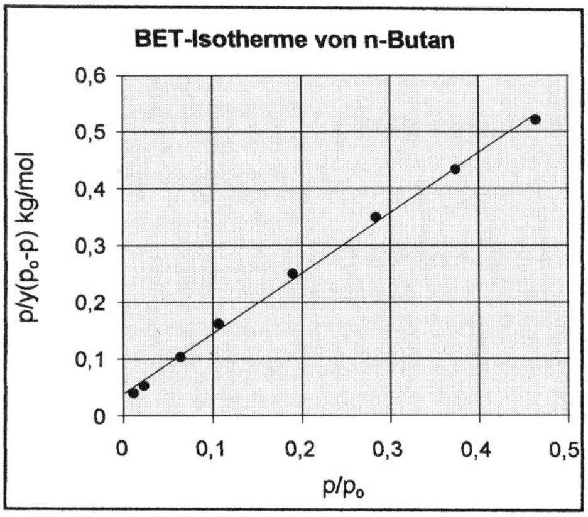

Abb.TD- 5

Die Linearregression der transformierten Werte ergibt: Korrelationskoeffizient r = 0,999196, Steigung ST = 1,06596 und Ordinatenabschnitt OA = 0,03831.

$\dfrac{ST}{OA} = K - 1$ daher ist K = 28,82 und $y_S = \dfrac{1}{ST + OA} = 0{,}9056$ mol/kg

Der Platzbedarf eines Teilchens ist $\alpha = \left(\dfrac{M}{\rho_{Fl} . N_L}\right)^{\frac{2}{3}} = 3{,}032.10^{-15}$ cm^2 = $30{,}32.10^{-20}$ m^2.

Damit wird die spezifische Oberfläche $O_s = y_s . N_L . \alpha = 1{,}65.10^5$ m^2/kg

4.3.6 Simultangleichgewichte

Zu Simultangleichgewichten führt folgende häufige Fragestellung:
Aus gegebenen Ausgangsstoffen soll ein Stoff unter günstigen Bedingungen (Druck, Temperatur) in möglichst guter Ausbeute hergestellt werden. Wie sind diese Bedingungen und welche Nebenreaktionen gibt es, die störende Stoffe erzeugen könnten?

Zur Berechnung solcher Simultangleichgewichte wird man zunächst zur Vereinfachung der Rechnung aus den möglichen Reaktionen alle jene ausscheiden, deren Umsatz vernachlässigbar klein ist. Dies kann etwa anhand der Größe der Gleichgewichtskonstanten geschehen. Für die verbleibenden maßgeblichen Reaktionen wird die Zusammensetzung im Gleichgewicht durch folgende Bedingungen bestimmt:

TD 77
1. Für jedes Gleichgewicht gilt das MWG.
2. Erfolgt kein Stoffaustausch mit der Umgebung, dann bleibt die Gesamtzahl der Atome in der Reaktionsmischung konstant. Für jede Atomsorte wird eine Massenbilanz aufgestellt.
3. Bei Ionengleichgewichten bleibt das Reaktionsgemisch als ganzes elektrisch neutral (Gesetz von der Erhaltung der Ladung). Die Summe der positiven Ladungen ist gleich der Summe der negativen Ladungen („Elektroneutralitätsbedingung").

Sieht man von besonders einfachen Fällen ab, so entstehen immer **nichtlineare** Gleichungssysteme, die nur mit Näherungsmethoden gelöst werden können.

Als Variable für das Gleichungssystem können entweder die **Gleichgewichtskonzentrationen** der Stoffe oder die **Umsätze** der einzelnen Reaktionen gewählt werden.
Welcher Ansatz zum einfacher lösbaren System führt, lässt sich meist nicht voraussagen. Die Auflösung eines solchen Gleichungssystems ist im allgemeinen mit beträchtlichen rechnerischen Schwierigkeiten verbunden.
Es ist zweckmäßig das Näherungsverfahren mit jenen Werten zu beginnen, die man bekommt, wenn man zunächst jede Reaktion so behandelt, als wäre sie die einzige im Gemisch.
Um den Zeitaufwand gering zu halten, ist ein elektronischer Rechner meist unerlässlich. Für den Fall, dass nur ein einfacher Rechner vorhanden ist, sind im Kapitel „Grundlagen" einige einfache Methoden angegeben.

Für alle folgenden Beispiele und Aufgaben ist, wenn nichts anderes angegeben, $K_f = 1$.

Beispiel TD- 33: Ammoniakgleichgewicht. Für die Reaktion
(1) $NH_3 \rightleftharpoons 0{,}5\ N_2 + 1{,}5\ H_2$ ist bei T = 600 K $K_p(\text{hPa}) = 2{,}12.10^4$ hPa
$K_p(\text{hPa})$ ist die Gleichgewichtskonstante berechnet aus Partialdrücken mit der Einheit hPa.
a.) Man berechne die thermodynamische Konstante K_{th} und die Konstanten $K_p(\text{atm})$, $K_p(\text{bar})$ und $K_p(\text{Torr})$. $K_p(\text{Torr})$ kommt in älterer Literatur noch vor.
b.) Wie groß ist K_{th} für die Bildungsreaktion
(2) $0{,}5\ N_2 + 1{,}5\ H_2 \rightleftharpoons NH_3$?

a.) $K_{th} = K_p\, p_o^{-\sum \nu_i}$ $\quad \sum \nu_i = \frac{3}{2} + \frac{1}{2} - 1 = 1$ Daher ist $K_{th} = K_p.p_o^{-1}$ und $K_p = K_{th}.p_o$.

$$K_{th} = 2{,}12.10^4.\frac{1}{1013{,}25} = 20{,}923$$

$K_p(\text{atm}) = K_{th}.1 = 20{,}923$ atm
$K_p(\text{bar}) = K_{th}.\ 1{,}01325 = 21{,}20$ bar
$K_p(\text{Torr}) = K_{th}.\ 760 = 1{,}59.10^4$ Torr.

b.) $K_2 = \frac{1}{K_1} = 0{,}0478$

Beispiel TD- 34: In den Tabellenwerken gibt es für die **Standardwerte** der Enthalpie, Entropie und freien Enthalpie einerseits Tabellen mit dem Standarddruck $p_o = 101325$ Pa, andererseits Tabellen mit dem Standarddruck $p_o = 100000$ Pa. Wie unterscheiden sich bei gleicher Temperatur die Werte für die freie Enthalpie $\Delta G°$ und für die Gleichgewichtskonstante der Bildungsreaktion? Darf man die Unterschiede vernachlässigen?

Für $\Delta G°$ verwendet man TD 40 $\left(\frac{\partial \Delta g}{\partial p}\right)_T = \Delta v$ (vgl. Kap. 4.1.1)

1. Bei allen Reaktionen, bei denen sich das Volumen der Reaktionsmischung nicht verändert, ist kein Unterschied zwischen den Tabellenwerten.

2. Die Berechnung der Volumsänderung Δv, wenn eine solche während der Reaktion eintritt, kann wieder mit der Gaszustandsgleichung erfolgen. Das Δv der kondensierten Phasen kann vernachlässigt werden. Daher ist $\Delta v = \frac{\Delta n R T}{p}$. Darin ist Δn die Änderung der Stoffmenge der gasförmigen Stoffe.

Es sei Δg(atm) der herkömmliche Tabellenwert mit dem Standarddruck p_o = 1 atm = 101325 Pa und Δg(bar) der neue Tabellenwert mit p_o = 1 bar = 100000 Pa.

$$\frac{\partial \Delta g}{\partial p} = \frac{\Delta n RT}{p} \Rightarrow \int_{\Delta g(bar)}^{\Delta g(atm)} \partial \Delta g = \Delta n RT \int_{1bar}^{1atm} \frac{\partial p}{p} \quad \Rightarrow \quad \Delta g(atm) - \Delta g(bar) = \Delta n RT . \ln \frac{1,01325}{1}$$

$$\Delta g(atm) = \Delta g(bar) + RT . \ln(1,01325)^{\Delta n}$$

Für die Gleichgewichtskonstanten bekommt man:

$$-RT \ln K(atm) + RT \ln K(bar) = RT \ln(1,01325)^{\Delta n}$$

$$K(atm) = K(bar) . 1,01325^{-\Delta n}$$

$\lg K(atm) = \lg K(bar) - \Delta n . 0,00572$ $\qquad$ $0,00572 = \lg 1,01325$

Wie groß sind etwa die Unterschiede für die Standardwerte des Ammoniak?

$0,5\ N_2 + 1,5\ H_2 = NH_3$ $\quad \Delta n = -1$ $\quad$ Tabellenwert: $\Delta G^o_{298}(bar)$ = -16407 J/mol

$$\Delta G^o_{298}(atm) = \Delta G^o_{298}(bar) + 8,3145 . 298,15 . \ln(1,01325)^{-1} = -16407 - 32,6 = -16440 \text{ J/mol}$$

Der Unterschied der beiden ΔG-Werte beträgt 0,2%. Dies ist für die meisten Zwecke vernachlässigbar.

$$\lg K(bar) = -\frac{\Delta G^o_{298}(bar)}{RT . \ln 10} = \frac{16407}{8,3145 . 298,15 . \ln 10} = 2,8744 \Rightarrow K(bar) = 74,88$$

$\lg K(atm)$= 2,8744 + 0,00572 = 2,8801 $\qquad \Rightarrow K(atm) = 75,87$

Beispiel TD- 35: Man berechne die Gleichgewichtskonstante jener chemischen Reaktion, die dem **Thermitverfahren** zugrunde liegt, aus den Konstanten für die Bildungsreaktionen von Fe_3O_4 und Al_2O_3. Unter der Bildungsreaktion versteht man jene Reaktion, bei der der Stoff aus den Elementen entsteht.

(1) $3\ Fe(f) + 2\ O_2(g) \rightleftharpoons Fe_3O_4(f)$ $\qquad K_1 = 1,32 . 10^{23}$

(2) $2\ Al(f) + 1,5\ O_2(g) \rightleftharpoons Al_2O_3(f)$ $\qquad K_2 = 3,80 . 10^{41}$

Das Thermitverfahren beruht auf folgender Reaktion:

(3) $3\ Fe_3O_4 + 8\ Al \rightleftharpoons 9\ Fe + 4\ Al_2O_3$

Für die Reaktionen gilt: (3) = -3.(1) + 4.(2)

Daher gilt für die Konstanten $K_3 = K_1^{-3} . K_2^4$. Wegen der großen Werte der Konstanten ist es hier zweckmäßiger mit den Logarithmen zu rechnen:

$\lg K_3 = -3 \lg K_1 + 4 \lg K_2 = 96,96 \Rightarrow K_3 = 9,1 . 10^{96}$

Beispiel TD- 36: Man gebe für folgende Reaktionen in Lösung die Gleichgewichtskonstanten K_{th} und K_c an:

1. Protolyse der Essigsäure (kurz HAc) in Wasser

$$HAc + H_2O \rightleftharpoons H_3O^+ + Ac^-$$

$$K_{th} = \frac{a_{H^+}\, a_{Ac^-}}{a_{HAc}\, a_{H_2O}} = \frac{c_{H^+}\, f_{H^+}\, c_{Ac^-}\, f_{Ac^-}}{c_{HAc}\, f_{HAc}\, c_{H_2O}\, f_{H_2O}}\, c_o^{(1+1-1-1)} = K_c . K_f$$

In verdünnter Lösung kann man $K_f \approx 1$ setzen. Außerdem ist bei Lösungen immer $c_o = 1$ mol/l. In diesem Fall ist dann in guter Näherung $K_c = K_{th}$.

2. Die Redoxreaktion

$$Cr_2O_7^{2-} + 6\, Fe^{2+} + 14\, H^+ \rightleftharpoons 2\, Cr^{3+} + 6\, Fe^{3+} + 7\, H_2O$$

Zur Vereinfachung wird jetzt die Klammerschreibweise verwendet.

$$K_{th} = \frac{\left[Cr^{3+}\right]^2 . \left[Fe^{3+}\right]^6 . [H_2O]^7}{\left[Cr_2O_7^{2-}\right] . \left[Fe^{2+}\right]^6 . \left[H^+\right]^{14}}$$. Dies ist wieder $K_c.K_f$, wenn $c_o = 1$ mol/l .

Zur Berechnung von K_c setzt man für die Klammerterme statt der Aktivitäten die molaren Konzentrationen der Stoffe ein. In verdünnten Lösungen ist wieder $K_f \approx 1$.

Beispiel TD- 37: Man berechne K_x, K_p und K_{th} für das **Ammoniakgleichgewicht**. Man gehe von stöchiometrischen Mengen Stickstoff und Wasserstoff aus.

$$N_2 + 3\, H_2 \rightleftharpoons 2\, NH_3$$ alle drei Stoffe sind gasförmig

Zu Beginn seien vorhanden: 1 mol 3 mol 0 mol

Dies ist eine Annahme. Im allgemeinen werden die Ausgangsmengen beliebig sein. Wenn man annimmt, dass sich 2y mol NH_3 gebildet haben, dann sind im Gleichgewicht folgende Stoffmengen und Konzentrationen vorhanden:

	N_2	H_2	NH_3	
Stoffmengen n_i	1 - y	3 - 3y	2y	$\sum n_i = 1 - y + 3 - 3y + 2y = 4 - 2y = 2\,(2 - y)$
Molenbrüche x_i	$\frac{1-y}{2(2-y)}$	$\frac{3(1-y)}{2(2-y)}$	$\frac{y}{2-y}$	

Grundsätzlich ist für die Menge des gebildeten Ammoniak jede Annahme möglich. Die Annahme von 2y - das Produkt aus der Variablen y (nicht x, um Verwechslungen mit dem Molenbruch zu vermeiden) und dem Koeffizienten von NH_3 - ist aber sehr zweckmäßig, da dann für die Stoffmengen im Gleichgewicht Brüche vermieden werden.

Die Summe der Koeffizienten ist $\sum \nu_i = 2 - 1 - 3 = -2$

Die Gleichgewichtskonstanten sind daher:

$$K_x = \frac{x_{NH_3}^2}{x_{N_2}\, x_{H_2}^3} = \frac{16y^2(2-y)^2}{27(1-y)^4}$$

$$K_p = \frac{p_{NH_3}^2}{p_{N_2}\, p_{H_2}^3} = p^{\sum \nu_i} K_x = \frac{1}{p^2} . \frac{16y^2(2-y)^2}{27(1-y)^4}$$

Die thermodynamische Konstante ist

$$K_{th} = K_p\, p_o^{-\sum \nu_i} K_f = \left(\frac{p}{p_o}\right)^{-2} K_x K_f = \left(\frac{p}{p_o}\right)^{-2} \frac{16y^2(2-y)^2}{27(1-y)^4} K_f$$

Die Partialdrücke der Stoffe im Gleichgewicht berechnet man nach $p_i = p\, x_i$:

$$p_{N_2} = p\frac{1-y}{2(2-y)};\quad p_{H_2} = p\frac{3(1-y)}{2(2-y)};\quad p_{NH_3} = p\frac{y}{2-y}$$

Bei niedrigen Drücken ist die Konstante der Fugazitätskoeffizienten $K_f = \frac{f_{NH_3}^2}{f_{N_2} f_{H_2}^3} = 1$.

Setzt man sowohl p als auch p_o in der gleichen Einheit ein, dann ist $K_{th} = K_p$ mit.

Da bei der Ammoniaksynthese der Druck p aber einige Hundert bar beträgt, darf man bei dieser Reaktion die Abhängigkeit der Konstanten K_p vom Druck nicht mehr vernachlässigen. Das hier berechnete K_p weicht dann von der thermodynamischen Gleichgewichtskonstanten K_{th} schon beträchtlich ab. Die Fugazitätskoeffizienten dürfen nicht mehr 1 gesetzt werden. Die folgende Tabelle zeigt die bei t = 400°C gemessenen Werte für K_p.

Arbeitsdruck (bar)	10	30	100	300	1000
K_p (bar^{-2})	0,0125	0,0126	0,0134	0,0168	0,0587
K_f	1	0,992	0,933	0,744	0,213

Unter der Annahme, dass bei 10 bar K_{th} und K_p noch übereinstimmen, ergeben sich in der dritten Zeile die Werte für K_f. Man sieht, dass bis 30 bar K_f von 1 kaum abweicht. Mit steigendem Druck weicht aber K_f von 1 immer stärker ab.

Beispiel TD- 38: Aus einem Wassergas mit der Zusammensetzung 41 Vol% CO, 51 Vol% H_2, 3 Vol% CO_2 und 5 Vol% N_2 soll das CO entfernt werden. Zu einer Wassergasmenge, die insgesamt 100 mol Gase enthält, werden 5,37 kg Wasserdampf zugemischt. Das Gasgemisch lässt man bei 450°C reagieren. $K_n = 7{,}40$. Gesamtdruck p = 1,013 bar.
Wie viel Vol% Rest-CO ist nach der Reaktion im Gasgemisch noch vorhanden? Wie viel % des ursprünglich vorhanden CO wurde entfernt? 5,37kg Wasser sind 298mol.

CO	+	$H_2O(g)$	$\rightleftharpoons$	CO_2	+	H_2	
41		298		3		51	Stoffmengen zu Beginn
41 - y		298 - y		3 + y		51 + y	Stoffmengen im Gleichgewicht

Die Koeffizientensumme $\sum \nu_i$ ist null, daher sind alle Gleichgewichtskonstanten gleich und es genügt mit K_n zu rechnen. Der Druck ist so gering, dass man $K_f = 1$ setzen kann.

$$7{,}4 = \frac{(3+y).(51+y)}{(41-y).(298-y)}$$ Umformen ergibt eine quadratische Gleichung in y.

$y^2 - 405{,}61y + 14262{,}92 = 0$; Lösungen $y_1 = 39{,}03$ mol und $y_2 = 361{,}38$ mol.

Da maximal 41 mol CO reagieren können, kann y nicht größer als 41 sein. Daher ist die zweite Lösung unbrauchbar.
Im Gleichgewicht sind folgende Stoffmengen vorhanden:
2,0 mol CO; 259,0 mol H_2O; 42,0 mol CO_2 und 90,0 mol H_2.
Dazu kommen noch 5 mol N_2, der nicht reagiert hat.
Dies sind insgesamt 398 mol Gasgemisch.

In diesem Gemisch sind daher 0,50 Vol% Rest-CO.

Vom ursprünglichen CO wurden $\frac{39,03}{41}.100 = 95,2\%$ entfernt.

Beispiel TD- 39: a mol CH_4 werden mit b mol H_2O-Dampf gemischt. Die Mischung reagiert zu CO und H_2. Die Stoffmenge des CO im Gleichgewicht sei y. Man berechne:
a.) Die Stoffmengen und Molenbrüche aller Stoffe im Gleichgewicht
b.) Die Gleichgewichtskonstanten K_n, K_x, K_p und K_{th}.

CH_4 +	H_2O ⇌	CO +	$3H_2$	
				Koeffizientensumme: $\sum \nu_i = 3+1-1-1=2$
a	b	0	0	Stoffmengen zu Beginn
a - y	b - y	y	3y	Stoffmengen n_i im Gleichgewicht
				Summe der Stoffmengen $\sum n_i = a+b+2y$
$\frac{a-y}{a+b+2y}$	$\frac{b-y}{a+b+2y}$	$\frac{y}{a+b+2y}$	$\frac{3y}{a+b+2y}$	Molenbrüche x_i im Gleichgewicht

Daher sind die Gleichgewichtskonstanten:

$$K_n = \frac{n_{CO}\, n_{H_2}^3}{n_{CH_4}\, n_{H_2O}} = \frac{27y^4}{(a-y)(b-y)}$$

$$K_x = \frac{x_{CO}\, x_{H_2}^3}{x_{CH_4}\, x_{H_2O}} = \left(\sum n_i\right)^{-2} K_n = \frac{1}{(a+b+2y)^2} \cdot \frac{27y^4}{(a-y)(b-y)}$$

$$K_p = \frac{p_{CO}\, p_{H_2}^3}{p_{CH_4}\, p_{H_2O}} = p^2 K_x = \left(\frac{p}{(a+b+2y)}\right)^2 \cdot \frac{27y^4}{(a-y)(b-y)}$$

$$K_{th} = K_p\, p_o^{-\sum \nu_i} K_f = \left(\frac{p}{p_o}\right)^{\sum \nu_i} K_x K_f = \left(\frac{p}{p_o}\right)^2 \cdot \frac{1}{(a+b+2y)^2} \cdot \frac{27y^4}{(a-y)(b-y)}$$

Beispiel TD- 40: Maximale Ausbeute.
Man zeige für die allgemeine Reaktion a A + b B ⇌ c C, dass die Ausbeute dann am größten ist, wenn man als Ausgangsmengen a mol A und b mol B, also stöchiometrische Stoffmengen, verwendet.

	a A +	b B ⇌	c C
Stoffmengen zu Beginn	a	z	0
Stoffmengen im Gleichgewicht	a - ay	z - by	cy
Molenbrüche im Gleichgewicht	x_A	x_B	x_C

Mathematisch bedeutet die obige Aufgabe, dass x_C ein Maximum wird, wenn z = b.
Es gelten folgende Gleichungen:

$$K_{th} = \left(\frac{p}{p_o}\right)^{\sum \nu_i} K_x = \left(\frac{p}{p_o}\right)^{\sum \nu_i} \cdot \frac{x_C^c}{x_A^a \cdot x_B^b}$$

Es sei $K = K_{th}\left(\frac{p_o}{p}\right)^{\sum \nu_i}$, dann ist

(1) $K = \frac{x_C^c}{x_A^a \cdot x_B^b}$

(2) $x_A + x_B + x_C = 1$ und

(3) $x_B = r\, x_A$ x_B sei das r-fache von x_A. Dies ist gleichbedeutend mit

(3') $z - by = r\,(a - ay)$

Man muss zunächst r, das Verhältnis der Stoffmengen im Gleichgewicht, berechnen. Daraus bekommt man dann z. Ist z = b, dann ist die Behauptung bewiesen.

Setzt man (3) in (2) ein, dann bekommt man $x_A = \frac{1-x}{1+r}$ und wieder mit (3) $x_B = r\frac{1-x}{1+r}$. Dabei wurde x_C zur Vereinfachung mit x bezeichnet. Setzt man alle Variablen in (1) ein und vereinfacht, erhält man:

$$K = \frac{x^c\,(1+r)^{a+b}}{r^b\,(1-x)^{a+b}}$$ Gesucht ist nun das Maximum von x in Abhängigkeit von r.

x lässt sich aus dieser impliziten Funktion nicht explizit darstellen. Zur Berechnung des Maximums muss also implizit differenziert werden. Damit die Differentiation möglichst einfach wird, formt man die Funktion so um, dass sie aus Termen besteht, die entweder nur r oder nur x enthalten. Beim Differenzieren werden dann jeweils einzelne Terme null. Es ist

$$K\frac{r^b}{(1+r)^{a+b}} = \frac{x^c}{(1-x)^{a+b}}$$ Man bildet nun die implizite Funktion

$$F(x,r) = K\frac{r^b}{(1+r)^{a+b}} - \frac{x^c}{(1-x)^{a+b}} = 0$$

Gesucht ist $\frac{dx}{dr} = -\frac{F_r}{F_x}$

$$F_r = \frac{K\left(b\,r^{b-1} - a\,r^b\right)}{(1+r)^{a+b+1}}$$

Es wurde die Quotientenregel verwendet und der Bruch vereinfacht.
Der Term in x in der Funktion F(x,r) wird beim Differenzieren null. Analog berechnet man

$$F_x = -\frac{c\,x^{c-1} + x^c\,(a+b-c)}{(1-x)^{a+b+1}}$$

$$\frac{dx}{dr} = -\frac{F_r}{F_x} = \frac{K\left(b\,r^{b-1} - a\,r^b\right).(1-x)^{a+b+1}}{\left[c\,x^{c-1} + x^c\,(a+b-c)\right].(1+r)^{a+b+1}}$$

Zur Bestimmung des Maximums setzt man diese Ableitung null.

$$\frac{K\left(b\,r^{b-1} - a\,r^b\right).(1-x)^{a+b+1}}{\left[c\,x^{c-1} + x^c\,(a+b-c)\right].(1+r)^{a+b+1}} = 0$$

Keiner der Klammerterme im Nenner kann null werden.
Der erste Klammerterm wird nur 0, wenn x = 0. Dies ist aber der Zustand vor Beginn der Reaktion und nicht das Reaktionsgleichgewicht.
1 + r kann ebenfalls nicht null werden. r kann nur positiv sein, sonst wäre B Endstoff und kein Ausgangstoff. Damit folgt

$$\left(b\,r^{b-1} - a\,r^b\right).(1-x)^{a+b+1} = 0$$

a.) 1 - x = 0 ist trivial. Da x der Molenbruch des Endstoffes C ist, wäre $x_C = 1$. Es wäre nur reines C vorhanden, also keine Reaktion im Gleichgewichtszustand.

b.) $b\,r^{b-1} = a\,r^b \quad \Rightarrow \quad r = \frac{b}{a}$

Mit(3') folgt $z - by = \frac{b}{a}(a - ay) \quad \Rightarrow \quad az - aby = ab - aby \quad \Rightarrow \quad z = b$ wzbw.

Beispiel TD- 41: In ein Gefäß mit v = 500 ml Inhalt gibt man m = 1,60 g Br_2 und entfernt die Luft durch evakuieren. Danach wird das Gefäß auf t = 1527°C erhitzt. Nach Einstellung des Gleichgewichtes beträgt der Gasdruck p = 3,787 bar. Wie groß ist der Dissoziationsgrad α des Bromdampfes und die Gleichgewichtskonstanten K_n, K_x, K_p und K_{th}.
Die folgende Zusammenfassung zeigt den Gang der Rechnung.

	$Br_2 \rightleftharpoons$	$2Br$	
			$\sum \nu_i = 2 - 1 = 1$
Stoffmengen zu Beginn	n_o	0	
Stoffmengen im Gleichgewicht n_i....	$n_o(1-\alpha)$	$n_o 2\alpha$	$\sum n_i = n_o(1+\alpha)$
Molenbrüche im Gleichgewicht x_i....	$\frac{1-\alpha}{1+\alpha}$	$\frac{2\alpha}{1+\alpha}$	

$$K_n = n_o \frac{4\alpha^2}{1-\alpha} \qquad K_x = \frac{4\alpha^2}{1-\alpha^2} \qquad K_p = p\frac{4\alpha^2}{1-\alpha^2} \qquad K_{th} = \frac{p}{p_o}K_x = \frac{p}{p_o}.\frac{4\alpha^2}{1-\alpha^2}$$

$$p\,v = \sum n_i R T = n_o(1+\alpha)RT$$

Man berechnet zunächst aus dem Gasdruck den Dissoziationsgrad und daraus die anderen Größen.
Ergebnisse: α = 0,2637; K_n = 0,00378 mol; K_x = 0,299; K_p = 1,132 bar;

$K_{th} = \frac{3,787}{1,01325}.0,299 = 1,117$ Der Standarddruck p_o ist 1atm = 1,01325 bar.

Zähler und Nenner im Bruch $\frac{p}{p_o}$ müssen immer die gleiche Einheit haben!

Beispiel TD- 42: Warum kann man CO_2 als Kühlgas in einem mit Graphit moderierten Kernreaktor nur bis etwa 500°C verwenden? Die thermodynamischen Gleichgewichtskonstanten sind:

	400°C	500°C	600°C
K_{th}	$7,25.10^{-5}$	0,003921	0,08425

CO_2 reagiert mit dem Graphit zu Kohlenmonoxid. Wie die Gleichgewichtskonstanten zeigen, wird die CO-Bildung mit höherer Temperatur immer stärker. Der Anteil an CO im Kühlgas lässt sich nach folgendem Gedankengang berechnen:
Der Graphit bleibt als Feststoff in diesem heterogenen Gleichgewicht unberücksichtigt.
Als Ausgangsstoffmenge für CO_2 wählt man am einfachsten 1 mol.
Für den Gesamtdruck kann man zunächst p_o = 1,01325 bar annehmen. Dann ist $K_{th} = K_x$.

	$C(f) + CO_2 \rightleftharpoons$	$2\,CO$	$\sum \nu_i = 2 - 1 = 1$
Stoffmengen zu Beginn	1	0	
Stoffmengen im Gleichgewicht n_i....	$1-y$	$2y$	$\sum n_i = 1 + y$
Molenbrüche im Gleichgewicht x_i....	$\frac{1-y}{1+y}$	$\frac{2y}{1+y}$	
Partialbrüche im Gleichgewicht p_i....	$p\frac{1-y}{1+y}$	$p\frac{2y}{1+y}$	

$$K_x = \frac{x_{CO}^2}{x_{CO_2}} = \frac{4y^2}{1-y^2} \qquad K_{th} = \frac{p}{p_o}K_x = \frac{p}{p_o}.\frac{4y^2}{1-y^2}$$

Es entsteht eine reinquadratische Gleichung in y mit der Lösung

$y = \sqrt{\frac{K_x}{K_x + 4}}$. Dabei ist nur die positive Wurzel sinnvoll.

Aus y berechnet man den Molenbruch von CO und seinen Gehalt in Vol% = 100 x_{CO} im Gasgemisch. Die zahlenmäßigen Ergebnisse enthält die folgende Tabelle:

	400°C	500°C	600°C
y	0,00428	0,0315	0,144
x_{CO}	0,0085	0,061	0,252
Vol% CO	0,85	6,1	25,2

Wie man sieht ist bei 500°C der Gehalt an CO schon 6 Vol%.
Bei höheren Drucken werden die CO-Gehalte kleiner!

Beispiel TD- 43: Erhitzt man $BaCO_3$, dann zerfällt es in BaO und CO_2. Bei einer Temperatur von t_1 = 1250°C beträgt der Partialdruck von CO_2 p_1 = 123 hPa, bei t_2 = 1400°C ist p_2 = 722hPa.
Man berechne die durchschnittliche Reaktionsenthalpie ΔH° und Reaktionsentropie ΔS° in diesem Temperaturbereich.
$BaCO_3(f) \rightleftharpoons BaO(f) + CO_2$

Es ist nur das CO_2 als gasförmiger Stoff vorhanden, daher ist $K_{th} = \frac{p}{p_o}$.

p ist der Partialdruck des CO_2 und p_o = 1013,25 hPa ist der Standarddruck.
Zur Lösung verwendet man TD 62 (ΔH° und ΔS° wird als konstant angenommen!)

(1) $\ln\frac{p_1}{p_o} = -\frac{\Delta H^o}{R}.\frac{1}{T_1} + \frac{\Delta S^o}{R}$

(2) $\ln\frac{p_2}{p_o} = -\frac{\Delta H^o}{R}.\frac{1}{T_2} + \frac{\Delta S^o}{R}$

Zieht man die zweite Gleichung von der ersten ab, erhält man

$\ln\frac{p_1}{p_2} = -\frac{\Delta H^o}{R}.\left(\frac{1}{T_1} - \frac{1}{T_2}\right)$ und daraus ΔH° = 250,01 kJ/mol. Zur Berechnung der Entropie setzt man diesen Wert in (1) oder (2) ein und bekommt ΔS° = 146,6 J/mol.K

Beispiel TD- 44: Gegeben sei eine endotherme Reaktion. Wie verändert sich die Gleichgewichtskonstante und die Ausbeute, wenn die Temperatur T steigt?

Bei einer endothermen Reaktion ist $\Delta H° > 0$ Mit TD 63 $\Rightarrow \frac{\partial \ln K}{\partial T} > 0$.

Dies bedeutet, dass die Steigung der lnK(T)-Funktion positiv ist. T und lnK ändern sich gleichsinnig. Steigt T, dann steigt auch lnK und wegen der strengen Monotonie steigt auch K. Mathematisch: Die Temperatur soll steigen, dann ist $\partial T > 0$ (∂T ist anschaulich die Änderung der Temperatur T. T_E -T_A ist positiv, wenn T größer wird)

Es ist also $\frac{\partial \ln K}{\partial T} > 0$ und $\partial T > 0 \Rightarrow \partial \ln K > 0 \Rightarrow \ln K_E - \ln K_A > 0$ und wegen der Monotonie gilt auch $K_E - K_A > 0$ und weiter $K_E > K_A$. Bei endothermen Reaktionen nimmt also K mit steigender Temperatur zu. Da K so definiert wurde, dass die Endstoffe im Zähler stehen, steigt auch die Ausbeute.

Beispiel TD- 45: Ammoniakgleichgewicht. $N_2 + 3\,H_2 \rightleftharpoons 2\,NH_3$ Alle drei Stoffe sind gasförmig. Wie verändert sich die Gleichgewichtskonstante und die Ausbeute, wenn der Druck erhöht wird?
Die Reaktionsgleichung sagt zunächst aus, dass 4 mol an gasförmigen Stoffen zu 2 mol an gasförmigen Stoffen reagieren. Nach dem Gesetz von Avogadro ist dies aber gleichbedeutend damit, dass 4 Volumteile zu 2 Volumteilen reagieren. Daher ist $\Delta v = 2 - 4 = -2 < 0$.
Mit TD 64 ist $\frac{\partial \ln K}{\partial p} > 0$. Da der Druck steigt ist $\partial p > 0$ und damit auch $\partial \ln K > 0$. Die Konstante und damit auch die Ausbeute steigen mit steigendem Druck. Nimmt das Reaktionsvolumen während der Reaktion ab, dann steigt mit steigendem Druck auch K und damit die Ausbeute. Der Druck p und lnK (und damit auch K) ändern sich gleichsinnig.

Beispiel TD- 46: Unter der Annahme, dass die molare Wärmekapazität $\Delta c_p(R)$ eines Reaktionsgemisches linear von der Temperatur T abhängt, leite man eine allgemeine Gleichung ab, die die **Temperaturabhängigkeit der Gleichgewichtskonstanten** $\ln K_{th}$ der Reaktion angibt.
Es ist $\Delta g°(R) = -RT \ln K_{th}$ und $\Delta g°(R) = \Delta h°(R) - T\Delta s°(R)$.
$\Delta h°(R)$ ist das Integral von $\Delta c_p(R)$ und $\Delta s°(R)$ ist das Integral von $\frac{\Delta c_p(R)}{T}$. Da nur eine allgemeine Gleichung gefragt ist, brauchen die Integrationen im einzelnen nicht ausgeführt zu werden. Es genügt sich zu überlegen, welche Terme von T in dieser Gleichung vorkommen müssen.
Da $\Delta c_p(R) = a + b\,T$ linear ist, muss $\Delta h°(R)$ als Integral folgende Terme in T enthalten: eine Konstante (Integrationskonstante!), T und T^2.
$\Delta s°(R)$ muss enthalten: eine Konstante, T und lnT (Integral von $\frac{a + bT}{T}$).
Daher enthält $\Delta g°(R) = \Delta h°(R) - T\,\Delta s°(R)$: eine Konstante, T, T^2 und T lnT.
$\ln K_{th} = \frac{-\Delta g^{o}(R)}{RT}$ enthält dann folgende Terme in T: eine Konstante, T, 1/T und lnT.
Die gesuchte Gleichung hat daher folgende Gestalt: $\ln K_{th} = a + bT + \frac{c}{T} + d \ln T$.

Beispiel TD- 47: Das Prinzip vom kleinsten Zwang läßt sich mit einigen einfachen Überlegungen zum **Verbrennungsmotor** veranschaulichen: Flüssiges Oktan wird in den Brennraum eingespritzt und mit Luft verbrannt. Warum enthalten die Abgase außer Stickstoff nicht nur Wasserdampf und Kohlendioxid sondern auch noch Kohlenwasserstoffe (KW), CO und NO.
Folgende Reaktionen werden betrachtet:

(1) $\underset{fl}{C_8H_{18}} + \underset{g}{12{,}5\,O_2} + \underset{g}{50\,N_2} \rightleftharpoons \underset{g}{8\,CO_2} + \underset{g}{9\,H_2O} + \underset{g}{50\,N_2}$

$\Delta H = -5100$ kJ/mol. Die Reaktion ist exotherm

(2) $CO_2 \rightleftharpoons CO + ½\,O_2$ alle Stoffe gasförmig $\Delta H > 0$ Reaktion endotherm

(3) $N_2 + O_2 \rightleftharpoons 2\,NO$ alle Stoffe gasförmig $\Delta H > 0$ Reaktion endotherm

Zu (1): $\Delta v = 17 - 12{,}5$ Volumteile $= 4{,}5$ Volumteile. Δv ist positiv, daher verschiebt eine Erhöhung des Druckes das Gleichgewicht nach links.
$\Delta H < 0$ bewirkt, dass eine Erhöhung der Temperatur das Gleichgewicht ebenfalls nach links verschiebt.
Der hohe Druck und die hohe Temperatur im Motor sind also für eine vollständige Verbrennung ungünstig. Es bleiben immer KW unverbrannt.

Zu (2) und (3): Beide Reaktionen sind endotherm. Die hohe Temperatur fördert die Bildung der Endprodukte CO und NO.

In der Europäischen Union sind ab 1997 für die Abgase vorgeschrieben:

Motor	CO (g/km)	KW (g/km)	NO_x (g/km)	Partikel (g/km)
Benzin	2,2	0,5	0,5	---
Diesel	1,0	0,7	0,7	0,08

Wie viel Vol% CO entsprechen die geforderten 2,2 g/km im Abgas?
Angenommen wird ein Verbrauch von 5700 g C_8H_{18} für 100 km.
Bei einer Dichte von ρ = 0,7 g/ml sind dies v = 8,14 l Treibstoff.
5700 g sind 50 mol (M = 114 g/mol). Pro km werden 0,5 mol verbraucht. Diese 0,5 mol Treibstoff erzeugen stöchiometrisch gerechnet 33,5 mol Abgase.

2,2 g CO sind 0,0786 mol $\Rightarrow x_{CO} = \frac{n_{CO}}{\sum n_i} = \frac{0,0786}{33,5} = 0,00235 \Rightarrow 0,235$ Vol% CO.

Schlecht eingestellte Motoren können bis zu 13 Vol% CO im Abgas erzeugen.

Theoretischer Treibstoffbedarf: Annahme P = 50 kW; 50 kW sind 50 kJ/s. Der Energieverbrauch in einer Stunde ist daher 50 kJ/s . 3600 s = 180 MJ.

Für diese Energiemenge benötigt man $n = \frac{180}{5,1} = 35,3$ mol Oktan pro Stunde. Dies sind

35,3.114 = 4024 g Benzin und weiter $v = \frac{4024}{0,7} = 5,75$ l Benzin pro Stunde.

Dies wäre der Verbrauch beim Fahren mit voller Leistung. Tatsächlich fährt man meist nur mit einem Drittel bis zur halben Leistung. Der theoretische Verbrauch wäre etwa 2,5 l Treibstoff. Aus dem Drehzahl-Drehmoment-Diagramm kann man die jeweilige Leistung berechnen: Beispielsweise erhält man für ein Drehmoment von M = 80 Nm und einer Motordrehzahl von n = 3000 U/min (dies entspricht etwa einer Fahrgeschwindigkeit von v = 100 km/h) mit $P = M\,\omega$ und $\omega = 2\,\pi\,n$ eine Leistung von P = 25,1 kW, also etwa die Hälfte der Nennleistung.

Beispiel TD- 48: Man berechne für die **Methanolsynthese** die prozentuelle Ausbeute bezogen auf CO bei einer Temperatur von t = 200°C für folgende Ausgangssituationen:
a.) Das Molverhältnis H_2 zu CO sei 0,5, 1, 2 und 4 bei einem Druck von p = 1 bar
b.) Beim stöchiometrischen Molverhältnis 2 seien die Drucke 1, 10 und 100 bar
K_{th} = 0,0231; p_o = 1,01325 bar

	$2H_2$ +	CO	$\rightleftharpoons CH_3OH$	
				$\sum \nu_i = -2$
Stoffmengen zu Beginn	a	1	0	
Stoffmengen im Gleichgewicht n_i	a - 2y	1 - y	y	$\sum n_i = a+1-2y$
Molenbrüche im Gleichgewicht x_i	$\frac{a-2y}{a+1-2y}$	$\frac{1-y}{a+1-2y}$	$\frac{y}{a+1-2y}$	

Die Gleichgewichtskonstanten sind

$$K_x = \frac{x_{CH_3OH}}{x_{H_2}^2\,x_{CO}} = \frac{y(a+1-2y)^2}{(a-2y)^2(1-y)} \quad \text{und } K_{th} = \left(\frac{p}{p_o}\right)^{-2} \cdot \frac{y(a+1-2y)^2}{(a-2y)^2(1-y)}$$

Die prozentuelle Ausbeute oder der Umsatz an CO in % ist %U(CO) = 100y
Setzt man die Werte für a, p und K_{th} ein, dann erhält man eine Gleichung dritten Grades in y. Diese löst man
a.) numerisch mit einem der Näherungsverfahren oder
b.) graphisch.
Man bildet die Funktion

$$f(y) = \frac{y(a+1-2y)^2}{(a-2y)^2(1-y)} - K_{th}\left(\frac{p}{p_o}\right)^2$$ und sucht

zwei bis drei sowohl positive wie negative y-Werte in der Nähe von 0. In einem y, f(y)-Diagramm verbindet man die berechneten Punkte zu einer Kurve und schneidet diese mit der Abszissenachse. Für dieses y ist f(y) = 0, daher ist dies die Lösung der Gleichung.

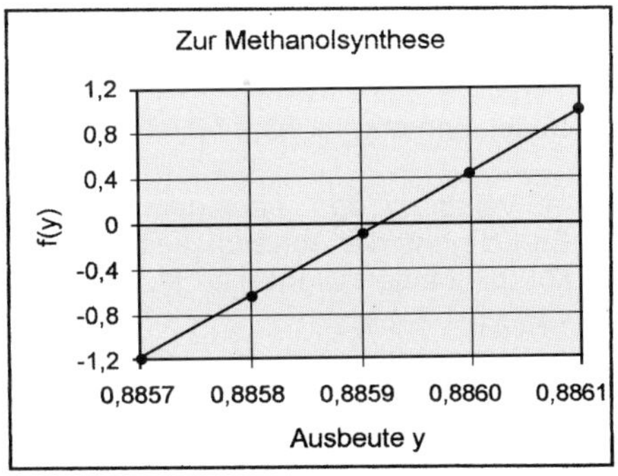

Abb.TD- 6

Meist lassen sich die Punkte mit einem Lineal verbinden, da die Kurve in dem kleinen Wertebereich praktisch eine Gerade ist. Abb.TD- 6 zeigt die Lösung für a = 2 und p = 100 bar, nämlich y = 0,8859. Dies entspricht 88,6% Umsatz. Alle Ergebnisse enthält folgende Tabelle:

a (mol)	0,5	1	2	4	2	2
p (bar)	1	1	1	1	10	100
y	0,00246	0,00553	0,00984	0,0142	0,401	0,886
%U(CO)	0,246	0,553	0,984	1,42	40,1	88,6

Wie man sieht lässt sich die Ausbeute nur durch Erhöhung des Druckes entscheidend verbessern.

Beispiel TD- 49: Für das Gleichgewicht $CH_4 + H_2O(g) \rightleftharpoons CO + 3\,H_2$ berechne man
A. Die Gleichgewichtskonstante K_{th} als Funktion der Temperatur.
B. Den Zusammenhang zwischen dem prozentuellen Umsatz von Methan und der Gleichgewichtskonstanten. Man gehe von 1 mol CH_4 und 1 mol H_2O-Dampf aus.
Folgende Angaben stehen zur Verfügung:

	ΔH^o_{298}	S^o_{298}	$C_p(T) = a + b\,T + c\,T^2$		
	kJ/mol	J/mol.K	a	b	c
CH_4	-74600	186,4	13,92	0,075114	$-157{,}17.10^{-7}$
H_2O	-241826	188,8	30,41	0,009549	$12{,}92.10^{-7}$
CO	-110530	197,7	26,87	0,006939	$-8{,}24.10^{-7}$
H_2	0	130,7	26,99	0,004009	$-2{,}29.10^{-7}$

1. Berechnung der thermodynamischen Werte für die Reaktion. Diese sind:
   $\Delta h^o_{298}(R) = 205896$ J/mol; $\Delta s^o_{298}(R) = 214{,}6$ J/mol.K
   $\Delta c_p(R) = 63{,}51 - 0{,}065697\,T + 129{,}14.10^{-7}\,T^2$ J/mol.K
   Bemerkung: Heute können die meisten elektronischen Rechner auch mit Vektoren rechnen. Hat man häufig Berechnungen wie oben durchzuführen, dann kann man mit solchen Rechnern viel Rechenarbeit einsparen, wenn man für den obigen Rechenschritt die Re-

geln der Vektorrechnung ausnützt. Man speichert für jeden Stoff A_i einen Vektor $V(A_i)$, der die sechs Komponenten ΔH^o_{298}, S^o_{298}, a, b, c und d enthält. a, b, c und d sind die Koeffizienten der verwendeten $C_p(T)$-Funktionen (s. TD 19). (a.. Konstante, b.. Koeffizient von T, c.. Koeffizient von T^2 und d.. Koeffizient von T^{-2}).

Bildet man nun für eine beliebige Reaktion die Vektorsumme $\sum_{i=1}^{6} \nu_i V(A_i)$, dann ist dies ein Vektor mit den sechs gesuchten thermodynamischen Werten für die Reaktion.

2. Berechnung der Abhängigkeit der Reaktionsenthalpie und -entropie von der Temperatur. Mit den obigen Werten erhält man:

$$\Delta h^o_T(R) = 189766 + 63,51T - 0,03285\,T^2 + 4,305.10^{-6}\,T^3$$

$$\Delta s^o_T(R) = -128,24 - 0,065697\,T + 6,457.10^{-6}\,T^2 + 63,51.\ln T$$

3. Mit $\Delta g = \Delta h - T\,\Delta s$ und $\Delta g = -R\,T\,\ln K_{th}$ bekommt man schließlich $\ln K_{th} = -23,062 - 3,951.10^{-3}\,T + 2,589.10^{-7}\,T^2 - 22823,6/T + 7,6385\,\ln T$

Zu B. Siehe Abb.TD- 7

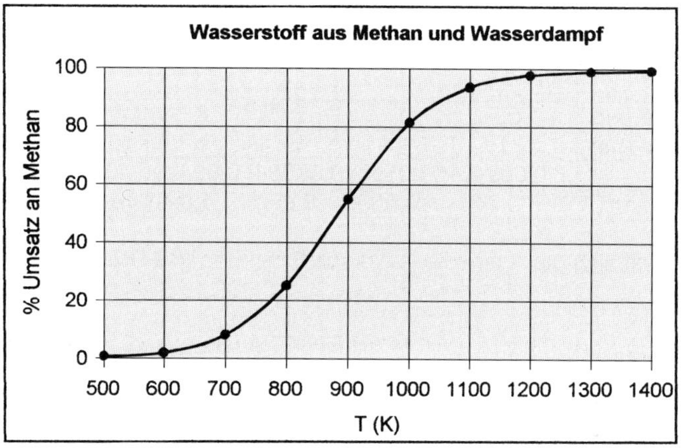

Abb.TD- 7

$$CH_4 + H_2O \rightleftharpoons CO + 3H_2 \qquad \sum \nu_i = 2$$

Stoffmengen n_i im Gleichgewicht $1-y \quad 1-y \quad y \quad 3y \qquad \sum n_i = 2(1+y)$

$$K_x = \frac{27y^4}{4(1-y^2)^2} \quad \text{und} \quad K_{th} = \left(\frac{p}{p_o}\right)^2 \cdot \frac{27y^4}{4(1-y^2)^2} \Rightarrow \frac{y^4}{(1-y^2)^2} = \frac{4K_{th}\,p_o^2}{27p^2} \Rightarrow$$

$$\frac{y^2}{1-y^2} = A \;\; \text{mit} \;\; A = \sqrt{\frac{4K_{th}\,p_o^2}{27p^2}} \Rightarrow y = \sqrt{\frac{A}{A+1}} \;;\; 100\,y = \%\text{Umsatz}(CH_4)$$

Beispiel TD- 50: (1) $C_2H_5OH \rightleftharpoons C_2H_4 + H_2O$
(2) $2\,C_2H_5OH \rightleftharpoons (C_2H_5)_2O + H_2O$

Ethanol reagiert durch Entzug von Wasser sowohl zu Ethen als auch zu Diethylether: Zusammen ergibt dies das **Simultangleichgewicht** $C_2H_5OH \rightleftharpoons C_2H_4 + (C_2H_5)_2O + H_2O$.

Alle Stoffe seien gasförmig. Der Druck sei gleich dem Standarddruck p = 1,01325 bar.
K_f = 1 kann angenommen werden.
Man berechne im Temperaturbereich von 300 bis 500 K (etwa acht Werte genügen)
a.) die Gleichgewichtskonzentrationen der beteiligten Stoffe
b.) die Umsätze der beiden Reaktionen in % und stelle diese grafisch dar.
Die Temperaturabhängigkeiten der Gleichgewichtskonstanten sind:

$$\ln K_1 = -0{,}6271 + 2{,}541 . \ln T - 4839 / T - 0{,}002302\,T + 2{,}067 . 10^{-7}\,T^2$$

$$\ln K_2 = -26{,}60 + 3{,}676 . \ln T + 3811 / T - 0{,}003827\,T + 7{,}285 . 10^{-7}\,T^2$$

A. Methode, die die **Gleichgewichtskonzentrationen** als **Variable** verwendet.
Mit den obigen Annahmen ist $K_{th} = K_p$. Da nur ein Ausgangsstoff vorhanden ist, kann seine Anfangsmenge mit n° = 1 mol angenommen werden.
Es seien n_i und x_i die Stoffmengen bzw. Molenbrüche der Stoffe im Gleichgewicht.
Die folgende Übersicht zeigt den Ansatz und das daraus resultierende Gleichungssystem.

$$C_2H_5OH \rightleftharpoons C_2H_4 + (C_2H_5)_2O + H_2O$$

Zu Beginn 1mol

Im Glgw. $n_1; x_1$ $n_2; x_2$ $n_3; x_3$ $n_4; x_4$ $n_i = x_i \sum n_i$

(1) $1 = x_1 + x_2 + x_3 + x_4$

(2) $1 = (x_1 + x_2 + 2x_3)\sum n_i$ Stoffmengenbilanz des Kohlenstoffs

(3) $3 = (3x_1 + 2x_2 + 5x_3 + x_4)\sum n_i$ Stoffmengenbilanz des Wasserstoffs

(4) $1 = (x_1 + x_3 + x_4)\sum n_i$ Stoffmengenbilanz des Sauerstoffs

(5) $K_1 = p\dfrac{x_2 x_4}{x_1}$ (6) $K_2 = \dfrac{x_3 x_4}{x_1^2}$ Gleichgewichtskonstante

Es ist zweckmäßig zuerst die Matrix des linearen Systems (Gleichungen 1 bis 4) zu reduzieren. Bezeichnet man $\dfrac{1}{\sum n_i}$ mit A, dann erhält man

(1) $x_1 + x_2 + x_3 + x_4 = 1$

(2) $x_3 - x_4 = A - 1$

(3) $x_3 - x_4 = A - 1$

(4) $-x_2 = A - 1 \Rightarrow A = 1 - x_2$

Die zweite und die dritte Gleichung sind voneinander linear abhängig.
Zusammen mit den Gleichungen (5) und (6) werden die Variablen schrittweise eliminiert.
Man erhält schließlich für x_2 die quadratische Gleichung $x_2^2 + 2C\,x_2 - C = 0$. Mit dem daraus berechneten x_2 (es kommt nur die positive Lösung in Frage) berechnet man die restlichen Molenbrüche. Sei $B = \dfrac{K_1}{p.K_2}$ und $C = \dfrac{K_1^2}{p.K_1 + p^2 K_2}$, dann sind die Molenbrüche im Gleichgewicht: $x_2 = -C + \sqrt{C(C+1)}$; $x_3 = \dfrac{x_2(1 - 2x_2)}{2x_2 + B}$; $x_4 = x_2 + x_3$; $x_1 = 1 - 2x_4$

B. Methode, die die **Umsätze** als **Variable** verwendet.
Bezeichnet man die Umsätze der beiden Reaktionen mit u und v, dann sind die Stoffmengen im Gleichgewicht:

Einzelreaktionen	$C_2H_5OH \rightleftharpoons$	C_2H_4 +	H_2O	$2\ C_2H_5OH \rightleftharpoons$	$(C_2H_5)_2O$ +	H_2O
Stoffmengen im Glgw.	1 - u	u	u	1 - 2v	v	v

Simultanreaktion: $C_2H_5OH \rightleftharpoons C_2H_4 + (C_2H_5)_2O + H_2O$

Stoffmengen im Glgw. 1 - u - 2v u v u + v $\sum n_i = 1+u$

Molenbrüche $\frac{1-u-2v}{1+u}$ $\frac{u}{1+u}$ $\frac{v}{1+u}$ $\frac{u+v}{1+u}$

Damit wird $K_1 = p\frac{u(u+v)}{(1-u-2v)(1+u)}$ und $K_2 = \frac{v(u+v)}{(1-u-2v)^2}$

Aus $\frac{K_1}{K_2} = p\frac{u(1-u-2v)}{v(1+u)}$ kann man v als Funktion von u darstellen

$v = \frac{u(1-u)}{u(B+2)+B}$; $B = \frac{K_1}{p.K_2}$

Für u und v bekommt man damit folgendes Gleichungssystem:

(1) $v = \frac{u(1-u)}{u(B+2)+B}$

(2) $(1-u-2v)^2 K_2 = v(u+v)$

Dieses System müsste mit einer Näherungsmethode gelöst werden.
Wie man sieht ist für obiges Simultangleichgewicht das Gleichungssystem nach Methode A einfacher zu lösen.
u und v wird man hier am besten aus den Molenbrüchen berechnen:

$x_2 = \frac{u}{1+u}$ und $x_3 = \frac{v}{1+u}$ $\Rightarrow$ $u = \frac{x_2}{1-x_2}$ und $v = \frac{x_3}{1-x_2}$.

Die prozentuellen Umsätze sind dann für Ethen $U_1 = 100u = 100\frac{x_2}{1-x_2}$ und für den Ether

$U_2 = 200v = 200\frac{x_3}{1-x_2}$. Siehe folgende Tabelle und Abb.TD- 8.

T (K)	K_1	K_2	B	C	x_1	x_2	x_3	x_4	U_1	U_2
300	0,0531	398,6	0,00013	$7{,}07.10^{-6}$	0,0244	0,0027	0,4852	0,4878	0,3	97,3
325	0,2131	185,1	0,00115	$2{,}45.10^{-4}$	0,0349	0,0154	0,4671	0,4825	1,6	94,9
350	0,7060	96,75	0,00730	$5{,}11.10^{-3}$	0,0450	0,0666	0,4109	0,4775	7,1	88,0
375	2,004	55,56	0,03607	0,06976	0,0483	0,2034	0,2724	0,4758	25,5	68,4
400	5,013	34,39	0,14574	0,6376	0,0369	0,3842	0,0973	0,4815	62,4	31,6
425	11,30	22,64	0,49893	3,7596	0,0204	0,4706	0,0192	0,4898	88,9	7,3
450	23,32	15,67	1,48775	13,943	0,0104	0,4913	0,0034	0,4948	96,6	1,4
500	80,39	8,462	9,50074	72,735	0,0031	0,4983	0,0002	0,4985	99,3	0,07

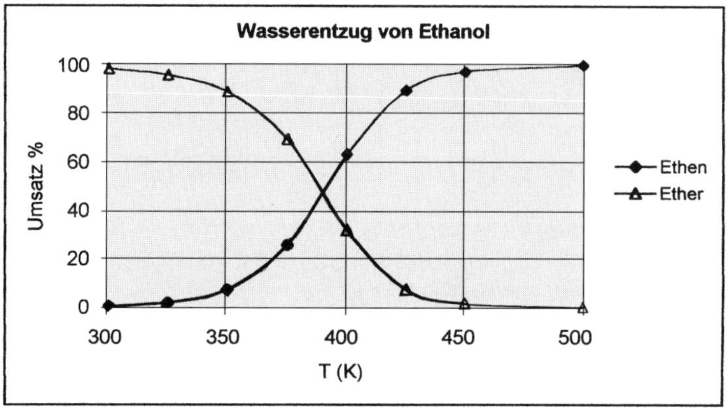

Abb.TD- 8

Aufgabe TD- 40: Man leite aus $\ln K(T) = -\frac{\Delta H^o(T)}{R} \cdot \frac{1}{T} + \frac{\Delta S^o(T)}{R}$ die van t'Hoffsche Gleichung ab.

Aufgabe TD- 41: Man zeige mit dem Massenwirkungsgesetz:
A. Der Zusatz eines Inertgases (dieses nimmt an der Reaktion nicht teil!) zu einem gasförmigen Reaktionsgemisch verschiebt das Gleichgewicht in dieselbe Richtung wie eine Erniedrigung des Druckes.
B. Für eine Reaktion in Lösung hat der Zusatz eines Lösungsmittels die gleiche Wirkung.

Aufgabe TD- 42: Von folgenden Reaktionen (1) sind die Gleichgewichtskonstanten gegeben. Man berechne die Gleichgewichtskonstanten für die anderen Schreibweisen dieser Gleichgewichte.

(1)	$H_2 + 0{,}5\ O_2 \rightleftharpoons H_2O$	$K_1 = 5{,}38.10^5$	(1)	$2\ HCl \rightleftharpoons H_2 + Cl_2$	$K_1 = 3{,}03.10^{-11}$
(2)	$H_2O \rightleftharpoons H_2 + 0{,}5\ O_2$	$K_2 = ?$	(2)	$HCl \rightleftharpoons 0{,}5\ H_2 + 0{,}5\ Cl_2$	$K_2 = ?$
(3)	$2\ H_2O \rightleftharpoons 2\ H_2 + O_2$	$K_3 = ?$	(3)	$0{,}5\ H_2 + 0{,}5\ Cl_2 \rightleftharpoons HCl$	$K_3 = ?$
(4)	$2\ H_2 + O_2 \rightleftharpoons 2\ H_2O$	$K_4 = ?$	(4)	$H_2 + Cl_2 \rightleftharpoons 2\ HCl$	$K_4 = ?$

Aufgabe TD- 43: Man berechne die schwer messbare Gleichgewichtskonstante für die Dissoziation des Wassers in die Elemente aus den Konstanten der beiden folgenden relativ leicht messbaren Konstanten.

		bei 2000 K	bei 2500 K
(1)	$H_2O + CO \rightleftharpoons H_2 + CO_2$	$K_1 = 0{,}204$	0,162
(2)	$2\ CO_2 \rightleftharpoons 2\ CO + O_2$	$K_2 = 0{,}00185$	1,464
(3)	$H_2O \rightleftharpoons H_2 + 0{,}5\ O_2$	$K_3 = ?$	?

Aufgabe TD- 44: Zu berechnen sind die Gleichgewichtskonstanten für die Reaktionen
A. $2\ H_2S + SO_2 \rightleftharpoons 3\ S + 2\ H_2O$ bei T = 500 K
B. $4\ HCl + O_2 \rightleftharpoons 2\ H_2O + Cl_2$ bei T = 1000 K
C. $CH_4 + 2\ H_2O \rightleftharpoons CO_2 + 4\ H_2$ bei T = 1000 K
aus den unten angegebenen Konstanten der Bildungsreaktionen.

Bildungsreaktion von	T = 500 K	T = 1000 K
H_2S	$5{,}62.10^{6}$	
SO_2	$2{,}69.10^{31}$	
H_2O	$7{,}59.10^{22}$	$1{,}15.10^{10}$
HCl		$1{,}86.10^{5}$
CH_4		$9{,}55.10^{-2}$
CO_2		$4{,}79.10^{20}$

Aufgabe TD- 45: $2\,SO_2 + O_2 \rightleftharpoons 2\,SO_3$
Alle Stoffe sind gasförmig; zu Beginn sind 2 mol SO_2 und 1 mol O_2 vorhanden. Vom O_2 haben y mol reagiert. Man berechne K_x, K_p und K_{th}.
Aufgabe TD- 46: $CH_4 + CO_2 \rightleftharpoons 2\,CO + 2\,H_2$
Alle Stoffe sind gasförmig; zu Beginn ist je 1 mol CH_4 und CO_2 vorhanden. Vom CH_4 haben y mol reagiert. Man berechne K_x, K_p und K_{th}.
Aufgabe TD- 47: Graphit reagiert mit CO_2 teilweise zu CO. Das entstandene Gasgemisch enthält 75 Vol% CO_2 und erzeugt im Reaktor einen Druck p = 10 bar. Man berechne die Gleichgewichtskonstanten K_x, K_p und K_{th}.
Aufgabe TD- 48: Man erhitzt reines NO_2 auf T = 800 K. Nach Einstellung des Gleichgewichtes ist der Gesamtdruck p = 1,013 bar. Die NO_2-Konzentration im Gasgemisch ist auf 20,17 Vol% NO_2 gesunken. Man berechne
a.) den Dissoziationsgrad α
b.) K_x, K_p und K_{th}
c.) den Dissoziationsgrad bei p = 10,13 bar.
Aufgabe TD- 49: m = 2,00 g J_2 (M = 253,81 g/mol) wurden in einen Kolben mit dem Inhalt v = 0,25 dm³ eingewogen, die Luft abgesaugt und auf t = 1327°C erhitzt. In dem Gasgemisch aus J_2 und J wurde der Gehalt von J_2 photometrisch zu c = 0,022675 mol/dm³ bestimmt. Es ist zu berechnen:
a.) Der Dissoziationsgrad α
b.) Der Druck p im Kolben
c.) Die Gleichgewichtskonstanten K_x, K_p und K_{th}.
Aufgabe TD- 50: Für die Reaktion $2\,NO_2 \rightleftharpoons N_2O_4$ beträgt bei t = 50°C die freie Enthalpie $\Delta G°$ = -1037 J/mol. Man berechne K_{th} für die Dissoziation des N_2O_4 (M = 92,01 g/mol).
Die Gasdichte einer Mischung, die bei 50°C im Gleichgewicht ist, beträgt ρ = 5,50 g/l.
Man berechne den Dissoziationsgrad α, die mittlere molare Masse $\overline{M}$ und den Gesamtdruck p des Gasgemisches.
Aufgabe TD- 51: Für die Reaktion $C(f) + H_2O \rightleftharpoons CO + H_2$ ist K_{th} = 2,404 bei T = 1000 K. Man gehe von stöchiometrischen Anfangsmengen aus und berechne wie viel % des C vergast wurden. Welche Zusammensetzung (Vol%) hat das entstandene Gasgemisch? p = 1,013bar.
Aufgabe TD- 52: Man zeige für die Reaktionen
a.) $O_2 + 2\,NO \rightleftharpoons 2\,NO_2$
b.) $N_2 + 3\,H_2 \rightleftharpoons 2\,NH_3$,
dass die Ausbeute dann am größten ist, wenn man als Ausgangsmengen stöchiometrische Stoffmengen verwendet.
Aufgabe TD- 53: Für die Reaktion $C(f) + CO_2 \rightleftharpoons 2\,CO$ stelle man die Gehalte (Vol%) an CO und CO_2 im Gleichgewicht in Abhängigkeit von der Temperatur t (°C) dar. Der Gesamtdruck sei a.) p = 1,01325 bar = 1 atm und b.) p = 20,265 bar = 20 atm.
Die Abhängigkeit der thermodynamischen Gleichgewichtskonstanten von der absoluten Temperatur ist $\ln K_{th} = 21{,}256 - \frac{20727}{T}$.

Aufgabe TD- 54: Ethan wird thermisch dehydriert zu Ethen und Wasserstoff bei einem Druck von p = 1 bar. Man berechne den Restgehalt (Vol%) an Ethan im entstandenen Gasgemisch für die angegebenen Temperaturen.

t (°C)	650	850	1050
K_{th}	0,0848	2,3572	24,025

Aufgabe TD- 55: Von der Reaktion $N_2 + O_2 \rightleftharpoons 2\ NO$ ist bei 25°C gegeben:
$\Delta H° = 182{,}6$ kJ; $\Delta S° = 24{,}80$ J/K für einen Reaktionsdurchgang, also für 2 mol NO.
a.) Könnte man bei 25°C mit Hilfe eines geeigneten Katalysators NO herstellen?
b.) Man begründe thermodynamisch, wie sich dieses Gleichgewicht verschiebt, wenn man Wärme zuführt und den Druck erniedrigt.

Aufgabe TD- 56: $CO + 2\ H_2 \rightleftharpoons CH_3OH$ $\Delta H° = -91$ kJ/mol
Man zeige anhand der thermodynamischen Gesetze für die Druck- und Temperaturabhängigkeit von lnK, wie sich dieses Gleichgewicht verschiebt, wenn man
den Druck erhöht
die Temperatur erhöht.
Man zeige mit dem Massenwirkungsgesetz, wie sich das Gleichgewicht verschiebt, wenn man CH_3OH aus dem Reaktionsgemisch entfernt.

Aufgabe TD- 57: $A + B \rightleftharpoons C$ A, B, C sind gasförmig
Bei 600 K ist für diese Reaktion $\Delta H = -33{,}9$ kJ/mol und $\Delta S = -56{,}5$ J/mol.K
a.) In welche Richtung verläuft diese Reaktion freiwillig?
b.) Man begründe thermodynamisch, wie man den Druck und die Temperatur verändern müsste, um die Ausbeute an C zu erhöhen.

Aufgabe TD- 58: Für den Zerfall von Silber(I)oxid, Ag_2O, soll näherungsweise jene Temperatur berechnet werden, bei der in Luft mit einem Luftdruck von p = 1013 hPa
a.) die Zersetzung gerade beginnt
b.) ein lebhafter, dauerhafter Zerfall eintritt.
Die Zersetzung des Oxides beginnt bei jener Temperatur, bei der der Partialdruck des Sauerstoffs durch den Zerfall gleich dem Partialdruck des Sauerstoffs in der Luft (21 Vol% O_2) wird. Dies ist hier also bei 213 hPa der Fall.
Ein dauerhafter kräftiger Zerfall setzt ein, wenn der Sauerstoffdruck des zerfallenden Oxides den Luftdruck 1013 hPa überschreitet.
Gegeben sind nur die Standardwerte für Enthalpie und Entropie:

	Ag(f)	O_2	Ag_2O(f)
ΔH^o_{298} (J/mol)	0	0	-31100
S^o_{298} (J/mol.K)	42,6	205,2	121,3

Aufgabe TD- 59: $2\ H_2 + CO \rightleftharpoons CH_3OH$ alle Stoffe sind gasförmig.
Für diese Reaktion gilt:
$\Delta H°(T) = -74772 - 64{,}862\ T + 0{,}04367\ T^2 - 9{,}122.10^{-6}\ T^3$ J/mol
$\Delta S°(T) = 125{,}58 - 64{,}862\ \ln T + 0{,}08735\ T - 1{,}368.10^{-5}\ T^2$ J/mol.K
Man berechne $\ln K_{th}$ als Funktion der Temperatur. Bei welchem Druck muss bei t = 200°C die Synthese durchgeführt werden, damit der Umsatz 90% des eingesetzten CO beträgt? Man gehe von stöchiometrischen Mengen an H_2 und CO aus.

Aufgabe TD- 60: $A \rightleftharpoons 2\ B$ alle Stoffe sind gasförmig
$\Delta H°(T) = 60000 + 2{,}50\ T - 0{,}02\ T^2$ J/mol; $\Delta S°(T) = 150 + 2{,}50\ \ln T - 0{,}040\ T$ J/mol.K
Man berechne $\ln K_{th}$ als Funktion der Temperatur.
Wie viel % von A sind im Gleichgewicht bei einer Temperatur von t = 125°C und einem Druck

von p = 10 bar dissoziiert? Welche Zusammensetzung (Vol%) hat das Gasgemisch im Gleichgewicht?

Aufgabe TD- 61: CO_2 dissoziiert bei hohen Temperaturen zu CO und O_2. Bei einem Druck von p = 1,50 bar ist bei T_1 = 2000 K der Dissoziationsgrad α_1 = 0,0136 (1,36%); bei T_2 = 2200 K ist α_2 = 0,0373 (3,73%). p_o = 1,01325 bar. Wie groß ist in diesem Temperaturbereich die durchschnittliche Reaktionsenthalpie und Reaktionsentropie.

Aufgabe TD- 62: Für die Reaktion $N_2O_4(g) \rightleftharpoons 2\,NO_2$ wurde bei mehreren Temperaturen die Gleichgewichtskonstante gemessen. Man berechne die Reaktionsenthalpie $\Delta h°(R)$ und die Reaktionsentropie $\Delta s°(R)$.

T (K)	280	300	320	340	360
K_{th}	0,02457	0,1294	0,5548	2,0076	6,3082

Aufgabe TD- 63: Unter der Annahme, dass die molare Wärmekapazität $\Delta c_p(R)$ eines Reaktionsgemisches konstant ist, leite man eine allgemeine Gleichung ab, die die Temperaturabhängigkeit der Gleichgewichtskonstanten $\ln K_{th}$ der Reaktion angibt.

Aufgabe TD- 64: Unter der Annahme, dass die molare Wärmekapazität $\Delta c_p(R)$ eines Reaktionsgemisches quadratisch von der Temperatur T abhängt, leite man eine allgemeine Gleichung ab, die die Temperaturabhängigkeit der Gleichgewichtskonstanten $\ln K_{th}$ der Reaktion angibt.

Aufgabe TD- 65: Für die Temperaturabhängigkeit der Gleichgewichtskonstanten einer Reaktion gilt: $\ln K_{th} = 7{,}42 - 0{,}00219\,T - 1{,}98.10^{-7}\,T^2 + 1{,}56.10^4.1/T - 3{,}46\,\ln T$

Man berechne die Temperaturabhängigkeit der thermodynamischen Größen $\Delta g°(R)$, $\Delta h°(R)$, $\Delta s°(R)$, $\Delta c_p(R)$ und die Standardwerte $\Delta h^o_{298}(R)$ bzw. $\Delta s^o_{298}(R)$.

Aufgabe TD- 66: Für die Temperaturabhängigkeit der Gleichgewichtskonstanten einer Reaktion gilt: $\ln K_{th} = 0{,}113 + 0{,}00201\,T + 1{,}31.10^4.1/T - 2{,}82\,\ln T$.

Man berechne die Temperaturabhängigkeit der thermodynamischen Größen $\Delta g°(R)$, $\Delta h°(R)$, $\Delta s°(R)$, $\Delta c_p(R)$ und die Standardwerte $\Delta h^o_{298}(R)$ bzw. $\Delta s^o_{298}(R)$.

Aufgabe TD- 67: Für die Temperaturabhängigkeit der Gleichgewichtskonstanten einer Reaktion gilt: $\ln K_{th} = -21{,}52 + 9{,}31.10^{-5}\,T + 6003.1/T + 28935.1/T^2 + 0{,}1311\,\ln T$.

Man berechne die Temperaturabhängigkeit der thermodynamischen Größen $\Delta g°(R)$, $\Delta h°(R)$, $\Delta s°(R)$, $\Delta c_p(R)$ und die Standardwerte $\Delta h^o_{298}(R)$ bzw. $\Delta s^o_{298}(R)$.

Aufgabe TD- 68: Derzeit werden die meisten Fahrzeuge mit Benzin- oder Dieselmotoren angetrieben. Dies hat den Nachteil, dass etwa drei Viertel der Verbrennungsenthalpie des Treibstoffes ungenutzt an die Umgebung abgegeben wird und dass schädliche Abgase entstehen. Eine Alternative könnte sein:

Aus Methanol oder Benzin wird Wasserstoff erzeugt, dieser dient als Brennstoff für eine Brennstoffzelle, welche die elektrische Energie für einen Elektromotor liefert. Der Gesamtwirkungsgrad wäre dann etwa 80%. Die Abgase würden nur Kohlendioxid und Wasserdampf, eventuell Stickstoff, enthalten. Ein Teil des Wasserdampfes könnte wieder als Ausgangsstoff verwendet werden. Für die Reaktion zur Herstellung des Wasserstoffes

(1) $CH_3OH(g) + H_2O(g) \rightleftharpoons CO_2 + 3\,H_2$

untersuche man in einem Temperaturbereich von T = 400 bis 800 K wie der Umsatz an Methanol vom Druck und von der Temperatur abhängt. Bringt eine Erhöhung des Druckes eine Verbesserung der Ausbeute?

Zur Vereinfachung gehe man von je 1 mol Methanol und Wasser aus.

Gegeben sind für die Bildungsreaktionen der Stoffe die Abhängigkeit der Gleichgewichtskonstanten von der Temperatur.

CH_3OH: $\lg K_{th} = \frac{10909}{T} - 7{,}8467$; H_2O: $\lg K_{th} = \frac{12759}{T} - 2{,}6461$; CO_2: $\lg K_{th} = \frac{20567}{T} + 0{,}1207$

Aufgabe TD- 69: m = 5,00 g PCl_5 wird nach Entfernung der Luft in einem geschlossenen Gefäß (v = 0,5 dm³) verdampft und dann weiter erhitzt. Wie steigt der Druck im Gefäß von t = 75°C bis 450°C an? Die Ausdehnung des Gefäßes kann vernachlässigt werden.

Die Reaktion $PCl_5 \rightleftharpoons PCl_3 + Cl_2$ hat die Gleichgewichtskonstante $\ln K_{th} = 21{,}1687 - \frac{10861{,}8}{T}$

Aufgabe TD- 70: Pentan kommt in den drei Isomeren n-Pentan (P), 2-Methylbutan (MB) und 2,2-Dimethylpropan (DMP) vor. Man berechne in Abhängigkeit von der Temperatur für das Simultangleichgewicht

$P \rightleftharpoons MB \quad \ln K_1 = -0{,}6486 + 785{,}6 . T^{-1}$

$P \rightleftharpoons DMP \quad \ln K_2 = -5{,}0453 + 2563{,}8 . T^{-1}$

a.) Wie groß ist der Umsatz (%) in beiden Teilreaktionen bezogen auf P?

b.) Welche Zusammensetzung (mol%) haben die Gemische im Gleichgewicht? Es genügt die zehn Punkte im Temperaturbereich von 300 bis 1200 K in Schritten von 100 K zu berechnen. Die Ergebnisse sind grafisch darzustellen.

Aufgabe TD- 71: Wasserdampf wird bei höheren Temperaturen mit Kohlenstoff (glühendem Koks) zu Wasserstoff reduziert. Dabei laufen simultan die beiden Reaktionen

$C(f) + H_2O(g) \rightleftharpoons CO + H_2 \quad \ln K_1 = 17{,}0552 - 16139{,}5 . T^{-1}$ und

$C(f) + 2\,H_2O(g) \rightleftharpoons CO_2 + 2\,H_2 \quad \ln K_2 = 12{,}7888 - 11541{,}9 . T^{-1}$ ab.

Das entstehende Gasgemisch enthält je nach Temperatur neben Wasserstoff und restlichem Wasserdampf noch wechselnde Konzentrationen an CO und CO_2.

Man berechne die Zusammensetzung des Gasgemisches in mol% (= Vol%) für den Temperaturbereich 500 bis 1200 K in 100 K-Schritten und stelle das Ergebnis grafisch dar. p = 1,01325 bar.

Aufgabe TD- 72: Ethan und Propan werden beim Erhitzen dehydriert.

$C_2H_6 \rightleftharpoons C_2H_4 + H_2 \quad \ln K_1 = 15{,}4088 - 16613{,}2 . T^{-1}$

$C_3H_8 \rightleftharpoons C_3H_6 + H_2 \quad \ln K_2 = 16{,}7653 - 15495{,}8 . T^{-1}$

Die beiden Reaktionen laufen simultan ab. Wie groß sind die beiden Dissoziationsgrade u und v der beiden Stoffe in Abhängigkeit von der Temperatur, wenn man von 1 mol Ethan und a mol Propan ausgeht? Man löse die Aufgabe zunächst allgemein.

Dann setze man a = 1 mol und p = 1,01325 bar = 1 atm und berechne die Dissoziationsgrade und den Molenbruch des Wasserstoffes für ein Temperaturintervall von 600 bis 1500 K in Schritten von 100 K. Die Ergebnisse sind grafisch darzustellen. Wäre eine Erhöhung des Druckes ein Vorteil oder Nachteil für eine Wasserstoffgewinnung?

Aufgabe TD- 73: 5,00 g einer Aktivkohle adsorbierten bei 20°C in Abhängigkeit vom Gleichgewichtsdruck p folgende Mengen an Methanoldampf

p (hPa)	1,4	5,1	10,6	38,2	75,2	116,7
g Methanol	0,105	0,355	0,660	1,510	2,040	2,340

Das flüssige Methanol hat bei 20°C die Dichte $\rho_{Fl} = 0{,}791$ g/cm³.

Gehorcht diese Adsorption der Langmuir-Isotherme?

Man berechne

a.) die Methanolmenge y_s, die die Katalysatoroberfläche vollständig monomolekular bedeckt,

b.) die spezifische Oberfläche O_s der Aktivkohle,

c.) die Gleichgewichtskonstante K (1/bar) und

d.) die Abhängigkeit des prozentuellen Bedeckungsgrades vom Druck p

Aufgabe TD- 74: Je 250 ml verschieden konzentrierter Lösungen von Methylenblau wurden mit je 1,000 g Aktivkohle versetzt und das Adsorptionsgleichgewicht eingestellt. Die photometrische Bestimmung der Konzentrationen (mol/l) c_o vor und c nach der Adsorption ergab folgende Werte.

c_0	$8{,}0.10^{-4}$	$9{,}0.10^{-4}$	$10{,}0.10^{-4}$	$12{,}0.10^{-4}$	$14{,}0.10^{-4}$	$17{,}0.10^{-4}$	$22{,}0.10^{-4}$	$29{,}0.10^{-4}$
c	$4{,}6.10^{-6}$	$9{,}4.10^{-6}$	$1{,}7.10^{-5}$	$4{,}7.10^{-5}$	$1{,}0.10^{-4}$	$2{,}2.10^{-4}$	$5{,}1.10^{-4}$	$10{,}1.10^{-4}$

Die Adsorption gehorcht der Freundlich-Isotherme. Man berechne die Konstanten K und n.
Aufgabe TD- 75: Wie groß sind die spezifische Oberfläche einer Aktivkohle und die Konstanten der BET-Isotherme? 2,000 g der Aktivkohle adsorbieren bei einem Gleichgewichtsdruck p folgende Stickstoffmengen

p (hPa)	4,8	23,9	49,8	91,2	207	349	473	609	712
mmol N_2	0,350	0,876	1,130	1,306	1,620	2,024	2,484	3,350	4,530

Dichte und der Dampfdruck des flüssigen Stickstoffs sind: ρ_{Fl} = 0,807 g/cm^3; p_o = 1013 hPa.

5 ELEKTROCHEMIE

5.1 Grundbegriffe

Die wichtigsten in der Elektrochemie verwendeten **Größen** sind in Tabelle EL- 1 erklärt. W ist die Arbeit die ein elektrischer Strom verrichtet.

Tabelle EL- 1

Größe	Abk.	Definitions-gleichung	Einheit	
Zeit	t	Grundgröße	1s	
Stromstärke	I	Grundgröße	1A	1 Ampere
Ladung	Q	Q = I . t	1As = 1C	1 Coulomb
Spannung	U	W = Q . U	1J/C = 1V	1 Volt
Widerstand	R	U = R . I	1V/A = 1Ω	1 Ohm
Leistung	P	P = U . I = W/t	1W = 1J/s	1 Watt

Säuren, Basen oder Salze lösen sich in einem geeigneten Lösungsmittel unter Bildung von Ionen (elektrisch geladenen Teilchen) auf. Solche Lösungen nennt man **Elektrolyte**.

EL 1 Eine **Säure** ist ein Stoff, der Protonen abgeben kann.
Eine **Base** ist ein Stoff, der Protonen aufnehmen kann.
Ein **Salz** ist ein Stoff, der schon im festen kristallinen Zustand aus Ionen aufgebaut ist.

Eine Säure oder Base kann ein ungeladenes Molekül oder auch ein Ion sein.

Beispiel EL- 1: Säuren und Basen sind z.B.

Säuren

$CH_3COOH \rightarrow H^+ + CH_3COO^-$

$HCl \rightarrow H^+ + Cl^-$

$H_2O \rightarrow H^+ + OH^-$

$NH_4^+ \rightarrow H^+ + NH_3$

$H_2PO_4^- \rightarrow H^+ + HPO_4^{2-}$

$HPO_4^{2-} \rightarrow H^+ + PO_4^{3-}$

Basen

$CH_3COO^- + H^+ \rightarrow CH_3COOH$

$OH^- + H^+ \rightarrow H_2O$

$H_2O + H^+ \rightarrow H_3O^+$

$NH_3 + H^+ \rightarrow NH_4^+$

Festes KOH und NaOH sind Salze. Löst man diese Stoffe auf, dann ist das Hydroxidion OH^- die Base.
Jede Säure bildet, wenn sie ein Proton abgibt eine **korrespondierende** Base und umgekehrt. Die Säure und ihre korrespondierende Base bilden ein **Säure-Base-Paar**.
Da in Lösung freie Protonen nicht in messbarer Menge existieren, kann ein Stoff nur dann als Säure wirken, wenn ein zweiter als Base wirkender Stoff in der Lösung vorhanden ist.
Die beiden Stoffe tauschen ein oder mehrere Protonen aus. Eine solche Reaktion nennt man **Protolyse**.

Beispiel EL- 2: Protolysen sind etwa:

$HCl + H_2O \rightleftharpoons H_3O^+ + Cl^-$

$CH_3COOH + H_2O \rightleftharpoons H_3O^+ + CH_3COO^-$

$NH_3 + H_2O \rightleftharpoons NH_4^+ + OH^-$

$NH_4^+ + H_2O \rightleftharpoons NH_3 + H_3O^+$

$CH_3COO^- + H_2O \rightleftharpoons CH_3COOH + OH^-$

$NH_4^+ + CH_3COO^- \rightleftharpoons NH_3 + CH_3COOH$

$OH^- + H_3O^+ \rightleftharpoons 2H_2O$

$HSO_4^- + H_2O \rightleftharpoons H_3O^+ + SO_4^{2-}$

Ein Stoff, der sowohl als Säure als auch als Base wirken kann, heißt **Ampholyt**.
Wasser, das wichtigste in der Natur vorkommende Lösungsmittel, ist ein Ampholyt.
Andere Ampholyte sind z. B. HSO_4^-, $H_2PO_4^-$, HCO_3^-, $Zn(OH)_2$, Aminosäuren, u. a.

Bei den Salzen zerstört das Lösungsmittel das Kristallgitter. Die dazu notwendige Energiemenge entspricht der Gitterenergie und wird durch die Hydratation der Ionen aufgebracht. Salze lösen sich gut in Lösungsmitteln deren Dipolmomente groß sind (sogenannte „polare Lösungsmittel") und deren Moleküle klein sind. Kleine Moleküle kommen näher an die Ionen der Kristalloberfläche heran als große und erniedrigen daher die Anziehungskräfte zwischen den Ionen stärker.
Die gute Löslichkeit der Salze in polaren Lösungsmitteln ist erklärbar mit dem

EL 2 Coulomb-Gesetz: $F = \frac{1}{4\pi\varepsilon_o\varepsilon_r} \cdot \frac{Q_1 Q_2}{r^2}$ $\varepsilon = \varepsilon_o . \varepsilon_r$ $\varepsilon_o = 8{,}854.10^{-12}$ A.s/V.m

F ist die Kraft mit der sich zwei elektrische Ladungen Q_1 und Q_2 im Abstand r anziehen.
ε ist die **Dielektrizitätskonstante**, ε_r die relative Dielektrizitätskonstante des Stoffes in dem sich die Ladungen befinden.
ε_o ist eine Naturkonstante, die **elektrische Feldkonstante**. Sie hängt mit zwei anderen Naturkonstanten, der Lichtgeschwindigkeit c im Vakuum und der magnetischen Feldkonstanten $\mu_o = 4\pi.10^{-7}$ V.s/A.m auf einfache Weise zusammen. Es gilt $\varepsilon_o . \mu_o . c^2 = 1$.

Wasser ist ein gutes Lösungsmittel für ionenbildende Stoffe, da es aus kleinen Molekülen besteht und eine große Dielektrizitätskonstante ($\varepsilon_r \approx 80$) hat. Es erniedrigt daher die Anziehungskräfte zwischen den Ionen an der Oberfläche eines Salzkristalls auf etwa den achtzigsten Teil. Die thermische Bewegung kann dann das Kristallgitter zerstören, der Kristall löst sich auf.

Die Reichweite der elektrostatischen Kraft F ist relativ groß, verglichen mit den anderen Wechselwirkungskräften zwischen Teilchen, wie etwa den van der Waals-Kräften.
Die Coulomb-Kräfte nehmen nur mit dem Quadrat des Abstandes, also relativ langsam, ab. Die van der Waals-Kräfte hingegen sinken mit $1/r^7$. Dies ist bedeutungsvoll bei der Ionenaktivität. In einer Lösung wirken auf geladene Teilchen (Ionen!) die Wechselwirkungskräfte viel stärker als auf ungeladene Teilchen, da die auf geladene Teilchen wirkenden Coulomb-Kräfte eine viel größere Reichweite besitzen.

Ein Elektrolyt heißt **stark**, wenn der gelöste Stoff praktisch vollständig in Ionen umgewandelt wurde. Man sagt auch der Protolysegrad $\alpha = 1$.
Bei einem **schwachen** Elektrolyten ist $\alpha \ll 1$.

5.2 Ionenaktivität

Eine 0,1m HCl hat einen berechneten pH-Wert von 1,0 aber einen gemessenen pH-Wert von 1,1. Die H^+-Konzentration ist scheinbar kleiner als eingewogen. Bei HCl ist, wie Messungen zeigen, die Protolyse vollständig ($\alpha = 1$).
Man schließt daraus, dass bei Elektrolyten schon in relativ verdünnter Lösung die gegenseitige Behinderung der Ionen durch elektrische Wechselwirkungen sehr groß ist. Die Aktivität (wirksame Konzentration) ist schon in verdünnten Lösungen geringer, als die tatsächliche Konzentration.
Die Gesetze für die Elektrolyte gelten nur mit Aktivitäten exakt, mit Konzentrationen sind sie Grenzgesetze für sehr verdünnte Lösungen (etwa bis 0,01 molar).

Bei schwachen Elektrolyten, wenn sie alleine vorliegen, genügt zur Erklärung der geringen Ionenwirkung die geringe Protolyse. Eine gegenseitige Behinderung der Ionen ist noch kaum vorhanden.
Bestimmte Eigenschaften einer Lösung ändern sich stark mit dem Aktivitätskoeffizienten und damit auch mit der Ionenstärke (Reaktionsgeschwindigkeiten, Gleichgewichtskonzentrationen, pH-Wert u. a.). Die Aktivität muss daher bei Elektrolyten fast immer berücksichtigt werden. Bei Vergleichsmessungen an Elektrolyten (z.B. biochemische Untersuchungen in Pufferlösungen) muss man darauf achten, dass alle Proben die gleiche Ionenstärke besitzen. Es werden sonst Unterschiede vorgetäuscht, die nicht vorhanden sind.

Für Lösungen ist die Aktivität definiert durch

$a = f\frac{c}{c_o}$ bzw. $a = f\frac{b}{b_o}$, je nach Konzentrationsangabe. (Man vergleiche TD 48)

Dabei ist c die Molarität und b die Molalität des gelösten Stoffes. f ist der jeweilige, zu der gewählten Konzentration passende, Aktivitätskoeffizient.
Als Standardzustand für Lösungen wurde festgelegt: c_o = 1 mol/l bzw. b_o = 1 mol/kg.
Die Einheit von a ist daher immer 1. Da c_o und b_o immer den Wert 1 besitzen, werden sie in den Formeln meist weggelassen (vgl. Beispiel EL- 3).

Einzelionenaktivitäten sind nicht messbar, nur für verdünnte Lösungen berechenbar. Messbar sind nur die mittleren Aktivitätskoeffizienten.

Die **mittlere Aktivität** ist das geometrische Mittel der Einzelionenaktivitäten.

EL 3 Für einen Elektrolyten K_rA_s gilt $a_m = \sqrt[r+s]{a_K^r . a_A^s}$

und analog für die Aktivitätskoeffizienten $f_m = \sqrt[r+s]{f_K^r . f_A^s}$

Beispiel EL- 3: Für Na_2SO_4 ist $a_m = \sqrt[3]{a^2_{Na^+} a_{SO_4^{2-}}}$ und $f_m = \sqrt[3]{f^2_{Na^+} f_{SO_4^{2-}}}$

Daher ist $a_m = \sqrt[3]{\left(f_{Na^+} \cdot c_{Na^+}\right)^2 \cdot \left(f_{SO_4^{2-}} \cdot c_{SO_4^{2-}}\right)} = f_m \sqrt[3]{c^2_{Na^+} c_{SO_4^{2-}}}$

5.2.1 Berechnung von Aktivitätskoeffizienten

In einem Elektrolyten gibt es im wesentlichen zwei wirksame Tendenzen:
- Die gegenseitigen Anziehungskräfte. Jedes Ion baut eine entgegengesetzt geladene Ionenwolke um sich auf. Es ist eine ordnende Tendenz, wie in einem Kristall.
- Die thermische Bewegung der Teilchen, die diese Ordnung wieder zerstört.

Für verdünnte Lösungen wurde das Problem der Berechnung von Aktivitätskoeffizienten gelöst (DEBYE, HÜCKEL, ONSAGER, BJERRUM).
Für konzentrierte Lösungen gibt es nur Näherungen.

A. Verdünnte Lösungen

Aktivitätskoeffizienten von Einzelionen
Für wässrige Lösungen bis zu einer Ionenstärke von etwa 0,2 mol/l gilt:

EL 4 $\lg f_i = -A\, z_i^2 \dfrac{\sqrt{J}}{1+\sqrt{J}}$; Dabei ist $J = \dfrac{1}{2}\sum_i c_i z_i^2$ und $A = \dfrac{1824800}{(\varepsilon T)^{1,5}}$

f_i........... Aktivitätskoeffizient eines Ions der Lösung
z_i.......... Ladung dieses Ions
J.......... Ionenstärke
c_i, z_i ... Konzentration und Ladung **aller** in der Lösung vorhandener Ionen
ε.......... relative Dielektrizitätskonstante des Lösungsmittels (Wasser)
T.......... absolute Temperatur

Ist $\sqrt{J}$ gegenüber 1 vernachlässigbar klein, dann kann man auch $\lg f_i = -A\, z_i^2 \sqrt{J}$ verwenden.
Werte von A für einige Temperaturen:

Tabelle EL- 2

t (°C)	A
0	0,492
10	0,499
20	0,507
25	0,511
30	0,516
40	0,526
50	0,537
60	0,550

Diskussion:

- Durch die Ionenstärke J haben alle in der Lösung vorkommenden Ionen einen Einfluss auf den Aktivitätskoeffizienten.
  Bei schwachen Elektrolyten in denen keine starken Elektrolyte in der Lösung gelöst sind, kann man meist auf die Berücksichtigung von f verzichten. Ändert sich in diesem Fall z. B. α von 0,01 auf 0,1, so ändert sich f nur von 1 auf 0,9 (im Bereich c ~ 0,1m). Sind aber noch starke Elektrolyte gelöst, dann muss der Einfluss der Ionenkräfte auf jeden Fall berücksichtigt werden.
- Die Ionenladung z kommt in der Gleichung in der dritten Potenz vor. Daher zeigen mehrwertige Ionen bei gleicher Konzentration stärkere Abweichungen vom idealen Verhalten als einwertige.
- Für Ionen mit gleicher Ladung z ist f in allen verdünnten Lösungen derselben Ionenstärke gleich groß unabhängig von den gelösten Ionenarten.
- Da in verdünnten Lösungen lgf immer negativ ist, sind die Aktivitätskoeffizienten f immer kleiner als 1

Mittlerer Aktivitätskoeffizient

Gegeben sei wieder der Elektrolyt K_rA_s, der selbst kein Ion ist. Dann ist der mittlere Aktivitätskoeffizient

$f_m = \sqrt[r+s]{f_K^r . f_A^s} \Rightarrow \lg f_m = \dfrac{r.\lg f_K + s.\lg f_A}{r+s}$ Substituiert man $\lg f_K$ und $\lg f_A$ mit EL 4, dann erhält man

$$\lg f_m = -A \frac{\sqrt{J}}{1+\sqrt{J}} . \frac{r\, z_K^2 + s\, z_A^2}{r+s} .$$

Den Bruch $\dfrac{r\, z_K^2 + s\, z_A^2}{r+s}$ kann man, wenn K_rA_s selbst kein Ion ist, vereinfachen.

Nach dem Erhaltungssatz für die Ladung gilt dann $r\, z_K + s\, z_A = 0$.

Multipliziert man mit z_K und z_A und addiert anschließend, erhält man

$$r z_K^2 + s z_K z_A = 0$$

$$r z_K z_A + s z_A^2 = 0 \Rightarrow \frac{r z_K^2 + s z_A^2}{r+s} = -z_K z_A \Rightarrow \lg f_m = A z_K z_A \frac{\sqrt{J}}{1+\sqrt{J}}$$

Um die gleiche Schreibweise wie in EL 4 zu bekommen verwendet man den Betrag von z_A (z_A ist negativ!) und setzt das Vorzeichen wie in EL 4 an den Beginn des rechten Terms.

EL 5 $$\lg f_m = -A z_K |z_A| \frac{\sqrt{J}}{1+\sqrt{J}}$$

B. Aktivitätskoeffizienten in konzentrierteren Lösungen

Oft nimmt f_m mit steigender Konzentration zunächst ab und steigt dann wieder an. Entstehung des Minimums:

Der Aktivitätskoeffizient f kann in konzentrierteren Lösungen durch die Bildung von Ionenasoziaten noch stärker abnehmen als der interionischen Wechselwirkung entspricht. Die tatsächliche Ionenkonzentration wird dadurch kleiner.

Andererseits wird durch die Hydratation der zunehmenden Ionenmenge immer mehr Lösungsmittel als Hydrathülle gebunden. Das frei bewegliche Lösungsmittel wird immer weniger. Dadurch steigt die effektive Konzentration der wirksamen Teilchen (Ionen) und damit f.

Für alle **folgenden Beispiele und Aufgaben** ist das Lösungsmittel Wasser und die Standardkonzentration c_o = 1 mol/l. Ist in Beispielen und Aufgaben keine Temperatur angegeben, dann wird A = 0,509 verwendet. Dieser Wert entspricht Zimmertemperatur (genau 23°C)

Beispiel EL- 4: Man berechne für eine 0,03 molare Natriumsulfatlösung
a.) die Aktivitätskoeffizienten und Aktivitäten der Einzelionen
b.) den mittleren Aktivitätskoeffizienten und die mittlere Aktivität.

a.) Es ist $J = 0,5\sum c_i z_i^2 = 0,5.(0,06.1^2 + 0,03.2^2) = 0,09$

$$\lg f_{Na^+} = -0,509\, z^2_{Na^+} \frac{\sqrt{J}}{1+\sqrt{J}} = -0,509.1^2.\frac{\sqrt{0,09}}{1+\sqrt{0,09}} = -0,1175$$

f_{Na^+} = 0,763 und a_{Na^+} = 0,06.0,763 = 0,0458. Analog erhält man für das Sulfation

$f_{SO_4^{2-}}$ = 0,339 und $a_{SO_4^{2-}}$ = 0,0102

$$\lg f_m = -0,509\, z_+ z_- \frac{\sqrt{J}}{1+\sqrt{J}} = -0,509.1.2\frac{\sqrt{0,09}}{1+\sqrt{0,09}} = -0,2349$$

f_m = 0,58 und a_m = 0,0277

Beispiel EL- 5: Welche Masse an Kaliumsulfat muss eingewogen werden, um 250 ml einer Lösung mit der Ionenstärke J = 0,1 mol/l zu bekommen?

$$J = 0,5\sum c_i z_i^2 = 0,5(2c + 4c) = 3c$$

$c = \frac{1}{30}$ mol/l; M = 174,26 g/mol, für 1 l Lösung wären 5,809 g einzuwägen. Daher
m = 1,4522 g K_2SO_4 für 250 ml.

Aufgabe EL-1: Man berechne für eine wässrige Lösung von Magnesiumsulfat mit der Konzentration c = 0,02 mol/l
a.) die Aktivitätskoeffizienten und Aktivitäten der Einzelionen
b.) den mittleren Aktivitätskoeffizienten und die mittlere Aktivität.

Aufgabe EL- 2: Man berechne für eine wässrige Lösung von Aluminiumsulfat mit der Konzentration c = 0,01 mol/l
a.) die Aktivitätskoeffizienten und Aktivitäten der Einzelionen
b.) den mittleren Aktivitätskoeffizienten und die mittlere Aktivität.
Aufgabe EL- 3: Welche Masse an einem Salz muss eingewogen werden, um v ml einer Lösung mit der Ionenstärke J mol/l zu bekommen?

Salz	v	J
KCl	500	0,3
$MgCl_2$	500	0,5
Na_2SO_4	1500	1,0

Aufgabe EL- 4: Welchen Aktivitätskoeffizienten f hat das Mg-Ion in einer Lösung, die 0,005 molar an $MgCl_2$ und noch 0,02 molar an KCl ist?
Aufgabe EL- 5: Welchen Aktivitätskoeffizienten f hat das Sulfation in einer Lösung, die 0,002 molar an Kaliumsulfat und noch 0,001 molar an Aluminiumsulfat ist?

5.3 Ionengleichgewichte in Lösungen

5.3.1 pH-Wert; Autoprotolyse des Wassers

Für Gleichgewichte in Elektrolyten gilt TD 57
$K_{th} = K_c\, c_o^{-\sum \nu_i}\, K_f$ bzw. $K_{th} = K_b\, b_o^{-\sum \nu_i}\, K_f$
Standardzustände sind für Lösungen c_o = 1 mol/l und b_o = 1 mol/kg.
Sind die Lösungen so verdünnt, dass K_f = 1, dann stimmen K_{th} und K_c zahlenmäßig überein.
Zur Vereinfachung der Schreibweise wird im folgenden verwendet:

- $h = c_{H^+}$ Konzentration der Protonen in der Lösung.
- $oh = c_{OH^-}$ Konzentration der OH^--Ionen in der Lösung.
- c° ist die aus der Einwaage resultierende Konzentration einer Säure, einer Base oder eines Salzes,
- Der Operator **p = -lg**. Der negative Logarithmus einer Aktivität oder Konzentration wird bei Berechnungen von Ionengleichgewichten sehr oft benötigt. Daher wurde ein eigenes Zeichen dafür eingeführt.

EL 6 Der **pH-Wert** ist der negative dekadische Logarithmus der Protonenaktivität in der Lösung. $pH = -\lg a_{H^+} = -\lg(c_{H^+} f_{H^+})$
Analog ist $pOH = -\lg a_{OH^-} = -\lg(c_{OH^-} f_{OH^-})$

Autoprotolyse des Wassers
Wasser reagiert mit sich selbst: $2\,H_2O \rightleftharpoons H_3O^+ + OH^-$
Sind im Wasser keine Stoffe gelöst, die Protonen oder OH^--Ionen erzeugen, dann ist, wie man aus der Reaktionsgleichung sieht, h = oh.
Die Konzentrationen h und oh sind außerdem so klein, dass man die interionischen Wechselwirkungen vernachlässigen kann. Man kann mit den Konzentrationen statt mit den Aktivitäten rechnen. Es ist $K_c = \frac{h.oh}{c^2_{H_2O}}$.
Wegen des geringen Umsatzes bleibt die Konzentration des Wassers praktisch konstant.

Daher ist auch das Produkt $h.oh = K_c.c^2_{H_2O}$ konstant. Man nennt es

EL 7 **Ionenprodukt** K_w des Wassers: $K_w = c_{H^+}c_{OH^-} = h.oh$

$pK_w = pH + pOH$

Einige Werte sind:

Tabelle EL- 3

t (°C)	K_w	pK_w
0	$1,15.10^{-15}$	14,94
10	$2,88.10^{-15}$	14,54
20	$6,76.10^{-15}$	14,17
25	$1,00.10^{-14}$	14,00
30	$1,48.10^{-14}$	13,83
40	$2,88.10^{-14}$	13,54
50	$5,50.10^{-14}$	13,26
60	$9,55.10^{-14}$	13,02

Beispiel EL- 6: Man verwende die Werte von 10°C und 50°C des Ionenprodukts zur Berechnung der mittleren **Neutralisationsenthalpie** für die Neutralisation einer starken Säure mit einer starken Base.
Die Neutralisation ist die Umkehrung der Autoprotolyse. Daher ist die Gleichgewichtskonstante K_N für die Neutralisation der Kehrwert der Autoprotolysenkonstante (TD 59):

$K_N = \frac{c^2_{H_2O}}{h.oh} = \frac{c^2_{H_2O}}{K_w}$ Man verwendet $\ln K(T) = -\frac{\Delta H^o(T)}{R}.\frac{1}{T} + \frac{\Delta S^o(T)}{R}$ (TD 62), bildet die Differenz für die beiden Temperaturen und erhält $\ln\frac{K_{N1}}{K_{N2}} = -\frac{\Delta H^o}{R}.\left(\frac{1}{T_1} - \frac{1}{T_2}\right)$.

Im Quotienten $\frac{K_{N1}}{K_{N2}}$ kürzt sich $c^2_{H_2O}$ weg und es bleibt $\frac{K_{w2}}{K_{w1}}$.

$$\ln\frac{5,50.10^{-14}}{2,88.10^{-15}} = -\frac{\Delta H^o}{R}\left(\frac{1}{283,15} - \frac{1}{323,15}\right)$$

$\Delta H° = -56,1$ kJ/mol
Dieser Wert gilt nur für sehr verdünnte Lösungen und vollständig dissoziierte Stoffe (starke Elektrolyte). In allen anderen Fällen kommen noch Wärmemengen durch die Dissoziation und die Verdünnung der Elektrolyte dazu.

5.3.2 Starke Säuren und Basen

Dies sind Stoffe, die vollständig protolysieren.
Bei den beiden Reaktionen $HCl + H_2O \rightleftharpoons H_3O^+ + Cl^-$ und $OH^- + H_3O^+ \rightleftharpoons 2\,H_2O$ liegt das Gleichgewicht ganz auf der rechten Seite. HCl und OH^- (KOH, NaOH) sind starke Elektrolyte.
Gibt eine starke Säure m Protonen ab, dann gilt h = m c° und die Aktivität ist

$$a_{H^+} = h.f_{H^+} = m c° f_{H^+}$$

$$-\lg a_{H^+} = -\lg\left(m c° f_{H^+}\right)$$

$$pH = p(m\,c°) + A\,z_{H^+}^2\,\frac{\sqrt{J}}{1+\sqrt{J}} \quad \text{Da } z_{H^+} = 1 \text{ folgt}$$

EL 8 $$pH = p(m\,c°) + A\,\frac{\sqrt{J}}{1+\sqrt{J}}$$

Ist die Ionenstärke J kleiner als 0,001, dann kann man meist pH = p(mc°) verwenden.

Dieselben Gleichungen kann man auch für Basen verwenden, wenn man oh statt h einsetzt.

EL 9 $$pOH = p(m\,c°) + A\,\frac{\sqrt{J}}{1+\sqrt{J}}$$

Den pH-Wert bei den Basen erhält man über das Ionenprodukt des Wassers

$$pH = pK_W - pOH = pK_W - \left(p(m\,c°) + A\,\frac{\sqrt{J}}{1+\sqrt{J}}\right)$$

Beispiel EL- 7: Welchen pH-Wert hat Wasser bei 25°C und 50°C?
Die Protolyse des Wassers ist: $2\,H_2O \rightleftharpoons H_3O^+ + OH^-$
Es gilt h.oh = K_w und h = oh. Daher ist 2pH = pK_w
In reinem Wasser ist daher immer pH = 0,5 pK_w
25°C: 2pH = $-\lg 10^{-14}$; pH = 7,00
50°C: 2pH = $-\lg 5{,}50.10^{-14}$; pH = 6,63

Beispiel EL- 8: Man berechne den pH-Wert einer 0,10 molaren NaOH-Lösung ohne und mit Berücksichtigung der Aktivitätskoeffizienten bei 25°C und 50°C.
a.) Ohne Berücksichtigung des Aktivitätskoeffizienten

$$pOH = -\lg c_{OH^-} = -\lg c° = -\lg\ 0{,}10 = 1{,}00$$

pH = pK_w - pOH.
25°C: pH = 13,00;
50°C: pH = 13,26 - 1,00 = 12,26

b.) Mit Berücksichtigung des Aktivitätskoeffizienten

$$J = 0{,}5\sum c_i z_i^2 = 0{,}5(0{,}1.1^2 + 0{,}1.\ 1^2) = 0{,}10$$

Bei 25°C: $pOH = -\lg 0{,}10 + \ 0{,}511\,z_{OH^-}^2\,\frac{\sqrt{0{,}10}}{1+\sqrt{0{,}10}} = 1{,}12$; pH = 14,00 - 1,12 = 12,88

Bei 50°C: $pOH = -\lg 0{,}10 + \ 0{,}537\,z_{OH^-}^2\,\frac{\sqrt{0{,}10}}{1+\sqrt{0{,}10}} = 1{,}00 + 0{,}13$; pH = 13,26 - 1,13 = 12,13

Beispiel EL- 9: Wie ändert sich der p_H-Wert einer 0,2 molaren Schwefelsäure, wenn man zu 1 l dieser Lösung 0,2 mol $MgSO_4$ zugibt? Die Schwefelsäure gebe ihre Protonen vollständig ab und die Volumszunahme durch die Salzzugabe wird vernachlässigt.
a.) Ohne Salzzusatz: $J = 0{,}5(0{,}4.1^2 + 0{,}2.2^2) = 0{,}60$

$$\lg f_{H^+} = -0{,}509\,z_{H^+}^2\,\frac{\sqrt{J}}{1+\sqrt{J}};\quad f_{H^+} = 0{,}600;$$

$$pH = -\lg a_{H^+} = -\lg\left(m\,c° f_{H^+}\right) = -\lg(2.\,0{,}2.\,0{,}600) = 0{,}62$$

b.) Mit Salzzusatz wird die Ionenstärke erhöht und damit die Aktivität der Protonen erniedrigt.
$J = 0{,}5(0{,}4.1^2 + 0{,}2.2^2 + 0{,}4.2^2) = 1{,}40$; $f_{H^+} = 0{,}530$; pH = 0,67.

Beispiel EL- 10: Welche Konzentration c hat eine verdünnte Schwefelsäure, wenn sie einen pH-Wert von pH = 1,77 hat?

Es gilt $J = 0,5\sum c_i z_i^2 = 0,5(2c+4c) = 3c$ und $pH = -\lg c_{H^+} + 0,509\, z_{H^+}^2 \frac{\sqrt{J}}{1+\sqrt{J}}$

$$pH = -\lg 2c + 0,509\frac{\sqrt{3c}}{1+\sqrt{3c}}$$

$$\lg c - 0,509\frac{\sqrt{3c}}{1+\sqrt{3c}} + pH + \lg 2 = 0$$

Dies ist eine transzendente Gleichung in c, die nur graphisch oder durch ein Näherungsverfahren gelöst werden kann. Wie man bei der graphischen Lösung vorgeht, ist in Beispiel TD-48 ausführlich erklärt. Hat man nur einen einfachen Rechner, der keine numerischen Lösungsverfahren programmiert hat, muss man selbst eine Iteration festlegen (s. 1.8).
Hier ist die folgende Iteration konvergent:

$$c_{k+1} = 10^B \quad \text{mit} \quad B = 0,509\frac{1}{\frac{1}{\sqrt{3c_k}}+1} - (pH + \lg 2).$$

Der Bruch wurde auf diese Form gebracht, da man auf einem Handrechner mit der Kehrwerttaste (1/x) den Bruch dann schnell berechnen kann. Als Startwert für c_1 wählt man am einfachsten jenen Wert von c, der dem pH-Wert ohne Berücksichtigung des Aktivitätskoeffizienten entspricht: $c_1 = 10^{-1,77} = 0,017$. Die Näherungswerte sind der Reihe nach

c_1	c_2	c_3	c_4	c_5
0,017	0,010538	0,010135	0,010105	0,010103

c = 0,0101 mol/l.
Man sieht, dass dieses Verfahren sehr schnell konvergiert. Man kann nach dem dritten Schritt abbrechen.

Aufgabe EL- 6: Man berechne den pH-Wert einer 0,02 molaren Schwefelsäure a.) ohne und b.) mit Berücksichtigung der Aktivitätskoeffizienten. Beide Protonen der Schwefelsäure sind vollständig abgegeben.
Aufgabe EL- 7: Welchen pH-Wert hat eine 0,15 molare Lösung der starken Base $Ba(OH)_2$ bei den Temperaturen 25°C und 50°C a.) ohne und b.) mit Berücksichtigung der Aktivitätskoeffizienten?
Aufgabe EL- 8: Wie ändert sich der p_H-Wert einer 0,1 molaren HCl, wenn man zu 1 l dieser Lösung 0,2 mol $MgCl_2$ zugibt? (Die Volumszunahme durch die Salzzugabe wird vernachlässigt)
Aufgabe EL- 9: Man berechne den mittleren Aktivitätskoeffizienten und den pH-Wert einer 0,2 molaren HCl vor und nach dem Zusatz von 0,1 mol/l NaCl. (0,4 mol/l $CaCl_2$)
Aufgabe EL- 10: Welche Konzentration (mol/l) und welchen pH-Wert hat eine Schwefelsäurelösung, die einen mittleren Aktivitätskoeffizienten von f_m = 0,50 hat.
Aufgabe EL- 11: Welche Konzentration c hat eine verdünnte Schwefelsäure, wenn sie einen pH-Wert von pH = 0,54 hat?
Aufgabe EL- 12: Welche Konzentration c hat eine verdünnte KOH, wenn sie einen pH-Wert von pH = 12,5 hat?
Aufgabe EL- 13: Man zeige, dass das Produkt aus der Säurekonstante und der Basenkonstante eines korrespondierenden Säure-Basen-Paares gleich dem Ionenprodukt des Wassers ist.

5.3.3 Schwache einprotonige Säuren und Basen

Schwache einprotonige Säuren und Basen sind nur unvollständig, meist sogar nur sehr wenig, protolysiert. Der Protolysegrad α ist viel kleiner als 1. Wir betrachten die wässrige Lösung einer schwachen Säure. Dann erfolgt die Protolyse

$$S + H_2O \rightleftharpoons B^- + H_3O^+$$

mit dem korrespondierenden Säure-Base-Paar S und B und der Gleichgewichtskonstanten

$$K_{th} = \frac{a_{B^-}\, a_{H^+}}{a_S\, a_{H_2O}}.$$

In der Regel ist die Lösung so verdünnt, dass die Konzentration des Lösungsmittels Wasser sich durch die Protolyse nicht nennenswert verändert. Dann ist aber $K_{th}\, a_{H_2O} = \frac{a_{B^-}\, a_{H^+}}{a_S}$ ebenfalls eine Konstante, die Protolysenkonstante K_S der Säure.
Analog reagiert eine schwache Base

$$B + H_2O \rightleftharpoons S^+ + OH^-$$

Diesem Gleichgewicht entspricht die Protolysenkonstante K_B der Base.

EL 10 Protolysenkonstante

$$K_S = \frac{a_{H^+} a_{B^-}}{a_S} = \frac{c_{H^+} c_{B^-}}{c_S} \cdot \frac{f_{H^+} f_{B^-}}{f_S} = K_c\, K_f$$

$$K_B = \frac{a_{OH^-} a_{S^+}}{a_B} = \frac{c_{OH^-} c_{S^+}}{c_B} \cdot \frac{f_{OH^-} f_{S^+}}{f_B} = K_c\, K_f$$

Ist in der Lösung nur der schwache Elektrolyt alleine gelöst, dann ist die Ionenstärke so gering, dass man $K_f = 1$ setzen kann. Statt mit den Aktivitäten kann man mit den Konzentrationen rechnen.
Sind aber außer der schwachen Säure oder Base noch Salze gelöst, dann ist die Ionenstärke meist nicht mehr vernachlässigbar klein und man muss zumindest prüfen ob die Aktivitätskoeffizienten zu berücksichtigen sind.
Das Verhalten eines Elektrolyten wird im wesentlichen bestimmt von den Wechselwirkungen zwischen den Ionen. Dies bedeutet, dass eine Veränderung der Ionenstärke in erster Linie die Aktivitätskoeffizienten der Ionen verändert. Ist die Säure S oder Base B selbst kein Ion (z. B. Essigsäure oder Ammoniak), dann kann man für die Aktivitätskoeffizienten der ungeladenen Stoffe (die Säure bzw. Base) den Wert 1 einsetzen. In diesem Fall ist K_f ersetzbar durch das Quadrat f_m^2 des mittleren Aktivitätskoeffizienten der Säure oder Base, da $f_{H^+} f_{B^-} = f_m^2$. Ist aber die Säure oder Base selbst ein Ion (z. B. PO_4^{3-}, HCO_3^-), dann muss K_f vollständig berechnet werden.

Berechnung des pH-Wertes

	S	+	H_2O	$\rightleftharpoons$	B^-	+	H_3O^+
Molarität zu Beginn	$c°$		c_W				
im Gleichgewicht	$c° - h$		$c_W - h$		h		h

Die Wasserkonzentration ist fast immer um einige Zehnerpotenzen größer als die Konzentration der Säure oder Base. Daher ist $c_W - h \approx c_W$ konstant. Außerdem ist $h = c_B$, da ja die Säure alleine in der Lösung vorliegt. Die von der Autoprotolyse des Wassers herrührende Protonenmenge kann vernachlässigt werden, da sie um Zehnerpotenzen kleiner als h ist. Daher folgt

EL 11 $$K_S = \frac{h^2}{c° - h} \Rightarrow h^2 + hK_S - c°K_S = 0$$

Ist h klein gegen c° (weniger als 2% von c°), dann ist c°- h $\approx$ c° und man erhält einfacher

EL 12 $$h^2 = c°\,K_S$$

Für schwache Basen gelten alle Überlegungen analog

EL 13 $$K_B = \frac{oh^2}{c° - oh} \Rightarrow oh^2 + ohK_B - c°K_B = 0 \quad \text{und} \quad oh^2 = c°\,K_S$$

Berechnung des Protolysegrades α
Diese Überlegungen gelten für Säure und Base.

Säureprotolyse:	S	+	H_2O	$\rightleftharpoons$	B^- +	H_3O^+
Basenprotolyse:	B	+	H_2O	$\rightleftharpoons$	S^+ +	OH^-
Zu Beginn	c°		c_W			
im Gleichgewicht	c°(1 - α)		(c_W - c°α)		c°α	c°α

c_W ist wieder konstant, da $c°\alpha \ll c_W$

EL 14 Ostwaldsches Verdünnungsgesetz

$$K_S = \frac{c°\alpha^2}{1-\alpha} \Rightarrow c°\alpha^2 + \alpha K_S - K_S = 0 \quad \text{und vereinfacht}$$

EL 15 $c°\alpha^2 = K_S$ für $\alpha \ll 1$

Die quadratischen Gleichungen EL 11, EL 13 und EL 14 können nach der üblichen Methode gelöst werden.
Meist ist es aber einfacher, ein Iterationsverfahren zu wählen.
Aus z. B. EL 15 wird zunächst ein Näherungswert von α berechnet. Diesen setzt man als Startwert in den Nenner von EL 14 ein, löst nach α im Zähler auf und erhält so einen neuen verbesserten Wert von α. Den letzten Schritt führt man so oft durch bis die gewünschte Genauigkeit erreicht ist. Meist genügen ein bis zwei Schritte.
Da EL 14 sowohl für Säuren als auch für Basen gilt, ist es einfacher, zunächst α zu berechnen und daraus entweder h (pH) oder oh (pOH).
Da 100.α nichts anderes als der prozentuelle Umsatz der Säure oder Base ist, ist dies auch anschaulicher.
Die Berechnung für mehrprotonige Säuren und Basen ist wesentlich komplizierter, da hier Simultangleichgewichte vorliegen (s. 5.3.5).

Beispiel EL- 11: Man berechne von einer
A. 0,05 molaren und von einer
B. 0,0005 molaren Milchsäure (pK_S = 3,86) den Protolysegrad α und den pH-Wert nach den verschiedenen angegebenen Möglichkeiten und vergleiche die Ergebnisse. Welche Schlüsse kann man ziehen?

Die Protolyse ist $HA + H_2O \rightleftharpoons H_3O^+ + A^-$

mit den Konzentrationen im Gleichgewicht $c°(1-\alpha)$ $c°\alpha$ $c°\alpha$

A. a.) Nach EL 15 ist $\alpha = \sqrt{\frac{K}{c°}} = \sqrt{\frac{1{,}38.10^{-4}}{0{,}05}} = 0{,}05254$;

pH = -lgh = -lg(c°α) = 2,58

b.) Nach EL 14 ist $c°\alpha^2 + \alpha K_S - K_S = 0$. Diese quadratische Gleichung in α hat eine positive und eine negative Lösung. Sinnvoll für α ist nur die positive Lösung.

α = 0,05117. Dieses α ergibt einen pH-Wert von 2,59.

c.) Nach EL 10 ist $K_S = \frac{c°\alpha^2}{1-\alpha} K_f$

Da die Milchsäuremoleküle elektrisch neutral sind, ist $K_f = f_m^2$

$f_m = -0{,}509 \frac{\sqrt{J}}{1+\sqrt{J}}$; Die Ionenstärke ist J = 0,5(c°α+ c°α) = c°α. Eine Abschätzung für die Ionenstärke ergibt J ≈ 0,0025 mit dem obigen α. Dieser Wert ist so klein, dass er keinen merkbaren Einfluss auf den pH-Wert hat.

Führt man die genaue Rechnung durch (sie führt auf eine transzendente Gleichung in α, siehe spätere Beispiele) so erhält man ebenfalls pH = 2,59.

B. Eine analoge Rechnung ergibt

a.) α = 0,5254; pH = 3,58

b.) α = 0,4052; pH = 3,69

c.) α = 0,4102; pH = 3,69

Im Fall A ist der Protolysegrad α gegen 1 noch relativ klein (5% von 1). Der Unterschied zwischen der Methode a.) und b.) ist vernachlässigbar.

Im Fall B ergibt die Methode a.) schon zu ungenaue Werte.

Zwischen b.) und c.) ist in beiden Fällen kein Unterschied, da die Ionenstärke sehr klein ist.

Beispiel EL- 12: Welchen pH-Wert besitzt eine 0,01molare Lösung von Hydrazin, $pK_B = 5{,}90$
Bei den Basen gelten dieselben Gleichungen wie bei den Säuren, wenn man h durch oh und K_S durch K_B ersetzt.

Nach EL 15 $\alpha = \sqrt{\frac{K_B}{c°}} = \sqrt{\frac{1{,}26.10^{-6}}{0{,}01}} = 0{,}0112$

pOH = -lg oh = -lg(c°α) = 3,95. Bei 25°C ist $pK_w = 14{,}00$, daher ist pH = 10,05

Beispiel EL- 13: Von einer schwachen einprotonigen Säure wurden fünf verschiedene Einwaagen gemacht und zu je 250 ml Lösung gelöst. Von allen Lösungen wurde der pH-Wert gemessen. Man berechne die Protolysenkonstante K und die molare Masse M der Säure.

Einwaage (mg)	520	374	241	181	121
pH	2,31	2,39	2,50	2,58	2,68

Die Protolyse ist $HA + H_2O \rightleftharpoons H_3O^+ + A^-$

mit den Konzentrationen im Gleichgewicht $c° - h$ h h

Es sei E die Einwaage, M die molare Masse der Säure und v das Volumen der Lösung. Die molaren Konzentrationen c° der Lösungen sind dann $c° = \frac{E}{M.v}$.

Setzt man E in mg, v in ml und M in g/mol ein, so erhält man c° in mol/l.

$K = \frac{h^2}{c^\circ - h}$ (EL 11) wird so umgeformt, dass man durch Linearregression die gewünschten Größen berechnen kann.

$$h^2 = K\left(\frac{E}{M.v} - h\right) \Rightarrow h^2 = \frac{K.E}{M.v} - K.h \Rightarrow h = \frac{K}{M}.\frac{E}{h.v} - K$$

Wählt man y = h und $x = \frac{E}{h.v}$, dann ist dies die Gleichung einer Geraden mit der Steigung $\frac{K}{M}$ und dem Ordinatenabschnitt -K.
Die Rechnung zeigt folgende Tabelle

E mg	v ml	pH	h mol/l	E/h.v g/mol	Linearregression	
520	250	2,31	$4{,}898.10^{-3}$	424,68	Korrelationskoeffizient	0,9993160
374	250	2,39	$4{,}074.10^{-3}$	367,22	Ordinatenabschnitt	-0,00136055
241	250	2,50	$3{,}162.10^{-3}$	304,84	Steigung	$1{,}47513.10^{-5}$
181	250	2,58	$2{,}630.10^{-3}$	275,26	K	0,00136
121	250	2,68	$2{,}089.10^{-3}$	231,66	pK	2,87
					M	92,2

Ergebnis: $K_s = 1{,}36.10^{-3}$; M = 92,2 g/mol.

Beispiel EL- 14: Man stelle den Protolysegrad α einer schwachen Säure als Funktion des pH-Wertes dar.

Die Protolyse ist	$HA + H_2O \rightleftharpoons H_3O^+ + A^-$
Konzentration zu Beginn	c°
Konzentration im Gleichgewicht	c_S h c_B

Es gelten folgende Gleichungen:

(1) $c^\circ = c_S + c_B$ (2) $K = \frac{h\,c_B}{c_S}$ (3) $\alpha = \frac{c_B}{c^\circ}$

$$\alpha = \frac{c_B}{c^\circ} = \frac{c_B}{c_S + c_B}; \quad \text{Aus (2): } c_B = \frac{K\,c_S}{h} \quad \Rightarrow \quad \alpha = \frac{K\,c_S}{h\left(c_S + \frac{K\,c_S}{h}\right)} = \frac{K}{h+K} = \frac{1}{1+\frac{h}{K}}$$

Mit $h = 10^{-pH}$ und $K = 10^{-pK}$ $\Rightarrow$

EL 16 $$\alpha = \frac{1}{1+10^{pK-pH}}$$

Im folgenden Diagramm (Abb.EL- 1) ist diese Funktion für pK = 4 und pK = 8 dargestellt. α ist in % angegeben.

Ist pH = pK, dann ist α = 0,5. 50% der Säure sind protolysiert.

Ist pH = pK - 2, dann ist $\alpha = \frac{1}{1+100} = 0{,}01$. Nur 1% der Säure ist protolysiert.

Ist pH = pK + 2, dann ist $\alpha = \frac{1}{1+0{,}01} = 0{,}99$. 99% sind protolysiert.

Dies bedeutet aber

EL 17 Zwei Säuren deren Protolysenkonstante sich um wenigstens 4 Zehnerpotenzen unterscheiden, beeinflussen sich in der Protolyse kaum mehr. Die Protolyse der schwächeren Säure beginnt erst, wenn die stärkere Säure schon vollständig reagiert hat. Dasselbe gilt auch für die Protolyse der mehrprotonigen Säuren.

Ein Beispiel ist die Phosphorsäure mit ihren drei Protolysenkonstanten $6{,}92.10^{-3}$; $6{,}17.10^{-8}$ und $4{,}79.10^{-13}$.
Die nächste Stufe der Phosphorsäure reagiert erst, wenn die vorherige Stufe schon vollständig protolysiert ist.

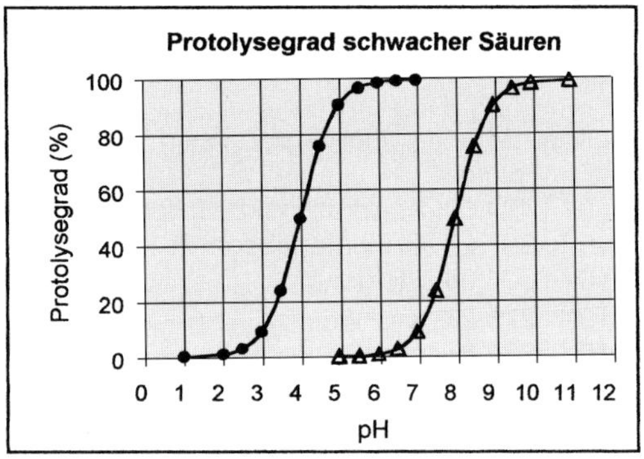

Abb.EL- 1

Beispiel EL- 15: Eine 0,1 molare Lösung von Ammoniak wird mit einer 1 molaren Salzsäure titriert. Welchen pH-Wert hat die Lösung im **Äquivalenzpunkt**?
Die Protolysenkonstante des NH_3 ist $K_B = 1{,}78.10^{-5}$. t = 25°C.
Im Äquivalenzpunkt liegt eine reine NH_4Cl-Lösung vor. Das Volumen hat um 10% zugenommen, daher ist die NH_4Cl-Lösung 0,091 molar. Der protolytisch wirksame Stoff ist die Säure

NH_4^+ mit einer Protolysenkonstanten $K_S = \dfrac{10^{-14}}{K_B} = 5{,}62.10^{-10}$

$h^2 = c°K_S = 0{,}091.\ 5{,}62.10^{-10} = 5{,}114.10^{-11}$; $h = 7{,}15.10^{-6}$, pH = 5,15.
Soll bei dieser Titration der Endpunkt mit einem Farbindikator angezeigt werden, dann muss ein Indikator gewählt werden, dessen $pK \approx 5{,}2$ ist.

Beispiel EL- 16: Welchen Protolysegrad α und pH-Wert hat eine 0,10 molare Lösung von Natriumphosphat (Na_3PO_4)? t = 25°C. Die Protolysenkonstante der dritten Stufe der Phosphorsäure ist $K_S = 4{,}79.10^{-13}$. (Die anderen Stufen brauchen nicht berücksichtigt werden. Siehe Beispiel EL- 14
Man vergleiche die Werte ohne und mit Berücksichtigung der interionischen Wechselwirkungen. Die Reaktion ist

$$\underset{c°(1-\alpha)}{PO_4^{3-}} + H_2O \rightleftharpoons \underset{c°\alpha}{HPO_4^{2-}} + \underset{c°\alpha}{OH^-}$$

1. Ohne Berücksichtigung der Wechselwirkungen

$$K = \frac{c°\alpha^2}{1-\alpha}; \quad K_B = \frac{10^{-14}}{K_S} = 2{,}09.10^{-2}$$

$0,1\alpha^2 + 0,0209\,\alpha - 0,0209 = 0$
$\alpha = 0,36446$
pOH = $-\lg(c°\alpha) = 1,44$. Daher ist pH = 12,56.

2. Mit Berücksichtigung der Wechselwirkungen

$$(1)\ K = \frac{c°\alpha^2}{1-\alpha}K_f \quad K_f = \frac{f_{HPO_4^{2-}} \cdot f_{OH^-}}{f_{PO_4^{3-}}} \quad \lg f_i = z_i^2 B \ \text{mit}\ B = -A\frac{\sqrt{J}}{1+\sqrt{J}}$$

$$\lg K_f = \lg f_{HPO_4^{2-}} + \lg f_{OH^-} - \lg f_{PO_4^{3-}} = 4B + B - 9B = -4B$$

$$\lg K_f = 4A\frac{\sqrt{J}}{1+\sqrt{J}}$$

Für die Berechnung der Ionenstärke müssen alle Ionen in der Lösung berücksichtigt werden.
$J = 0,5(c°\alpha.1^2 + c°\alpha.2^2 + c°(1-\alpha).3^2 + 3c°.1^2)$
$J = 2c°(3-\alpha)$
(1) wird umgeformt

$$1 = \frac{c°\alpha^2}{K(1-\alpha)}K_f \quad \Rightarrow \quad \lg\frac{c°\alpha^2}{K(1-\alpha)} + \lg K_f = 0$$

$$f(\alpha) = \lg\frac{c°\alpha^2}{K(1-\alpha)} + 4A\frac{\sqrt{2c°(3-\alpha)}}{1+\sqrt{2c°(3-\alpha)}} = 0$$

Diese transzendente Gleichung muss nach α gelöst werden. Dies kann entweder graphisch oder durch ein Iterationsverfahren geschehen.

α	$f(\alpha)$
0,170	0,096
0,155	0,009097
0,145	-0,05306
0,130	-0,154

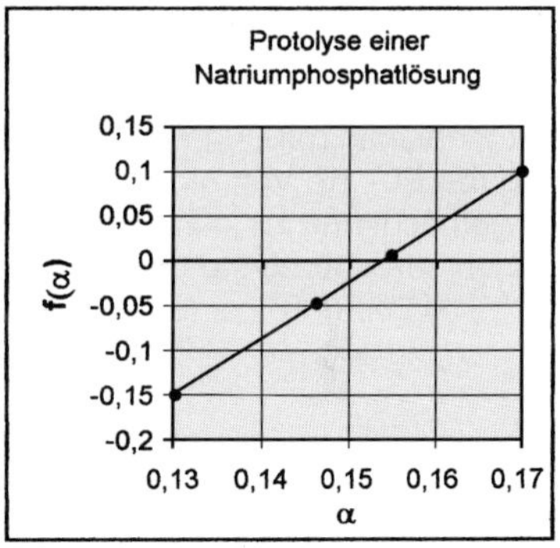

Abb.EL- 2

Nach Wahl einiger Werte von α, die positive und negative $f(\alpha)$ ergeben, erhält man graphisch $\alpha = 0,154$. Die genauere rechnerische Iteration ergibt $\alpha = 0,1535$. Mit diesem α ist J = 0,5693 mol/l und K_f = 7,509. K_f ist von 1 schon weit entfernt!

$$pOH = -\lg a_{OH^-} = -\lg(c°\alpha) - \lg f_{OH^-} = -\lg(c°\alpha) + A\frac{\sqrt{J}}{1+\sqrt{J}}$$

pOH = 2,03 bzw. pH = 11,97
Es ist pH = 11,97 gegenüber 12,56.
Der Einfluss der mehrwertigen Ionen ist hier schon sehr stark.

Beispiel EL- 17: Es liege die Lösung einer schwachen Säure, die aus elektrisch ungeladenen Molekülen besteht, vor (z. B. Essigsäure, Benzoesäure u. a.). Man zeige, dass der Zusatz eines inerten Salzes zur dieser Lösung, den pH-Wert kaum verändert.

Die Protolyse ist $HA + H_2O \rightleftharpoons H_3O^+ + A^-$
mit den Konzentrationen im Gleichgewicht $c°(1-\alpha)$ $c°\alpha$ $c°\alpha$

Da die Säure kein Ion ist, kann der Aktivitätskoeffizient derselben 1 gesetzt und K_f durch f_m^2 ersetzt werden.

Damit wird $K = \frac{(c°\alpha)^2}{c°(1-\alpha)} f_m^2$ oder $Kc°(1-\alpha) = (c°\alpha\, f_m)^2$. Die beiden entstehenden Ionen H_3O^+ und A^- sind beide einwertige Ionen. Daher stimmen ihre Aktivitätskoeffizienten überein und $c°\alpha\, f_m$ ist gleich der Aktivität a_{H^+} des H_3O^+-Ions. Daher ist $a_{H^+}^2 = K c°(1-\alpha)$.

Der Zusatz eines inerten Salzes erhöht die Ionenstärke. Ist α klein gegen 1, dann hat die größere Ionenstärke nur einen geringen Einfluss auf $1 - \alpha$. Die rechte Seite der Gleichung bleibt annähernd konstant, damit aber auch a_{H^+} und der pH-Wert.

Nur wenn die Säure sehr verdünnt ist (etwa 0,0001 molar), α also in die Nähe von 1 kommt, dann verändert sich durch den Zusatz des Salzes auch der pH-Wert deutlich.
Setzt man z. B. einer 0,05 molaren Milchsäure 0,5 mol/l $MgCl_2$ zu, so ändert sich der pH-Wert von 2,59 auf 2,60.
Derselbe Versuch mit einer 0,0001 molaren Milchsäure bewirkt einen pH-Anstieg von 4,17 auf 4,35. Man führe die Rechnungen dazu durch.

Aufgabe EL- 14: Man berechne von den folgenden Säuren und Basen den Protolysegrad α, den pH-Wert und die Konzentrationen der Stoffe im Gleichgewicht.
Essigsäure: pK_S = 4,76, c = 0,15 molar.
Ameisensäure: pK_S = 3,75, c = 0,05 molar
Ammoniak: pK_B = 4,75, c = 0,02 molar
Ethanolamin: pK_B = 4,50, c = 0,10 molar

Aufgabe EL- 15: Jeweils 0,1 molare Lösungen werden mit 1molarem Titrationsmittel titriert. Man berechne den pH-Wert der Lösung im Äquivalenzpunkt.
1. Essigsäure (pK_S= 4,76) mit NaOH
2. Ethanolamin (pK_B= 4,50) mit HCl

Aufgabe EL- 16: Von einer schwachen einprotonigen Säure wurden verschiedene Einwaagen gemacht und zu je 250 ml Lösung gelöst. Von allen Lösungen wurde der pH-Wert gemessen. Man berechne die Protolysenkonstante K und die molare Masse M der Säure.

Einwaage (mg)	pH
936	2,02
665	2,12
452	2,23
317	2,34
206	2,48

Aufgabe EL- 17: Welchen Protolysegrad α und pH-Wert hat eine 0,15 molare Lösung von Kaliumphosphat (K_3PO_4) ohne und mit Berücksichtigung der interionischen Wechselwirkungen? t = 25°C.
Die Protolysenkonstante der dritten Stufe der Phosphorsäure ist $K_S = 4{,}79.10^{-13}$.

Aufgabe EL- 18: Welchen Protolysegrad α und pH-Wert hat eine 0,20 molare Lösung von Natriumkarbonat (Na_2CO_3) ohne und mit Berücksichtigung der interionischen Wechselwirkungen? t = 25°C.
Die Protolysenkonstante der zweiten Stufe der Kohlensäure ist $K_S = 4{,}68.10^{-11}$.

5.3.4 Puffergemische

Sehr oft benötigt man in der chemischen Arbeit Pufferlösungen. Auch fast alle Lösungen in den Lebewesen sind Pufferlösungen. Pufferlösungen sind Elektrolyte, deren pH-Wert sich nur sehr wenig verändert, wenn sie verdünnt oder wenn mäßige Mengen von Säure oder Base zugesetzt werden.

EL 18 Eine Pufferlösung besteht aus der Mischung einer Säure mit ihrer korrespondierenden Base in etwa gleichen Stoffmengen.

Die Gleichgewichte sind dieselben wie im vorigen Abschnitt, nur die Ausgangskonzentrationen sind andere. Die Protolyse ist

$$S + H_2O \rightleftharpoons B^- + H_3O^+$$

	S	H_2O	B^-	H_3O^+	
Konzentrationen zu Beginn	c_S^o	c_W	c_B^o		c_W ist wieder konstant
im Gleichgewicht	$c_S^o - h$		$c_B^o + h$	h	

EL 19 $$K_S = \frac{a_{H^+} a_{B^-}}{a_S} = \frac{h\, c_{B^-}}{c_S} \cdot \frac{f_{H^+} f_{B^-}}{f_S} = h \frac{c_B^o + h}{c_S^o - h} K_f$$

Ist die Säure ein neutrales Molekül, dann ist K_f ersetzbar durch f_m^2 der Säure.
Für die meisten Zwecke genügt die einfachere Gleichung mit $K_f = 1$ (prüfen ob dies zulässig ist!).

EL 20 $$K_S = h \frac{c_B^o + h}{c_S^o - h}$$

Man bekommt eine quadratische Gleichung für h.
Auch hier ist die Berechnung von h (pH) nach dem im vorigen Abschnitt beschriebenen Näherungsverfahren meist einfacher als die Lösung der quadratischen Gleichung.
Ist h im Vergleich zu c_S^o und c_B^o klein (weniger als 1%), dann genügt weiter vereinfacht

EL 21 $$K_S = h \frac{c_B^o}{c_S^o} \quad \text{oder logarithmiert} \quad pH = pK_S + \lg \frac{c_B^o}{c_S^o}$$

Da jeder Puffer definitionsgemäß immer sowohl die Säure als auch die zu ihr korrespondierende Base enthält, genügen für die Berechnung aller Puffer die obigen Gleichungen.
Wenn es wegen der Aufgabenstellung zweckmäßiger ist, mit der Konzentration der OH^--Ionen statt mit der der Protonen zu rechnen, dann gelten dafür die analogen Gleichungen

EL 22 $$K_B = \frac{a_{OH^-} a_S}{a_B} = \frac{oh\, c_S}{c_B} \cdot \frac{f_{OH^-} f_S}{f_B} = oh \cdot \frac{c_S^o + oh}{c_B^o - oh} K_f$$

$$K_B = oh \frac{c_S^o + oh}{c_B^o - oh}$$

$$K_B = oh \frac{c_S^o}{c_B^o} \quad \text{oder logarithmiert} \quad pOH = pK_B + \lg \frac{c_S^o}{c_B^o}$$

Beispiel EL- 18: Aus Ammoniak und Ammonchlorid soll eine Pufferlösung mit pH = 9,00 hergestellt werden. Die Ionenstärke soll dabei nicht größer sein als J = 0,05. Welche Massen an 26,0%iger NH_3-Lösung und festem NH_4Cl müssen für 2 l Lösung eingewogen werden? Die Protolysenkonstante des NH_3 ist $1{,}78.10^{-5}$.
Da die Gleichungen EL 19 und EL 20 auf der Säureprotolyse beruhen, wird hier ebenfalls die Protolyse der Säure NH_4^+ betrachtet:

$$NH_4^+ + H_2O \rightleftharpoons NH_3 + H_3O^+$$

Die Konzentration der Protonen ist sehr gering (pH = 9!), daher wird die Ionenstärke ausschließlich von der Konzentration c_S an NH_4Cl bestimmt. Beide Ionen im NH_4Cl sind einwertig, daher ist $J = c_S = 0{,}05$ mol/l.

Die Protolysenkonstante des NH_4^+ ist $K_S = \dfrac{10^{-14}}{K_B} = 5{,}62.10^{-10}$

Es kann EL 21 verwendet werden: $9{,}00 = 9{,}25 + \lg\dfrac{c_B^o}{0{,}05} \Rightarrow c_B^o = 0{,}0281$ mol/l

Es muss eingewogen werden:

$$m(NH_3) = \frac{0{,}0281\,.\,2\,.17{,}03}{0{,}26} = 3{,}684 \text{ g}$$

$$m(NH_4Cl) = 0{,}05\,.\,2\,.\,53{,}49 = 5{,}349 \text{ g}$$

Beispiel EL- 19: Eine Pufferlösung mit pH = 7 enthalte gleiche Stoffmengen korrespondierende Säure und Base: $c_S^o = c_B^o = 0{,}1$ mol/l. Wie verändert sich der pH-Wert dieser Lösung, wenn durch Zusatz von NaOH bzw. HCl die Konzentrationen von S und B jeweils um 10% geändert werden?
Wie stark verändert sich der pH-Wert, wenn man statt der Pufferlösung reines Wasser, das ebenfalls pH = 7 hat, nimmt? Es genügt wieder EL 21.
Nach dem Zusatz der NaOH ist c_B von 0,10 auf 0,11 gestiegen, gleichzeitig aber c_S von 0,10 auf 0,09 gefallen. Daher ist $pH = pK + \lg\dfrac{0{,}11}{0{,}09} = pK + 0{,}09$.

Analog erhält man für den Zusatz der HCl $pH = pK + \lg\dfrac{0{,}09}{0{,}11} = pK - 0{,}09$.

Die Änderung des pH-Wertes ist $\pm 0{,}09$ pH-Einheiten.
Setzt man aber dem Wasser 0,01 mol NaOH pro l zu, dann steigt der pH-Wert von 7 auf 12. Durch den Zusatz der Säure - 0,01 mol/l - fällt der pH-Wert von 7 auf 2. Die stabilisierende Wirkung der Pufferlösung auf den pH-Wert zeigt sich hier sehr deutlich.

Beispiel EL- 20: Standardpuffer. Eine Pufferlösung enthält je 0,025 mol/l Kaliumdihydrogenphosphat und Dinatriumhydrogenphosphat. Welchen Einfluss haben die interionischen Kräfte auf den pH-Wert der Lösung?
Die zweite Protolysenkonstante der Phosphorsäure ist $K = 6{,}17.10^{-8}$.
Man vergleiche die nach den Formeln EL 19 bis EL 21 berechneten Werte.
$H_2PO_4^- + H_2O \rightleftharpoons HPO_4^{2-} + H_3O^+$ ist die Protolysengleichung für diesen Puffer
Die Säure ist das $H_2PO_4^-$ -Ion, die Base das HPO_4^{2-} -Ion.

1. Nach EL 21 ist $pH = pK + \lg\dfrac{c_B^o}{c_S^o}$. Da $c_B^o = c_S^o$, ist pH = pK = 7,21

2. $K_S = \dfrac{h\left(c_B^o + h\right)}{c_S^o - h}$ (EL 20). h ist um etwa fünf Zehnerpotenzen kleiner als c_B^o und c_S^o.

Daher kommt mit dieser Gleichung bei der hier üblichen Genauigkeit von Hunderstel derselbe pH-Wert heraus.

3. $$K_S = \frac{a_{H^+} a_{HPO_4^{2-}}}{a_{H_2PO_4^-}} = \frac{h\, c_{HPO_4^{2-}}}{c_{H_2PO_4^-}} . \frac{f_{H^+} f_{HPO_4^{2-}}}{f_{H_2PO_4^-}} = \frac{h\left(c_B^o + h\right)}{c_S^o - h} K_f$$

Für die Berechnung der Ionenstärke ist die Protonenkonzentration vernachlässigbar. Die Berechnung wird dadurch einfacher. Müsste man die Protonenkonzentration miteinbeziehen (bei Puffern mit niedrigen pH-Werten!), so bekäme man eine transzendente Gleichung in h. Die Kationen der Salze müssen aber selbstverständlich berücksichtigt werden.

$J = 0{,}5\ (0{,}025.1^2 + 0{,}025.1^2 + 0{,}050.1^2 + 0{,}025.2^2) = 0{,}10$ mol/l

$$\lg K_f = -A \frac{\sqrt{J}}{1+\sqrt{J}} \left(z^2_{H^+} + z^2_{HPO_4^{2-}} - z^2_{H_2PO_4^-} \right) = -0{,}4892, \quad K_f = 0{,}3242$$

Für h erhält man damit folgende Gleichung $\frac{h(0{,}025 + h)}{0{,}025 - h} = \frac{6{,}17.10^{-8}}{0{,}3242} \Rightarrow h = 1{,}903.10^{-7}$

$$pH = -\lg a_{H^+} = -\lg h - \lg f_{H^+} = -\lg h + A \frac{\sqrt{J}}{1+\sqrt{J}} = -\lg 1{,}903\ .10^{-7} + 0{,}509 \frac{\sqrt{0{,}1}}{1+\sqrt{0{,}1}}$$

pH = 6,84

Man sieht, dass der Einfluss der Ionenkräfte beträchtlich ist. Der berechnete Wert stimmt mit gemessenen Werten (6,86) ausgezeichnet überein und liegt um fast 0,4 pH-Einheiten niedriger als die Werte ohne Berücksichtigung der Ionenkräfte.

Die Näherungsformeln EL 20 und EL 21 können bei Pufferlösungen nur noch eingeschränkt verwendet werden.

Beispiel EL- 21: Man zeige, dass die **Pufferwirkung** dann **am stärksten** ist, wenn gleiche Stoffmengen korrespondierender Säure und Base in der Lösung vorhanden sind.

Die Rechnung wird einfacher, wenn man die folgende gleichbedeutende Frage löst: 1 l einer schwachen Säure mit der Protolysenkonstante K und der Konzentration c° wird mit der starken Base NaOH titriert. Die Zugabe an NaOH sei v mol (Der Verbrauch wird gleich in mol angegeben!). Die Volumszunahme sei vernachlässigbar. Bei welchem v ist die Änderung des pH pro zugegebener v-Einheit, $\frac{d\,pH}{dv}$, am geringsten? Dort ist die Pufferwirkung am stärksten.

Man geht aus von $pH = pK + \lg \frac{c_B^o}{c_S^o}$

Es ist $c_B^o = v$, da dies ja die Menge an korrespondierender Base ist, die durch die NaOH gebildet wird. $c_S^o = c° - v$ ist die restliche vorhandene Säuremenge. Daher gilt

$$pH = pK + \lg \frac{v}{c° - v}.$$

$$\frac{d\,pH}{dv} = \frac{c° - v}{v} . \frac{c°.\lg e}{(c° - v)^2} = \frac{c°.\lg e}{v(c° - v)}$$

Gesucht wird das Minimum dieser Funktion. Zur Vereinfachung wird nicht das Minimum obiger Funktion, sondern das Maximum des Kehrwertes f(v) = v (c° - v) berechnet.

Die Konstante c°.lge kann man für die Berechnung des Maximums weglassen, da sie beim Nullsetzen der ersten Ableitung von f sowieso gekürzt werden kann.

$\frac{df}{dv} = c° - 2v = 0 \Rightarrow v = \frac{c°}{2}$ Weiter ist $\frac{d^2f}{dv^2} = -2$, daher liegt ein Maximum vor.

$\frac{d\,pH}{dv}$ hat bei v = 0,5c° ein Minimum. Dort ist aber $c_B^o = c_S^o$ = 0,5c° und der pH-Wert der Pufferlösung ist dann pK.

Dieser Punkt ist außerdem ein Wendepunkt der Funktion $pH = pK + \lg \frac{v}{c^\circ - v}$, da ja die zweite Ableitung dieser Funktion null gesetzt wurde zur Bestimmung des Minimums.

Beispiel EL- 22: Eine 0,01 molare Salicylsäurelösung ($K_S = 1{,}07.10^{-3}$) wird mit Natronlauge titriert. Die Natronlauge ist so stark, dass die Zunahme des Volumens vernachlässigt werden kann. Man zeichne die **Titrationskurve**.
Als Abszisse x wähle man den prozentuellen Umsatz, als Ordinate y den pH-Wert.
Es genügt die Punkte mit den Umsätzen 0, 5, 10, 50, 90, 95, 98 und 100% und mit einem NaOH-Überschuß von 2, 5, 10, und 20% zu berechnen.
Siehe anschließende Tabelle und Abb.EL- 3

	%Umsatz	c_B^o	c_S^o	oh	h	pH
		mol/l	mol/l	mol/l	mol/l	
$K_S = 1{,}07.10^{-3}$	0	0	0,01		$2{,}78.10^{-3}$	2,56
$K_B = 9{,}35.10^{-12}$	5	0,0005	0,0095		$2{,}50.10^{-3}$	2,60
	10	0,0010	0,0090		$2{,}24.10^{-3}$	2,65
	50	0,0050	0,0050		$7{,}81.10^{-4}$	3,11
	90	0,0090	0,0010		$1{,}05.10^{-4}$	3,98
	95	0,0095	0,0005		$5{,}04.10^{-5}$	4,30
	98	0,0098	0,0002		$1{,}97.10^{-5}$	4,71
ÄP	100	0,01	---	$3{,}06.10^{-7}$	$3{,}27.10^{-8}$	7,49
Überschuss	102	---	---	$2{,}00.10^{-4}$	$5{,}00.10^{-11}$	10,30
	105	---	---	0,0005	$2{,}00.10^{-11}$	10,70
	110	---	---	0,0010	$1{,}00.10^{-11}$	11,00
	120	---	---	0,0020	$5{,}00.10^{-11}$	11,30

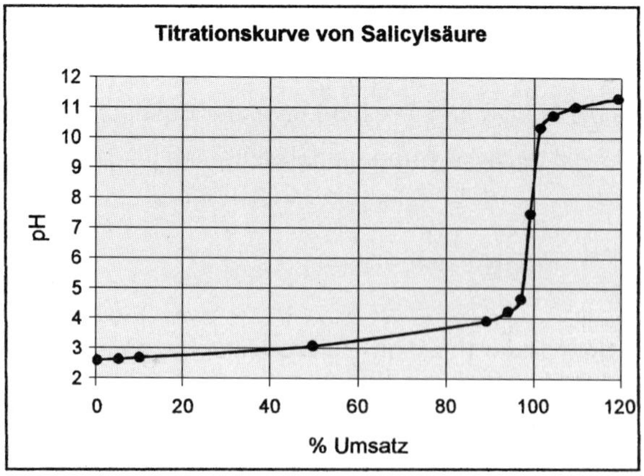

Abb.EL- 3

Die Punkte mit dem Umsatz von 0 bis 95% werden mit $K_S = \frac{h\left(c_B^o + h\right)}{c_S^o - h}$ (EL 20) berechnet.

Es wird EL 20 verwendet, da zumindest zu Beginn der Titration h nicht klein genug ist.

Im Äquivalenzpunkt ÄP (100% Umsatz) liegt eine Lösung von Natriumsalicylat mit dem Salicylat-Ion als Base vor. Berechnung mit $K_B = \frac{oh^2}{c^\circ - oh}$ (EL 13).

Nach dem Äquivalenzpunkt kann die vom Salicylat-Ion erzeugte OH^--Menge gegenüber der Menge des NaOH-Überschusses vernachlässigt werden.
Berechnung daher mit pH =14 + lg(oh).

Aufgabe EL- 19: Aus je 250 ml einer 0,10 molaren Essigsäure ($K = 1{,}74.10^{-5}$) und einer 0,20 molaren Natriumacetatlösung wurde eine Pufferlösung hergestellt. Wie verändert sich der pH-Wert dieser Lösung, wenn man 5 ml 1 molare HCl zusetzt?
Aufgabe EL- 20: Zur Herstellung von 5,00 l einer Pufferlösung mit pH = 5,00 werden 34,02 g $CH_3COONa.3H_2O$ eingewogen. Zum Natriumacetat setzt man 1 molare HCl zu und füllt mit destilliertem Wasser auf. Welches Volumen (ml) HCl muss zugesetzt werden? Protolysenkonstante der Essigsäure: $K = 1{,}74.10^{-5}$.
Aufgabe EL- 21: 30 ml einer 0,50 molaren Essigsäure werden mit 100 ml einer 0,10 molaren Natronlauge versetzt und auf 250 ml verdünnt. Der pH-Wert dieser Lösung beträgt 4,58. Wie groß ist die Protolysenkonstante der Essigsäure? h ist sehr klein gegenüber den Konzentrationen an Säure und Base, daher kann mit EL 21 gerechnet werden.
Aufgabe EL- 22: Eine Pufferlösung enthält je 0,05 mol/l Natriumhydrogenkarbonat und Natriumkarbonat. Die Protolysenkonstante der Säure HCO_3^- ist $4{,}68.10^{-11}$
Man vergleiche die nach den Formeln EL 19 bis EL 21 berechneten pH-Werte.
Aufgabe EL- 23: Man zeichne analog wie in Beispiel EL- 22 die Titrationskurven für die Titration
A. einer schwachen Säure mit pK = 7,00 mit einer starken Base (z. B. NaOH)
B. von Ammoniak ($K_B = 1{,}78.10^{-5}$) mit HCl.

5.3.5 Mehrstufige Protolysen

Im Abschnitt über schwache Säuren wurde schon darauf hingewiesen, dass bei Säure (Base)-gemischen oder mehrprotonigen Säuren (Basen) Simultangleichgewichte vorliegen. Meist kann man hier EL 17 anwenden. Nur wenn die Protolysenkonstanten sich um weniger als drei Zehnerpotenzen unterscheiden, sind die folgenden Überlegungen anzustellen (s. folgende Beispiele).
Sollte es notwendig sein, die Aktivitätskoeffizienten zu berücksichtigten, dann genügt dies zur Vereinfachung am Schluss der Rechnung. Aus den berechneten Konzentrationen der Ionen kann man mit genügender Genauigkeit die Ionenstärke und daraus die Aktivitätskoeffizienten abschätzen.

Beispiel EL- 23: Die wässrige Lösung einer **zweiprotonigen Säure** hat die Konzentration c. Wie groß ist die Konzentration der beteiligten Stoffe im Gleichgewicht? Welchen pH-Wert hat die Lösung? Bei welchem pH liegt der isoelektrische Punkt?
Die Berechnung soll ohne Berücksichtigung der Aktivitätskoeffizienten gemacht werden.
Es sei c = 0,005 mol/l. Die Säurekonstanten sind $K_1 = 0{,}020$ und $K_2 = 0{,}0030$.
Die Berechnung wird zunächst allgemein durchgeführt. Die Anfangskonzentration ist c.
Die beiden Protolysen sind

$$H_2A + H_2O \rightleftharpoons HA^- + H_3O^+ \qquad HA^- + H_2O \rightleftharpoons A^{2-} + H_3O^+$$

Wie man aus den Reaktionsgleichungen sieht, wirkt HA^- als Ampholyt. HA^- ist sowohl Säure wie Base.
Im Gleichgewicht müssen folgende Bedingungen erfüllt sein:

(1) $K_1 = \dfrac{h\left[HA^-\right]}{[H_2A]}$

(2) $K_2 = \dfrac{h\left[A^{2-}\right]}{\left[HA^-\right]}$

(3) $h = [HA^-] + 2\,[A^{2-}]$ Elektroneutralitätsbedingung
(4) $c = [H_2A] + [HA^-] + [A^{2-}]$ Erhaltung der Masse

Aus (1) wird $[H_2A]$, aus (2) $[A^{2-}]$ berechnet und in (3) und (4) eingesetzt $\Rightarrow$

(5) $h = \left[HA^-\right]\left(1 + \dfrac{2K_2}{h}\right)$

(6) $c = \left[HA^-\right]\left(\dfrac{h}{K_1} + 1 + \dfrac{K_2}{h}\right)$

Dividiert man (6) durch (5) bekommt man $\dfrac{c}{h} = \dfrac{h^2 + hK_1 + K_1K_2}{hK_1 + 2K_1K_2}$ und schließlich

$h^3 + h^2\,K_1 + h\,K_1(K_2 - c) - 2c.K_1K_2 = 0$

$[HA^-]$ bekommt man aus (5); $[A^{2-}]$ ergibt sich aus (2) oder (3) und $[H_2A]$ erhält man aus (1) oder (4).

EL 23 Der **isoelektrische Punkt** ist jenes pH, bei dem die beiden Stoffe A^{2-} und H_2A in gleichgroßer Konzentration vorliegen: $[H_2A] = [A^{2-}]$. Dieser pH-Wert ist gegeben durch $pH = \frac{1}{2}(pK_1 + pK_2)$

Diese Gleichung folgt aus $K_1K_2 = h^2\dfrac{\left[A^{2-}\right]}{[H_2A]}$ mit der Bedingung $[H_2A] = [A^{2-}]$.

Im isoelektrischen Punkt ist die Konzentration des nicht protolysierten Ampholyten HA ein Maximum. Der Grad der Protolyse ist bei diesem pH am geringsten. (vgl. Aufgabe EL-24) Der isoelektrische Punkt ist daher auch jener pH-Wert, bei dem Aminosäuren, die alle Ampholyte sind, am schlechtesten löslich sind und am ehesten aus der Lösung ausflocken.

Für die gegebene Säure erhält man $f(h) = h^3 + 0{,}02\,h^2 - 4.10^{-5}\,h - 6.10^{-7} = 0$.
Die Funktion f(h) ist ein Polynom und daher leicht differenzierbar. Daher bietet sich hier das Newton-Verfahren an. Außerdem konvergiert dieses Verfahren sehr schnell.

Die Iteration ist $h_{k+1} = h_k - \dfrac{f(h_k)}{f'(h_k)}$

$f(h) = h^3 + 0{,}02\,h^2 - 4.10^{-5}\,h - 6.10^{-7}$
$f'(h) = 3\,h^2 + 0{,}04\,h - 4.10^{-5}$
Als Startwert für h_o kann man einen etwas größeren Wert nehmen, als ihn eine einprotonige Säure mit K = 0,02 und c = 0,005 hätte. Dieser Wert ist etwa $h_o = 0{,}005$. Man erhält der Reihe nach $h_1 = 0{,}005745$; $h_2 = 0{,}005676$; $h_3 = 0{,}005675$; $h_4 = 0{,}005675$
Daher ist h = 0,005675 mol/l; pH = 2,25. Die Konzentrationen der anderen Stoffe sind:

$[HA^-] = 0{,}00276$ mol/l
$[A^{2-}] = 0{,}00146$ mol/l
$[H_2A] = 0{,}000783$ mol/l.
Der isoelektrische Punkt hat pH = 2,11.

Bemerkung: Auch dieses Problem kann man mit Hilfe der Protolysegrade, wie im folgenden Beispiel, lösen. Dies ist der anschaulichere Weg, da ja der hundertfache Protolysegrad der prozentuelle Umsatz ist. Siehe Aufgabe EL- 25.

Beispiel EL- 24: Gemisch zweier schwacher bzw. mittelstarker **Säuren**.
Eine Lösung enthält die beiden etwa gleich starken Säuren S_1 und S_2 in der Konzentration c_1 und c_2. Wie groß ist der Protolysegrad der beiden Säuren?
Man rechne zunächst allgemein und dann mit einem Gemisch von Chloressigsäure ($K_1 = 1{,}41.10^{-3}$) und Dichloressigsäure ($K_2 = 3{,}32.10^{-2}$) in gleichen Konzentrationen $c_1 = c_2 = 0{,}01$ mol/l.
Unterscheiden sich die Protolysenkonstanten um mehr als drei Zehnerpotenzen, dann ist die folgende Rechnung nicht notwendig. Man kann dann schon EL 17 anwenden.
Mit den Protolysegraden (Umsätzen!) α für S_1 und β für S_2, dann erhält man

	$S_1 + H_2O$	$\rightleftharpoons B_1$	$+ H_3O^+$	$S_2 + H_2O$	$\rightleftharpoons B_2$	$+ H_3O^+$
Konz. zu Beginn	c_1			c_2		
Konz. im Glgw.	$c_1(1-\alpha)$	$c_1\alpha$	$c_1\alpha + c_2\beta$	$c_2(1-\beta)$	$c_2\beta$	$c_1\alpha + c_2\beta$

Im ersten Gleichgewicht ist $c_1\alpha$ die Konzentration an B_1 und $c_1(1-\alpha)$ die restliche Konzentration an S_1. Analoges gilt für das zweite Gleichgewicht.
H_3O^+ entsteht bei beiden Protolysen, daher ist seine Konzentration $h = c_1\alpha + c_2\beta$.

Damit erhält man folgende Gleichgewichtskonstanten:

$$(1)\ K_1 = \frac{\alpha\,(c_1\alpha + c_2\beta)}{1-\alpha} \qquad (2)\ K_2 = \frac{\beta\,(c_1\alpha + c_2\beta)}{1-\beta}$$

Es vereinfacht die weitere Rechnung, wenn man auch den Quotienten (3) berechnet.

$$(3)\ \frac{K_1}{K_2} = \frac{\alpha(1-\beta)}{(1-\alpha)\beta}$$

(3) ist die Konstante der Reaktion $S_1 + B_2 \rightleftharpoons B_1 + S_2$!

Rechnet man β aus (1) aus und setzt in (3) ein, dann erhält man nach einiger algebraischer Umformung

$$\alpha^3 c_1(K_2 - K_1) + \alpha^2\left[c_1K_1 + c_2K_2 + K_1(K_2 - K_1)\right] + \alpha K_1(2K_1 - K_2) - K_1^2 = 0$$

β berechnet man am einfachsten aus (3): $\beta = \dfrac{\alpha\, K_2}{K_1 + \alpha(K_2 - K_1)}$

Für Chloressigsäure ist $\alpha = 0{,}133$; für Dichloressigsäure ist $\beta = 0{,}784$.

Aufgabe EL- 24: Man zeige, dass im isoelektrischen Punkt die Konzentration des Ampholyten HA ein Maximum ist. Man gehe aus von $c = [HA]\left(\dfrac{h}{K_1} + 1 + \dfrac{K_2}{h}\right)$ (s. Beispiel EL- 23).

Die Rechnung wird vereinfacht, wenn man nicht das Maximum von [HA], sondern das Minimum von $y = \dfrac{1}{[HA]}$ als Funktion von h sucht.

Aufgabe EL- 25: Man löse das Problem aus Beispiel EL- 23 mit Hilfe der Protolysegrade.

Aufgabe EL- 26: Eine wässrige Lösung von Oxalsäure hat die Konzentration c = 0,002 mol/l. Wie groß ist die Konzentration der beteiligten Stoffe im Gleichgewicht? Welchen pH-Wert hat die Lösung? Bei welchem pH liegt der isoelektrische Punkt? Wie groß sind die beiden Protolysegrade? Die Berechnung soll ohne Berücksichtigung der Aktivitätskoeffizienten gemacht werden. Die Säurekonstanten sind K_1 = 0,0589 und $K_2 = 6{,}46.10^{-5}$.

Aufgabe EL- 27: Eine Lösung enthält Essigsäure (c_1 = 0,01 mol/l; $K_1 = 1{,}74.10^{-5}$) und Ameisensäure (c_2 = 0,001 mol/l; $K_2 = 1{,}78.10^{-4}$). Wie groß sind die Protolysegrade der beiden Säuren?

5.3.6 Löslichkeitsprodukt

Ein reiner fester Elektrolyt stehe mit seiner gesättigten Lösung im Gleichgewicht.
Es stellt sich ein heterogenes Gleichgewicht zwischen dem festen Bodenkörper und der Lösung ein.

$$K_rA_s(f) \rightleftharpoons r\,K^{z_K}(aq) + s\,A^{z_A}(aq)$$

Zur Vereinfachung der Schreibweise wird von nun an K für das Kation $K^{z_K}(aq)$ und A für das Anion $A^{z_A}(aq)$ geschrieben. Die Gleichgewichtskonstante dieser Reaktion ist $K_{th} = \dfrac{a_K^r\,a_A^s}{a_{Salz}}$.

Die feste Phase ist ein Reinstoff, daher haben sowohl der Molenbruch x_{Salz} als auch der Aktivitätskoeffizient f_{Salz} den Wert 1 und es ist $a_{Salz} = f_{Salz}\,.\,x_{Salz} = 1$. Im rechten Term von K_{th} kommt nur noch das Produkt der Ionenaktivitäten vor. Man nennt diese Gleichgewichtskonstante dann **Löslichkeitsprodukt L**.

Setzt man die molaren Konzentrationen ein, erhält man $L = a_K^r a_A^s = \left(\dfrac{c_K f_K}{c_o}\right)^r . \left(\dfrac{c_A f_A}{c_o}\right)^s$.

Da die international übliche Standardkonzentration c_o = 1 mol/l ist, schreibt man meist nur kurz $L = c_K^r\,f_K^r\,c_A^s\,f_A^s$.

Ersetzt man noch das Produkt der Aktivitätskoeffizienten durch den mittleren Aktivitätskoeffizienten, dann erhält man schließlich

EL 24 Steht ein reiner fester Elektrolyt K_rA_s mit seiner gesättigten Lösung im Gleichgewicht, dann ist $L = a_K^r a_A^s = \dfrac{c_K^r\,c_A^s\,f_K^r\,f_A^s}{c_o^{r+s}}$ (c_o = 1 mol/l) oder kurz geschrieben

$L = c_K^r\,c_A^s\,f_m^{r+s}$ das **Löslichkeitsprodukt** von K_rA_s.

Verwendet man statt der Stoffmengenkonzentration c die Molalität b mit den zugehörigen Aktivitätskoeffizienten, dann ist analog $L = b_K^r\,b_A^s\,f_m^{r+s}$.

Diese Gleichungen gelten nur für mäßig bis schwer lösliche Salze, da nur dann die Lösungen verdünnt sind (annähernd ideales Verhalten!).
Da das Löslichkeitsprodukt eine Gleichgewichtskonstante ist, können alle Rechenmethoden der Thermodynamik für Gleichgewichtskonstante angewandt werden:
Aus den Enthalpien und Entropien der beteiligten Stoffe kann man das Löslichkeitsprodukt L berechnen.
Es sind nur kondensierte Phasen an der Reaktion beteiligt. Daher hängt das Löslichkeitsprodukt bei den im Labor üblichen Drucken vom Druck nicht ab.

Für die Abhängigkeit von der Temperatur gilt die Gleichung von van t'Hoff: $\frac{\partial \ln L}{\partial T} = \frac{\Delta H^o}{RT^2}$.

ΔH° ist dabei die Enthalpie, die bei der Auflösung des Salzes bis zu „unendlicher" Verdünnung umgesetzt wird.

Zusammenhang zwischen dem Löslichkeitsprodukt und der Sättigungskonzentration der Lösung.

Die Möglichkeiten sind hier vielfältig.

1. Im einfachsten Fall **dissoziiert** das Salz im reinen Lösungsmittel (Wasser) **vollständig**. Wenn c die Sättigungskonzentration ist, dann haben sich in der Lösung r c mol/l Kationen und s c mol/l Anionen gebildet. Es ist c_K = r c und c_A = s c. Die Ionenstärke und das Löslichkeitsprodukt sind leicht berechenbar:

   EL 25 $J = 0{,}5(c_K z_K^2 + c_A z_A^2) = 0{,}5\,c(r\,z_K^2 + s\,z_A^2)$ und $L = c_K^r\,c_A^s\,f_m^{r+s} = r^r s^s c^{r+s} f_m^{r+s}$.

2. Das Salz dissoziiert vollständig wie im ersten Fall, aber die Lösung enthält zusätzlich noch Kationen oder Anionen des Salzes. Die Anfangskonzentrationen des Löslichkeitsgleichgewichtes sind nicht null. Durch solche **„gleichionigen Zusätze"** wird die Löslichkeit des Salzes stark erniedrigt (s. Prinzip vom kleinsten Zwang TD 65)
   Dies wird ausgenützt bei der Fällung eines Stoffes. Man gibt einen mäßigen Überschuss des Fällungsmittels zu, um die Fällung möglichst vollständig zu machen.
3. Das Salz dissoziiert vollständig wie im ersten Fall, aber die Lösung enthält zusätzlich noch die Ionen eines **Fremdsalzes**. Die Konzentration dieser Fremdsalzionen kommt weder in c_K noch in c_A vor, erhöht aber die Ionenstärke und erniedrigt damit den mittleren Aktivitätskoeffizienten f_m. Da das Löslichkeitsprodukt konstant ist, steigt die Löslichkeit des ursprünglichen Salzes.
4. Das Salz **dissoziiert nicht vollständig** (z. B. manche Quecksilbersalze). Zum Löslichkeitsgleichgewicht kommt noch ein Dissoziationsgleichgewicht dazu.
5. Die Ionen des Salzes sind beteiligt an einer **Protolysereaktion**.
   Entweder ist ein Ion des Salzes selbst eine Säure oder Base und reagiert daher mit Wasser oder ein anderer in der Lösung vorhandener Stoff bewirkt eine Protolyse, die das Löslichkeitsgleichgewicht beeinflusst.
   So wird beispielsweise die Fällung von Magnesiumhydroxid durch Zusatz von Ammonchlorid verhindert.
6. Ein Ion des Salzes ist beteiligt an einer **Komplexbildungsreaktion**. Z. B. löst sich Silberchlorid in Ammoniak unter Bildung eines Komplexes wieder auf.

Im vierten bis sechsten Fall treten Simultangleichgewichte auf!

Beispiel EL- 25: Wie lautet das Löslichkeitsprodukt für die beiden Salze $CaSO_4$ und Li_3PO_4. Welcher Zusammenhang besteht zur Sättigungskonzentration?

a.) $CaSO_4(f) \rightleftharpoons Ca^{2+}(aq) + SO_4^{2-}(aq)$

Das Löslichkeitsprodukt ist $L = a_{Ca^{2+}} a_{SO_4^{2-}} = c_{Ca^{2+}} c_{SO_4^{2-}} f_m^2$

Ist c die Sättigungskonzentration des $CaSO_4$, dann haben sich auch je c mol/l Calcium- und Sulfationen gebildet. $c_{Ca^{2+}} = c$ und $c_{SO_4^{2-}} = c$. Daher ist

$L = c^2 f_m^2$.

Ist die Konzentration c so gering, dass man f_m = 1 setzen kann, dann ist $L = c^2$. Dies ist z. B. bei AgCl der Fall. Bei $CaSO_4$ trifft dies nicht zu.

b.) $Li_3PO_4(f) \rightleftharpoons 3\,Li^+(aq) + PO_4^{3-}(aq)$

Das Löslichkeitsprodukt ist $L = a^3_{Li^+} a_{PO_4^{3-}} = c^3_{Li^+} c_{PO_4^{3-}} f_m^4$

Aus c mol Li_3PO_4 bilden sich 3c mol Li^+ und c mol PO_4^{3-}. Daher ist

$L = (3c)^3\, c\, f_m^4 = 27c^4 f_m^4$

Beispiel EL- 26: Das Löslichkeitsprodukt von Bleichlorid ist $L = 1{,}70.10^{-5}$. Wie viel mg $PbCl_2$ lösen sich in 1 l Wasser?

a.) Ohne Aktivitätskoeffizient: $L = 4c^3 \Rightarrow c = \sqrt[3]{\frac{L}{4}} = 0{,}01620 \text{mol/l}$.

$\gamma = c\,M = 0{,}0162.278{,}1 = 4{,}505$ g/l.

b.) Mit Aktivitätskoeffizient: $J = 0{,}5(c_K z_K^2 + c_A z_A^2) = 0{,}5\,c\,(r\, z_K^2 + s\, z_A^2) = 3c$

$$\lg f_m = -A\, z_K\, |z_A| \frac{\sqrt{J}}{1+\sqrt{J}} = -0{,}509\,.\,2\,.\frac{\sqrt{3c}}{1+\sqrt{3c}}$$

Es gelten also folgende Gleichungen

(1) $\lg f_m = -1{,}018 \frac{\sqrt{3c}}{1+\sqrt{3c}}$

(2) $L = 4c^3 f_m^3$

Setzt man (1) in (2) ein, so bekommt man eine transzendente Gleichung in c, die umständlich zu lösen ist.
Einfacher ist folgende Iteration: Man rechnet mit dem Startwert $c_1 = 0{,}0162$ (Wert von Pkt.a.) ein f_m aus (2) aus, setzt dieses in (3) ein und berechnet damit ein neues c.
Dieser Schritt wird so oft wiederholt, bis der Wert von c genügend genau ist. Man erhält der Reihe nach:

J mol/l	f_m	c mol/l
0	1	0,0162
0,0486	0,655	0,0247
0,0742	0,605	0,0268
0,0803	0,596	0,0272
0,0815	0,594	0,0273
0,0818	0,594	0,0273

$\gamma = c\,M = 0{,}0273.278{,}1 = 7{,}59$ g/l.
Der Unterschied ist beträchtlich! Es löst sich tatsächlich fast doppelt so viel.

Beispiel EL- 27: Aus einer 0,01 molaren $BaCl_2$ -Lösung wird das Ba^{2+} mit Na_2SO_4-Lösung gefällt. Wie viel mg/l $BaSO_4$ bleiben gelöst, wenn
a.) mit der stöchiometrischen Menge
b.) mit 10% Sulfat-Überschuss ausgefällt wird.
$L(BaSO_4) = 1{,}08.10^{-10}$. Es wird mit $f_m = 1$ gerechnet, da die zu erwartenden Konzentrationen sehr gering sind.)
a.) Mit der stöchiometrischen Fällungsmenge ist $c_{Ba^{2+}} = c_{SO_4^{2-}} = c$. Daher ist $L = c^2$ und

$c = 1{,}04.10^{-5}$. Mit M = 233,29 g/mol entspricht dies einer Restkonzentration von
$\gamma = 2{,}43$ mg/l $BaSO_4$.
b.) 10% von 0,01 mol/l $BaCl_2$ sind 0,001/l mol Sulfatüberschuss in der Lösung.
Die Ionenkonzentrationen im Gleichgewicht sind $c_{Ba^{2+}} = x$ und $c_{SO_4^{2-}} = 0{,}001 + x$

x ist die vom gelöst gebliebenen Bariumsulfat gebildete Ionenkonzentration.
$L = c_{Ba^{2+}} c_{SO_4^{2-}} = x(0,001 + x)$. Da x sehr viel kleiner als 0,001 ist, kann man 0,001 + x ≈ 0,001 setzen ⇒ L = 0,001 x
$x = 1,08.10^{-7}$ mol/l oder
γ = 0,0252 mg/l $BaSO_4$ Restkonzentration.
Der geringe Zusatz an Sulfationen bewirkt schon einen Rückgang der Löslichkeit um zwei Zehnerpotenzen. Berücksichtigt man die Aktivitäten für das Na_2SO_4, dann beträgt die Löslichkeit des $BaSO_4$ etwa 0,04mg/l.

Beispiel EL- 28: Kaliumchromat wird als Indikator bei der Titration des Chloridions mit Silbernitrat verwendet. Welche ist die günstigste Chromatkonzentration?
$L_1 = L(AgCl) = 1,77.10^{-10}$, $L_2 = L(Ag_2CrO_4) = 1,12.10^{-12}$.
Im Endpunkt der Titration ist $[Ag^+] = [Cl^-] = \sqrt{L_1} = 1,33.10^{-5}$ mol/l.
Im Augenblick der Mitfällung des anderen Anions muss gleichzeitig gelten:
$L_1 = [Ag^+].[Cl^-]$ und $L_2 = [Ag^+]^2.[CrO_4^{2-}]$.
Daraus erhält man das Konzentrationsverhältnis der Anionen für den Zustand, in dem das Chromation beginnt mit dem Chloridion auszufallen. $\frac{L_2}{L_1^2} = \frac{\left[CrO_4^{2-}\right]}{\left[Cl^-\right]^2} = 3,6.10^7$.

Bei einer Chloridkonzentration von $1,33.10^{-5}$ mol/l (Äquivalenzpunkt!) ist die Chromatkonzentration daher: $\left[CrO_4^{2-}\right] = 3,6.10^7.\left(1,33.10^{-5}\right)^2 = 0,00633$ mol/l. Dies entspricht einer Lösung, die γ = 0,00633.194,19 = 1,23 g/l K_2CrO_4 enthält.
Man wird als Indikator soviel Kaliumchromatlösung zusetzen, dass die Lösung etwa 1 g/l enthält. Dann beginnt das Silberchromat im Äquivalenzpunkt der Chloridtitration auszufallen.

Beispiel EL- 29: Eine Lösung über einem Bodenkörper von SrF_2 und BaF_2 ist an beiden Salzen gesättigt. Man berechne die Gleichgewichtskonzentrationen aller beteiligten Ionen. Man kann abschätzen, dass die mittleren Aktivitätskoeffizienten der beiden Salze 0,85 sind.
$L_1 = L(SrF_2) = 4,33.10^{-9}$, $L_2 = L(BaF_2) = 1,84.10^{-7}$.

Für diese Simultangleichgewichte gelten folgende Gleichungen:

(1)	$L_1 = [Sr^{2+}].[F^-]^2.\ 0,85^3$	Löslichkeitsgleichgewicht von Strontiumfluorid
(2)	$L_2 = [Ba^{2+}].[F^-]^2.\ 0,85^3$	Löslichkeitsgleichgewicht von Bariumfluorid
(3)	$2\,[Sr^{2+}] + 2\,[Ba^{2+}] = [F^-]$	Die Lösung muss elektrisch neutral sein.

Dieses Gleichungssystem wird nach den drei Ionenkonzentrationen gelöst.
Man ersetzt aus den Gleichungen (1) und (2) die Kationenkonzentrationen in (3) und rechnet die Fluoridkonzentration aus. Aus dieser erhält man dann die anderen Konzentrationen.

$$\frac{2L_1}{0,85^3\left[F^-\right]^2} + \frac{2L_2}{0,85^3\left[F^-\right]^2} = \left[F^-\right]$$

$$\left[F^-\right]^3 = \frac{2}{0,85^3}(L_1 + L_2)$$

$\left[F^-\right] = 8,496.10^{-3}$ mol/l

Die Kationenkonzentrationen sind: $[Sr^{2+}] = 9,767.10^{-5}$ mol/l und $[Ba^{2+}] = 4,150.10^{-3}$ mol/l
Bemerkung:
Unterscheiden sich die Löslichkeitsprodukte um mehr als drei Zehnerpotenzen, dann genügt es, statt der Summe das größere Löslichkeitsprodukt einzusetzen. Es ist dann $L_1 + L_2 \approx L_1$,

wenn L_1 das größere Löslichkeitsprodukt ist.
Die Salze beeinflussen ihre Löslichkeiten nicht mehr wechselseitig, sondern das besser lösliche Salz wirkt wie ein gleichioniger Zusatz. Es verringert die Löslichkeit des schlechter löslichen Salzes sehr stark.
Auch in diesem Beispiel verringert das besser lösliche Bariumfluorid die Löslichkeit des SrF_2 von etwa 0,001 mol/l in der reinen SrF_2-Lösung auf etwa 0,0001 mol/l im Gemisch.

Beispiel EL- 30: 200ml einer 0,02 molaren $MgCl_2$ -Lösung soll mit 50 ml 1 molarer Ammoniaklösung vermischt werden, ohne dass $Mg(OH)_2$ ausfällt. Welche Masse (g) NH_4Cl muss vor dem Ammoniakzusatz zugegeben werden?
$L(Mg(OH)_2) = 5{,}61.10^{-12}$. Protolysenkonstante des Ammoniak $K_B = 1{,}78.10^{-5}$.
Es liegen zwei Simultangleichgewichte vor:

$$(1)\ Mg(OH)_2(f) \rightleftharpoons Mg^{2+} + 2\,OH^- \qquad K_1 = L$$

$$(2)\ NH_3 + H_2O \rightleftharpoons NH_4^+ + OH^- \qquad K_2 = K_B$$

Diese kann man zu einem einzigen Gleichgewicht vereinigen.

$$(3)\ Mg(OH)_2(f) + 2\,NH_4^+ \rightleftharpoons Mg^{2+} + 2\,NH_3 + 2\,H_2O$$

$$c_S^o - 2c \qquad c \qquad c_B^o + 2c$$

c sei die Konzentration der Mg^{2+}-Ionen im Gleichgewicht.
Da kein Hydroxid ausfallen soll, ergibt sich c aus der anfänglichen Magnesiumkonzentration in der Lösung. $c = \dfrac{200.0{,}02\ \text{mmol}}{250\ \text{ml}} = 0{,}016$ mol/l.

c_B^o und c_S^o sind die Anfangskonzentrationen an NH_3 und NH_4Cl.

$c_B^o = \dfrac{50\ \text{mmol}}{250\ \text{ml}} = 0{,}2$ mol/l. c_S^o soll berechnet werden.

Es ist (3) = (1) - 2 (2) und daher nach TD 61: $K_3 = \dfrac{L}{K_B^2} = c\left(\dfrac{c_B^o + 2c}{c_S^o - 2c}\right)^2$

$$\frac{5{,}61.10^{-12}}{\left(1{,}78.10^{-5}\right)^2} = 0{,}016.\left(\frac{0{,}2 + 0{,}032}{c_S^o - 0{,}032}\right)^2$$

$c_S^o = 0{,}25254$ mol/l. Dies entspricht $\gamma = 0{,}2524.\ 53{,}492 = 13{,}51$ g/l.
Die 250 ml Mischung müssen daher mindestens 3,38 g NH_4Cl enthalten.

Beispiel EL- 31: Wie groß ist die Löslichkeit von AgCl in 1molarer Ammoniaklösung. Komplexbildungskonstante für den Silberdiamminkomplex $K_K = 1{,}60.10^7$. $L(AgCl) = 1{,}77.10^{-10}$.
Auch hier liegen wieder zwei Simultangleichgewichte vor:

$$(1)\ AgCl(f) \rightleftharpoons Ag^+ + Cl^- \qquad K_1 = L$$

$$(2)\ Ag^+ + 2\,NH_3 \rightleftharpoons [Ag(NH_3)_2]^+ \qquad K_2 = K_K \quad \text{Komplexbildungskonstante}$$

$$(3) = (1) + (2)$$

$$(3)\ AgCl(f) + 2\,NH_3 \rightleftharpoons [Ag(NH_3)_2]^+ + Cl^- \qquad K_3 = L.K_K$$

Im Glgw: $\quad c_L^o - 2c \qquad c \qquad c$

$$K_3 = L.K_K = \frac{c^2}{\left(c_L^o - 2c\right)^2}$$

c_L^o ist die Anfangskonzentration des Liganden, hier des NH_3. Zieht man die Wurzel aus der Gleichung, dann bekommt man eine lineare Gleichung in c: $\left(c_L^o - 2c\right)\sqrt{L.K_K} = c$

c = 0,0481 mol/l, dies entspricht γ = 6,89 g/l. In Wasser lösen sich nur 0,0019 g/l.
Dies ist auch ein anschauliches Beispiel zum Prinzip vom kleinsten Zwang. Der Ammoniak entfernt die Silberionen aus dem Gleichgewicht (1). Dieses verschiebt sich nach rechts, die Löslichkeit wird größer.

Beispiel EL- 32: Die Löslichkeit von Kaliumpermanganat und die Dichte der gesättigten Lösung wurde bei zwei Temperaturen bestimmt. Wie groß ist die Lösungsenthalpie und -entropie dieses Salzes?

t °C	Löslichkeit %	ρ g/ml
20	5,96	1,04
30	8,28	1,05

Rechengang:

1. Umrechnung der Konzentrationen auf Molaritäten mit $c = \frac{10\,w\,\rho}{M}$.
2. Berechnung der Ionenstärken, mittleren Aktivitätskoeffizienten und Löslichkeitsprodukte mit $J = c$; $f_m = 10^{-0{,}509\frac{\sqrt{c}}{1+\sqrt{c}}}$; $L = c^2 f_m^2$
3. Berechnung der Lösungsenthalpie und -entropie mit TD 62 $\ln L(T) = -\frac{\Delta H^o}{R}.\frac{1}{T} + \frac{\Delta S^o}{R}$.

   Durch Bildung der Differenz für die beiden gegebenen Temperaturen erhält man $\ln\frac{L_1}{L_2} = -\frac{\Delta H}{R}.\left(\frac{1}{T_1} - \frac{1}{T_2}\right)$, woraus man $\Delta H°$ berechnet.

   Für die Entropie wird nochmals TD 62 verwendet. Man setzt eine der beiden gegebenen Temperaturen, das zugehörige Löslichkeitsprodukt und das schon bekannte $\Delta H°$ ein und löst nach $\Delta S°$ auf: $\Delta S = R \ln L + \frac{\Delta H}{T}$

Die Werte enthält die folgende Tabelle.

M g/mol	t °C	%	ρ g/ml	c = J mol/l	f_m	L	ΔH° kJ/mol	ΔS° J/mol.K
158,03	20	5,96	1,04	0,3922	0,637	6,24E-02	42,94	123,4
	30	8,28	1,05	0,5501	0,607	1,12E-01		

Beispiel EL- 33: Von Silbersulfat wurde die Löslichkeit in Wasser bei verschiedenen Temperaturen gemessen. Man berechne die Lösungsenthalpie und -entropie als Funktion der Temperatur. Für die Enthalpie genügt die Annahme einer linearen Temperaturfunktion.

Für die Temperaturabhängigkeit der Konstanten A verwende man $A = \frac{1824800}{(\varepsilon\, T)^{1,5}}$.

t (°C)	0	10	20	30	40	50	60	70	80	90	100
γ (g/l)	5,60	6,70	7,80	8,80	9,70	10,50	11,30	12,00	12,60	13,20	13,90
ε_r (H_2O)	87,90	83,96	80,20	76,60	73,17	69,88	66,73	63,73	60,86	58,12	55,51

Berechnung:

1. Umrechnung von γ auf die Molarität c: $c = \frac{\gamma}{M}$; M = 311,80 g/mol
2. Berechnung der Ionenstärken: $J = 0,5\,c\left(r\,z_K^2 + s\,z_A^2\right)$. Das Löslichkeitsgleichgewicht ist

   $Ag_2SO_4 \rightleftharpoons 2\,Ag^+ + SO_4^{2+}$ Daher ist r = 2, s = 1, z_K = 1, z_A = 2.
3. Berechnung der Aktivitätskoeffizienten. Temperaturabhängigkeit von A berücksichtigen:

   $\lg f_m = -A\, z_K\,|z_A|\frac{\sqrt{J}}{1+\sqrt{J}}$. Temperatur in K einsetzen!
4. Berechnung der Löslichkeitsprodukte: $L = r^r s^s c^{r+s}\, f_m^{r+s}$
5. Ermittlung des funktionalen Zusammenhangs zwischen den gegebenen und den gesuchten Größen als Basis für die Regression: Die Lösungsenthalpie sei $\Delta H°(T) = m + n\,T$.

   Nach TD 63 ist $\frac{\partial \ln L(T)}{\partial T} = \frac{\Delta H^o(T)}{RT^2} = \frac{m}{RT^2} + \frac{n}{RT}$.

   Es genügt die Terme in T für die Regressionsfunktion lnL(T) festzustellen. Die Koeffizienten werden sowieso durch die Regression ermittelt. Die Integration der Gleichung TD 63 ergibt die Terme 1/T, lnT und eine Konstante (wie immer bei der Integration). Daher lautet die Temperaturabhängigkeit des Löslichkeitsproduktes $\ln L(T) = a + \frac{b}{T} + c\ln T$.
6. Die Regression der lnL-Werte gegen die absolute Temperatur ergibt:
   Korrelationskoeffizient r = 0,999261; a = 211,98, b = -11924, c = -32,131.
7. Mit den Regeln der Thermodynamik erhält man schließlich
   $\Delta H°(T) = R\,(cT - b) = -267{,}15\,T + 99142$ J/mol
   $\Delta G°(T) = -R\,(aT + b + c.T.\ln T) = -1762{,}5\,T + 99142 + 267{,}15\,T\ln T$ J/mol
   $\Delta S°(T) = R\,(a + c + c.\ln T) = 1495{,}4 - 267{,}15\ln T$ J/mol.K
   Die Standardwerte für 298,15K sind:
   ΔH^o_{298} = 19,49 kJ/mol; ΔS^o_{298} = -26,7 J/mol.K

Die numerischen Werte sind in der folgenden Tabelle zusammengefasst.

t °C	A	γ g/l	c mol/l	J	f_m	L	lnL
0	0,490	5,60	0,0180	0,0539	0,654	$6{,}47.10^{-6}$	-11,95
10	0,498	6,70	0,0215	0,0645	0,629	$9{,}85.10^{-6}$	-11,53
20	0,506	7,80	0,0250	0,0750	0,606	$1{,}39.10^{-5}$	-11,18
30	0,516	8,80	0,0282	0,0847	0,585	$1{,}80.10^{-5}$	-10,92
40	0,526	9,70	0,0311	0,0933	0,567	$2{,}20.10^{-5}$	-10,72
50	0,538	10,50	0,0337	0,1010	0,550	$2{,}54.10^{-5}$	-10,58
60	0,551	11,30	0,0362	0,1087	0,533	$2{,}88.10^{-5}$	-10,45
70	0,564	12,00	0,0385	0,1155	0,518	$3{,}16.10^{-5}$	-10,36
80	0,579	12,60	0,0404	0,1212	0,502	$3{,}35.10^{-5}$	-10,31
90	0,595	13,20	0,0423	0,1270	0,487	$3{,}50.10^{-5}$	-10,26
100	0,612	13,90	0,0446	0,1337	0,470	$3{,}68.10^{-5}$	-10,21

Aufgabe EL- 28: Wie lautet das Löslichkeitsprodukt für die Salze AgCl, Ag_2SO_4, $PbBr_2$ und $Mg_3(PO_4)_2$. Welcher Zusammenhang besteht zur Sättigungskonzentration c?

Aufgabe EL- 29: Die Konzentration einer gesättigten Lösung von Silbersulfat in Wasser bei 25°C ist γ = 7,360 g/l. Man berechne das Löslichkeitsprodukt.
Welcher Fehler wird gemacht, wenn die Ionenstärke nicht berücksichtigt wird?
Man löse dieselbe Aufgabe für die Salze AgCl (γ = 1,915 mg/l) und Li_3PO_4 (γ = 148,9 mg/l).

Aufgabe EL- 30: Das Löslichkeitsprodukt von Kaliumperchlorat ist L = $1{,}05.10^{-2}$. Wie viel g $KClO_4$ lösen sich in 1 l Wasser? Man löse die gleiche Aufgabe für $CaSO_4$. L = $4{,}93.10^{-5}$.
Die Aktivitätskoeffizienten müssen hier jedes Mal berücksichtigt werden.

Aufgabe EL- 31: Man vergleiche die Löslichkeiten von AgCl in reinem Wasser und in einer 0,001 molaren NaCl-Lösung. L(AgCl) = $1{,}77.10^{-10}$. Die Aktivitätskoeffizienten müssen hier nicht berücksichtigt werden.

Aufgabe EL- 32: Wie groß ist der Unterschied in der Löslichkeit von Bariumsulfat in reinem Wasser und in 0,1 molarer KCl-Lösung? L($BaSO_4$) = $1{,}08.10^{-10}$.

Aufgabe EL- 33: Bis zu welchem pH-Wert muss Natronlauge zu einer Nickelchloridlösung zugegeben werden, damit nicht mehr als 10^{-7} mol/l Ni^{2+} in der Lösung gelöst bleiben? L($Ni(OH)_2$) = $5{,}48.10^{-16}$.

Aufgabe EL- 34: Wie viel mg Mg^{2+}-Ionen bleiben gelöst, wenn zu 100 ml einer $MgCl_2$ -Lösung, die 10 mmol Magnesium enthält 100 ml 0,5 molare NH_3 -Lösung zugesetzt wird? L($Mg(OH)_2$) = $5{,}61.10^{-12}$. Protolysenkonstante des Ammoniak K_B = $1{,}78.10^{-5}$.

Aufgabe EL- 35: Kann man aus einer Lösung, die Jodidionen und Chloridionen enthält, das Jodid mit Ag^+ ausfällen ohne dass merkliche Mengen des Chlorids mitgefällt werden? L(AgCl) = $1{,}77.10^{-10}$, L(AgJ) = $8{,}52.10^{-17}$.

Aufgabe EL- 36: Aus einer Lösung, die Calciumsalze und auch geringe Mengen Magnesiumsalze enthält, soll das Ca^{2+} mit Natriumoxalat ausgefällt werden. Die Ca^{2+}-Konzentration soll kleiner als 10^{-6} mol/l werden. Wie groß darf die Magnesiumkonzentration höchstens sein, damit noch kein Mg^{2+} ausfällt? L_1 = L(CaC_2O_4) = $2{,}32.10^{-9}$; L_2 = L(MgC_2O_4) = $4{,}83.10^{-6}$.

Aufgabe EL- 37: Über einem Bodenkörper von $BaCO_3$ und $SrCO_3$ befindet sich eine gesättigte Lösung der beiden Salze. Man berechne die Gleichgewichtskonzentrationen aller beteiligten Ionen. Die mittleren Aktivitätskoeffizienten der beiden Salze können mit 1 angenommen werden. L($BaCO_3$) = $2{,}58.10^{-9}$, L($SrCO_3$) = $5{,}60.10^{-10}$.

Aufgabe EL- 38: Man vergleiche die Löslichkeiten von AgCl und AgBr in 2 molarer Ammoniaklösung. L(AgCl) = $1{,}77.10^{-10}$; L(AgBr) = $5{,}35.10^{-13}$; Komplexbildungskonstante für den Silberdiamminkomplex ist K_K = $1{,}60.10^{7}$.

Aufgabe EL- 39: 1.Wieviel mg Magnesiumphosphat lösen sich bei 25°C in 1 l reinem Wasser. Gegeben sind folgende thermodynamische Daten (für 25°C):

	ΔH° (kJ/mol)	S° (J/mol.K)
Mg^{2+}(aq)	-467,0	-137,0
PO_4^{3-}(aq)	-1277,4	-220,5
$Mg_3(PO_4)_2$(f)	-3780,7	189,2

2. Analog für Calciumfluorid.

	ΔH° (kJ/mol)	S° (J/mol.K)
Ca^{2+}(aq)	-543,0	-56,2
F^-(aq)	-335,35	-13,8
CaF_2(f)	-1228,0	68,5

3. Analog für Silberchromat.

	ΔH° (kJ/mol)	S° (J/mol.K)
Ag^+(aq)	105,8	73,5
CrO_4^{2-}(aq)	-881,2	50,2
Ag_2CrO_4(f)	-731,7	217,6

Aufgabe EL- 40: Die Löslichkeit von Kaliumperchlorat und die Dichte der gesättigten Lösung wurde bei zwei Temperaturen bestimmt. Wie groß ist die Lösungsenthalpie und -entropie dieses Salzes?

t °C	Löslichkeit %	ρ g/ml
20	1,67	1,01
30	2,47	1,01

Aufgabe EL- 41: Von Lithiumkarbonat wurde die Löslichkeit in Wasser bei verschiedenen Temperaturen gemessen. Man berechne die Lösungsenthalpie und -entropie als Funktion der Temperatur. Für die Enthalpie genügt die Annahme einer linearen Temperaturfunktion.

Für die Temperaturabhängigkeit der Konstanten A verwende man $A = \frac{1824800}{(\varepsilon T)^{1,5}}$.

t (°C)	0	10	20	30	40	50	60	70	80	90	100
γ (g/l)	15,40	14,30	13,30	12,40	11,50	10,70	9,90	9,20	8,50	7,80	7,20
ε_r (H_2O)	87,90	83,96	80,20	76,60	73,17	69,88	66,73	63,73	60,86	58,12	55,51

5.4 Leitfähigkeit von Elektrolyten

Zwischen zwei Elektroden in einem Elektrolyten entsteht ein elektrischer Widerstand

$$R = \rho \frac{l}{A} \quad \text{mit} \quad \kappa = \frac{1}{\rho} \quad \Rightarrow \quad R\kappa = \frac{l}{A} = C \quad \Rightarrow \quad \kappa R = C$$

R... elektrischer Widerstand [R] = 1Ohm   l, A... Abstand und Querschnitt der Elektroden

ρ... spezifischer Widerstand [ρ] = 1Ohm.m   C... Zellkonstante [C] = 1/m

$\kappa = \frac{1}{\rho}$... spezifische Leitfähigkeit [κ] = 1Siemens/m = 1S/m

EL 26 $\kappa \, . \, R = C$

Da κ sowohl von der Konzentration c als auch von der Ionenladung z abhängt, definiert man eine Leitfähigkeitsgröße Λ, die auf die Einheit der Ladung und Konzentration bezogen ist. Diese ist dann ionenspezifisch und für alle Ionen vergleichbar.

EL 27 Definition: **Äquivalentleitfähigkeit** $\Lambda = \frac{\kappa}{c|z|}$ (Einheit $\frac{S\,m^2}{mol}$)

und, da Λ aber selbst auch wieder von der Konzentration abhängt:

Grenzleitfähigkeit $\Lambda^0 = \lim_{c \to 0} \Lambda$

Die hier angegebenen Einheiten sind die SI-Einheiten. Gewöhnlich wird für die Molarität c die Einheit [c] = mol/dm³ und für die Einheit der Äquivalentleitfähigkeit [Λ] = S.cm²/mol verwendet. In diesem Fall ist es sehr zweckmäßig für die Leitfähigkeit κ die Einheit [κ]= mS/cm zu verwenden, da Λ dann sofort die Einheit S.cm²/mol besitzt:

$$[\Lambda] = \frac{[\kappa]}{[c] \, . \, [z]} = \frac{mS \, . \, dm^3}{cm \, . \, mol \, . \, 1} = \frac{10^{-3} . \, S \, . \, 10^3 . \, cm^3}{cm \, . \, mol} = \frac{S.cm^2}{mol}$$

Gesetze für verdünnte Lösungen:

A. Einfluss der Ionenkonzentration auf die Leitfähigkeit
κ fällt mit fallender Konzentration c.
Λ steigt mit fallender Konzentration.
Starke und schwache Elektrolyte verhalten sich sehr unterschiedlich, wie das Diagramm (Abb.EL- 4) zeigt.

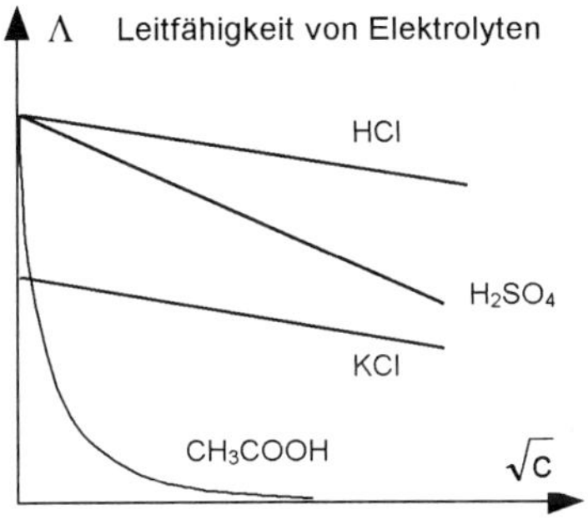

Abb.EL- 4

Starke Elektrolyte:
Für diese gilt das **Quadratwurzelgesetz** von Kohlrausch:
In verdünnten Lösungen ist Λ eine lineare Funktion von $\sqrt{c}$.

EL 28 **Quadratwurzelgesetz**: $\Lambda = \Lambda° - A\sqrt{c}$ $c < 0{,}02$
Gilt auch für nichtwässrige Lösungsmittel
A.... positive Konstante (abhängig von Ionenladung, Temperatur,....)

Λ nimmt mit steigender Konzentration ab, da die Ionenwechselwirkung immer stärker wird.
Mit Hilfe dieses Gesetzes kann man $\Lambda°$ von starken Elektrolyten bestimmen.

Schwache Elektrolyte:
Die $\Lambda - \sqrt{c}$ -Kurve hat einen hyperbolischen Verlauf. Eine Extrapolation zur Bestimmung von $\Lambda°$, wie bei den starken Elektrolyten, ist nicht möglich.

Aus dem nur für schwache Elektrolyte gültigen Ostwaldschen Verdünnungsgesetz folgt, dass die Abhängigkeit des Protolysegrades α von $\sqrt{c}$ ebenfalls einen hyperbolischen Verlauf hat:

$$K = \frac{c\alpha^2}{1-\alpha} \Rightarrow c\alpha^2 = K(1-\alpha) \Rightarrow \alpha\sqrt{c} = \sqrt{K(1-\alpha)}$$

Für kleine α ist damit aber das Produkt $\alpha\sqrt{c}$ annähernd konstant. Graphisch ist dies eine Hyperbel. Dies bedeutet aber, dass Λ proportional zu α ist und die Abnahme von Λ praktisch nur durch die Abnahme der Dissoziation verursacht wird.
Man setzt daher $\Lambda = k\,\alpha$.
Durch Bildung des Grenzwertes für $c \to 0$ kann man die Proportionalitätskonstante k berechnen.

$$\lim_{c\to 0} \Lambda = \lim_{c\to 0} k\alpha \Rightarrow \lim_{c\to 0} \Lambda = k \lim_{c\to 0} \alpha \quad \text{für} \quad c \to 0 \text{ geht } \alpha \to 1 \text{ und } \Lambda \to \Lambda^0 \Rightarrow \Lambda^0 = k$$

EL 29 $\Lambda = \Lambda^{\circ} . \alpha$

Durch Leitfähigkeitsmessungen ist daher α und damit auch die Protolysenkonstante einer schwachen Säure oder Base bestimmbar.

B. Gesetz der unabhängigen Ionenwanderung
In verdünnten Lösungen bewegen sich die Ionen in einem elektrischen Feld ohne sich gegenseitig zu beeinflussen. Dies hat zur Folge, dass die Leitfähigkeit eines Salzes die Summe der Leitfähigkeiten seiner Ionen ist.

EL 30 $$\Lambda^{o}_{Salz} = \Lambda^{o}_{Kation} + \Lambda^{o}_{Anion}$$

Dieses Gesetz hat große praktische Bedeutung für die Bestimmung der Grenzleitfähigkeit von schwachen Elektrolyten:
Die Grenzleitfähigkeit des schwachen Elektrolyten wird aus den Grenzleitfähigkeiten geeigneter starker Elektrolyte zusammengesetzt.
Z. B. gilt für die Essigsäure: $\Lambda^{\circ}_{HAc} = \Lambda^{\circ}_{NaAc} + \Lambda^{\circ}_{HCl} - \Lambda^{\circ}_{NaCl}$.

Bestimmung der Grenzleitfähigkeiten von **Einzelionen**.
Dies ist nur möglich bei Kenntnis der Überführungszahlen der Einzelionen.
Die **Überführungszahl** t eines Ions ist der Bruchteil eines elektrischen Stromes, der von dieser Ionenart transportiert wird.

$t_K = \frac{I_K}{I_K + I_A}$ und analog für das Anion

I und Λ sind aber proportional:

$$I = \frac{U}{R}, \quad R = \frac{C}{\kappa} \quad \text{und} \quad \Lambda = \frac{\kappa}{c|z|} \quad \Rightarrow \quad I = \frac{U.n}{C}\Lambda \quad \Rightarrow$$

EL 31 $$t_K = \frac{\Lambda_K}{\Lambda_K + \Lambda_A} \quad \text{und} \quad t_A = \frac{\Lambda_A}{\Lambda_K + \Lambda_A} \quad \Rightarrow \quad \Lambda^{o}_{K} = t_K \Lambda^{o}_{Salz} \quad \text{und} \quad \Lambda^{o}_{A} = t_A \Lambda^{o}_{Salz}$$

Die Überführungszahlen hängen nur wenig von der Konzentration ab und gehen mit steigender Temperatur gegen 0,5.

C. WALDENsche Regel

EL 32 $\eta . \Lambda^{\circ} = \text{konst.}$

Die Waldensche Regel sagt aus, dass in dem gleichen Maß in dem die Viskosität des Elektrolyten zunimmt, die Leitfähigkeit abnimmt. Sie ist sehr gut erfüllt für große symmetrische Ionen (Pikration, Tetraethylammoniumion u.a.). Bei kleinen Ionen gilt sie nur näherungsweise.

Die **Temperaturabhängigkeit** der Leitfähigkeit Λ ist etwa dem Betrag nach die gleiche, wie die der Viskosität η des Lösungsmittels, da die Viskosität für die Beweglichkeit der Ionen entscheidend ist.
In kleinen Temperaturintervallen steigt κ fast linear. Sonst steigt κ um etwa 2% pro Grad (H_2O... 2,5% pro K).

In den folgenden Beispielen ist, wenn nicht anders angegeben, Wasser das Lösungsmittel.

Beispiel EL- 34: Eine 9,38%ige Lösung von $BaCl_2.2H_2O$ (ρ = 1,0721 g/cm³) hat in einer Leitfähigkeitszelle einen elektrischen Widerstand von R = 15,58 Ohm. Die Leitfähigkeitszelle wurde mit einer KCl-Lösung (κ = 101,667 mS/cm) kalibriert: R = 9,595 Ohm.
Welche spezifische Leitfähigkeit κ und Äquivalentleitfähigkeit Λ hat die Probelösung?

Die Zellkonstante ist: C = 0,001.101,667.9,595 = 0,9755 cm^{-1}
Die spezifische Leitfähigkeit κ der Probe ist: κ = C/R = 0,9755/15,58 = 0,06261 S/cm
κ = 62,61 mS/cm.
Für die Äquivalentleitfähigkeit benötigt man die Molarität der Lösung.

$$c = \frac{10\,w\,\rho}{M} = \frac{93,8.1,0721}{244,264} = 0,4117 mol/l$$

$$\Lambda = \frac{\kappa}{c|z|} = \frac{62,61}{0,4117.2} = 76,04\ S.cm^2/mol$$

Beispiel EL- 35: Eine 0,005 molare Lösung von $SrCl_2$ hat eine spezifische Leitfähigkeit von 1,242 mS/cm. Die Überführungszahl des Sr^{2+} ist $t(Sr^{2+})$ = 0,438. Wie groß ist die Äquivalentleitfähigkeit der einzelnen Ionen.

$$\Lambda = \frac{\kappa}{c|z|} = \frac{1,242}{0,005.2} = 124,2\ Scm^2/mol$$

$\Lambda_K = t_K\,\Lambda$ = 0,438.124,2 = 54,4 S.cm²/mol
$\Lambda_A = \Lambda - \Lambda_K$ = 69,8 S.cm²/mol

Beispiel EL- 36: Von Essigsäure (HAc) soll die Grenzleitfähigkeit bestimmt werden.
Dazu wurden mit einer Mikrowaage von Natriumchlorid und Natriumacetat die in den Tabellen angegebenen Einwaagen gemacht, mit destilliertem Wasser jeweils auf v = 1000 ml aufgefüllt und von den Lösungen die spezifischen Leitfähigkeiten gemessen.
Von Salzsäure stellte man durch Verdünnen ebenfalls verschieden konzentrierte Lösungen her und bestimmte die spezifischen Leitfähigkeiten.
Rechengang:
1. Berechnen der Molaritäten c für die beiden Salzlösungen.
2. Berechnen der Äquivalentleitfähigkeiten Λ für alle Lösungen.
3. Linearregressionen mit y = Λ und x = $\sqrt{c}$ ergeben die Grenzleitfähigkeiten $\Lambda°$.
4. Anwendung des Gesetzes der unabhängigen Ionenwanderung (EL 30)

Messwerte: Es bedeutet κ die spezifische Leitfähigkeit der Probelösung. (Für die Einwaage 0 ist dies dann die spezifische Leitfähigkeit des Wassers)

NaCl		CH_3COONa		HCl	
Einwaage mg	κ µS/cm	Einwaage mg	κ µS/cm	Molarität c mol/l	κ µS/cm
0	3,5	0	3,6	0	2,1
7,288	19,1	8,220	12,6	0,0001	44,6
12,273	29,8	16,456	21,6	0,0002	86,9
29,251	65,8	41,222	48,4	0,0005	213,4
58,443	127,2	83,510	93,7	0,001	423,4
116,90	248,9	165,14	179,9	0,002	840,9
291,91	605,6	410,33	431,9	0,005	2080,1

Die Details enthalten die folgenden Tabellen.

NaCl: M = 58,443 g/mol; v = 1000 ml

E mg	c mol/l	$\sqrt{c}$	κ-Lsg mS/cm	κ-Stoff mS/cm	Λ S.cm²/mol	Linearregression	
0			0,0035				
7,288	0,0001247	0,0111670	0,0191	0,0156	125,10	r	-0,9996181
12,273	0,0002100	0,0144914	0,0298	0,0263	125,24	OA	126,365
29,251	0,0005005	0,0223720	0,0658	0,0623	124,47	ST	-82,568
58,443	0,0010000	0,0316228	0,1272	0,1237	123,70	Λ° (= OA)	126,365
116,90	0,0020002	0,0447240	0,2489	0,2454	122,69	**A** (= -ST)	82,568
291,91	0,0049948	0,0706738	0,6056	0,6021	120,55		

Na-Acetat: M = 82,034 g/mol; v = 1000 ml

E mg	c mol/l	$\sqrt{c}$	κ-Lsg mS/cm	κ-Stoff mS/cm	Λ S.cm²/mol	Linearregression	
0			0,0036				
8,220	0,0001002	0,0100101	0,0126	0,0090	89,82	r	-0,9997575
16,456	0,0002006	0,0141633	0,0216	0,0180	89,73	OA	90,792
41,222	0,0005025	0,0224165	0,0484	0,0448	89,15	ST	-72,582
83,510	0,0010180	0,0319060	0,0937	0,0901	88,51	Λ° (= OA)	90,792
165,14	0,0020131	0,0448672	0,1799	0,1763	87,58	**A** (= -ST)	72,582
410,33	0,0050020	0,0707245	0,4319	0,4283	85,63		

HCl mol/l	$\sqrt{c}$	κ-Lsg mS/cm	κ-Stoff mS/cm	Λ S.cm²/mol	Linearregression	
0		0,0021				
0,0001	0,0100000	0,0446	0,0425	425,00	r	-0,9997698
0,0002	0,0141421	0,0869	0,0848	424,00	OA	425,982
0,0005	0,0223607	0,2134	0,2113	422,60	ST	-147,150
0,001	0,0316228	0,4234	0,4213	421,30	Λ° (=OA)	425,982
0,002	0,0447214	0,8409	0,8388	419,40	**A** (= -ST)	147,150
0,005	0,0707107	2,0801	2,0780	415,60		

$\Lambda_{HAc} = \Lambda_{HCl} + \Lambda_{NaAc} - \Lambda_{NaCl}$ = 425,98 + 90,79 - 126,37 = 390,4 Scm²/mol

Beispiel EL- 37: Man zeichne die **Titrationskurve** für die Leitfähigkeitstitration von
a.) $AgNO_3$ mit NaCl-Lösung.

	Ag^+	Na^+	NO_3^-	Cl^-
Λ° (S.cm²/mol)	62	50	71	76

b.) einer Mischung von HCl (1 mol) und CH_3COOH (1 mol) mit NaOH-Lösung.

	H^+	Cl^-	$Acetat^-$	Na^+	OH^-
Λ° (S.cm²/mol)	350	76	41	50	198

Auf der x-Achse verwendet man als Mengenmaß die Stoffmenge c des zugesetzten Titrationsmittels. Auf der y-Achse trägt man die Leitfähigkeit auf. Es ist $\kappa = c\,\Lambda\,|z|$. Die Leitfähigkeit κ ist proportional zu Λ° und c. Man gehe von 1 mol Probe aus.
Wegen der Proportionalität besteht die Titrationskurve aus geraden Teilstücken.
Es genügen daher drei Punkte: Leitfähigkeit zu Beginn (Λ der Probe), im Äquivalenzpunkt (ÄP) und nach Zusatz eines Überschusses von 1 mol Titrationsmittel.

a.) Fällungstitration. Ag^+ wird als AgCl gefällt und durch Na^+ ersetzt, daher ändert sich die Leitfähigkeit bis zum ÄP nur wenig. Nach dem ÄP steigt die Leitfähigkeit durch den NaCl-Überschuß steil an (Abb.EL- 5).

	Ag^+	NO_3^-	Na^+	Cl^-	Leitfähigkeit der Lösung
Leitfähigkeit	62	71	50	76	
Stoffmenge zu Beginn	1	1	0	0	133
Stoffmenge im ÄP	0	1	1	0	121
Stoffmenge mit Überschuss	0	1	2	1	247

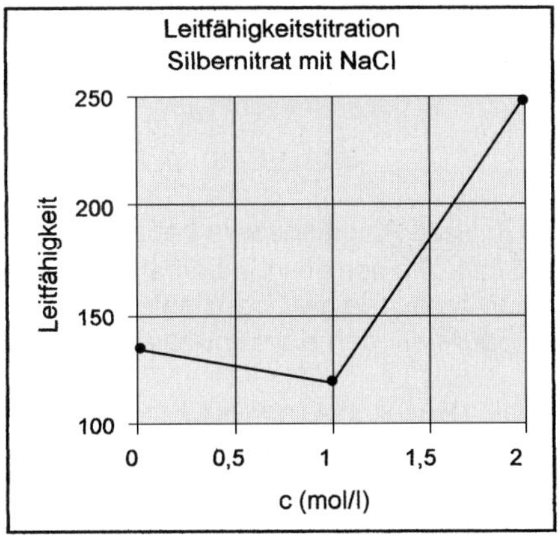

Abb.EL- 5

b.) Die Salzsäure ist eine starke, die Essigsäure eine schwache Säure. Die Protolyse der Essigsäure wird solange fast vollständig verhindert, solange noch Protonen der Salzsäure vorhanden sind. Zur Leitfähigkeit trägt die Essigsäure zunächst fast nichts bei.
Erst nach der Salzsäure reagiert die Essigsäure mit der NaOH. Aus der schwach dissoziierten Essigsäure wird das vollständig dissoziierte Natriumacetat. Die Leitfähigkeit steigt daher etwas an. Nach dem zweiten ÄP steigt die Titrationskurve sehr steil an wegen der großen Leitfähigkeit der Protonen (Abb.EL- 6).

	H^+	Cl^-	Ac^-	Na^+	OH^-	Leitfähigkeit der Lösung
Leitfähigkeit	350	76	41	50	198	
Stoffmenge zu Beginn	1	1	0	0	0	426
Stoffmenge im 1.ÄP	0	1	0	1	0	126
Stoffmenge im 2.ÄP	0	1	1	2	0	217
Stoffmenge mit Überschuss	0	1	1	3	1	465

Die tatsächlichen Titrationskurven besitzen statt der scharfen Spitzen abgerundete Übergänge zwischen den geraden Teilstücken, da dort auch die schwach leitfähigen Substanzen den Kurvenverlauf beeinflussen.

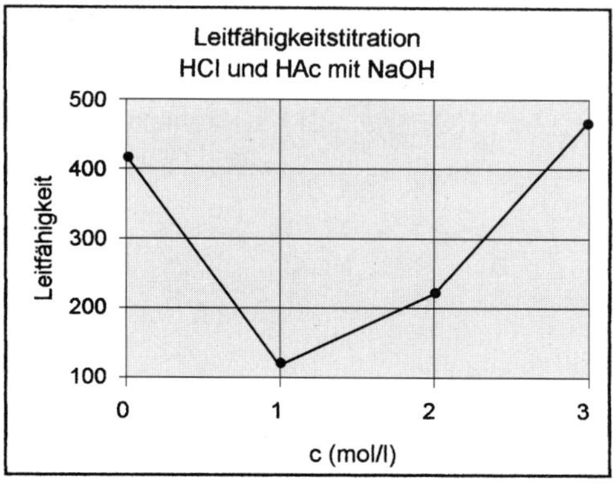

Abb.EL- 6

Beispiel EL- 38: Eine 0,0777 molare Ameisensäure hat ein pH = 2,44 und eine spezifische Leitfähigkeit von κ = 1,467 mS/cm. Die spezifische Leitfähigkeit des verwendeten Wassers ist darin schon berücksichtigt. Man berechne die Grenzleitfähigkeit und die Protolysenkonstante der Säure. Die Protolyse der Säure mit den Konzentrationen im Gleichgewicht ist:

$$\begin{array}{ccccc} HA & + H_2O & \rightleftharpoons & H_3O^+ & + A^- \\ c°(1-\alpha) & & & c°\alpha & c°\alpha \end{array}$$

Mit $h = 10^{-pH}$ und h = c°α bekommt man α = 0,04673.

Die Äquivalentleitfähigkeit der Ameisensäure ist $\Lambda = \frac{1,467}{0,0777} = 18,88\ S.cm^2/mol$.

$$\Lambda° = \frac{18,88}{0,04673} = 404\ S.cm^2/mol \quad \text{und} \quad K = \frac{c°\alpha^2}{1-\alpha} = 1,78.10^{-4}$$

Beispiel EL- 39: Von Benzoesäure (M = 122,12 g/mol) wurden mehrere sehr verdünnte Lösungen mit verschiedener Konzentration hergestellt und die spezifische Leitfähigkeit κ bei 25°C gemessen. Man berechne die Grenzleitfähigkeit und Protolysenkonstante der Säure. Die Einwaagen wurden jeweils mit destilliertem Wasser zu 500 ml Lösung gelöst.

Einwaage (mg)	0	6,231	12,567	31,267	63,247	127,45	317,83
κ (μS/cm)	1,9	22,9	35,3	60,1	89,2	130,4	211,5

Für die Benzoesäure als schwache Säure gilt das Ostwaldsche Verdünnungsgesetz

$K = \frac{c°\alpha^2}{1-\alpha}$ (EL 14) und $\Lambda = \Lambda°.\ \alpha$ (EL 29). Wird α aus EL 29 in EL 14 eingesetzt, dann erhält man $K(\Lambda°)^2 - K\Lambda\Lambda° = c°\Lambda^2$. Division durch Λ und einsetzen von $\Lambda = \frac{\kappa}{c°}$ ergibt

$$K(\Lambda°)^2\frac{1}{\Lambda} - K\Lambda° = c°\Lambda \quad \text{und schließlich} \quad \kappa = K(\Lambda°)^2\frac{c°}{\kappa} - K\Lambda°$$

Wählt man $x = \frac{c°}{\kappa}$ und y = κ, dann bekommt man die Gleichung einer Geraden mit der Steigung $ST = K(\Lambda^o)^2$ und dem Ordinatenabschnitt $OA = -K\Lambda^o \Rightarrow \Lambda^o = -\frac{ST}{OA}$ und $K = -\frac{OA}{\Lambda^o}$

Durch eine Linearregression mit den Werten $\frac{c^o}{\kappa}$ und κ erhält man die gewünschten Ergebnisse.

E mg	c° mol/l	κ(Lsg) mS/cm	κ mS/cm	c/κ mol/S.cm²	Regression	
	0	0,0019				
6,231	$1{,}0205.10^{-4}$	0,0230	0,0211	$4{,}836.10^{-3}$	Korrelationskoeff.	0,999989546
12,567	$2{,}0581.10^{-4}$	0,0351	0,0332	$6{,}199.10^{-3}$	OA	-0,024738973
31,267	$5{,}1207.10^{-4}$	0,0603	0,0584	$8{,}768.10^{-3}$	ST	9,43735
63,247	$1{,}0358.10^{-3}$	0,0892	0,0873	$1{,}187.10^{-2}$	Λ° (S.cm²/mol)	382
127,45	$2{,}0873.10^{-3}$	0,1304	0,1285	$1{,}624.10^{-2}$	**K**	0,0000649
317,83	$5{,}2052.10^{-3}$	0,2115	0,2096	$2{,}483.10^{-2}$		

Es ist $\Lambda° = 382$ S.cm²/mol und $K = 6{,}49.10^{-5}$

Beispiel EL- 40: Eine gesättigte Lösung von $SrSO_4$ in destilliertem Wasser ($\kappa_w = 2{,}3$ µS/cm) hat eine spezifische Leitfähigkeit $\kappa = 210{,}0$ µS/cm. Wie groß ist das Löslichkeitsprodukt von $SrSO_4$?
$\Lambda°(Sr^{2+}) = 59{,}4$ S.cm²/mol; $\Lambda°(SO_4^{2-}) = 80{,}0$ S.cm²/mol.
$SrSO_4$ ist ein schwer lösliches Salz. Die gesättigte Lösung ist daher so verdünnt, dass die Äquivalentleitfähigkeit der Lösung der Grenzleitfähigkeit gleichgesetzt werden kann. Es ist

dann $\Lambda = \Lambda°$ und mit $\Lambda = \frac{\kappa}{c|z|} \Rightarrow c = \frac{\kappa}{\Lambda^o |z|} = \frac{(210{,}0-2{,}3).10^{-3}}{(59{,}4+80{,}0).2} = 0{,}000745$ mol/l

a.) rechnet man ohne Aktivitätskoeffizienten, dann ist: $L = c^2 = 5{,}5.10^{-7}$

b.) Mit Aktivitätskoeffizienten: $J = 0{,}5\left(c_K z_K^2 + c_A z_A^2\right)$

Da $c_K = r\,c$ und $c_A = s\,c \Rightarrow J = 0{,}5\,c\,(r\,z_K^2 + s\,z_A^2)$ und $L = r^r s^s c^{(r+s)}\,f_m^{(r+s)}$

$J = 0{,}5.0{,}000745.(4 + 4) = 0{,}00298$ mol/l

$\lg f_m = -0{,}509.2.2\frac{\sqrt{0{,}00298}}{1+\sqrt{0{,}00298}}$; $f_m = 0{,}7845$

$L = c^2 f_m^2 = 3{,}4.10^{-7}$
Man bekommt für das Löslichkeitsprodukt $3{,}4.10^{-7}$ gegenüber $5{,}5.10^{-7}$.
Bei einer genauen Rechnung ist die Vernachlässigung der Ionenstärke nicht mehr zulässig.

Aufgabe EL- 42:
a.) Eine 3,50%-ige Lösung von NaBr ($\rho = 1{,}0258$ g/cm³) hat in einer Leitfähigkeitszelle einen elektrischen Widerstand von R = 33,49 Ohm. Die Leitfähigkeitszelle wurde mit einer KCl-Lösung ($\kappa = 11{,}646$ mS/cm) kalibriert: R = 89,773 Ohm.
b.) analog für 20,0%ige H_3PO_4 -Lösung ($\rho = 1{,}1135$ g/cm³), R = 8,27 Ohm. Kalibrierung mit KCl-Lösung: $\kappa = 101{,}667$ mS/cm, R = 9,595 Ohm.
Welche spezifische Leitfähigkeit κ und Äquivalentleitfähigkeit Λ hat die Probelösung?
Aufgabe EL- 43: Eine 0,005 molare Lösung von $CuSO_4$ hat eine spezifische Leitfähigkeit von 0,9402 mS/cm. Die Überführungszahl des Cu^{2+} ist $t(Cu^{2+}) = 0{,}401$. Wie groß ist die Äquivalentleitfähigkeit der einzelnen Ionen.
Analog für 0,02 molares $KClO_4$;2,557 mS/cm; $t(K^+) = 0{,}522$.

Aufgabe EL- 44: Von Magnesiumchlorid, wurden verschiedene Massen auf einer Mikrowaage eingewogen und jeweils zu v = 500 ml Lösung mit destilliertem Wasser (κ = 2,5 μS/cm) aufgelöst. Von diesen Lösungen wurden bei 25°C die spezifischen Leitfähigkeiten gemessen.

Einwaage $MgCl_2$ (mg)	0	4,856	10,126	24,855	49,557	98,544	242,60
κ (μS/cm)	2,5	28,5	56,5	133,7	261,0	508,0	1205,7

Man bestimme rechnerisch und graphisch die Grenzleitfähigkeit.

Aufgabe EL- 45: Man berechne die Grenzleitfähigkeit von Ameisensäure aus der Grenzleitfähigkeit von Natriumformiat ($\Lambda°$ = 104,7 S.cm²/mol), Salzsäure ($\Lambda°$ = 426 S.cm²/mol) und Natriumchlorid ($\Lambda°$ = 126,4 S.cm²/mol).

Aufgabe EL- 46: Man berechne die Grenzleitfähigkeit von NH_4^+, Cl^-, K^+ und OH^- aus folgenden Messergebnissen:

Salz	: NH_4Cl	KCl	KOH
Grenzleitfähigkeit (S.cm²/mol):	149,8	149,8	271,5

In der NH_4Cl-Lösung ist die Überführungszahl des NH_4^+ t = 0,491.

Aufgabe EL- 47: Man zeichne die Titrationskurve für die Leitfähigkeitstitration von

a.) $HClO_4$ mit NaOH-Lösung

	H^+	Na^+	OH^-	ClO_4^-
$\Lambda°$ (S.cm²/mol)	350	50	198	67

b.) $AgNO_3$ mit KJ-Lösung

	Ag^+	K^+	NO_3^-	J^-
$\Lambda°$ (S.cm²/mol)	62	73	71	77

c.) KOH mit HNO_3 -Lösung.

	H^+	K^+	OH^-	NO_3^-
$\Lambda°$ (S.cm²/mol)	350	73	198	71

d.) einer Mischung von KOH (1 mol) und NH_3 (1 mol) mit HCl-Lösung.

	K^+	OH^-	NH_4^+	H^+	Cl^-
$\Lambda°$ (S.cm²/mol)	73	198	74	350	76

Aufgabe EL- 48: Eine 0,150 molare Ammoniak-Lösung hat ein pH = 11,20 und eine spezifische Leitfähigkeit von κ = 0,434 mS/cm. Die spezifische Leitfähigkeit des verwendeten Wassers ist darin schon berücksichtigt. Man berechne die Grenzleitfähigkeit und die Protolysenkonstante der Base. $K_w = 10^{-14}$. t = 25°C.

Aufgabe EL- 49: Man berechne die Protolysenkonstante K von Phenylessigsäure (PES). Gemessen wurden folgende spezifische Leitfähigkeiten

κ = 71,0 μS/cm einer 0,00085 molaren Lösung der Säure und

κ = 76,5 μS/cm einer 0,00075 molaren K-Phenylacetat-Lösung bei 25°C.

Die Kaliumsalzlösung ist schon so verdünnt, dass man die Äquivalentleitfähigkeit dieser Lösung der Grenzleitfähigkeit gleichsetzen kann. Der Fehler beträgt etwa 1-2%.

$\Lambda°(K^+)$ = 73,5 S.cm²/mol; $\Lambda°(H^+)$ = 349,7 S.cm²/mol

Aufgabe EL- 50: Man zeige: Ist die Waldensche Regel erfüllt, dann stimmen die Temperaturabhängigkeiten der Vikosität und der Leitfähigkeit dem Betrag nach überein. Sie unterscheiden sich nur in der Richtung. Nimmt eine Größe zu, dann nimmt die andere ab.

5.5 Stoffumsatz bei der Elektrolyse

Die bei einer Elektrolyse durch den elektrischen Strom abgeschiedenen oder chemisch veränderten Stoffmengen berechnet man mit den Faraday-Gesetzen.
Unter der Annahme, dass N Teilchen abgeschieden werden, ist die
abgeschiedene Masse $m = N.\mu$
transportierte Ladung $Q = N.|z|.e$

$$\Rightarrow m = \frac{\mu}{|z|.e} Q$$

Erweitert man den Bruch mit N_L, dann folgt $m = \frac{\mu N_L}{|z| e N_L} Q = \frac{M}{|z| F} Q$

N... Teilchenanzahl
μ.... Teilchenmasse
z.... Ionenladung
Q... elektrische Ladung
e.... Elementarladung

In dieser Gleichung sind beide Faraday-Gesetze enthalten:

EL 33 **1. Faraday-Gesetz**: $m = k\,Q$ Die abgeschiedene Masse ist proportional zur transportierten Ladung.

2. Faraday-Gesetz: $k = \frac{M}{|z| F}$ $[k] = g/C$ $F = e.N_L = 96485$ C/mol

Beispiel EL- 41: Bei der Cu-Elektrolyse verbraucht eine Zelle pro Tag 67,20 kWh an Energie bei einer Spannung von U = 3,50 V. Welche Cu-Menge (kg) kann man bei durchlaufendem Betrieb in 15 Tagen abscheiden? Mit welcher elektrischen Leistung P und welcher Stromstärke I arbeitet diese Zelle? (s. Tabelle EL- 1)
Das Kupfer wird reduziert $Cu^{2+} \rightarrow Cu$

$$Q = \frac{W}{U} = \frac{67{,}2.3600000\ W.s}{3{,}5\ V} = 6{,}912.10^7 C$$

$$m = \frac{M}{|z| F} Q = \frac{63{,}546}{2.96485} .6{,}912.10^7 = 22{,}762\ \text{kg Cu pro Tag, daher 341,42 kg in 15 Tagen.}$$

$$I = \frac{Q}{t} = \frac{6{,}912.10^7}{24.3600} = 800\,A$$

$P = U.I = 3{,}5.800 = 2800\ W = 2{,}8\ kW$

Beispiel EL- 42: 100ml einer 0,01molaren Silbernitratlösung werden 10 min lang mit einem Strom von I = 100 mA elektrolysiert. Wie stark hat sich die Konzentration verändert (absolut und in %)?
$Ag^+ \rightarrow Ag$ z = 1
Aus EL 33 folgt für die abgeschiedene Stoffmenge:

$$n = \frac{Q}{|z| F} = \frac{I.t}{|z| F} = \frac{0{,}1.600}{96485} = 6{,}2186.10^{-4} mol$$

100 ml einer 0,01 molaren Lösung enthalten 1 mmol Silber.
Abgeschieden wurden 0,62186 mmol.
Es wurden 62,2% des Silbers abgeschieden und die Lösung ist nur noch

$$\frac{1 - 0{,}62186\ mmol}{100\ ml} = 0{,}00378\,\text{molar.}$$

Beispiel EL- 43: Mit welchem Wirkungsgrad arbeitet eine Kupferelektrolysezelle, wenn zur Abscheidung von m = 1000 g Cu bei einer Spannung von U = 2,5 V W = 2,21 kWh an elektrischer Energie verbraucht wurden?

$$Q = \frac{W}{U} = \frac{2{,}21.3600000\ W.s}{2{,}5\ V} = 3{,}1824.10^6 C$$

Die theoretische Cu-Menge ist $m = \frac{M}{|z|F} Q = \frac{63{,}546}{2.96485}.3{,}1824.10^6 = 1047{,}98\,g$

$$\eta = \frac{1000}{1048} = 95{,}4\%\ \text{Wirkungsgrad.}$$

Beispiel EL- 44: Eine verdünnte Schwefelsäurelösung wird t = 13 min 47 s lang mit einem Strom von I = 0,539 A elektrolysiert. Das Volumen des Knallgases über der Lösung ist 87,9 ml bei 22°C und 985 hPa. Der Dampfdruck der Schwefelsäure ist 17 hPa. Man berechne die Faraday-Konstante und die Elementarladung.

Die Reaktionen sind $2\ H^+ + 2e^- \rightarrow H_2$ am negativen Pol und $4\ OH^- \rightarrow O_2 + 2\ H_2O + 4e^-$ am positiven Pol. Beide Teilreaktionen vereinigt ergeben $2\ H_2O \rightarrow 2\ H_2 + O_2$ mit z = 4.

Zur Herstellung von 3 mol Knallgas benötigt man eine Ladung von 4 F. Für die Elektrolyse der Schwefelsäure wurde eine Ladung Q eingesetzt und man erhielt n mol Knallgas. Daher ist

$$\frac{3}{4F} = \frac{n}{Q} \Rightarrow F = \frac{3Q}{4n} = \frac{3It}{4n}$$

Die Stoffmenge des Knallgases errechnet man über die Gaszustandsgleichung. Vom Luftdruck muss der Dampfdruck der Schwefelsäure abgezogen werden. Im Volumsmessgerät für das Gasvolumen hält der Luftdruck der Summe aus dem Druck des Knallgases und dem Dampfdruck der Schwefelsäure das Gleichgewicht.

$$n = \frac{pv}{RT} = \frac{(0{,}985 - 0{,}017).0{,}0879}{0{,}083145.295{,}15}.\frac{bar.l.mol.K}{l.bar.K} = 0{,}00346725\ \text{mol Knallgas}$$

$$F = \frac{3.0{,}539.827}{4.0{,}00346725} = 96421\ C/mol$$

Beispiel EL- 45: Ein Kupferblech mit einer Oberfläche von O = 20 cm² wird in einer Nickelsalzlösung mit I = 100 mA elektrolysiert. Nach einer Zeit von t = 20 s entsteht die erste sichtbare graue Färbung auf dem Blech. Welche Dicke hat die gebildete Ni-Schicht? Aus wie vielen atomaren Schichten ist sie aufgebaut? ρ(Ni) = 8,90 g/cm³. (Das Nickelatom sei würfelförmig angenommen)

Rechengang:

(1) Wie viel Atome Ni enthält eine Schicht, die die Dicke von einem Atom hat?

(2) Wie viel Atome wurden insgesamt abgeschieden?

(3) Der Quotient aus (2) und (1) ist die Anzahl der Schichten.

Zu (1): Das Volumen eines Ni-Atoms ist $v = \frac{M}{\rho N_L} = \frac{58{,}7}{8{,}9.6{,}022.10^{23}} = 1{,}09524.10^{-23} cm^3$. Die Kantenlänge eines Würfels mit diesem Volumen ist $a = \sqrt[3]{v} = 2{,}221.10^{-8} cm$. Die Grundfläche eines Atomwürfels ist daher $a^2 = 4{,}932.10^{-16}$ cm². Bei einer Fläche von O = 20 cm² besteht die einatomare Schicht aus $4{,}0553.10^{16}$ Atomwürfeln.

Zu (2): Die abgeschiedene Stoffmenge Nickel ist $n = \frac{Q}{zF} = \frac{2}{2.96485} = 1{,}0364.10^{-5}$ mol.

Dies sind $N = n\ N_L = 6{,}2414.10^{18}$ Atome.

Zu (3): Die Anzahl der Schichten ist daher $\frac{6{,}24.10^{18}}{4{,}055.10^{16}} = 154$

Die Gesamtdicke des Nickelüberzuges ist d = $154.2{,}22.10^{-8} = 3{,}4.10^{-6}$ cm = 34 nm.

Aufgabe EL- 51: Welche Menge (g) Kaliumchromat kann man mit einer Energiemenge von W = 1 kWh aus einem Chrom(III)-Salz herstellen, wenn die Spannung U = 4,0 V beträgt und die Stromausbeute 87% ist?
Aufgabe EL- 52: In welcher Zeit (Tage) liefert eine Al-Elektrolysezelle bei I = 3200 A eine Masse von m = 400 kg Al? Wie viel Energie (kWh) verbraucht diese Zelle in einem Tag? Welche elektrische Leistung hat sie? U = 6,00 V; $Al^{3+} \rightarrow Al$
Aufgabe EL- 53: Welche Masse Kupfer kann man pro Tag abscheiden, wenn die Elektrolyseanlage eine Leistung von P = 51,0 kW hat und mit einer Spannung von U = 3,00 V arbeitet. Der Wirkungsgrad ist 92%.
Aufgabe EL- 54: Wie lange müssen 200 ml einer 0,156 molaren Kupfersulfatlösung mit einer Stromstärke von I = 0,5 A elektrolysiert werden, damit man sicher ist, dass alles Kupfer abgeschieden wurde?
Aufgabe EL- 55: Ein Metallgegenstand hat eine Oberfläche von O = 130 cm² und soll mit einer d = 0,1 mm dicken Chromschicht überzogen werden. Wie lange muss bei I = 4,00 A elektrolysiert werden? Der Wirkungsgrad der Elektrolyse ist 90%.
Dichte von Chrom ρ = 7,15 g/cm³.
Aufgabe EL- 56: Ein Strom von I = 10 A geht eine Stunde lang durch eine verdünnte Schwefelsäurelösung. Welches Volumen Wasserstoff und Sauerstoff entstehen jeweils an den Elektroden? p = 987 hPa; t = 27°C.
Aufgabe EL- 57: In einem Silbercoulometer werden in t = 30,00 min durch I = 600 mA m = 1,2071 g Ag abgeschieden. Wie groß ist die Loschmidtkonstante? e = $1{,}602.10^{-19}$ C.

5.6 Elektrochemische Zellen

Die Grundlage der elektrochemischen (galvanischen) Zellen sind bestimmte heterogene Gleichgewichte, nämlich **elektrochemische Phasengleichgewichte**. Bei diesen kommt es durch Austausch von elektrisch geladenen Teilchen an der Phasengrenze immer zur Ausbildung einer elektrischen Spannung.
Sind an einem solchen Gleichgewicht **Ionen und Elektronen** beteiligt, dann wird die Spannung durch eine **Redoxreaktion** erzeugt.
Sind **nur Ionen** beteiligt, dann sind **Diffusionsvorgänge** die Ursache der Spannung.

5.6.1 Elektrochemische Zellen verursacht durch Redoxreaktionen

Betrachten wir etwa die Redoxreaktion

$$Zn + 2\,Ag^+ \rightleftharpoons Zn^{2+} + 2\,Ag$$

Diese Reaktion besteht aus den zwei Teilreaktionen

(1) $Ag^+ + e^- \rightleftharpoons Ag$ Reduktion des Ag^+

(2) $Zn \rightleftharpoons Zn^{2+} + 2e^-$ Oxidation des Zn

Gibt man im Reagenzglas Zn-Pulver zu einer $AgNO_3$-Lösung, so wird sich zwar das Zn auflösen und das Ag ausfallen, aber eine galvanische Zelle ist damit noch nicht entstanden. Die freie Enthalpie dieser Reaktion wurde völlig in Wärme umgewandelt.

Für eine **galvanische Zelle**, müssen die beiden Teilreaktionen und damit auch die Stoffe räumlich getrennt werden. Ein Zn-Stab taucht in die Lösung eines Zinksalzes, ein Silberstab

taucht in die Lösung eines Silbersalzes. Um einen Stromkreis zu bekommen werden die beiden Metallstäbe mit einem Metalldraht (Elektronenleiter!), die beiden Lösungen mit einem Diaphragma verbunden. Über den Metalldraht fließen die bei der Reaktion umgesetzten Elektronen vom Zn zum Ag und können dabei für Messzwecke oder zur Verrichtung von Arbeit ausgenützt werden.
Das Diaphragma muss den Durchgang von Ionen ermöglichen, soll aber das Vermischen der beiden Elektrolyte möglichst lange hinauszögern („Zellen mit Überführung").
Bei bestimmten galvanischen Zellen benötigt man kein Diaphragma, da dort beide Elektroden in den gleichen Elektrolyten eintauchen („Zellen ohne Überführung").

Die **Kurzschreibweise** für die galvanische Zelle ist:
Zn | Zn^{2+} (a oder c =..) || Ag^{+} (a oder c =..) | Ag
Der einfache Strich kennzeichnet eine Phasengrenze, der Doppelstrich das Diaphragma.
(a oder c =..) bedeutet die Aktivität oder Konzentration des Elektrolyten.
Es ist üblich den negativen Pol einer Zelle links und den positiven Pol rechts zu schreiben.
Im obigen Beispiel ist die Zinkelektrode der negative Pol.

5.6.1.1 Spannung einer galvanischen Zelle

In einer galvanischen Zelle wird je nach Reaktionsrichtung freie Enthalpie Δg in elektrische Arbeit w umgewandelt oder umgekehrt

$$\text{Freie Enthalpie} \;\underset{\text{Elektrolyse}}{\overset{\text{Batterie oder Akku}}{\rightleftarrows}}\; \text{Elektrische Arbeit}$$

Nach dem Energieerhaltungssatz gilt dann

EL 34 $$\Delta g = - z\, F\, \Delta E$$

z... Anzahl der bei der Redoxreaktion ausgetauschten Elektronen
F... Faraday-Konstante. F = 96485 C/mol
ΔE... **Leerlaufspannung** oder **EMK** („elektromotorische Kraft") der Zelle.
Das negative Vorzeichen rechts ist notwendig, da eine positive Leerlaufspannung ΔE bedeutet, dass Arbeit abgegeben wird, die Reaktion also exergonisch ist.

ΔE ist die maximale Spannung, die die Zelle haben kann. Sie tritt nur auf, wenn kein elektrischer Strom durch die Zelle fließt.
Fließt ein Strom, dann besitzt die Zelle eine von ΔE verschiedene **Klemmenspannung** U.
Da jede galvanische Zelle einen Innenwiderstand hat und außerdem noch Polarisation auftritt, geht immer ein Teil der freien Enthalpie als Wärme verloren. Der Vorgang ist nicht streng reversibel! Bei einer Batterie ist daher immer $U < \Delta E$.
Bei einer Elektrolyse muss umgekehrt U immer größer als ΔE sein, da sonst kein Strom fließt.
Der **Unterschied** zwischen U und ΔE heißt **Polarisationsspannung**, bei der Elektrolyse meist Überspannung.
Bei Zellen, die ein Diaphragma benötigen, können die auftretenden Diffusionspotentiale den Unterschied von U und ΔE noch vergrößern.

Kehren wir zurück zu EL 34: $\Delta g = - z F \Delta E$
Diese Gleichung ermöglicht die Anwendung aller thermodynamischen Hilfsmittel bei Berechnungen mit Spannungen von galvanischen Zellen. So erhält man die Abhängigkeit der Zell-

spannung ΔE von der Konzentration, dem Druck und der Temperatur aus den entsprechenden Gleichungen für die freie Enthalpie (TD 40 und TD 50).

Abhängigkeit der EMK von der Konzentration

Gegeben sei eine Redoxreaktion:
$\nu_1 A_1 + \nu_2 A_2 + ... + \nu_k A_k \rightleftharpoons \nu_{k+1} A_{k+1} + \nu_{k+2} A_{k+2} + ... + \nu_L A_L$ (GR 15)
$A_1, ... A_k$ sind die Ausgangsstoffe, $A_{k+1}, ... A_L$ die Endstoffe.
$\nu_1, ... \nu_L$ sind die stöchiometrischen Koeffizienten;
Die Koeffizienten der Ausgangsstoffe sind negativ, die der Endstoffe positiv
$\nu_1, ... \nu_k < 0; \quad \nu_{k+1}, ... \nu_L > 0$

Die Reaktion ist dann kurz geschrieben $\sum_{i=1}^{L} \nu_i A_i = 0$ (GR 16)

Aus EL 34 und TD 50 folgt für die Leerlaufspannung ΔE:

EL 35 $$\Delta E = \Delta E^o - \frac{RT}{zF} \ln \prod_{i=1}^{L} a_i^{\nu_i}$$

a_i.... Aktivitäten der Stoffe
z.... Anzahl der bei der Gesamtreaktion umgesetzten e^-
$\Delta E°$ ..... **Standardspannung** der galvanischen Zelle

In vielen galvanischen Zellen kommen **feste**, manchmal auch flüssige **Reinstoffe** vor. Dies sind beispielsweise die reinen Metalle der Elektroden (etwa Ag in der Elektrode $Ag|Ag^+$) oder die schwerlöslichen Bodenkörper der Elektroden 2. Art (z. B. Kalomelelektrode). Da diese Stoffe im thermodynamischen Standardzustand vorliegen, ist ihre Aktivität 1 und braucht daher in den Gleichungen EL 35 und EL 40 nicht berücksichtigt werden.
Analog setzt man für die Aktivität des Lösungsmittels **Wasser** ebenfalls den Wert 1 ein, da Wasser fast immer in einem so großen Überschuss vorhanden ist, dass es sich wie ein Reinstoff verhält.

Aus $\Delta E°$ kann man die **Gleichgewichtskonstante** der Reaktion berechnen:
$\Delta g° = -z F \Delta E°$ und $\Delta g° = -RT \ln K_{th}$ $\Rightarrow$

EL 36 $$\ln K_{th} = \frac{zF}{RT} \Delta E^o$$

Beispiel EL- 46: Oxalsäure wird analytisch durch Titration mit Kaliumpermanganatlösung bestimmt. Die zugrundeliegende Reaktion ist

$$C_2O_4^{2-} \rightarrow 2\ CO_2 + 2\ e^-$$
$$MnO_4^- + 5\ e^- + 8\ H^+ \rightarrow Mn^{2+} + 4\ H_2O$$

$$5\ C_2O_4^{2-} + 2\ MnO_4^- + 16\ H^+ \xrightarrow{10e^-} 10\ CO_2 + 2\ Mn^{2+} + 8\ H_2O$$

Die EMK dieser Redoxreaktion ist

$$\Delta E = \Delta E^o - \frac{RT}{zF} \ln \frac{[CO_2]^{10}[Mn^{2+}]^2[H_2O]^8}{[C_2O_4^{2-}]^5[MnO_4^-]^2[H^+]^{16}} = \Delta E^o - \frac{RT}{zF} . \ln \frac{[CO_2]^{10}[Mn^{2+}]^2}{[C_2O_4^{2-}]^5[MnO_4^-]^2[H^+]^{16}},$$

da $[H_2O] = 1$.

Abhängigkeit der EMK vom Druck

EL 37 $$\frac{\partial \Delta E}{\partial p} = -\frac{\Delta V}{zF}$$

ΔE hängt von p nicht ab

- wenn nur feste und flüssige Phasen an der Reaktion beteiligt sind und
- bei Gaselektroden bei denen sich die Stoffmenge der gasförmigen Stoffe nicht ändert.

ΔE hängt nur dann von p ab, wenn $\Delta V \neq 0$. Dies ist nur der Fall bei Redoxreaktionen an denen Gase beteiligt sind und wenn sich dazu noch die Stoffmenge der gasförmigen Stoffe ändert ($\Delta n(\text{Gase}) \neq 0$; vgl. Kap. 4.1.1).
Eine Integration der Gleichung EL 37 ergibt eine analoge Formel wie die für die Konzentrationsabhängigkeit (EL 35). Statt der Aktivitäten stehen dann die Partialdrücke, genauer die Quotienten $\frac{p_i}{p_o}$ (s. Thermodynamik!).

Abhängigkeit der EMK von der Temperatur

EL 38 $$\frac{\partial \Delta E}{\partial T} = \frac{\Delta S}{zF}$$

Dieses Gesetz hat große praktische Bedeutung! Aus Messungen der Zellspannung bei mehreren Temperaturen kann man alle thermodynamischen Größen einer Reaktion und ihre Temperaturabhängigkeit berechnen (s. Beispiele).

5.6.1.2 Elektrochemische Halbzellen (Elektroden) und Gleichung von Nernst

Alle bisherigen Überlegungen betrafen immer die Spannung der gesamten galvanischen Zelle. Tatsächlich verläuft der Vorgang aber an zwei Elektroden, sodass sich die Spannung auch aus zwei Anteilen - den **Elektrodenpotentialen** - zusammensetzt. Es gilt

EL 39 $\Delta E = E_2 - E_1$ mit $E_2 > E_1$
Die Spannung der galvanischen Zelle ist die Differenz der Potentiale E_2 und E_1 der beiden Elektroden. Dabei ist es üblich, dass immer das kleinere Potential vom größeren abgezogen wird, sodass ΔE immer positiv wird.

Thermodynamisch bedeutet dies, dass die freie Enthalpie der Redoxreaktion immer negativ ist. Es wird also jene Richtung der Reaktion gewählt, in der diese von selbst abläuft.

Die Gleichung $\Delta E = \Delta E^o - \frac{RT}{zF} \ln \prod_{i=1}^{L} a_i^{\nu_i}$ (EL 35) kann man ebenfalls zerlegen in die Differenz zweier Gleichungen für die Potentiale E. Die Gleichung für das Potential E nennt man Gleichung von Nernst.

EL 40 Gleichung von Nernst: $E = E^o + \frac{RT}{zF} \ln \frac{\prod a_{Ox}^{\nu_{Ox}}}{\prod a_{Red}^{\nu_{Red}}}$ Darin bedeutet

E... Potential der Elektrode
E°.. Normal- oder Standardpotential der Elektrode
R... Gaskonstante
T... absolute Temperatur

z... Anzahl der Elektronen, die in der **Halbzelle** umgesetzt werden

$a_{Ox}^{\nu Ox}$ ... Aktivitäten der Stoffe jener Gleichungsseite, auf der sich die **oxidierte** Form des Redoxpaares befindet.

$a_{Red}^{\nu Red}$ ... Aktivitäten der Stoffe jener Gleichungsseite, auf der sich die **reduzierte** Form des Redoxpaares befindet.

Die Gleichung von Nernst gilt immer nur für Halbzellen!

Meist wird bei Verwendung der Nernst-Gleichung nicht der natürliche, sondern der dekadische Logarithmus verwendet.

$\frac{R\,T.\,\ln 10}{F}$ wird zu einem Faktor zusammengefasst und für die beiden wichtigsten Temperaturen 20°C und 25°C angegeben. Dieser Faktor ist 0,05916 für 25°C und 0,05817 für 20°C.

EL 41 Die Gleichung von Nernst lautet dann für 25°C: $E = E^{o} + \frac{0{,}0592}{z} \ln \frac{\prod a_{Ox}^{\nu Ox}}{\prod a_{Red}^{\nu Red}}$

Zwei Arten von Elektroden sind praktisch sehr wichtig.

Elektroden 1. Art

Das Potential dieser Elektroden wird **nur** vom **Redoxgleichgewicht** bestimmt. Solche Elektroden sind die

- Metall-Metallion-Elektroden wie z. B. $Cu|Cu^{2+}$. Ein Kupferstab taucht in eine Kupfersulfatlösung. Nur das Redoxgleichgewicht $Cu^{2+} + 2\,e^- \rightleftharpoons Cu$ bestimmt das Potential.
- Gaselektroden wie die Wasserstoffelektrode $Pt|H_2|H^+$. Ein Platinblech taucht in eine Säurelösung und wird von Wasserstoffgas umspült. Nur die Redoxreaktion
  $2\,H^+ + 2\,e^- \rightleftharpoons H_2(g)$ bewirkt die Potentialbildung.
- Redoxelektroden.
  Bei den beiden vorherigen Elektrodenarten befinden sich oxidierte und reduzierte Form des potentialbildenden Stoffes in verschiedenen Phasen. Bei den Redoxelektroden sind beide Formen in derselben Phase.
  Z. B. Permanganat -Elektrode: Ein Pt-Blech taucht in eine schwefelsaure Lösung, die sowohl $KMnO_4$ als auch $MnSO_4$ gelöst enthält.
  Die potentialbildende Reaktion ist $MnO_4^- + 5\,e^- + 8\,H^+ \rightleftharpoons Mn^{2+} + 4\,H_2O$.

Elektroden 2. Art

Das Potential dieser Elektroden wird nicht nur vom **Redoxgleichgewicht** sondern **auch** von einem **Löslichkeitsgleichgewicht** bestimmt.

Der Elektrolyt steht mit zwei Nachbarphasen im Gleichgewicht.

Z. B. Silber-Silberchloridelektrode: $Ag|AgCl|Ag^+, Cl^-$ (c =...)|

Die beiden potentialbestimmenden Reaktionen sind

(1) $Ag^+ + e^- \rightleftharpoons Ag$ Redoxreaktion

(2) $AgCl \rightleftharpoons Ag^+ + Cl^-$ Löslichkeitsgleichgewicht

Praktische **Anwendung** der Elektroden:

Die Elektroden 1. Art dienen meist als Indikatorelektroden (pH -Messung; Silber- und Halogenidbestimmung; Redoxtitration).

Die Elektroden 2. Art dienen als Bezugselektroden, da sich ihr Potential schnell einstellt und gut konstant bleibt.

Beispiel EL- 47: Wie lautet die Nernst-Gleichung für folgende Elektroden?

$Ag^+ + e^- \rightleftharpoons Ag$ $\quad E = E^o + \frac{RT}{F}\ln\frac{a_{Ag^+}}{a_{Ag}} = E^o + \frac{RT}{F}\ln a_{Ag^+}$, da $a_{Ag} = 1$

$Fe^{3+} + e^- \rightleftharpoons Fe^{2+}$ $\quad E = E^o + \frac{RT}{F}\ln\frac{a_{Fe^{3+}}}{a_{Fe^{2+}}}$

$2\,H^+ + 2\,e^- \rightleftharpoons H_2$ $\quad E = E^o + \frac{RT}{2F}\ln\frac{a^2_{H^+}}{p_{H_2}} = E^o + \frac{RT}{F}\ln\frac{a_{H^+}}{\sqrt{p_{H_2}}}$

$MnO_4^- + 5\,e^- + 8\,H^+ \rightleftharpoons Mn^{2+} + 4\,H_2O$

$$E = E^o + \frac{RT}{5F}\ln\frac{a_{MnO_4^-}\,a^8_{H^+}}{a_{Mn^{2+}}\,a^4_{H_2O}} = E^o + \frac{RT}{5F}\ln\frac{a_{MnO_4^-}\,a^8_{H^+}}{a_{Mn^{2+}}},\ \text{da } a_{H_2O} = 1$$

Einzelpotentiale sind nicht messbar, da es keinen natürlichen Nullpunkt dafür gibt. Messbar sind nur Spannungen, also Differenzen von Einzelpotentialen. Es muss daher ein Nullpunkt willkürlich festgesetzt werden. Dafür wurde die Normalwasserstoffelektrode gewählt.

EL 42 Die Wasserstoffelektrode $2\,H^+ + 2\,e^- \rightleftharpoons H_2$ mit $a_{H^+} = 1$, $p_{H_2} = 1{,}01325\,\text{bar}\ (= 1\,\text{atm})$ und t = 25°C heißt **Normalwasserstoffelektrode** und hat das Potential **E = 0**.
Das **Normalpotential** einer beliebigen **anderen Elektrode** ist die Spannung ΔE dieser Elektrode, gemessen bei Standardbedingungen (alle Aktivitäten = 1; 1atm; 25°C) gegen die Normalwasserstoffelektrode.

Die Tabelle der nach der Größe geordneten Normalpotentiale nennt man **Spannungsreihe**. Dabei ist es üblich, die Potentiale mit jenen Vorzeichen anzugeben, die sich ergeben, wenn man die oxidierte Form als Ausgangsstoff und die reduzierte Form als Endstoff wählt. Beispielsweise ist das Normalpotential der $Ag|Ag^+$-Elektrode +0,8 V. Dieser Wert entspricht der Reaktionsrichtung $Ag^+ + e^- \rightleftharpoons Ag$. Schriebe man die Redoxgleichung umgekehrt, dann wäre das Normalpotential -0,8 V.

Die **Standardspannung** einer galvanischen Zelle ist nach EL 39 die Differenz aus dem größeren Normalpotential weniger dem kleineren Normalpotential.
Die praktische Bedeutung der Potentiale liegt darin, dass man aus den Potentialen von relativ wenigen Elektroden die Spannung sehr vieler galvanischer Zellen berechnen kann. (Vgl. analoge Methoden bei der Leitfähigkeit und in der Thermodynamik.)

In den **Beispielen** und **Aufgaben** werden zur Vereinfachung meist die Konzentrationen verwendet oder sind schon die Aktivitäten angegeben. Als Schreibweise dafür wird entweder a oder eckige Klammern verwendet. Die Temperatur ist 25°C, wenn nichts anderes angegeben ist. Ist die Berechnung des Aktivitätskoeffizienten notwendig, dann wird die Debye-Hückel-Konstante für 25°C, A = 0,5108, verwendet.

Beispiel EL- 48: Man gebe die Zellreaktion an und berechne die Standardspannung, die freie Standardenthalpie und die Gleichgewichtskonstante für die Zelle $Fe|Fe^{2+}\|Ag^+|Ag$. Die Normalpotentiale sind: $E°(Ag|Ag^+) = 0{,}800$ V und $E°(Fe|Fe^{2+}) = -0{,}447$ V.

$Fe + 2\,Ag^+ \rightleftharpoons Fe^{2+} + 2\,Ag$; $\Delta E° = 0{,}800 - (-0{,}447) = 1{,}247$ V

$\Delta g° = -\,z\,F\Delta E° = -2.96485.1{,}247 = -240{,}63$ kJ/mol.

$$\ln K_{th} = \frac{zF}{RT}\Delta E^{o} = \frac{2.96485}{8,3145.298,15}.1,247 = 97,070; \quad K_{th} = 1,44.10^{42}.$$

Beispiel EL- 49: Wie groß ist das Potential E einer basischen **Sauerstoffelektrode**? Das Pt-Blech taucht in eine KOH mit pH = 10, der Partialdruck des Sauerstoffes ist 220 mbar.
$E° = 0,401$ V; $K_w = 10^{-14}$.
Die Redoxreaktion ist $O_2 + 2\,H_2O + 4\,e^- \rightleftharpoons 4\,OH^-$. Daher ist das Potential

$$E = 0,401 + \frac{0,0592}{4}\lg\frac{\frac{p_{O_2}}{p_o}}{\left[OH^-\right]^4} = 0,401 + 0,0592.\lg\frac{\sqrt[4]{\frac{p_{O_2}}{p_o}}}{\left[OH^-\right]}$$

pH = 10 $\Rightarrow$ Die Protonenaktivität ist 10^{-10} und daher die OH^--Aktivität 10^{-4}. Der Standarddruck ist 1 atm = 1013,25 mbar.

$$E = 0,401 + 0,0592.\lg\frac{\sqrt[4]{\frac{220}{1013,25}}}{10^{-4}} = 0,628V$$

Beispiel EL- 50: Man berechne das Potential der gesättigten **Kalomelelektrode**. Die gesättigte Kaliumchloridlösung ist 4,136 molar. Der mittlere Aktivitätskoeffizient von KCl in dieser Lösung ist 0,592. $L(Hg_2Cl_2) = 1,43.10^{-18}$; $E°(Hg|Hg_2^{2+}) = 0,7973$V.
Die Kalomelelektrode ist eine Elektrode 2. Art.
Die beiden Gleichgewichte sind:
$Hg_2^{2+} + 2\,e^- \rightleftharpoons 2\,Hg$ und $Hg_2Cl_2 \rightleftharpoons Hg_2^{2+} + 2\,Cl^-$

$E = E^{o} + \frac{0,0592}{2}\lg\left[Hg_2^{2+}\right]$. Die Konzentration der Hg_2^{2+}-Ionen ist aber nicht beliebig. Sie muss der Nebenbedingung $L(Hg_2Cl_2) = [Hg_2^{2+}].[Cl^-]^2$ gehorchen. Daher ist das Potential

$$E = E^{o} + \frac{0,0592}{2}\lg\frac{L}{\left[Cl^-\right]^2} = E^{o} + 0,0592.\lg\frac{\sqrt{L}}{\left[Cl^-\right]} = 0,7973 + 0,0592.\lg\frac{\sqrt{1,43.10^{-18}}}{4,136\,.\,0,592}$$

E = 0,246 V.
Da in der KCl-Lösung beide Ionen einwertig sind, kann der Aktivitätskoeffizient des Chloridions gleich dem mittleren Aktivitätskoeffizienten gesetzt werden.

Beispiel EL- 51: Welche Spannung hat die Zelle $Ag|Ag^+$ ($a_1 = 0,01$) $\|$ Ag^+ ($a_2 = 0,1$)$|Ag$?
$Ag^+ + e^- \rightleftharpoons Ag$. Daher ist $E_1 = E° + 0,0592.\lg a_1$ und analog für E_2.
a_2 ist größer als a_1, daher ist auch E_2 größer als E_1.

$$\Delta E = E_2 - E_1 = 0,0592.\lg\frac{a_2}{a_1} = 0,0592 \text{ V}.$$

Solche galvanischen Zellen, die sich nur in der Konzentration des Elektrolyten unterscheiden, nennt man **Konzentrationszellen**, genauer Elektrolytkonzentrationszellen. Das Normalpotential fällt in der Berechnung solcher Zellen weg. Das Potential hängt nur vom Verhältnis der beiden Aktivitäten ab.

Beispiel EL- 52: Eine galvanische Zelle besteht aus den beiden Elektroden
(1) $Pt|ClO_4^-$ (a = 0,1), Cl^- (a = 0,01), H^+ (pH = 0,301) E° = 1,389 V und
(2) $Pt|Sn^{4+}$ (a = 0,01), Sn^{2+} (a = 0,1); E° = 0,151 V
a.) Man schreibe die Redoxreaktionen der einzelnen Halbzellen und die Gesamtreaktion der

Zelle auf.
b.) Wie groß sind die Potentiale, die EMK und die freie Enthalpie dieser Zelle?
c.) Wie groß sind die freie Standardenthalpie, die Gleichgewichtskonstante und die Konzentrationen der Stoffe im Gleichgewicht?

a.) (1) $ClO_4^- + 8\,H^+ + 8\,e^- \rightleftharpoons Cl^- + 4\,H_2O$ (2) $Sn^{4+} + 2\,e^- \rightleftharpoons Sn^{2+}$
Gesamtreaktion: (3) = (1) – 4.(2)
(3) $ClO_4^- + 4\,Sn^{2+} + 8\,H^+ \rightleftharpoons Cl^- + 4\,Sn^{4+} + 4\,H_2O$ Dabei werden 8 Elektronen umgesetzt.

b.) $E_1 = 1,389 + \frac{0,0592}{8}\lg\frac{\left[ClO_4^-\right].\left[H^+\right]^8}{\left[Cl^-\right]}$; $E_2 = 0,151 + \frac{0,0592}{2}\lg\frac{\left[Sn^{4+}\right]}{\left[Sn^{2+}\right]}$

pH = 0,301 $\Rightarrow$ Die Aktivität der Protonen ist $[H^+] = 10^{-0,301} = 0,5$
$E_1 = 1,379$ V; $E_2 = 0,121$ V; $\Delta E = E_1 - E_2 = 1,257$ V. $\Delta g = -8.96485.1,2572 = -970,4$ kJ/mol.

c.) $\Delta g° = -z\,F\,\Delta E° = -955,59$ kJ/mol; $\ln K_{th} = \frac{zF}{RT}\Delta E^o = \frac{8.96485}{8,3145.298,15}.1,238 = 385,478$

$K_{th} = 2,58.10^{167}$

	ClO_4^- +	$4\,Sn^{2+}$ +	$8\,H^+$ $\rightleftharpoons$	Cl^- +	$4\,Sn^{4+} + 4\,H_2O$
Aktivitäten zu Beginn	0,1	0,1	0,5	0,01	0,01
Aktivitäten im Gleichgewicht	0,1-y	0,1- 4y	0,5-8y	0,01+ y	0,01+ 4y

Da die Gleichgewichtskonstante gigantisch groß ist, werden die Ausgangsstoffe solange reagieren, bis einer der drei Stoffe vollständig verbraucht ist. Dies ist hier das Zinnion. y = 0,025
Die Aktivitäten im Gleichgewicht sind daher $[ClO_4^-] = 0,075$; $[Sn^{2+}] = 0$; $[H^+] = 0,3$;
$[Cl^-] = 0,035$; $[Sn^{4+}] = 0,11$.

Beispiel EL- 53: Redoxtitration. Eine 0,01 molare Eisen(II)sulfat-Lösung wird mit einer 0,1 molaren Kaliumpermanganatlösung in schwefelsaurer Lösung titriert. Im Endpunkt der Titration soll
1. die Konzentration der Fe^{2+}-Ionen nicht höher sein als 10^{-7} mol/l
2. kein $Fe(OH)_3$ ausfallen und
3. der Überschuss an $KMnO_4$-Lösung zur Anzeige des Äquivalenzpunktes 0,5% des $KMnO_4$ Verbrauches betragen.

Welcher pH-Wert darf bei dieser Titration nicht überschritten werden, um obige Bedingungen einzuhalten?
E° =1,507 V für Pt | MnO_4^-, H^+, Mn^{2+}; E° = 0,771 V für Pt | Fe^{3+}, Fe^{2+}; $L(Fe(OH)_3) = 2,79.10^{-39}$

Die Redoxreaktionen sind: (1) $MnO_4^- + 5\,e^- + 8\,H^+ \rightleftharpoons Mn^{2+} + 4\,H_2O$
(2) $Fe^{3+} + e^- \rightleftharpoons Fe^{2+}$
Gesamtreaktion (3) $MnO_4^- + 5\,Fe^{2+} + 8\,H^+ \rightleftharpoons Mn^{2+} + 5\,Fe^{3+} + 4\,H_2O$
Im Titrationsendpunkt sind die Stoffe in folgenden Konzentrationen (mol/l) vorhanden:
$[Fe^{2+}] = 10^{-7}$
$[Fe^{3+}] = 0,01$ (das vorhandene Fe^{2+} wurde praktisch vollständig oxidiert)
$[Mn^{2+}] = 0,002$ (ein Fünftel der Eisenmenge)
$[MnO_4^-] = 0,00001$ (0,5% der verbrauchten Menge)
$[H^+] = h$

$$E_1 = 1,507 + \frac{0,0592}{5}\lg\frac{10^{-5}.h^8}{0,002} = 1,507 - 0,027 + 0,0592\frac{8}{5}\lg h$$

$$E_1 = 1,480 - 0,09472.pH \qquad \text{mit } -\lg h = pH$$

$$E_2 = 0{,}771 + 0{,}0592 \lg \frac{0{,}01}{10^{-7}} = 1{,}067$$

Damit die Oxidation erfolgt, muss das Potential der Permanganat-Elektrode immer größer sein als das der Eisen-Elektrode. Daher folgt

$1{,}480 - 0{,}09472\ pH \geq 1{,}067 \Rightarrow 0{,}413 \geq 0{,}09472\ pH \Rightarrow pH \leq 4{,}36$

Ein pH-Wert von 4,3 darf nicht überschritten werden. Zu Beginn muss aber noch die Protonenmenge, die während der Titration verbraucht wird, zusätzlich vorhanden sein! Dies sind mindestens 8 $[Mn^{2+}]$ = 0,016 mol/l . Dies entspricht pH ≈1,8.

Ausfallen des Eisenhydroxids: $L = [Fe^{3+}].oh^3$

$2{,}79.10^{-39} = 0{,}01.\ oh^3 \Rightarrow oh = 6{,}53.10^{-13} \Rightarrow h = 1{,}53.10^{-2} \Rightarrow pH = 1{,}82$

Während der ganzen Titration darf also ein pH von 1,8 nicht überschritten werden.

Man arbeitet, wie es im Labor auch tatsächlich geschieht, in stark saurer Lösung (pH etwa 0). Damit ist gewährleistet, dass die Oxidation immer gesichert ist und auch kein Eisenhydroxid ausfällt.

Beispiel EL- 54: Welche Leerlaufspannung besitzt ein **Bleiakkumulator**?

In eine Schwefelsäure (c = 2 molar) taucht eine Bleiplatte als negativer Pol und eine Platte aus gepresstem Bleidioxid als positiver Pol. Folgende Stoffkonstanten sind gegeben:

$Pb|Pb^{2+}$ E° = -0,1262 V; $Pb^{2+}|PbO_2, H^+$ E° = 1,455 V; $L(PbSO_4) = 2{,}53.10^{-8}$;

Mittlerer Aktivitätskoeffizient der 2m-Schwefelsäure $f_m = 0{,}13$.

Es ist nur die Gesamtspannung gefragt, daher kann man $\Delta E = \Delta E^o - \frac{RT}{zF} \ln \prod_{i=1}^{L} a_i^{\nu_i}$ (EL 35)

verwenden. Die Redoxreaktionen sind

(1) Bleielektrode $Pb^{2+} + 2\ e^- \rightleftharpoons Pb(f)$

(2) PbO_2-Elektrode $PbO_2(f) + 2\ e^- + 4\ H^+ \rightleftharpoons Pb^{2+} + 2\ H_2O$

(3) Zellreaktion $PbO_2(f) + Pb(f) + 4\ H^+ \rightleftharpoons 2\ Pb^{2+} + 2\ H_2O$ z = 2

Der Elektrolyt ist Schwefelsäure und das entstehende Bleisulfat ist schwer löslich, daher muss noch für das Löslichkeitsgleichgewicht $PbSO_4 \rightleftharpoons Pb^{2+} + SO_4^{2-}$ die Nebenbedingung $L = [Pb^{2+}].[SO_4^{2-}]$ erfüllt sein.

$$\Delta E = \Delta E^o - \frac{0{,}0592}{2} \lg \frac{\left[Pb^{2+}\right]^2}{\left[H^+\right]^4} = 1{,}5812 - 0{,}0592 \lg \frac{\left[Pb^{2+}\right]}{\left[H^+\right]^2}.\ \text{Mit } \left[Pb^{2+}\right] = \frac{L}{\left[SO_4^{2-}\right]} \text{ folgt}$$

$$\Delta E = 1{,}5812 - 0{,}0592 \lg \frac{L}{\left[SO_4^{2-}\right]\left[H^+\right]^2}$$

$$\left[H^+\right]^2 \left[SO_4^{2-}\right] = f_{H^+}^2.(2c)^2.f_{SO_4^{2-}}.c = f_{H^+}^2.f_{SO_4^{2-}}.4c^3 = 4c^3 f_m^3$$

$$\Delta E = 1{,}5812 - 0{,}0592 \lg \frac{L}{4c^3 f_m^3} = 1{,}5812 - 0{,}0592 \lg \frac{2{,}53.10^{-8}}{4.2^3.0{,}13^3}$$

ΔE = 1,96 V

Beispiel EL- 55: Aus einer 0,05 molaren Silbernitratlösung wird das Silber mit einem Überschuss an Zinkpulver ausgefällt. Wie groß ist die Restkonzentration an Silberionen?

E° = 0,800 V für die Elektrode $Ag|Ag^+$ und E° = -0,762 V für $Zn|Zn^{2+}$.

Die Fällungsreaktion wird beschrieben durch die Gleichung

$$2\ Ag^+ + Zn \rightleftharpoons 2\ Ag + Zn^{2+}$$

z = 2, da zwei Elektronen für ein Zn-Atom und 2 Ag^+-Ionen ausgetauscht werden.

Es sei y die Restkonzentration an Ag^+. Dann wurden (0,05 - y) mol Ag^+ ausgefällt und gleichzeitig sind 0,5.(0,05 - y) mol Zn^{2+}-Ionen entstanden. Die Gleichgewichtskonstante dieser Reaktion ist $K = \frac{[Zn^{2+}]}{[Ag^+]^2} = \frac{0,05 - y}{2y^2}$. y ist um viele Zehnerpotenzen kleiner als 0,05. Daher kann man (0,05 – y) ≈ 0,05 setzen.

$K = \frac{0,05}{2y^2}$ und $y = \sqrt{\frac{0,025}{K}}$

Die Gleichgewichtskonstante berechnet man aus den elektrochemischen Angaben.

$$\ln K_{th} = \frac{zF}{RT}\Delta E^0 = \frac{2.96485}{8,3145.298,15}(0,800 - (-0,762)) = 121,5906$$

$K_{th} = 6,40.10^{52}$

$y = 6,25.10^{-28}$ mol/l Ag^+.

Das Silberion wird durch das Zn vollständig ausgefällt.

Beispiel EL- 56: Gegeben sind die Normalpotentiale der beiden Elektroden
$Ce^{3+}|Ce^{4+}$ E° = 1,72 V und $Ce|Ce^{3+}$ E° = -2,336 V.
Welches Normalpotential hat die Elektrode $Ce|Ce^{4+}$

(1) $Ce^{4+} + e^- \rightleftharpoons Ce^{3+}$

(2) $Ce^{3+} + 3e^- \rightleftharpoons Ce$

(3) $Ce^{4+} + 4e^- \rightleftharpoons Ce$

Es ist (3) = (1) + (2). Dies gilt auch für die freien Enthalpien

$$\Delta g_3^o = \Delta g_1^o + \Delta g_2^o \Rightarrow z_3 E_3^o = z_1 E_1^o + z_2 E_2^o$$

$$E_3^o = \frac{z_1 E_1^o + z_2 E_2^o}{z_3} = -1,322V$$

Beispiel EL- 57: Man berechne die **Protolysenkonstante** der salpetrigen Säure aus folgenden Angaben: E° = 0,983 V für $NO|HNO_2, H^+$ und E° = -0,46 V für $NO|NO_2^-, OH^-$.
$\lg K_w = -13,995$ (Ionenprodukt des Wassers).

(1) $HNO_2 + H^+ + e^- \rightleftharpoons NO + H_2O$

(2) $NO_2^- + H_2O + e^- \rightleftharpoons NO + 2\ OH^-$

(3) $HNO_2 + H^+ + 2\ OH^- \rightleftharpoons NO_2^- + 2\ H_2O$

Es ist (1) – (2) = (3), daher ist auch $\ln K_3 = \ln K_1 - \ln K_2$

$$\ln K_3 = \frac{zF}{RT}(E_1^o - E_2^o)$$

Gesucht ist die Gleichgewichtskonstante K_S der Reaktion

(4) $HNO_2 \rightleftharpoons H^+ + NO_2^-$

Dazu benötigt man noch die Reaktion

(5) $H_2O \rightleftharpoons H^+ + OH^-$ mit der Konstanten K_w

Es ist (4) = (3) + 2.(5) ⇒ $\lg K_4 = \lg K_3 + 2\lg K_w$

$\lg K_3 = \ln K_3 . \lg e$

$$\lg K_4 = \frac{zF}{RT}.\lg e.(E_1^o - E_2^o) + 2.(-13,995) = -3,60$$

$pK_S = 3,60$; $K_S = 2,52.10^{-4}$

Beispiel EL- 58: Welche Spannung (bei 25°C) hat eine galvanische Zelle, der die Knallgasreaktion (1) zugrunde liegt? (Eine solche Zelle könnte eine **Brennstoffzelle** sein!)
Welchen Wirkungsgrad hätte eine solche Zelle als Brennstoffzelle?

Wie groß ist in der Nähe von 25°C die Änderung der Spannung pro K?
Welches Normalpotential hat die Sauerstoffelektrode (2) in saurer Lösung?
(1) $2\ H_2(g) + O_2(g) \rightleftharpoons 2\ H_2O(fl)$
(2) $O_2(g) + 4\ H^+ + 4\ e^- \rightleftharpoons 2\ H_2O(fl)$
Gegeben sind für die Knallgasreaktion die thermodynamischen Daten:
$\Delta H^o_{298}(H_2O)$ = -285,8 kJ/mol; $S^o_{298}(H_2O)$ = 70,0 J/mol.K; $S^o_{298}(H_2)$ = 130,7 J/mol.K;
$S^o_{298}(O_2)$ = 205,1J/mol.K

$\Delta g°(1) = \Delta h°(1) - T\ \Delta s°(1) = 2.(-285800) - 298{,}15.(2.70{,}0 - 2.130{,}7 - 205{,}1)$
$\Delta g°(1) = -474254$ J/mol.

Der Wirkungsgrad η ist der Quotient $\eta = \frac{\Delta g°}{\Delta h°} = \frac{-474{,}25}{-571{,}60} = 0{,}83$

Die Knallgasreaktion kann man als galvanische Zelle auffassen.

Diese Zelle hat die Spannung $\Delta E^o_1 = -\frac{\Delta g^o(1)}{4F} = 1{,}229\ V$

Der Temperaturkoeffizient ist (EL38): $\frac{\partial \Delta E°}{\partial T} = \frac{\Delta s°}{zF} = \frac{-326{,}5}{4F}$ = -0,000846 V/K

Die Zelle kann man zusammensetzen aus den beiden Redoxreaktionen
(3) $4H^+ + 4e^- \rightleftharpoons 2\ H_2(g)$ mit $E^o_3 = 0$ (definitionsgemäß)
(2) $O_2(g) + 4\ H^+ + 4\ e^- \rightleftharpoons 2\ H_2O(fl)$ $E^o_2 = ?$
$\Delta E^o_1 = E^o_2 - E^o_3$. Das Normalpotential der Sauerstoffelektrode ist daher E^o_2 = 1,229 V.

Beispiel EL- 59: Für eine galvanische Zelle, bestehend aus zwei Metall-Metallion-Elektroden $B|B^{2+}$ (a = 0,02) ‖ A^+ (a = 0,02)|A mit der Zellreaktion $2\ A^+ + B \rightleftharpoons 2\ A + B^{2+}$ wurde die Abhängigkeit der Zellspannung von der Temperatur T gemessen.

t (°C)	20	30	40	50	60	70	80
ΔE (V)	1,4165	1,4099	1,4034	1,3971	1,3908	1,3846	1,3785

Man nehme an, dass die molare Wärmekapazität des Reaktionsgemisches im gegebenen Temperaturbereich konstant ist und berechne die Abhängigkeit der thermodynamischen Größen der Zellreaktion (freie Enthalpie, Entropie, Enthalpie und molare Wärmekapazität) von T und die Standardwerte dieser Größen.
A. Ersetzen der Messwerte durch eine geeignete Regressionsfunktion für ΔE. Man vergleiche dazu Beispiel TD- 46 und Aufgabe TD- 63 bis Aufgabe TD- 67.
Da $\Delta g(T) = -z\ F\Delta E(T)$, unterscheiden sich $\Delta g(T)$ und $\Delta E(T)$ nur um den konstanten Faktor zF.
Die Regressionsfunktion für $\Delta E(T)$ enthält daher dieselben Terme von T wie $\Delta g(T)$, nämlich
$\Delta E(T) = a + b\ T + d\ T\ \ln T$.
Das Ergebnis der Regressionsrechnung ist
$\Delta E(T) = 1{,}7009 - 0{,}0027181T + 0{,}00030769\ T\ \ln T$

Es ist zweckmäßig auf die Standardaktivität 1 umzurechnen: $\Delta E = \Delta E^o - \frac{RT}{zF}\ln\prod_{i=1}^{L} a_i^{\nu_i}$

$$\Delta E = \Delta E^o - \frac{RT}{2F}\ln\frac{\left[B^{2+}\right]}{\left[A^+\right]^2} = \Delta E^o - 1{,}686.10^{-4}T \Rightarrow \Delta E^o = \Delta E + 1{,}686.10^{-4}T \Rightarrow$$

$\Delta E°(T) = 1{,}701 - 0{,}002550\ T + 0{,}0003077\ T\ \ln T$ V $\Delta E^o_{298} = 1{,}463$ V

B. Mit den Gleichungen $\Delta g(T) = -zF\Delta E(T)$; $\Delta s(T) = zF\frac{\partial \Delta E(T)}{\partial T}$ und

$\Delta h(T) = \Delta g(T) + T\,\Delta s(T) = -zF\left(\Delta E(T) - T\frac{\partial \Delta E(T)}{\partial T}\right)$ erhält man die restlichen thermodynamischen Funktionen.

$\Delta g(T) = -328242 + 492{,}07\,T - 59{,}377\,T\ln T$ $\qquad \Delta g^o_{298} = -282{,}40$ kJ/mol

$\Delta s(T) = -432{,}70 + 59{,}377\ln T$ $\qquad \Delta s^o_{298} = -94{,}39$ J/mol.K

$\Delta h(T) = -328241 + 59{,}377\,T$ $\qquad \Delta h^o_{298} = -310{,}54$ kJ/mol

$\Delta C_p(T) = 59{,}38$ J/mol.K

Aufgabe EL- 58: Welches Potential hat die Wasserstoffelektrode bei
a.) einem Wasserstoffpartialdruck von 1,01325 bar (= 1atm) in einer Lösung mit pH = 0,00, in reinem Wasser und in einer Pufferlösung mit pH = 3,56 (gesättigte Kaliumhydrogentartratlösung). Wie hängt das Potential vom pH-Wert ab?
b.) bei pH = 2,00 und einem Wasserstoffpartialdruck von 10,1325 bar.

Aufgabe EL- 59: Welches Potential hat die Chlorelektrode bei einem Chlorpartialdruck von 920 mbar in einer Lösung mit der Chloridionenaktivität 0,1. E° = 1,358 V

Aufgabe EL- 60: Man berechne das Potential folgender Elektroden:
1. Pt | MnO_4^- (a = 0,01), Mn^{2+} (a = 0,005), H^+ (pH = 4,00) E° = 1,507 V
2. Pt | $Cr_2O_7^{2-}$ (a = 0,02), Cr^{3+} (a = 0,005), H^+ (pH = 1,00) E° = 1,232 V
3. Pt | NO_3^- (a = 0,1), NO_2^- (a = 0,001), OH^- (pH = 13,0) E° = 0,01 V
4. Pt | BrO_3^- (a = 0,1), Br^- (a = 0,01), OH^- (pH = 12,0) E° = 0,61 V

Aufgabe EL- 61: Welches Potential hat eine Kupferelektrode, bei der ein Kupferstab in eine 0,005 molare $CuSO_4$-Lösung eintaucht? Der Aktivitätskoeffizient muss berücksichtigt werden. E° = 0,342 V

Aufgabe EL- 62: Man berechne das Potential der gesättigten Silber-Silberchlorid -Elektrode. Die gesättigte Kaliumchloridlösung ist 4,136 molar. Der mittlere Aktivitätskoeffizient ist 0,592. L(AgCl) = $1{,}77.10^{-10}$; E°(Ag | Ag^+) = 0,7996 V. Die beiden Gleichgewichte sind:
$Ag^+ + e^- \rightleftharpoons Ag$ und $AgCl \rightleftharpoons Ag^+ + Cl^-$.

Aufgabe EL- 63: Man berechne das Potential einer Silber-Silberchromat-Elektrode. Ein mit Silberchromat überzogener Silberstab taucht in eine 0,1 molare Kaliumchromatlösung. Der Aktivitätskoeffizient der Chromationen ist 0,208. L(Ag_2CrO_4) = $1{,}12.10^{-12}$; E°(Ag | Ag^+) = 0,7996 V. Die beiden Gleichgewichte sind: $Ag^+ + e^- \rightleftharpoons Ag$ und $Ag_2CrO_4 \rightleftharpoons 2\,Ag^+ + CrO_4^{2-}$.

Aufgabe EL- 64: Aus einer 0,10 molaren Zinksulfatlösung mit pH = 5,0 soll das Zn elektrolytisch abgeschieden werden. Ist dies möglich ohne dass Wasserstoff an der Zn-Kathode entsteht? Die Überspannung des Zn für Wasserstoff ist 0,6 V. E° = -0,76 V, p(H_2) = 1,01325 bar.

Aufgabe EL- 65: Kupfer soll aus einer Kupfersulfatlösung elektrolytisch abgeschieden werden. Wie groß ist der Potentialunterschied zwischen Beginn und Ende der Elektrolyse, wenn die Lösung zuerst 0,1 molar, dann 10^{-7} molar ist? Man nehme an, dass die Ionenstärke der Lösung und damit auch der Aktivitätskoeffizient des Cu^{2+} annähernd konstant bleiben.

Aufgabe EL- 66: Aus einer Zelle Zn | Zn^{2+} ‖ Cu^{2+} | Cu, die je 100 ml 0,1 molare Salzlösungen enthält, wird t = 2h 40min lang ein Strom von I = 200mA entnommen. Welche Spannung hatte die Zelle vor und nach dem Stromdurchgang (ohne Berücksichtigung der Aktivitätskoeffizienten)? Cu | Cu^{2+} E° = 0,34 V; Zn | Zn^{2+} E° = -0,76 V
Die Zellreaktion ist $Cu^{2+} + Zn \rightleftharpoons Zn^{2+} + Cu$ z = 2

Aufgabe EL- 67: a.) Aus einer 0,1 molaren Kupfersulfatlösung wird das Kupfer mit einem Überschuss an Eisenpulver ausgefällt. Wie groß ist die Restkonzentration an Kupferionen? E° = 0,342 V für Cu | Cu^{2+}. E° = -0,447 V für Fe | Fe^{2+}
b.) Analog für 0,2 m $AgNO_3$-Lösung mit Eisenpulver. E° = 0,800 V für Ag | Ag^+

Aufgabe EL- 68: Ein Pt-Blech wird von Wasserstoff umspült ($p_{H_2} = 1,01325\,bar$) und taucht in eine 0,10 molare NaOH. Die Spannung dieser Wasserstoffelektrode gegen die gesättigte Kalomelelektrode (GKE) beträgt ΔE = 1,004 V. Man berechne den Aktivitätskoeffizienten der OH^- -Ionen. E°(GKE) = 0,241 V. Ionenprodukt des Wassers pK_w = 13,995.

Aufgabe EL- 69: In eine Lösung, die 0,02 mol/l $KMnO_4$, 0,02 mol/l $MnSO_4$ und 0,1 mol/l H_2SO_4 enthält, taucht ein Pt-Blech. Die Spannung dieser Permanganat-Elektrode (PM) gegen die gesättigte Kalomelelektrode (GKE) beträgt ΔE = 1,190 V. Die GKE war der negative Pol. E°(GKE) = 0,241 V. A = 0,5108
Welches Normalpotential hat die Permanganat-Elektrode?

Aufgabe EL- 70: Die Zelle Ag|Ag^+ (0,02 m $AgNO_3$), NH_3 (0,05 m) ‖ Ag^+ (0,02 m $AgNO_3$)|Ag hat eine Spannung von ΔE = 190 mV. Die Silbervergleichselektrode war der positive Pol. Wie groß ist die Komplexbildungskonstante des Silberdiamminkomplexes $[Ag(NH_3)_2]^+$? Man rechne in 1. Näherung ohne Aktivitätskoeffizienten.

Aufgabe EL- 71: Die Zelle Ag|Ag^+ (0,01 m $AgNO_3$) ‖ Ag_2SO_4, gesättigte Na_2SO_4-Lösung |Ag hat eine Spannung von ΔE = 15 mV. Die Silbersulfatelektrode ist der positive Pol. Die gesättigte Na_2SO_4-Lösung ist 1,875 molar. Der Aktivitätskoeffizient des Sulfations ist f = 0,0243. Man berücksichtige auch den Aktivitätskoeffizienten f_1 des Ag^+ in der 0,01 m $AgNO_3$-Lösung. Wie groß ist das Löslichkeitsprodukt von Silbersulfat?

Aufgabe EL- 72: Eine schwefelsaure Eisen(II)sulfat-Lösung (pH = 0) wird mit Kaliumpermanganat-Lösung titriert. Welches Potential E hat ein in die Lösung tauchendes Pt-Blech
a.) für einen Umsatz p an Eisen(II) von 0,1; 1; 5; 10; 50; 90; 95; 99; 99,9%
b.) im Äquivalenzpunkt ÄP (p = 100)
c.) für einen Überschuss an $KMnO_4$ von 1, 5 und 10% (p = 101, 105 und 110)
Man berechne und zeichne die Titrationskurve und wähle dabei als Abszisse p und als Ordinate das Potential E.
$E°(Fe^{2+}|Fe^{3+})$ = 0,771 V; $E°(Mn^{2+}|MnO_4^-)$ = 1,507 V

Aufgabe EL- 73: Man berechne das Normalpotential des Redoxpaares Fe|Fe^{3+} aus den Normalpotentialen von Fe|Fe^{2+} E° = -0,447 V und $Fe^{2+}|Fe^{3+}$ E° = 0,771 V.
Analog für ClO_3^-,|ClO_4^-,H^+ aus Cl^-|ClO_4^-, H^+ E° = 1,389 V und Cl^-|ClO_3^-, H^+ E° = 1,451 V

Aufgabe EL- 74: Man berechne das Löslichkeitsprodukt aus den gegebenen Normalpotentialen: L(AgBr) aus Ag|Ag^+ E° = 0,7996 V und $AgBr + e^- \rightleftharpoons Ag + Br^-$ E° = 0,0713 V
L(Ag_2CrO_4) aus Ag|Ag^+ E° = 0,7996 V und $Ag_2CrO_4 + 2\,e^- \rightleftharpoons 2\,Ag + CrO_4^{2-}$ E° = 0,4470 V
L(Hg_2J_2) aus Hg|Hg_2^{2+} E° = 0,7973 V und $Hg_2J_2 + 2\,e^- \rightleftharpoons 2\,Hg + 2\,J^-$ E° = -0,0405 V

Aufgabe EL- 75: Man berechne die Gleichgewichtskonstante der Reaktion
$N_2O_4 \rightleftharpoons 2\,NO + O_2$ aus den gegebenen Normalpotentialen bzw. Konstanten:
(1) $N_2O_4 + 4\,H^+ + 4\,e \rightleftharpoons 2\,NO + 2\,H_2O$ E° = 1,035 V
(2) $O_2 + 2\,H_2O + 4\,e \rightleftharpoons 4\,OH^-$ E° = 0,401 V und
(3) $H_2O \rightleftharpoons H^+ + OH^-$ $K_w = 1,012.10^{-14}$.

Aufgabe EL- 76: Die galvanische Zelle Zn|Zn^{2+} ‖ Cu^{2+}|Cu hat bei Standardbedingungen eine Spannung von $\Delta E°$ = 1,101 V. Die Spannung fällt pro K um $1,083.10^{-4}$ V.
Man schreibe die Zellreaktion auf und berechne die freie Enthalpie, die Entropie und die Enthalpie für diese Reaktion.

Aufgabe EL- 77: Welche Spannung (25°C) hat eine Brennstoffzelle, in der Methanol gemäß $2\,CH_3OH(fl) + 3\,O_2 \rightleftharpoons 2\,CO_2 + 4\,H_2O(fl)$ oxidiert wird?
Welchen Wirkungsgrad hätte diese Brennstoffzelle?
Wie groß ist in der Nähe von 25°C die Änderung der Spannung pro K?
Die thermodynamischen Daten bei 25°C sind:

Stoffe	ΔH° kJ/mol	S° J/mol.K
CH_3OH(fl)	-239,2	126,8
O_2	0	205,2
CO_2	-393,5	213,8
H_2O(fl)	-285,8	70,0

Aufgabe EL- 78: Für die galvanische Zelle
Pt | H_2 (p = 20,265 bar) | 2 m H_2SO_4 | O_2 (p = 20,265 bar) | Pt
wurde die Abhängigkeit der Zellspannung von der Temperatur T gemessen.

t (°C)	20	30	40	50	60	70	80	90
ΔE (V)	1,2898	1,2833	1,2768	1,2704	1,2640	1,2577	1,2515	1,2452

Man nehme an, dass die molare Wärmekapazität des Reaktionsgemisches im gegebenen Temperaturbereich konstant ist und berechne die Temperaturabhängigkeit der thermodynamischen Standardgrößen der Zellreaktion (freie Enthalpie, Entropie, Enthalpie und molare Wärmekapazität) und ihre Standardwerte.

5.6.2 Elektrochemische Zellen verursacht durch Diffusionsvorgänge

Bei diesen Zellen wird im Gegensatz zum vorigen Kapitel das Potential nur durch die Ionen erzeugt. Elektronen sind an der Bildung des Potentials nicht beteiligt.
Trennt man zwei Elektrolyte durch eine Membran, so können je nach Durchlässigkeit der Membran folgende Phänomene eintreten:

- Die Membran ist sowohl für alle Ionen als auch für das Wasser (Lösungsmittel) durchlässig. Dieser Fall ist trivial, denn die Diffusion bewirkt einen vollständigen Konzentrationsausgleich. Es entsteht weder ein osmotischer Druck noch ein Diffusionspotential.
- Die Membran ist für alle Ionen undurchlässig, für das Wasser (Lösungsmittel) jedoch durchlässig. Nur das Wasser aber keine Ionen diffundieren. Die Diffusion erzeugt nur einen osmotischen Druck. Diffusionspotential entsteht keines (s. Kap. 3.4.1)
- Die Membran ist nur für ein einziges Ion (oder einzelne Ionen) durchlässig. Für alle anderen Ionen und auch das Lösungsmittel sei sie undurchlässig. Es entsteht kein osmotischer Druck aber ein Diffusionspotential: „**Membranpotential ohne Osmose**".
- Ist die Membran sowohl für ein einzelnes Ion (oder einzelne Ionen) als auch für das Wasser durchlässig, dann entsteht ein Diffusionspotential und ein osmotischer Druck. „**Membranpotential mit Osmose**" oder „**Donnangleichgewicht**".

5.6.2.1 Membranpotentiale ohne Osmose

Eine Membran sei nur für eine Ionensorte X durchlässig, undurchlässig für das Wasser und alle anderen Ionen (s. Abb.EL- 7).

Aus der höher konzentrierten Lösung diffundieren Ionen X in die verdünntere Lösung.
Diese lädt sich gegen die konzentriertere Lösung positiv auf. Das entstehende Diffusionspotential beschleunigt die Rückdiffusion der Ionen X, sodass sich schließlich ein Gleichgewicht mit einem konstanten Potential an der Membran einstellt.

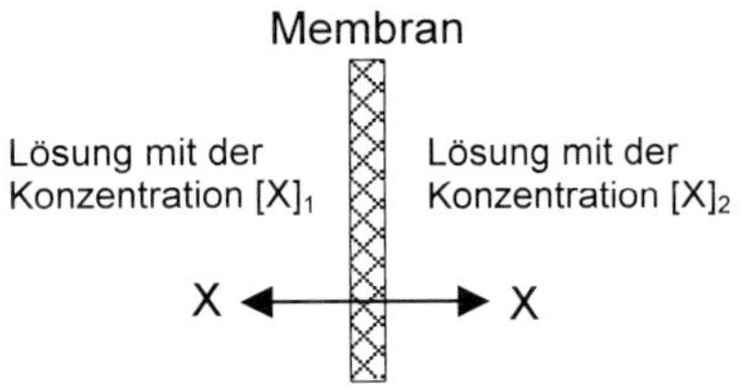

Abb.EL- 7

Für das Membranpotential bei 25°C gilt

EL 43 $E_M = \frac{RT}{zF}\ln\frac{[X]_2}{[X]_1} = \frac{0,0592}{z}\ln\frac{[X]_2}{[X]_1}$ z ist die Ladung des diffundierenden Ions.

Die Konzentrationen sind die Anfangskonzentrationen (wie in der Nernst-Gleichung). Diese Zellen verhalten sich also im Hinblick auf die Potentialbildung wie Elektrolytkonzentrationszellen!
Das Potential ist positiv oder negativ, je nachdem welche der beiden Lösungen die konzentriertere ist. Bei verdünnten Lösungen kann mit Konzentrationen, sonst muss mit Aktivitäten gerechnet werden.

Ionenselektive Elektroden stellen die häufigste Anwendung dieser Potentiale dar.
Die ionenselektiven Elektroden besitzen eine Membran, die nur das zu messende Ion hindurchlässt. Ihr Aufbau von innen nach außen ist:

- Ableitelektrode (Ist immer eine Elektrode 2. Art z. B. Ag-AgCl-Elektrode)
- Eine Innenlösung, die das zu messende Ion und die für die Bezugselektrode notwendigen Ionen in konstanten Konzentrationen enthält
- Die Membran
- Die Probelösung mit der unbekannten Konzentration an dem zu messenden Ion
- Bezugselektrode (möglichst gleicher Aufbau wie die Ableitelektrode)

Das zu messende Potential hängt dann nur von der unbekannten Konzentration ab.
Die häufigste derartige Elektrode ist die **Glaselektrode**, die auf Protonen anspricht.
Baut man mit einer Glaselektrode eine Messzelle auf, in der die Bezugs- und die Ableitelektrode bzw. das Außen- und das Innen-pH gleich sind, dann sollte die angezeigte Spannung null sein, da die Zelle vollkommen symmetrisch ist. Eine von null verschiedene Restspannung nennt man **Asymmetriepotential**.
Unter der **Steigung** ST einer Elektrode versteht man die Potentialänderung pro pH-Einheit. Diese ist bei 25°C im Idealfall 59,2 mV/pH. Das Potential der Glaselektrode befolgt wie die Wasserstoffelektrode die Gleichung E = const. - ST.pH

5.6.2.2 **Membranpotentiale mit Osmose** (Donnanpotentiale)

Ein Donnanpotential entsteht, wenn zwei Lösungen durch eine Membran getrennt sind und diese für wenigstens eine gelöste Ionenart undurchlässig, für Wasser und die anderen Ionenarten aber durchlässig ist.
Durch Diffusion stellt sich ein Gleichgewicht ein. Die Stoffe verteilen sich dabei so, dass für jeden diffundierenden Stoff sein chemisches Potential auf beiden Seiten der Membran gleich groß wird. Da sich dadurch sowohl das Wasser als auch die Ionen ungleichmäßig verteilen, entsteht an der Membran eine Potentialdifferenz und ein osmotischer Druck.
Ein einfaches Beispiel soll dies veranschaulichen.

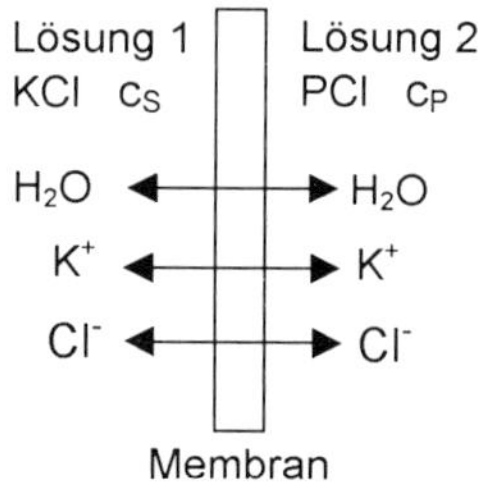

Abb.EL- 8

Die Membran (Abb.EL- 8) trenne eine Kaliumchloridlösung von der Lösung des Kaliumsalzes eines makromolekularen Proteinanions P^-. Für P^- sei die Membran undurchlässig, für die anderen Ionen und das Lösungsmittel Wasser aber durchlässig. c_S, c_P seien die Konzentrationen (genauer Aktivitäten) der KCl-Lösung bzw. Protein-Lösung.
Im Gleichgewicht gilt

EL 44: (1) Es diffundiert soviel KCl von der Lösung 1 in die Lösung 2 bis die mittlere Aktivität des KCl in beiden Lösungen gleich groß ist.
Im Gleichgewicht gilt also dann $[K^+]_1 \cdot [Cl^-]_1 = [K^+]_2 \cdot [Cl^-]_2$

(2) Das Donnanpotential ist $E_D = \frac{RT}{zF} \ln \frac{[K^+]_2}{[K^+]_1} = 0{,}0592 . \lg \frac{[K^+]_2}{[K^+]_1}$ (bei 25°C).

Wegen 1. gilt auch $E_D = \frac{RT}{zF} \ln \frac{[Cl^-]_1}{[Cl^-]_2} = 0{,}0592 . \lg \frac{[Cl^-]_1}{[Cl^-]_2}$.

Die hier vorkommenden Konzentrationen (Aktivitäten) sind Gleichgewichtskonzentrationen!

Das Donnanpotential ist um so größer, je höher die Konzentration der Makromoleküle ist.

Nur durch Donnanpotentiale ist es möglich **Ionen von einer verdünnten Lösung in die konzentriertere**, also gegen die natürliche Richtung der Diffusion, zu transportieren.
Die Donnanpotentiale haben eine große Bedeutung bei Lösungen, die Makromoleküle (z. B. Eiweißstoffe) enthalten und spielen daher eine fundamentale Rolle in den Zellen der Lebewesen.
Beispielsweise ist die Herstellung der 0,1m-HCl im Magen nur durch Donnanpotentiale möglich. Die H^+ und Cl^- kommen dabei aus dem neutralen Blutserum, aus einer Lösung in der die Konzentration der Protonen um sechs Zehnerpotenzen kleiner ist. Wird bei der Verdauung ein Teil der HCl im Magen verbraucht, so kommt das System aus dem Donnangleichgewicht und die HCl wird wieder nachproduziert.
Auch die Weiterleitung der Signale in den Nervenzellen beruht auf Donnanpotentialen.

Beispiel EL- 60: Wie groß ist die Menge an KCl, die von Lösung 1 in Lösung 2 diffundiert?
Wenn y mol/l KCl diffundieren, dann sind die Konzentrationen (mol/l) im Gleichgewicht:
In Lösung 1: $[K^+] = c_S - y$; $[Cl^-] = c_S - y$.
In Lösung 2: $[K^+] = c_P + y$; $[Cl^-] = y$ und $[P^-] = c_P$

nach EL 44(1) gilt daher $(c_S - y)^2 = y(c_P + y) \Rightarrow y = \frac{c_S^2}{2c_S + c_P}$

Der prozentuelle Anteil des diffundierten KCl ist $p = \frac{100\,c_S}{2c_S + c_P}$

Aufgabe EL- 79: Eine Glaselektrode mit einem Innen-pH = 7,00 wurde mit drei Pufferlösungen und der gleichen Bezugselektrode wie die Ableitelektrode kalibriert. Die drei Pufferlösungen hatten die pH-Werte 4,00; 7,00 und 9,00. Zunächst stellte man mit dem Puffer mit pH = 7 das Asymmetriepotential auf null. Die Messzelle zeigte pH = 4,06 beim Puffer mit pH = 4 und pH = 8,96 beim Puffer pH = 9.
Hängt das Potential dieser Elektrode noch linear vom pH ab und wie groß ist die Steigung? Anders gesagt: Verhält sich diese Glaselektrode noch wie eine Wasserstoffelektrode?
Aufgabe EL- 80: Man berechne die diffundierte KCl-Menge (absolut und in %), die Gleichgewichtskonzentrationen und die Donnanpotentiale für folgende Konzentrationen (vgl. Beispiel EL- 60)

c_S (mol/l)	0,001	0,001	0,01	0,01
c_P (mol/l)	0,001	0,01	0,001	0,01

Aufgabe EL- 81: Welche Konzentration hat eine Kaliumproteinat-Lösung, wenn sie mit einer 0,01 molaren KCl-Lösung ein Donnanpotential von E_D = 80 mV erzeugt?

6 REAKTIONSKINETIK

Die Reaktionskinetik befasst sich mit der **Geschwindigkeit chemischer Reaktionen** und den Faktoren, die sie beeinflussen (Konzentration, Temperatur, Katalysator u.a.). Die Grundgröße **Zeit**, die in den bisherigen Kapiteln unerheblich war, wird nun zur zentralen Größe. Die Temperatur wird zunächst bis auf weiteres als konstant angenommen. Die Abhängigkeit der Geschwindigkeit einer Reaktion von der Temperatur wird in Kap. 6.4 behandelt.

6.1 Grundbegriffe

Wir betrachten eine chemische Reaktion (vgl. Kap. 1.3)

$$\nu_1 A_1 + \nu_2 A_2 + \ldots\ldots + \nu_k A_k \rightleftharpoons \nu_{k+1} A_{k+1} + \nu_{k+2} A_{k+2} + \ldots\ldots + \nu_L A_L$$

$A_1, \ldots. A_k$ sind die Ausgangsstoffe, $A_{k+1}, \ldots. A_L$ die Endstoffe.
Die Koeffizienten der Ausgangsstoffe sind negativ: $\nu_1, \ldots. \nu_k < 0$
Die Koeffizienten der Endstoffe sind positiv: $\nu_{k+1}, .. \nu_L > 0$

Die in GR 17 definierte Reaktionslaufzahl $\xi = \frac{\Delta n_i}{\nu_i}$ ($d\xi = \frac{dn_i}{\nu_i}$) ist, unabhängig von den reagierenden Stoffen, ein Maß für den Fortschritt einer Reaktion.

Es ist daher naheliegend die **Reaktionsgeschwindigkeit** (**RG**) ebenfalls stoffunabhängig als Reaktionsfortschritt pro Zeiteinheit zu definieren.

$$r_n = \frac{d\xi}{dt} = \frac{1}{\nu_i} . \frac{dn_i}{dt} \qquad [r_n] = \text{mol/s};$$

n_i... Stoffmenge einer beliebigen Reaktionskomponente; t... Zeit

Bei der Bestimmung der Reaktionsgeschwindigkeit wird aber fast immer die Konzentration und nicht die Stoffmenge gemessen. Daher wird die RG meist als Änderung der Konzentration pro Zeiteinheit definiert. Für Reaktionen in Lösung wird die Molarität, für Reaktionen in der Gasphase der Partialdruck als Konzentrationsmaß verwendet.

Die RG ist dann bei Lösungen $r_c = \frac{1}{\nu_i} . \frac{dc_i}{dt}$ und bei Gasreaktionen $r_p = \frac{1}{\nu_i} . \frac{dp_i}{dt}$.

Zusammenhang mit r_n :

Es ist $c = \frac{n}{v}$ (GR 10) daher folgt $r_c = \frac{1}{\nu_i} . \frac{dc_i}{dt} = \frac{1}{\nu_i} . \frac{dn_i}{v.dt} = \frac{1}{v} r_n$

Bei Gasen ist $p_i = n_i \frac{RT}{v}$ (GA 1) daher ist $r_p = \frac{1}{\nu_i} . \frac{dp_i}{dt} = \frac{1}{\nu_i} . \frac{dn_i}{dt} . \frac{RT}{v} = \frac{RT}{v} r_n$

v ist das Volumen der Reaktionsmischung, T die Reaktionstemperatur.

Die so definierten Reaktionsgeschwindigkeiten sind dann allerdings auch von v und T abhängig.
Sollen r_c und r_p, so wie das r_n, ein Maß **nur** für die Geschwindigkeit einer Reaktion sein, dann müssen v und T während der Reaktion konstant gehalten werden. Dies erfolgt aber beim Messen der RG auch schon aus anderen Gründen meist sowieso.

Zusammengefasst werden also für die **Reaktionsgeschwindigkeit** folgende Größen verwendet:

KIN 1 Die Geschwindigkeit des Stoffmengenumsatzes ist

$$r_n = \frac{d\xi}{dt} = \frac{1}{\nu_i}.\frac{dn_i}{dt} \qquad [r_n] = \text{mol/s}$$

Die Geschwindigkeit der Konzentrationsänderung ist
für Reaktionen in Lösung

$$r_c = \frac{1}{\nu_i}.\frac{dc_i}{dt} = \frac{1}{v} r_n \qquad [r_c] = \text{mol/s.m}^3 \text{ oder praktischer mol/s.dm}^3$$

für Reaktionen in der Gasphase

$$r_p = \frac{1}{\nu_i}.\frac{dp_i}{dt} = \frac{RT}{v} r_n \qquad [r_p] = \text{Pa/s oder praktischer hPa/s oder bar/s.}$$

Beispiel KIN- 1:

a.) Für die Ionenreaktion in Lösung $S_2O_8^{2-} + 2Fe^{2+} \rightarrow 2SO_4^{2-} + 2Fe^{3+}$ sind die Geschwindigkeiten

$$r_n = \frac{d\xi}{dt} = -\frac{dn_{S_2O_8^{2-}}}{dt} = -\frac{1}{2}\frac{dn_{Fe^{2+}}}{dt} = \frac{1}{2}\frac{dn_{SO_4^{2-}}}{dt} = \frac{1}{2}\frac{dn_{Fe^{3+}}}{dt} \quad \text{und}$$

$$r_c = \frac{1}{v}\frac{d\xi}{dt} = -\frac{d\left[S_2O_8^{2-}\right]}{dt} = -\frac{1}{2}\frac{d\left[Fe^{2+}\right]}{dt} = \frac{1}{2}\frac{d\left[SO_4^{2-}\right]}{dt} = \frac{1}{2}\frac{d\left[Fe^{3+}\right]}{dt}$$

Zur Vereinfachung wurden die Molaritäten wieder in Klammerschreibweise dargestellt.
Werden z. B. in v = 500 ml dieser Lösung 0,4 mol Fe^{2+} in t = 20 s verbraucht, dann sind die mittleren Reaktionsgeschwindigkeiten

$$r_n = -\frac{1}{2}\frac{dn_{Fe^{2+}}}{dt} = -\frac{1}{2}.\frac{-0,4}{20} = 0,01\ \text{mol/s} \quad \text{und}$$

$$r_c = \frac{1}{v}\frac{d\xi}{dt} = \frac{1}{0,5}.\ 0,01 = 0,02\ \text{mol/s.dm}^3$$

b.) Für die Gasreaktion $N_2 + 3\ H_2 \rightarrow 2\ NH_3$ ist

$$r_n = \frac{d\xi}{dt} = -\frac{dn_{N_2}}{dt} = -\frac{1}{3}\frac{dn_{H_2}}{dt} = \frac{1}{2}\frac{dn_{NH_3}}{dt} \quad \text{und}$$

$$r_p = \frac{RT}{v}\frac{d\xi}{dt} = -\frac{dp_{N_2}}{dt} = -\frac{1}{3}\frac{dp_{H_2}}{dt} = \frac{1}{2}\frac{dp_{NH_3}}{dt}$$

Die RG hängt im allgemeinen selbst wieder von der Konzentration der Reaktionspartner, von der Temperatur und von anderen anwesenden Stoffen (Katalysatoren) ab. Die Funktion $r_c = \frac{1}{\nu_i}.\frac{dc_i}{dt} = f(c_i, T)$, die diese Abhängigkeit beschreibt und die wegen der Definition der RG immer eine Differentialgleichung ist, nennt man **Geschwindigkeitsgleichung**.
Analoge Gleichungen gelten natürlich auch für die anderen Größen r_n und r_p.

Eine **Elementarreaktion** sei eine Reaktion, bei der in einem Schritt und nur in einer Richtung die Endstoffe aus den Ausgangsstoffen entstehen.
Bei den Elementarreaktionen ist der Zusammenhang zwischen der RG und den Konzentrationen der Ausgangsstoffe besonders einfach. Die RG ist proportional zu einer ganzzahligen Potenz der augenblicklichen Konzentration der Ausgangsstoffe.

KIN 2 Unter der **Reaktionsordnung** versteht man die **Summe** der Exponenten $o_1, o_2, .. o_k$ in der Geschwindigkeitsgleichung $r = k\, c_1^{o_1}\, c_2^{o_2} .. c_k^{o_k}$
Ein einzelner Exponent o_i heißt **Teilordnung** in bezug auf den Stoff A_i.
Die Konstante k nennt man **Geschwindigkeitskonstante**.

Z. B. hat eine Reaktion mit der Geschwindigkeitsgleichung $r = k\,c$ die Ordnung 1.
Eine Reaktion mit der Geschwindigkeitsgleichung $r = k\,c^2$ oder $r = k\,c_1\,c_2$ hat die Ordnung 2 usw.

Beispiel KIN- 2: Welche Einheit hat die Geschwindigkeitskonstante einer Reaktion mit der Geschwindigkeitsgleichung $r_c = k\,c_1 c_2$?

$$[k] = \frac{[r_c]}{[c_1][c_2]} = \frac{mol.l^2}{l.s.mol^2} = \frac{l}{mol.s}$$

Fast alle Reaktionen besitzen die **Ordnung** 1 oder 2.
Molekular betrachtet kommt die erste Ordnung zustande, wenn ein Teilchen zerfällt oder seine Struktur verändert, ohne dass dazu ein Zusammenstoß mit einem anderen Teilchen notwendig ist.
Ordnung 2 kommt zustande, wenn für die Reaktion der Zusammenstoß zweier reaktionsbereiter Teilchen notwendig ist (Teilchen gleichartig.. $r = k\,c^2$; Teilchen verschieden.. $r = k\,c_1\,c_2$).
Reaktionen dritter Ordnung kommen durch den Zusammenstoß dreier reaktionsbereiter Teilchen zustande. Sie sind sehr selten weil ein solcher Zusammenstoß wenig wahrscheinlich ist.
Nullte Ordnung bedeutet, dass die RG nicht mehr von der Konzentration abhängt. Dies kann eintreten, wenn jederzeit ausreichend reaktionsbereite Teilchen vorhanden sind. Es kommt bei enzymkatalysierten und bei heterogenen Reaktionen unter bestimmten Umständen vor (s. 6.3).
Besteht eine Reaktion aus mehreren Teilreaktionen, so sind auch gebrochene Ordnungen möglich.
Der Mechanismus einer chemischen Reaktion ist im allgemeinen komplex, da die meisten Reaktionen aus mehreren Elementarreaktionen zusammengesetzt sind, die parallel, hintereinander und in beiden Reaktionsrichtungen ablaufen können.
Häufig kann man aber auch zusammengesetzte Reaktionen mit den einfachen Gesetzen der Elementarreaktionen beschreiben weil einer der Reaktionsschritte den gesamten Ablauf dominiert. („geschwindigkeitsbestimmender Schritt"; s. 6.3)
Ist der Mechanismus einer Reaktion bekannt, dann kann man die Ordnung immer angeben. Umgekehrt ist kein zwingender Schluss möglich. Eine experimentell festgestellte 2. Ordnung bedeutet nicht unbedingt, dass die Reaktion durch Zweierstöße zustandekommt.

6.2 Elementarreaktionen

6.2.1 Reaktionen erster Ordnung

Die Geschwindigkeit der Reaktion ist proportional zur ersten Potenz der Konzentration.
Beispiele sind Umlagerungen, Zersetzungs- und Zerfallsreaktionen (z. B. radioaktiver Zerfall)
Ein Stoff A mit der Anfangskonzentration a_o reagiert zu einem Stoff B. a sei die momentane Konzentration von A zur Zeit t.

KIN 3 Die **Geschwindigkeitsgleichung** ist $\frac{da}{dt} = -ka$

Integriert erhält man $\ln\frac{a}{a_0} = -kt$ bzw. $a = a_0 e^{-kt}$

Die Einheit der Geschwindigkeitskonstanten ist [k] = 1/s.
k gibt den Bruchteil der Teilchen an, die pro Zeiteinheit reagieren.

Für a und a_o kann auch jede andere zur Konzentration proportionale Größe eingesetzt werden, da in der integrierten Geschwindigkeitsgleichung a und a_o als Quotient vorkommen. Wichtig ist nur, dass a und a_o dieselbe Einheit besitzen!

KIN 4 Die **Halbwertszeit** τ ist jene Zeit, in der die Hälfte der Ausgangsmenge umgesetzt wurde. Für Reaktionen 1. Ordnung ist $k\,\tau = \ln 2$.

Wie die Gleichung $k\,\tau = \ln 2$ zeigt, hängt die Halbwertszeit nicht von der Konzentration ab. Daher ist sie bei Reaktionen 1. Ordnung eine für die Reaktionsgeschwindigkeit charakteristische Konstante und wird daher meist statt k angegeben.

KIN 5 Die relative Momentankonzentration des Ausgangsstoffes A ist $\frac{a}{a_o} = e^{-kt}$

Der relative **Umsatz** von A ist $\frac{a_o - a}{a_o} = 1 - e^{-kt}$

Der hundertfache relative Umsatz ist der prozentuelle Umsatz.

Zerfall radioaktiver Stoffe
Der radioaktive Zerfall ist eine Elementarreaktion 1. Ordnung. Analog zu KIN 3 und KIN 4 gilt
$\frac{dN}{dt} = -\lambda N \Rightarrow N = N_0 e^{-\lambda t}$ und für die Halbwertszeit $\lambda\,\tau = \ln 2$

λ.... **Zerfallskonstante** (Anzahl der Atome, die pro s zerfallen);
N_o... Anzahl der Atome zu Beginn; N... Anzahl der Atome zur Zeit t. Für N und N_o kann auch jede zur Teilchenzahl proportionale Größe, wie Stoffmenge, Masse u. a., eingesetzt werden.

Die Zerfallsrate $-\frac{dN}{dt} = A = \lambda N$ heißt auch **Aktivität**

Für die Aktivität gilt ebenfalls das Zerfallsgesetz, da die Aktivität zur Teilchenzahl N proportional ist.
Die Einheit der Aktivität ist 1Bq (1Becquerel = 1/s).
Ebenfalls noch üblich ist auch die ältere Einheit $1\,Ci = 3{,}7.10^{10}$ Bq.

6.2.2 Reaktionen zweiter Ordnung

Ein Stoff A mit der Anfangskonzentration a_o reagiert mit einem Stoff B mit der Anfangskonzentration b_o nach zweiter Ordnung zu einem Stoff Y.

	A	+	B	→	Y
Konzentration zu Beginn	a_o		b_o		0
Konzentration zur Zeit t	$a_o - y$		$b_o - y$		y

Die **Geschwindigkeitsgleichung** ist (vgl. Beispiel KIN- 10)

KIN 6 $\frac{dy}{dt} = k(a_o - y)(b_o - y)$. Integriert $\frac{1}{a_o - b_o} \ln \frac{b_o(a_o - y)}{a_o(b_o - y)} = k\,t$ für $a_o \neq b_o$

Der relative Umsatz von A ist $\frac{y}{a_o}$. Zur Berechnung desselben geht man aus von

$\ln \frac{b_o(a_o - y)}{a_o(b_o - y)} = (a_o - b_o)k\,t$ und formt um.

KIN 7 Für $a_o \neq b_o$ ist der relative **Umsatz** von A: $\frac{y}{a_o} = \frac{b_o\left(1 - e^{(a_o - b_o)k\,t}\right)}{b_o - a_o e^{(a_o - b_o)k\,t}}$

Wichtige Sonderfälle:

1. Die Anfangskonzentrationen von A und B sind gleich groß ($a_o = b_o$).
Dies wird meist beim Messen der RG aus Gründen der einfacheren Auswertung angewendet.

KIN 8 $\frac{dy}{dt} = k(a_o - y)^2 \Rightarrow \frac{1}{a_o - y} - \frac{1}{a_o} = k\,t$ oder $\frac{y}{a_o(a_o - y)} = k\,t$

Die **Halbwertszeit** ist $k\,\tau = 1/a_o$, hängt also von der Anfangskonzentration ab.

Den relativen Umsatz von A erhält man wieder durch Umformen der integrierten Geschwindigkeitsgleichung:

KIN 9 Für $a_o = b_o$ ist der relative Umsatz von A: $\frac{y}{a_o} = \frac{a_o k\,t}{1 + a_o k\,t}$

2. Reaktionen „**pseudoerster** Ordnung"
Diese Reaktionen entstehen, wenn einer der beiden Stoffe in großem Überschuss vorhanden ist.
Sei z. B. $b_o \gg a_o \Rightarrow b_o - y \approx b_o$
b bleibt praktisch konstant und die Geschwindigkeitsgleichung wird zur Differentialgleichung einer Reaktion erster Ordnung: $\frac{dy}{dt} = k(a_o - y)b_o = k'(a_o - y)$.
Ein Beispiel ist etwa die Rohrzuckerinversion, bei der Wasser im Überschuss vorhanden ist.

6.2.3 Reaktionen dritter Ordnung

	A	+ B	+ C	→ Y
Konzentration zu Beginn	a_o	b_o	c_o	0
Konzentration zur Zeit t	$a_o - y$	$b_o - y$	$c_o - y$	y

Bezogen auf den Stoff Y ist die Geschwindigkeitsgleichung $\frac{dy}{dt} = k(a_o - y)(b_o - y)(c_o - y)$.

Die Integration erfolgt auch hier, wie bei den Reaktionen zweiter Ordnung durch Partialbruchzerlegung.

Sind die Ausgangskonzentrationen gleich groß, dann ist $\frac{dy}{dt} = k(a_o - y)^3$.

Auch bei diesen Reaktionen reduziert sich die Ordnung, wenn Stoffe überwiegen.
Ist ein Stoff im großen Überschuss vorhanden, dann entsteht eine Reaktion pseudozweiter Ordnung
Sind zwei Stoffe gegenüber dem dritten im großen Überschuss vorhanden, dann ist die Reaktion von pseudoerster Ordnung.
Reaktionen dritter Ordnung kommen sehr selten vor.

6.2.4 Halbwertszeit für Reaktionen beliebiger Ordnung

Zur Vereinfachung sei vorausgesetzt, dass alle Reaktanden in gleicher Konzentration vorliegen. Die Geschwindigkeit einer Reaktion n-ter Ordnung ist dann $\frac{dy}{dt} = k(a_o - y)^n$. Die Integration dieser Gleichung ergibt

KIN 10 $$k\,t = \frac{1}{n-1}\left(\frac{1}{(a_o - y)^{n-1}} - \frac{1}{a_o^{\,n-1}}\right).$$

Setzt man zur Berechnung der Halbwertszeit $y = 0{,}5\ a_o$ für $t = \tau$, dann ist

KIN 11 $$\tau = \frac{2^{n-1}-1}{k(n-1)} \cdot \frac{1}{a_o^{n-1}} \quad \text{für } n \neq 1; \qquad \text{Für } n = 1 \text{ ist } k\,\tau = \ln 2 \ \text{(KIN 4)}$$

Bei allen Reaktionen, deren Ordnung von 1 verschieden ist, hängt die Halbwertszeit von der Anfangskonzentration der Ausgangsstoffe ab. Für n = 3 erhält man z. B. $k\,\tau = \frac{3}{2a_o^2}$.

Die Gleichung KIN 11 kann dazu verwendet werden, um die Ordnung und Geschwindigkeitskonstante einer Reaktion zu bestimmen:

$\lg\tau = (1-n)\lg a_o + \lg\left(\frac{2^{n-1}-1}{k(n-1)}\right)$ wird zur Gleichung einer Geraden mit $x = \lg a_o$ und $y = \lg\tau$.

Die Steigung dieser Geraden ist (1 - n) und der Ordinatenabschnitt ist $\lg\left(\frac{2^{n-1}-1}{k(n-1)}\right)$.

Misst man zu verschiedenen Anfangskonzentrationen a_o die Halbwertszeiten τ, dann berechnet man aus der Steigung die Ordnung n und aus dem Ordinatenabschnitt die Geschwindigkeitskonstante k.

Beispiel KIN- 3: Eine Reaktion $A \rightarrow$ Produkte hat die Geschwindigkeitsgleichung $r_c = k\,a$ (a ist die Momentankonzentration von A).
Die Reaktion begann mit einer Anfangskonzentration $a_o = 0{,}80$ mol/l. Nach t = 362 s war a = 0,22 mol/l. Man berechne
a.) Die Geschwindigkeitskonstante k und die Halbwertszeit τ (für die Einheiten s und min!).
b.) Die Zeit t nach der $a_o = 1{,}00$ mol/l auf a = 0,05 mol/l gesunken ist.

Zu a.) Die Geschwindigkeitsgleichung zeigt, dass die Reaktion von erster Ordnung ist.
Mit KIN 3 ist $\frac{a}{a_o} = e^{-kt} \Rightarrow 0{,}275 = e^{-362\,k} \Rightarrow k = 3{,}567 \cdot 10^{-3}\ s^{-1}$

$$k = 3{,}567.10^{-3}.\frac{1}{\frac{1}{60}\,\text{min}} = 60.3{,}567.10^{-3}\,\text{min}^{-1} = 0{,}214\,\text{min}^{-1}$$

$k\,\tau = \ln 2 \Rightarrow \tau = 194{,}36$ s = 3 min 14,4 s

Zu b.) $\frac{0{,}05}{1} = e^{-3{,}567.10^{-3}.t} \Rightarrow t = 840$ s = 14,0 min.

Beispiel KIN- 4: Vom radioaktiven ^{67}Ga in einer Probe waren nach 12,00 Tagen nur noch 7,80% vorhanden. Wie groß sind die Zerfallskonstante und die Halbwertszeit des ^{67}Ga?

Es ist $\frac{N}{N_o} = e^{-\lambda t}$ und daher $\ln\frac{7{,}80}{100} = -\lambda.12$; $\lambda = 0{,}2126\ d^{-1}$.

$\lambda\,\tau = \ln 2 \Rightarrow \tau = 3{,}26$ d.

Beispiel KIN- 5: Altersbestimmung. Die Analyse eines Minerals, das Pechblende (U_3O_8) enthält, ergab einen Gehalt von 59,9% ^{238}U und 17,9% ^{206}Pb. Es enthält keine nennenswerten Mengen an Thorium und ^{235}U (die Ausgangsprodukte der anderen Zerfallsreihen!). Wie alt ist das Mineral? $\tau(^{238}U) = 4{,}46.10^9$ Jahre.
Da die Zwischenprodukte der Zerfallsreihe wegen ihrer kurzen Halbwertszeit nur in sehr geringer Menge vorhanden sind, kann man ansetzen: $N_o(U) = N(U) + N(Pb)$
Die ursprünglich vorhandene Menge an U-Atomen ist die Summe der jetzt vorhandenen U-Atome und der inzwischen gebildeten Pb-Atome.

Für das Zerfallsgesetz benötigt man das Verhältnis $\frac{N(U)}{N_o(U)}$. Dieses ist aber gleich dem Molenbruch an Uran: $\frac{N(U)}{N_o(U)} = \frac{N(U)}{N(U)+N(Pb)} = x_U = \frac{\frac{59{,}9}{238}}{\frac{59{,}9}{238}+\frac{17{,}9}{206}} = 0{,}7434$. Daher gilt:

$$\ln\frac{N(U)}{N_o(U)} = \ln x_U = -\lambda\,t \quad \Rightarrow \quad t = -\tau\,\frac{\ln x_U}{\ln 2};$$

$t = 1{,}9.10^9$ Jahre
Bemerkung: Auch aus dem Heliumgehalt des Gesteins kann das Alter berechnet werden. $^{238}U \rightarrow {}^{206}Pb + 8\,{}^{4}He$. Mit jedem Mol Blei, das durch den Zerfall entsteht, bilden sich gleichzeitig acht Mol Helium. Durch Erhitzen des Gesteins kann das He ausgetrieben werden. Der Gehalt ist meist etwas zu klein, da durch Diffusion immer etwas He verloren gegangen ist.

Beispiel KIN- 6: Der menschliche Körper enthält etwa 0,20% K. Wie viel Atome ^{40}K zerfallen in einem 75 kg schwerem Körper pro Sekunde? Das natürliche Kalium enthält 0,0117% ^{40}K. Die Halbwertszeit von ^{40}K ist $1{,}26.10^9$ Jahre.
Der Körper enthält 150 g K. Davon sind 0,01755g ^{40}K.

$A = \lambda\,N = \frac{\ln 2}{\tau}N = \frac{\ln 2}{\tau}.\frac{0{,}01755}{40}N_L = 4606$ Zerfälle pro s. ($\tau = 1{,}26.10^9.365{,}25.24.3600$ s)

Es zerfallen also etwa 4600 K-Atome in einer Sekunde.

Beispiel KIN- 7: Misst man bei Isotopen mit relativ kurzer Halbwertszeit die Aktivität, dann darf man manchmal die Messzeit gegenüber der Halbwertszeit nicht vernachlässigen. Die gemessene Aktivität ist dann ein Mittelwert der sich rasch verändernden Aktivität über die Messzeit. Die momentane Aktivität für irgendeinen gewünschten Zeitpunkt kann nicht mehr gemessen, sie muss dann berechnet werden.
40 min nach der Herstellung wurde die Aktivität der verdünnten Lösung eines ^{132}J-hältigen Präparates 15 min lang gemessen und betrug $\bar{A} = 735$ Bq.

Wie groß sind die Aktivitäten A_o zum Zeitpunkt der Herstellung, A_1 zum Messbeginn (nach 40 min) und A_2 zum Ende der Messung (nach 55 min)?
$\tau(^{132}J) = 136{,}8$ min. Man wiederhole Kap.1.4.2
Der Mittelwert $\bar{A}$ über einen bestimmten Messzeitraum $t_2 - t_1$ ist der Mittelwert der Funktion $A = A_0 e^{-\lambda t}$ (KIN 3) über diesen Zeitraum.

$$\bar{A} = \frac{A_0}{t_2 - t_1}\int_{t_1}^{t_2} e^{-\lambda t}dt = A_0 \frac{\left(e^{-\lambda t_1} - e^{-\lambda t_2}\right)}{\lambda(t_2 - t_1)}$$

Daraus erhält man $A_o = \bar{A}.\lambda \frac{(t_2 - t_1)}{\left(e^{-\lambda t_1} - e^{-\lambda t_2}\right)}$

Dies ist die Aktivität zum Zeitpunkt 0, hier also zum Zeitpunkt der Herstellung.
Die Aktivitäten zu den anderen Zeitpunkten erhält man mit $A = A_0 e^{-\lambda t}$.
Einsetzen der Angaben ergibt: $A_o = 935$ Bq, $A_1 = 763$ Bq, $A_2 = 707$ Bq.

Beispiel KIN- 8: Für eine Reaktion erster Ordnung $A \rightarrow B$ berechne man für ein beliebiges Zeitintervall die **mittlere Reaktionsgeschwindigkeit**.
Es seien zur Zeit t $(a_o - y)$ und y die Konzentrationen von A und B.
Dann gilt für die Reaktionsgeschwindigkeit $r_c = \frac{dy}{dt} = k(a_o - y)$.
Das Zeitintervall sei $t_2 - t_1$. Die dazugehörigen Konzentrationen des Stoffes B sind y_2 und y_1. r_c ist eine Funktion der Konzentration y. Der Mittelwert muss daher gemäß 1.4.2 mit einem Integral berechnet werden.

$$\bar{r_c} = \frac{1}{y_2 - y_1}\int_{y_1}^{y_2} k(a_o - y)dy = \frac{k}{y_2 - y_1}\left(a_o y - \frac{y^2}{2}\right)\Bigg|_{y_1}^{y_2} = \frac{k}{y_2 - y_1}\left[a_o(y_2 - y_1) - \left(\frac{y_2^2}{2} - \frac{y_1^2}{2}\right)\right] =$$

$$\frac{k}{y_2 - y_1}\cdot\frac{2a_o(y_2 - y_1) - (y_2 - y_1)(y_2 + y_1)}{2} = \frac{k(2a_o - y_2 - y_1)}{2} = \frac{k(a_o - y_2) + k(a_o - y_1)}{2} = \frac{r_{c_2} + r_{c_1}}{2}$$

Die mittlere RG ist also einfach der arithmetische Mittelwert der beiden RG zu den Zeitpunkten t_1 und t_2.

Beispiel KIN- 9: Ein Gas A befindet sich in einem Gefäß mit dem Volumen v unter einem Druck p_o. Es wird sehr rasch auf Reaktionstemperatur T gebracht und zerfällt anschließend in einer Reaktion 1. Ordnung vollständig in 2 B. Der Druck am Ende der Reaktion ist p_∞.
a.) Wie ändert sich der Gesamtdruck p mit der Zeit t?
b.) Welcher Zusammenhang besteht zwischen den verschiedenen Reaktionsgeschwindigkeiten r_n, r_c, r_p und $\frac{dp}{dt}$ (der Änderung des Gesamtdruckes pro Zeiteinheit)?

Zu a.)	$A \rightarrow 2\,B$				
Stoffmenge zu Beginn	n_o		oder	p_o	
Stoffmenge zur Zeit t	n_A	n_B	oder	p_A	p_B

Nach der Gaszustandsgleichung p v = n R T ist der Druck proportional zur Stoffmenge n. Daher kann man statt n auch p schreiben.
Dann gelten aber folgende Gleichungen
(1) $p = p_A + p_B$
(2) $p_o - p_A = 0{,}5\, p_B$

Aus diesen beiden Gleichungen erhält man

(3) $p_A = 2p_o - p$

Da die Reaktion von erster Ordnung ist, gilt $-\frac{dp_A}{dt} = k\,p_A$ mit der Lösung $p_A = p_o e^{-kt}$ (KIN 3)

$\Rightarrow\ 2p_o - p = p_o e^{-kt}$ oder

(4) $\ln\left(2 - \frac{p}{p_o}\right) = -k\,t$; Explizit $p = p_o\left(2 - e^{-kt}\right)$

Wegen der Aufheizphase ist es schwierig einen genauen Anfangsdruck p_o zu bekommen. Der Enddruck p_∞ ist leichter zu messen. In diesem Fall ist $p_\infty = 2p_o$, da aus einem Mol Ausgangsstoff zwei Mole Endstoff werden. Aus (3) und (4) wird dann

(3') $p_A = p_\infty - p$

(4') $\ln\left(2 - \frac{2p}{p_\infty}\right) = -k\,t$ oder explizit $p = 0{,}5\,p_\infty\left(2 - e^{-kt}\right)$

Zu b.) Mit KIN 1 ist

$$r_p = -\frac{dp_A}{dt} = -\frac{d(2p_o - p)}{dt} = \frac{dp}{dt}$$

$$r_n = \frac{d\xi}{dt} = -\frac{dn_A}{dt} = \frac{V}{RT} r_p = \frac{V}{RT}\cdot\frac{dp}{dt}$$

$$r_c = -\frac{dc_A}{dt} = \frac{1}{V} r_n = \frac{1}{RT}\cdot\frac{dp}{dt}$$

Beispiel KIN- 10: Integration der Geschwindigkeitsgleichung für Reaktionen zweiter Ordnung.

Ein Stoff A mit der Anfangskonzentration a_o reagiert mit einem Stoff B, Anfangskonzentration b_o, nach zweiter Ordnung zu einem Stoff Y.

	A + B → Y		
Konzentration zu Beginn	a_o	b_o	0
Konzentration zur Zeit t	$a_o - y$	$b_o - y$	y

Geschwindigkeitsgleichung: $\frac{dy}{dt} = k\,(a_o - y)(b_o - y)$

Durch Trennung der Variablen erhält man $\frac{dy}{(a_o - y)(b_o - y)} = k\,dt$. Die linke Seite der Gleichung integriert man durch Partialbruchzerlegung. Es gilt die Identität

$$\frac{1}{(a_o - y)(b_o - y)} \equiv \frac{m}{a_o - y} + \frac{n}{b_o - y} \quad \Rightarrow \quad 1 \equiv m(b_o - y) + n(a_o - y)$$

Setzt man in dieser Identität $y = a_o$, dann ist $m = \frac{1}{b_o - a_o}$. Mit $y = b_o$ ist $n = \frac{1}{a_o - b_o}$.

Es ist also m = -n.

$$\int \frac{dy}{(a_o - y)(b_o - y)} = \frac{1}{a_o - b_o}\left(\int \frac{-dy}{a_o - y} + \int \frac{dy}{b_o - y}\right) = \frac{1}{a_o - b_o}\left[\ln(a_o - y) - \ln(b_o - y)\right] =$$

$$= \frac{1}{a_o - b_o} \ln \frac{a_o - y}{b_o - y} + C$$

Die allgemeine Lösung ist daher $\frac{1}{a_o - b_o} \ln \frac{a_o - y}{b_o - y} + C = k\,t$

Die Integrationskonstante ergibt sich aus der Anfangsbedingung y = 0 für t = 0.

$C = -\frac{1}{a_o - b_o} \ln \frac{a_o}{b_o}$. Einsetzen und vereinfachen ergibt schließlich

$\frac{1}{a_o - b_o} \ln \frac{b_o(a_o - y)}{a_o(b_o - y)} = k\,t$ für $a_o \neq b_o$

Sind die Anfangskonzentrationen von A und B gleich groß ($a_o = b_o$), dann muss man von $\frac{dy}{dt} = k\,(a_o - y)^2$ ausgehen.

$$\int \frac{dy}{(a_o - y)^2} = \int k\,dt \;\Rightarrow\; \frac{1}{a_o - y} + C = k\,t$$

Mit y = 0 für t = 0 ist $C = -\frac{1}{a_o}$ und schließlich $\frac{1}{a_o - y} - \frac{1}{a_o} = k\,t$ oder $\frac{y}{a_o\,(a_o - y)} = k\,t$

Die Halbwertszeit bekommt man, wenn man $y = \frac{a_o}{2}$ für $t = \tau$ setzt.

Es ist $k\,\tau = 1/a_o$. τ hängt also von der Anfangskonzentration ab.

Beispiel KIN- 11: Zwei Stoffe reagieren gemäß A + B → C. A und B wurden in gleicher Konzentration (0,4 mol/l) gemischt und die Konzentration an C zu verschiedenen Zeiten gemessen.

t (s)	120	240	360	480	600	900	1200	1800	2400	3000
y (mol/l)	0,068	0,117	0,153	0,181	0,203	0,243	0,269	0,302	0,322	0,335

Ist die Reaktion von erster oder zweiter Ordnung? Wie groß sind Geschwindigkeitskonstante k und Halbwertszeit τ?

	A	+	B	→	C
Konzentrationen zu Beginn:	a_o = 0,4 mol/l		b_o = 0,4 mol/l		
Konzentrationen zur Zeit t	a_o - y		b_o - y		y

Ist die Ordnung 1, dann gilt KIN 3: $\ln(a_o - y) = \ln a_o - k\,t$

Ist die Ordnung 2, dann gilt KIN 8: $\frac{1}{a_o - y} - \frac{1}{a_o} = k\,t$

Man zeichnet zwei Diagramme $\ln(a_o - y)$ gegen t und $\frac{1}{a_o - y}$ gegen t.

Nur die zweite Funktion wird eine Gerade. Daher ist die Reaktion von zweiter Ordnung.

Eine Linearregression $\frac{1}{a_o - y}$ gegen t ergibt die Steigung k und den Ordinatenabschnitt $\frac{1}{a_o}$.

k = 0,00429 l/mol.s und $\tau = \frac{1}{k\,a_o} = 582$ s. Das berechnete a_o = 0,4002 mol/l vergleicht man mit dem gegebenen a_o und dient so zur Kontrolle der Messgenauigkeit.

Siehe folgende Tabelle:

Zeit (s)	y (mol/l)	$1/(a_o-y)$ (l/mol)	$\ln(a_o-y)$	Linearregression	
0	0,000	2,500	-0,9163	r	0,9999965
120	0,068	3,012	-1,1026	Steigung	0,004294
240	0,117	3,534	-1,2623	Ordinatenabschnitt	2,498867
360	0,153	4,049	-1,3984		
480	0,181	4,566	-1,5187	k	0,00429
600	0,203	5,076	-1,6246	τ	582,2
900	0,243	6,369	-1,8515	a_o	0,4002
1200	0,269	7,634	-2,0326		
1800	0,302	10,204	-2,3228		
2400	0,322	12,821	-2,5510		
3000	0,335	15,385	-2,7334		

Beispiel KIN- 12: Gleiche Volumina einer 0,400 molaren wässrigen Ethylacetat-Lösung und einer 0,400 molaren NaOH-Lösung wurden gemischt, bei konstanter Temperatur gehalten und die spezifische Leitfähigkeit κ_t im Laufe der Zeit gemessen.

Zeit (s)	10	20	30	50	100	150	200	300	400
κ_t (mS/cm)	35,1	32,2	30,0	26,7	22,1	19,7	18,2	16,5	15,5

Durch Erwärmen wurde die Reaktion zum Abschluss gebracht und der Endwert der Leitfähigkeit κ_∞ = 11,9 mS/cm gemessen.
Ebenso maß man die Leitfähigkeit κ_o = 38,9 mS/cm einer Mischung aus gleichen Volumina 0,400 molarer NaOH und Wasser.
Man entscheide ob die Reaktion von erster oder zweiter Ordnung ist und berechne die Geschwindigkeitskonstante k und Halbwertszeit τ der Reaktion.
Im gegebenen Konzentrationsbereich kann man mit ausreichender Genauigkeit annehmen, dass die spezifische Leitfähigkeit linear von der molaren Konzentration abhängt, der Dissoziationsgrad α für alle Elektrolyte eins ist und die organischen Stoffe keinen Einfluss auf die Leitfähigkeit haben.

	$CH_3COOC_2H_5$	$+ NaOH \rightarrow$	C_2H_5OH	$+$ NaAcetat
Konz. zu Beginn	a_o	a_o		
Konz. zur Zeit t	a	a	$a_o - a$	$a_o - a$

κ_o ist die spezifische Leitfähigkeit einer reinen 0,2 molaren NaOH.
κ_∞ ist die spezifische Leitfähigkeit einer reinen 0,2 molaren NaAcetat-Lösung.
Man beachte, dass die Konzentrationen durch das Mischen auf die Hälfte sinken!

Da die spezifische Leitfähigkeit linear von der molaren Konzentration abhängt, gilt

$$(1) \quad \kappa_o = C_1 a_o \Rightarrow C_1 = \frac{\kappa_o}{a_o} \quad \text{und} \quad \kappa_\infty = C_2 a_o \Rightarrow C_2 = \frac{\kappa_\infty}{a_o}$$

Die Leitfähigkeit der reagierenden Mischung ist daher $\kappa_t = C_1 a + C_2(a_o - a)$.
Setzt man die Konstanten C_1 und C_2 aus (1) ein und formt um, dann erhält man

$$a_o \kappa_t = a \kappa_o + a_o \kappa_\infty - a \kappa_\infty \text{ und schließlich } a = a_o \frac{\kappa_t - \kappa_\infty}{\kappa_o - \kappa_\infty}.$$

Analog wie im Beispiel KIN- 11 erkennt man, dass die Ordnung zwei ist. Daher gilt

$$\frac{1}{a}-\frac{1}{a_o}=k\,t \quad\Rightarrow\quad \frac{1}{a_o}.\frac{\kappa_o-\kappa_\infty}{\kappa_t-\kappa_\infty}=k\,t+\frac{1}{a_o}$$

Eine Linearregression von $\frac{1}{a_o}.\frac{\kappa_o-\kappa_\infty}{\kappa_t-\kappa_\infty}$ gegen t ergibt als Steigung ST = k und als Ordinatenabschnitt $OA=\frac{1}{a_o}$. Daraus erhält man schließlich

k = 0,08119 l/mol.s, τ = 61,6 s und a_o = 0,1975 mol/l.

Die Details enthält die folgende Tabelle. r ist der Korrelationskoeffizient.
Das berechnete a_o stimmt mit dem „eingewogenen" a_o gut überein.

Konstante Werte		Zeit s	κ_t mS/cm	a mol/l	1/a l/mol	lna	Linearregression	
a_o (mol/l)	0,2	10	35,1	0,17185	5,819	-1,7611	r	0,9999816
κ_o (mS/cm)	38,9	20	32,2	0,15037	6,650	-1,8947	ST	0,08119
κ_∞ (mS/cm)	11,9	30	30,0	0,13407	7,459	-2,0094	OA	5,0627
		50	26,7	0,10963	9,122	-2,2106	k (l/mol.s)	0,08119
		100	22,1	0,07556	13,235	-2,5829	τ (s)	61,6
		150	19,7	0,05778	17,308	-2,8512	a_o(ber.) (mol/l)	0,1975
		200	18,2	0,04667	21,429	-3,0647		
		300	16,5	0,03407	29,348	-3,3792		
		400	15,5	0,02667	37,500	-3,6243		

Beispiel KIN- 13: Ein Stoff A reagiert in einer Reaktion n-ter Ordnung zu Produkten. Man berechne für die Ordnungen 0, 1, 2 und 3 welcher Anteil von A (%) nach der doppelten Halbwertszeit noch nicht umgesetzt ist?
Die Konzentration von A sei a_o zu Beginn und a zur Zeit t.

Für eine Reaktion n-ter Ordnung, A $\rightarrow$ Produkte, ist $-\frac{da}{dt}=k\,a^n$

Man verwendet für n = 1 KIN 4 und sonst KIN 10 und KIN 11. Darin ist dann a_o - y = a.
Aus KIN 11 wird k als Funktion von a_o und τ berechnet. In KIN 10 wird dieses k und t = 2τ eingesetzt und der prozentuelle nicht umgesetzte Anteil von A, nämlich $R=100\frac{a}{a_o}$, berechnet. Für n = 1 und n = 3 sei dies hier durchgerechnet.
Am Schluss des Beispiels sind alle Ergebnisse tabellarisch zusammengefasst.

n = 1 $\quad k\,\tau=\ln 2 \quad\Rightarrow\quad k=\frac{\ln 2}{\tau}$

$$a=a_o e^{-k\,t}=a_o e^{-\frac{\ln 2}{\tau}2\tau}=a_o e^{-2\ln 2}=a_o\left(e^{\ln 2}\right)^{-2}=\frac{a_o}{4}$$

R = 25% sind nach der doppelten Halbwertszeit noch nicht umgesetzt.

n = 3 $\quad k\,\tau=\frac{2^{n-1}-1}{(n-1)}.\frac{1}{a_o^{n-1}} \quad\Rightarrow\quad k=\frac{3}{2\tau a_o^2}$

Dies und t = 2τ setzt man in $k\,t=\frac{1}{n-1}\left(\frac{1}{a^{n-1}}-\frac{1}{a_o^{n-1}}\right)$ ein und bekommt

$$\frac{3}{a_o^2} = \frac{1}{2a^2} - \frac{1}{2a_o^2} \quad \Rightarrow \quad \frac{1}{2a^2} = \frac{7}{2a_o^2} \quad \Rightarrow \quad a = \frac{a_o}{\sqrt{7}}\,; \qquad R = \frac{100}{\sqrt{7}} = 37{,}8\%.$$

Zusammengefasst:

n	0	1	2	3
k	$\frac{a_o}{2\tau}$	$\frac{\ln 2}{\tau}$	$\frac{1}{\tau a_o}$	$\frac{3}{2\tau a_o^2}$
R %	0	25	33,3	37,8

Beispiel KIN- 14: Für die Reaktion 2 A $\rightarrow$ 2 B + C der drei gasförmigen Stoffe A, B und C wurde die zeitliche Änderung des Gesamtdruckes p bei der konstanten Temperatur t = 150°C und dem konstanten Volumen v = 750 ml gemessen.

t (min)	0	2	5	10	15	20	30	40
p (hPa)	872	890	916	956	991	1023	1078	1122

Man entscheide zunächst graphisch ob die Reaktion von erster oder zweiter Ordnung ist und berechne danach die Geschwindigkeitskonstante k, die Halbwertszeit τ und die Reaktionsgeschwindigkeiten r_p, r_c, r_n und $\frac{dp}{dt}$ am Beginn der Reaktion.

a.) Zusammenhang zwischen dem Partialdruck p_A und dem Gesamtdruck p.
Wie in Beispiel KIN-9 kann man mit dem Gasdruck statt mit der Stoffmenge rechnen.

	2 A $\rightarrow$ 2 B + C		
Zu Beginn	p_o		
Zur Zeit t	p_A	p_B	p_C

Es gelten die Gleichungen

(1) $p = p_A + p_B + p_C$

(2) $p_o - p_A = p_B = 2p_C$

Daraus erhält man $p_A = 3p_o - 2p$

b.) Ordnung der Reaktion

Wenn die Reaktion von erster Ordnung ist, dann gilt $-\frac{1}{2}\frac{dp_A}{dt} = k\,p_A$ oder integriert

$\ln\frac{p_A}{p_o} = -2kt$ bzw. $\ln p_A = \ln p_o - 2kt$. Setzt man p_A aus a.) ein erhält man schließlich $\ln(3p_o - 2p) = \ln p_o - 2kt$. Der Graph der Funktion $\ln(3p_o - 2p)$ gegen t ist in diesem Fall eine Gerade.

Ist die Reaktion von zweiter Ordnung, dann gilt $-\frac{1}{2}\frac{dp_A}{dt} = k\,p_A^2$ oder integriert

$$\frac{1}{p_A} - \frac{1}{p_o} = 2kt.$$

In diesem Fall ergibt $\frac{1}{(3p_o - 2p)}$ gegen t eine Gerade.

Wie die anschließenden Diagramme (Abb.KIN- 1) zeigen, ist die Ordnung 1.
Eine Linearregression der Werte $\ln(3p_o - 2p)$ gegen t ergibt als Steigung ST = -2k und als Ordinatenabschnitt OA = $\ln p_o$. Siehe Tabelle.

t min	p hPa	p_A hPa	$\ln p_A$	$1/p_A$	Linearregression	
0	872	872	6,771	0,0011468	r	-0,99999780
2	890	836	6,729	0,0011962	ST	-0,0213026
5	916	784	6,664	0,0012755	OA	6,77092
10	956	704	6,557	0,0014205	k (1/min)	0,01065
15	991	634	6,452	0,0015773	τ (min)	65,1
20	1023	570	6,346	0,0017544	p_o(ber.)	872,1
30	1078	460	6,131	0,0021739		
40	1122	372	5,919	0,0026882		

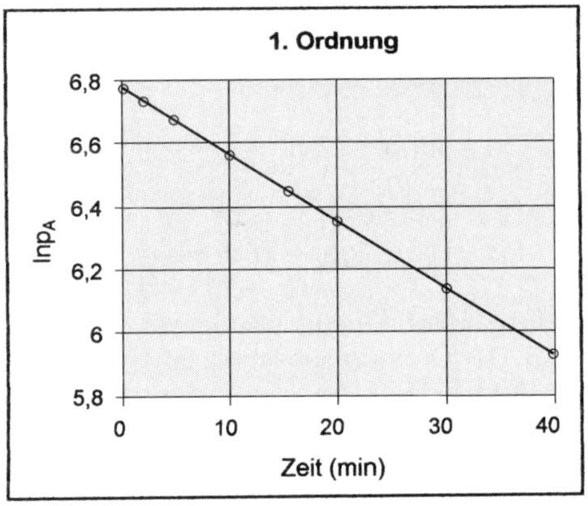

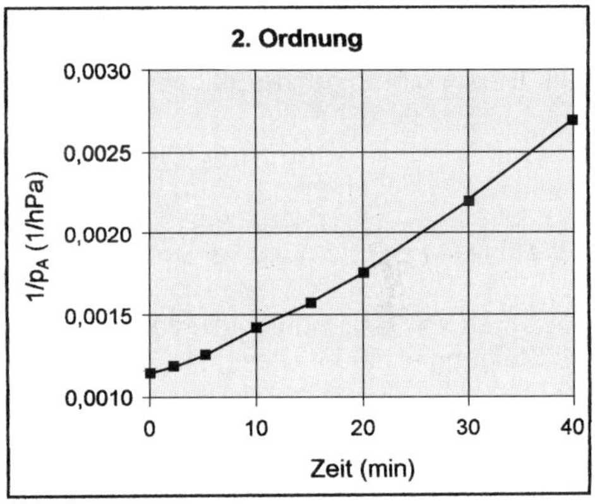

Abb.KIN- 1

c.) Reaktionsgeschwindigkeiten

$$r_p = -\frac{1}{2}\frac{dp_A}{dt} = -\frac{1}{2}\frac{d(3p_o - 2p)}{dt} = -\frac{1}{2}\frac{dp}{dt}.(-2) = \frac{dp}{dt}$$

$$r_n = \frac{d\xi}{dt} = -\frac{dn_A}{dt} = \frac{V}{RT}r_p = \frac{V}{RT}.\frac{dp}{dt}$$

$$r_c = -\frac{dc_A}{dt} = \frac{1}{V}r_n = \frac{1}{RT}.\frac{dp}{dt}$$

Für den Beginn der Reaktion gilt

$$r_p = \frac{dp}{dt} = k\,p_A = k\,p_o = 9{,}29 \text{ hPa/min}$$

$$r_n = \frac{V}{RT}k\,p_o = 1{,}98.10^{-4} \text{ mol/min}$$

$$r_c = \frac{1}{RT}k\,p_o = 2{,}64.10^{-4} \text{ mol/l.min}$$

Für p wird der Anfangswert p_o eingesetzt: $3p_o$-2p = p_o.
Man achte auf die richtigen Einheiten (Einheitengleichung!)

Beispiel KIN- 15: Für eine Reaktion, bei der die Ausgangsstoffe in gleicher Konzentration vorlagen, wurde für verschiedene Ausgangskonzentrationen a_o die prozentuelle Abnahme der Konzentration eines Stoffes ($100a/a_o$) im Laufe der Zeit gemessen. Man berechne die Halbwertszeiten, die Reaktionsordnung und die Geschwindigkeitskonstante k.

a_o = 0,05 mol/l	Zeit (s)	4500	4550	4600	4650
	a/a_o (%)	50,48	50,24	50,00	49,77
a_o = 0,10 mol/l	Zeit (s)	1600	1610	1620	1630
	a/a_o (%)	50,35	50,22	50,09	49,95
a_o = 0,20 mol/l	Zeit (s)	565	570	580	590
	a/a_o (%)	50,38	50,19	49,81	49,45
a_o = 0,40 mol/l	Zeit (s)	195	200	205	210
	a/a_o (%)	50,90	50,35	49,82	49,30

Die Halbwertszeiten sind die Zeiten für 50% Umsatz. Zeichnet man den Graph, Umsatz gegen die Zeit, so sieht man, dass die Punkte für jedes a_o praktisch auf einer Geraden liegen. Es genügt also, wenn man zwischen jenen beiden Werten, die um 50% liegen, linear interpoliert. Dies ergibt folgende Halbwertszeiten

a_o (mol/l)	0,05	0,1	0,2	0,4
τ (s)	4600	1626	575	203

Für die weitere Rechnung verwendet man KIN 11: $\lg \tau = (1-n).\lg a_o + \lg\left(\frac{2^{n-1}-1}{k(n-1)}\right)$

Setzt man x = $\lg a_o$ und y = $\lg\tau$, dann wird die Gleichung linear. Eine Linearregression ergibt als Steigung -1,5006. Diese ist 1 - n daher ist n = 2,5. Der Ordinatenabschnitt ist 1,71053. Mit dem Term $\lg\left(\frac{2^{n-1}-1}{k(n-1)}\right)$ erhält man daraus $k = 0{,}0237\left(\frac{l}{mol}\right)^{1,5} s^{-1}$.

6.3 Zusammengesetzte Reaktionen

Die tatsächlichen chemischen Reaktionen sind fast alle zusammengesetzt. Es laufen gleichzeitig zwei oder mehrere Elementarreaktionen ab. Diese können von verschiedener Ordnung und Geschwindigkeit sein.
Daraus ergeben sich häufig komplizierte Gesetze für die Ordnung und Geschwindigkeit der Gesamtreaktion.
Diese große Vielfalt lässt sich aber im wesentlichen auf vier Gruppen von zusammengesetzten Reaktionen zurückführen (Kap. 6.3.1 bis 6.3.4)

6.3.1 Gegenläufige Reaktionen

Die Ausgangsstoffe reagieren in einer Hinreaktion zu den Endstoffen, diese reagieren zurück zu den Ausgangsstoffen. Im Endzustand ist die Geschwindigkeit beider Teilreaktionen gleich groß. Ein **chemisches Gleichgewicht** hat sich eingestellt.

Beispiel KIN- 16: Eine gegenläufige Reaktion, deren Hin- und Rückreaktion von 1. Ordnung ist, soll die Berechnung veranschaulichen.
Solche Reaktionen kommen häufig bei innermolekularen Umlagerungen (z. B. Racemisierungen) vor.

Ein Stoff A wandelt sich in einen Stoff B um, dieser reagiert wieder zurück zum Stoff A.

	A $\rightleftharpoons$	B
Konzentrationen zu Beginn	a_o	b_o
Konzentrationen zur Zeit t	$a_o - y$	$b_o + y$

y sei die Konzentration an entstandenem B.
k_H und k_R seien die Geschwindigkeitskonstanten der Hin- und Rückreaktion.
Die Geschwindigkeitsgleichung ist dann

(1) $-\frac{d[A]}{dt} = -\frac{d(a_o - y)}{dt} = \frac{dy}{dt} = k_H(a_o - y) - k_R(b_o + y) = a_o k_H - b_o k_R - y(k_H + k_R)$

Herausheben von $(k_H + k_R)$ ergibt $\frac{dy}{dt} = (k_H + k_R)\left(\frac{a_o k_H - b_o k_R}{k_H + k_R} - y\right)$

Setzt man $k = k_H + k_R$ und $\beta = \frac{a_o k_H - b_o k_R}{k_H + k_R}$, dann erhält man die einfache Gleichung

$\frac{dy}{dt} = k(\beta - y)$ mit der Lösung $\ln\frac{\beta}{\beta - y} = k\,t$ oder $y = \beta(1 - e^{-kt})$, ausführlich

(2) $y = \frac{a_o k_H - b_o k_R}{k_H + k_R}\left(1 - e^{-(k_H + k_R)\,t}\right)$

Im Gleichgewicht ist die Reaktionsgeschwindigkeit null: $\frac{dy}{dt} = k_H(a_o - y) - k_R(b_o + y) = 0 \Rightarrow$

(3) $\frac{k_H}{k_R} = \frac{b_o + y_{Gl}}{a_o - y_{Gl}} = K$

y_{Gl} ist die bis zum Gleichgewicht umgesetzte Menge an A. $b_o + y_{Gl}$ und $a_o - y_{Gl}$ sind dann die Gleichgewichtskonzentrationen und $\frac{b_o + y_{Gl}}{a_o - y_{Gl}}$ ist daher die Gleichgewichtskonstante K.

Für $t \to \infty$ - also im Gleichgewicht - folgt aus (2) auch, dass $y_{Gl} = \beta = \frac{a_o k_H - b_o k_R}{k_H + k_R}$.

Statt $\ln\frac{\beta}{\beta - y} = k\,t$ kann man daher auch $\ln\frac{y_{Gl}}{y_{Gl} - y} = k\,t$ verwenden.

Der relative Umsatz an A bis zum Gleichgewicht ist $\frac{y_{Gl}}{a_o} = \frac{K - \frac{b_o}{a_o}}{K + 1}$ (Umformen von (3)).

Ist zu Beginn der Reaktion kein B vorhanden, dann ist $\frac{y_{Gl}}{a_o} = \frac{K}{K + 1}$.

Dies bedeutet unter anderem, dass A nur dann annähernd vollständig zu B reagiert, wenn die Gleichgewichtskonstante K sehr viel größer als 1 ist (vgl. KIN 5).
Die in (3) dargestellte Beziehung gilt ganz allgemein.

KIN 12 $\frac{k_H}{k_R} = K$ Bei gegenläufigen Reaktionen ist der Quotient aus der Geschwindigkeitskonstanten k_H der Hinreaktion und der Geschwindigkeitskonstanten k_R der Rückreaktion gleich der Gleichgewichtskonstanten der Reaktion.

Diese Beziehung stellt einen Zusammenhang zwischen Thermodynamik und Kinetik her. Kann man zwei dieser Größen messen, dann ist die dritte berechenbar. Außerdem folgt aus KIN 12 auch, dass die Differenz der Aktivierungsenergien gleich der Reaktionsenthalpie ist, $E_H - E_R = \Delta H°(R)$ (s. 6.4)

Relaxationsmethoden

Mit den Relaxationsmethoden wird die Kinetik sehr schneller Gleichgewichtsreaktionen untersucht.
Durch einen kurzen Energieimpuls wird die Reaktion ein wenig aus dem Gleichgewicht gebracht. Während sich das Gleichgewicht wieder einstellt, wird die zeitliche Konzentrationsänderung gemessen. Dabei ist die Geschwindigkeit der Gleichgewichtseinstellung proportional zur Konzentrationsänderung (unabhängig von der tatsächlichen Kinetik der Reaktion!).
Der zeitliche Ablauf der **Relaxation** entspricht dem einer Reaktion 1. Ordnung.
Es sei
y_{Gl} die Konzentration eines Endstoffes im Gleichgewicht,
$y = y_{Gl} + \Delta y$ die Konzentration zur Zeit t,
Δy die Konzentrationsänderung und
Δy_o die Konzentrationsänderung zur Zeit t = 0 (also unmittelbar nach dem Impuls).
Dann gilt

KIN 13 $\frac{d\Delta y}{dt} = -\frac{\Delta y}{\tau}$ und nach Integration $\Delta y = \Delta y_o e^{-\frac{t}{\tau}}$

In der **Relaxationszeit** τ fällt die Konzentrationsänderung auf den e-ten (2,72-ten) Teil des Anfangswertes Δy_o.
Da diese Gleichungen formal den Gleichungen der Reaktionen 1. Ordnung entsprechen, kann man mit den gleichen Rechenverfahren wie dort aus Messungen der Konzentrationsänderung zu verschiedenen Zeiten die Relaxationszeit τ berechnen.
Die Relaxationszeit τ hängt wieder, je nach Ordnung der Hin- und Rückreaktion, mit den Geschwindigkeitskonstanten k_H und k_R zusammen. Außerdem ist $\frac{k_H}{k_R} = K$ (KIN 12). Aus all diesen Zusammenhängen kann man schließlich k_H und k_R berechnen.

Beispiel KIN- 17: Für eine gegenläufige Reaktion A $\rightleftharpoons$ B + C erster und zweiter Ordnung mit der Gleichgewichtskonstanten K = 0,02468 mol/l wurde bei einer Anfangskonzentration a_o = 0,025 mol/l eine Relaxationszeit τ = 5,16 μs gemessen.
Man berechne die Geschwindigkeitskonstanten k_H und k_R.

Für die Reaktion A $\rightleftharpoons$ B + C
mit den Konzentrationen $a_o - y$ y y
lautet die Geschwindigkeitsgleichung $\frac{dy}{dt} = k_H(a_o - y) - k_R y^2$

Einsetzen von $y = y_{Gl} + \Delta y$ ergibt

$$\frac{dy}{dt} = \frac{d(y_{Gl} + \Delta y)}{dt} = \frac{d\Delta y}{dt} = k_H(a_o - y_{Gl} - \Delta y) - k_R(y_{Gl} + \Delta y)^2$$

$$\frac{d\Delta y}{dt} = k_H(a_o - y_{Gl}) - k_H\Delta y - k_R y_{Gl}^2 - 2k_R y_{Gl}\Delta y - k_R\Delta y^2$$

Da Δy im Vergleich zu y_{Gl} klein sein soll, kann man Δy^2 vernachlässigen.
Außerdem gilt im Gleichgewicht $k_H(a_o - y_{Gl}) = k_R y_{Gl}^2$.
Daher ist
$\frac{d\Delta y}{dt} = -(k_H + 2k_R y_{Gl})\Delta y$. Setzt man $k_H + 2k_R y_{Gl} = \frac{1}{\tau}$, dann erhält man die Gleichung KIN 13.

Die Gleichgewichtskonstante ist $K = \dfrac{y_{Gl}^2}{a_o - y_{Gl}}$

Daraus erhält man $y_{Gl} = 0{,}5\left(-K + \sqrt{K^2 + 4Ka_o}\right) = 0{,}01540\,\text{mol/l}$

Für die Geschwindigkeitskonstanten k_H und k_R hat man die beiden Gleichungen

(1) $k_H = k_R K$ und (2) $k_H + 2k_R y_{Gl} = \dfrac{1}{\tau}$. Setzt man (1) in (2) ein, bekommt man

$k_R = \dfrac{1}{\tau(K + 2y_{Gl})} = 3{,}49.10^6$ l/mol.s und schließlich $k_H = 8{,}62.10^4\ s^{-1}$.

6.3.2 Parallelreaktionen

Ein Ausgangsstoff reagiert über zwei gleichzeitig ablaufende Teilreaktionen zu demselben oder auch verschiedenen Endstoffen. Daneben können auch noch andere Endstoffe entstehen.

Beispiel KIN- 18: Aus einem Stoff A möge sich über je eine Parallelreaktion erster und zweiter Ordnung das gleiche Endprodukt bilden. Wie viel von A wird im Laufe der Zeit umgesetzt?

(1) $A \xrightarrow{\text{1.Ordnung; } k_1} B + C$

(2) $A \xrightarrow{\text{2.Ordnung; } k_2} B + D$

$a_o - y$ ist die Konzentration von A während der Reaktion. y ist das gesamte umgesetzte A. Die Geschwindigkeitsgleichung ist

(3) $-\dfrac{d[A]}{dt} = -\dfrac{d(a_o - y)}{dt} = \dfrac{dy}{dt} = k_1(a_o - y) + k_2(a_o - y)^2$

Zu lösen ist also $\displaystyle\int \frac{dy}{(a_o - y)^2 + \frac{k_1}{k_2}(a_o - y)} = k_2 \int dt$

(Die Gleichung wurde mit k_2 multipliziert, damit der Koeffizient bei y^2 eins wird)

Der Nenner $(a_o - y)^2 + \dfrac{k_1}{k_2}(a_o - y) = (a_o - y)\left(\dfrac{k_1}{k_2} + a_o - y\right)$ hat die Nullstellen a_o und $\dfrac{k_1}{k_2} + a_o$.

Mit Partialbruchzerlegung erhält man

$$\int \frac{dy}{(a_o - y)^2 + \frac{k_1}{k_2}(a_o - y)} = \frac{k_2}{k_1}\left[\int \frac{dy}{a_o - y} - \int \frac{dy}{\left(\frac{k_1}{k_2} + a_o - y\right)}\right] = \frac{k_2}{k_1} \ln \frac{\left(\frac{k_1}{k_2} + a_o - y\right)}{a_o - y} + C$$

Damit hat die Differentialgleichung die Lösung $\dfrac{k_2}{k_1} \ln \dfrac{\left(\frac{k_1}{k_2} + a_o - y\right)}{a_o - y} + C = k_2 t$

$C = -\dfrac{k_2}{k_1} \ln \dfrac{\left(\frac{k_1}{k_2} + a_o\right)}{a_o}$, wenn man die Anfangsbedingungen, y = 0 für t = 0, einsetzt.

Zusammenfassung und Vereinfachung führt schließlich zu

(4) $\ln\frac{a_o - \beta y}{a_o - y} = k_1 t$ oder explizit $y = a_o \frac{e^{k_1 t} - 1}{e^{k_1 t} - \beta}$; $\beta = \frac{a_o}{a_o + k_1 / k_2} = \frac{a_o k_2}{a_o k_2 + k_1}$

Sind k_1 und k_2 sehr verschieden groß, dann bestimmt in (3) praktisch ausschließlich der Term mit der großen Geschwindigkeitskonstanten die Geschwindigkeit der Gesamtreaktion.

Da die Geschwindigkeit einer Parallelreaktion immer die Summe der Geschwindigkeiten der Teilreaktionen ist, gilt daher ganz allgemein

KIN 14 Bei einer **Parallelreaktion** bestimmt die **schnellste Teilreaktion** die Geschwindigkeit und Ordnung der Gesamtreaktion. Eine solche Teilreaktion nennt man „geschwindigkeitsbestimmender Schritt".

6.3.3 Folgereaktionen

Ein Ausgangsstoff reagiert zu einem Endstoff, dieser ist wieder Ausgangsstoff für die nächste Reaktion, usw.
Das bekannteste Beispiel dieser Art ist der radioaktive Zerfall. Dabei sind alle Schritte der Reaktionsfolge Elementarreaktionen erster Ordnung.
Aus einer radioaktiven Zerfallsreihe seien die ersten beiden Schritte herausgegriffen

	$A \xrightarrow{k_A}$	$B \xrightarrow{k_B}$	C
Stoffmenge zu Beginn	a_o		
Stoffmenge zur Zeit t	a	b	c

Für diese Folgereaktion gelten folgende Gleichungen

(1) $\frac{da}{dt} = -k_A a$

(2) $\frac{db}{dt} = k_A a - k_B b$

(3) $c = a_o - a - b$ (Massenbilanz)

Die Lösung von (1) ist

(4) $a = a_o e^{-k_A t}$ (KIN 3)

Aus (1) und (2) folgt: $\frac{db}{dt} = k_A a_o e^{-k_A t} - k_B b$

Dies ist eine inhomogene Differentialgleichung 1. Ordnung mit der Lösung

(5) $b = a_o \frac{k_A}{k_B - k_A}\left(e^{-k_A t} - e^{-k_B t}\right)$

c erhält man aus (3) durch einsetzen von a und b

(6) $c = a_o \left[1 - \frac{k_B e^{-k_A t} - k_A e^{-k_B t}}{k_B - k_A}\right]$

Ist k_B groß gegen k_A, dann ist $k_A e^{-k_B t}$ vernachlässigbar und aus (6) wird $c = a_o\left(1 - e^{-k_A t}\right)$

Analog wird für $k_B \ll k_A$ $c = a_o\left(1 - e^{-k_B t}\right)$. Dies bedeutet:

KIN 15 Bei einer **Folgereaktion** bestimmt die **langsamste Teilreaktion** die Geschwindigkeit und Ordnung der Gesamtreaktion. Diese Teilreaktion ist der geschwindigkeitsbestimmende Schritt.

Radioaktives Gleichgewicht

Ist das Mutternuklid A sehr langlebig und B vergleichsweise kurzlebig ($\tau_A \gg \tau_B$), dann nimmt die Aktivität von A längere Zeit praktisch nicht ab. Die Nachbildung von B aus A und der Zerfall von B halten sich lange Zeit hindurch die Waage. Diesen Zustand nennt man radioaktives Gleichgewicht. Er tritt nur ein, wenn $\tau_A \gg \tau_B$. Je größer τ_A gegenüber τ_B ist, desto länger dauert der angenäherte Gleichgewichtszustand.

Im radioaktiven Gleichgewicht ist die Gesamtgeschwindigkeit $\frac{db}{dt}$ der Folgereaktion null.

Dies bedeutet einerseits, dass im radioaktiven Gleichgewicht die Menge an B maximal ist, andererseits gilt wegen $\frac{db}{dt} = 0 \Rightarrow k_A a = k_B b \Rightarrow \frac{k_B}{k_A} = \frac{a}{b}$ und schließlich

KIN 16 $\frac{\tau_A}{\tau_B} = \frac{a}{b}$ Die Stoffmengen von Mutter- und Tochternuklid verhalten sich wie die entsprechenden Halbwertszeiten.

Ist allgemein in einer radioaktiven Zerfallsreihe die erste Halbwertszeit gegenüber allen anderen sehr lang, dann gilt $\frac{a}{\tau_A} = \frac{b}{\tau_B} = \frac{c}{\tau_C} = \ldots.$

Die Zeit nach der das Gleichgewicht sich eingestellt hat und damit das Tochternuklid die höchste Aktivität erreicht hat, ist $t_m = \frac{1}{k_B - k_A} \ln \frac{k_B}{k_A}$.

Bei radioaktiven Stoffen werden fast immer die Halbwertszeiten verwendet. Dann ist

$$t_m = \frac{\tau_A \tau_B}{\ln 2(\tau_A - \tau_B)} \ln \frac{\tau_A}{\tau_B}$$

Dies ist eine wichtige Methode zur indirekten Bestimmung sehr großer oder sehr kleiner Halbwertszeiten.

6.3.4 Kettenreaktionen (zyklische Folgereaktionen))

Das Wesentliche einer Kettenreaktion ist, dass sie immer eine in sich geschlossene (zyklische) Folgereaktion enthält.

In einem ersten Schritt werden durch eine Startreaktion Kettenträger erzeugt. Diese halten die folgende zyklische Folgereaktion aufrecht. Parallel dazu gibt es ein oder mehrere Abbruchreaktionen in denen die Kettenträger wieder verschwinden.

Häufig wird der Reaktionsmechanismus noch dadurch komplizierter, dass auch gegenläufige und Parallelreaktionen vorkommen.

Die Geschwindigkeitsgleichung wird anhand der Elementarreaktionen aus denen die Kettenreaktion besteht aufgestellt.

Das Beispiel der relativ einfachen Kettenreaktion $H_2 + Br_2 \leftrightarrow 2\,HBr$ soll dies illustrieren.

Die Reaktion besteht aus fünf Teilreaktionen:

(1)	Br_2	$\rightarrow$	$2\,Br$	Startreaktion	
(2)	$H_2 + Br$	$\rightarrow$	$HBr + H$	Reaktionskette	
(3)	$H + Br_2$	$\rightarrow$	$HBr + Br$		
(4)	$H + HBr$	$\rightarrow$	$H_2 + Br$	Kettenumkehr	Umkehrung von (2)
(5)	$2\,Br$	$\rightarrow$	Br_2	Abbruch	Umkehrung von (1)

Die Geschwindigkeit der HBr-Bildung ist

$$\frac{d[HBr]}{dt} = k_2[H_2].[Br] + k_3[H].[Br_2] - k_4[H].[HBr]$$

Aus dieser Gleichung muss [Br] und [H] eliminiert werden.

(1) und (5) bilden eine schnelle gegenläufige Reaktion mit der Gleichgewichtskonstanten

$K = \frac{[Br]^2}{[Br_2]}$. Daraus ist $[Br] = \sqrt{K[Br_2]}$

Analytische Untersuchungen des Reaktionsgemisches zeigten, dass die Konzentration der H-Atome während der Reaktion konstant ist. Dies zeigt, dass die Entstehung von H nach (2) und der Verbrauch nach (3) und (4) gleich schnell sind.

Die Reaktion erreicht einen stationären Zustand! Damit ist aber $\frac{d[H]}{dt} = 0$

$$\frac{d[H]}{dt} = k_2\,[Br].[H_2] - k_3\,[H].[Br_2] - k_4\,[H].[HBr] = 0 \Rightarrow [H] = \frac{k_2[Br].[H_2]}{k_3[Br_2] + k_4[HBr]}.$$

Aus der ursprünglichen Differentialgleichung wird damit

$$\frac{d[HBr]}{dt} = \frac{2k_2k_3\sqrt{K}.[H_2].[Br_2]\sqrt{[Br_2]}}{k_3[Br_2] + k_4[HBr]}$$ oder gekürzt durch $k_3[Br_2]$

$$\frac{d[HBr]}{dt} = \frac{2k_2\sqrt{K}.[H_2].\sqrt{[Br_2]}}{1 + \frac{k_4[HBr]}{k_3[Br_2]}}.$$

Bei der HBr-Reaktion entsteht in der Reaktionskette bei jeder Teilreaktion nur ein Kettenträger (H, Br).
Entsteht bei einer der Teilreaktionen mehr als ein Kettenträger, dann nennt man dies **Kettenverzweigung**. Die Reaktionsgeschwindigkeit nimmt dann sehr rasch zu, es kommt zu einer Explosion (z. B. Kernspaltung, Sprengmittel).

Kettenreaktionen kommen sehr häufig vor. Einige Beispiele sind:
die Reaktion von O_2 und Cl_2 mit H_2 (Knallgas; mit Kettenverzweigung)
die Atomkernspaltung (mit Kettenverzweigung)
Verbrennungsreaktionen (Motoren)
Crackverfahren in der Erdölverarbeitung (Benzinherstellung)
Polymerisationen (radikalisch, ionisch; Herstellung der Kunststoffe)
Sehr viele biochemische Reaktionen (Zitronensäurezyklus u. a.)

6.3.5 Katalyse

Kombiniert man die Gleichungen KIN 2 und KIN 28 zu $RG = c^n H e^{-\frac{E_A}{RT}}$, dann sieht man, dass durch Erhöhung der Konzentration und Temperatur und Erniedrigung der Aktivierungsenergie die Reaktionsgeschwindigkeit erhöht werden kann. Der Häufigkeitsfaktor ist kaum variabel, da er im wesentlichen die Stoßzahl enthält, die unter gegebenen Bedingungen ziemlich unabhängig von den Stoffen konstant ist.
Die Erhöhung der Temperatur ist häufig unerwünscht, weil etwa die reagierenden Stoffe nicht beständig sind (z. B. Enzymreaktionen!) oder bei exothermen Reaktionen die Ausbeute verringert wird.
Die Erhöhung der Konzentration ist oft wegen geringer Löslichkeit der Stoffe nur eingeschränkt möglich.
Die Aktivierungsenergie wieder kann nicht so ohne weiteres geändert werden, da sie eine für den jeweiligen Reaktionsablauf feste Konstante ist. Sie ist eventuell nur noch von der Temperatur abhängig.
Eine Änderung der Aktivierungsenergie ist nur möglich, wenn der Reaktionsmechanismus geändert wird. Genau dies macht der **Katalysator**.
Aus der ursprünglichen Reaktion wird eine **zyklische Folgereaktion**, deren **Aktivierungsenergie kleiner** ist, als die der nicht katalysierten Reaktion.
Ein Katalysator

- beschleunigt (verzögert) eine
  Reaktion unabhängig von einer Temperaturveränderung
- verschiebt die Gleichgewichtslage nicht
- wirkt schon in geringer Menge
- wird selbst nicht verbraucht
- bevorzugt oft bei Parallelreaktionen eine bestimmte Teilreaktion.

Die folgende Kinetik beschreibt sehr gut die meisten sowohl homogenen wie heterogenen katalytischen Reaktionen.
Aus der ursprünglichen Reaktion $A + B \rightarrow P$ der beiden Ausgangsstoffe A und B zu den Produkten P wird eine zyklische Folgereaktion mit zwei Schritten deren erster Schritt eine gegenläufige Reaktion ist. Der Katalysator bildet mit dem Stoff A einen Komplex AK, der einerseits wieder zerfällt, andererseits mit B zum Endprodukt reagiert.

KIN 17

(1) $A + K \underset{k_R}{\overset{k_H}{\rightleftharpoons}} AK$

(2) $AK + B \xrightarrow{k_2} P + K$

Drei simultane Geschwindigkeitsgleichungen beschreiben den Ablauf der Reaktion

(3) $-\frac{d[A]}{dt} = k_H[A][K] - k_R[AK]$ Umsatzgeschwindigkeit von A

(4) $\frac{d[AK]}{dt} = k_H[A][K] - k_R[AK] - k_2[AK][B]$ Bildungsgeschwindigkeit des Komplexes

(5) $\frac{d[P]}{dt} = k_2[AK][B]$ Bildungsgeschwindigkeit des Endproduktes

[ ] kennzeichnen die momentanen, $[\ ]_o$ die Anfangskonzentrationen.

Auf eine kurze Anlaufphase folgt der am längsten dauernde **stationäre Zustand** bis der Ausgangsstoff A weitgehend verbraucht ist und die Reaktion in einer Auslaufphase endet. Der stationäre Zustand ist der auch praktisch wichtigste.

Für diesen Fall sind auch die Differentialgleichungen viel einfacher als sonst zu lösen.

Im **stationären Zustand** wird der Komplex AK genauso schnell gebildet wie er wieder verbraucht wird. Seine Konzentration ist daher konstant und $\frac{d[AK]}{dt} = 0$.

Daraus ergeben sich drei Folgerungen:

- Aus (3) und (4) erhält man $\frac{d[AK]}{dt} = -\frac{d[A]}{dt} - k_2[AK][B] = 0$, also

  (6) $-\frac{d[A]}{dt} = k_2[AK][B]$

- Ein Vergleich mit (5) zeigt, dass $-\frac{d[A]}{dt} = \frac{d[P]}{dt}$. Dies bedeutet, dass im stationären Zustand P genau so schnell entsteht wie A verbraucht wird.
- Und schließlich ist

  (7) $[AK] = \frac{k_H[A][K]}{k_R + k_2[B]}$. Dies ergibt sich aus $k_H[A][K] - k_R[AK] - k_2[AK][B] = 0$

Setzt man (7) in (6) ein, bekommt man

KIN 18 $$-\frac{d[A]}{dt} = \frac{k_2[B]}{k_R + k_2[B]} k_H[A][K] \text{ für den stationären Zustand}$$

Vergleicht man im stationären Zustand die Geschwindigkeiten der beiden Reaktionen (1) und (2), dann treten sehr häufig zwei Fälle auf:

A. Die **Gleichgewichtseinstellung** (1) erfolgt **langsam**, die Reaktion (2) - der Verbrauch von AK - ist sehr schnell.

$k_2 \gg k_R \Rightarrow k_R + k_2[B] \approx k_2[B] \Rightarrow$ aus KIN 18 wird

KIN 19 $$-\frac{d[A]}{dt} = k_H[A][K]$$

B. Die **Gleichgewichtseinstellung** (1) erfolgt **schnell**, die Reaktion (2) - der Verbrauch von AK - ist langsam.

Dann entspricht [AK] der Gleichgewichtskonzentration, da diese durch die langsame Reaktion (2) praktisch nicht beeinflusst wird.

Die Gleichgewichtskonzentration lässt sich aus der Massenbilanz des Katalysators und der Gleichgewichtskonstanten der Rückreaktion AK → A + K berechnen (es ist rechnerisch einfacher diese zu verwenden).

Aus $[K]_o = [K] + [AK]$ und $K_R = \frac{[A][K]}{[AK]} \Rightarrow K_R = \frac{[A]([K]_o - [AK])}{[AK]} \Rightarrow [AK] = \frac{[K]_o[A]}{K_R + [A]}$.

Setzt man in (6) ein, dann folgt

(8) $-\frac{d[A]}{dt} = k_2[B][K]_o \frac{[A]}{K_R + [A]}$

Meist ist der **Stoff B** in so **großem Überschuss** vorhanden, dass seine Konzentration während der Reaktion praktisch konstant bleibt. B ist beispielsweise Wasser, das als Lösungsmittel in großem Überschuss vorhanden ist. $k_2[B] = k'$ ist dann ebenfalls konstant. Statt (8) bekommt man

KIN 20 $-\frac{d[A]}{dt} = k'[K]_o \frac{[A]}{K_R + [A]}$

Bei geringer Konzentration von A ist $K_R + [A] \approx K_R$ und aus KIN 20 wird

KIN 21 $-\frac{d[A]}{dt} = \frac{k'}{K_R}[K]_o[A]$

Die Reaktionsgeschwindigkeit ist dann proportional zur steigenden Konzentration von A. Es liegt also eine Reaktion 1. Ordnung vor.

Beispiel KIN- 19: Die Inversion des Rohrzuckers in wässriger Lösung wird katalysiert durch Protonen und ist bei konstanter Protonenkonzentration eine Reaktion erster Ordnung. Nach KIN 21 ist $-\frac{d[S]}{dt} = k[H^+]_o[S]$.

Die Saccharose S bildet zunächst in einer Gleichgewichtsreaktion einen Komplex mit H^+, der dann mit Wasser zu Glukose G und Fruktose F unter Freisetzung der Protonen reagiert.

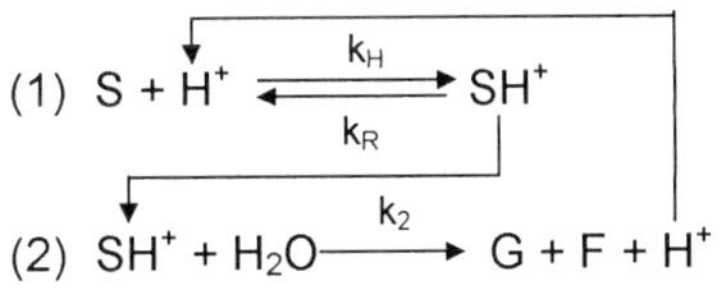

Je größer umgekehrt die Konzentration von A wird, desto mehr wird $K_R + [A] \approx [A]$.
Aus KIN 20 wird

(9) $-\frac{d[A]}{dt} = k'[K]_o$

Die Reaktionsgeschwindigkeit erreicht eine obere konstante Grenze. Die Reaktion ist von **nullter** Ordnung.

6.3.5.1 Enzymreaktionen

Bei enzymkatalysierten Reaktionen ist KIN 20 bekannt als **Gleichung von MICHAELIS-MENTEN**.
[A] ist die Substratkonzentration, $[K]_o$ ist die Gesamtkonzentration des Enzyms.
Bezeichnet man $-\frac{d[A]}{dt}$ mit r_c, dann wird aus KIN 20 $r_c = k'[K]_o \frac{[A]}{K_R + [A]}$.

Bildet man den Kehrwert $\frac{1}{r_c} = \frac{K_R}{k'[K]_o} \cdot \frac{1}{[A]} + \frac{1}{k'[K]_o}$, dann kann man aus Messungen der Reaktionsgeschwindigkeit zu Beginn der Reaktion (solange r_c noch konstant ist) die Konstanten k' und K_R bestimmen.

6.3.5.2 Autokatalyse

Bei manchen katalytischen Reaktionen kommt es vor, dass die Konzentration des Katalysators dauernd zunimmt, da dieser durch die Reaktion zusätzlich gebildet wird.

A. Im ersten Fall entstehen **neue Katalysatorteilchen direkt** bei jedem Reaktionsschritt.
Z. B. reagiert Aceton mit Jod in wässriger saurer Lösung nach folgender Bruttogleichung

$$CH_3COCH_3 + J_2 \xrightarrow{H^+} CH_3COCH_2J + H^+ + J^-$$

Die Reaktion wird durch Protonen katalysiert. Das Reaktionsschema KIN 17 kann angewendet werden.

$$(1)\quad A + H^+ \underset{k_R}{\overset{k_H}{\rightleftharpoons}} AH^+$$

$$(2)\quad AH^+ + J_2 \xrightarrow{k_2} AJ + 2H^+ + J^-$$

In diesem Fall ist (2) sehr schnell, sodass $-\frac{d[A]}{dt} = k[A][H^+]$ (KIN 19) gilt.

Die J_2-Konzentration hat keinen Einfluss auf die Reaktionsgeschwindigkeit.
Mit jedem Molekül Jodaceton entsteht aber auch ein zusätzliches Proton. $[H^+]$ nimmt stetig zu. Die Reaktion katalysiert sich selbst (vgl. Aufgabe KIN- 39).

B. Im zweiten Fall entstehen die **neuen Katalysatorteilchen indirekt** aus einem der Endstoffe.
Die Verseifung eines Esters E zu einem Alkohol und einer Säure wird durch H^+ katalysiert. Wird die Verseifung in stark saurer Lösung durchgeführt, dann ist die Zunahme der H^+-Konzentration durch die Protolyse der zusätzlich gebildeten Säure vernachlässigbar. Verseift man in schwach saurer Lösung, dann muss die Zunahme der H^+-Konzentration berücksichtigt werden.

$$(1)\quad E + H^+ \underset{k_R}{\overset{k_H}{\rightleftharpoons}} EH^+$$

$$(2)\quad EH^+ + H_2O \xrightarrow{k_2} Alk + Sre + H^+$$

$$(3)\quad Sre \overset{K_S}{\rightleftharpoons} An^- + H^+$$

Auch hier gilt die Geschwindigkeitsgleichung $-\frac{d[E]}{dt} = k[E][H^+]$.

Durch die Säurebildung nimmt die Konzentration an Protonen während der Reaktion stetig zu (vgl. Aufgabe KIN- 41).

6.3.6 Ionenreaktionen

Viele Ionenreaktionen verlaufen nach einem ähnlichen Schema wie KIN 17.

$$(1)\quad A + B \underset{k_R}{\overset{k_H}{\rightleftharpoons}} AB$$

$$(2)\quad AB \xrightarrow{k_2} P$$

Zwei Ionen A und B vereinigen sich zu einem komplexen Ion AB, dessen Ladung die Summe der Ladungen von A und B ist.
AB steht einerseits mit A und B im Gleichgewicht und zerfällt andererseits in Produkte P.

Beispiele dazu sind etwa
$S_2O_8^{2-} + 2\,J^- \rightarrow J_2 + 2\,SO_4^{2-}$
$CH_3COOC_2H_5 + OH^- \rightarrow CH_3COO^- + C_2H_5OH$
$H_2O_2 + 2\,H^+ + 2\,Br^- \rightarrow 2\,H_2O + Br_2$

Analog zu den Überlegungen in Kap. 6.3.5 erhält man auch hier

KIN 22 $-\frac{d[A]}{dt} = k'[AB]$

Bei Ionenreaktionen stellt sich das Gleichgewicht fast immer viel schneller ein als Produkte entstehen. Die sich sehr schnell einstellende Gleichgewichtskonzentration des Zwischenproduktes AB wird durch seinen langsamen Zerfall in P nicht verändert.

Da alle Stoffe von (1) Ionen sind, müssen die Aktivitätskoeffizienten nun zusätzlich berücksichtigt werden. Daher gilt für das Gleichgewicht $K_H = \frac{a_{AB}}{a_A a_B} = \frac{[AB]}{[A][B]} \cdot \frac{f_{AB}}{f_A f_B}$ und daraus für die Gleichgewichtskonzentration des Zwischenproduktes AB $[AB] = K_H [A][B] \frac{f_A f_B}{f_{AB}}$.

Setzt man dies in KIN 22 ein und setzt $k_o = k' . K_H$, dann erhält man

KIN 23 $-\frac{d[A]}{dt} = k_o [A][B] \frac{f_A f_B}{f_{AB}} = k[A][B]$ mit $k = k_o \frac{f_A f_B}{f_{AB}}$

k_o ist die Geschwindigkeitskonstante bei idealem Verhalten der Lösung $\left(\frac{f_A f_B}{f_{AB}} = 1\right)$

Der Quotient $\frac{f_A f_B}{f_{AB}}$ der Aktivitätskoeffizienten kann, zumindest für verdünnte Lösungen, noch vereinfacht werden mit $\lg f = -A z^2 \frac{\sqrt{J}}{1+\sqrt{J}}$ (EL 4). Aus der Voraussetzung $z_A + z_B = z_{AB}$ folgt $z_A^2 + z_B^2 - z_{AB}^2 = -2 z_A z_B$. Aus $\lg \frac{f_A f_B}{f_{AB}} = -A \frac{\sqrt{J}}{1+\sqrt{J}} (z_A^2 + z_B^2 - z_{AB}^2)$ wird damit $\lg \frac{f_A f_B}{f_{AB}} = 2A \frac{\sqrt{J}}{1+\sqrt{J}} z_A z_B$. Mit A = 0,511 (25°C) erhält man für das Verhältnis von k zu k_o

KIN 24 $\lg \frac{k}{k_o} = 1{,}022\, z_A z_B \frac{\sqrt{J}}{1+\sqrt{J}}$ (Gleichung von BRÖNSTED)

Je nachdem wie die reagierenden Ionen geladen sind, wird die RG durch die ionischen Wechselwirkungen größer oder kleiner gegenüber dem idealen Verhalten und außerdem von der Ionenstärke abhängig. Nur wenn einer der beiden Stoffe A oder B kein Ion ist (z = 0), dann ist $k = k_o$.
Sollen Ergebnisse kinetischer Messungen mit Elektrolyten (z. B. mit Pufferlösungen) vergleichbar sein, dann werden sie möglichst immer bei gleicher Ionenstärke durchgeführt.

6.3.7 Heterogene Reaktionen

Heterogene Reaktionen sind immer Folgereaktionen mit mindestens fünf Schritten:
- Diffusion der Reaktionsprodukte zur Grenzfläche
- Adsorption an der Grenzfläche
- Eigentliche Reaktion mit oder ohne Katalysator
- Desorption von der Grenzfläche
- Rückdiffusion in die flüssige oder gasförmige Phase

Wie bei jeder Folgereaktion bestimmt auch hier der langsamste Schritt die Geschwindigkeit und Ordnung der Gesamtreaktion.

Ist die **Diffusion** der langsamste Reaktionsschritt , dann ist die heterogene Reaktion von 1. Ordnung (unabhängig von der Ordnung der eigentlichen chemischen Reaktion).
An jeder Phasengrenzfläche existiert eine Schicht (einige Zehntel mm), in der der Stofftransport nur durch Diffusion erfolgt. In dieser Schicht herrscht fast immer ein lineares Konzentrationsgefälle, welches die 1. Reaktionsordnung verursacht.
Beispiele sind die physikalischen und chemischen Auflösungsvorgänge.

Ist die **Adsorption** der langsamste Reaktionsschritt und gilt die Adsorptionsisotherme nach Langmuir, dann ist bei Reaktionen mit einem Ausgangsstoff die

KIN 25 Reaktionsgeschwindigkeit bei Gasreaktionen $r_p = u\frac{p}{v+p}$,

bei Reaktionen in Lösung $r_c = u\frac{c}{v+c}$

Dies bedeutet, dass die RG jenem Bruchteil der Oberfläche proportional ist, der durch die Adsorption des reagierenden Stoffes bedeckt ist.
u und v sind Konstante, p ist der Partialdruck des reagierenden Gases, c die Konzentration des Reaktanden in der Lösung.

Bei Reaktionen mit zwei oder mehreren Ausgangsstoffen ist die RG proportional dem Produkt der Oberflächenanteile der adsorbierten Ausgangsstoffe und es gelten entsprechende kompliziertere Gleichungen.

KIN 25 stimmt formal mit KIN 20 überein. Daher gelten auch die gleichen Schlussfolgerungen:
Ist p so klein, dass $v + p \approx v \Rightarrow RG = k'p$ Die Reaktion ist von erster Ordnung.
Ist p so groß, dass $v + p \approx p \Rightarrow RG = u$ Die Reaktion ist von nullter Ordnung.
Die Oberfläche, an der die Reaktion vor sich geht, ist dann durch Adsorption vollständig mit dem reagierenden Stoff belegt. Die Konzentration an der Oberfläche bleibt daher auch bei steigendem Druck konstant. Die Reaktionsgeschwindigkeit hängt nicht mehr von der Konzentration ab.
Bei der heterogenen Katalyse befinden sich Katalysator und Reaktionsprodukte in verschiedenen Phasen.
Auch der heterogene Katalysator bewirkt eine Senkung der Aktivierungsenergie durch Bildung von wenig stabilen Zwischenprodukten zwischen Katalysator und Ausgangsstoffen.
Meist kommt es noch zu einer Änderung der Reaktionsordnung, wenn die Diffusion oder Adsorption der langsamste Schritt ist. Beispielsweise hat die Reaktion $2HJ \rightarrow H_2 + J_2$ homogen die Ordnung zwei und mit Platin als Katalysator die Ordnung eins oder null.

6.4 Temperaturabhängigkeit der Reaktionsgeschwindigkeit

Die Konzentrationen seien jetzt konstant.
Eine grobe Regel gibt die Temperaturabhängigkeit der Geschwindigkeitskonstanten an.

KIN 26 Regel von VAN T'HOFF: In der Nähe der Zimmertemperatur bewirkt eine Temperatursteigerung um 10 Grad eine Steigerung der RG um das 2 bis 3 fache.

Genauer konnten Arrhenius u. a. die Abhängigkeit der RG von der Temperatur erklären:
Zu einer Reaktion kann es nur kommen, wenn Teilchen zusammenstoßen. Die RG müsste also proportional zur Stoßzahl sein (vgl. Kap. 2.1.2).
Bei üblichen Laborbedingungen (~ 20°C, ~ 1 bar) sind die Stoßzahlen ziemlich unabhängig von den Stoffen etwa von der Größenordnung 10^{10} Stöße/s.
Danach müssten alle Reaktionen sehr schnell ablaufen und vor allem alle etwa gleich schnell sein. Dies ist aber, wie die Erfahrung zeigt, durchaus nicht der Fall. Es gibt Reaktionen mit den unterschiedlichsten Geschwindigkeiten.
Dieser Widerspruch konnte mit der Annahme behoben werden, dass nur jene Teilchen reagieren, die einen bestimmten zusätzlichen Mindestbetrag an Energie - die **Aktivierungsenergie** - besitzen. Der Anteil dieser reaktionsbereiten Teilchen an der Gesamtzahl kann mit dem e-Satz berechnet werden (GA 18).
Man erhält schließlich

KIN 27 $\frac{d\ln k}{dT} = \frac{E}{RT^2}$ **ARRHENIUS-Gleichung**

k.. Geschwindigkeitskonstante; E.. Aktivierungsenergie; T.. absolute Temperatur

Für die meisten Reaktionen hängt die Aktivierungsenergie, zumindest in einem Temperaturintervall von etwa hundert Grad, nicht von der Temperatur ab. In diesem Fall erhält man durch Integration

KIN 28 $\ln\frac{k}{H} = -\frac{E}{R}\cdot\frac{1}{T}$ oder $k = He^{-\frac{E}{RT}}$

H nennt man Häufigkeitsfaktor oder Frequenzfaktor.

Im Häufigkeitsfaktor steckt die Stoßzahl und räumliche Lage der Teilchen beim Zusammenstoß.

In komplizierteren Fällen kann die Abhängigkeit der Geschwindigkeitskonstanten von der Temperatur beschrieben werden durch die Funktion $\ln k = a + b\frac{1}{T} + c\ln T$.
Diese Funktion ergibt sich in zwei praktisch vorkommenden Fällen:
Der Häufigkeitsfaktor H ist konstant und die Aktivierungsenergie E hängt von T linear ab.
Die Aktivierungsenergie E ist konstant und es gilt $H = u\,T^v$. u und v sind Konstante.
Letzteres kommt bei Gasreaktionen manchmal vor. Dabei ist sehr häufig v = 0,5.
Dies wird verständlich, wenn man GA 22 und GA 23 miteinander vergleicht. Dabei sieht man, dass die Stoßzahl von $\sqrt{T} = T^{0,5}$ abhängt. Die Stoßzahl ist aber im Häufigkeitsfaktor H enthalten.

Beispiel KIN- 20: Ein gefärbter Stoff wird während einer Reaktion 1. Ordnung entfärbt. Die Veränderung der Konzentration wird durch Messung der Extinktion A der Lösung verfolgt. Zu

Beginn der Reaktion war A = 0,9674. Nach 15 min bei 20°C war A = 0,6327. Nach 15 min bei 35°C war A = 0,2594. Man berechne die Aktivierungsenergie E und den Häufigkeitsfaktor H.

Bei einer Reaktion 1. Ordnung ist $\frac{a}{a_o} = e^{-k\,t}$

Statt der Konzentrationen kann man die Extinktionen in die Gleichungen einsetzen, da nach dem Lambert-Beer-Gesetz die beiden Größen proportional sind. Damit bekommt man für

20°C $k_1 = -\frac{1}{15}.\ln\frac{0,6327}{0,9674} = 0,02831\ \text{min}^{-1} = 0,0004718\ \text{s}^{-1}$

35°C $k_2 = -\frac{1}{15}.\ln\frac{0,2594}{0,9674} = 0,08775\ \text{min}^{-1} = 0,001462\ \text{s}^{-1}$

Nach KIN 28 ist $\ln k = \ln H - \frac{E}{R}.\frac{1}{T}$. Setzt man zunächst allgemein ein und bildet die Differenz, dann bekommt man $\ln\frac{k_1}{k_2} = -\frac{E}{R}.\left(\frac{1}{T_1} - \frac{1}{T_2}\right)$.

Daraus ist dann E = 56649 J/mol oder gerundet E = 56,65 kJ/mol.

H ergibt sich durch Einsetzen eines der beiden Wertepaare (k, T) in $k = He^{-\frac{E}{RT}}$ (KIN 28). Z. B. ist

$$0,08775 = He^{-\frac{56649}{8,3145.308,15}} \Rightarrow H = 3,51.10^8\ \text{min}^{-1} = 5,85.10^6\ \text{s}^{-1}$$

Beispiel KIN- 21: $Br + H_2 \rightarrow HBr + H$ ist eine Reaktion 2. Ordnung in der Gasphase. Die Geschwindigkeitskonstante k wurde bei mehreren Temperaturen bestimmt. Man berechne die Aktivierungsenergie E und den Häufigkeitsfaktor H.
Man prüfe zunächst ob E und H konstant sind.
Ist dies nicht der Fall, dann ist fast immer nur H von der Temperatur abhängig.
In diesem Fall teste man ob $H = u\sqrt{T}$ gilt, wie es die kinetische Gastheorie voraussagt.

T (°C)	250	300	350	400	450	500
k (l/mol.s)	$1,82.10^3$	$8,88.10^3$	$3,36.10^4$	$1,05.10^5$	$2,80.10^5$	$6,59.10^5$

Hängen E und H nicht von der Temperatur ab, dann ist der Graph der Funktion $\ln k = \ln H - \frac{E}{R}.\frac{1}{T}$ eine Gerade, wenn man y = lnk und x = 1/T setzt. Man zeichnet ein Diagramm mit diesen Koordinaten und sieht, dass der Graph keine Gerade ist.

Wenn die Annahme $H = u\sqrt{T}$ richtig ist, dann muss für die Geschwindigkeitskonstante k die Gleichung $k = u\sqrt{T}.e^{-\frac{E}{R.T}}$ gelten. Diese Gleichung kann man durch logarithmieren und umformen linearisieren: $\ln k - 0,5\ln T = \ln u - \frac{E}{R}.\frac{1}{T}$

Setzt man y = lnk - 0,5 lnT und $x = \frac{1}{T}$ und zeichnet ein Diagramm mit diesen Variablen, dann sieht man, dass nun der Graph eine Gerade ist. Die Annahme $H = u\sqrt{T}$ ist also richtig. Die anschließende Linearregression hat einen Korrelationskoeffizienten von fast genau 1, bestätigt also die Skizze.

Die Linearregression mit y = lnk - 0,5 lnT und x = 1/T ergibt als Steigung ST = -9217,0 und Ordinatenabschnitt OA = 21,996.

Daraus erhält man $E = -ST.R = 76{,}64$ kJ/mol und $H = 3{,}57.10^9\sqrt{T}$ l/mol.s.

Aufgabe KIN- 1: Welche Einheit haben die Geschwindigkeitskonstanten in folgenden Geschwindigkeitsgleichungen?

(1) $r_c = k\,c_1\,c_2^2$

(2) $r_c = k_1c_1 + k_2c_2^2$

(3) $r_p = k\,p_1^2$

(4) $r_n = k\dfrac{v}{RT}p$

(5) $r_c = k\dfrac{c_1}{c_2}$

(6) $\dfrac{d[HBr]}{dt} = \dfrac{2k_2\sqrt{K}[H_2]\sqrt{[Br_2]}}{1+\dfrac{k_4[HBr]}{k_3[Br_2]}}$ (s. 6.3.4)

Aufgabe KIN- 2: Man integriere die Geschwindigkeitsgleichung $\dfrac{da}{dt} = -\,k\,a$ und berechne die Halbwertszeit.

Aufgabe KIN- 3: Eine Reaktion erster Ordnung hat eine Halbwertszeit von τ = 500 s. Nach welcher Zeit sind 90% (99%) des Ausgangsstoffes umgesetzt?

Aufgabe KIN- 4: Bei einer Reaktion erster Ordnung ist innerhalb von 30 min die Konzentration des Ausgangsstoffes A von a_o = 0,312 mol/l auf a = 0,285 mol/l gefallen. Nach welcher Zeit sind nur noch 20% A vorhanden? Wie groß sind Geschwindigkeitskonstante und Halbwertszeit?

Aufgabe KIN- 5: Welche Halbwertszeit hat eine Reaktion erster Ordnung, bei der nach t = 20 min ein Drittel des Ausgangsstoffes umgesetzt war?

Aufgabe KIN- 6: Bei einer Reaktion erster Ordnung war nach zwei Stunden noch ein Rest von 12,5% des Ausgangsstoffes vorhanden. Wie groß war die Reaktionsgeschwindigkeit r_n zu Beginn der Reaktion bei einer Anfangsstoffmenge von a_o = 0,5 mol? Man gebe r_n in den Einheiten mol/s, mol/min und mol/h an.

Aufgabe KIN- 7: Die Rohrzuckerinversion, Saccharose $\rightarrow$ Glukose + Fruktose, ist von pseudoerster Ordnung. Eine Saccharoselösung, mit einer starken Säure auf eine bestimmte Konzentration verdünnt, zeigt im Laufe der Zeit folgende Änderung des optischen Drehwinkels

t (min)	5	10	15	20	30	40	50	70	90
α_t (Grad)	24,15	20,10	16,55	13,40	8,25	4,25	1,15	-3,10	-5,60

Die gleiche Saccharoselösung mit Wasser statt mit Säure auf dieselbe Konzentration verdünnt hat α_o = 28,75°. Die vollständig invertierte Lösung hat einen Drehwinkel von α_∞ = -9,40°. Alle Messungen wurden in gleich langen Küvetten bei derselben Temperatur durchgeführt. Man berechne die Geschwindigkeitskonstante k und die Halbwertszeit τ.

Aufgabe KIN- 8: Ein Gas A befindet sich in einem Gefäß mit dem Volumen v unter einem Druck p_o. Es wird sehr rasch auf Reaktionstemperatur T gebracht und zerfällt anschließend vollständig gemäß A $\rightarrow$ B + C in einer Reaktion 1. Ordnung.

Der Druck am Ende der Reaktion ist p_∞.

a.) Wie ändert sich der Gesamtdruck p mit der Zeit t?

b.) Welcher Zusammenhang besteht zwischen den verschiedenen Reaktionsgeschwindigkeiten r_n, r_c, r_p und $\frac{dp}{dt}$ (der Änderung des Gesamtdruckes pro Zeiteinheit)?

Aufgabe KIN- 9: Für die Reaktion A $\rightarrow$ 2B der beiden gasförmigen Stoffe A und B wurde die zeitliche Änderung des Gesamtdruckes p bei der konstanten Temperatur T = 510K und dem konstanten Volumen v = 500 ml gemessen.

t (min)	0	5	10	20	30	40	50	60
p (hPa)	537	628	703	818	897	952	990	1016

Man entscheide zunächst graphisch ob die Reaktion von erster oder zweiter Ordnung ist und berechne danach die Geschwindigkeitskonstante k, die Halbwertszeit τ und die Reaktionsgeschwindigkeiten r_p, r_c, r_n und $\frac{dp}{dt}$ nach 10 min Reaktionsdauer.

Aufgabe KIN- 10: Von dem radioaktiven ^{128}J in einer Probe war nach t = 156 min nur noch 1,32% vorhanden. Wie groß sind die Halbwertszeit und die Zerfallskonstante des ^{128}J?

Aufgabe KIN- 11: Welche Aktivität haben m = 5,00 mg ^{90}Sr? Nach welcher Zeit ist noch 1 mg davon vorhanden? τ = 29,1 Jahre.

Aufgabe KIN- 12: Ein mit ^{137}Cs verseuchtes Erdreich hat eine Aktivität von 318 μCi. Wie lange dauert es, bis die Aktivität auf 1 μCi gefallen ist? τ = 30,2 Jahre.

Aufgabe KIN- 13: Welche Aktivität besitzt 1 kg KCl (M = 74,6 g/mol)? Das natürliche Kalium hat eine molare Masse von A = 39,1 g/mol und enthält 0,0117% ^{40}K. Die Halbwertszeit von ^{40}K ist $1{,}26.10^9$ Jahre.

Aufgabe KIN- 14: 1,000 g einer Probe, die ^{90}Sr enthält, hat eine Zerfallsrate von A = $5{,}13.10^6$ Bq. Die Halbwertszeit von ^{90}Sr ist 29,1Jahre. Wie groß ist die Aktivität in μCi? Wie viel % Sr-90 enthält die Probe?

Aufgabe KIN- 15: Von einer frisch hergestellten Probe, die ^{99m}Tc enthält, wurde die Aktivität zu verschiedenen Zeitpunkten gemessen.
Die Aktivität der Hintergrundstrahlung (Nullrate) beträgt A_H = 18 Bq.
Man berechne die Halbwertszeit und Zerfallskonstante des ^{99m}Tc.

t (min)	0	58	113	191	245	307	351	405	493	551	595
A (Bq)	8775	7850	7065	6085	5490	4874	4480	4040	3415	3060	2810

Aufgabe KIN- 16: Bei einer Reaktion zweiter Ordnung hat sich ein Gemisch zweier Stoffe in gleicher Konzentration nach t = 15 min zu 30% umgesetzt. Wie lange dauert es bis der Umsatz auf 50% angestiegen ist?

Aufgabe KIN- 17: Die Verseifung eines bestimmten Esters in basischem Milieu ist eine Reaktion zweiter Ordnung mit k = 0,625 l/mol.min.
Vorhanden ist eine 0,5 molare Esterlösung und eine 0,5 molare NaOH-Lösung.
A. Nach welcher Zeit sind 90% der in geringerer Menge vorhandener Substanz verbraucht, wenn man a.) 250 ml Esterlösung mit 250 ml NaOH-Lösung, b.) 100 ml Esterlösung mit 400 ml NaOH-Lösung mischt?
B. Wie hängt der Umsatz an Ester von der Zeit bei einer Mischung von 200 ml Ester mit 400 ml NaOH ab?

Aufgabe KIN- 18: Die Verseifung von Ethylacetat in basischer Lösung ist eine Reaktion zweiter Ordnung. Zu einem bestimmten Volumen einer wässrigen Esterlösung gab man soviel einer bestimmten NaOH-Lösung zu, dass diese in einem leichten Überschuss vorhanden war. Ab dem Mischzeitpunkt wurde die Zeit gemessen, mehrmals nacheinander 50 ml des Reaktionsgemisches entnommen, mit 20 ml gut gekühlter 0,0200 m HCl schnell vermischt und der Säureüberschuss mit der obigen NaOH zurücktitriert (s. Tabelle).
50 ml des ausreagierten Gemisches (nach längerem Erwärmen!) verbrauchten, ebenfalls

nach der Reaktion mit 20 ml HCl, 43,75 ml NaOH.
Zur Bestimmung des Nullpunktes mischte man Wasser (statt Esterlösung) und NaOH im gleichen Volumsverhältnis wie bei der Reaktion. 50 ml dieser Mischung wurden ebenfalls mit 20,00 ml HCl vermischt und verbrauchten dann 12,50 ml der NaOH-Lösung.

Zeit (min)	0	5	10	15	20	30	40	50	60	Ende
v (ml NaOH)	12,50	16,10	19,05	21,45	23,50	26,65	29,05	31,05	32,45	43,75

Bei der Titerstellung der NaOH verbrauchten 25,00 ml der 0,0200 m HCl 62,50 ml NaOH. Man berechne die Geschwindigkeitskonstante.

Aufgabe KIN- 19: $A + B \rightarrow C$ sei eine Reaktion gasförmiger Stoffe. Bei 22°C wurde zunächst A in ein Gefäß mit v = 500 ml bis zu einem Druck von 447 hPa eingefüllt. Bei der gleichen Temperatur presste man anschließend B bis zu 894 hPa dazu und heizte sehr rasch auf t = 165°C. Bei dieser Temperatur verfolgte man die Änderung des Gesamtdruckes mit der Zeit.

t (s)	40	80	120	200	300	500	800
p (hPa)	1281	1239	1203	1143	1085	1002	925

Man entscheide zunächst graphisch ob die Reaktion von erster oder zweiter Ordnung ist und berechne danach die Geschwindigkeitskonstante k, die Halbwertszeit τ und die Reaktionsgeschwindigkeiten r_p, r_c, r_n und $\frac{dp}{dt}$ nach 300 s Reaktionsdauer.

Aufgabe KIN- 20: Bei einer bestimmten Reaktion nimmt die Halbwertszeit von 1580 auf 440 s ab, wenn die Anfangskonzentration von 0,217 auf 0,510 mol/l steigt. Welche Ordnung und Geschwindigkeitskonstante hat diese Reaktion?

Aufgabe KIN- 21: Für eine Reaktion, bei der die Ausgangsstoffe in gleicher Konzentration vorlagen, wurden für verschiedene Ausgangskonzentrationen a_o die Halbwertszeiten gemessen. Man berechne die Reaktionsordnung und die Geschwindigkeitskonstante k.

a_o (mol/l)	0,05	0,1	0,2	0,4
τ (s)	156	111	78	55

Aufgabe KIN- 22: Man stelle für folgende Reaktionen die Geschwindigkeitsgleichung auf und skizziere einen Weg zur Lösung derselben:

1) $A \rightleftharpoons B + C$
   Ein Stoff A (Anfangskonzentration a_o) zerfällt in einer Reaktion erster Ordnung in die Stoffe B und C. Diese reagieren wieder zurück zu A in einer Reaktion zweiter Ordnung.
2) $2\,A \rightleftharpoons B$
   Ein Stoff A reagiert in einer Reaktion zweiter Ordnung zu einem Stoff B. Dieser reagiert wieder zu A zurück in einer Reaktion erster Ordnung.
3) $2\,A \rightleftharpoons B + C$
   Ein Stoff A zerfällt in einer Reaktion zweiter Ordnung in die Stoffe B und C. Diese reagieren wieder zu A zurück in einer Reaktion zweiter Ordnung.

Aufgabe KIN- 23: Bei einer gegenläufigen Reaktion zwischen den Stoffen A und B, deren Hin- und Rückreaktion von 1. Ordnung ist, wurde bei konstanter Temperatur die Konzentration a des Stoffes A zu Beginn, im Gleichgewicht und zu verschiedenen Zeitpunkten dazwischen gemessen. Stoff B war zu Beginn der Reaktion nicht vorhanden.

Zeit (s)	0	60	120	180	240	300	360	420	480	Endwert
a (mol/l)	0,783	0,724	0,670	0,621	0,577	0,536	0,498	0,464	0,433	0,110

a.) Wie groß sind die Geschwindigkeitskonstanten der Hin- und Rückreaktion und die Gleichgewichtskonstante?
b.) Wie viel % von A wurden bis zum Gleichgewicht umgesetzt?
c.) Wie lange dauert es bis die Hälfte von A umgesetzt ist?

Aufgabe KIN- 24: Bei einer gegenläufigen Reaktion zwischen den Stoffen A und B, deren Hin- und Rückreaktion von 1. Ordnung ist, wurde bei konstanter Temperatur die Konzentration a des Stoffes A zu Beginn und zu verschiedenen Zeitpunkten danach gemessen. Der Wert von a im Gleichgewicht ist nicht bekannt. Stoff B war zu Beginn der Reaktion nicht vorhanden.

Zeit (min)	0	30	60	90	120	150	180
a (mol/l)	0,850	0,649	0,500	0,390	0,308	0,248	0,203

a.) Wie groß sind die Geschwindigkeitskonstanten der Hin- und Rückreaktion und die Gleichgewichtskonstante?
b.) Wie viel % von A wurden bis zum Gleichgewicht umgesetzt?

Aufgabe KIN- 25: Bei der Racemisierung eines Stoffes A zu einem Stoff B (Hin- und Rückreaktion von 1. Ordnung) wurde der zeitliche Verlauf der umgesetzten Menge y des Stoffes A bei mehreren Temperaturen gemessen. Anfangskonzentration von A war a_o = 0,5 mol/l. Stoff B war zu Beginn der Reaktion nicht vorhanden.

T = 288 K	Zeit (s)	0	300	600	900	1200	1500	1800	Endwert
	y (mol/l)	0	0,060	0,112	0,156	0,195	0,228	0,257	0,435

T = 298 K	Zeit (s)	0	90	180	270	360	450	540	Endwert
	y (mol/l)	0	0,055	0,103	0,145	0,182	0,214	0,241	0,430

T = 308 K	Zeit (s)	0	30	60	90	120	150	180	Endwert
	y (mol/l)	0	0,052	0,098	0,138	0,174	0,204	0,232	0,425

T = 318 K	Zeit (s)	0	15	30	45	60	75	90	Endwert
	y (mol/l)	0	0,068	0,125	0,172	0,212	0,246	0,274	0,419

Man berechne
a.) Alle Geschwindigkeitskonstanten der Hin- und Rückreaktion und die Gleichgewichtskonstanten
b.) Den Häufigkeitsfaktor H und die Aktivierungsenergie der Hin- und Rückreaktion
c.) Die Reaktionsenthalpie und -entropie.

Aufgabe KIN- 26: Für eine gegenläufige Reaktion $A \rightleftharpoons B$ erster Ordnung in beiden Richtungen betrug, ausgehend von einer verdünnten Lösung von reinem A, der Umsatz 12,47% und die Relaxationszeit τ = 0,628 µs. Man berechne die Geschwindigkeitskonstanten k_H und k_R und die Gleichgewichtskonstante K.

Aufgabe KIN- 27: Die Stoffe A und B reagieren in einer gegenläufigen Reaktion $A + B \rightleftharpoons C$ zweiter und erster Ordnung zu C. Für eine Lösung von A und B mit den Anfangskonzentrationen a_o = 0,05 mol/l und b_o = 0,10 mol/l wurde die Relaxationszeit τ = 12,22 µs und die Gleichgewichtskonzentration y_{Gl} = 0,03044 mol/l gemessen. Man berechne die Geschwindigkeitskonstanten k_H und k_R und die Gleichgewichtskonstante K.

Aufgabe KIN- 28: Der Stoff A reagiert in einer gegenläufigen Reaktion $A \rightleftharpoons B + C$ erster und zweiter Ordnung. Ausgehend von einer Stammlösung von A (zu Beginn kein B und C vorhanden) wurde eine Verdünnungreihe gemacht und für alle Lösungen die Relaxationszeit τ und die Gleichgewichtskonzentration [B] = y_{Gl} gemessen. Man berechne die Geschwindigkeitskonstanten k_H und k_R und die Gleichgewichtskonstante K.

y_{Gl} (mmol/l)	0,931	1,753	3,825	6,552	10,74	19,49	29,6
τ (µs)	32,5	29,2	23,2	18,2	13,7	9,05	6,49

Aufgabe KIN- 29: Ein Stoff A reagiert in zwei parallelen Reaktionen erster Ordnung zu den beiden verschiedenen Endprodukten B und C.

	A $\xrightarrow{\text{1. Ordnung; } k_1}$	B	A $\xrightarrow{\text{1. Ordnung; } k_2}$	C
Konzentrationen zu Beginn	a_o	0	a_o	0
Konzentrationen zur Zeit t	a	b	a	c

1. Man stelle für die drei Stoffe A, B und C die Geschwindigkeitsgleichungen auf und löse sie zunächst allgemein.
2. Mit a_o = 0,12 mol/l wurden zu verschiedenen Zeiten folgende Konzentrationen an B und C gemessen.

Zeit (min)	0	30	60	90	120	180	240	300
b (mol/l)	0	0,0080	0,0151	0,0213	0,0268	0,0359	0,0430	0,0484
c (mol/l)	0	0,0063	0,0118	0,0167	0,0209	0,0280	0,0335	0,0378

Man berechne die Geschwindigkeitskonstanten k_1 und k_2.

Aufgabe KIN- 30: Für die Parallelreaktionen erster und zweiter Ordnung

(1) $A \xrightarrow{\text{1.Ordnung; } k_1} B + C \qquad k_1 = 0{,}01\ \text{min}^{-1}$

(2) $A \xrightarrow{\text{2.Ordnung; } k_2} B + D \qquad k_2 = 0{,}01\ \text{l/mol.min}$

berechne man den zeitlichen Verlauf der Konzentrationen der vier Stoffe A, B, C und D und stelle ihn graphisch dar.

Aufgabe KIN- 31: Bestimmte Triphenylmethanfarbstoffe (Malachitgrün, Kristallviolett) reagieren als Kation in basischer Lösung sowohl mit OH^--Ionen als auch mit Wasser zu einer farblosen Leukobase. Beide Teilreaktionen sind von zweiter Ordnung.

(1) $A^+ + OH^- \rightarrow B$

(2) $A^+ + H_2O \rightarrow B + H^+$

Da die Abnahme der Konzentration von A^+ leicht photometrisch verfolgt werden kann, ist es zweckmäßig die Geschwindigkeit auf A^+ zu beziehen.

(3) $$-\frac{d[A^+]}{dt} = k_1[A^+].[OH^-] + k_2^*[A^+].[H_2O] = [A^+].\left(k_1[OH^-] + k_2^*[H_2O]\right)$$

Unter den üblichen Versuchsbedingungen sind die Konzentrationen $[H_2O] \approx 56$ mol/l, $[OH^-]$ etwa einige Hundertstel mol/l und $[A^+] \approx 10^{-5}$ mol/l.

Die Wasserkonzentration ist um Zehnerpotenzen größer als die OH^-- und die Farbstoffkonzentration. (2) wird dadurch zu einer Reaktion pseudoerster Ordnung und $k_2^*.[H_2O]$ kann zu einer neuen Konstanten k_2 vereinigt werden.

Aus (3) wird dann $-\frac{d[A^+]}{dt} = [A^+].\left(k_1[OH^-] + k_2\right)$

Da aber auch die OH^--Konzentration um einige Zehnerpotenzen größer als die Farbstoffkonzentration ist, ist der Faktor $(k_1[OH^-] + k_2)$ während der Reaktion ebenfalls konstant. Dies bedeutet, dass auch die Gesamtreaktion von pseudoerster Ordnung ist, mit der Geschwindigkeitsgleichung $-\frac{d[A^+]}{dt} = k[A^+]$ wobei $k = k_1[OH^-] + k_2$.

Die inhibierende Wirkung der entstehenden H^+ in Reaktion (2) (sie verbrauchen OH^-!) ist wegen der sehr geringen Konzentration von A^+ im Vergleich zu $[OH^-]$ bedeutungslos. Auch die Ionenkräfte in Reaktion (1) kann man zunächst vernachlässigen.

In einer Versuchsreihe wurde bei mehreren OH^--Konzentrationen (mit oh abgekürzt) die Abnahme der Extinktion E mit der Zeit gemessen. Man berechne die Geschwindigkeitskonstanten der Gesamtreaktion und der beiden Teilreaktionen.

oh (mol/l) 0,0182		oh (mol/l) 0,0273		oh (mol/l) 0,0364		oh (mol/l) 0,0455	
Zeit (s)	E	Zeit (s)	E	Zeit (s)	E	Zeit (s)	E
60	1,530	60	1,444	60	1,363	40	1,431
120	1,322	105	1,240	90	1,197	60	1,287
180	1,143	150	1,064	120	1,050	80	1,157
240	0,989	195	0,914	150	0,922	100	1,041
300	0,854	240	0,785	180	0,809	120	0,936
360	0,738	285	0,674	210	0,710	140	0,842
420	0,638	330	0,578	240	0,623	160	0,757

Aufgabe KIN- 32: Uran und Radium befinden sich in einem radioaktiven Gleichgewicht.
In einem von Thorium freien Uranerz fand man ein Massenverhältnis von ^{238}U zu ^{226}Ra von $2{,}94.10^6$. Die Halbwertszeit von ^{226}Ra ist 1600 Jahre. Welche Halbwertszeit hat ^{238}U?

Aufgabe KIN- 33: Man berechne für die radioaktive Zerfallsreihe

$$A \xrightarrow{k_A} B \xrightarrow{k_B} C$$

Stoffmenge zu Beginn a_o
Stoffmenge zur Zeit t a b c

jenen Zeitpunkt in, dem die Konzentration von B maximal ist und zeige so die Richtigkeit der Formel $t_m = \dfrac{\ln k_B - \ln k_A}{k_B - k_A}$.

Aufgabe KIN- 34: Für die radioaktive Zerfallsreihe

$$A \xrightarrow{k_A} B \xrightarrow{k_B} C$$

Stoffmenge zu Beginn 1
Stoffmenge zur Zeit t a b c
stelle man den zeitlichen Verlauf der Mengen a, b, c und a + b für folgende Halbwertszeiten dar und veranschauliche damit die Gesetze von 6.3.3

1.) $\tau_A = 1000$ d $\tau_B = 1$ d
2.) $\tau_A = 11$ d $\tau_B = 10$ d
3.) $\tau_A = 2$ d $\tau_B = 20$ d

Aufgabe KIN- 35: Die Reaktion $CO + Cl_2 \rightarrow COCl_2$ verlaufe nach folgendem Kettenmechanismus.

(1) $Cl_2 \rightleftharpoons 2Cl$
(2) $Cl + CO \rightleftharpoons COCl$
(3) $COCl + Cl_2 \rightarrow COCl_2 + Cl$
(4) $COCl_2 + Cl \rightarrow COCl + Cl_2$
(5) $COCl + Cl \rightarrow COCl_2$

Für den stationären Zustand dieser Kettenreaktion stelle man die Geschwindigkeitsgleichung auf. Die Gleichgewichte (1) und (2) haben sich eingestellt, die Konzentrationen der Zwischenprodukte Cl und COCl sind konstant.

Aufgabe KIN- 36: Die Reaktion $CH_4 + Cl_2 \rightarrow CH_3Cl + HCl$ verlaufe nach folgendem Kettenmechanismus.

(1) $Cl_2 \rightleftharpoons 2\,Cl$

(2) $Cl + CH_4 \rightarrow CH_3 + HCl$

(3) $CH_3 + Cl_2 \rightarrow CH_3Cl + Cl$

(4) $CH_3 + Cl \rightarrow CH_3Cl$

Für den stationären Zustand dieser Kettenreaktion stelle man die Geschwindigkeitsgleichung auf. Die Reaktion (1) ist sehr schnell, sodass das Gleichgewicht (1) eingestellt ist. Die Konzentrationen der Zwischenprodukte Cl und CH_3 sind konstant.

Aufgabe KIN- 37: Die Geschwindigkeitsgleichung für die Kettenträger K einer Kettenreaktion mit Kettenverzweigung sei $\frac{dy}{dt} = k_o + k_1 y - k_2 y$.

k_o ist eine konstante Geschwindigkeit mit der ein Teil der Kettenträger entsteht.

$k_1 y$ ist eine durch die Kettenverzweigung proportional mit der Konzentration y der Kettenträger zunehmende Geschwindigkeit.

$k_2 y$ ist eine durch Abbruchreaktionen proportional mit der Konzentration von K abnehmende Geschwindigkeit.

Wie ändert sich die Konzentration y der Kettenträger mit der Zeit?

Welchen Zustand erreicht die Reaktion für die drei Fälle $k_1 > k_2$, $k_1 = k_2$ und $k_1 < k_2$?

Aufgabe KIN- 38: An einer enzymkatalysierten Reaktion wurden für eine Gesamtkonzentration an Enzym von 0,15 mmol/l bei mehreren Konzentrationen an Substrat A die Anfangsreaktionsgeschwindigkeiten r_c gemessen.

[A] (mmol/l)	5,0	7,0	10	20	50	200
r_c (mmol/l.min)	1,72	2,21	2,81	4,12	5,71	7,09

Man berechne die Konstanten der Michaelis-Menten-Gleichung $-\frac{d[A]}{dt} = r_c = k'[K]_o \frac{[A]}{K_R + [A]}$.

Aufgabe KIN- 39: Ein Stoff A reagiert mit einem Stoff B in wässriger saurer Lösung nach folgender Bruttogleichung $A + B \xrightarrow{H^+} P + H^+$ zu Produkten. Die Reaktion wird durch Protonen katalysiert. Es gilt $-\frac{d[A]}{dt} = k[A][H^+]$ (KIN 19).

Die Anfangskonzentrationen von A bzw. H^+ sind a_o und h_o. Die in der Zeit t umgesetzte Konzentration an A sei y. Wie nimmt der relative Umsatz (y/a_o) von A bei dieser autokatalytischen Reaktion mit der Zeit zu?

Aufgabe KIN- 40: Für eine bestimmt Reaktion wurde für den Ausgangsstoff A die Zeitabhängigkeit seines Umsatzes (y/a_o) gemessen. Die Anfangskonzentrationen waren a_o = 0,50 mol/l für A und h_o = 0,005 mol/l für die Protonen.

Zeit (min)	0	30	60	90	120	150	180
Umsatz y/a_o	0	0,025	0,107	0,316	0,630	0,861	0,957

Es wird vermutet, dass ein autokatalytischer Reaktionsmechanismus $A + B \xrightarrow{H^+} P + H^+$ mit Protonenkatalyse vorliegt. Man berechne nach einer geeigneten Umformung des Ergebnisses von Aufgabe KIN- 39 die Geschwindigkeitskonstante mit einer Linearregression.

Aufgabe KIN- 41: Für die Verseifung eines Ameisensäureesters E gilt die Geschwindigkeitsgleichung $-\frac{d[E]}{dt} = k[E][H^+]$ (KIN 19). Nach welcher Zeit sind 50% des Esters verseift

a.) ohne Berücksichtigung der Autokatalyse

b.) mit Berücksichtigung der Autokatalyse ?

Anfangskonzentration des Esters a_o = 0,25 m, Anfangskonzentration der Protonen (als HCl) h_o = 0,003 m, Protolysenkonstante der Ameisensäure K = $1{,}78.10^{-4}$ mol/l, Geschwindigkeitskonstante k = 0,055 l/mol.min

Aufgabe KIN- 42: Wie müssen die Vorzeichen der Ladungen z_A und z_B in der Brönsted-Gleichung $\lg\frac{k}{k_o} = 1{,}022\, z_A z_B \frac{\sqrt{J}}{1+\sqrt{J}}$ beschaffen sein, dass die Ionenkräfte eine Reaktion

a.) beschleunigen
b.) verzögern
c.) nicht beeinflussen?

Man berechne für eine Ionenstärke von J = 0,05 mol/l das Verhältnis k/k_o für die Reaktionen $A^{2+} + B^{+} \rightarrow$ Produkte; $A^{2+} + B^{-} \rightarrow$ Produkte; $A^{2+} + B \rightarrow$ Produkte.

Aufgabe KIN- 43: Manche Gase (z. B. NO, N_2O, NH_3) werden an Metalloberflächen katalytisch zersetzt. Für die Kinetik dieser Reaktion gilt $\frac{dy}{dt} = k\frac{a_o - y}{b+y}$

a_o... Anfangskonzentration an Ausgangsstoff ; k... Geschwindigkeitskonstante
b... Konstante (Konzentration), die mit der Adsorption zusammenhängt.
Wie hängt y (die umgesetzte Menge an Ausgangsstoff) von der Zeit t ab?
Man berechne aus den gemessenen (t, y)-Werten die Konstanten k und b. a_o = 0,2 mol/l.

Zeit (min)	0	2	5	10	20	40	60	100	200
y (mol/l)	0	0,0156	0,0242	0,0337	0,0464	0,0633	0,0754	0,0929	0,1205

Aufgabe KIN- 44: In einer durch einen festen Katalysator beschleunigten Reaktion zerfällt ein Gas gemäß A $\rightarrow$ 2 B. Während der Reaktion wurde die Zeitabhängigkeit des Gesamtdruckes p gemessen.

Zeit (min)	10	20	40	70	100	140	200	Enddruck p_∞
p (hPa)	692	755	863	987	1073	1146	1203	1244

Es wird vermutet, dass der geschwindigkeitsbestimmende Schritt die Adsorption ist und die Geschwindigkeitsgleichung $-\frac{dp_A}{dt} = \frac{u p_A}{v + p_A}$ gilt. Man prüfe ob die Messergebnisse der vermuteten Kinetik entsprechen und berechne die Konstanten u und v.

Aufgabe KIN- 45: Erhöht man bei einer Reaktion die Temperatur von 20°C auf 30°C, dann steigt die RG auf das 2,7-fache. Wie groß ist die Aktivierungsenergie E?

Aufgabe KIN- 46: Die Halbwertszeit einer Reaktion 1. Ordnung betrug bei 40°C 10,2 min und bei 50°C 4,80 min. Wie groß sind die Aktivierungsenergie E und der Häufigkeitsfaktor H?

Aufgabe KIN- 47: Von einer Reaktion 1. Ordnung ist die Halbwertszeit bei 65°C τ_1 = 162,4 s und die Aktivierungsenergie E = 113,8 kJ/mol. Wie groß ist der Häufigkeitsfaktor H und die Halbwertszeit bei 55°C?

Aufgabe KIN- 48: Die Zersetzung von Chlorethan in der Gasphase ist eine Reaktion 1. Ordnung. Aktivierungsenergie E = 249,1 kJ/mol, Häufigkeitsfaktor H = $1{,}6.10^{14}$ s^{-1}. Man schätze jene Temperatur ab, bei der nach einer Stunde 90% umgesetzt sind.

Aufgabe KIN- 49: Von einer Reaktion 1. Ordnung kennt man die Aktivierungsenergie E = 77,00 kJ/mol und den Häufigkeitsfaktor H = $6{,}0.10^{12}$ s^{-1}. Man berechne die Halbwertszeit bei 30°C. Um welchen Faktor ist die Halbwertszeit bei 20°C größer?

Aufgabe KIN- 50: Für eine Reaktion 1. Ordnung beträgt die Aktivierungsenergie E = 105,0 kJ/mol und der Häufigkeitsfaktor H = $5{,}0.10^{13}$ s^{-1}. Bei welcher Temperatur ist die Halbwertszeit dieser Reaktion 1Tag?

Aufgabe KIN- 51: Wie groß ist der Quotient $\frac{k_1}{k_2}$ (van t'Hoff-Faktor) bei einer Erhöhung der Temperatur von 300 K auf 310 K für die Aktivierungsenergien E = 50 kJ/mol bzw. 70 kJ/mol bzw. 90 kJ/mol?

Aufgabe KIN- 52: Die Geschwindigkeitskonstante k einer Reaktion wurde bei mehreren Temperaturen bestimmt. Wie groß ist die Aktivierungsenergie E und der Häufigkeitsfaktor H?

t (°C)	25	35	45	55	65	75	85
k (s^{-1})	$4{,}50.10^{-5}$	$1{,}03.10^{-4}$	$2{,}25.10^{-4}$	$4{,}67.10^{-4}$	$9{,}29.10^{-4}$	$1{,}78.10^{-3}$	$3{,}28.10^{-3}$

Aufgabe KIN- 53: Der Zerfall von Jodwasserstoff in Wasserstoff und Jod in der Gasphase, $2\ HJ \rightarrow H_2 + J_2$, ist eine Reaktion 2. Ordnung. Die Geschwindigkeitskonstante k wurde bei mehreren Temperaturen bestimmt. Man berechne die Aktivierungsenergie E und den Häufigkeitsfaktor H.
Man prüfe zunächst ob H konstant ist (vgl. Aufgabe KIN- 52). Ist H von der Temperatur abhängig, dann teste man ob $H = u\sqrt{T}$ gilt.

T (K)	350	370	390	410	430	450
k (l/mol.s)	$2{,}13.10^{-5}$	$6{,}48.10^{-5}$	$1{,}85.10^{-4}$	$4{,}96.10^{-4}$	$1{,}26.10^{-3}$	$3{,}03.10^{-3}$

Aufgabe KIN- 54: Gasförmiges J_2 dissoziiert mit Ar als Stoßpartner zu J-Atomen in einer Reaktion 2. Ordnung. Für diese Reaktion wurde bei mehreren Temperaturen die Geschwindigkeitskonstante k bestimmt.

t (°C)	250	300	350	400	450	500
k (l/mol.s)	0,00562	0,0943	0,993	7,30	40,3	177

Man prüfe welches der drei folgenden Modelle die Kinetik dieser Reaktion richtig beschreibt.

$k = He^{-\frac{E}{RT}}$; E und H nicht abhängig von der Temperatur

$k = u\sqrt{T}.e^{-\frac{E}{RT}}$ mit $H = u\sqrt{T}$; u und E sind Konstante

$k = u.T^{V}.e^{-\frac{E}{RT}}$; u, v und E sind Konstante.

7 STRAHLUNG und TEILCHEN

7.1 Licht und Materiewellen

7.1.1 Physikalische Grundlagen

Bei Licht und bei Teilchen, die sich mit Geschwindigkeiten nahe der Lichtgeschwindigkeit fortbewegen, müssen die **Gesetze der speziellen Relativitätstheorie** angewendet werden. Einige davon werden für die folgenden Beispiele und Aufgaben benötigt.

Es sei m_o die Ruhemasse, ε_o die Ruheenergie eines Teilchens;
v die Geschwindigkeit, m die Masse, ε die Gesamtenergie, ε_{kin} die kinetische Energie und p der Impuls des bewegten Teilchens;

c die Vakuumlichtgeschwindigkeit und $\beta = \frac{v}{c}$. Dann gilt

ST 1 $m = \frac{m_o}{\sqrt{1-\beta^2}}$ Masse eines bewegten Teilchens

$p = m\,v = \frac{m_o v}{\sqrt{1-\beta^2}}$ Impuls eines bewegten Teilchens

$\varepsilon_o = m_o c^2$ Ruheenergie.
Der Masse des ruhenden Teilchens entspricht eine bestimmte Energiemenge. Masse und Energie sind äquivalent!

$\varepsilon = \varepsilon_o + \varepsilon_{kin} = m\,c^2$ Gesamtenergie eines bewegten Teilchens

$\varepsilon^2 = \varepsilon_o^2 + p^2c^2$ Relativistischer Energieerhaltungssatz

Welle-Teilchen-Dualismus

LOUIS DE BROGLIE postulierte, dass der schon vom Licht bekannte Welle-Teilchen-Dualismus für alle Teilchen gelten müsse. Dies wurde später auch experimentell bestätigt.

ST 2 Die für Licht gültige Gleichung λ **p = h** gilt für alle Teilchen. Jedes Teilchen mit dem Impuls p verhält sich auch wie eine Welle mit der Wellenlänge λ.
λ heißt **Materiewellenlänge** des Teilchens mit dem Impuls p,
h ist eine universelle Naturkonstante - das **PLANCKsche Wirkungsquantum**.
$h = 6{,}626.10^{-34}$ J.s

Beispiel ST- 1: Ein Elektron (Masse m), das um den Atomkern mit einer Geschwindigkeit v kreist, bewegt sich auf gekrümmter Bahn und beschreibt damit eine beschleunigte Bewegung. Nach dem elektrodynamischen Grundgesetz (s. 7.1.2) müsste es elektromagnetische Strahlung aussenden und damit laufend Energie verlieren. Sein Bahnradius r sollte daher immer kleiner werden bis es in den Kern stürzt.
Bohr postulierte, dass der Bahndrehimpuls des Elektrons in der Atomhülle gequantelt ist und dass Elektronen nicht strahlen, wenn deren Bahndrehimpuls die Bedingung $m v . r = n\frac{h}{2\pi}$ erfüllen. n = 1,2,3,... Quantenzahlen.
Mit dem Welle-Teilchen-Dualismus lässt sich diese Tatsache leicht erklären:

$mv.r = n\frac{h}{2\pi}$ $n = 1,2,3,....$

$2\pi r \,.\, m v = n h$ mit $m v = p = \frac{h}{\lambda}$ (Impuls des Elektrons) folgt

$2\pi r \frac{h}{\lambda} = n h$

$2\pi r = n \lambda$

Der Bahnumfang ist ein ganzzahliges Vielfaches der Materiewellenlänge des Elektrons. Das Elektron bildet eine stehende Welle! Es ist kein schwingender Dipol mehr und strahlt daher nicht. Diese Aussage macht schon die klassische Elektrodynamik.
Eine Materiewelle des Elektrons, die die Bedingung $2\pi r = n \lambda$ nicht erfüllte, würde sich durch Interferenz selbst auslöschen. Das bedeutet, dass das Elektron dort nicht existierte.

Die Unschärfebeziehung
Mit den Entdeckungen, die zur Quantenmechanik führten, stellte sich eine neue physikalische Größe - die **Wirkung** - als fundamental heraus. (W. HEISENBERG, 1926)
Wirkungen (Wg) sind: Das Produkt aus Energie mal Zeit, das Produkt Impuls mal Länge und der Drehimpuls (Impuls mal Radius; q = mv r).
Die Unschärfebeziehung ist eine Folge des Welle-Teilchen-Dualismus.

ST 3 Für Größen, deren Produkt eine **Wirkung** ist, gilt die **Unschärferelation** $\Delta Wg \geq \frac{h}{4\pi}$.

Die Änderung einer Wirkung kann nie kleiner als $\frac{h}{4\pi}$ sein.

Daher gilt auch für die Größen

Energie - Zeit $\Delta E.\ \Delta t \geq \frac{h}{4\pi}$

Impuls - Länge $\Delta p.\, \Delta x \geq \frac{h}{4\pi}$

Drehimpuls $\Delta q \geq \frac{h}{4\pi}$

Je kleiner die Änderung einer der beiden konjugierten Größen ist, desto größer ist die Änderung der anderen Größe.

Beispiel ST- 2: Spin der Elektronen: Die Spinquantenzahl der Elektronen ist $\pm$ ½. Daher ist der Eigendrehimpuls („Spin") $q = \pm\frac{1}{2}.\frac{h}{2\pi}$. Ändert ein Elektron seinen Spinzustand, dann ist $\Delta q = \frac{h}{4\pi} - \left(-\frac{h}{4\pi}\right) = \frac{h}{2\pi}$.
Die Änderung des Eigendrehimpulses ist doppelt so groß wie die durch die Unschärferelation gegebene Grenze.

Beispiel ST- 3: Messgenauigkeit
Es ist nicht möglich zwei Größen, deren Produkt eine Wirkung ergibt, gleichzeitig (im gleichen Versuch) mit beliebiger Genauigkeit zu messen.
Je genauer man etwa zu einem bestimmten Zeitpunkt den Ort eines Teilchens (z. B. eines Elektrons in der Atomhülle) bestimmt, desto unbestimmter bliebe der Impuls und damit auch die Geschwindigkeit des Teilchens.

Bei der konkreten Messung kommt außerdem eine Unschärfe allein schon dadurch zustande, dass der Messvorgang auf die zu messende Größe einwirkt.
Um den Ort eines Teilchens zu bestimmen, verwendet man etwa Licht (z. B. im Mikroskop). Je genauer der Ort bestimmt werden soll, desto kleiner muss die Wellenlänge λ des Lichtes sein, desto größer ist aber dann der Impuls des Photons mit dem gemessen wird (ST 2). Bei der durch die Messung verursachten Wechselwirkung wird durch den großen Impuls des Photons auch der Impuls des Teilchens, dessen Ort bestimmt werden soll, stark verändert.

Die Ortsunschärfe ist $\Delta x = \lambda$; mit $\Delta p . \Delta x \geq \frac{h}{4\pi}$ folgt $\Delta p \geq \frac{h}{\lambda} \cdot \frac{1}{4\pi}$

$\frac{h}{\lambda}$ ist aber der Impuls der Photonen mit denen ich messe. Um diesen Betrag ändert sich auch der Impuls des gesuchten Teilchens.

7.1.2 Licht

Die Entstehung des **Lichtes** kann mit dem **Grundgesetz der Elektrodynamik** erklärt werden: Jede elektrische Ladung, die sich beschleunigt (verzögert) bewegt, erzeugt eine elektromagnetische Strahlung.
Beispiele sind etwa die Sendeantenne eines Rundfunksenders, die Röntgenbremsstrahlung, die Bremsstrahlung der β-strahlenden Radionuklide und die Synchrotronstrahlung.

Das Spektrum des Lichtes ist sehr weit gespannt. Es reicht von den Radiowellen mit einigen hundert Metern Wellenlänge bis zur hochenergetischen Gammastrahlung mit Wellenlängen im pm - Bereich. Nur ein kleiner Ausschnitt davon (380 - 780 nm) ist das sichtbare Licht.

Licht hat je nach den Umständen **Wellen- oder Teilcheneigenschaften**. Bei allen Vorgängen, die mit der Lichtfortbewegung zusammenhängen, wie Reflexion, Brechung, Interferenz und Beugung, verhält sich Licht wie eine Welle. Bei den Wechselwirkungen mit Materie, die vor allem bei hochenergetischer Strahlung (Röntgen- und γ-Strahlung) auftreten, wie Fotoeffekt, Comptoneffekt und Paarbildung, verhält sich Licht wie Teilchen.

Licht ist eine **Transversalwelle**.
Dass Licht eine Transversalwelle ist, erkennt man daran, dass es polarisierbar ist.
Linear polarisiertes Licht wird bei sehr vielen Anwendungen verwendet.
Wie für alle Wellen gilt auch für Licht

ST 4 $c = \lambda\, \nu$
c... Lichtgeschwindigkeit ; λ... Wellenlänge ; ν... Frequenz des Lichtes

ST 5 Statt der Freqenz wird auch häufig die Wellenzahl $\tilde{\nu} = \frac{1}{\lambda}$ verwendet.
Mit der Wellenzahl ist dann $\nu = \tilde{\nu} c$ und $\varepsilon = h.c.\tilde{\nu}$

Andererseits hat das Licht auch Teilcheneigenschaften.
Die „Lichtteilchen" nennt man **Photonen**.
Wie jedem Teilchen kann auch einem Photon eine bestimmte Energie, ein Impuls und eine Masse zugeordnet werden. Die Energie ist $\varepsilon = h\,\nu$
Die Masse erhält man aus den beiden Gleichungen $\varepsilon = h\,\nu$ und $\varepsilon = m\,c^2$. Licht hat allerdings keine Ruhemasse! Für Photonen gilt daher

ST 6 $\varepsilon = h\,\nu$

$$m = \frac{h\nu}{c^2} = \frac{h}{c\lambda}$$

$$p = m\,c = \frac{h}{\lambda} \text{ (vgl. ST 2)}$$

ε... Energie; p... Impuls; m... Masse eines Photons

Ein Lichtstrahl mit der Gesamtenergie E besteht aus $N(\gamma) = \frac{E}{\varepsilon} = \frac{E}{h\nu}$ Photonen.

Treffen Photonen auf eine Fläche A auf, so erzeugen sie durch die damit verbundene Impulsänderung auch einen Strahlungsdruck. Nach dem Impulserhaltungssatz ist die Impulsänderung Δp gleich einem Kraftstoß $F\Delta t$: $\Delta p = F\Delta t$

Der Strahlungsdruck SD ist daher $SD = \frac{F}{A} = \frac{\Delta p}{A\,\Delta t}$

Beispiel ST- 4: Die geringste Lichtleistung an gelbem Licht (λ = 590 nm), die das bloße menschliche Auge noch wahrnehmen kann, ist etwa $P = 2.10^{-18}$ W. Wie viele Photonen kann daher das Auge pro Sekunde noch feststellen?

$$P = \frac{E}{t} = \frac{N\varepsilon}{t} = \frac{Nh\nu}{t} = \frac{Nhc}{\lambda t} \quad \Rightarrow \quad N = \frac{Pt\lambda}{hc} = \frac{2.10^{-18}.\,1\,.\,590.10^{-9}}{6{,}63.10^{-34}.\,3.10^{8}} = 5{,}9$$

Es genügen 6 Photonen für eine Wahrnehmung!

Röntgenstrahlung

Die in einer Röntgenröhre entstehende Strahlung besteht aus zwei Anteilen, der Bremsstrahlung und der charakteristischen Strahlung.

Die **Bremsstrahlung** kommt durch das Abbremsen der in die Anode eindringenden Elektronen zustande. Sie besitzt ein kontinuierliches Wellenlängenspektrum mit einer unteren Grenzwellenlänge, welche nicht vom Anodenmaterial sondern nur von der Anodenspannung abhängt.

ST 7 $$\lambda_G = \frac{hc}{\varepsilon_{kin}} = \frac{hc}{eU}$$

h... Wirkungsquantum ; c... Vakuumlichtgeschwindigkeit ; ε_{kin}... kinetische Energie der abgebremsten Elektronen; e... Elementarladung ; U... Anodenspannung der Röntgenröhre.

Ein Bremsstrahlungsphoton hat dann die Grenzwellenlänge λ_G, wenn die gesamte kinetische Energie des abgebremsten Elektrons in Lichtenergie umgewandelt wurde. Nach dem Energieerhaltungssatz ist dann $h\,\nu = e\,U$.

Durch Messung der Grenzwellenlänge kann man das Plancksche Wirkungsquantum bestimmen.

Die durch die Hochspannung in der Röntgenröhre auf fast Lichtgeschwindigkeit beschleunigten Elektronen schlagen aus der K-Schale Elektronen heraus und erzeugen so Elektronenlücken.

Durch das Auffüllen der Elektronenlücken in der K-Schale mit Elektronen aus höheren Schalen entsteht die **charakteristische Strahlung**. Sie ist monochromatisch (wenige Linien). Ihre Wellenlänge hängt nur vom Anodenmaterial und nicht von der Anodenspannung ab.

Die charakteristische Strahlung bezeichnet man folgendermaßen:

Name der Strahlung	Übergang der Elektronen von
K_α	L in K-Schale
K_β	M in K-Schale
L_α	M in L-Schale
L_β	N in L-Schale

Für die Wellenlänge gilt

ST 8 $$\frac{1}{\lambda} = \tilde{\nu} = R_\infty (Z-s)^2 \left(\frac{1}{n_1^2} - \frac{1}{n_2^2}\right)$$ **MOSELEY-Gesetz**

Z...... Kernladungszahl;
s...... Abschirmkonstante. Sie ist 1 für einen Übergang von höheren Schalen auf die K-Schale; analog 7,4 für die L-Schale.
n_1, n_2... Hauptquantenzahlen.

R_∞ (Rydbergkonstante) = $1{,}0974.10^7$ m^{-1}; $R_\infty = \frac{m_e e^4}{8\varepsilon_0^2 h^3 c}$; für m_e müsste genauer die reduzierte Masse $\mu = \frac{m_{Kern}\, m_e}{m_{Kern} + m_e}$ stehen.

Die Frequenz der charakteristischen Strahlung ist also direkt proportional zum Quadrat der Kernladungszahl.

CERENKOV-Effekt

In einem durchsichtigen Stoff hat das Licht die Geschwindigkeit $c_{St} = \frac{c}{n}$.

n ist der Brechungsindex des Stoffes.
Bewegen sich geladene Teilchen in einem Stoff mit einer größeren Geschwindigkeit als der Lichtgeschwindigkeit c_{St} in diesem Stoff, dann entsteht eine elektromagnetische Strahlung - das **Cerenkov-Licht**.

Der Cerenkov-Effekt tritt also nur dann ein, wenn $v > c_{St} = \frac{c}{n}$.

7.1.3 Materiewellen

Nach der Gleichung von de Broglie (ST 2) hat jedes sich bewegende Teilchen, dessen Impuls p ist, eine **Materiewellenlänge** $\lambda = \frac{h}{p}$.

Bewegt sich ein Teilchen mit einer Geschwindigkeit, die kleiner als ein Prozent der Lichtgeschwindigkeit ist, dann kann man meist die relativistischen Korrekturen vernachlässigen.

Die Energie und der Impuls solcher „nichtrelativistischer“ Teilchen ist $\varepsilon = \frac{1}{2} m v^2$ und $p = m v$

Bei höheren Geschwindigkeiten muss relativistisch gerechnet werden. Dies bedeutet, dass auch die Ruheenergie berücksichtigt werden muss.
Die Gesamtenergie des Teilchens ist dann $\varepsilon = \varepsilon_o + \varepsilon_{kin}$.

Nach ST 1 ist $p = \frac{1}{c}\sqrt{\varepsilon^2 - \varepsilon_o^2}$ und $v = c\,\beta = c\sqrt{1 - \frac{\varepsilon_o^2}{\varepsilon^2}}$.

Elektrisch geladene Teilchen, wie Elektronen und Protonen, werden gewöhnlich durch elektrische Spannungen beschleunigt.
Die kinetische Energie, die ein solches Teilchen dabei erhält ist $\varepsilon_{kin} = Q.U$, wobei Q die Ladung des Teilchens und U die beschleunigende Spannung ist.

Die kinetische Energie, die ein Teilchen mit der Elementarladung $e = 1{,}602.10^{-19}$ C erhält, wenn es eine Spannung von U = 1 V durchfliegt, nennt man **1 Elektronenvolt** (1eV).
$1\ \text{eV} = 1{,}602.10^{-19}$ J.

Beispiel ST- 5: Für ein **Elektronenmikroskop** benötigt man einen Elektronenstrahl mit einer Wellenlänge von λ = 5,0 pm. Welche Spannung muss gewählt werden? Welche Geschwindigkeit und welchen prozentuellen Massenzuwachs besitzen diese Elektronen?
a.) Spannung

Der Impuls eines Elektrons ist $p = \frac{h}{\lambda} = \frac{6{,}626.10^{-34}}{5.10^{-12}} . \frac{\text{J.s}}{\text{m}} = 1{,}3252.10^{-22}\text{kg m/s}$.

Die Ruheenergie ist $\varepsilon_o = m_o c^2 = 9{,}1094.10^{-31}.\ (2{,}9979.10^8)^2 = 8{,}187.10^{-14}$ J

Die Gesamtenergie folgt aus $\varepsilon^2 = \varepsilon_o^2 + p^2c^2$ und die kinetische Energie aus $\varepsilon_{kin} = \varepsilon - \varepsilon_o$.

$\varepsilon = \sqrt{\varepsilon_o^2 + p^2c^2} = 9{,}100.10^{-14}$ J ; $\varepsilon_{kin} = 9{,}130.10^{-15}$ J

$U = \frac{\varepsilon_{kin}}{e} = \frac{9{,}130.10^{-15}\ \text{J}}{1{,}602.10^{-19}\ \text{C}} = 57{,}0\ \text{kV}$ Man benötigt eine Spannung von 57kV.

b.) Geschwindigkeit

$\frac{\varepsilon_o}{\varepsilon} = \frac{m_o}{m} = \sqrt{1-\beta^2} \Rightarrow \beta = \sqrt{1-\left(\frac{\varepsilon_o}{\varepsilon}\right)^2} = 0{,}4366$. Die Geschwindigkeit der Elektronen beträgt 43,66% der Lichtgeschwindigkeit , dies sind $v = 1{,}31.10^8$ m/s.

c.) Massenzuwachs

$\frac{m}{m_o} = \frac{1}{\sqrt{1-\beta^2}} = 1{,}112$. Der Massenzuwachs ist 11,2%

7.2 Atomkern

7.2.1 Grundbegriffe

Die Bausteine des Atomkerns sind das **Proton** (p^+), das eine positive Elementarladung trägt und das elektrisch neutrale **Neutron** (n). p^+ und n nennt man gemeinsam auch **Nukleonen**. Man bezeichnet mit

ST 9 **Z** die Anzahl der Protonen im Kern (**Kernladungszahl**, Ordnungszahl),
N die Anzahl der Neutronen im Kern,
A = Z + N die Anzahl aller Nukleonen

A wird auch **Massenzahl** genannt, da A gut mit der relativen Masse des Kerns übereinstimmt (s. Aufgabe ST- 27).
Das Atom als Ganzes enthält noch Z Elektronen in der Atomhülle, die die positive Ladung des Atomkerns kompensieren.
Eine durch Z und N charakterisierte Atomart nennt man **Nuklid**. Zur Kennzeichnung eines Nuklids X verwendet man die Schreibweise $^{A}_{Z}X$.

Z. B. enthält ein $^{12}_{6}C$-Kohlenstoffatom im Kern sechs Protonen und sechs Neutronen.

Isotope sind Nuklide mit gleicher Kernladungszahl Z aber verschiedener Neutronenzahl N und daher auch verschiedener Massenzahl A. Isotope besitzen gleiche chemische Eigenschaften.
Isotone sind Nuklide mit gleichem N aber verschiedenem Z.
Isobare sind Nuklide mit gleicher Massenzahl A.

Radionuklide sind Kerne, die unter Aussendung einer charakteristischen **Strahlung** zerfallen. Die wichtigsten drei Arten von Kernstrahlung sind

- α-Strahlung. Sie besteht aus Heliumkernen $^{4}_{2}He^{2+}$. Bei α-Strahlern nimmt daher die Kernladungszahl um 2 und die Massenzahl um 4 ab.
- β-Strahlung besteht aus Elektronen. Bei β-Strahlung steigt die Kernladungszahl um 1, die Massenzahl bleibt gleich.
- γ-Strahlung besteht aus Photonen, ist also eine elektromagnetische Strahlung („Licht"). Z und A bleiben gleich.

Die Strahlungsenergie radioaktiver Atome ist sehr hoch und beträgt meist einige MeV. Sichtbares Licht hat nur eine Energie von einigen eV.

Bei der Aufstellung von **Kernreaktionsgleichungen** muss sowohl die Summe der Kernladungszahlen als auch die Summe der Massenzahlen auf beiden Seiten der Gleichung gleich groß sein. Nimmt man wie bei den chemischen Reaktionsgleichungen die Kennziffern der Ausgangsstoffe (Stoffe, die verschwinden!) negativ, die Kennziffern der Endstoffe positiv, dann gilt

ST 10 Kernreaktionsgleichung $\sum \nu_i \, ^{A_i}_{Z_i}X_i = 0$

Bilanz der Kernladungen $\sum \nu_i Z_i = 0$

Bilanz der Massenzahlen $\sum \nu_i A_i = 0$

Für Kernreaktionsgleichungen, an denen nur zwei Ausgangs- und zwei Endstoffe beteiligt sind, wird auch eine Kurzschreibweise verwendet.

Beispiel ST- 6: $^{12}_{6}C + ^{2}_{1}H \rightarrow ^{13}_{7}N + ^{1}_{0}n$; in Kurzschreibweise $^{12}_{6}C\ (d,n)\ ^{13}_{7}N$

$^{25}_{12}Mg + ^{0}_{0}\gamma \rightarrow ^{24}_{11}Na + ^{1}_{1}H$; in Kurzschreibweise $^{25}_{12}Mg\ (\gamma,p)\ ^{24}_{11}Na$

7.2.2 Massendefekt und Bindungsenergie der Atomkerne

Die Masse eines Atomkernes ist immer kleiner als die Summe der Massen der Kernbausteine. Diese Massendifferenz ist der **Massendefekt**. Der Massendefekt entspricht nach $\Delta\varepsilon = \Delta m\, c^2$ der Bindungsenergie des Atomkerns. Das ist jene Energie, die umgesetzt wird,

wenn der Atomkern aus den Kernbausteinen aufgebaut wird.
Für ein Atom ${}^{A}_{Z}X$ gilt: $Zp^{+} + Ze^{-} + Nn = {}^{A}_{Z}X$

Der **Massendefekt** ist daher

ST 11 $\Delta m = m_X - Z\, m_p - Z\, m_e - N\, m_n = m_X - Z\, m_H - N\, m_n$

Zur Vereinfachung der Rechnung kann man statt $Z\, m_p + Z\, m_e$ auch $Z\, m_H$ verwenden, wobei m_H die Masse eines Wasserstoffatoms ${}^{1}_{1}H$ ist.

Die **Bindungsenergie** ist

ST 12 $E_B = \Delta m\, c^2 = (m_X - Z\, m_H - N\, m_n)\, c^2$

Häufig verwendet man auch die mittlere Bindungsenergie pro Nukleon $\frac{E_B}{A}$.

Die Massen der Atome sind von der Größenordnung 10^{-27} bis 10^{-25} kg. Das Rechnen mit solchen kleinen Zahlen ist sehr unpraktisch. Es ist zweckmäßig mit der relativen Atommasse der Teilchen zu rechnen. Man definiert daher eine **atomare Masseneinheit**

$$u = \frac{m({}^{12}_{6}C)}{12} = \frac{12.10^{-3}}{12.N_L} \cdot \frac{kg}{mol.mol^{-1}} = 1{,}6605402.10^{-27}\,kg.$$

und gibt die Massen der Atome in Vielfachen von u an.

Häufig wird auch statt der Masse eines Teilchens die entsprechende Energie in MeV angegeben.

ST 13 $1u = 1{,}6605402.10^{-27}\,kg = 931{,}49432\ MeV$

Die Bindungsenergie pro Nukleon ist am größten im Bereich der Massenzahlen zwischen 40 und 100. Mit diesen Massenzahlen sind die Kerne am stabilsten. Daher wird sowohl bei der Spaltung von schweren Kernen (z. B. ${}^{235}U$) als auch bei der Verschmelzung (Fusion) von leichten Kernen (z. B. H zu He) Energie frei.

Eine halbempirische Gleichung, die den Verlauf der Bindungsenergie pro Nukleon in Abhängigkeit von der Massenzahl A gut wiedergibt ist die **BETHE-WEIZSÄCKER-Gleichung**.

ST 14 $$\frac{E_B}{A} = -15{,}8 + 17{,}8\,A^{-\frac{1}{3}} + 0{,}71\,A^{-\frac{4}{3}}\,Z(Z-1) + 23{,}7\,A^{-2}(A-2Z)^2 + \delta.33{,}6\,A^{-\frac{7}{4}}\ MeV$$

$$\delta = \begin{cases} -1 & \text{für gg-Kerne (Z und N geradzahlig)} \\ 0 & \text{für gu- und ug-Kerne} \\ 1 & \text{für uu-Kerne (Z und N ungeradzahlig)} \end{cases}$$

Für die Beispiele und Aufgaben werden folgende Isotopenmassen verwendet:

Tabelle ST- 1

Teilchen	Masse (u)	Teilchen	Masse (u)	Teilchen	Masse (u)	Teilchen	Masse (u)
n	1,0086649	$^{6}_{3}Li$	6,015122	$^{233}_{90}Th$	233,041576	$^{239}_{92}U$	239,054289
$^{1}_{1}H$	1,0078250	$^{7}_{3}Li$	7,016004	$^{233}_{92}U$	233,039627	$^{239}_{94}Pu$	239,052156
$^{2}_{1}H$	2,0141018	$^{12}_{6}C$	12,000000	$^{234}_{92}U$	234,040945	$^{240}_{94}Pu$	240,053807
$^{3}_{1}H$	3,0160493	$^{56}_{26}Fe$	55,934942	$^{235}_{92}U$	235,043922		
$^{3}_{2}He$	3,0160293	$^{231}_{90}Th$	231,036296	$^{236}_{92}U$	236,045561		
$^{4}_{2}He$	4,0026033	$^{232}_{90}Th$	232,038050	$^{238}_{92}U$	238,050784		

Beispiel ST- 7: Die Reaktionsenergien chemischer Reaktionen liegen im Bereich von einigen Hundert bis einigen Tausend kJ/mol. Man zeige, dass bei einer exothermen Reaktion mit einer Reaktionsenergie von -1000 kJ/mol kein messbarer Massendefekt mehr auftritt.
Um welchen Faktor sind die Bindungsenergien der Atomkerne größer als die chemischen Reaktionsenergien? Man vergleiche für obige Reaktion die Reaktionsenergie pro Teilchen mit der Bindungsenergie des $^{12}_{6}C$-Atomkernes.

$$\Delta m = \frac{\Delta\varepsilon}{c^2} = \frac{10^6\,J.s^2}{(3.10^8)^2 m^2} = 1{,}1.10^{-11}\,kg;\ \text{praktisch nicht messbar}$$

Die Reaktionsenergie pro Teilchen ist $\frac{10^6}{6.10^{23}} = 1{,}67.10^{-18}\,J = -10{,}4\ eV$

Für den $^{12}_{6}C$- Atomkern gilt 6 H + 6 n = $^{12}_{6}C$; Die Bindungsenergie ist $\Delta\varepsilon$ = (12,0000000 - 6.1,0078250 - 6.1,0086649) u = -0,0989396 u = -92,2.10^6 eV
Die Bindungsenergie pro Teilchen ist fast 10^7 mal größer.

Beispiel ST- 8: Ein $^{6}_{3}Li$-Kern mit einer kinetischen Energie von 2,45 MeV und ein Deuteron ($^{2}_{1}H$-Kern) mit einer kinetischen Energie von 4,13 MeV stoßen zentral zusammen.
Welche kinetische Energie besitzen die beiden α-Teilchen?
Rechnet man mit den Atommassen, dann ist auch die Elektronenbilanz ausgeglichen.
Nach dem Energieerhaltungssatz muss die Summe aller Energien (Ruhe- und kinetische Energie) null sein. Endprodukte werden positiv, Ausgangsstoffe negativ gerechnet.

Die Reaktion ist	$^{6}_{3}Li$	+ $^{2}_{1}H$	= 2 $^{4}_{2}He$		mit den Energien
ε_o	5603,052	1876,124	3728,402	MeV	
ε_{kin}	2,450	4,130	x	MeV	

2 x + 2.3728,402 - (5603,052 + 2,450 + 1876,124 + 4,130) = 0
x = 14,476 MeV
Die beiden α-Teilchen besitzen je 14,476 MeV an kinetischer Energie.

7.2.3 Neutronenaktivierung

Neutronen können, da sie keine elektrische Ladung haben, besonders leicht in Atomkerne eindringen.
Die neu entstandenen Kerne zerfallen wegen ihres Neutronenüberschusses meist durch β-Strahlung in stabilere Kerne.
Die β-Strahlung ist fast immer mit einer für das Nuklid charakteristischen γ-Strahlung verbunden. Daher ist die Neutronenaktivierung eine wichtige Methode der Analyse.

Die Aktivierungsgleichung gibt den Zusammenhang zwischen der Bestrahlungszeit und der gebildeten Aktivität an.
In ein Targetatom X dringt ein Neutron ein und bildet ein radioaktives Atom Y. Dieses zerfällt in das stabile Atom C

$$X + n \xrightarrow{\text{Aktivierung}} Y \xrightarrow{\beta-,\ \gamma-\text{Zerfall}} C$$

Es sei
φ die Neutronenflußdichte, $[\varphi] = 1/\text{cm}^2.\text{s}$
σ der Einfangquerschnitt der Targetatome X für Neutronen, $[\sigma] = 1$ barn $= 10^{-24}$ cm^2
N_o die Anzahl der anfangs vorhandenen Atome X
λ die Zerfallskonstante, τ die Halbwertszeit des entstehenden radioaktiven Elements Y
t_B die Bestrahlungsdauer
t_W eine eventuelle Wartezeit zwischen dem Ende der Bestrahlung und dem Messzeitpunkt

Die Probe hat dann die Aktivität

ST 15 $$A = \varphi\, \sigma\, N_o(1 - e^{-\lambda t_B})\, e^{-\lambda t_W}$$ **Aktivierungsgleichung**

Wird sofort nach der Bestrahlung die Aktivität gemessen, dann ist $t_W = 0$ und $e^{-\lambda t_W} = 1$. Der Term $e^{-\lambda t_W}$ kann dann weggelassen werden.
Die Sättigungsaktivität ist $A_s = \varphi\, \sigma_X\, N_o$. Man erreicht sie nur für $t_B \to \infty$, denn dann ist $e^{-\lambda t_B} \to 0$.
Bei einer Bestrahlungsdauer
$t_B = \tau$ erreicht man 50% der Sättigungsaktivität
$t_B = 2\tau$ erreicht man 75% der Sättigungsaktivität.

7.3 Elektronenhülle

7.3.1 Polarisation und Dipolmoment

Die Bausteine der Moleküle sind die elektrisch positiven Atomkerne und die negativen Elektronen. Bei den meisten Molekülen ist der negative Ladungsschwerpunkt der Elektronen und der positive Ladungsschwerpunkt der Kernladungen räumlich getrennt. Solche Moleküle besitzen ein permanentes elektrisches Dipolmoment. Nur bei bestimmten symmetrischen Molekülen, wie etwa Kohlendioxid und Benzol oder bei zweiatomigen Molekülen aus gleichen Atomen (N_2, H_2 u. a.) fallen die Ladungsschwerpunkte zusammen und das Dipolmoment ist null.

ST 16 Das **Dipolmoment** ist definiert durch $\vec{\mu} = Q.\vec{l}$

Q ist die Ladung der Ladungsschwerpunkte.

$\vec{l}$ ist der Vektor, der vom negativen zum positiven Ladungsschwerpunkt zeigt und den Betrag l hat. l ist also der Abstand der Ladungsschwerpunkte.

$[\mu]$ =1 C.m . Häufig wird auch noch eine ältere Einheit verwendet, das Debye.
1 D = $3{,}33563.10^{-30}$ C.m

Obwohl das Dipolmoment ein Vektor ist, kann man in allen Rechnungen, in denen es nicht auf die Richtung ankommt, den Betrag des Momentes verwenden.

Als Hilfsmittel zur Bestimmung der Richtung eines Dipolmomentes kann man die **Elektronegativität** verwenden. Diese ist ein Maß für die Kraft eines Atoms in einem Molekül Elektronen anzuziehen. Je größer die Elektronegativität, desto stärker die Anziehungskraft für Elektronen. Im Salzsäuremolekül zum Beispiel hat das H-Atom eine Elektronegativität von 2,10, das Cl-Atom eine Elektronegativität von 3,16 (nach der Pauling-Skala). Das Cl-Atom zieht im HCl-Molekül die Elektronen stärker an als das H-Atom und der negative Ladungsschwerpunkt liegt daher näher beim Cl, der positive näher beim H. Es entsteht ein Dipolmoment, das vom Cl zum H gerichtet ist und 1,11 D groß ist.
Es ist möglich einzelnen Bindungen in einem Molekül Bindungsmomente zuzuordnen. Da der Wert der Bindungsmomente unabhängig vom Molekül einigermaßen konstant ist, kann man das Dipolmoment des ganzen Moleküls durch **Vektoraddition** aus den einzelnen Bindungsmomenten berechnen oder zumindest abzuschätzen.

Beispiel ST- 9: Das Dipolmoment von Fluorbenzol ist μ = 1,47 D. Wie groß sind die Dipolmomente von o-Difluorbenzol, m-Difluorbenzol und p-Difluorbenzol unter der Voraussetzung, dass alle Moleküle planar sind?
Im o-Difluorbenzol schließen zwei gleiche Bindungsmomente einer C_6H_5-F-Bindung einen Winkel von α = 60° ein.

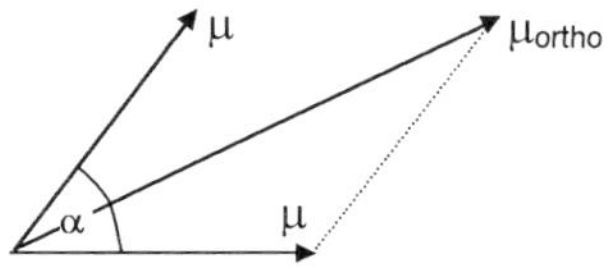

Abb.ST- 1

Nach dem Cosinussatz ist der Betrag des resultierenden Momentes

$$\mu_{ortho} = \sqrt{\mu^2 + \mu^2 - 2\mu\mu\cos(180 - \alpha)} = \sqrt{2\mu^2(1 + \cos\alpha)} = 2{,}54\,\mathrm{D}\ \text{(Literaturwert 2,46 D)}$$

Für die meta-Verbindung ist der Winkel 120°, das Dipolmoment daher μ_m = 1,47 D (Literaturwert 1,51 D).
In der para-Verbindung sind die beiden gleich großen Momente entgegengesetzt gerichtet, das resultiernde Moment μ_p ist daher null.

Bringt man einen Stoff in ein konstantes elektrisches Feld, dann werden seine Moleküle polarisiert. Diese Polarisation besteht aus zwei Anteilen:
Der temperaturunabhängigen **Verschiebungspolarisation**. Innerhalb des Moleküls werden die Elektronen zum positiven Pol und die Atomkerne zum negativen Pol des Feldes verschoben. Dadurch ändert sich auch die Lage der Ladungsschwerpunkte und es entsteht ein induziertes Dipolmoment.

Der temperaturabhängigen **Orientierungspolarisation**. Diese tritt nur bei Molekülen mit permanentem Dipolmoment auf. Dabei dreht sich die Achse des Momentes in Feldrichtung. Die Ausrichtung der Momente wird aber immer wieder gestört durch die thermische Bewegung. Mit steigender Temperatur nimmt die thermische Bewegung zu, daher die Orientierungspolarisation ab.
Polarisation und Dipolmoment können nicht direkt gemessen werden. Gemessen wird die Kapazität eines mit der Probe gefüllten Kondensators. Aus dieser wird die relative Dielektrizitätskonstante ε_r berechnet.
ε_r und die verschiedenen Polarisationen sind durch die Gleichung von DEBYE miteinander verknüpft.

ST 17 $$P = \frac{\varepsilon_r - 1}{\varepsilon_r + 2} \cdot \frac{M}{\rho} = \frac{N_L}{3\varepsilon_o}\left(\alpha + \frac{\mu^2}{3kT}\right) = P_V + P_O$$

In dieser Gleichung bedeuten P die **molare Polarisation**,

$P_V = \frac{N_L}{3\varepsilon_o}\alpha$ die **Verschiebungspolarisation** und

$P_O = \frac{N_L}{9\varepsilon_o k} \cdot \frac{\mu^2}{T}$ die **Orientierungspolarisation**.

ε_r ist die relative Dielektrizitätskonstante, M die molare Masse, ρ die Dichte, α die mittlere elektrische Polarisierbarkeit und μ das permanente Dipolmoment des Stoffes. T ist die absolute Temperatur. N_L, ε_o und k sind die Loschmidtkonstante, die elektrische Feldkonstante und die Boltzmannkonstante.

Im hochfrequenten Wechselfeld des Lichtes (etwa 10^{15} Hz) können nur noch die Elektronen dem schnellen Wechsel der Polarität des Feldes folgen. Die Verschiebung der Atomkerne und die Orientierung der Dipole ist nicht mehr möglich. Bei der Durchstrahlung mit sichtbarem Licht ist daher der durch die Elektronen bewirkte Anteil der Verschiebungspolarisation gegeben durch

ST 18 $P_E = \frac{n^2 - 1}{n^2 + 2} \cdot \frac{M}{\rho}$ und heißt Elektronenpolarisation oder **Molrefraktion**.

n... Brechungsindex des Stoffes

Die Molrefraktion beträgt etwa 90 bis 95% der Verschiebungspolarisation. Der Rest - die **Atompolarisation** - kommt durch die Verschiebung der Atomkerne zustande.

Mit Hilfe der Gleichungen ST 17 und ST 18 sind Dipolmomente und Polarisierbarkeiten bestimmbar. Diese Gleichungen gelten allerdings nur dann genau, wenn die Moleküle des Stoffes nicht assoziieren. Assoziate entstehen aber um so eher, je größer das Dipolmoment der Moleküle und je dichter der Stoff ist.
Daher werden die Messungen entweder im Gaszustand oder meist in verdünnter Lösung durchgeführt. Die Teilchen sind dann weit genug voneinander entfernt, um die Wechselwirkungen mit einfachen Rechenmethoden berücksichtigen zu können. Flüssige Stoffe mit kleinem Dipolmoment können auch direkt gemessen werden.
Misst man die Abhängigkeit der Dichte und Dielektrizitätskonstanten von der Temperatur, dann sind sowohl die mittlere elektrische Polarisierbarkeit als auch das permanente Dipolmoment des Stoffes direkt berechenbar (vgl. Beispiel ST- 10).
Misst man nur bei einer Temperatur, dann benötigt man Dichte, Dielektrizitätskonstante und Brechungsindex. Die mittlere elektrische Polarisierbarkeit wird dann aus der Molrefraktion abgeschätzt, indem man diese der Verschiebungspolarisation gleichsetzt. Eventuell werden dabei einige Prozent für die Atompolarisation berücksichtigt. Die Orientierungspolarisation

und damit das Dipolmoment erhält man aus der Differenz von Molpolarisation und Verschiebungspolarisation (vgl. Beispiel ST- 11).

Beispiel ST- 10: Man berechne das Dipolmoment μ und die mittlere Polarisierbarkeit α von Chloroform aus folgenden Messergebnissen. ρ ist die Dichte, ε_r die relative Dielektrizitätskonstante des flüssigen Chloroforms.

t (°C)	20	30	40	50	60
ρ (g/cm^3)	1,4832	1,4685	1,4541	1,4400	1,4262
ε_r	4,803	4,623	4,455	4,298	4,152

Setzt man in der Gleichung $P = \frac{\varepsilon_r - 1}{\varepsilon_r + 2} \cdot \frac{M}{\rho} = \frac{N_L}{3\varepsilon_o}\left(\alpha + \frac{\mu^2}{3kT}\right)$ y = P und x = $\frac{1}{T}$, dann stellt sie die Gleichung einer Geraden dar. Der Ordinatenabschnitt und die Steigung dieser Geraden sind $OA = \frac{N_L \alpha}{3\varepsilon_o}$ und $ST = \frac{N_L \mu^2}{9\varepsilon_o k}$. Man berechnet daher für jede Messtemperatur die molare Polarisation, ermittelt durch Linearregression OA und ST und daraus α und μ.
Die folgende Tabelle fasst die Ergebnisse zusammen.

t	ρ	ε_r	P	1/T	Regression und Ergebnisse	
°C	g/cm^3		m^3/mol	1/K		
20	1,4832	4,803	$4{,}499.10^{-5}$	0,003411	Korrelationskoeff.	0,9992857
30	1,4685	4,623	$4{,}447.10^{-5}$	0,003299	OA	$2{,}751.10^{-5}$
40	1,4541	4,455	$4{,}394.10^{-5}$	0,003193	ST	0,0051338
50	1,4400	4,298	$4{,}341.10^{-5}$	0,003095	α (C.m^2/V)	$1{,}2135.10^{-39}$
60	1,4262	4,152	$4{,}289.10^{-5}$	0,003002	μ (C.m)	$3{,}063.10^{-30}$
					μ (Debye)	0,918

Es ist also $\mu = 3{,}06.10^{-30}$ C.m bzw. 0,92 D und $\alpha = 1{,}21.10^{-39}$ C.m^2/V.
Die Literaturwerte sind μ = 1,04 D und $\alpha = 1{,}06.10^{-39}$ C.m^2/V.
Wie man sieht, machen sich die Wechselwirkungskräfte zwischen den Dipolen zwar schon bemerkbar, aber die Korrelation ist noch recht gut.

Beispiel ST- 11: An mehreren verdünnten Lösungen von Methylethylketon (MEK) in Benzol wurden bei 20°C die Dichten ρ und die relativen Dielektrizitätskonstanten ε_r gemessen. Das reine MEK hat einen Brechungsindex von 1,3788 und eine Dichte von 0,8054 g/cm^3. Wie groß sind das Dipolmoment μ und die mittlere Polarisierbarkeit α von Methylethylketon?

x_S (Molenbruch MEK)	0	0,0174	0,0322	0,0468	0,0601	0,0781	0,0948
ρ (g/cm^3)	0,8765	0,8754	0,8744	0,8735	0,8727	0,8715	0,8704
ε_r	2,2825	2,4949	2,6756	2,8538	3,0162	3,2360	3,4398

Für die Molpolarisation der Lösung eines polaren Stoffes S in einem nichtpolaren Lösungsmittel L gilt

(1) $P = \frac{\varepsilon - 1}{\varepsilon + 2} \cdot \frac{\overline{M}}{\rho}$. ε, ρ und $\overline{M}$ sind die Dielektrizitätskonstante, die Dichte und die mittlere Molmasse der Lösung. $\overline{M} = x_S M_S + x_L M_L$ (vgl. GA 9)

Aus (1) berechnet man nun für die verschiedenen Lösungen die Molpolarisationen. Sind P_L und P_S die Molpolarisationen der reinen Stoffe, dann gilt außerdem

(2) $P = x_L P_L + x_S P_S$. P_L ist die Molpolarisation des reinen Benzols. Mit (2) wird für jede Lösung ein P_S berechnet.

Obwohl die Lösungen verdünnt sind nehmen die so berechneten Molpolarisationen, bedingt durch die Wechselwirkungen der Dipole, mit zunehmender Konzentration von S ab. Durch eine graphische oder rechnerische Extrapolation (Regressionsrechnung!) der P_S-Werte zur Konzentration null erhält man die Molpolarisation des gelösten Stoffes $(P_S)_o$. Meist genügt eine lineare Regression.

$$(P_S)_o = \frac{N_L}{3\varepsilon_o}\left(\alpha + \frac{\mu^2}{3kT}\right) = P_V + P_O$$

Als gute Näherung für P_V verwendet man die aus dem Brechungsindex nach ST 18 berechnete Elektronenpolarisation. Daraus erhält man α, die mittlere Polarisierbarkeit. Aus $P_O = (P_S)_o - P_V$ berechnet man das Dipolmoment.

Wurden solche Messserien bei mehreren Temperaturen gemacht, dann wird analog wie im Beispiel ST- 10 aus den $(P_S)_o$-Werten α und μ berechnet. Der Brechungsindex von S ist dann nicht notwendig.

Für das MEK bekommt man auf diese Weise:

$$P_E = \frac{n^2 - 1}{n^2 + 2} \cdot \frac{M}{\rho} = 20{,}68 \text{ cm}^3\text{/mol.}$$

Wegen der handlicheren Zahlen wird auch in der weiteren Rechnung cm^3/mol als Einheit für P verwendet. Während der ganzen Rechnung achte man sorgfältig auf die richtigen Einheiten.

$$\overline{M} = x_S M_S + x_L M_L = M_L + x_S (M_S - M_L)$$

Z. B. ist für $x_S = 0{,}0468$

$$\overline{M} = 78{,}11 + 0{,}0468.(72{,}11 - 78{,}11) = 77{,}829 \text{ g/mol}$$

$$P = \frac{2{,}8538 - 1}{2{,}8538 + 2} \cdot \frac{77{,}8292}{0{,}8735} = 34{,}030 \text{ cm}^3\text{/mol}$$

Aus (2) bekommt man durch Umformen

$$P_S = P_L + \frac{P - P_L}{x_S} = 26{,}688 + \frac{34{,}030 - 26{,}688}{0{,}0468} = 183{,}57 \text{ cm}^3\text{/mol}$$

Die restlichen Zahlen zeigt die folgende Tabelle. Die letzte Spalte enthält die Ergebnisse der Linearregression der P_S-Werte gegen die zugehörigen Molenbrüche x_S.

$(P_S)_o = 201{,}95$ cm^3/mol ist der Ordinatenabschnitt der Regression.

Weiter gilt $(P_S)_o - P_E = \frac{N_L \mu^2}{9\varepsilon_o kT}$. Daraus ist dann $\mu = 9{,}85.10^{-30}$ C.m bzw. 2,95 D. Dieser Wert ist um einige Prozent zu hoch, da die Atompolarisation nicht berücksichtigt wurde.

Die mittlere Polarisierbarkeit α schließlich ergibt sich aus $\frac{N_L}{3\varepsilon_o}\alpha = \frac{n^2 - 1}{n^2 + 2} \cdot \frac{M}{\rho}$

$\alpha = 9{,}12.10^{-40}$ C.m²/V.

x_S	ρ g/cm³	ε_r	$\overline{M}$ g/mol	P cm³/mol	P_S cm³/mol	Ergebnisse	
0	0,8765	2,2825	78,11	26,688		Korrelationskoeff.	-0,998396
0,0174	0,8754	2,4949	78,01	29,636	196,13	$(P_S)_o$	201,95
0,0322	0,8744	2,6756	77,92	31,933	189,57	$(P_S)_o - P_E$	181,27
0,0468	0,8735	2,8538	77,83	34,030	183,57	μ (C.m)	$9{,}85.10^{-30}$
0,0601	0,8727	3,0162	77,75	35,811	178,48	μ (D)	2,95
0,0781	0,8715	3,2360	77,64	38,045	172,10		
0,0948	0,8704	3,4398	77,54	39,955	166,64		
1	0,8054		72,11				

7.3.2 Lichtabsorption

Bei der Absorption von Licht werden Teilchen (Atome, Moleküle, Ionen) in höhere Energiezustände versetzt. Aus diesen kehren sie durch Emission wieder in den Grundzustand zurück. Normalerweise ist ein Stoff im thermischen Gleichgewicht mit seiner Umgebung. In diesem Fall überwiegt die Absorption immer gegenüber der Emission, wie das **Besetzungsverhältnis** zeigt.
Für das Verhältnis der Anzahlen N_2 und N_1 der Teilchen in zwei verschiedenen Energieniveaus ε_2 und ε_1 gilt nach dem Boltzmannschen e-Satz (GA 18)

$$\frac{N_2}{N_1} = e^{-\frac{\varepsilon_2 - \varepsilon_1}{kT}} = e^{-\frac{h\nu}{kT}}$$

Ist die Strahlung energiereich, also $h\nu \gg kT$, dann ist die Strahlungsenergie viel größer als die Energie der thermischen Bewegung. Der Wert des Besetzungsverhältnisses geht gegen null, je mehr die Frequenz zunimmt. $\lim_{\nu\to\infty} \frac{N_2}{N_1} = \lim_{\nu\to\infty} e^{-\frac{h\nu}{kT}} = 0$.

Fast alle Teilchen befinden sich im Grundzustand. Es wird kein Licht emittiert, da keine angeregten Teilchen vorhanden sind. Es kann nur Licht absorbiert werden.
Ist $h\nu \ll kT$, dann ist die thermische Bewegung energiereicher als die Strahlung und der Grenzwert des Besetzungsverhältnisses ist 1. $\lim_{\nu\to 0} \frac{N_2}{N_1} = \lim_{\nu\to 0} e^{-\frac{h\nu}{kT}} = 1$.

Das heißt höchstens genauso viele Teilchen wie im Grundniveau können sich im höheren Energieniveau befinden.
Tatsächlich ist aber immer $N_2 < N_1$. Daher ist auch hier die Absorption immer stärker als die Emission.
Tabelle ST- 2 zeigt einige Besetzungsverhältnisse bei 25°C:

Tabelle ST- 2

Frequenz	Wellenlänge	Besetzungsverhältnis
30 MHz	10 m	0,999995
300 MHz	1 m	0,99995
300 GHz	1 mm	0,953
3.10^{12} Hz	100 µm	0,617
3.10^{13} Hz	10 µm	0,00793
3.10^{14} Hz	1 µm	10^{-21}

Für die Absorption von Licht gilt das

ST 19 **LAMBERT-BEER-Gesetz**: $I = I_0 e^{-kN}$ bzw. $\ln\frac{I}{I_0} = -kN$

I_0... Lichtintensität vor dem Durchgang; I...Lichtintensität nach dem Durchgang
k... Absorptionskonstante
N... Anzahl der absorbierenden Teilchen oder eine dazu proportionale Größe.

Voraussetzungen für die Gültigkeit des Lambert-Beer-Gesetzes sind allerdings, dass

- die Strahlung monochromatisch ist,
- keine andere Wechselwirkung als nur die Absorption auftritt (z. B. keine Fluoreszenz),
- keine photochemischen Reaktionen eintreten (geringe Intensität der Strahlung) und
- die Lösung so verdünnt ist, dass die Extinktion kleiner als eins bleibt. Am genauesten arbeitet man im Bereich 0,2 - 0,8.

Für die praktische Anwendung am wichtigsten sind die Bereiche der Gammastrahlung und des sichtbaren bzw. ultravioletten Lichtes.

Gammastrahlung (γ-Strahlung)

Die Schichtdicke d des durchstrahlten Materials ist hier die zu N proportionale Größe.
Daher gilt

$I = I_0 e^{-kd}$ bzw. $\ln\frac{I}{I_0} = -kd$.

Jene Schichtdicke in der die Lichtintensität auf die Hälfte geschwächt wird, nennt man **Halbwertsdicke** HWD. Es gilt $HWD = \frac{\ln 2}{k}$.

Die Absorption der Gammastrahlung hängt aber nicht nur von atomaren Eigenschaften des Stoffes sondern auch von der Dichte ab. Daher hat man einen **Massenabsorptionskoeffizienten** $\mu = \frac{k}{\rho}$ definiert, der die auf einen Stoff mit der Dichte eins normierte Absorptionskonstante darstellt. Zusammengefasst gilt also

ST 20

$I = I_0 e^{-kd}$ bzw. $\ln\frac{I}{I_0} = -kd$	Absorptionsgesetz für die γ-Strahlung
$HWD = \frac{\ln 2}{k}$	Halbwertsdicke
$\mu = \frac{k}{\rho}$	Massenabsorptionskoeffizient

UV - VIS -Bereich

Die Absorption von sichtbarem und ultraviolettem Licht durch Lösungen wird sehr viel in der analytischen Chemie verwendet.
Bei Lösungen ist N proportional zur Schichtdicke d und zur Konzentration c der Lösung.

ST 21 Für Lösungen gilt $-\lg\frac{I}{I_0} = E = \varepsilon\, c\, d$

E... Extinktion ; c... Konzentration ; d... Schichtdicke ; ε... molarer dekadischer Extinktionskoeffizient.

ε ist um so größer je stärker die gelösten Teilchen das Licht absorbieren. Bei Farbstoffen ist ε etwa 10^4 bis 10^5 l/mol.cm.

7.3.3 Drehung der Ebene polarisierten Lichtes

Die Schwingungsebene linear polarisierten Lichtes wird in Lösungen optisch aktiver Stoffe gedreht. Für den Drehwinkel α gilt

ST 22 $\alpha = [\alpha]_D^{20}\, c\, d$

$[\alpha]_D^{20}$.. spezifische Drehung des gelösten Stoffes für die Natrium-D-Linie bei 20 °C
c......... Konzentration der Lösung (g gelöster Stoff/ml Lösung)
d......... Schichtdicke der Lösung (dm)

7.3.4 Molekülspektren

Teilchen, die aus **mehreren Atomen** bestehen (Moleküle, komplexe Ionen) können Energie bei der Bestrahlung aufnehmen durch

1. Translation. Die Bewegung des Moleküls als Ganzes wird schneller - nach außen hin sichtbar durch eine Erwärmung des Stoffes. Die Translation ist allerdings beschränkt auf Gase.
2. Rotation. Das Molekül beginnt um eine seiner Schwerpunktachsen zu rotieren.
3. Schwingung. Die Atome im Molekül beginnen gegeneinander zu schwingen.
4. Elektronenanregung. Elektronen der Molekülorbitale wechseln auf höhere Energieniveaus.

Einzelne Atome können Energie nur durch Translation und Elektronenanregung aufnehmen. Rotation und Schwingung sind nicht möglich.

Umgekehrt kann auf eine der vier Arten durch Emission von Strahlung auch wieder Energie abgegeben werden.
Während die Translationsenergie sich kontinuierlich verändern kann, sind die Energiezustände der anderen drei Bewegungsarten diskret. Dies bedeutet, es können nur ganz bestimmte, für das Teilchen charakteristische Energiebeträge, aufgenommen oder abgegeben werden. Diese Energiebeträge entsprechen aber gemäß der Gleichung $\varepsilon = h\,\nu$ wieder einer teilchenspezifischen Strahlung der Frequenz ν.
Die Gesamtheit der Frequenzen, mit denen Licht von einem Teilchen abgestrahlt oder aufgenommen werden kann, ist sein **Spektrum**.

In der **Absorptions**- und **Emissionsspektroskopie** werden diese Phänomene zur qualitativen und quantitativen Analyse der Stoffe ausgenützt.
Die Berechnung **thermodynamischer Größen** aus spektroskopischen Daten ist ebenfalls eine wichtige Anwendung.

Einen Überblick über die Veränderung im Molekül und die damit verbundene Energie und Wellenlänge der absorbierten oder emittierten Strahlung enthält Tabelle ST- 3.

Tabelle ST- 3

	Energiebereich etwa kJ/mol	Wellenlänge
Rotation	0,1 - 1	Mikrowellen (cm und mm-Wellen)
Schwingung	1 - 50	Infrarotes Licht (IR) $100\mu m$ - $1\mu m$ ($100\ cm^{-1}$ - $10000\ cm^{-1}$)
Elektronenanregung	150 - 600	Sichtbares und ultraviolettes Licht (VIS und UV) 800 - 100 nm

Zufuhr höherer Energien führt zu Ionisation und Dissoziation des Moleküls.

Da mit einfachen Rechenmethoden vor allem aus Mikrowellen- Infrarot- und Ramanspektren weitreichende Aussagen über Moleküle gemacht werden können, sind - beschränkt auf zweiatomige Moleküle im elektronischen Grundzustand - die Beispiele und Aufgaben in diesem Abschnitt aus diesem Spektralbereich.

7.3.4.1 Molekülrotation

Ein Molekül bestehe aus zwei Atomen mit den Massen m_1 und m_2. (Abb.ST- 2)
Der Abstand der Atomschwerpunkte im bewegungslosen Gleichgewichtszustand (Minimum der potentiellen Energie) sei r_e.
Das Molekül rotiere frei mit der Winkelgeschwindigkeit $\omega = 2\pi n$ (n... Drehzahl) um den Molekülschwerpunkt S.

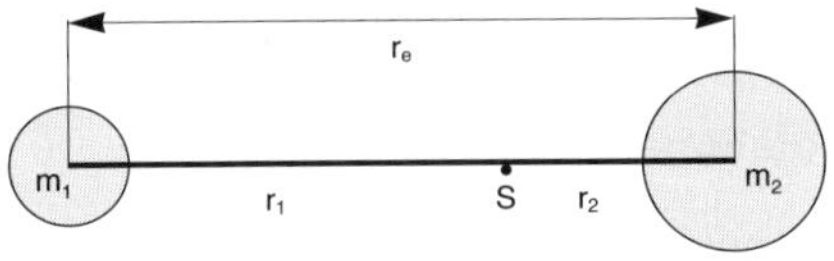

Abb.ST- 2

r_e soll sich zunächst durch die Rotation nicht verändern. Das Molekül ist ein **starrer Rotator**.
Dann gilt

(1) $r_1 + r_2 = r_e$

(2) $m_1 r_1 = m_2 r_2$ gleich große Drehmomente bei der Rotation um den Schwerpunkt S

(3) $I = m_1 r_1^2 + m_2 r_2^2$ Trägheitsmoment der beiden rotierenden Massen

Aus (1) und (2) folgt $r_1 = \frac{m_2}{m_1 + m_2} r_e$ und $r_2 = \frac{m_1}{m_1 + m_2} r_e$

Damit wird aus (3) $I = \frac{m_1 m_2}{m_1 + m_2} r_e^2 = \mu r_e^2$, wenn man $\mu = \frac{m_1 m_2}{m_1 + m_2}$ setzt.

μ nennt man **reduzierte Masse**.

Die Rotationsenergie des Moleküls ist $\varepsilon = \frac{m_1 v_1^2}{2} + \frac{m_2 v_2^2}{2}$

Da aber die Umfangsgeschwindigkeit v = r.ω ist, erhält man $\varepsilon = \frac{m_1 r_1^2 \omega^2}{2} + \frac{m_2 r_2^2 \omega^2}{2} = \frac{I\omega^2}{2}$.

Der Drehimpuls schließlich ist $q = \frac{\partial \varepsilon}{\partial \omega} = I\omega$. Zusammengefasst ist

ST 23 $\omega = 2\pi n$ die Winkelgeschwindigkeit zur Drehzahl n, $[\omega]=1/s$,

$\mu = \frac{m_1 m_2}{m_1 + m_2}$ die reduzierte Masse, $[\mu] = 1$ kg,

$I = \frac{m_1 m_2}{m_1 + m_2} r_e^2 = \mu r_e^2$ das Trägheitsmoment, $[I] = kgm^2$,

$\varepsilon = \frac{I\omega^2}{2}$ die Rotationsenergie, $[\varepsilon] = 1$ J und

$q = I\omega$ der Drehimpuls, $[q] = kgm^2/s$, des Moleküls.

Nach der Quantenmechanik kann der Drehimpuls nur diskrete Werte annehmen, nämlich

ST 24 $q = I\omega = \frac{h}{2\pi}\sqrt{J(J+1)}$ J ist die **Rotationsquantenzahl**. J = 0,1,2,3...

q hat daher nur die Werte 0, $\frac{h}{2\pi}\sqrt{2}$, $\frac{h}{2\pi}\sqrt{6}$, $\frac{h}{2\pi}\sqrt{12}$, $\frac{h}{2\pi}\sqrt{20}$,...

Die Quantelung des Drehimpulses hat wegen $\varepsilon = \frac{I\omega^2}{2} = \frac{(I\omega)^2}{2I} = \frac{q^2}{2I}$ auch eine Quantelung der Rotationsenergie zur Folge

ST 25 $\varepsilon = \frac{h^2}{8\pi^2 I} J(J+1) = BhcJ(J+1)$ **Rotationsenergie** des starr rotierenden Moleküls

$B = \frac{h}{8\pi^2 Ic}$ ist die **Rotationskonstante**.

B hat die gleiche Dimension wie die Wellenzahl, nämlich m^{-1} bzw. cm^{-1}!

Auch die Rotationsenergie besitzt nur diskrete Werte: 0, $2\frac{h^2}{8\pi^2 I}$, $6\frac{h^2}{8\pi^2 I}$, $12\frac{h^2}{8\pi^2 I}$, $20\frac{h^2}{8\pi^2 I}$,..

Die Abstände zwischen den Energietermen werden mit steigender Rotationsquantenzahl immer größer.

Rotationsquantenzahlen können nicht beliebig sondern nur nach bestimmten Auswahlregeln wechseln.

ST 26 Auswahlregeln

Die Rotation zweiatomiger Moleküle **mit** einem permanentem Dipolmoment erzeugt sichtbare Linien im Mikrowellenspektrum und Zusatzlinien zu jeder Schwingungslinie im IR-Spektrum („Feinstruktur" der „Schwingungsbanden"). Dafür gilt $\Delta J = \pm 1$. Bei drei- und mehratomigen Molekülen kann, je nach Orientierung des Dipolmomentes, auch $\Delta J = 0$ sein.

Die Rotationsniveaus von Molekülen **ohne** permanentem Dipolmoment (z. B. O_2, N_2) erkennt man nur im Ramanspektrum. Dafür gilt $\Delta J = 0, \pm 2$.

Aus ST 25 und ST 26 ergeben sich die Wellenzahlen der Spektrallinien, die man im Absorptionsspektrum (IR oder Mikrowellen) oder im Ramanspektrum beobachten kann.

Beispiel ST- 12: Welche Spektrallinien erzeugt ein starr rotierendes Molekül im IR- und im Ramanspektrum?
Im Absorptionsspektrum ergibt sich der Energieunterschied zwischen zwei Rotationsniveaus aus $\Delta J = 1$.

$\Delta\varepsilon = \varepsilon_{J+1} - \varepsilon_J = \frac{h^2}{8\pi^2 I}\left[(J+2)(J+1) - (J+1)J\right] = 2\frac{h^2}{8\pi^2 I}(J+1)$. Daraus ergeben sich mit

$\tilde{\nu} = \frac{\Delta\varepsilon}{hc}$ die Wellenzahlen zu $\tilde{\nu} = 2\frac{h}{8\pi^2 Ic}(J+1) = 2B(J+1)$. Analog rechnet man für $\Delta J = -1$.

Zusammengefasst ist dies $|\tilde{\nu}| = 2\frac{h}{8\pi^2 Ic}(J+1) = 2B(J+1)$. $J = 0,1,2...$

$\tilde{\nu}$ hat die Werte 2B, 4B, 6B,...
Der Abstand der Rotationslinien im IR-Spektrum ist daher konstant 2B.

Für das Ramanspektrum gilt $\Delta J = 0, \pm 2$. Daher ist

$\Delta\varepsilon = \varepsilon_{J+2} - \varepsilon_J = \frac{h^2}{8\pi^2 I}\left[(J+2)(J+3) - J(J+1)\right] = \frac{h^2}{8\pi^2 I}\left(J^2 + 5J + 6 - J^2 - J\right) = 2\frac{h^2}{8\pi^2 I}(2J+3)$ und

$|\tilde{\nu}| = 2\frac{h}{8\pi^2 Ic}(2J+3) = 2B(2J+3)$. $J = 0,1,2...$

Für $\Delta J = 0$ fällt die Ramanlinie zusammen mit der Anregungslinie, ist daher nicht als eigene Linie sichtbar.
Im Ramanspektrum hat $\tilde{\nu}$ die Werte 6B, 10B, 14B,...
Der Abstand der ersten Linie ($J = 0 \rightarrow 2$) von der Anregungslinie ist 6B, der Abstand der folgenden Linien voneinander konstant 4B, also doppelt so groß wie im IR-Spektrum.
Zusammengefasst:

ST 27 Die Wellenzahlen der Spektrallinien eines starr rotierenden Moleküls sind

im Absorptionsspektrum für $\Delta J = \pm 1$ $\quad |\tilde{\nu}| = \frac{h}{4\pi^2 Ic}(J+1) = 2B(J+1) \quad J = 0,1,2,..$

im Ramanspektrum für $\Delta J = \pm 2$ $\quad |\tilde{\nu}| = \frac{h}{4\pi^2 Ic}(2J+3) = 2B(2J+3) \quad J = 0,1,2,..$

Für eine genauere Auswertung eines Rotationsspektrums genügt allerdings das Modell des starren Rotators nicht mehr. Das **Molekül rotiert nicht starr**.
Durch die Zentrifugalkraft wird mit zunehmender Winkelgeschwindigkeit die Bindungslänge r_e vergrößert. Dadurch wird auch das Trägheitsmoment größer. Die Rotationsenergien und die Wellenzahlen der Spektrallinien sind dann (vgl. Aufgabe ST- 60)

ST 28 $\varepsilon = \frac{h^2}{8\pi^2 I}J(J+1) - Dhc\,J^2(J+1)^2$

$\tilde{\nu} = 2B(J+1) - 4D(J+1)^3$ im fernen IR

$\tilde{\nu} = (2B - 3D)(2J+3) - D(2J+3)^3$ im Ramanspektrum

D ist eine zweite positive Rotationskonstante, die die Wirkung der Zentrifugalkraft berücksichtigt. Bei zweiatomigen Molekülen ist $D = \frac{4B^3}{\tilde{\nu}_e^2}$ (s. 7.3.4.2)

Der **Drehimpuls** ist ein **Vektor**, der in atomaren Systemen immer mit einem magnetischen Moment verbunden ist. In einem äußeren magnetischen Feld versucht daher der Drehim-

pulsvektor seine Richtung der Feldrichtung anzupassen. Dies ist aber nur in bestimmten Richtungen möglich, da nicht nur der Betrag sondern auch die Richtung des Drehimpulses gequantelt ist. Zu jeder Rotationsquantenzahl J gibt es 2J + 1 Richtungseinstellungen mit gering verschiedenen Energieinhalten, die der Drehimpulsvektor einnehmen kann.
Im Normalfall ist kein äußeres Feld vorhanden, dann besitzen alle 2J + 1 Rotationszustände dieselbe Energie.

ST 29 Die **Molekülrotation** mit der Quantenzahl J ist (2J + 1)-fach **entartet**

Wegen der Entartung nimmt die Intensität der Rotationslinien zunächst zu und dann erst rasch ab (vgl. Aufgabe ST- 63).
Für die Beispiele und Aufgaben werden die molaren Massen der folgenden Tabelle ST- 4 verwendet.

Tabelle ST- 4

Stoff	M (g/mol)
^{1}H	1,008
^{2}H	2,014
^{12}C	12,000
^{16}O	15,995
^{19}F	19,00
^{35}Cl	34,97
^{79}Br	78,92

Beispiel ST- 13: $H^{35}Cl$ rotiert im Quantenzustand J = 9. r_e = 128,5 pm, D = $5{,}27.10^{-4}$ cm^{-1}.
Man betrachte das Molekül zunächst als starren Rotator und berechne das Trägheitsmoment I, den Drehimpuls q, den Energieinhalt E pro mol und die Drehzahl n in diesem Rotationszustand. Man vergleiche die Drehzahl des Moleküls mit der Frequenz der Rotationslinie für den Übergang J = 9 →10. Um wie viel % hat sich der Abstand der beiden Atome durch die Zentrifugalkraft verändert, wenn das Molekül nicht mehr starr rotiert?

Der Drehimpuls ist $q = \frac{h}{2\pi}\sqrt{J(J+1)} = 1{,}00046.10^{-33}\ kgm^2/s$.

Der Drehimpuls hängt nur von der Rotationsquantenzahl ab!

$$I = \mu r_e^2 = \frac{M_1 M_2}{N_L(M_1 + M_2)} r_e^2.10^{-3} kg = 2{,}6864.10^{-47}\ kgm^2$$

$$\varepsilon = \frac{h^2}{8\pi^2 I} J(J+1) = 1{,}8629.10^{-20}\ J \Rightarrow E = \varepsilon\, N_L = 11{,}22\ kJ/mol$$

Die Drehzahl bekommt man mit ST 23: $n = \frac{1}{2\pi}.\frac{q}{I} = 5{,}93.10^{12}$ Umdrehungen/s.

Die Frequenz der Rotationslinie ist $\nu = \tilde{\nu} c = \frac{h}{4\pi^2 I}(J+1) = 2Bc(J+1)$.

Mit $B = \frac{h}{8\pi^2 Ic} = 10{,}42\ cm^{-1}$ ist für J = 9 die Frequenz $\nu = 6{,}25.10^{12}$ Hz.

Wie man sieht, stimmen die Frequenz der Rotationslinie und die Drehzahl des Moleküls annähernd überein. Dies kann man auch allgemein mit den obigen Gleichungen zeigen!
Es bezeichne S den starren und N den nichtstarren Rotator.

Für den nichtstarren Rotator ist die Energie $\varepsilon_N = \frac{h^2}{8\pi^2 I} J(J+1) - Dhc\, J^2(J+1)^2$.

Da allgemein $\varepsilon . I = \frac{q^2}{2} = \text{konstant}$ (ST 24) $\Rightarrow \varepsilon_S . I_S = \varepsilon_N . I_N$ bzw. $\frac{I_S}{I_N} = \frac{\varepsilon_N}{\varepsilon_S} = 1 - \frac{D}{B} J(J+1)$. Mit

$I_S = \mu r_e^2$ erhält man schließlich $\frac{r_e}{r_N} = \sqrt{1 - \frac{D}{B} J(J+1)}$ und daraus r_N.

$r_N = 1{,}0023\ r_e$ Der Abstand der beiden Atome hat um 0,23% zugenommen.

7.3.4.2 Molekülschwingung

In einem zweiatomigen Molekül schwingen die beiden Atome gegeneinander. Die chemische Bindung wirkt wie eine elastische Feder. Es sei
r_e der Abstand der beiden Atome, im Schwingungsgleichgewicht
r ein beliebiger Abstand während der Schwingung und
$x = r - r_e$ die Auslenkung.
Zunächst genügt die Annahme, dass die **Schwingung harmonisch** ist. Dann ist die rücktreibende Kraft F = f. x proportional zur Auslenkung x. f nennt man Kraftkonstante (auch Federkonstante). Bei der Molekülschwingung ist f ein Maß für die Stärke der chemischen Bindung.

Die Schwingung wird beschrieben durch die Differentialgleichung $\mu \frac{\partial^2 x}{\partial t^2} = -f\,x$. Unter der Annahme, dass zur Zeit t = 0 die Atome sich am Ort der größten Auslenkung x = A (Amplitude) befinden, ist die Lösung dieser Differentialgleichung

ST 30 $x = A \cos \omega t$ mit $\omega = 2\pi \nu_e = \sqrt{\frac{f}{\mu}}$

$\nu_e = \frac{1}{2\pi}\sqrt{\frac{f}{\mu}}$ ist die Eigenfrequenz der Schwingung („Grundschwingung")

Für eine beliebige Auslenkung ist die **potentielle Energie** der beiden Atome

$$dV = F dx = f\,x\,dx \quad \Rightarrow \quad V = \int_0^x f\,x\,dx = \frac{f\,x^2}{2}$$

ST 31 $V = \frac{f\,x^2}{2} = \frac{f(r - r_e)^2}{2} = 2\pi^2 \nu_e^2 \mu\, x^2$, wenn man f aus ST 30 einsetzt.

In der Amplitude x = A ist der Umkehrpunkt der Schwingung. Dort sind die Atome in Ruhe und besitzen daher keine kinetische Energie. Die gesamte Energie des schwingenden Systems ist dann $V_{ges} = \frac{f\,A^2}{2} = 2\pi^2 \nu_e^2 \mu\, A^2$.

Setzt man in die Schrödingergleichung als potentielle Energie den Ausdruck $V = 2\pi^2 \nu_e^2 \mu\, x^2$ ein, dann erhält man als Lösung

ST 32 $\varepsilon = h\nu_e \left(v + \frac{1}{2} \right)$. v = 0,1,2,... ist die **Schwingungsquantenzahl**.

Für v = 0 ist $\varepsilon_o = \frac{h\nu_e}{2}$, die **Nullpunktsenergie** des zweiatomigen Moleküls.

Im Gegensatz zur Rotation besitzt schon das niedrigste Schwingungsniveau mit v = 0 einen von null verschiedenen Energieinhalt.

Bei einer harmonischen Schwingung ist der Graph der Funktion V = V(r) (ST 31) eine Parabel mit einem Minimum in r_e. Der Verlauf der potentiellen Energie ist symmetrisch. Die rücktreibende Kraft F und damit auch die potentielle Energie V nehmen mit zunehmender Auslenkung unbeschränkt zu, ohne dass das Molekül dissoziiert.
Tatsächlich wird aber F = 0 und V erreicht einen konstanten Wert, wenn der Abstand der Atome sehr groß wird. Daraus ersieht man schon, dass die harmonische Schwingung nur eine Näherung sein kann. Der tatsächliche Verlauf der potentiellen Energie ist unsymmetrisch und hat die Form der Kurve in Abb.ST- 3.
Die harmonische Schwingung ist nur in der Nähe des Minimums, also für kleine Amplituden, eine gute Näherung für das tatsächliche Verhalten.

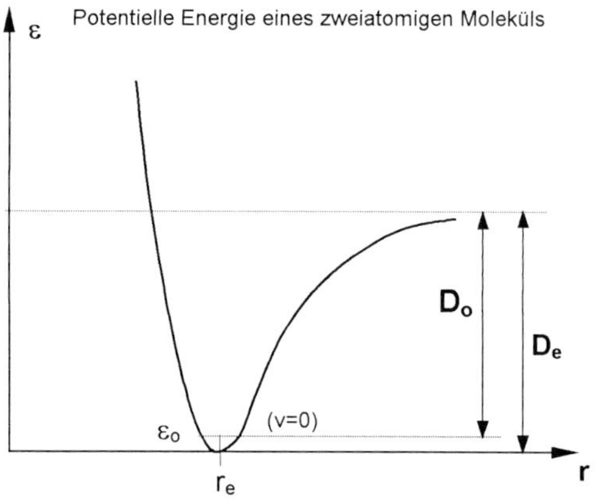

Abb.ST- 3

Es gibt mehrere empirische Gleichungen, die auch für größere Amplituden den Verlauf der potentiellen Energie näherungsweise beschreiben.
Meist wird die einfache aber sehr gute Näherungsfunktion von MORSE verwendet.

ST 33 $V = D_e\left(1 - e^{-\kappa(r-r_e)}\right)^2$

κ ist eine positive Konstante
D_e ist eine Dissoziationsenergie (siehe später).
Für kleine Amplituden ist $\kappa = \sqrt{\dfrac{f}{2D_e}} = 2\pi\nu_e\sqrt{\dfrac{\mu}{2D_e}}$

Setzt man in die Schrödingergleichung die Morsefunktion für die potentielle Energie ein, dann sind die Lösungen

ST 34 $\varepsilon = h\nu_e\left(v + \frac{1}{2}\right) - x h\nu_e\left(v + \frac{1}{2}\right)^2$ x nennt man **Anharmonizitätskonstante**

Auch bei der Molekülschwingung sind nur bestimmte Übergänge zwischen den Energieniveaus erlaubt.

ST 35 Für die **harmonische** Schwingung gilt die Auswahlregel $\Delta v = \pm 1$.
Für **anharmonische** Schwingungen sind auch Übergänge mit $|\Delta v| > 1$ erlaubt. Sie sind aber um so seltener je größer $|\Delta v|$ ist.
Diese Regeln gelten sowohl für IR- als auch für Ramanspektren.

Bei Raumtemperatur befinden sich fast alle Moleküle im Schwingungsgrundzustand mit v = 0 (vgl. GA 18 und Aufgabe ST- 65). Der häufigste Übergang ist daher jener von v = 0 auf v = 1, mit geringerer Intensität auch von v = 0 auf v = 2. Für den Übergang von v = 0 auf v = 1 ist der Energieunterschied zwischen zwei Schwingungsniveaus bei der harmonischen Schwingung $\Delta\varepsilon = h\,\nu_e$, die Wellenzahl der entsprechenden Spektrallinie daher $\tilde{\nu} = \tilde{\nu}_e$.
Bei der anharmonischen Schwingung ist $\Delta\varepsilon = h\nu_e\,(1-2x)$ und $\tilde{\nu} = \tilde{\nu}_e\,(1-2x)$ (vgl. Aufgabe ST- 64).

Die Schwingungszustände sind **nicht entartet**. Das Besetzungsverhältnis und damit die Intensität der Schwingungslinien nimmt mit zunehmendem v rasch ab.

Die Schwingungsfrequenzen **funktioneller Gruppen** in größeren Molekülen sind fast unabhängig vom Molekülrest. Sie sind daher für die funktionelle Gruppe charakteristisch. So ist etwa die Wellenzahl der Schwingung innerhalb der OH-Gruppe ziemlich konstant 3600 cm^{-1}, unabhängig davon in welchem Alkohol diese Gruppe vorkommt. Die Erkennung funktioneller Gruppen aus den Schwingungsfrequenzen („peaks“) ist eine Hauptanwendung der IR-Spektroskopie.

7.3.4.3 Rotations-Schwingungsspektren

Führt man einem Molekül soviel Energie zu (z. B. Bestrahlung mit infrarotem Licht), dass Schwingungen angeregt werden, so werden gleichzeitig immer auch die energieärmeren Rotationszustände angeregt.
Vor allem in der flüssigen und festen Phase (hohe Dichte; Teilchenabstand sehr klein) kann die Energie durch Stöße auf vielfältigste Weise übertragen werden, so dass es zu allen möglichen Anregungen kommt.
Jede Schwingungslinie ist damit umgeben von einer Vielzahl von Rotationslinien.
Diese liegen so nahe beisammen, dass ein breiter Absorptionspeak entsteht („Rotations-Schwingungsspektrum“).
Einzelne Linien kann man beobachten, wenn man entweder nur die Anregungsenergie für die Rotation zuführt (Mikrowellenspektroskopie) oder im gasförmigen Zustand arbeitet (wenig Stöße!)
Nimmt man in erster Näherung an, dass die Rotation und die Schwingung sich gegenseitig nicht beeinflussen und außerdem die Rotation starr und die Schwingung harmonisch ist, dann gilt für die Energie des Moleküls

ST 36 $$\varepsilon = \frac{h^2}{8\pi^2 I} J(J+1) + h\nu_e\left(v + \frac{1}{2}\right); \quad \nu_e = \frac{1}{2\pi}\sqrt{\frac{f}{\mu}}$$
Für die Quantenzahlen gilt $\Delta v = \pm 1$ und $\Delta J = \pm 1$ (im IR-Spektrum).

Abb.ST- 4 zeigt das Termschema. Die Rotationsenergie ist in Vielfachen von $\frac{h^2}{8\pi^2 I}$ angegeben. Die erlaubten Übergänge sind durch Pfeile dargestellt und sind im IR-Spektrum als Linien erkennbar. Die zentrale Linie fehlt, da $\Delta J = 0$ verboten ist! Sie entspricht einer Änderung nur des Schwingungszustandes ohne Änderung der Rotation.

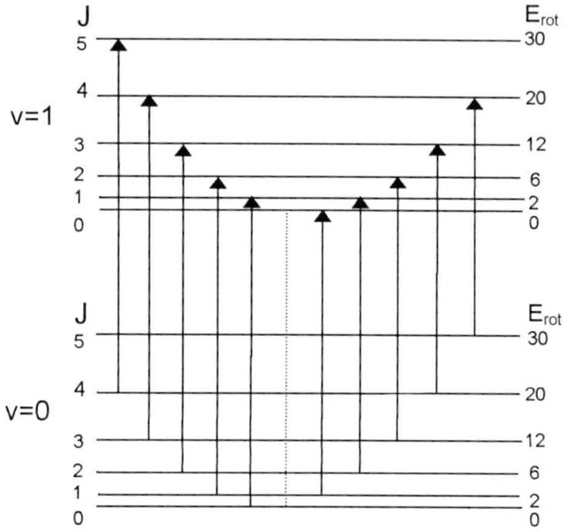

Abb.ST- 4

Im allgemeinsten Fall sind die für ST 36 getroffenen Annahmen allerdings nur noch näherungsweise gültig, sodass man Gleichungen für die Energie verwenden muss, die auch höhere Potenzen von (J+1) und (v+ ½) enthalten.
Außerdem hat die Schwingung auch einen Einfluss auf die Rotation, sodass die Rotationskonstanten B und D von der Schwingungsquantenzahl abhängig werden. So wird verständlicherweise mit zunehmender Schwingungsquantenzahl der mittlere Atomabstand größer, damit aber die Rotationskonstante B kleiner.

Für die Beispiele und Aufgaben dieses Kapitels wird für die Rotations-Schwingungsspektren folgende vereinfachte Gleichung verwendet:

ST 37 $$\varepsilon = h\nu_e\left(v+\frac{1}{2}\right) - x h\nu_e\left(v+\frac{1}{2}\right)^2 + Bhc\,J(J+1)$$

Dabei ist angenommen, dass die Schwingung anharmonisch ist und die Rotation nicht beeinflusst.

Beispiel ST- 14: Im IR-Spektrum von $H^{35}Cl$ haben die ersten Rotationslinien um das Zentrum der Grundschwingungsbande ($v = 0 \rightarrow 1$) die Wellenzahlen 2821,5; 2843,6; 2865,1; 2906,3; 2925,8 und 2944,9 cm^{-1}. Das Zentrum der ersten Oberschwingungsbande ($v = 0 \rightarrow 2$) liegt bei $\tilde{\nu}$ = 5666,6 cm^{-1}. Man berechne die Anharmonizitätskonstante x, die Eigenfrequenz ν_e, die Kraftkonstante f und den Abstand der Atomschwerpunkte r_e.
Die Differenzen zwischen den Wellenzahlen sind 22,1; 21,5; 41,2; 19,5; 19,1 cm^{-1}. Die mittlere Differenz ist doppelt so groß wie die anderen, da hier die verbotene zentrale Linie fehlt. Dass nicht alle Differenzen gleich groß sind, nämlich 2B (die mittlere 4B!), zeigt den Einfluss der Schwingung und der Zentrifugalkräfte auf die Rotation. Diese Einflüsse sind in der einfachen Gleichung ST 37 nicht berücksichtigt.

Es wird daher in diesem Beispiel die Summe der Differenzen 12 B gesetzt und daraus ein mittlerer Wert für B berechnet: $B = 10{,}28\ cm^{-1}$.

Aus $B = \dfrac{h}{8\pi^2 Ic}$ und $I = \mu r_e^2$ erhält man $I = 2{,}722 . 10^{-47}\ kgm^2$ und $r_e = 129{,}4$ pm.

Die Wellenzahl der zentralen Linie ist $2885{,}7\ cm^{-1}$ (Mittelwert aus 2865,1 und 2906,3)

Die Wellenzahl für die Grundschwingung ($v = 0 \rightarrow 1$) ist $\tilde{\nu} = \tilde{\nu}_e(1-2x)$, für die erste Oberschwingung ($v = 0 \rightarrow 2$) $\tilde{\nu} = 2\tilde{\nu}_e(1-3x)$ (vgl. Aufgabe ST- 64).

Damit bekommt man zwei Gleichungen für die Unbekannten $\tilde{\nu}_e$ und x.

$$2885{,}7 = \tilde{\nu}_e(1-2x)$$

$$5666{,}6 = 2\tilde{\nu}_e(1-3x)$$

$x = 0{,}017522$ und $\tilde{\nu}_e = 2990{,}5\ cm^{-1}$

$\nu_e = \tilde{\nu}_e . c . 100 = 8{,}97 . 10^{13}\ s^{-1}$

$f = 4\pi^2 \mu \nu_e^2 = 516{,}2$ N/m

7.3.4.4 Berechnung thermodynamischer Größen

Zur Berechnung der Dissoziationsenergie s. Abb.ST- 3.

Die Energie D_e ist die Differenz der potentiellen Energien ε_p der beiden ruhenden Atome im unendlichen Abstand und im Gleichgewichtsabstand r_e: $D_e = \varepsilon_p(r = \infty) - \varepsilon_p(r_e)$.

Wegen der Unschärfebeziehung (Nullpunktsenergie!) gibt es diesen Ruhezustand aber nicht.

Die tatsächliche Dissoziationsenergie D_o ist daher die Differenz aus der Energie D_e und der Nullpunktsenergie ε_o.

D_o ist die Dissoziationsenergie für den Schwingungszustand v = 0.

D_e wird aus der Eigenfrequenz ν_e und der Anharmonizitätskonstanten x berechnet.

Die Gleichung $\varepsilon = h\nu_e\left(v+\frac{1}{2}\right) - x h\nu_e\left(v+\frac{1}{2}\right)^2$ (ST 34) zeigt, dass mit zunehmender Schwingungsquantenzahl v die Abstände zwischen den Energieniveaus immer kleiner werden. Schließlich werden sie für ein bestimmtes v null.

Die Änderung der Schwingungsenergie mit der Quantenzahl kann man als $\frac{\partial \varepsilon}{\partial v}$ auffassen und sich fragen für welche Schwingungsquantenzahl dieser Differentialquotient null wird.

$$\frac{\partial \varepsilon}{\partial v} = h\nu_e - 2xh\nu_e\left(v+\frac{1}{2}\right) = 0 \;\Rightarrow\; v = \frac{1-x}{2x}.$$

Mit diesem Wert für v wird aus Gleichung ST 34 $\varepsilon = \dfrac{h\nu_e}{4x}$.

Ist das Molekül sonst nicht angeregt, dann ist dieser Grenzwert der Schwingungsenergie gleich die Dissoziationsenergie D_e. Daher gilt

$$D_e = \frac{h\nu_e}{4x} \text{ und } D_o = D_e - \varepsilon_o = \frac{h\nu_e}{4x} - \frac{h\nu_e}{2} = D_e(1-2x).$$

ST 38 $$D_o = \frac{h\nu_e(1-2x)}{4x} = D_e(1-2x)$$

Dissoziationsenergie für den Grundzustand des Moleküls (keine Elektronenanregung und Schwingungsgrundzustand v = 0)

D_o ist die für den Zerfall des Moleküls notwendige Energie, wenn weder das Molekül noch die entstehenden Bruchstücke angeregt sind. Diese Energie wird auch beim thermochemischen Zerfall gemessen daher besteht eine gute Übereinstimmung zwischen thermochemisch gemessenen und spektroskopisch berechneten Werten für D_o.

Andere **grundlegende** thermodynamische Größen wie **innere Energie** und **Wärmekapazität** lassen sich aus spektroskopischen Daten mit Hilfe der statistischen Thermodynamik berechnen.
Nach der statistischen Thermodynamik gilt für die innere Energie eines zweiatomigen Gases

ST 39 $$U = \frac{5}{2}RT + \frac{\frac{h\nu_e}{kT}}{e^{\frac{h\nu_e}{kT}} - 1}RT\,.$$

Mit $\Theta = \frac{h\nu_e}{k}$ als „**charakteristische Temperatur**" ist $U = \frac{5}{2}RT + \frac{R\Theta}{e^{\frac{\Theta}{T}} - 1}$

$\frac{5}{2}RT$ ist der Energieinhalt der Translation und Rotation, $\frac{R\Theta}{e^{\frac{\Theta}{T}} - 1}$ der Energieinhalt der Schwingung für 1mol Gas. Durch Differentiation nach T erhält man

ST 40 $$\frac{\partial U}{\partial T} = C_V(T) = R\left[\frac{5}{2} + \frac{\left(\frac{\Theta}{T}\right)^2 e^{\frac{\Theta}{T}}}{\left(e^{\frac{\Theta}{T}} - 1\right)^2}\right] \qquad \Theta = \frac{h\nu_e}{k}$$

Aufgabe ST- 1: Man zeige, dass die relativistische Gleichung für die kinetische Energie, $\varepsilon_{kin} = \varepsilon - \varepsilon_o$, in die Gleichung $\varepsilon = 0{,}5\ m\ v^2$ übergeht, wenn v klein gegen die Vakuumlichtgeschwindigkeit ist.
Aufgabe ST- 2: Die mittlere Lebensdauer der energiereicheren Zustände eines Atoms seien etwa
a.) τ = 1 ms bei einem metastabilen Laserniveau. Das Laserlicht habe λ = 600 nm.
b.) τ = 1 ns bei einem für die Aussendung sichtbaren Lichtes angeregten Atom (λ = 600 nm).
c.) τ = 1 fs bei einem für die Aussendung von γ-Strahlung angeregten Atomkern. ε_γ = 1 MeV.
Welche natürliche Linienbreite besitzen die drei Spektrallinien?. Es kann $\Delta t = \tau$ gesetzt werden.
Aufgabe ST- 3: Vor der Entdeckung des Neutrons vermutete man, dass der Atomkern A Protonen und A - Z Elektronen (zum Ladungsausgleich) enthalte.
Man zeige, dass dies schon wegen der Unschärfebeziehung nicht möglich ist. Abgesehen davon, dass dann auch der Drehimpuls des Atomkernes („Kernspin") und sein magnetisches Moment nicht mit den gemessenen Werten übereinstimmen. Man nehme als Ortsunschärfe den Kernradius in der Größenordnung von 1 fm an. Die zum Verlassen des Kernes notwendige Energie beträgt maximal 20 MeV.
Aufgabe ST- 4: Man berechne für Licht mit einer Wellenlänge λ = 600 nm die Frequenz, die Wellenzahl (cm^{-1}), die Energie (eV und J), den Impuls und die Masse der Photonen.

Aufgabe ST- 5: Die Photonen einer γ-Strahlung besitzen eine Energie von 2,75 MeV. Man berechne die Wellenlänge, die Frequenz, den Impuls und die Masse der Photonen.
Aufgabe ST- 6: Wie viele Photonen pro Sekunde sendet eine Natriumdampflampe mit einer Lichtleistung von P = 1000 W aus? Wie groß ist der Strahlungsdruck, wenn diese Lichtleistung auf eine Fläche von A = 1 cm^2 auftrifft und zu 90% reflektiert wird? λ = 589 nm.
Aufgabe ST- 7: Man berechne von der K_α - und K_β -Strahlung von Wolfram die Wellenlängen, die Wellenzahlen und die Frequenzen.
Aufgabe ST- 8: Der Anteil der charakteristischen Strahlung einer Röntgenröhre mit der stärksten Intensität hat in einem Diffraktometer bei der ersten Beugungsordnung einen Ablenkwinkel φ = 20° 36,2' an einem LiF(2 0 0)-Kristall. Aus welchem Metall besteht die Antikathode? Gitterkonstante a = 402,6 pm.
Aufgabe ST- 9: In einer Röntgenröhre bewegen sich Elektronen mit 90% der Lichtgeschwindigkeit. Welche Grenzwellenlänge hat die entstehende Bremsstrahlung?
Aufgabe ST- 10: Man berechne das Plancksche Wirkungsquantum aus der Grenzwellenlänge einer Röntgenbremsstrahlung. Dazu wurden in einem Röntgendiffraktometer die Intensitäten der an einem Kristall gebeugten Bremsstrahlung in Abhängigkeit vom Drehwinkel gemessen. Der im Diffraktometer gemessene Drehwinkel ist immer doppelt so groß wie der Beugungswinkel. Als Kristall wurde NaF mit den Miller-Indices (2 0 0) verwendet. Gitterkonstante a = 462,4 pm. Die Anodenspannung der Röntgenröhre war U = 30 kV.

Drehwinkel (grad)	12	13	14	15	16	17	18	19	20	21
Intensität (Bq)	950	1164	1584	1940	2528	3118	3682	4155	4258	4771

Aufgabe ST- 11: Welche kinetische Energie muss ein Elektron (Proton) mindestens haben, damit es Cerenkov-Strahlung erzeugt, wenn es in Benzol (Brechungsindex n = 1,501) eindringt?
Aufgabe ST- 12: Ein Teilchen, das Wasser (n = 1,333) durchsetzt, löst eine Cerenkov-Strahlung aus, wenn seine kinetische Energie größer als 55 MeV ist. Welches Elementarteilchen könnte es sein?
Aufgabe ST- 13: Man berechne die Wellenlänge von Protonen, die mit einer Spannung von U = 20000 V beschleunigt wurden.
Aufgabe ST- 14: Elektronen werden in einer Röntgenröhre mit U = 500 kV beschleunigt. Man berechne die Wellenlänge, die Geschwindigkeit und den prozentuellen Massenzuwachs. Welche Grenzwellenlänge besitzt die entstehende Bremsstrahlung?
Aufgabe ST- 15: Ein enggebündelter Strahl thermischer Neutronen erzeugt an den (1 1 1) - Ebenen eines NaCl-Kristalls einen Beugungswinkel erster Ordnung von α = 15,81°. Welche Energie und Geschwindigkeit besitzen die Neutronen? a = 563,8 pm.
Aufgabe ST- 16: Für ein Elektronenmikroskop benötigt man einen Elektronenstrahl mit einer Wellenlänge von λ = 10 pm. Welche Spannung muss gewählt werden?
Aufgabe ST- 17: Welche Beschleunigungsspannung benötigt man zur Erzeugung eines Protons mit der Materiewellenlänge λ = 0,090 pm? Welche kinetische Energie und Geschwindigkeit hat dieses Proton?
Aufgabe ST- 18: Ab welcher Geschwindigkeit v ist die Massenzunahme eines Teilchens größer als 1%? Welche Materiewellenlänge hat ein Elektron (Proton) bei dieser Geschwindigkeit?
Aufgabe ST- 19: Wie hängt allgemein die Wellenlänge eines geladenen Teilchens der Ruhemasse m_0 von der Beschleunigungsspannung U ab? Man rechne sowohl nichtrelativistisch wie relativistisch.
Aufgabe ST- 20: Durch welche Zerfallsreaktionen entstehen die folgenden Nuklide
$^{3}_{1}H \rightarrow\ ^{3}_{2}He + ?$; $^{22}_{11}Na \rightarrow\ ^{22}_{10}Ne + ?$; $^{40}_{19}K + ? \rightarrow\ ^{40}_{18}Ar$; $^{40}_{19}K \rightarrow\ ^{40}_{18}Ar + ?$; $^{226}_{88}Ra \rightarrow\ ^{222}_{86}Rn + ?$

Aufgabe ST- 21: Man ergänze die angegebenen Kernreaktionsgleichungen und schreibe sie in Kurzform:

$^{14}_{7}N + ? \rightarrow {}^{17}_{8}O + {}^{1}_{1}H$; ${}^{7}_{3}Li + {}^{1}_{1}H \rightarrow {}^{4}_{2}He + ?$; ${}^{27}_{13}Al + {}^{4}_{2}He \rightarrow ? + {}^{1}_{0}n$; $? + {}^{4}_{2}He \rightarrow {}^{12}_{6}C + {}^{1}_{0}n$

Aufgabe ST- 22: Das durch thermische Neutronen spaltbare ${}^{239}_{94}Pu$ entsteht aus ${}^{238}_{92}U$ durch Aufnahme eines Neutrons und anschließendem zweimaligen β-Zerfall („Brutvorgang"). Auf die gleiche Weise entsteht das ${}^{233}_{92}U$ aus ${}^{232}_{90}Th$. Wie lauten die entsprechenden Kernreaktionsgleichungen?

Aufgabe ST- 23: Wie viele α- und β-Teilchen werden bei den folgenden Stoffumwandlungen emittiert?

a.) ${}^{238}_{92}U \rightarrow {}^{206}_{82}Pb$ b.) ${}^{235}_{92}U \rightarrow {}^{207}_{82}Pb$ c.) ${}^{232}_{90}Th \rightarrow {}^{208}_{82}Pb$ d.) ${}^{237}_{93}Np \rightarrow {}^{209}_{83}Bi$

e.) ${}^{239}_{94}Pu \rightarrow {}^{207}_{82}Pb$ f.) ${}^{241}_{95}Am \rightarrow {}^{209}_{83}Bi$ g.) ${}^{238}_{92}U \rightarrow {}^{226}_{88}Ra$

Aufgabe ST- 24: Welcher Energiemenge entspricht ein Massenverlust von 1g?
Welche Masse (t) an Kohle müsste verbrannt werden, damit dieselbe Energiemenge entsteht? Heizwert der Kohle 30 MJ/kg.

Aufgabe ST- 25: Die Solarkonstante außerhalb der Atmosphäre beträgt 1,4 kW/m^2. Welchen Massenverlust pro Sekunde hat die Sonne durch die abgestrahlte Energie?
Entfernung Erde - Sonne 1,5.10^8 km.

Isotopenmassen für die Aufgaben 26 - 37 siehe Tabelle ST- 1

Aufgabe ST- 26: Wie groß ist der Massendefekt und die Bindungsenergie (J, MeV) je Atomkern und je Kernbaustein bei ${}^{2}_{1}H$; ${}^{4}_{2}He$; ${}^{6}_{3}Li$; ${}^{56}_{26}Fe$; ${}^{238}_{92}U$.

Aufgabe ST- 27: Ab dem Kohlenstoff ist die mittlere Bindungsenergie pro Nukleon ziemlich konstant zwischen 7,5 und 8,5 MeV. Dies erklärt die annähernde Ganzzahligkeit der relativen Atommassen. Man führe die Berechnung durch.

Aufgabe ST- 28: Wie viel Energie (J, MWh) wird bei der Kernspaltung von 1 kg ^{235}U frei? Welche Uranmenge benötigt man daher für eine Energiemenge von 1 MWh? Bei einem Spaltvorgang wird eine Energie von 200 MeV frei.

Aufgabe ST- 29: Welche Masse ^{235}U verbraucht ein Kernkraftwerk täglich bei einer thermischen Leistung von P = 1000 MW? Bei einem Spaltvorgang wird eine Energie von 200 MeV frei.

Aufgabe ST- 30: Wie viele ^{235}U-Atome müssen pro Sekunde gespalten werden, um eine Leistung von P = 1MW aufrecht zu erhalten? Bei einem Spaltvorgang wird eine Energie von 200MeV frei.

Aufgabe ST- 31: a.) Man vergleiche die bei der Spaltung von 1 mol ^{235}U mit der bei der Fusion von 1 mol Wasserstoffatomen zu Helium freiwerdende Energiemenge. Bei einem Spaltvorgang wird eine Energie von 200 MeV frei.

b.) Analog für 1kg ^{235}U und 1kg Wasserstoffatome.

Aufgabe ST- 32: a.) Welche Wärmemenge wird pro Jahr frei, wenn m = 100 t ^{235}U zu ^{231}Th zerfallen? τ = 7,04.10^8 Jahre.

Aufgabe ST- 33: Durch Vergleich der Reaktionsenergie für das vom Kern aufgenommene thermische Neutron mit der Aktivierungsenergie für die Spaltung stelle man fest, welche der folgenden Nuklide durch langsame Neutronen gespalten werden können. ^{233}U (Aktivierungsenergie 6,0 MeV); ^{235}U (5,3 MeV); ^{238}U (7,0 MeV); ^{239}Pu (5,0 MeV); ^{232}Th (7,5 MeV).

Aufgabe ST- 34: Welcher Massenverlust (mg) tritt auf, wenn 1 mol Deuterium nach D (d,n) ${}^{3}_{2}He$ zu Helium reagiert? Welcher Energiemenge (J) entspricht dieser Massendefekt?

Wie viele Tage könnte ein PKW mit einer Leistung von P = 40 kW mit dieser Energiemenge betrieben werden?

Aufgabe ST- 35: Welche Energie pro mol Ausgangsstoff wird bei den folgenden Fusionsreaktionen frei?

a.) $^{6}_{3}Li + ^{2}_{1}H \rightarrow 2\,^{4}_{2}He$

b.) $^{3}_{1}H + ^{2}_{1}H \rightarrow ^{4}_{2}He + ^{1}_{0}n$

Aufgabe ST- 36: Ein ruhender $^{7}_{3}Li$-Kern reagiert mit einem Proton, dessen kinetische Energie 650 keV beträgt. Es entstehen zwei $^{4}_{2}He$-Kerne mit je 8,9983 MeV kinetischer Energie. Welche relative Masse hat das Li-Atom?

Aufgabe ST- 37: Ein Neutron mit einer kinetischen Energie von 6,50 MeV und ein $^{3}_{2}He$-Kern mit einer kinetischen Energie von 1,85 MeV stoßen zentral zusammen. Welche Energie besitzen die beiden entstehenden Deuteronen?

Aufgabe ST- 38: Welche Mindestenergie müssen die Photonen einer γ-Strahlung haben, damit es zur Paarbildung kommt? Wie groß sind Wellenlänge und Frequenz dieser Strahlung?

Aufgabe ST- 39: Eine Probe, die 0,50 mg ^{109}Ag enthält, wird mit thermischen Neutronen bestrahlt. Die Neutronenflußdichte beträgt $\varphi = 5.10^{14}$ Neutronen/cm^2.s. Der Einfangquerschnitt der ^{109}Ag-Kerne beträgt 87 barn.

a.) Welche Aktivität hat die Probe nach einer Bestrahlungszeit von einem Tag? Die Halbwertszeit des entstandenen ^{110m}Ag beträgt τ = 249,8 Tage.

b.) Wie viele ^{110m}Ag-Atome sind entstanden?

b.) Wie groß ist die Sättigungsaktivität?

c.) Wie viel % der Sättigungsaktivität wurden mit dieser Bestrahlungsdauer erreicht?

Aufgabe ST- 40: Wie viel % der Sättigungsaktivität wird bei der Neutronenaktivierung erreicht, wenn die Bestrahlungsdauer die n-fache Halbwertszeit des erzeugten Radionuklids ist?

Aufgabe ST- 41: Eine dünne Folie aus 4,7 mg ^{186}W (M = 185,95 g/mol) wird mit thermischen Neutronen der Flußdichte $\varphi = 6{,}5.10^{13}$ n/cm^2.s 15 min lang bestrahlt. Das entstehende ^{187}W hat eine Halbwertszeit von 23,9 Stunden. Die Aktivität der Probe fünf Stunden nach dem Ende der Bestrahlung ist $A = 2{,}30.10^{8}$ Bq. Welchen Einfangquerschnitt hat das ^{186}W?

Aufgabe ST- 42: Welche Kernladungszahl Z hat das stabilste Nuklid mit der Massenzahl A = 53. Man verwende die Bethe-Weizsäcker-Gleichung.

Aufgabe ST- 43: Das Dipolmoment von Chlorbenzol ist μ_C = 1,58 D. Das Dipolmoment von Nitrobenzol ist μ_N = 4,01 D. Beide Momente haben die gleiche Richtung. Wie groß sind die Dipolmomente von o-Chlornitrobenzol, m-Chlornitrobenzol und p-Chlornitrobenzol? Alle Moleküle seien planar.

Aufgabe ST- 44: Das Dipolmoment von m-Dimethylbenzol ist μ = 0,38 D. Wie groß sind die Dipolmomente von o-Dimethylbenzol und p-Dimethylbenzol?

Aufgabe ST- 45: Man berechne das Dipolmoment μ und die mittlere Polarisierbarkeit α von Toluol aus folgenden Messergebnissen. ρ ist die Dichte, ε_r die relative Dielektrizitätskonstante des flüssigen Toluols.

t (°C)	ρ (g/cm^3)	ε_r
10	0,8761	2,412
20	0,8669	2,387
30	0,8579	2,362
40	0,8491	2,337
50	0,8404	2,313
60	0,8320	2,289

Aufgabe ST- 46: Wie groß sind die Molpolarisation P, die Verschiebungspolarisation P_V und die Orientierungspolarisation P_O von gasförmigem Bromwasserstoff bei 20°C?
Da der Stoff ein Gas ist, kann man die Gültigkeit von ST 17 voraussetzen.
ρ = 3,6443 g/dm^3 bei 0°C und dem Standarddruck 1013,25 hPa.
ε_r = 1,00279 bei 20°C und 1013,25 hPa. Dipolmoment μ = 0,827 D.
Aufgabe ST- 47: Von Brombenzol wurden verschiedene verdünnte Lösungen in Benzol hergestellt und von diesen bei konstanter Temperatur die Dichten ρ und die relativen Dielektrizitätskonstanten ε_r gemessen.
Wie groß sind das Dipolmoment μ und die mittlere Polarisierbarkeit α von Brombenzol?
Der Brechungsindex von Brombenzol ist n = 1,5597.

Einwaagen (g) Benzol	Brombenzol	Dichte g/cm^3	ε_r
rein	-	0,8765	2,2825
100,00	3,768	0,8879	2,3466
100,00	6,474	0,8958	2,3912
100,00	9,648	0,9048	2,4421
100,00	12,626	0,9131	2,4884
100,00	17,741	0,9267	2,5651
100,00	20,929	0,9348	2,6111

Aufgabe ST- 48: Wie hängt bei den folgenden Homologen die Molrefraktion von der molaren Masse ab?

Stoff	Brechungsindex n	Dichte ρ (g/cm^3)
Methanol	1,3288	0,7914
Ethanol	1,3611	0,7893
1-Propanol	1,3850	0,8035
2-Propanol	1,3776	0,7855
1-Butanol	1,3993	0,8096
2-Butanol	1,3978	0,8063

Man stelle die Abhängigkeit graphisch dar und bestimme durch eine geeignete Regression die Gleichung der Kurve. Wie groß ist die Änderung der Molrefraktion pro CH_2-Gruppe?
Aufgabe ST- 49: a.) Welche Wellenlänge müsste Licht haben, damit bei 25°C ein Drittel der Teilchen eines Stoffes angeregt sind, das Besetzungsverhältnis also 0,5 ist?
b.) Warum ist die Signalstärke in der NMR-Spektroskopie so gering? t = 25°C, Arbeitsfrequenz bei der ^{1}H-NMR sei 40 MHz.
Aufgabe ST- 50: Von einem Indikator, der mit Wasser gemäß $HI + H_2O \rightleftharpoons H_3O^+ + I^-$ als Säure reagiert, wurden folgende Messungen der Lichtabsorption (Extinktion E) durchgeführt:
a.) In stark saurer Lösung ist E_S = 0,7916
b.) In stark basischer Lösung ist E_B = 0,5687
c.) In einer Pufferlösung mit pH = 6,50 ist E = 0,6625
Für alle Messungen waren gleich: die Ionenstärke, die Temperatur, die Messwellenlänge, die Schichtdicke d = 1 cm und die Konzentration c_o = 1,82.10^{-5} mol/l des Indikators.
Wie groß sind:
1. Die Extinktionskoeffizienten ε_S und ε_B der undissoziierten Säure und der Base I^- ?
2. Der Dissoziationsgrad α und die Protolysenkonstante K?
Aufgabe ST- 51: Zur Bestimmung des Extinktionskoeffizienten eines Farbstoffes in wässriger Lösung wurden aus 50 mg Farbstoff 2000 ml Lösung hergestellt. Je v ml dieser Stammlösung wurden auf 100 ml mit destilliertem Wasser verdünnt und jeweils bei derselben Wel-

lenlänge die Extinktion E in einer 1 cm-Küvette gemessen. M(Farbstoff) = 408 g/mol

v (ml)	0	2,5	5	7,5	10	15	20	25	30	35
E	0,000	0,097	0,195	0,289	0,387	0,580	0,775	0,966	1,163	1,354

v (ml)	40	50	60	70	80
E	1,510	1,860	2,160	2,450	2,670

a.) Man stelle graphisch fest, bis zu welcher Konzentration die Extinktion von der Konzentration noch linear abhängt .
b.) Man berechne den Extinktionskoeffizienten
c.) Wie viel % der eindringenden Lichtintensität durchdringen eine 2 cm dicke Schicht einer Lösung mit $c = 5{,}0.10^{-6}$ mol/l ?

Aufgabe ST- 52: Ein gelöster gefärbter Stoff A dissoziiert nach der Gleichung $A \rightleftharpoons B + C$. Bei der Wellenlänge des Absorptionsmaximums wurde die Extinktion E von Lösungen verschiedener Konzentrationen c_0 dieses Stoffes gemessen. Die Dissoziationsprodukte absorbieren bei dieser Wellenlänge nicht. Im gegebenen Konzentrationsbereich gilt das Lambert-Beer-Gesetz.
Der Extinktionskoeffizient des Stoffes bei der Messwellenlänge ist ε = 3457 l/mol.cm

c_0 (mol/l)	0,00010	0,00020	0,00030	0,00040	0,00050
E	0,0814	0,2389	0,4300	0,6413	0,8666

Man berechne die Dissoziationsgrade α und die Dissoziationskonstante K des Stoffes.

Aufgabe ST- 53: Zur Bestimmung der Absorptionsparameter von Blei (ρ = 11,3 g/cm^3) wurde die γ-Strahlung einer ^{137}Cs-Quelle durch eine zunehmende Anzahl von 2 mm dicken Bleiplättchen abgeschwächt und die Intensität der austretenden Strahlung gemessen.

Anzahl der Plättchen	0	1	2	3	4	5	6	7	8
I (Bq)	3221	2387	1770	1320	977	727	538	399	295

Die Intensität der Umgebungsstrahlung war N = 18 Bq.
Man berechne den Absorptionskoeffizienten k, die Halbwertsdicke HWD und den Massenabsorptionskoeffizienten μ.

Aufgabe ST- 54: An mehreren verschieden konzentrierten Lösungen von Lactose wurde bei 20°C in einer 20 cm - Küvette der Drehwinkel α von linear polarisiertem Licht der Na-D-Linie gemessen.

c (g/100ml Lösung)	2,12	4,05	6,21	8,14	10,88	12,08
α (grad)	2,20	4,25	6,50	8,50	11,40	12,65

Man überprüfe graphisch ob die Linearität zwischen α und der Konzentration c erfüllt ist und berechne die spezifische Drehung der Lactose.

Aufgabe ST- 55: Von einem Zucker (vermutlich Saccharose) löste man 6,86 g zu 100 ml Lösung. In einer Polarimeter-Küvette mit 20 cm Länge wurde bei 20°C mit Na-D-Licht ein Drehwinkel von + 9,125° gemessen. Stimmt die Vermutung?

Aufgabe ST- 56: Man leite eine allgemeine Gleichung ab zwischen der Wellenzahl der absorbierten Strahlung und der dadurch vom Stoff aufgenommenen molaren Energie.
Wie groß sind diese Energien für die drei Wellenlängen 1 mm, 20 μm und 400 nm. (Man vergleiche mit Tabelle ST- 3).

Molare Isotopenmassen für die Aufgaben 57 - 73 siehe Tabelle ST- 4.

Aufgabe ST- 57: Im HBr-Molekül beträgt der Schwerpunktabstand der beiden Atome r_e = 142,5 pm.
a.) Welche Wellenzahl und Wellenlänge muss absorbiertes Licht haben, das den Rotationsübergang von J = 3 auf J = 4 anregt?
b.) Um welche Wellenzahl ist die Rotationslinie gegenüber der Anregungslinie im Ramanspektrum verschoben (J = 3)?
Aufgabe ST- 58: Die ersten Linien im Rotationsspektrum des CO sind

λ (μm)	2587,5	1293,7	862,5	646,9	517,5	431,2

Wie groß sind die Rotationskonstante B, das Trägheitsmoment I und der Abstand der Atome r_e?
Aufgabe ST- 59: $H^{35}Cl$ hat im Ramanspektrum folgende Verschiebungen der Rotationslinien gegenüber der zentralen Schwingungslinie

	Stokes-Linien				Anti-Stokes-Linien			
J	2	3	4	5	2	3	4	5
$\tilde{\nu}$ (cm^{-1})	-145,7	-187,5	-229,4	-271,0	145,8	187,3	229,2	270,8

Wie groß sind die Rotationskonstante B, das Trägheitsmoment I und der Abstand der Atome r_e?
Aufgabe ST- 60: Welche Spektrallinien erzeugt ein nichtstarr rotierendes Molekül im IR- und im Ramanspektrum? (allgemein rechnen!)
Aufgabe ST- 61:
A. H_2 rotiert im Quantenzustand J = 6. Man berechne für das starr rotierende Molekül das Trägheitsmoment I, den Drehimpuls q, den Energieinhalt E pro mol und die Drehzahl n in diesem Rotationszustand?
Um wie viel % hat sich der Abstand der beiden Atome durch die Zentrifugalkraft verändert, wenn das Molekül nicht mehr starr rotiert? r_e = 74,2 pm, D = 0,046 cm^{-1}.
B. Man vergleiche das leichte Wasserstoffmolekül mit dem schweren Chlormolekül Cl_2.
J = 6, r_e = 199,2 pm, D = 1,83.10^{-7}cm^{-1}.

Aufgabe ST- 62: Das Rotationsspektrum von $H^{79}Br$ enthält folgende Wellenlängen:

J	4	5	6	7	8	9	10	11	12
λ (μm)	120,4	99,8	86,0	75,3	67,0	60,4	55,1	50,5	46,7

Wie groß sind das Trägheitsmoment I, der Abstand der Atome r_e und die Rotationskonstanten B und D?
Aufgabe ST- 63: Die Intensität einer Spektrallinie hängt davon ab, wie viele Teilchen das zugehörige Energieniveau besetzen können.
a.) Man berechne allgemein für ein starr rotierendes Molekül das Verhältnis der Anzahl N_J der Moleküle im Rotationsniveau J zur Anzahl N_o im Niveau null - also das Besetzungsverhältnis $\frac{N_J}{N_o}$. Für welche Rotationsquantenzahl J besitzt diese Funktion ein Maximum?

b.) Für HCl bei T = 300 K stelle man die Funktion $f(J) = \frac{N_J}{N_o}$ graphisch dar. r_e= 128,5 pm.

Aufgabe ST- 64: Welche Spektrallinien erzeugt ein
a.) harmonisch schwingendes
b.) anharmonisch schwingendes Molekül im IR-Spektrum? (allgemein rechnen!)

Aufgabe ST- 65: Man führe eine analoge Berechnung wie in Aufgabe ST- 63 für ein harmonisch schwingendes Molekül durch und vergleiche die Besetzungsverhältnisse von H_2 ($\tilde{\nu}_e$ = 4417 cm^{-1}) und J_2 ($\tilde{\nu}_e$ = 215 cm^{-1}) für den Übergang v = 0→1 bei 300 K und 1000 K.

Aufgabe ST- 66: Im Infrarotspektrum hat die OH-Gruppe ein Absorptionsmaximum bei etwa $\tilde{\nu}$ = 3600 cm^{-1}. Man nehme an, dass O und H harmonisch schwingen und berechne die Kraftkonstante f und die Eigenfrequenz ν_e. Welche Wellenlänge hat die absorbierte Strahlung?

b.) Welche Ergebnisse bekommt man für die -C-Cl - Gruppe? $\tilde{\nu}$ = 650 cm^{-1}?

Aufgabe ST- 67: Die CO-Gruppe in einem großen Molekül hat eine Kraftkonstante f = 1170 N/m. C=O möge harmonisch schwingen. Licht welcher Wellenzahl und Wellenlänge sollte die CO-Gruppe absorbieren? Wie groß ist die Eigenfrequenz ν_e?

Aufgabe ST- 68: Das harmonisch schwingende Fluorwasserstoff-Molekül hat eine Eigenfrequenz $\tilde{\nu}_e$ = 4140 cm^{-1}. r_e = 91,8 pm. Man berechne: die Kraftkonstante f, die molaren Schwingungsenergien für v = 0, 1, 2, die Energiedifferenzen für Δv = 1 und die diesen Differenzen entsprechende Wellenzahl und Wellenlänge der Strahlung. Wie viel % der Bindungslänge r_e beträgt die Amplitude der Schwingung?

Aufgabe ST- 69: HF hat eine Kraftkonstante f = 967 N/m. Wie verschiebt sich die Schwingungslinie, wenn das ${}^1_1H$-Atom durch Deuterium (${}^1_2H$) ersetzt wird? Es ist bekannt, dass die Kraftkonstante unverändert bleibt.

Aufgabe ST- 70: Es sei v die Schwingungsquantenzahl, J die Rotationsquantenzahl und (v, J) ein Paar von Quantenzahlen des Rotations-Schwingungsspektrums. Wie groß sind allgemein die Energieunterschiede $\Delta\varepsilon$ und die Wellenzahlen der zugehörigen Strahlung für die Übergänge

a.) (0, J) → (1, J+1)
b.) (0, J) → (2, J+1)
c.) (0, J) → (1, J)
d.) (0, J) → (1, J+2)

c.) und d.) sind im Ramanspektrum erlaubt. Man verwende ST 37.

Aufgabe ST- 71: Die ersten Rotationslinien um das Zentrum der Grundschwingungsbande (v = 0→1) im IR-Spektrum von Kohlenmonoxid haben die Wellenzahlen 2128,0; 2132,1; 2136,1; 2140,0; 2147,4; 2150,9; 2154,3 und 2157,6 cm^{-1}. Das Zentrum der ersten Oberschwingungsbande (v = 0→2) liegt bei $\tilde{\nu}$ = 4261,5 cm^{-1}. Man berechne die Anharmonizitätskonstante x, die Eigenfrequenz ν_e, die Kraftkonstante f und den Abstand der Atomschwerpunkte r_e. Wie groß ist die molare Dissoziationsenergie D_0.

Aufgabe ST- 72: Die zentrale Linie des ersten Schwingungsbandes (v = 0→1) im Ramanspektrum von Wasserstoff hat die Wellenzahl 4155 cm^{-1}. Die ersten Rotationslinien um diese Linie haben die Wellenzahlen 3055, 3301, 3546, 3789, 4518, 4760, 5001 und 5241 cm^{-1}. Die erste Oberschwingungslinie (v = 0→2) liegt bei $\tilde{\nu}$ = 8046 cm^{-1}. Man berechne die Anharmonizitätskonstante x, die Eigenfrequenz ν_e, die Kraftkonstante f und den Abstand der Atomschwerpunkte r_e. Wie groß ist die molare Dissoziationsenergie D_0.

Aufgabe ST- 73: Die Grundschwingungswellenzahlen von Stickstoff und Sauerstoff sind N_2: $\tilde{\nu}_e$ = 2359,6 cm^{-1} und O_2: $\tilde{\nu}_e$ = 1580,4 cm^{-1}. Wie groß sind die molaren Wärmekapazitäten der beiden Gase bei konstantem Druck bei T = 300 K und 1000 K?

ANHANG

ANH- 1 Lösungen zu den Aufgaben

1 GRUNDLAGEN

GR- 1: Siehe Tabelle GR- 1
GR- 2: 400 kg
GR- 3: 87%
GR- 4: 4/3; 220 kg und 165 kg
GR- 5: 53,0%
GR- 6: Die Mischung hat 48,783%; Es muss noch 245 kg 98%ige Schwefelsäure zugesetzt werden.
GR- 7: 561,05 g 40%ige Lösung
GR- 8: 26,064 g
GR- 9: 1,8 mol CH_3COOH, x = 0,36; 2,8 mol C_2H_5OH, x = 0,56; je 0,2 mol Ester und H_2O, x = 0,04.
GR- 10: 1,6 mol SO_2, x = 0,50; 0,8 mol O_2, x = 0,25; 0,8 mol SO_3, x = 0,25.
GR- 11:

$$CH_4 + 2H_2O \rightleftharpoons CO_2 + 4H_2$$

$$n_i\ldots \quad 1-\xi \quad 3-2\xi \quad \xi \quad 4\xi \qquad \sum n_i = 4+2\xi$$

$$x_i\ldots \quad \frac{1-\xi}{4+2\xi} \quad \frac{3-2\xi}{4+2\xi} \quad \frac{\xi}{4+2\xi} \quad \frac{4\xi}{4+2\xi}$$

GR- 12:

$$CH_4 + H_2O \rightleftharpoons CO + 3H_2$$

$$n_i\ldots \quad 1-\xi \quad 1-\xi \quad 0{,}1+\xi \quad 0{,}2+3\xi \qquad \sum n_i = 2{,}3+2\xi$$

$$x_i\ldots \quad \frac{1-\xi}{2{,}3+2\xi} \quad \frac{1-\xi}{2{,}3+2\xi} \quad \frac{0{,}1+\xi}{2{,}3+2\xi} \quad \frac{0{,}2+3\xi}{2{,}3+2\xi}$$

GR- 13: $x_i = 10^{-4}.u_i + 22{,}067$; $\bar{x} = 22{,}0672$; s =$1{,}6.10^{-4}$; $x_i = 10^{-4}.u_i + 0{,}034$; $\bar{x} = 0{,}0344$; s = 0,0002; $x_i = 0{,}1.u_i + 1230$; $\bar{x} = 1235{,}0$; s = 0,45.
GR- 14: 71,8 J/mol.K
GR- 15: 95,6 J/mol.K

2 AGGREGATZUSTÄNDE

GA- 1: Aus der Gaszustandsgleichung folgt $n = \frac{pv}{RT} = \frac{200.50}{0.08314.290{,}2}$ mol = 414,47 mol

m = n M = 414,47.28,02 = 11613 g; m = 11,61 kg

GA- 2: Aus GA 14 erhält man $\rho = \frac{pM}{RT} = \frac{0{,}950.352{,}0}{0{,}08314.333{,}2}$ = 12,07 g/l

GA- 3: C_5H_{12}
GA- 4: 118,5 g/mol
GA- 5: 1,253 bar
GA- 6: 7,82 bar
GA- 7: 77,62%N_2, 22,38%H_2; $\bar{M}$ = 7,22 g/mol; p(N_2) =1,5 bar, p(H_2) = 6,0 bar; ρ = 0,2047 g/l.
GA- 8: p = 15,4 kbar.
GA- 9: 0,1155 g/l. Der reine Stickstoff hat die Dichte 0,1149 g/l.

GA- 10: 122,5 hPa.

GA- 11: Nach dem Ausgießen beträgt das Gasvolumen 800 ml. Davon sind 75 Vol% eingedrungene Luft, der Rest Pentandampf. Unmittelbar nach dem Ausgießen sind daher die Partialdrücke p_{Luft} = 956.0,75 = 717 hPa und p_P = 956.0,25 = 239 hPa
Nach der Gleichgewichtseinstellung ist p_P = 736 hPa.
Es herrscht ein Überdruck von 736 - 239 = 497 hPa.
Die auf den Verschluss wirkende Kraft ist: F = p A = p.r²π = 49700 N/m². r²π = 15,6 N. Dies entspricht dem Gewicht einer Masse von 1,56 kg. Wenn der Verschluss ein Glasstopfen ist, dann wird er sicher angehoben und der Überdruck entweicht.

GA- 12: $C_8H_{18} + 12{,}5\ O_2 + 47\ N_2 = 8\ CO_2 + 9\ H_2O + 47\ N_2$
12,5 mol O_2 entsprechen 12,5.(79/21) = 47 mol N_2.
Aus einem Mol Oktan entstehen insgesamt 64 mol Abgase, die 9 mol Wasserdampf enthalten. $x_{H_2O} = 0{,}14$; $p_{H_2O} = 140\,\text{hPa}$. Der Wasserdampf kondensiert dann, wenn bei gegebener Temperatur sein Partialdruck höher ist als der Sättigungsdruck. Aus der Dampfdrucktabelle (ANH- 10) entnimmt man eine Temperatur von etwa 52°C.

GA- 13: $\bar{\varepsilon} = \frac{3}{2}kT = 2{,}071.10^{-14}$ J pro Teilchen. u = n. $\bar{\varepsilon}$.N_L; 1 kg H sind 1000 mol.
u = $1{,}25.10^{13}$ J. Dies sind 3,5 Millionen kWh! $\bar{c}$ = 4578 km/s.

GA- 14: 1050°C

GA- 15: t = 180°C; $\bar{c}$ = 1548 m/s

GA- 16: $\Delta u = 1{,}5\frac{m}{M}R\ \Delta t = 1124$ J.

GA- 17: z = $8{,}3.10^9$ Stöße/s.

GA- 18: p = 0,15 Pa; u = 0,00114 J

GA- 19: Die Konzentration steigt auf das 2,2-fache.

GA- 20: Siehe Beispiel GA- 18

GA- 21: n-Heptan: a = 31,07 l².bar/mol²; b = 0,2049 l/mol; d = 546 pm
SO_2: a = 6,864 l².bar/mol²; b = 0,0568 l/mol; d = 356 pm.

GA- 22: p(ideal) = 139,0 bar, p(real) = 100,5 bar

GA- 23: t(ideal) = 88,5°C; t(real) = 197,1°C

GA- 24: 2,865 kg

GA- 25: 1773 g flüssig und 227 g gasförmig.

FL- 1: Hg: β = 0,0001813 K^{-1}; CCl_4: β = 0,001256 K^{-1}.

FL- 2: r = 0,162 mm; c = 12,1 cm/s; Re = 49.

FL- 3: Mittelwert der Durchflusszeit 199,254 s; k = 0,005037; D = $4{,}82.10^{-7}$ bzw. 0,010%; G = $3{,}41.10^{-7}$ bzw. 0,007%.

FL- 4: ν = 2,5813 cSt; D = 0,001464 bzw. 0,057%; G = 0,001086 bzw. 0,042%.

FL- 5: Man verwendet $\ln\frac{\eta_2}{\eta_1} = \frac{P}{R}\left(\frac{1}{T_2} - \frac{1}{T_1}\right)$
P = 18,63 kJ/mol, η° = $1{,}42.10^{-3}$ mPa.s, η(40°C) = 1,82 mPa.s.

FL- 6: P = 10,30 kJ/mol, η° = 0,008644 mPa.s; Steigung ST = 1239,3027, Ordinatenabschnitt OA = -4,75088; Korrelationskoeffizient r = 0,998220

FL- 7: P = 23,88 kJ/mol, η° = 0,000249 mPa.s

FL- 8: $\bar{\sigma} = 72{,}02$, s = 0,075, $\Delta\bar{\sigma} = 0{,}072$. Daher ist $71{,}95 \le \mu \le 72{,}09$. Da der Sollwert 72,0 im Vertrauensbereich liegt, misst das Tensiometer richtig.

FL- 9: F = 2,04 und z(F) = 2,18. Es ist F< z(F) daher sind die beiden Standardabweichungen signifikant gleich. Beide Tensiometer messen gleich präzise.
t = 25,3 und z(t) = 1,69. Es ist t > z(t). Die beiden Mittelwerte sind signifikant verschieden. Die beiden Geräte messen nicht gleich richtig. Es könnte ein systematischer Fehler in einem der beiden Geräte der Grund sein.

FL- 10: 229,6 dm³

FL- 11: Steigung = -2,2375.10^{-7}, Ordinatenabschnitt = 0,00012962, Korrelationskoeffizient = -0,9998769. T_k = 312°C (gemessen 319°C) und k = 2,24.10^{-7} J/K.$mol^{2/3}$.

FST- 1: (121), (010), (201)

FST- 2: d = 267,0 pm; a = 462,5 pm; N_L = 6,018.10^{23} mol^{-1}

FST- 3: 71,0 pm

FST- 4: $d = \frac{n\lambda}{2\sin\alpha}$; $\Delta d = \frac{n}{2\sin\alpha}\Delta\lambda + \frac{n\lambda\cos\alpha}{2\sin^2\alpha}\Delta\alpha$; α = 45,1667°; $\Delta\alpha$ =0,001454 rad;
d = 108,65 pm; Δd = 0,2276 pm; F% = 0,21%

3 PHASENLEHRE

PH- 1: Es ist k = 1 und p = 1 $\Rightarrow$ 1 + f = 1 + 2 $\Rightarrow$ f = 2. Diese zwei Freiheitsgrade sind Druck und Temperatur. Die Konzentration ist konstant, da der Stoff Reinstoff ist. Beispielsweise kann man bei flüssigem Wasser p und T zwischen Schmelzpunkt und Siedepunkt beliebig einstellen, ohne dass die Anzahl der Phasen - nämlich nur die eine flüssige - sich ändert.

PH- 2: Siehe Abschnitt über Theorie.

PH- 3: ST = -4681,53; OA = 18,66; r = -0,999723; ΔH_v = 38,92 kJ/mol; ΔS_v = 97,6 J/mol.K; T_s = 125,7°C.

PH- 4: lnp = A/T + B lnT + C T + D ; A = -a/R, B = b/R, C = c/R.
D wird aus einem bekannten Wertepaar (meist der Siedepunkt) berechnet.
Die Verdampfungsentropie ist: $\Delta S = R\,(B + D - \ln p_0 + B \ln T + 2C.T)$

PH- 5: Die Koeffizienten der Funktion $\ln p = \frac{A}{T} + B\ln T + C$ errechnet man mit nichtlinearer Regression. Aus A, B und C können die restlichen Größen berechnet werden.
A = -5564,23; B = -4,91086; C = 51,4857; ΔH_v = R (5564,2 - 4,911T);
ΔS_v = R (39,654 – 4,911 lnT); t_s = 80,1°C. Bei der Siedetemperatur ist dann ΔH_v = 31,84 kJ/mol und ΔS_v = 90,1 J/mol.K.

PH- 6: Man verwendet Gleichung PH 7. ΔH = 72,69 kJ/mol. Damit berechnet man den Dampfdruck für 25°C. p =11,18 Pa. Den Gehalt erhält man aus der Gaszustandsgleichung $p_i\,v = \frac{m_i}{M}RT \Rightarrow \frac{m_i}{v} = \frac{p_i M}{RT} = \frac{11{,}18.0{,}12817}{8{,}3145.298{,}15} = 5{,}78.10^{-4}\,\mathrm{kg/m^3} = 578\,\mathrm{mg/m^3}$

PH- 7: Tripelpunkt: -90,5°C, 914 hPa; ΔH_v = 16,44 kJ/mol; ΔH_s = 23,59 kJ/mol; ΔS_v = 89,1 J/mol.K; ΔS_s = 128,3 J/mol.K; Schmelzenthalpie ΔH_{Schm} = 7,15 kJ/mol. Schmelzentropie ΔS_{Schm} = 39,1 J/mol.K . Änderung der Dampfdrücke pro K: Für das Sieden: 54,2 hPa/K; für das Sublimieren: 77,7 hPa/K.

PH- 8: ΔH = 77677J/mol, daraus dann t = 163°C für 1 mbar.

PH- 9: Man verwendet PH 7 und berechnet zunächst die Verdampfungsenthalpie, dann den Dampfdruck. ΔH_v = 31,20 kJ/mol; p = 320 hPa.

PH- 10: Es sei (p_o, t_o) ein bekannter Siedepunkt, etwa der Standardsiedepunkt. Der neue Siedepunkt sei (p_1, t_1). Dann ist der Bruchteil a = p_1/p_o.

Gerechnet wird mit PH 7 und PH 9: $\ln\frac{p_1}{p_o} = -\frac{\Delta H}{R}\left(\frac{1}{T_1} - \frac{1}{T_o}\right)$ und $\Delta H = 88\,T_o$.

$\ln a = -\frac{88T_o}{R}.\frac{T_o - T_1}{T_oT_1} = -\frac{88}{R}.\frac{T_o - T_1}{T_1}$. Mit $\Delta T = T_o - T_1$ erhält man

$\Delta T = -\frac{R \ln a}{88}(T_o - \Delta T)$ und schließlich $\frac{\Delta T}{T_o} = \frac{A}{1+A}$. Dabei ist $A = -\frac{R \ln a}{88}$.

Erniedrigt man den Druck auf 1% des Anfangsdruckes, dann sinkt der Siedepunkt um 30%. Für a = 0,01 ist $100\frac{\Delta T}{T_o} = 100\frac{A}{1+A} = 30{,}3$.

PH- 11: Der ideale Druck ist 11,25 bar. Der Dampfdruck bei 120°C ist nach der CC-Gleichung 6,74 bar. Es verdampft nicht alles. Die Menge, die verdampft ist nach der idealen Zustandsgleichung 6,0 g. Vgl. Beispiel GA- 24.

PH- 12: Man benötigt 43,1 Volumteile Luft für ein Volumteil Toluol.
Partialdruck 22,7 mbar. Untere Explosionsgrenze 1,1 Vol% (Literaturwert 1,1Vol%).
Flammpunkt mit ΔH aus der Trouton-Regel (33800 J/mol): -3°C.
Flammpunkt mit ΔH bei 25°C (38010 J/mol): 6°C (Literaturwert 4°C).

PH- 13: Man stellt die Massenbilanzen für beide Versuche für einen der beiden Stoffe A oder B auf. Hier sei A gewählt.
Es sei w der Gehalt an A (%), m die Masse, a die eingewogene Menge an A.
Die Indices P und Q stehen für die Phasen, 1 und 2 für die Versuche.

1. Versuch	$m_{1P} . w_P + m_{1Q} . w_Q = 100.a_1$	$86\, w_P + 34\, w_Q = 6000$
2. Versuch	$m_{2P} . w_P + m_{2Q} . w_Q = 100.a_2$	$104{,}8\, w_P + 15{,}2\, w_Q = 7200$

Die Lösung dieses Gleichungssystems ist w_P = 68,09% A in P und w_Q = 4,26% A in Q.

PH- 14: Es seien je 100 g der beiden Stoffe vorhanden. Dann sind die Molenbrüche
$x_{FB} = 0{,}5412$ und $x_{FT} = 1 - x_{FB} = 0{,}4588$
Mit dem Raoultschen Gesetz berechnet man die Partialdrücke
$p_B = 0{,}5412.\ 361{,}9 = 195{,}9$ hPa
$p_T = 0{,}4588.\ 122{,}0 = 56{,}0$ hPa
Der Gesamtdruck ist dann $p = p_B + p_T = 251{,}8$ hPa
Die Zusammensetzung des Dampfes ist $x_{DB} = \frac{p_B}{p} = 0{,}7777$.
Dies entspricht 77,8 Vol% Benzol und analog für Toluol 22,2 Vol%.

PH- 15: Entsprechend der Angabe ist $x_{DB} = x_{DT} = 0{,}5$. Man verwendet PH 14 und PH 15.
$x_{FB} = x_{DB}\frac{p}{p_B^o}$ wird in PH 14 eingesetzt: $p = p_T^o + p\, x_{DB}\left(1 - \frac{p_T^o}{p_B^o}\right)$
Daraus berechnet man p. p = 272,9 hPa ist der Dampfdruck der Lösung.
$x_{FB} = 0{,}5.\frac{272{,}9}{522{,}5} = 0{,}2612$. Die flüssige Mischung enthält 26,12 mol% Benzol.
Dies entspricht 23,06% Benzol.

PH- 16: Man setzt in PH 14 ein und berechnet x_{FH}. $1013 = x_{FH}\,(2403 - 473{,}9) + 473{,}9$
$x_{FH} = 0{,}2794$. Dies entspricht 27,9 mol% Hexan in der flüssigen Mischung.
Dies sind 22,6% Hexan (vgl. Tabelle GR- 1).
Analog erhält man für Oktan 72,1 mol% und 77,4%.
Die Dampfzusammensetzung ergibt sich aus PH 15
$x_{FH}.p_H^\circ = x_{DH}.p \qquad x_{DH} = 0{,}2794.\frac{2403}{1013} \qquad x_{DH} = 0{,}6629$
Der Dampf enthält 66,3 Vol% Hexan und 33,7 Vol% Oktan.

PH- 17: Der Molenbruch des gelösten Propans ist $x_{FP} = 0{,}00340$. Damit lässt sich dann der Partialdruck des Propans über dem Schmieröl und schließlich der Gehalt an Propan in der Luft berechnen. Der Partialdruck des Propans ist $p_P = p_P^\circ$.
$x_{FP} = 10730.0{,}0034 = 36{,}5$ hPa. Den Beitrag des Schmieröls zum Dampfdruck kann

man vernachlässigen. $x_{DB} = \frac{p_P}{p} = \frac{36,5}{1000} = 0,0365$. Dies bedeutet, dass Luft 3,65 Vol% Propan enthält. Das Gasgemisch ist explosiv! Der Propangehalt müsste auf etwa ein Zehntel, das sind 0,005%, erniedrigt werden, damit man sicher außerhalb des Explosionsbereiches bleibt.

PH- 18: Mit PH 17 bekommt man:

$$\frac{m_W}{m_{Öl}} = \frac{998.18}{2.250} = 35,9.$$ Es müssen etwa 36 kg Wasser für 1 kg Öl destilliert werden.

PH- 19:

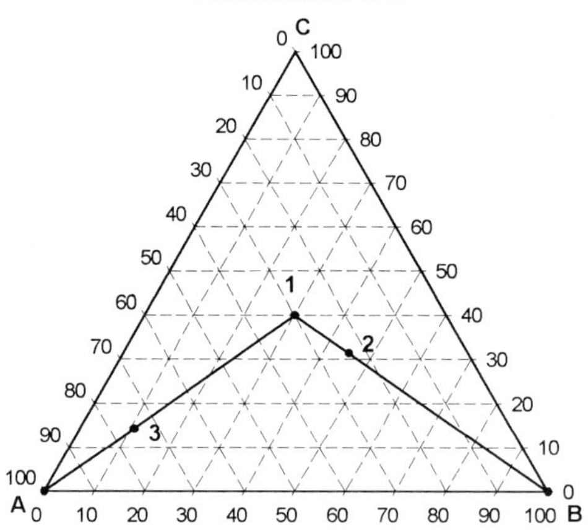

PH- 20:
$8,84\ x_{Pe} + 7,08\ x_{Bu} = 4,52$;
15 mol% Pentan (Punkt X)

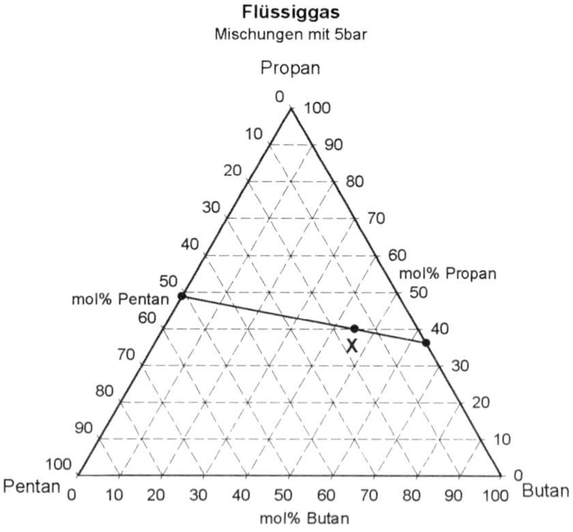

PH- 21: Zu 2: K enthält 15,5% A, 51,0% B, 33,5% C
Zu 3: Punkt F3: 36,9% A und 63,1% B
Zu 4: Punkt F4: 23,3% A und 76,7% B

Zu 5: $m_P : m_Q = 5 : 1$ $\quad \frac{m_P}{m_Q} = \frac{\overline{XQ}}{\overline{PX}} = \frac{20-10}{22-20} = \frac{5}{1}$ Bilanz für C aufzustellen!

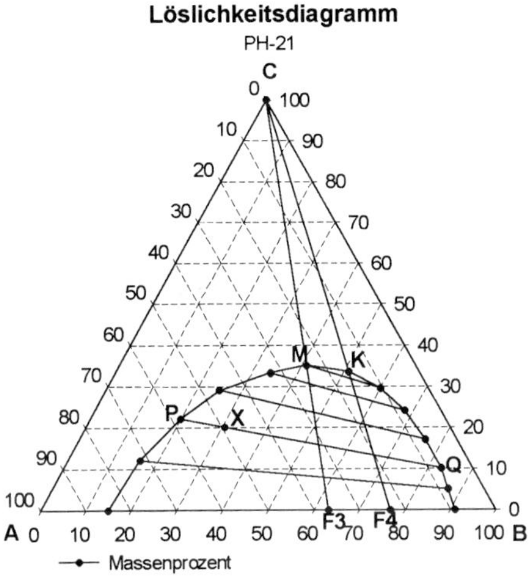

PH- 22: Mit PH 22 bekommt man die Molalität b = 2,688 mol/kg. Man muss 2,688 mol Glycol zu 1 kg Wasser zugeben. Dies sind m = n.M = 2,688.62,07 = 167 g Glycol.

PH- 23: ΔT = 16,60 - 15,25 = 1,35 K. PH 22 ergibt b = 0,3719 mol Wasser pro kg Eisessig. Umrechnung der Molalität in den Massenprozentgehalt ergibt 0,67%.

PH- 24: 10% Glycerin entspricht einer Molalität $b = \frac{1000.10}{(100-10).92,09} = 1,2065$ mol/kg. Die Siedepunktserhöhung ist ΔT = 0,513. 1,2065 = 0,62 K und der Siedepunkt 100,62°C.

PH- 25: Man verwendet PH 22 und die Definition der Molalität.

$$0,675 = 5,07.b \text{ und } b = \frac{0,9802\ .1000}{M\ .57,56} \Rightarrow M = 127,9 \text{ g/mol}$$

PH- 26: $\Pi = c\,R\,T\,[1 + \alpha(\nu - 1)]$ c und α müssen zunächst berechnet werden:

$$c = \frac{1000\rho b}{1000 + bM_S} = \frac{1025.0,6675}{1000 + 0,6675.58,44} = 0,6585 \text{ mol NaCl/l Lösung}$$

$\Delta T = E\,b\,(1 + \alpha)$ (ν = 2 für NaCl); 1,922 = 1,86.0,6675.(1 + α) $\Rightarrow \alpha$ = 0,548

Π = 0,6585.0,083145.293,2.1,548 = 24,9 bar. Der Mindestdruck ist 25 bar.

PH- 27: $c = \frac{8,674.1000}{342,3.250} = 0,10137$ mol/l; $R = \frac{\Pi}{cT} = \frac{2,488}{0,10137.295,2} = 0,08314$ l.bar/mol.K

PH- 28: Man verwende PH 21, PH 22 und die Umrechnung von % in Molalität. Für KBr und $ZnSO_4$ gilt $\Delta T = E\,b\,(1 + \alpha)$, da ν = 2. Für K_2SO_4 ist $\Delta T = E\,b\,(1 + 2\alpha)$, da ν = 3. Ergebnisse siehe Tabelle.

	ΔT (K)	Molalität (mol/kg)	α
KBr	1,48	0,4423	0,799
K_2SO_4	1,17	0,3020	0,541
$ZnSO_4$	0,65	0,3260	0,072

Es ist bekannt, dass alle drei Salze in Lösung vollständig dissoziiert sind. α müsste also 1 sein. Dass der Wert kleiner als 1 ist, wird durch die elektrostatischen Wechselwirkungskräfte, die eine gegenseitige Behinderung der Ionen bewirken, verursacht. Bei mehrwertigen Ionen machen sich die Wechselwirkungskräfte besonders stark bemerkbar.

PH- 29: Man verwendet PH 23 oder PH 24, je nach dem ob der Quotient $\frac{\Pi}{\gamma}$ konstant ist oder nicht. Setzt man γ in g/m³, sonst aber alle anderen Größen in SI-Einheiten ein, dann bekommt man M in der üblichen Einheit g/mol.

$$\Pi = \frac{\gamma}{M}RT \Rightarrow [M] = \frac{[\gamma].[R].[T]}{[\Pi]} = \frac{g.J.K}{m^3.mol.K.Pa} = \frac{g}{mol}$$

Sei OA der Ordinatenabschnitt, ST die Steigung A und r der Korrelationskoeffizient.

Dann ist $M = \frac{RT}{OA} = 93{,}0.10^3$ g/mol.

E mg/100ml	γ g/m³	Π hPa	Π/γ J/g		
102	1020	3,7	0,3627	t (°C)	22
210	2100	14,9	0,7095		
305	3050	31,2	1,0230	r	0,99999477
396	3960	52,3	1,3207	ST (Jm³/g²)	0,00032687
514	5140	87,7	1,7062	OA (J/g)	0,02639737
625	6250	129,4	2,0704	M (g/mol)	92965

PH- 30: Der Quotient $\frac{\Pi}{\gamma}$ ist konstant mit einem Mittelwert von 0,020893. Daher ist

$$M = \frac{8{,}3145.294{,}15}{0{,}020893} = 117.10^3 \text{ g/mol}$$

PH- 31: Aus der Zusammensetzung und dem Luftdruck berechnet man die Partialdrücke. Mit diesen und dem Henry-Gesetz bekommt man die Molenbrüche der gelösten Gase. Die Molenbrüche der gelösten Gase fasst man wieder als Stoffmengen in ein Mol Mischung auf und berechnet daraus die mol% der gelösten Gase. Diese sind aber gleich den Vol% in der gelösten Luft. Siehe folgende Tabelle

	Stickstoff	Sauerstoff	Argon	Kohlendioxid	Summe
Vol%	78,08	20,95	0,934	0,033	
H (1/bar)	$1{,}368.10^{-5}$	$2{,}720.10^{-5}$	$2{,}985.10^{-5}$	$8{,}103.10^{-4}$	
Partialdr. (hPa)	780,8	209,5	9,34	0,33	
x_i gelöst	$1{,}068.10^{-5}$	$5{,}698.10^{-6}$	$2{,}788.10^{-7}$	$2{,}674.10^{-7}$	$1{,}692.10^{-5}$
mol% = Vol%	63,1	33,7	1,65	1,58	100

Wie man sieht ist die Konzentration des Sauerstoffes im Vergleich zum Stickstoff im Wasser wesentlich höher als in der Luft. Dies ist zum Beispiel von Bedeutung für alle Lebewesen, die mit Kiemen atmen.

PH- 32: $\frac{c_n}{c_o} = \left(\frac{k\,v_o}{k\,v_o + v}\right)^n \quad \Rightarrow \quad n = \frac{\lg\frac{c_n}{c_o}}{\lg\left(\frac{k\,v_o}{k\,v_o + v}\right)} = 3{,}21$ für Ether; $n = 15{,}9$ für Benzol.

Man muss mit Ether 4 mal, mit Benzol 16 mal ausschütteln.

PH- 33: $\frac{c_n}{c_o} = \left(\frac{k\,v_o}{k\,v_o + v}\right)^n \Rightarrow n = \frac{\lg\frac{0,01}{100}}{\lg\left(\frac{0,0125.600}{0,0125.600 + 200}\right)} = 2,77$ Man muss dreimal extrahieren

PH- 34: K = 850

PH- 35: a.) Buttersäure: k = 0,4753; KA = 0,01551. Die Anteile der monomeren Säure sind 90,3%; 81,7%; 53,5%; 36,1%; 26,0% und 16,7%.
b.) Propionsäure: k = 0,0629; KA = 0,01271. Die Anteile der monomeren Säure sind 77,1%; 56,7%; 44,4%; 32,8%; 25,3% und 18,3%

PH- 36: a.) Salicylsäure: r = 0,999129; k = 2,837; KA = 0,06823.
b.) Trichloressigsäure: r = 0,999878; k = 0,0460; KA = 0,02094.

4 THERMODYNAMIK

TD- 1: $p = \frac{nRT}{v - nb} - \frac{an^2}{v^2}$; $w = nRT \ln\frac{v_A - nb}{v_E - nb} + an^2\left(\frac{1}{v_A} - \frac{1}{v_E}\right)$

TD- 2: Man geht aus von dw = -p dv (TD 4) und integriert:

$$\int_0^w dw = -\int_{v_A}^{v_E} p dv \Rightarrow w = -C\int_{v_A}^{v_E}\frac{dv}{v^a} \Rightarrow w = -C\frac{v^{1-a}}{1-a}\Bigg|_{v_A}^{v_E}$$

Dies gilt nur für $a \neq 1$, also nicht für die Isotherme!

$$w = \frac{C}{a-1}\left(v_E^{1-a} - v_A^{1-a}\right) = \frac{C}{a-1}\left(v_E.v_E^{-a} - v_A.v_A^{-a}\right).$$ Mit $v_E^{-a} = \frac{p_E}{C}$ und $v_A^{-a} = \frac{p_A}{C}$ folgt

$$w = \frac{C}{a-1}\left(\frac{v_E p_E}{C} - \frac{v_A p_A}{C}\right)$$ und schließlich $$w = \frac{p_E v_E - p_A v_A}{a-1}$$

TD- 3: w = P. t = 120.24.3600 = 10,368.106 J, $q = m.c_p.\Delta T \Rightarrow \Delta T = 35,3$ Grad; $q = m\,\Delta h_v \Rightarrow$ $m(H_2O) = 4,3$ kg.

TD- 4: $C_{18}H_{36}O_2 + 26\ O_2 \rightarrow 18\ CO_2 + 18\ H_2O$
fl g g g
$\Delta n = 10$ mol. Daher ist w = -10.8,31.473 = 39,3 kJ

TD- 5: $C_8H_{18} + 12,5\ O_2 \rightarrow 8\ CO_2 + 9\ H_2O$

t /°C					Δn	Δw
90	fl	g	g	fl	8 -12,5 = -4,5 mol;	-4,5RT = -13587 J
120	fl	g	g	g	17-12,5 = 4,5 mol;	4,5RT = 14710 J
150	g	g	g	g	17-13,5 = 3,5 mol;	3,5RT = 12314 J

TD- 6: Da das Sieden bei konstantem Druck erfolgt, ist der Wärmebedarf q_p gleich der Verdampfungsenthalpie. Die Wassermenge ist 1 mol, daher kann mit den molaren Größen gerechnet werden: $\Delta U = \Delta H - p\,\Delta V$. Die Volumsarbeit ist die Ausdehnungsarbeit während des Verdampfens. $p\,\Delta V = p\,(V_g - V_{fl})$; $V_g = 31026$ cm³/mol (Gaszustandsgleichung!),
$V_{fl} \approx 20$ cm³/mol. $\Delta V \approx 31$ dm³ $\Rightarrow p\,\Delta V = 100000.\ 0,031$Pa.m³/mol = 3100 J/mol.
Daher ist $\Delta U = 40,65 - 3,1 = 37,55$ kJ/mol.

TD- 7: ΔH(R) = -20,7 kJ/mol

TD- 8: ΔH(R) = -73,4 kJ/mol

TD- 9: ΔH(R) = -442,0kJ/mol

TD- 10: ΔH(R) = -20,5 kJ/mol

TD- 11: LiF:-1035 kJ/mol; KJ: -643 kJ/mol; $MgBr_2$: -2426 kJ/mol; $BaCl_2$: -2048 kJ/mol.

TD- 12: $\Delta U_o(G)$ = -1872 kJ/mol
TD- 13: -11280,6 kJ/mol; -947,7 kJ/mol.
TD- 14: -942,4 kJ/mol
TD- 15: -139,0 kJ/mol
TD- 16: -184852 J/mol
TD- 17: 16796 J/mol
TD- 18: 28,90 kJ/mol

TD- 19: ΔH^o_T = -29979 + 28,95 T + 0,00841 T² J/mol

TD- 20: ΔH^o_T = -8086.6 + 26,84 T + 0,002778 T² - 48500.T^{-1} J/mol

TD- 21: Die linearen Gleichungen erhält man durch Einsetzen der gegebenen Werte in $C_p = a + bT$ und Lösen der Gleichungssyteme.
$C_p(Gr)$ = -1,528 + 0,03376 T; $C_p(D)$ = -6,221 + 0,04135 T

$$\Delta H_U(T) = 1850 + \int_{298,15}^{400} (-4,693 + 0,00759T)\,dT = 1850 - 208 = 1642 \text{ J/mol}$$

TD- 22: $\Delta h^o_{298}(R)$ = -114,168 kJ/mol; $\Delta c_p(R)$ = -23,47 + 0,033353T J/mol.K

$\Delta h^o_T(R)$ = -108653 - 23,47 T + 0,01668 T² J/mol

TD- 23: $\Delta h^o_{298}(R)$ = -91,880 kJ/mol; $\Delta c_p(R)$ = -59,90 + 0,06305 T - 1,701.10^{-5} T² J/mol.K

$\Delta h^o_T(R)$ = -76673 - 59,90 T + 0,03153 T² - 5,67.10^{-6} T³ J/mol

TD- 24: $\Delta h^o_{298}(R)$ = -109,170 kJ/mol; $\Delta c_p(R)$ = -27,066 - 0,005295 T - 1214523.T^{-2} J/mol.K

$\Delta h^o_T(R)$ = -121078 + 27,066 T - 0,002648 T² + 1214523.T^{-1} J/mol

TD- 25: ΔS = -8,3145.(0,781.ln0,781 + 0,210.ln0,210 + 0,0093.ln0,0093) = 4,69 J/mol.K
TD- 26: Δs = -350,5 J/mol.K
TD- 27: Δs = 2462,2 J/mol.K

TD- 28: S^o_{723} = 53,36 J/mol.K

TD- 29: S^o_T = 53,44 + 0,04361T - 7,47.10^{-6} T² + 25,98.lnT

TD- 30: S^o_T = -238,56 + 5,012.10^{-3}.T + 436900.1/T² + 45,47.lnT; S^o_{1073} = 84,50 J/mol.K

TD- 31: Schmelzentropie $\Delta S_u = \frac{\Delta H_U}{T_U}$ = 6,93 J/mol.K. S^o_{573} = 91,94 J/mol.K

TD- 32: Schmelzentropie $\Delta S_u = \frac{\Delta H_U}{T_U}$ = 7,02 J/mol.K. S^o_{773} = 87,00 J/mol.K

TD- 33: $\Delta s^o_{298}(R)$ = -146,31 J/mol.K; $\Delta c_p(R)$ = -23,47 + 0,033353 T J/mol.K

$\Delta s^o_T(R)$ = -22,532 + 0,033353 T - 23,47 lnT J/mol.K

TD- 34: $\Delta s^o_{298}(R)$ = -88,85 J/mol.K; $\Delta c_p(R)$ = -25,15 + 0,01062 T+ 210543.1/T² J/mol.K

$\Delta s^o_T(R)$ = 52,46 + 0,01062 T -105271.1/T² - 25,15 lnT J/mol.K

TD- 35: ΔH^o_{298} (Reaktion) = -218,3 kJ/mol; S^0_{298}(Reaktion) = -20,2 J/mol.K;

ΔG^o_{298} (Reaktion) = -212,3 kJ/mol. Der als elektrische Energie maximal nutzbare Anteil der Reaktionsenthalpie beträgt 97,3%. Die freie Enthalpie dieser Reaktion ist fast so groß wie die Reaktionsenthalpie, da die Entropie während der Reaktion sich nur wenig verändert. Dies deswegen, weil keine Gase an der Reaktion beteiligt sind. Führt man die Reaktion nicht in der galvanischen Zelle durch, sondern vermischt die Stoffe im Reagenzglas (irreversible Versuchsführung!), dann wird die gesamte Energie, also auch die freie Enthalpie, als Wärme frei.

TD- 36:

Reaktion1		Reaktion2	
ΔG° (kJ/mol)	Richtung zu den	ΔG° (kJ/mol)	Richtung zu den
29320	Ausgangsstoffen	-29780	Endstoffen
0	im Gleichgewicht	0	im Gleichgewicht
-40550	Endstoffen	29220	Ausgangsstoffen

TD- 37: Die Begründung ist das Vorzeichen von ΔG. ΔG = -4542 J/mol; Der Zerfall von N_2O_3 verläuft von selbst.

TD- 38: Die Funktionen sind für

Al_2O_3: $\Delta g°(R) = -558{,}6 + 0{,}1045.T$ kJ/mol

CO: $\Delta g°(R) = -110{,}5 - 0{,}0894.T$ kJ/mol

CO_2: $\Delta g°(R) = -196{,}8 - 0{,}00145.T$ kJ/mol

FeO: $\Delta g°(R) = -266{,}3 + 0{,}0724.T$ kJ/mol

H_2O: $\Delta g°(R) = -241{,}8 + 0{,}0445.T$ kJ/mol

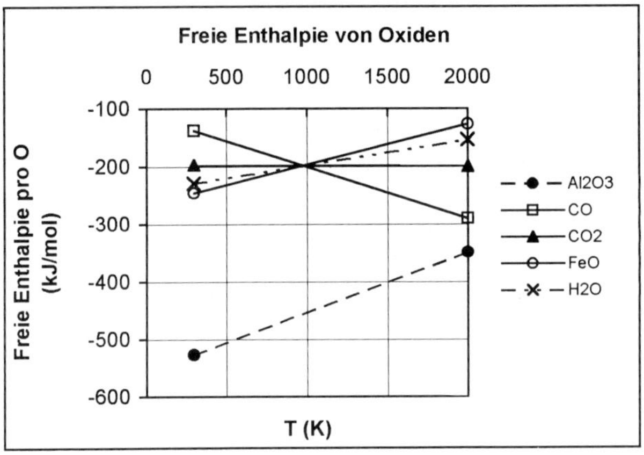

Aus dem Diagramm entnimmt man: Aluminium kann alle anderen Oxide reduzieren. Ab etwa 1000 K kann man mit Kohlenstoff sowohl FeO als auch Wasser reduzieren. Ab etwa 1000 K ist das CO gegenüber dem CO_2 das stabilere Oxid, sodass ab dieser Temperatur aus C bevorzugt CO entsteht.

Bemerkung: Liegt in dem untersuchten Temperaturbereich der Siedepunkt des Elementes, dann muss die Verdampfungsenthalpie und vor allem die Verdampfungsentropie berücksichtigt werden. Die obige einfache Rechnung wird sonst grob fehlerhaft, da durch die höhere Entropie die Gerade steiler wird. Ein Beispiel dafür ist Zn.

TD- 39: Kohlenstoff: Bei 25°C ist Graphit stabil. $\Delta g(R) = 2857$ J/mol. $\Delta g(R) = 1850 + 3{,}378\ T$ bleibt für alle Temperaturen positiv, da die absolute Temperatur immer positiv ist. Diamant ist immer die metastabile Modifikation. Eine solche Umwandlung nennt man monotrop. Zur Umwandlung von Graphit in Diamant vgl. Beispiel TD- 29.

Phosphor: $\Delta g(R) = -17570 + 18{,}30\ T$. $\Delta g_{298}(R) = -12114$ J/mol. Die stabile Modifikation ist der rote Phosphor. Die Umwandlungstemperatur ist 687°C.

Bemerkenswert ist hier, dass - entgegen der üblichen Vorgangsweise - in den thermodynamischen Tabellen der weiße Phosphor als Standard genommen wird. Der Grund dafür ist der, dass der weiße Phosphor leichter in einer kristallisierten reproduzierbaren Form hergestellt werden kann.

TD- 40: Die van't Hoffsche Gleichung erhält man durch differenzieren. Da sowohl K(T) als auch $\Delta H°(T)$ und $\Delta S°(T)$ Funktionen der Temperatur sind (TD 18, TD 29), ist die Kettenregel anzuwenden. $\frac{\partial \ln K(T)}{\partial T} = \frac{1}{R}\left(\frac{-\Delta C_p(T).T + \Delta H^o(T)}{T^2} + \frac{\Delta C_p(T)}{T}\right)$.

Umformen und Kürzen ergibt die Lösung.

TD- 41: A. Es ist $K_{th} = \left(\frac{p}{p_o}\right)^{\sum \nu_i} K_f \frac{K_n}{\left(\sum n_i\right)^{\sum \nu_i}}$ (TD 57). Bis auf den letzten Bruch kann man alles zu einer Konstanten zusammenfassen und erhält:

$$(1)\, C = \frac{K_n}{\left(\sum n_i\right)^{\sum \nu_i}} = \frac{n_1.n_2....n_k}{n_{k+1}.n_{k+2}.....n_L.\left(\sum n_i\right)^{\sum \nu_i}},$$ wenn das Gemisch k Endstoffe und (L - k) Ausgangsstoffe enthält. Das Inertgas verändert die Stoffmengen n_i der reagierenden Stoffe nicht, vergrößert aber die Summe $\sum n_i$ aller Stoffmengen.

1. Es sei $\sum \nu_i > 0$

   Dies bedeutet, dass durch das Inertgas der Nenner in (1) vergrößert wird. Da der Wert des Bruches konstant bleiben muss (C ist eine Konstante!), muss auch der Zähler von (1) größer werden. Das Gleichgewicht verschiebt sich nach rechts, die Ausbeute steigt.
2. Ist $\sum \nu_i < 0$, dann vergrößert die Inertgasmenge den Zähler und die Ausbeute wird kleiner.

Zusammengefasst ist dies aber die gleiche Wirkung, die eine Verminderung des Druckes erzeugt.

B. Reaktionen in Lösung:

$K_{th} = K_c\, c_o^{-\sum \nu_i} K_f$ (TD 57) Bis auf K_c kann man alles zusammenfassen.

$C = K_c = \frac{c_1.c_2.....c_k}{c_{k+1}.c_{k+2}.....c_L}$ Da aber $c_i = \frac{n_i}{v}$ (v ist das Volumen der Reaktionsmischung) folgt:

$$(2)\ C = \frac{n_1.n_2....n_k}{n_{k+1}.n_{k+2}.....n_L.v^{\sum \nu_i}} = \frac{K_n}{v^{\sum \nu_i}}$$

Der Gedankengang ist dann im wesentlichen der gleiche wie bei A.

Zusatz von Lösungsmittel vergrößert das Volumen v der Reaktionsmischung. Ist dabei dann noch $\sum \nu_i > 0$ steigt die Ausbeute, andernfalls sinkt sie.

TD- 42: $K_2 = 1{,}86.10^{-6}$; $K_2 = 5{,}50.10^{-6}$; $K_3 = 3{,}45.10^{-12}$; $K_3 = 1{,}82.10^{5}$; $K_4 = 2{,}89.10^{11}$; $K_4 = 3{,}31.10^{10}$

TD- 43: (3) = (1) + 0,5.(2) $\Rightarrow K_3 = K_1.\,K_2^{0,5}$; $K_3 = 0{,}00877$ (für 2000 K); $K_3 = 0{,}196$ (für 2500 K)

TD- 44: A. K = 6,76; B. K = 0,11; C. K = 38,02

TD- 45:

	$2\,SO_2$	$+\ O_2 \rightleftharpoons$	$2\,SO_3$	$\sum \nu_i = -1$
Stoffmengen zu Beginn	2	1	0	
Stoffmengen im Gleichgewicht n_i	2(1-y)	1-y	2y	$\sum n_i = 3 - y$
Molenbrüche im Gleichgewicht x_i	$\frac{2(1-y)}{3-y}$	$\frac{1-y}{3-y}$	$\frac{2y}{3-y}$	

Gleichgewichtskonstante: $K_x = \frac{y^2(3-y)}{(1-y)^3}$, $K_p = \frac{1}{p} \cdot \frac{y^2(3-y)}{(1-y)^3}$ und $K_{th} = \frac{p_o}{p} \cdot \frac{y^2(3-y)}{(1-y)^3}$

TD- 46:

	CH_4 +	$CO_2 \rightleftharpoons$	2 CO +	2 H_2	$\sum \nu_i = 2$
Stoffmengen zu Beginn	1	1	0	0	
Stoffmengen im Gleichgewicht n_i...	1- y	1- y	2y	2y	$\sum n_i = 2(1+y)$
Molenbrüche im Gleichgewicht x_i..	$\frac{1-y}{2(1+y)}$	$\frac{1-y}{2(1+y)}$	$\frac{y}{(1+y)}$	$\frac{y}{(1+y)}$	

Gleichgewichtskonstante: $K_x = \frac{4y^4}{(1-y^2)^2}$, $K_p = p^2 \frac{4y^4}{(1-y^2)^2}$ und $K_{th} = \left(\frac{p}{p_0}\right)^2 \frac{4y^4}{(1-y^2)^2}$

TD- 47: C(f) + $CO_2 \rightleftharpoons$ 2 CO; Molenbruch von CO_2 = 0,75; $0{,}75 = \frac{1-y}{1+y} \Rightarrow$ y = 0,14286; dies bedeutet 14,3% des ursprünglichen CO_2 haben mit Graphit reagiert. K_x = 0,08333, K_p = 0,8333 bar und K_{th} = 0,8224.

TD- 48: α = 0,7252 (72,52% des NO_2 sind zerfallen); K_x =1,853, K_p =1,877 bar und K_{th} =1,853. Die Berechnung des Dissoziationsgrades für 10,13 bar führt auf eine Gleichung dritten Grades in α, die mit einer der Iterationsmethoden gelöst wird.

	2 $NO_2 \rightleftharpoons$	O_2 +	2 NO	$\sum \nu_i = 1$
Stoffmengen zu Beginn	2	0	0	
Stoffmengen n_i im Gleichgewicht	$2(1-\alpha)$	α	2α	$\sum n_i = 2+\alpha$
Molenbrüche x_i im Gleichgewicht	$\frac{2(1-\alpha)}{2+\alpha}$	$\frac{\alpha}{2+\alpha}$	$\frac{2\alpha}{2+\alpha}$	

$K_x = \frac{\alpha^3}{(1-\alpha)^2(2+\alpha)}$ und $K_{th} = \frac{p}{p_o} \cdot \frac{\alpha^3}{(1-\alpha)^2(2+\alpha)}$; $\alpha = 0{,}492$

TD- 49: Es ist $n_o = \frac{m}{M}$ die Stoffmenge zu Beginn der Reaktion. Nach Einstellung des Gleichgewichtes ist $c.v = n_{J_2}$ und $n_{J_2} = n_o(1-\alpha)$. Daraus bekommt man α = 0,2806. Aus p v = $n_o(1+\alpha)$ RT erhält man p = 5,37 bar. K_x = 0,3419, K_p = 1,836 bar und K_{th} = 1,812.

TD- 50: ΔG^0 = +1037 J/mol für die Dissoziation. K_{th} = 0,6798. $\sum n_i = n_o(1+\alpha)$

Folgende Gleichungen gelten:

1.) p M = ρ (1+ α) RT. Dies bekommt man aus p v = $n_o(1+\alpha)$ RT und $n_o = \frac{m}{M}$.

2.) $K_{th} = \frac{p}{p_0} \cdot \frac{4\alpha^2}{1-\alpha^2}$ Aus 1.) setzt man p in 2.) ein und berechnet α.

Aus α werden die anderen Größen berechnet. Da die Masse m konstant ist, gilt $\bar{M}.n_o(1+\alpha) = M.n_o \Rightarrow \bar{M}(1+\alpha) = M$; α = 0,2782; $\bar{M}$ = 72,0 g/mol; p = 2,053 bar

TD- 51: 84,0% C wurden in CO umgewandelt. 8,6 Vol%H_2O, 45,7 Vol%CO, 45,7 Vol%H_2

TD- 52: Siehe Beispiel TD- 40

TD- 53: Man geht von 1mol CO_2 aus. y mol davon haben mit dem festen Kohlenstoff reagiert.

Aus $K_{th} = \frac{p}{p_0} \cdot \frac{4y^2}{1-y^2}$ berechnet man für einige Temperaturen zunächst y und dann daraus die Molenbrüche $x_{CO_2} = \frac{1-y}{1+y}$ und $x_{CO} = \frac{2y}{1+y}$; Vol% = 100 x_i

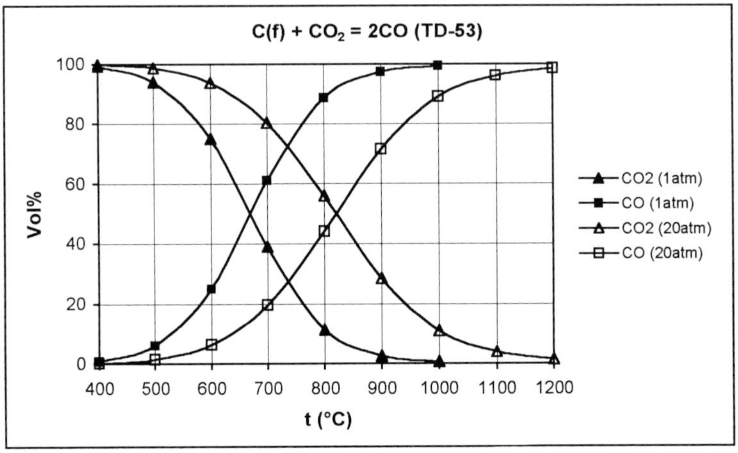

TD- 54: 650°C: 56,1 Vol%; 850°C: 8,72 Vol%; 1050°C: 1,01 Vol% Rest-Ethan.

TD- 55: a.) Nein, da $\Delta G° = 175{,}2$ kJ.

b.) Man verwendet TD 63 und TD 64. Wärmezufuhr erhöht die Gleichgewichtskonstante und damit die Ausbeute. Der Druck hat keinen Einfluss, da $\Delta v = 0$

TD- 56: Man verwendet TD 63 und TD 64. Druckerhöhung verschiebt das Gleichgewicht nach rechts, erhöht also die Ausbeute an Methanol. Erhöhung der Temperatur erniedrigt die Gleichgewichtskonstante und damit die Ausbeute an Methanol.

Es ist $K = \frac{[CH_3OH]}{[H_2]^2\,[CO]}$. Entfernt man Methanol, wird der Zähler des Bruches kleiner. Damit der Wert des Bruches, nämlich die Gleichgewichtskonstante K, unverändert bleibt, muss auch der Nenner kleiner werden. Dies bedeutet H_2 und CO reagieren zu Methanol, das Gleichgewicht verschiebt sich nach rechts.

TD- 57: a.) $\Delta G = 0$, die Reaktion ist im Gleichgewicht.

b.) Es ist $\Delta H < 0$, die Reaktion ist exotherm. Mit TD 63 folgt $\frac{\partial \ln K}{\partial T} < 0$. Um die Ausbeute zu erhöhen, muss die Gleichgewichtskonstante K steigen, das bedeutet $\partial \ln K > 0$. Dies ist nur möglich, wenn $\partial T < 0$. Man muss die Temperatur erniedrigt. Während der Reaktion nimmt das Volumen der Reaktionsmischung ab.

Δv = 1 Volumteil -2 Volumteile = -1 VT. Mit TD 64 folgt daraus, dass man den Druck erhöhen müsste, um die Ausbeute zu steigern.

TD- 58: Für eine näherungsweise Berechnung der Temperatur kann man die Enthalpien und Entropien als konstant ansehen. Man betrachtet die Reaktion 2 $Ag_2O \rightleftharpoons$ 4 Ag + O_2 und verwendet TD 62: $\ln K_{th} = -\frac{\Delta H^o}{R} \cdot \frac{1}{T} + \frac{\Delta S^o}{R}$. Da nur der Sauerstoff gasförmig ist, ist $K_{th} = \frac{p}{p_o}$. Darin ist p der Partialdruck des O_2 und p_o = 1013 hPa.

Daher gilt: $\ln\frac{p}{p_o} = -\frac{\Delta h^o}{RT} + \frac{\Delta s^o}{R} \Rightarrow T = \frac{\Delta h^o}{\Delta s^o - R\ln\frac{p}{p_o}}$.

Es ist $\Delta h°(R) = 62200$ J/mol und $\Delta s°(R) = 133{,}0$ J/mol.K . Für p = 213 hPa ist t = 153°C; für p = 1013 hPa ist t = 195°C.

TD- 59: $\ln K_{th} = 22{,}906 + 5{,}253.10^{-3}.T - 5{,}486.10^{-7}.T^2 + 8993{,}5.1/T - 7{,}802.\ln T$; p = 120 bar

TD- 60: $\ln K_{th} = 17{,}74 - 2{,}406.10^{-3}\ T - 7216{,}3.1/T + 0{,}3007.\ln T$
19,6% sind dissoziiert. 67,2 Vol% A und 32,8 Vol% B.

TD- 61: Der mathematische Zusammenhang zwischen K_{th} und α ist der gleiche wie in Aufgabe TD- 48. Aus den Angaben berechnet man die Gleichgewichtskonstanten bei den beiden Temperaturen und daraus mit TD 62 die Enthalpie und Entropie.
$K_{th}(2000\ K) = 1{,}901.10^{-6}$, $K_{th}(2200\ K) = 4{,}069.10^{-5}$; $\Delta H° = 560{,}41$ kJ/mol,
$\Delta S° = 170{,}7$ J/mol.K

TD- 62: Zum Rechengang vergleiche man Beispiel PH- 11. Grundlage ist TD 62. lnK gegen 1/T ist eine lineare Funktion, da sich $\Delta h°(R)$ und $\Delta s°(R)$ in diesem kleinen Temperaturintervall nur sehr wenig ändern werden. Durch eine Linearregression mit x = 1/T und y = $\ln K_{th}$ wird die Steigung ST und der Ordinatenabschnitt OA der linearen Funktion berechnet und daraus $\Delta h°(R)$ und $\Delta s°(R)$. Korrelationskoeffizient r = 0,999999679. Der Korrelationskoeffizient ist fast genau 1, die Linearität ist hervorragend erfüllt. OA = 21,25754; ST = -6990,357; $\Delta h°(R) = 58{,}12$ kJ/mol;
$\Delta s°(R) = 176{,}7$ J/mol.K

TD- 63: Vgl. Beispiel TD- 46. Da $\Delta c_p(R) = a$ konstant ist, muss $\Delta h°(R)$ als Integral davon folgende Terme in T enthalten: eine Konstante (Integrationskonstante!) und T.

$\Delta s°(R)$ enthält eine Konstante und lnT (Integral von $\frac{a}{T}$). Daher enthält

$\Delta g°(R) = \Delta h°(R) - T\,\Delta s°(R)$ eine Konstante, T und T lnT und $\ln K_{th} = \frac{-\Delta g^o(R)}{RT}$ eine

Konstante, 1/T und lnT. Die gesuchte Gleichung ist $\ln K_{th} = a + \frac{b}{T} + c\ln T$

TD- 64: Vgl. Beispiel TD- 46. $\Delta h^0(R)$ enthält als Integral von $\Delta c_p(R) = a + b\,T + c\,T^2$ folgende Terme in T: eine Konstante (Integrationskonstante!), T, T^2 und T^3. $\Delta s°(R)$ enthält: eine

Konstante, T, T^2 und lnT (Integral von $\frac{a + bT + cT^2}{T}$). Daher enthält

$\Delta g°(R) = \Delta h°(R) - T\,\Delta s°(R)$: eine Konstante, T, T^2, T^3 und T lnT und $\ln K_{th} = \frac{-\Delta g^o(R)}{RT}$

eine Konstante, T, T^2, 1/T und lnT. Daher ist $\ln K_{th} = a + bT + cT^2 + \frac{d}{T} + e\ln T$

TD- 65: Rechengang: Man erhält $\Delta g°(R)$ aus: $\Delta G^o_T = -R\,T\ln K_{th}$ (TD 52)

$\Delta h°(R)$ aus der van t'Hoff-Gleichung $\frac{\partial \ln K(T)}{\partial T} = \frac{\Delta H^o(T)}{RT^2}$ (TD 63)

$\Delta s°(R)$ durch differenzieren von $\Delta g°(R)$ und
$\Delta c_p(R)$ durch differenzieren von $\Delta h°(R)$.
$\Delta g°(R) = -129706 - 61{,}694\ T + 0{,}01821\ T^2 + 28{,}768\ T\ln T + 1{,}6463.10^{-6}\,T^3$ J/mol
$\Delta h°(R) = -129706 - 28{,}768\ T - 0{,}01821\ T^2 - 3{,}293.10^{-6}\,T^3$ J/mol
$\Delta s°(R) = 32{,}93 - 0{,}03642\ T - 4{,}939.10\text{-}6\ T^2 - 28{,}768\ln T$ J/mol.K
$\Delta c_p(R) = -28{,}768 - 0{,}03642\ T - 9{,}878.10^{-6}\,T^2$ J/mol.K
$\Delta h^o_{298}(R) = -140{,}00$ kJ/mol; $\Delta s^o_{298}(R) = -142{,}3$ J/mol.K

TD- 66: $\Delta g°(R) = -108920 - 0{,}9395\,T - 0{,}01671\,T^2 + 23{,}447\,T\ln T$ J/mol

$\Delta h°(R) = -108920 - 23{,}447\,T + 0{,}01671\,T^2$ J/mol

$\Delta s°(R) = -22{,}51 + 0{,}03342\,T - 23{,}447\ln T$ J/mol.K

$\Delta c_p(R) = -23{,}447 + 0{,}03342\,T$ J/mol.K

$\Delta h^o_{298}(R) = -114{,}43$ kJ/mol

$\Delta s^o_{298}(R) = -146{,}1$ J/mol.K

TD- 67: $\Delta g°(R) = -49912 + 178{,}92\,T - 0{,}000774\,T^2 - 240580.1/T - 1{,}090\,T\ln T$ J/mol

$\Delta h°(R) = -49912 + 1{,}090\,T + 0{,}000774\,T^2 - 481160.1/T$ J/mol

$\Delta s°(R) = -177{,}84 + 0{,}001548\,T - 240580.1/T^2 + 1{,}090\ln T$ J/mol.K

$\Delta c_p(R) = 1{,}090 + 0{,}001548\,T + 481160.1/T^2$ J/mol.K

$\Delta h^o_{298}(R) = -51{,}13$ kJ/mol

$\Delta s^o_{298}(R) = -173{,}9$ J/mol.K

TD- 68: A. Abhängigkeit vom Druck

Da während der Reaktion das Volumen des Reaktionsgemisches größer wird, verringert eine Erhöhung des Druckes die Ausbeute. Man wird daher bei Luftdruck arbeiten. Annahme: Es sei $p = p_o = 1{,}01325$ bar.

B. Einfluss der Temperatur

Die Bildungsreaktionen sind:

(2) $C(f) + 2\,H_2 + 0{,}5\,O_2 \rightleftharpoons CH_3OH(g)$

(3) $H_2 + 0{,}5\,O_2 \rightleftharpoons H_2O(g)$

(4) $C(f) + O_2 \rightleftharpoons CO_2$

Es ist (1) = (4) - (3) - (2) $\Rightarrow \lg K_1 = \lg K_4 - \lg K_3 - \lg K_2$. Für die Reaktion (1) gilt also

$\lg K_{th} = \frac{-3101{,}4}{T} + 10{,}6135$.

Die anschließende Übersicht zeigt den Gang der Rechnung:

	$CH_3OH(g)$ +	$H_2O(g)$ $\rightleftharpoons$	CO_2 +	$3\,H_2$	$\sum \nu_i = 2$
Stoffmengen zu Beginn	1	1	0	0	
Stoffmengen n_i im Gleichgewicht	1 - y	1 - y	y	3y	$\sum n_i = 2(1+y)$
Molenbrüche x_i im Gleichgewicht	$\frac{1-y}{2(1+y)}$	$\frac{1-y}{2(1+y)}$	$\frac{y}{2(1+y)}$	$\frac{3y}{2(1+y)}$	

Gleichgewichtskonstante: $K_x = \frac{27y^4}{4(1-y^2)^2}$ und $K_{th} = \left(\frac{p}{p_o}\right)^2 \frac{27y^4}{4(1-y^2)^2}$

$$\frac{y^4}{(1-y^2)^2} = \frac{4K_{th}p_o^2}{27p^2} \Rightarrow \frac{y^2}{1-y^2} = A \Rightarrow y = \sqrt{\frac{A}{A+1}} \quad \text{mit} \quad A = \sqrt{\frac{4K_{th}p_o^2}{27p^2}}$$

für $p = p_o$ ist $A = \frac{2}{3\sqrt{3}}\sqrt{K_{th}} = \frac{2\sqrt{3}}{9}\sqrt{K_{th}}$. Prozentueller Umsatz an Methanol = 100y

T (K)	400	450	500	550	600	650	700	750	800
K_{th}	$7{,}25.10^2$	$5{,}27.10^3$	$2{,}58.10^4$	$9{,}43.10^4$	$2{,}78.10^5$	$6{,}95.10^5$	$1{,}52.10^6$	$3{,}01.10^6$	$5{,}46.10^6$
100y	95,50	98,26	99,20	99,58	99,75	99,84	99,89	99,93	99,94

TD- 69:

t (°C)	75	100	150	200	250	300	350	400	450
K_{th}	$4{,}41.10^{-5}$	$3{,}56.10^{-4}$	0,0111	0,1674	1,501	9,186	42,02	153,4	468,1
100α	0,57	1,54	7,84	25,81	56,37	83,04	94,75	98,33	99,40
p (bar)	1,40	1,51	1,82	2,38	3,27	4,19	4,85	5,33	5,76

Der Anstieg des Druckes wird einerseits verursacht durch die Ausdehnung des Gases, andererseits durch die Dissoziation des PCl_5. Sind zu Beginn der Reaktion n_o mol PCl_5 vorhanden, dann sind im Gleichgewicht: $n_o(1-\alpha)$ mol PCl_5 und je $n_o\alpha$ mol PCl_3 bzw. Cl_2. Für den Druck im Gefäß und die Gleichgewichtskonstante gelten die beiden Gleichungen (1) $pv = n_o(1+\alpha)RT$ und (2) $K_{th} = \frac{p}{p_o}\cdot\frac{\alpha^2}{1-\alpha^2}$. Setzt man (1) in (2) ein, bekommt man (3) $\frac{\alpha^2}{1-\alpha} = \frac{K_{th} v\, p_o}{n_o RT}$. Daraus wird zunächst α, dann p berechnet. Da (3) eine quadratische Gleichung in α ist, kann α und damit auch p noch explizit dargestellt werden. Bei komplizierteren Reaktionen kann α nur durch Näherungsverfahren berechnet werden. Man berechnet für einige Temperaturen α und p und stellt sie als Funktion von t graphisch dar.

TD- 70: Man geht am besten von 1mol n-Pentan aus. Die Umsätze seien u und v (U_1 und U_2 in %). Dann sind die Stoffmengen im Gleichgewicht:

Einzeln				Simultan			
$n-C_5H_{12} \rightleftharpoons$ MB		$n-C_5H_{12} \rightleftharpoons$ DMP		$n-C_5H_{12} \rightleftharpoons$ MB + DMP			
1mol		1mol		1 - u - v	u	v	$\sum n_i = 1$
1 - u	u	1 - v	v				

Da die Summe der Stoffmengen 1 ist, sind alle Gleichgewichtskonstanten identisch. Man kann mit K_n rechnen! Schließlich bekommt man:

$$K_1 = \frac{u}{1-u-v} \quad K_2 = \frac{v}{1-u-v} \quad \Rightarrow \quad \frac{K_1}{K_2} = \frac{u}{v} \quad \Rightarrow \quad v = \frac{K_2}{K_1}u$$

$$u = \frac{K_1}{1+K_1+K_2} = \text{Molenbruch MB}; \quad v = \frac{K_2}{1+K_1+K_2} = \text{Molenbruch DMP}$$

$$1-u-v = \frac{1}{1+K_1+K_2} = \text{Molenbruch P}$$

T (K)	K_1	K_2	U_1 (%)	U_2 (%)	u	v	mol% P	mol% MB	mol% DMP
300	7,1712	33,139	17,4	80,2	0,174	0,802	2,4	17,4	80,2
400	3,7262	3,9126	43,1	45,3	0,431	0,453	11,6	43,1	45,3
500	2,5158	1,0858	54,7	23,6	0,547	0,236	21,7	54,7	23,6
600	1,9362	0,4619	57,0	13,6	0,570	0,136	29,4	57,0	13,6
700	1,6059	0,2509	56,2	8,8	0,562	0,088	35,0	56,2	8,8
800	1,3957	0,1587	54,6	6,2	0,546	0,062	39,1	54,6	6,2
900	1,2514	0,1112	53,0	4,7	0,530	0,047	42,3	53,0	4,7
1000	1,1468	0,0836	51,4	3,7	0,514	0,037	44,8	51,4	3,7
1100	1,0678	0,0662	50,0	3,1	0,500	0,031	46,9	50,0	3,1
1200	1,0061	0,0545	48,8	2,6	0,488	0,026	48,5	48,8	2,6

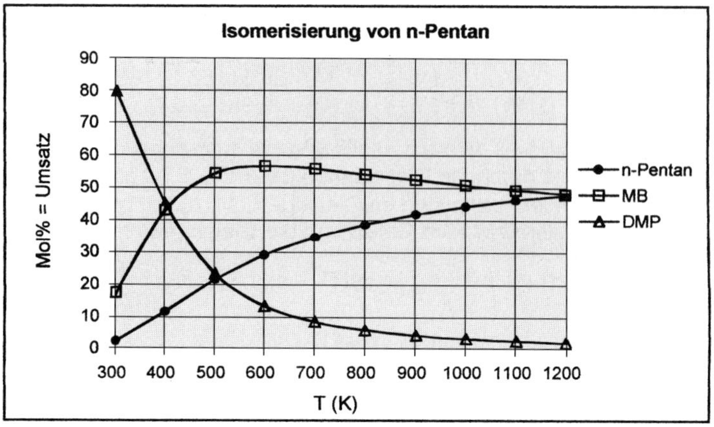

TD- 71: Der feste Kohlenstoff braucht bei der Aufstellung des MWG nicht berücksichtigt zu werden (siehe TD 66). n_1^o sei die Stoffmenge des Wasserdampfes vor der Reaktion. x_1, x_2, x_3 und x_4 seien die Molenbrüche für H_2O, CO, CO_2 und H_2 im Simultangleichgewicht. Dann kann man folgendes Gleichungssytem aufstellen:

(1) $x_1 + x_2 + x_3 + x_4 = 1$

(2) H-Bilanz $x_1 + x_4 = A$

(3) O-Bilanz $x_1 + x_2 + 2x_3 = A$

Gleichgewichtskonstante: $K_1 = p\frac{x_2 x_4}{x_1}$; $K_2 = p\frac{x_3 x_4^2}{x_1^2}$. Mit $A = \frac{n_1^o}{\sum n_i}$

Substituiert man $x_3 = \frac{pK_2}{K_1^2}x_2^2$; $x_4 = x_2 + 2x_3$; $x_1 = 1 - 2x_2 - 3x_3$, dann erhält man

die kubische Gleichung in x_2: $x_2^3\frac{2pK_2}{K_1^2} + x_2^2\left(1 + 3\frac{K_2}{K_1}\right) + x_2\frac{2K_1}{p} - \frac{K_1}{p} = 0$

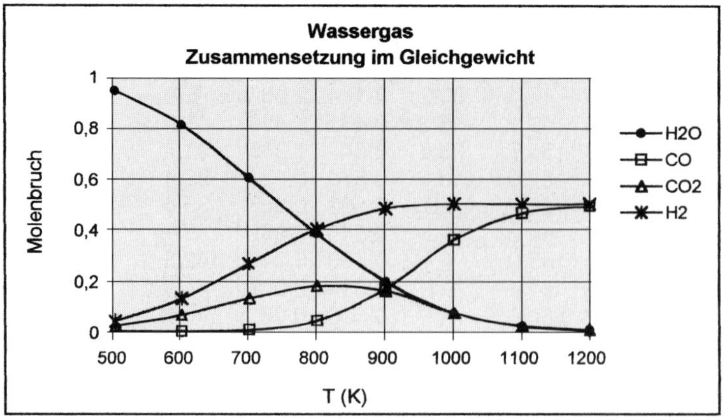

Wassergasgleichgewicht				Molenbrüche			
t (°C)	T (K)	K_1	K_2	x_1 (H_2O)	x_2 (CO)	x_3 (CO_2)	x_4 (H_2)
227	500	$2{,}45.10^{-7}$	$3{,}40.10^{-5}$	0,9413	$5{,}88.10^{-6}$	0,01956	0,0391
327	600	$5{,}31.10^{-5}$	$1{,}58.10^{-3}$	0,8085	0,000336	0,06362	0,1276
427	700	$2{,}48.10^{-3}$	$2{,}47.10^{-2}$	0,6018	0,00565	0,12896	0,2636
527	800	$4{,}42.10^{-2}$	0,1943	0,3813	0,0423	0,17802	0,3983
627	900	0,4158	0,9651	0,1941	0,1676	0,15688	0,4814
727	1000	2,499	3,480	0,0715	0,3574	0,07121	0,4999
827	1100	10,84	9,936	0,0213	0,4623	0,01808	0,4984
927	1200	36,80	23,82	0,0066	0,4903	0,00423	0,4988

TD- 72: Die Gleichgewichtskonstanten und das zu lösende Gleichungssystem sind:

$$(1)\ K_1 = p\frac{u(u+av)}{(1-u)[1+u+a(1+v)]} \quad (2)\ K_2 = p\frac{v(u+av)}{(1-v)[1+u+a(1+v)]} \Rightarrow (3)\ \frac{K_1}{K_2} = \frac{u(1-v)}{v(1-u)}$$

Aus (3) wird v explizit dargestellt. Dann löst man am besten zusammen mit (1) auf

$$(4)\quad v = \frac{uK_2}{u(K_2 - K_1) + K_1}$$

$$(1)\quad K_1[(1-u)(1+u+a(1+v))] - pu(u+av) = 0$$

T (K)	600	700	800	900	1000	1100	1200	1300	1400	1500
u	0,0006	0,0052	0,0301	0,1395	0,4290	0,7463	0,9076	0,9655	0,9858	0,9935
v	0,0149	0,0915	0,3276	0,6854	0,8992	0,9693	0,9898	0,9961	0,9983	0,9992
x(H_2)	0,008	0,046	0,152	0,292	0,399	0,462	0,487	0,495	0,498	0,499

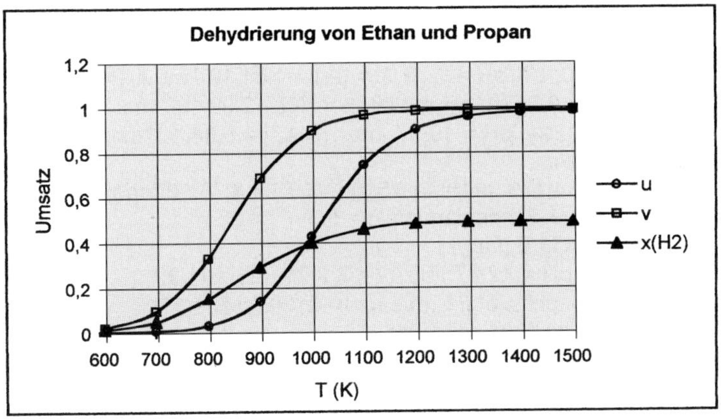

TD- 73: p/y gegen p ist eine Gerade mit dem Ordinatenabschnitt OA ≐ 2,0590 und der Steigung ST = 0,050988 (r = 0,999933). y_s = 19,612 mol/kg; O_s = $1{,}95.10^6$ m^2/kg; K = 0,0248 hPa^{-1} = 24,8 bar^{-1}

p (hPa)	1,4	5,1	10,6	38,2	75,2	116,7
100y/y_s %	3,3	11,3	21,0	48,1	64,9	74,5

TD- 74: K = 1,43 mol/kg ; n = 0,16

TD- 75: y_s = 0,6755 mol/kg; O_s = 60700 m^2/kg; K = 74,54

5 ELEKTROCHEMIE

EL- 1: J = 0,08 mol/l; Alle Aktivitätskoeffizienten und Aktivitäten sind gleich groß. f = 0,3557, a = 0,00711.

EL- 2: J = 0,15 mol/l; Al^{3+}: f = 0,0526, a = 0,00105; SO_4^{2-} : f = 0,270, a = 0,00810 f_m = 0,140, a_m = 0,00358.

EL- 3: 11,183 g KCl; 7,9342 g $MgCl_2$; 71,015 g Na_2SO_4

EL- 4: J = 0,035; f = 0,478

EL- 5: J = 0,021; f = 0,552

EL- 6: a.) pH = 1,40 b.) pH = 1,50

EL- 7: 25°C a.) 13,48 b.) 13,27; 50°C a.) 12,74 b.) 12,52

EL- 8: Ohne Salzzusatz: J = 0,10; f_{H^+} = 0,7546; pH = 1,12;

Mit Salzzusatz: J = 0,70; f_{H^+} = 0,5863; pH = 1,23

EL- 9: Vorher: f_m = 0,696, pH = 0,86; Nachher: f_m = 0,661, pH = 0,88 mit $CaCl_2$: f_m = 0,530, pH = 0,98

EL- 10: c = 0,05876 mol/l; pH = 1,08

EL- 11: c = 0,248 mol/l

EL- 12: c = 0,0383 mol/l

EL- 13: Säureprotolyse: HA + $H_2O \rightleftharpoons H_3O^+ + A^-$ mit der Konstanten $K_S = \dfrac{h.\left[A^-\right]}{[HA]}$

Basenprotolyse: $A^- + H_2O \rightleftharpoons HA + OH^-$ mit der Konstanten $K_B = \dfrac{[HA].\left[OH^-\right]}{\left[A^-\right]}$

$$K_S\,K_B = \frac{h.\left[A^-\right].[HA].\left[OH^-\right]}{[HA].\left[A^-\right]} = h.\left[OH^-\right] = K_w$$

EL- 14: Essigsäure: α = 0,0107, pH = 2,79, h = [A⁻] = 1,61.10⁻³ mol/l, [HA] = 0,1484 mol/l.
Ameisensäure: α = 0,0579, pH = 2,54, h = $[A^-]$ = $2{,}90.10^{-3}$ mol/l, [HA] = 0,0471 mol/l.
Ammoniak: α = 0,0294, pH = 10,77, oh = $[NH_4^+]$ = $5{,}88.10^{-4}$ mol/l, $[NH_3]$ = 0,0194 mol/l.
Ethanolamin: α = 0,0176, pH = 11,25, oh = $[S^+]$ = $1{,}76.10^{-3}$ mol/l, [B] = 0,0982 mol/l.

EL- 15: Essigsäure pH = 8,9; Ethanolamin pH = 5,3

EL- 16: K = 0,00739; M = 171,6 g/mol

EL- 17: ohne: α = 0,3100, pH = 12,67; mit: α = 0,1135, pH = 11,99

EL- 18: ohne: α = 0,03218, pH = 11,81; mit: α = 0,01944, pH = 11,37

EL- 19: Der pH-Wert fällt von 5,06 auf 4,94

EL- 20: 34,02 g Natriumacetat sind 0,25mol. c_B^o = 0,05 mol/l; $5{,}00 = 4{,}76 + \lg\dfrac{0{,}05}{c_S^o} \Rightarrow$

c_S^o = 0,0288 mol/l. Man muss 144 ml Salzsäure zusetzen.

EL- 21: Es ist $c_S^o = \dfrac{15}{250} = 0{,}06\,mol/l$ und $c_B^o = \dfrac{10}{250} = 0{,}04\,mol/l$. Da nur das Verhältnis maßgebend ist, könnte auch mit den Stoffmengen 15 mmol und 10 mmol gerechnet werden. $K_S = h\dfrac{c_B^o}{c_S^o} = 10^{-4{,}58}.\dfrac{0{,}04}{0{,}06} = 1{,}75.10^{-5}$

EL- 22: Mit EL 19: 9,86; EL 20: 10,33; EL 21: 10,33

EL- 23:

Säure	%Umsatz	c_B^o	c_S^o	oh	h	pH
$K_S = 1{,}00.10^{-7}$	0	0	0,01		$3{,}16.10^{-5}$	4,50
$K_B = 1{,}00.10^{-7}$	2	0,0002	0,0098		$4{,}78.10^{-6}$	5,32
	5	0,0005	0,0095		$1{,}89.10^{-6}$	5,72
	10	0,001	0,009		$8{,}99.10^{-7}$	6,05
	50	0,005	0,005		$1{,}00.10^{-7}$	7,00
	90	0,009	0,001		$1{,}11.10^{-8}$	7,95
	95	0,0095	0,0005		$5{,}26.10^{-9}$	8,28
	98	0,0098	0,0002		$2{,}04.10^{-9}$	8,69
ÄP	100	0,01	---	$3{,}16.10^{-5}$	$3{,}17.10^{-10}$	9,50
Überschuss	102	---	---	$2{,}00.10^{-4}$	$5{,}00.10^{-11}$	10,30
	105	---	---	0,0005	$2{,}00.10^{-11}$	10,70
	110	---	---	0,001	$1{,}00.10^{-11}$	11,00
	120	---	---	0,002	$5{,}00.10^{-12}$	11,30

Ammoniak	%Umsatz	c_B^o	c_S^o	oh	h	pH
	0	0	0,01	$4{,}13.10^{-4}$	$2{,}42.10^{-11}$	10,62
$K_B = 1{,}78.10^{-5}$	2	0,0002	0,0098	$3{,}23.10^{-4}$	$3{,}10.10^{-11}$	10,51
$K_S = 5{,}62.10^{-10}$	5	0,0005	0,0095	$2{,}27.10^{-4}$	$4{,}41.10^{-11}$	10,36
	10	0,001	0,009	$1{,}39.10^{-4}$	$7{,}22.10^{-11}$	10,14
	50	0,005	0,005	$1{,}77.10^{-5}$	$5{,}66.10^{-10}$	9,25
	90	0,009	0,001	$1{,}97.10^{-6}$	$5{,}07.10^{-9}$	8,30
	95	0,0095	0,0005	$9{,}35.10^{-7}$	$1{,}07.10^{-8}$	7,97
	98	0,0098	0,0002	$3{,}63.10^{-7}$	$2{,}76.10^{-8}$	7,56
ÄP	100	0,01	---		$2{,}37.10^{-6}$	5,63
Überschuss	102	---	---		$2{,}00.10^{-4}$	3,70
	105	---	---		0,0005	3,30
	110	---	---		0,001	3,00
	120	---	---		0,002	2,70

EL- 24: $y = \frac{1}{[HA]} = \frac{1}{c}\left(\frac{h}{K_1} + 1 + \frac{K_2}{h}\right) \Rightarrow \frac{dy}{dh} = \frac{1}{c}\left(\frac{1}{K_1} - \frac{K_2}{h^2}\right) = 0 \Rightarrow \frac{1}{K_1} = \frac{K_2}{h^2} \Rightarrow h^2 = K_1.K_2$ im Maximum von [HA].

Da allgemein $h^2 = K_1 K_2 \frac{[A^-]}{[H_2A^+]}$ gilt, muss der Quotient $\frac{[A^-]}{[H_2A^+]}$ eins sein. Dies ist aber gleichbedeutend mit $[H_2A^+] = [A^-]$ im Maximum von [HA]. Wenn [HA] ein Maximum ist, dann ist aber die Summe $[H_2A^+] + [A^-]$ ein Minimum, da c - [HA] = $[H_2A^+] + [A^-]$. Die Protolyse ist also am geringsten.

EL- 25: Hier ist es einfacher zuerst β und dann erst α zu berechnen. Die Gleichgewichtskonzentrationen sind $[H_2A] = c\,(1 - \alpha)$; $[HA^-] = c\alpha\,(1 - \beta)$; $[A^{2-}] = c\alpha\,\beta$; $h = c\alpha\,(1 + \beta)$;

$$\beta^3\left(cK_1 + K_2^2\right) + \beta^2\left(cK_1 + K_2(K_1 - 3K_2)\right) + \beta K_2(3K_2 - K_1) - K_2^2 = 0;\quad \alpha = \frac{K_2(1-\beta)}{c\beta(1+\beta)}$$

EL- 26: h = 0,00200 mol/l; pH = 2,70; $[H_2C_2O_4] = 6{,}36.10^{-5}$ mol/l; $[HC_2O_4^-] = 1{,}88.10^{-3}$ mol/l; $[C_2O_4^{2-}] = 6{,}07.10^{-5}$ mol/l. Isoelektrischer Punkt pH = 2,71. $\alpha = 0{,}968$, $\beta = 0{,}0313$. Obwohl sich die beiden Protolysenkonstanten nur um den Faktor 31 unterscheiden ist die erste Stufe der Säure schon zu 97%, die zweite Stufe aber erst zu 3% dissoziiert! (Vgl. EL 17)

EL- 27: α = 0,244; β = 0,0306

EL- 28: $L = a_{Ag^+}a_{Cl^-} = c_{Ag^+}c_{Cl^-}f_m^2 = c^2f_m^2$; $L = a_{Ag^+}^2 a_{SO_4^{2-}} = c_{Ag^+}^2 c_{SO_4^{2-}} f_m^3 = 4c^3f_m^3$;

$L = a_{Pb^{2+}}a_{Cl^-}^2 = c_{Pb^{2+}}c_{Cl^-}^2 f_m^3 = 4c^3f_m^3$; $L = a_{Mg^{2+}}^3 a_{PO_4^{3-}}^2 = c_{Mg^{2+}}^3 c_{PO_4^{3-}}^2 f_m^5 = 108c^5f_m^5$

EL- 29: Silbersulfat: c = 0,023605 mol/l; J = 3c; f_m = 0,611; L = $4c^3f_m^3$ = 1,20.10^{-5}. Ohne Aktivitätskoeffizient ist L = $4c^3$ = 5,26.10^{-5}, also mehr als viermal so groß. Silberchlorid: c = 1,336.10^{-5} mol/l; Hier kann man f_m = 1 setzen (tatsächlich ist f_m = 0,996). L = c^2 = 1,78.10^{-10}.

Lithiumphosphat: c = 0,001286 mol/l; J = 6c; f_m = 0,753; L = $27c^4f_m^4$ = 2,37.10^{-11}. Ohne Aktivitätskoeffizient ist L = $27c^4$ = 7,38.10^{-11}

EL- 30: $KClO_4$: γ = 19,55 g/l; $CaSO_4$: γ = 2,664 g/l

EL- 31: 1,9 mg/l und 0,025 mg/l

EL- 32: In Wasser ist L = c^2. $f_m \approx 1$ (genau ist f_m = 0,970). c = 1,0.10^{-5} mol/l.
In KCl-Lösung: f_m = 0,324, c = 3,2.10^{-5} mol/l, mehr als dreimal so groß

EL- 33: Bis zu einem pH = 9,9

EL- 34: Der Lösungsweg ist analog Beispiel EL- 30 (1) $K_3 = \frac{L}{K_B^2} = c\left(\frac{c_B^o + 2c}{c_S^o - 2c}\right)^2$

(K_3 = 0,0177061). Jetzt ist allerdings c zu berechnen. In der Mischung sind anfangs 10 mmol Mg^{2+} und 50 mmol NH_3. Da 10 mmol Mg^{2+} 20 mmol NH_4Cl bilden, ist $c_S^o = \frac{20}{200}$ = 0,1mol/l und $c_B^o = \frac{50-20}{200}$ = 0,15mol/l. Setzt man die Werte ein und formt um, dann erhält man f(c) = c (0,15 + 2c)^2 - K_3 (0,1 - 2c)^2 = 0.
Diese Gleichung löst man durch Iteration oder graphisch, wie schon bei früheren Beispielen gezeigt. c muss kleiner als 0,05 sein, da nicht mehr als die ganze Magnesiummenge ausfallen kann. Beginnt man mit c = 0,04 und führt beispielsweise ein Intervallhalbierungsverfahren durch, so bekommt man nach wenigen Schritten c = 0,00544 mol/l. Von 243,1 mg bleiben 26,4 mg Mg^{2+} gelöst, dies sind fast 11% der ursprünglichen Menge.
Diese Aufgabe kann man auch so lösen, dass man die Richtung der Reaktion (3) $Mg(OH)_2(f) + 2NH_4^+ \rightleftharpoons Mg^{2+} + 2NH_3 + 2H_2O$ aus Beispiel EL- 30 umkehrt, die in der Angabe gegebenen Konzentrationen an Mg^{2+} und NH_3 als Anfangskonzentrationen nimmt und die Gleichgewichtskonzentrationen berechnet. Auch diese Methode führt natürlich auf eine Gleichung dritten Grades.
Die Gleichgewichtskonstante dieser umgekehrten Reaktion ist der Kehrwert von K_3

EL- 35: In dem Moment, in dem das Chlorid auszufallen beginnt, muss gleichzeitig gelten: L(AgCl) = [Ag^+].[Cl^-] und L(AgJ) = [Ag^+].[J^-].
Daraus erhält man das Konzentrationsverhältnis[Cl^-] / [J^-] = 2,08.10^6.
Es sei die zugegebene Menge an Silberionen so groß, dass man sich im Äquivalenzpunkt der Jodidfällung befindet. Dann ist [Ag^+] = [J^-] = 9,23.10^{-9}. Das Chlorid fällt erst dann mit aus, wenn seine Konzentration größer als 9,23.10^{-9}. 2,08.10^6 = 0,019 mol/l ist. Unterhalb dieser Konzentration ist die Antwort ja.

EL- 36: $\frac{L_2}{L_1} = \frac{\left[Mg^{2+}\right]}{\left[Ca^{2+}\right]} = 2{,}08.10^3$. Bei einer erwünschten maximalen Calciumkonzentration von 10^{-6} mol/l darf daher die Magnesiumkonzentration nicht höher als $\left[Mg^{2+}\right]$ = 2,08.10^3.10^{-6} = 0,002 mol/l sein

EL- 37: $[CO_3^{2-}] = \sqrt{L_1 + L_2} = 5{,}60.10^{-5}$ mol/l ; $[Sr^{2+}] = 1{,}00.10^{-5}$ mol/l ; $[Ba^{2+}] = 4{,}60.10^{-5}$ mol/l

EL- 38: AgCl: c = 0,0962 mol/l; AgBr: c = 0,00582 mol/l

EL- 39: Für die Reaktion $Mg_3(PO4)_2(f) \rightleftharpoons 3\ Mg^{2+}(aq) + 2\ PO_4^{3-}(aq)$ wird die Enthalpie, die Entropie und die freie Enthalpie berechnet (TD 20, TD 31, TD 34).
Mit $\Delta g°(R) = -RT \ln L$ (TD 52) erhält man das Löslichkeitsprodukt und daraus die Löslichkeit. Die Werte sind: $\Delta h°(R)$ = -175,10 kJ/mol; $\Delta s°(R)$ = -1041,2 J/mol.K; $\Delta g°(R)$ = 135,33 kJ/mol; $L = 1{,}95.10^{-24}$; $L = 108c^5$; $c = 7{,}1.10^{-6}$ mol/l; γ = 1,9 mg/l.
Calciumfluorid: $\Delta h°(R)$ = 14,30 kJ/mol; $\Delta s°(R)$ = -152,3 J/mol.K; $\Delta g°(R)$ = 59,71 kJ/mol; $L = 3{,}46.10^{-11}$; $L = 4c^3$; $c = 2{,}05.10^{-4}$ mol/l; γ = 16 mg/l.
Silberchromat: $\Delta h°(R)$ = 62,08 kJ/mol; $\Delta s°(R)$ = -20,5 J/mol.K; $\Delta g°(R)$ = 68,19 kJ/mol; $L = 1{,}13.10^{-12}$; $L = 4c^3$; $c = 6{,}56.10^{-5}$ mol/l; γ = 22 mg/l

EL- 40: $\Delta H°$ = 51,04 kJ/mol; $\Delta S°$ =134,1J/mol.K

EL- 41: Regression lnL gegen T. Korrelationskoeffizient r = 0,9999375; a = 123,49; b = -4204,3; c = -20,396. Daraus folgt
$\Delta H°(T) = R\,(c\,T - b) = -169{,}58\,T + 34957$ J/mol
$\Delta G°(T) = -R\,(a\,T + b + c\,T \ln T) = -1026{,}8\,T + 34957 + 169{,}58.T.\ln T$ J/mol
$\Delta S°(T) = R\,(a + c + c \ln T) = 857{,}18 - 169{,}58 \ln T$ J/mol.K
Standardwerte für 298,15K: ΔH^o_{298} = -15,60 kJ/mol; ΔS^o_{298} = -109,0 J/mol.K

EL- 42: NaBr: κ = 31,2 mS/cm, Λ = 89,5 S.cm²/mol; H_3PO_4: κ = 118,0 mS/cm, Λ = 17,3 S.cm²/mol

EL- 43: $CuSO_4$: Λ_K = 37,7 S.cm²/mol, Λ_A = 56,3 S.cm²/mol; $KClO_4$: Λ_K = 66,7 S.cm²/mol, Λ_A = 61,1 S.cm²/mol

EL- 44: $\Lambda°$ = 129,1 S.cm²/mol, A = 154,7

EL- 45: $\Lambda°$ = 404,3 S.cm²/mol

EL- 46: $\Lambda°(NH_4^+)$ = 73,6 S.cm²/mol, $\Lambda°(Cl^-)$ = 76,2 S.cm²/mol, $\Lambda°(K^+)$ = 73,6 S.cm²/mol und $\Lambda°(OH^-)$ = 197,9 S.cm²/mol

EL- 47: Die Leitfähigkeiten in den wesentlichen Punkten der Titration sind:

Titration	Leitfähigkeit der Lösung				Kurve
	Beginn	1. ÄP	2. ÄP	Ende	
$HClO_4$ mit NaOH	417	117	---	365	A
$AgNO_3$ mit KJ	133	144	---	294	B
KOH mit HNO_3	271	144	---	565	C
KOH und NH_3 mit HCl	271	149	299	725	D

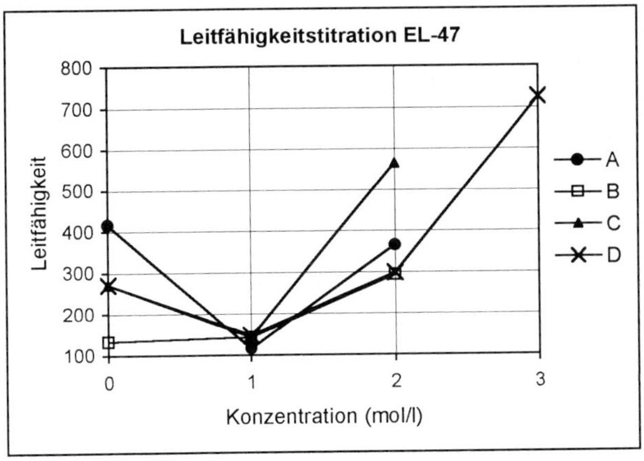

EL- 48: $\Lambda° = 274\ S.cm^2/mol$; $K = 1{,}69.10^{-5}$

EL- 49: $\Lambda°(PES) = 378{,}2\ S.cm^2/mol$; $\alpha = 0{,}221$; $K = 5{,}32.10^{-5}$

EL- 50: Differenziert man $\eta.\ \Lambda^0$ = konst. nach T und dividiert durch $\eta.\ \Lambda^0$, dann folgt:

$$\Lambda^o \frac{d\eta}{dT} + \eta\frac{d\Lambda^o}{dT} = 0 \Rightarrow \frac{1}{\Lambda^o}.\frac{d\Lambda^o}{dT} = -\frac{1}{\eta}.\frac{d\eta}{dT}$$

Die linke Seite der Gleichung gibt die Temperaturabhängigkeit der Leitfähigkeit, die rechte Seite die Temperaturabhängigkeit der Viskosität an. Bis auf das Vorzeichen stimmen sie überein.

EL- 51: $Cr^{3+} + 4H_2O \rightarrow CrO_4^{2-} + 3e^- + 8H^+$ $z = 3; Q = \frac{W}{U} = \frac{3600000\ W.s}{4{,}0\ V} = 900000C$

$$m = \frac{M}{|z|.F}Q = \frac{155{,}09}{3.96485}.900000 = 482{,}2\ g \text{ bei 100\%iger Stromausbeute.}$$

Daher m = 419,5g.

EL- 52: t = 15,52 Tage; W = 460,8 kWh; P = 19,20 kW

EL- 53: I = 17000 A; m = 483,68 kg bei 100%iger Ausbeute; m = 445,0 kg

EL- 54: n = 0,0312 mol Cu müssen abgeschieden werden. Q = 6020,664 C; t = 201 min

EL- 55: m = 9,295 g Cr; t = 4h

EL- 56: Für O_2 ist z = 4 ($4\ OH^- \rightleftharpoons 2\ H_2O + O_2 + 4\ e^-$), für H_2 ist z = 2 ($2\ H^+ + 2e^- \rightleftharpoons H_2$); 4717 ml H_2 und 2359 ml O_2

EL- 57: $N_L = 6{,}024.10^{23}\ mol^{-1}$

EL- 58: 0; -0,414; -0,211; E = -0,0592 pH ; -0,148 V

EL- 59: 1,416 V

EL- 60: 1,132 V; 1,123 V; 0,128 V; 0,738 V

EL- 61: $Cu^{2+} + 2\ e^- \rightleftharpoons Cu$; $E = E^o + \frac{0{,}0592}{2} \lg a_{Cu^{2+}}.f_{Cu^{2+}}$; $f_{Cu^{2+}} = 0{,}559$; E = 0,266 V

EL- 62: E = 0,199 V

EL- 63: E = 0,496 V

EL- 64: Die Wasserstoffelektrode hat bei pH = 5 ein Potential E = -0,0592 pH = -0,30 V. Man könnte also mit einer nichtpolarisierbaren Elektrode (wie Pt) bei einer Spannung von 0,3 V Wasserstoff freisetzen. Mit der Zn-Elektrode benötigt man dafür 0,9 V. Zn-Elektrode: J = 0,40 mol/l; $f_{Zn^{2+}} = 0{,}16$; E = -0,82 V; Zur Abscheidung des Zn sind nur 0,82 V erforderlich. Die Abscheidung ist zunächst ohne Wasserstoffentwicklung möglich. Mit fallender Zn^{2+}-Konzentration steigt allerdings die zur Abscheidung des Zn notwendige Spannung, sodass es allmählich auch zur Wasserstoffentwicklung kommt.

EL- 65: $\Delta E = \frac{0{,}0592}{2} \lg\frac{0{,}1}{10^{-7}} = 0{,}18\,V$

EL- 66: Durch die Elektrolyse werden 0,00995 mol Cu abgeschieden und gleichzeitig dieselbe Stoffmenge Zn aufgelöst (vgl. EL 33). $\Delta E = \Delta E^o - \frac{0{,}0592}{2}\lg\frac{[Zn^{2+}]}{[Cu^{2+}]}$;

Zu Beginn ΔE = 1,10 V; am Ende ΔE = 1,02 V

EL- 67: a.) $2{,}1.10^{-28}$ mol/l Cu^{2+}; b.) $2{,}6.10^{-22}$ mol/l Ag^+

EL- 68: $f_{OH^-} = 0{,}78$; Da die Protonenkonzentration sehr gering ist, ist die Wasserstoffelektrode der negative Pol. Daher gilt $\Delta E = E°(GKE) - E_W$

$$E_W = 0 + 0{,}0592 \lg\frac{[H^+]}{\sqrt{p_{H_2}}} = -0{,}0592\,pH = -0{,}0592\left(pK_W + \lg(c_{OH^-}.f_{OH^-})\right)$$

EL- 69: E_{PM} = 1,431 V; $E_{PM} = E^o + \frac{0,0592}{5}\lg\frac{c_{MnO_4^-}.f_{MnO_4^-}.c_{H^+}^8.f_{H^+}^8}{c_{Mn^{2+}}.f_{Mn^{2+}}}$; J = 0,4; E° = 1,51 V

EL- 70: K = $1,6.10^7$. Das Gleichgewicht ist $Ag^+ + 2NH_3 \rightleftharpoons [Ag(NH_3)_2]^+$.

$K = \frac{y}{(0,02 - y)(0,05 - 2y)^2}$. y ist die im Gleichgewicht vorhandene Stoffmengenkonzentration des Komplexes. $[Ag^+]$ = 0,02 - y und $[NH_3]$ = 0,05 - 2y sind die Gleichgewichtskonzentrationen der beiden anderen Stoffe. Die Silberelektrode misst die Restkonzentration (genauer Aktivität) der Silberionen, also 0,02 - y. Bezeichnet man diese mit b, dann ist $K = \frac{0,02 - b}{b(0,01 + 2b)^2}$; $\Delta E = 0,0592\lg\frac{0,02}{b}$

EL- 71: f_1 = 0,899; L = $1,18.10^{-5}$; $\Delta E = 0,0592\lg\frac{\sqrt{\frac{L}{1,875.0,0243}}}{0,01.f_1}$

EL- 72: (1) $Fe^{2+} + e^- \rightleftharpoons Fe^{3+}$ (2) $MnO_4^- + 5\,e^- + 8\,H^+ \rightleftharpoons Mn^{2+} + 4\,H_2O$;
Bis zum Erreichen des ÄP wird das Potential bestimmt vom Redoxpaar $Fe^{3+}|Fe^{2+}$ mit $E_1 = 0,771 + 0,0592\lg\frac{p}{100 - p}$. Im ÄP ist $E_{ÄP} = \frac{0,771 + 5.1,507}{6} - 0,0592\frac{8}{6}pH$ = 1,384V. Danach wird das Potential bestimmt vom Redoxpaar $MnO_4^-|Mn^{2+}$ mit
$E_2 = 1,507 + \frac{0,0592}{5}\lg\frac{p - 100}{100}.10^{-8pH}$

p %	E (V)	p %	E (V)
0,1	0,593	95	0,847
1	0,653	98	0,871
5	0,695	99,9	0,949
10	0,715	100	1,384
50	0,771	101	1,483
80	0,807	105	1,492
90	0,828	110	1,495

EL- 73: -0,041 V; 1,203 V
EL- 74: L(AgBr) = $4,90.10^{-13}$; L(Ag_2CrO_4) = $1,20.10^{-12}$; L(Hg_2J_2) = $4,75.10^{-29}$
EL- 75: $7,7.10^{-14}$
EL- 76: $Cu^{2+} + Zn \rightleftharpoons Cu + Zn^{2+}$; ΔG° = -212,5 kJ/mol (mit EL 34); ΔS° = -20,9 J/mol.K (mit EL 38); ΔH° = -218,7 kJ/mol (mit dem 2. Hauptsatz)
EL- 77: Die Verbrennungsreaktion lässt sich zerlegen in die beiden Redoxreaktionen
(1) $2\,CH_3OH(fl) + 2\,H_2O \rightleftharpoons 2\,CO_2 + 12\,H^+ + 12\,e^-$
(2) $3\,O_2 + 12\,H^+ + 12\,e^- \rightleftharpoons 6\,H_2O(fl)$. z = 12.
ΔH°(R) = -1451,8 kJ/mol; ΔS°(R) = -161,6 J/mol.K; ΔG°(R) = -1403,6 kJ/mol;
ΔE° = 1,21 V; η = 0,97; $\frac{\partial \Delta E^\circ}{\partial T} = -1,40.10^{-4}$ V/K. Die Spannung der Zelle nimmt mit steigender Temperatur ab.
EL- 78: Die Redoxreaktionen sind: $2\,H_2 \rightleftharpoons 4\,H^+ + 4\,e^-$ und $O_2 + 4\,H^+ + 4\,e^- \rightleftharpoons 2\,H_2O(fl)$
Daher ist z = 4. Die Zellreaktion ist $2\,H_2 + O_2 \rightleftharpoons 2\,H_2O$
Die Regressionsfunktion für ΔE hat die Form ΔE(T) = a + b T + d T lnT. Man vergleiche dazu Beispiel EL- 59. Das Ergebnis der Regressionsrechnung ist
ΔE(T) = 1,5311 - 0,0017762 T + 0,00016775.T.lnT

Die Umrechnung auf Standardbedingungen erfolgt mit $\Delta E = \Delta E^0 - \frac{RT}{zF}\ln\prod_{i=1}^{L} a_i^{\nu_i}$

$$\Delta E = \Delta E^o - \frac{RT}{4F}\ln\frac{1}{p_{O_2}p_{H_2}^2} = \Delta E^o + \frac{RT}{4F}\ln p_{O_2}p_{H_2}^2 = \Delta E^o + 1{,}936.10^{-4}T \Rightarrow$$

$$\Delta E^o = \Delta E - 1{,}936.10^{-4}T$$

Da der Standarddruck p_o = 1 atm ist, müssen die Gasdrücke in die Einheit atm umgerechnet werden. Die Protonenaktivität hat auf die Spannung keinen Einfluss. Sie wird so gewählt, dass die Leitfähigkeit der Lösung möglichst gut ist.

$\Delta E°(T)$ = 1,5311 - 0,0019698 T + 0,00016775 T lnT ΔE^o_{298} = 1,229 V

$\Delta g°(T)$ = -590913 + 760,22 T – 64,74 T lnT Δg^o_{298} = -474,2 kJ/mol

$\Delta s°(T)$ = -695,48 + 64,74 lnT Δs^o_{298} = -326,6 J/mol.K

$\Delta h°(T)$ = -590913 + 64,74 T Δh^o_{298} = -571,6 kJ/mol

$\Delta C_p(T)$ = 64,74 J/mol.K

EL- 79: Die Elektrode zeigt für ein tatsächliches ΔpH = 3 (pH = 4 bis pH = 7) nur 2,94. Dies sind 98% der theoretischen Steigung von 59,2 mV. Daher ist die Steigung der Elektrode $\Delta E/pH$ = 58 mV/pH. Für ein tatsächliches ΔpH = 2 (pH = 7 bis pH = 9) zeigt die Elektrode nur 1,96, dies sind ebenfalls 98%. Die Elektrode verhält sich also linear. Stellt man die Messwerte grafisch dar, dann sieht man, dass die Punkte auf einer Geraden liegen.

EL- 80:

c_S mol/l	c_P mol/l	y mol/l	p %	c_S-y mol/l	c_P+y mol/l	E_D mV
0,001	0,001	0,000333	33,3	0,000667	0,001333	17,8
0,001	0,01	$8{,}33.10^{-5}$	8,33	0,000917	0,010083	61,7
0,01	0,001	0,004762	47,6	0,005238	0,005762	2,45
0,01	0,01	0,003333	33,3	0,006667	0,013333	17,8

EL- 81: c_P = 0,215 mol/l.

6 REAKTIONSKINETIK

KIN- 1: 1. $[k] = \frac{l^2}{s.mol^2}$ 2. $[k_1] = \frac{1}{s}$; $[k_2] = \frac{l}{s.mol}$ 3. $[k] = \frac{1}{s.Pa}$ 4. $[k] = \frac{1}{s}$ 5. $[k] = \frac{mol}{s.l}$

6. Die Einheit im gesamten Nenner muss 1 sein. Daher haben k_3 und k_4 die gleiche Einheit, die sich wegkürzt. Im Zähler ist $[K] = \frac{mol}{l}$. Daher ist $[k_2] = \frac{l}{s.mol}$

KIN- 2: Siehe KIN 3 und KIN 4

KIN- 3: 1661 s und 3322 s

KIN- 4: t = 533,4 min; k = 0,003017 min^{-1}; τ = 229,7 min

KIN- 5: τ = 34,19 min

KIN- 6: τ = 40,0 min; $r_n = -\frac{da}{dt} = k\,a_o = 1{,}44.10^{-4}$ mol/s = $8{,}66{,}10^{-3}$ mol/min = 0,520 mol/h.

KIN- 7: Die folgende Tabelle enthält die Details der Rechnung

Zeit (min)	α_t (Grad)	$\alpha_t - \alpha_\infty$ (Grad)	$\ln(\alpha_t - \alpha_\infty)$	Linearregression	
0	28,75	38,15	3,6415	Korrelationskoeffizient	-0,9999967
5	24,15	33,55	3,5130	ST	-0,02566
10	20,10	29,50	3,3844	OA	3,64064
15	16,55	25,95	3,2562	k (min^{-1})	0,02566
20	13,40	22,80	3,1268	a_o (Grad)	38,12
30	8,25	17,65	2,8707		
40	4,25	13,65	2,6137		
50	1,15	10,55	2,3561		
70	-3,10	6,30	1,8405		
90	-5,60	3,80	1,3350		
Ende	-9,40				

α_∞ gibt den Endzustand der Reaktion an. $\alpha_o - \alpha_\infty$ entspricht daher der Anfangskonzentration a_o und $\alpha_t - \alpha_\infty$ der Momentankonzentration a. Da die Ordnung 1 ist, gilt $\ln\frac{a}{a_o} = \ln\frac{\alpha_t - \alpha_\infty}{\alpha_o - \alpha_\infty} = -k\,t$. Umgeformt ist $\ln(\alpha_t - \alpha_\infty) = \ln(\alpha_o - \alpha_\infty) - k\,t$.
$\ln(\alpha_t - \alpha_\infty)$ als Funktion von t ist eine Gerade mit der Steigung ST = -k und dem Ordinatenabschnitt OA = $\ln(\alpha_o - \alpha_\infty)$.
Es ist k = 0,0257 min^{-1} und τ = 27,0 min. Gemessenes und berechnetes a_o stimmen gut überein.

KIN- 8: $p_\infty = 2p_o$; $p_A = 2p_o - p$ oder $p_A = p_\infty - p$; $\ln\left(2 - \frac{p}{p_o}\right) = -kt$ oder mit p_∞:

$$\ln 2\left(1 - \frac{p}{p_\infty}\right) = -k\,t\,;\; r_p = -\frac{dp_A}{dt} = -\frac{d(2p_o - p)}{dt} = \frac{dp}{dt}\,;\; r_n = \frac{d\xi}{dt} = -\frac{dn_A}{dt} = \frac{v}{RT}\,;$$

$$r_p = \frac{v}{RT}\cdot\frac{dp}{dt}\,;\; r_c = -\frac{dc_A}{dt} = \frac{1}{v}r_n = \frac{1}{RT}\cdot\frac{dp}{dt}$$

KIN- 9: $p_A = 2p_o - p$; $\ln(2p_o - p)$ gegen t ergibt eine Gerade, daher Ordnung 1; es gilt die Gleichung $\ln(2p_o - p) = \ln p_o - k\,t$; aus der Steigung der Linearregression folgt k = 0,0371 min^{-1} und aus dem Ordinatenabschnitt p_o = 537,4 hPa; τ = 18,69 min. Die Reaktionsgeschwindigkeiten nach 10 min sind: $r_p = \frac{dp}{dt} = 13{,}76$ hPa/min;
$r_n = 1{,}62.10^{-4}$ mol/min; $r_c = 3{,}25.10^{-4}$ mol/l.min.

KIN- 10: $\ln\frac{1{,}32}{100} = -\lambda.156$; λ = 0,02774 min^{-1}; τ = 25,0 min

KIN- 11: $A = \lambda N$; $N = \frac{m}{M}N_L$; A = $2{,}53.10^{10}$ Bq = 682,5 mCi; t = 67,6 Jahre

KIN- 12: $\ln\frac{1}{318} = -\frac{\ln 2}{\tau}t$; t = 251 Jahre

KIN- 13: 1 kg KCl enthalten $\frac{1000.39{,}1.0{,}0117}{74{,}6.100.40} = 0{,}001533\,mol\ ^{40}K$; A = 16094 Bq = 435 nCi

KIN- 14: A = 139 μCi; $\lambda = \frac{\ln 2}{29{,}1.365{,}25.24.3600} = 7{,}548.10^{-10}\,s^{-1}$; λ auf die Einheit 1/s umrechnen! (1Jahr = 365,25 Tage); 0,000102% ^{90}Sr

KIN- 15: Es ist $\ln A = \ln A_o - \lambda\,t$. Zeichnet man in einem Diagramm lnA gegen t, dann erhält man eine Gerade. Eine Linearregression der lnA-Werte gegen die Zeit t ergibt als Steigung $-\lambda$ und als Ordinatenabschnitt $\ln A_o$. Alle gemessenen Aktivitäten müssen allerdings vorher um den Blindwert A_H verringert werden. Das aus dem Ordinatenabschnitt berechnete A_o wird mit dem gemessenen A_o = 8775 - 18 = 8757 Bq verglichen und dient zur Kontrolle der Versuchsreihe. λ = 0,00192 min^{-1}; τ = 361 min; berechnetes $A_o - A_H$ = 8756 Bq

KIN- 16: Man setzt a_o = 1, dann ist y = 0,3. Es dauert insgesamt 35,0 min, also noch 20 min.

KIN- 17: A. a.) $a_o = b_o$ = 0,25 mol/l; t = 57,6 min

b.) a_o = 0,10 mol/l, b_o= 0,40 mol/l; t = 10,92 min.

B. a_o = 0,20 mol/l, b_o = 0,40 mol/l; Man vergleiche KIN 6 und KIN 7

$$y = a_o b_o \frac{1 - e^{(a_o - b_o)kt}}{b_o - a_o e^{(a_o - b_o)kt}}$$; Der Umsatz von A ist $$\frac{y}{a_o} = b_o \frac{1 - e^{(a_o - b_o)kt}}{b_o - a_o e^{(a_o - b_o)kt}}.$$

Analog ist der Umsatz von B $$\frac{y}{b_o} = a_o \frac{1 - e^{(a_o - b_o)kt}}{b_o - a_o e^{(a_o - b_o)kt}}$$

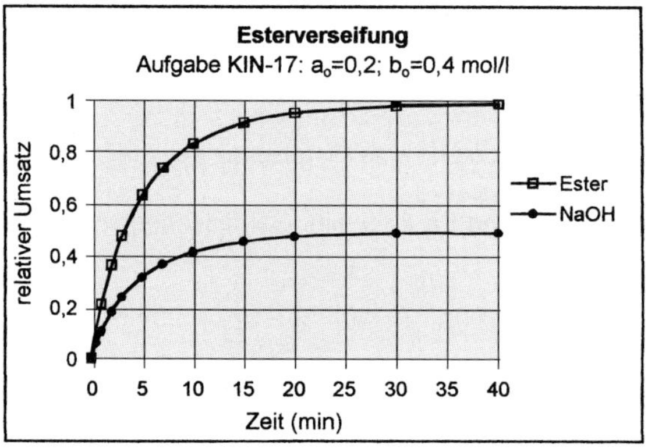

KIN- 18: Aus der Titerstellung berechnet man, dass die NaOH 0,0080 molar ist.

$$CH_3COOC_2H_5 + NaOH \rightleftharpoons C_2H_5OH + NaAcetat$$

Konz. zu Beginn	a_o	b_o		
Konz. zur Zeit t	a_o - y	b_o - y	y	y

(1) $$\frac{1}{a_o - b_o} \ln \frac{b_o(a_o - y)}{a_o(b_o - y)} = k\,t$$ Zur Vereinfachung sei $$M = \frac{1}{a_o - b_o} \ln \frac{b_o(a_o - y)}{a_o(b_o - y)}$$

Da in (1) der Bruchterm im Logarithmus dimensionslos ist, kann man als Maß für die Konzentrationen ml NaOH verwenden. Nur $a_o - b_o$ muss in der Einheit mol/l eingesetzt werden.

20 ml der vorgelegten HCl entsprechen 50 ml der 0,008 m NaOH.

Daher ist a_o = 43,75 - 12,50 = 31,25 ml NaOH. Dies ist NaOH-Menge, die für die Verseifung der gesamten in 50 ml Mischung enthaltenen Estermenge notwendig ist.

b_o = 50,00 - 12,50 = 37,50 ml NaOH. (Zu Beginn der Reaktion vorhandene NaOH-Menge).

y = (v - 12,50) ml NaOH

$a_o - b_o$: (31,25 - 37,50).0,008 mmol NaOH entsprechen 50 ml Reaktionsgemisch.

Daher ist $$a_o - b_o = \frac{(31{,}25 - 37{,}50)\,.\,0{,}008}{50} = -0{,}001 \text{ mol/l}$$

Die Details enthält die folgende Tabelle:

Zeit (min)	v (ml NaOH)	y (ml NaOH)	a_o - y (ml NaOH)	b_o - y (ml NaOH)	M (l/mol)	Regression	
0	12,50	0,00	31,25	37,50	0,000		
5	16,10	3,60	27,65	33,90	21,468	r	0,999941
10	19,05	6,55	24,70	30,95	43,248	ST	4,317
15	21,45	8,95	22,30	28,55	64,749	OA	0,0331
20	23,50	11,00	20,25	26,50	86,668		
30	26,65	14,15	17,10	23,35	129,197		
40	29,05	16,55	14,70	20,95	171,970		
50	31,05	18,55	12,70	18,95	217,880		
60	32,45	19,95	11,30	17,55	257,930		

Eine Linearregression mit y = M und x = t ergibt als Steigung ST die Geschwindigkeitskonstante k = 4,317 l/mol.min = 0,0720 l/mol.s Der Ordinatenabschnitt OA sollte theoretisch null sein. Je näher er bei null liegt, desto kleiner sind die Messfehler. r ist der Korrelationskoeffizient.

KIN- 19:

	A +	B →	C	
				Es gilt (1) $p_A = p_B$
Zu Beginn	$0{,}5p_o$	$0{,}5p_o$		(2) $p = p_A + p_B + p_C$
Zur Zeit t	p_A	p_B	p_C	(3) $p_C = 0{,}5p_o - p_A$
Am Ende			p_E	(4) $2p_E = p_o$

$p_A = p_B = p - 0{,}5p_o = p - p_E$; $p_C = p_o - p = 2p_E - p$

Bei 1.Ordnung gilt $\ln(p - 0{,}5p_o) = \ln(0{,}5p_o) - kt$ oder $\ln(p - p_E) = \ln p_E - kt$

Bei 2.Ordnung gilt $-\int_{0,5p_o}^{p_A} \frac{dp_A}{p_A^2} = \int_0^t k\,dt \Rightarrow \frac{1}{p_A} - \frac{2}{p_o} = kt$ oder $\frac{1}{p_A} - \frac{1}{p_E} = kt$

$r_p = -\frac{dp_A}{dt} = -\frac{d(p - p_E)}{dt} = -\frac{dp}{dt} = k p_A^2 = k(p - p_E)^2$; $r_n = \frac{V}{RT} r_p$; $r_c = \frac{1}{RT} r_p$

$\frac{1}{p_A}$ gegen t ist eine Gerade, daher ist die Reaktion von zweiter Ordnung.

Man rechnet eine Linearregression $\frac{1}{p_A}$ gegen t und bekommt aus der Steigung $k = 2{,}907.10^{-6}$ 1/s.hPa und aus dem Ordinatenabschnitt p_E = 664,2 hPa bzw. p_o = 1328,4 hPa.
Rechnet man mit dem Gesetz von Gay-Lussac (GA 2) den Gasdruck p_o zu Beginn der Reaktion aus, so erhält man 1327 hPa.

$\tau = \frac{1}{k.(0{,}5p_o)} = \frac{1}{k.p_E}$ = 518,1 s; r_p = 0,52 hPa/s; $r_n = 7{,}07.10^{-6}$ mol/s;
$r_c = 1{,}41.10^{-5}$ mol/l.s

KIN- 20: Man verwendet KIN 11. n = 2,5; $k = 0{,}0076 \left(\frac{l}{mol}\right)^{1,5} s^{-1}$

KIN- 21: Man verwendet KIN 11. Die Linearregression hat die Steigung -0,502, den Ordinatenabschnitt 1,541 und den Korrelationskoeffizienten -0,9999726;

n = 1,5; $k = 0{,}0238 \left(\frac{l}{mol}\right)^{0,5} s^{-1}$

KIN- 22: 1. $A \rightleftharpoons B + C$

Konzentrationen zur Zeit t $a_o - y \quad y \quad y$

$$\frac{dy}{dt} = k_H[A] - k_R[B].[C] = k_H(a_o - y) - k_R y^2 \Rightarrow \frac{dy}{y^2 - \frac{k_H}{k_R}(a_o - y)} = -k_R dt$$

$N = y^2 - \frac{k_H}{k_R}(a_o - y) = y^2 + \frac{k_H}{k_R}y - \frac{k_H}{k_R}a_o$. Die Diskriminante dieses quadratischen Polynoms, $D = \left(\frac{k_H}{k_R}\right)^2 + 4\frac{k_H}{k_R}a_o$, ist immer positiv. Die quadratische Gleichung $y^2 + \frac{k_H}{k_R}y - \frac{k_H}{k_R}a_o = 0$ besitzt daher zwei reelle voneinander verschiedene Nullstellen. Der Nenner N kann in das Produkt zweier Binome zerlegt und die Differentialgleichung durch Partialbruchzerlegung gelöst werden.

2. $2A \rightleftharpoons B$

Konzentrationen zur Zeit t $a_o - 2y \quad y$

$$\frac{dy}{dt} = k_H[A]^2 - k_R[B] = k_H(a_o - 2y)^2 - k_R y \Rightarrow \frac{dy}{k_H(a_o - 2y)^2 - k_R y} = dt$$

Auch hier ist die Diskriminante $D = 8k_H k_R a_o + k_R^2$ immer positiv.

Der Lösungsweg ist daher der gleiche wie unter 1.

3. $2A \rightleftharpoons B + C$

Konzentrationen zur Zeit t $a_o - 2y \quad y \quad y$

$$\frac{dy}{dt} = k_H[A]^2 - k_R[B].[C] = k_H(a_o - 2y)^2 - k_R y^2 \Rightarrow \frac{dy}{k_H(a_o - 2y)^2 - k_R y^2} = dt$$

Die Diskriminante ist hier $D = 4k_H k_R a_o^2$.

Sie ist ebenfalls immer positiv. Daher Lösungsweg wie unter 1.

KIN- 23: Siehe 6.3.1

a.) Aus den Restkonzentrationen a berechnet man zunächst nach $y = a_o - a$ die umgesetzten Mengen y. Gemäß der Gleichung $\ln\frac{y_{Gl}}{y_{Gl} - y} = k\,t$ ergibt eine Linearregression von $\ln\frac{y_{Gl}}{y_{Gl} - y}$ gegen t die Steigung k. Zur Kontrolle der Messgenauigkeit dient der Ordinatenabschnitt, denn dieser sollte theoretisch null sein. Regressionswerte: Korrelationskoeffizient -0,9999957, Steigung -0,001529, Ordinatenabschnitt 0,0001797.

Aus $k = k_H + k_R$ und $\frac{k_H}{k_R} = \frac{b_o + y_{Gl}}{a_o - y_{Gl}} = K$ erhält man die gefragten Größen.

$K = 6{,}12$; $k_R = 0{,}000215\ s^{-1}$; $k_H = 0{,}001314\ s^{-1}$

b.) $100\frac{y_{Gl}}{a_o} = 85{,}95\%$ A wurden bis zum Gleichgewicht umgesetzt.

c.) t = 570 s

KIN- 24: a.) Aus den Restkonzentrationen a berechnet man zunächst nach $y = a_o - a$ die umgesetzten Mengen y. Da der Endwert von y nicht zur Verfügung steht, ist die Aufgabe numerisch schwieriger zu lösen als Aufgabe KIN- 23.

Es ist empfehlenswert die Wertepaare (t, y) zunächst graphisch darzustellen, um eventuelle grobe Messfehler zu erkennen und auszuscheiden oder den entsprechenden Versuch zu wiederholen. Man verwendet (s. 6.3.1)

(1) $y = y_{Gl}(1 - e^{-(k_H + k_R)t})$

(2) $K = \frac{k_H}{k_R} = \frac{b_o + y_{Gl}}{a_o - y_{Gl}}$; $y_{Gl} = \frac{a_o K - b_o}{K + 1}$

1.) Steht ein Rechner mit geeignetem Regressionsprogramm zur Verfügung, dann rechnet man eine Regression mit der Funktion $y = a(1 - e^{-bt})$. (vgl. Beispiel GR- 37) Mit (1) ist dann $a = y_{Gl}$ und $b = k_H + k_R$. Mit (2) bekommt man die restlichen Größen.

2.) Ist nur ein einfacher Rechner vorhanden, dann muss $k = k_H + k_R$ mit einem Näherungsverfahren berechnet werden, da die zu lösenden Gleichungen transzendent sind. Man setzt zwei Wertepaare (t, y) in (1) ein, dividiert und bekommt

$y_2\left(1 - e^{-kt_1}\right) - y_1\left(1 - e^{-kt_2}\right) = 0$ Diese Gleichung wird nach k aufgelöst.

Das Newton-Verfahren ist sehr gut geeignet, da alle Funktionen leicht zu differenzieren sind und die Iteration rasch konvergiert. Um die Messfehler zu minimieren, ist es zweckmäßig zunächst mehrere k mit verschiedenen Paaren von (t, y) zu berechnen und daraus dann einen Mittelwert von k zu bilden. Aus k wird y_{Gl} mit (1) und daraus schließlich die anderen Größen berechnet.

$k_H = 0{,}00913\ min^{-1}$; $k_R = 0{,}000889\ min^{-1}$; $K = 10{,}27$

b.) $100\frac{y_{Gl}}{a_o} = 91{,}1\%$ A wurden bis zum Gleichgewicht umgesetzt.

KIN- 25: a.) Berechnung analog Aufgabe KIN- 23

b.) Linearregression (lnk gegen 1/T) mit $\ln k = \ln H - \frac{E}{R}.\frac{1}{T}$ (KIN 28)

c.) Linearregression (lnK gegen 1/T) mit $\ln K = \frac{\Delta S^o}{R} - \frac{\Delta H^o}{R}.\frac{1}{T}$ (TD 62)

Ergebnisse:

T (K)	k_H (s^{-1})	k_R (s^{-1})	K
288	$4{,}32.10^{-4}$	$6{,}45.10^{-5}$	6,69
298	$1{,}31.10^{-3}$	$2{,}14.10^{-4}$	6,14
308	$3{,}72.10^{-3}$	$6{,}57.10^{-4}$	5,67
318	$9{,}88.10^{-3}$	$1{,}91.10^{-3}$	5,17

Hinreaktion: $H_H = 1{,}12.10^{11}\ s^{-1}$; $E_H = 79{,}47$ kJ/mol
Rückreaktion: $H_R = 2{,}50.10^{11}\ s^{-1}$; $E_R = 85{,}96$ kJ/mol
$\Delta H° = -6{,}49$ kJ/mol; $\Delta S° = -6{,}70$ J/mol.K
Hinweis: Nicht runden bei den Zwischenrechnungen. Zwischenergebnisse speichern oder wenn das nicht möglich ist (z. B. Rechner besitzt zu wenig Speichermöglichkeiten), mit mehreren Schutzstellen weiterrechnen. Erst Endergebnisse runden. Man vergleiche die Hinweise zu 1.8.2 „Anzahl der Iterationsschritte".

KIN- 26: Im Gleichgewicht gilt $A \rightleftharpoons B$

$a_o - y \quad y$

$\frac{d\Delta y}{dt} = k_H(a_o - y_{Gl} - \Delta y) - k_R(y_{Gl} + \Delta y) = -(k_H + k_R)\Delta y = -\frac{1}{\tau}\Delta y$. Es gilt dann

(1) $K = \frac{y_{Gl}}{a_o - y_{Gl}} \Rightarrow$ Daher ist der Umsatz $\frac{y_{Gl}}{a_o} = \frac{K}{K+1}$; (2) $\frac{k_H}{k_R} = K$; (3) $\frac{1}{\tau} = k_H + k_R$

$$k_R = \frac{1}{\tau(K+1)} \;;\; k_H = \frac{1}{\tau}.\frac{K}{K+1} = \frac{y_{Gl}}{\tau a_o}$$; $k_H = 1{,}986.10^5\ s^{-1}$; $k_R = 1{,}394.10^6\ s^{-1}$; $K = 0{,}1425$

KIN- 27: $A + B \rightleftharpoons C$

$a_o - y \quad b_o - y \quad y$

$$\frac{d\Delta y}{dt} = k_H\left[(a_o - y_{Gl})(b_o - y_{Gl}) - \Delta y(a_o + b_o - 2y_{Gl}) + (\Delta y)^2\right] - k_R(y_{Gl} + \Delta y)$$

$$\frac{d\Delta y}{dt} = -\left[(k_H(a_o + b_o - 2y_{Gl}) + k_R\right]\Delta y \Rightarrow \frac{1}{\tau} = k_H(a_o + b_o - 2y_{Gl}) + k_R$$. Außerdem ist

$$K = \frac{y_{Gl}}{(a_o - y_{Gl})(b_o - y_{Gl})} \text{ und } \frac{k_H}{k_R} = K$$

$k_H = 6{,}116.10^5$ l/mol.s; $k_R = 2{,}734.10^4\ s^{-1}$; $K = 22{,}37$ l/mol.

KIN- 28: $A \rightleftharpoons B + C$

$a_o - y \quad y \quad y$

$$\frac{d\Delta y}{dt} = -(k_H + 2k_R y_{Gl})\Delta y \Rightarrow \frac{1}{\tau} = k_H + 2k_R y_{Gl}$$

Außerdem ist $K = \dfrac{y_{Gl}^2}{a_o - y_{Gl}}$ und $\dfrac{k_H}{k_R} = K$

Mit $1/\tau$ als Ordinate und y_{Gl} als Abszisse ergibt eine Linearregression die Steigung ST = 4301843 = $2k_R$ und den Ordinatenabschnitt OA = 26743 = k_H.
Daher ist $k_H = 2{,}674.10^4\ s^{-1}$; $k_R = 2{,}151.10^6$ l/mol.s; $K = 0{,}0124$ mol/l.

KIN- 29: 1. Für den Stoff A gilt $-\dfrac{da}{dt} = k_1a + k_2a = (k_1 + k_2)a$

Diese Gleichung ist wie KIN 3 beschaffen und hat daher die Lösung

(1) $a = a_o e^{-(k_1+k_2)t}$

Für B gilt mit (1) $\dfrac{db}{dt} = k_1a = a_o k_1 e^{-(k_1+k_2)t}$. Mit den Anfangsbedingungen b = 0 für t = 0 ist daher $\int_0^b db = a_o k_1 \int_0^t e^{-(k_1+k_2)t}dt$ mit der Lösung

(2) $b = a_o \dfrac{k_1}{k_1 + k_2}\left(1 - e^{-(k_1+k_2)t}\right)$ Auf die gleiche Weise erhält man für c

(3) $c = a_o \dfrac{k_2}{k_1 + k_2}\left(1 - e^{-(k_1+k_2)t}\right)$ Dividiert man (2) durch (3), dann ist

(4) $\dfrac{b}{c} = \dfrac{k_1}{k_2}$

2. Es ist $a_o = a + b + c$. Daraus berechnet man die Werte von a.
Nach (1) ist $\ln a = \ln a_o - (k_1 + k_2)t$.
Eine Linearregression mit ln a und t ergibt als Steigung $-(k_1+k_2)$.
Für alle Zeiten außer 0 berechnet man die Quotienten $\dfrac{b}{c}$ und bildet einen Mittelwert daraus. Mit (4) und der Steigung erhält man k_1 und k_2. Aus dem Ordinatenabschnitt berechnet man a_o und vergleicht es zur Kontrolle der Messgenauigkeit mit der Angabe. Ergebnisse: $k_1 + k_2 = 0{,}00422424\ min^{-1}$; Mittelwert(b/c) = 1,27906; $k_1 = 0{,}002371\ min^{-1}$; $k_2 = 0{,}001854\ min^{-1}$; $a_o = 0{,}120$ mol/l.

KIN- 30: Wir betrachten die einzelnen Reaktionen

	(1) $A \xrightarrow{1.O;\ k_1} B + C$			(2) $A \xrightarrow{2.O;\ k_2} B + D$		
Konzentrationen zur Zeit t	$a_o - (x + y)$	$x + y$	x	$a_o - (x + y)$	$x + y$	y

Sei z = x + y; z (der Gesamtumsatz von A) wurde in 6.3.2 berechnet: $z = a_o \frac{e^{k_1 t} - 1}{e^{k_1 t} - \beta}$

Berechnung von [C] = x;

$$\frac{dx}{dt} = k_1 (a_o - z) = a_o k_1 \frac{1-\beta}{e^{k_1 t} - \beta} \Rightarrow \int_0^x dx = a_o k_1 (1-\beta) \int_0^t \frac{dt}{e^{k_1 t} - \beta};$$

$\int \frac{dt}{e^{k_1 t} - \beta} = \frac{1}{k_1} \int \frac{du}{u(u+\beta)}$ mit der Substitution $u = e^{k_1 t} - \beta$. Partialbruchzerlegung ergibt weiter $\frac{1}{\beta k_1} \int \left(\frac{1}{u} - \frac{1}{u+\beta} \right) du = \frac{1}{\beta k_1} \ln \frac{u}{u+\beta} = \frac{1}{\beta k_1} \ln \frac{e^{k_1 t} - \beta}{e^{k_1 t}} + C$.

$$x = a_o k_1 (1-\beta) \frac{1}{\beta k_1} \ln \frac{e^{k_1 t} - \beta}{e^{k_1 t}} \Bigg|_0^t = a_o \frac{1-\beta}{\beta} \left(\ln \frac{e^{k_1 t} - \beta}{e^{k_1 t}} - \ln(1-\beta) \right) = a_o \frac{1-\beta}{\beta} \left(\ln \frac{e^{k_1 t} - \beta}{(1-\beta) e^{k_1 t}} \right)$$

$$\frac{1-\beta}{\beta} = \frac{a_o k_2 + k_1}{a_o k_2} - 1 = \frac{k_1}{a_o k_2}; \quad \ln \frac{e^{k_1 t} - \beta}{(1-\beta) e^{k_1 t}} = \ln \frac{1 - \beta e^{-k_1 t}}{1-\beta} \Rightarrow$$

$x = \frac{k_1}{k_2} \ln \frac{1 - \beta e^{-k_1 t}}{1-\beta}$. Damit wird mit $\beta = \frac{a_o k_2}{a_o k_2 + k_1}$

$[A] = a_o - z = a_o \frac{1-\beta}{e^{k_1 t} - \beta}$; $[B] = z = a_o \frac{e^{k_1 t} - 1}{e^{k_1 t} - \beta}$; $[C] = x = \frac{k_1}{k_2} \ln \frac{1 - \beta e^{-k_1 t}}{1-\beta}$; [D]= y = z - x

Für die graphische Darstellung wurde $a_o = 2$ gewählt. Dies zeigt auch den Einfluss der Anfangskonzentration auf die Bildung von C und D (Unterschied der Reaktionsordnungen!)

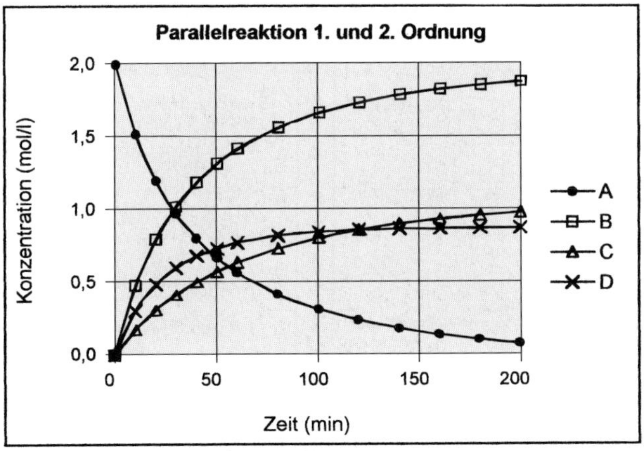

KIN- 31: Durch Linearregressionen von lnE gegen t werden die Geschwindigkeitskonstanten k für die Reaktionen mit den verschiedenen OH^--Konzentrationen berechnet (Auswertung von Versuchsdaten für Reaktionen 1. Ordnung!).
Diese sind $k_A = 0{,}0024294\ s^{-1}$; $k_B = 0{,}0033890\ s^{-1}$; $k_C = 0{,}0043501\ s^{-1}$; $k_D = 0{,}0053051\ s^{-1}$. k_1 und k_2 berechnet man aus $k = k_1[OH^-] + k_2$ ebenfalls mit einer Linearregression. Mit $[OH^-]$ = x und k = y ist dann die Steigung k_1 und der Ordinatenabschnitt k_2. $k_1 = 0{,}1054$ l/mol.s; $k_2 = 0{,}000513\ s^{-1}$

KIN- 32: Nach KIN 16 ist $\frac{\tau_U}{\tau_{Ra}} = \frac{n_U}{n_{Ra}} \Rightarrow \tau_U = \frac{1600.2,94.10^6.226}{238} = 4,47.10^9$ Jahre

KIN- 33: Das Maximum der Funktion $b = a_o \frac{k_A}{k_B - k_A}\left(e^{-k_A t} - e^{-k_B t}\right)$ ist zu berechnen.

$$\frac{db}{dt} = a_o \frac{k_A}{k_B - k_A}\left(-k_A e^{-k_A t} + k_B e^{-k_B t}\right) = 0 \Rightarrow \frac{k_B}{k_A} = e^{-(k_A - k_B)t} \Rightarrow \ln\frac{k_B}{k_A} = (k_B - k_A)t \Rightarrow$$

$$t = \frac{\ln k_B - \ln k_A}{k_B - k_A}$$

KIN- 34: Bei Fall 1 ist nur der Verlauf von b dargestellt. b erreicht sehr schnell einen praktisch konstanten Wert. (Radioaktives Gleichgewicht!)

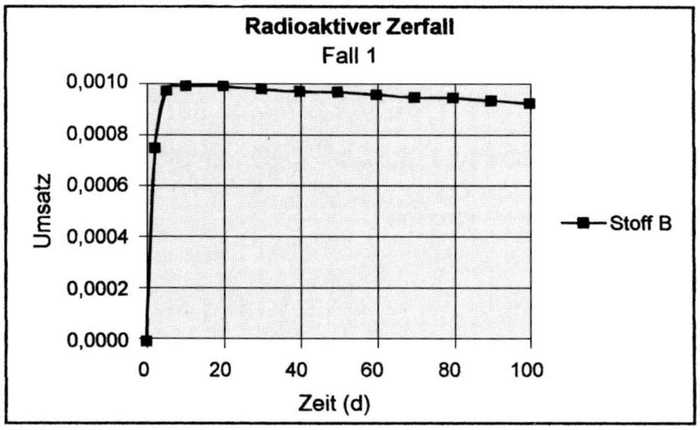

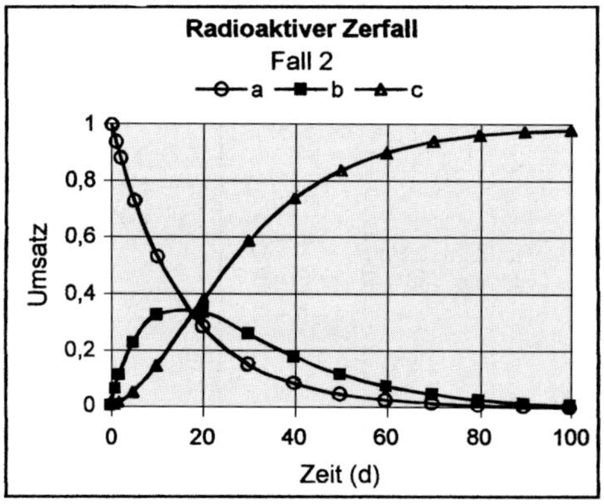

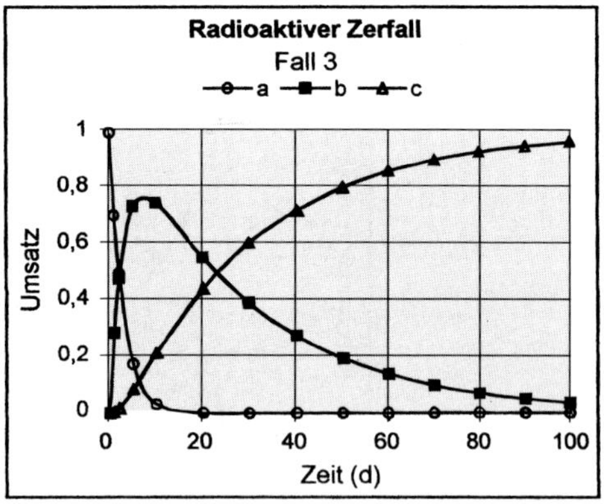

KIN- 35: Die Bildungsgeschwindigkeit von $COCl_2$ ist

(6) $$\frac{d[COCl_2]}{dt} = k_3[COCl].[Cl_2] - k_4[COCl_2].[Cl] + k_5[COCl].[Cl]$$

Daraus muss [COCl] und [Cl] eliminiert werden.
Da die Gleichgewichte (1) und (2) eingestellt sind, gilt

(7) $$K_1 = \frac{[Cl]^2}{[Cl_2]} \Rightarrow [Cl] = \sqrt{K_1[Cl_2]}$$

(8) $K_2 = \frac{[COCl]}{[Cl].[CO]}$ $\Rightarrow$ $[COCl] = K_2[Cl].[CO]$. (7) und (8) in (6) eingesetzt, gibt

$$\frac{d[COCl_2]}{dt} = k_3K_2\sqrt{K_1}[CO].[Cl_2]^{1,5} + k_5K_2K_1[CO].[Cl_2] - k_4\sqrt{K_1}[COCl_2].[Cl_2]^{0,5}$$

$$\frac{d[COCl_2]}{dt} = C_1[CO].[Cl_2]^{1,5} + C_2[CO].[Cl_2] - C_3[COCl_2].[Cl_2]^{0,5}$$

In C_1, C_2 und C_3 sind alle Konstanten zusammengefasst. Die Konzentrationen zu einem beliebigen Zeitpunkt im stationären Zustand seien $[CO] = (a_o - y)$, $[Cl_2] = (b_o - y)$, $[COCl_2] = y$, dann erhält man eine Differentialgleichung in y

$$\frac{dy}{dt} = C_1(a_o - y)(b_o - y)^{1,5} + C_2(a_o - y)(b_o - y) - C_3\, y\,(b_o - y)^{0,5}$$

KIN- 36: Die Bildungsgeschwindigkeit von CH_3Cl ist

(5) $\frac{d[CH_3Cl]}{dt} = k_3[CH_3].[Cl_2] + k_4[CH_3].[Cl] = [CH_3](k_3[Cl_2] + k_4[Cl])$

$[CH_3]$ und $[Cl]$ müssen eliminiert werden.
Aus dem Gleichgewicht (1) mit der Gleichgewichtskonstanten K bekommt man

(6) $[Cl] = K^{0,5}[Cl_2]^{0,5}$

Die Bildungsgeschwindigkeit der CH_3-Radikale ist null, da ihre Konzentration konstant ist $\frac{d[CH_3]}{dt} = k_2[Cl].[CH_4] - k_3[CH_3].[Cl_2] - k_4[CH_3].[Cl] = 0$ $\Rightarrow$

(7) $[CH_3] = \frac{k_2[Cl].[CH_4]}{k_3[Cl_2] + k_4.[Cl]}$. Setzt man (7) in (5) ein, dann fällt $(k_3[Cl_2]+k_4[Cl])$ weg und es bleibt $k_2[Cl].[CH_4]$. Damit wird $\frac{d[CH_3Cl]}{dt} = k_2\,K^{0,5}[CH_4].[Cl_2]^{0,5}$

KIN- 37: Man substituiert $u = k_o + (k_1 - k_2)y$ und integriert dann.

Man bekommt $\int_0^y \frac{dy}{k_o + (k_1 - k_2)y} = \int_0^t dt \Rightarrow \frac{1}{k_1 - k_2}\ln[k_o + (k_1 - k_2)y]\Big|_0^y = t$

$$\frac{1}{k_1 - k_2}\ln\left(1 + \frac{k_1 - k_2}{k_o}y\right) = t \text{ oder explizit } y = \frac{k_o}{k_1 - k_2}\left(e^{(k_1-k_2)t} - 1\right)$$

Ist $k_1 > k_2$, dann nimmt y exponentiell mit der Zeit zu. $e^{(k_1-k_2)t}$ steigt mit zunehmender Zeit sehr rasch über alle Grenzen. Das Reaktionsgemisch explodiert.

Sei $k_1 < k_2$. Für diesen Fall ist es zweckmäßiger $y = \frac{k_o}{k_2 - k_1}\left(1 - e^{-(k_2-k_1)t}\right)$ zu schreiben. $e^{-(k_2-k_1)t}$ strebt mit zunehmender Zeit gegen null. Die Reaktion erreicht einen stationären Zustand mit der konstanten Konzentration $y = \frac{k_o}{k_2 - k_1}$.

Durch $k_1 = k_2$ oder $\frac{k_1}{k_2} = 1$ ist die Explosionsgrenze gegeben.

KIN- 38: Man verwendet $\frac{1}{r_c} = \frac{K_R}{k'[K]_o}.\frac{1}{[A]} + \frac{1}{k'[K]_o}$ für eine Linearregression von $\frac{1}{r_c}$ gegen $\frac{1}{[A]}$. $k' = 51{,}3\ min^{-1}$ und $K_R = 0{,}0174$ mol/l

KIN- 39:

$$\begin{array}{ccccccc} A & + & B & \rightarrow & P & + & H^+ \\ a_o - y & & & & & & h_o + y \end{array}$$

$$-\frac{d(a_o-y)}{dt}=\frac{dy}{dt}=k(a_o-y)(h_o+y) \Rightarrow \int_0^y \frac{dy}{(a_o-y)(h_o+y)}=\int_0^t k\,dt$$

$$\frac{1}{(a_o-y)(h_o+y)} \equiv \frac{A}{(a_o-y)}+\frac{B}{(h_o+y)} \Rightarrow 1 \equiv A(h_o+y)+B(a_o-y)$$

Für $y = -h_o$ wird $B=\frac{1}{a_o+h_o}$; ebenso für $y = a_o$ $A=\frac{1}{a_o+h_o} \Rightarrow$

$$\int_0^y \frac{dy}{(a_o-y)(h_o+y)}=\frac{1}{a_o+h_o}\int_0^y\left(\frac{1}{a_o-y}+\frac{1}{h_o+y}\right)dy=\frac{1}{a_o+h_o}\ln\frac{h_o+y}{a_o-y}\Bigg|_0^y=$$

$$\frac{1}{a_o+h_o}\ln\frac{a_o(h_o+y)}{h_o(a_o-y)}$$ Daher gilt

$$k\,t=\frac{1}{a_o+h_o}\ln\frac{a_o(h_o+y)}{h_o(a_o-y)} \text{ oder explizit } \frac{y}{a_o}=\frac{e^{(a_o+h_o)kt}-1}{e^{(a_o+h_o)kt}+\frac{a_o}{h_o}}$$

KIN- 40: Die Lösung von Aufgabe KIN- 39 ist $k\,t=\frac{1}{a_o+h_o}\ln\frac{a_o(h_o+y)}{h_o(a_o-y)}$.

Formt man um auf $\ln\frac{h_o+y}{a_o-y}=(a_o+h_o)k\,t-\ln\frac{a_o}{h_o}$, dann ist dies eine lineare Gleichung, wenn man als Ordinate $\ln\frac{h_o+y}{a_o-y}$ und als Abszisse die Zeit t verwendet.

Bei einer Linearregression ist dann die Steigung $ST=(a_o+h_o)k$ und der Ordinatenabschnitt $OA=-\ln\frac{a_o}{h_o}$. Die restliche Berechnung enthält die folgende Tabelle:

Zeit (min)	Umsatz y/a_o	y (mol/l)	a_o - y (mol/l)	h_o + y (mol/l)	$\ln\frac{h_o+y}{a_o-y}$	Regression	
0	0	0	0,5000	0,0050	-4,6053	r	0,99999848
30	0,025	0,0125	0,4875	0,0175	-3,3271	ST	0,04293
60	0,107	0,0535	0,4465	0,0585	-2,0324	OA	-4,6077
90	0,316	0,1580	0,3420	0,1630	-0,7411		
120	0,630	0,3150	0,1850	0,3200	0,5480	k	0,0850
150	0,861	0,4305	0,0695	0,4355	1,8352		
180	0,957	0,4785	0,0215	0,4835	3,1130		

k = 0,0850 l/mol.min

Der Ordinatenabschnitt dient zur Kontrolle. Sein Wert stimmt mit dem ersten Wert von $\ln\frac{h_o+y}{a_o-y}$ recht gut überein.

KIN- 41: Für die Verseifung des Esters gilt

$$\begin{array}{ccccc} E & + H_2O \rightarrow & Alk & + & S \\ a_o - y & & y & & y \end{array}$$

Ohne Autokatalyse hat die Reaktion die Geschwindigkeitsgleichung

$\frac{dy}{dt}=k\,h_o(a_o-y)$ mit der Lösung $\frac{a_o-y}{a_o}=e^{-k\,h_o t}$ bzw. $\frac{y}{a_o}=1-e^{-k\,h_o\,t}$

Für einen Umsatz von 50% (y/a_o= 0,5) dauert die Reaktion t = 70,01 Stunden.

Mit Autokatalyse setzt sich die Konzentration der Protonen zusammen aus der Anfangskonzentration h_o und der während der Reaktion zusätzlich entstandenen Konzentration h. Daher lautet die Geschwindigkeitsgleichung $\frac{dy}{dt} = k(h_o + h)(a_o - y)$.

h bekommt man aus dem Protolysengleichgewicht der Säure S.

$$\begin{array}{ccc} S & \rightleftharpoons & H^+ + A^- \\ y & & h_o \\ y-h & h_o + h & h \end{array}$$

$$K = \frac{h(h_o + h)}{y - h} \Rightarrow h^2 + h(h_o + K) - Ky = 0 \Rightarrow h = -\frac{h_o + K}{2} + \sqrt{\left(\frac{h_o + K}{2}\right)^2 + Ky}$$

$$h_o + h = \frac{h_o - K}{2} + \sqrt{\left(\frac{h_o + K}{2}\right)^2 + Ky} = \frac{h_o + K}{2}\left(\frac{h_o - K}{h_o + K} + \sqrt{1 + \frac{4K}{(h_o + K)^2}y}\right).$$

Die Geschwindigkeitsgleichung ist daher

$$\frac{dy}{dt} = -\frac{k(h_o + K)}{2}(y - a_o)\left(\frac{h_o - K}{h_o + K} + \sqrt{1 + \frac{4K}{(h_o + K)^2}y}\right)$$

Alle hier bereits vorgenommenen Umformungen vereinfachen die spätere Integration, die mit Substitution und Partialbruchzerlegung möglich ist.

Mit den Abkürzungen $u = \frac{h_o - K}{h_o + K}$; $v = \frac{4K}{(h_o + K)^2}$; $w = -\frac{k(h_o + K)}{2}$; $b^2 = 1 + a_o v$ bekommt man $\int_0^t w\,dt = \int_0^y \frac{dy}{(y - a_o)\left(u + \sqrt{1 + vy}\right)}$.

Man substituiert

$$z = \sqrt{1 + vy} \Rightarrow y = \frac{z^2 - 1}{v};\quad dy = \frac{2z\,dz}{v};\quad y - a_o = \frac{z^2 - 1 - a_o v}{v} = \frac{z^2 - b^2}{v}$$

Für t = 0 ist y = 0 ⇒ z = 1 $\quad \int_0^y \frac{dy}{(y - a_o)\left(u + \sqrt{1 + vy}\right)} = \int_1^z \frac{2z\,dz}{(z + b)(z - b)(z + u)}$

Partialbruchzerlegung:

$$2z = A(z - b)(z + u) + B(z + b)(z + u) + C(z + b)(z - b)\text{ für}$$

$$z = -b \Rightarrow A = \frac{1}{u - b};\quad z = b \Rightarrow B = \frac{1}{u + b};\quad z = -u \Rightarrow C = -\frac{2u}{u^2 - b^2}$$

$$\int_1^z \frac{2z\,dz}{(z + b)(z - b)(z + u)} = \int_1^z \left(\frac{A}{z + b} + \frac{B}{z - b} + \frac{C}{z + u}\right)dz = A\ln(z + b) + B\ln(z - b) + C\ln(z + u)\Big|_1^z$$

$$\int_1^z \frac{2z\,dz}{(z + b)(z - b)(z + u)} = A\ln\frac{z + b}{1 + b} + B\ln\frac{z - b}{1 - b} + C\ln\frac{z + u}{1 + u}$$

Die Lösung der Geschwindigkeitsgleichung ist damit

$$w\,t = \frac{1}{u-b}\ln\frac{z+b}{1+b} + \frac{1}{u+b}\ln\frac{z-b}{1-b} - \frac{2u}{u^2-b^2}\ln\frac{z+u}{1+u}$$ mit den Abkürzungen

$$u = \frac{h_o - K}{h_o + K};\quad v = \frac{4K}{(h_o + K)^2};\quad w = -\frac{k(h_o + K)}{2};\quad b^2 = 1 + a_o v;\quad z = \sqrt{1+vy}$$

Um 50% des Esters zu verseifen benötigt man hier nur noch 18,76 Stunden.

KIN- 42: Bei gleichen Vorzeichen von z_A und z_B ist $\lg\frac{k}{k_o} > 0$ und damit $\frac{k}{k_o} > 1$. Die Reaktion wird beschleunigt. Umgekehrt wird bei verschiedenen Vorzeichen die Reaktion verzögert.

Ist einer der beiden Ausgangsstoffe kein Ion (z = 0), dann ist $\lg\frac{k}{k_o} = 0$ und $\frac{k}{k_o} = 1$.

Die Reaktionsgeschwindigkeit bleibt unbeeinflusst.

Für $A^{2+} + B^{+} \rightarrow$ Produkte ist $\lg\frac{k}{k_o} = 1{,}022.2.1.\frac{\sqrt{0{,}05}}{1+\sqrt{0{,}05}} = 0{,}374 \Rightarrow \frac{k}{k_o} = 2{,}36$.

Die Geschwindigkeit wird gegenüber dem idealen Zustand mehr als verdoppelt.

Für $A^{2+} + B^{-} \rightarrow$ Produkte ist $\lg\frac{k}{k_o} = 1{,}022.2.(-1).\frac{\sqrt{0{,}05}}{1+\sqrt{0{,}05}} = -0{,}374 \Rightarrow \frac{k}{k_o} = 0{,}423$

Für $A^{2+} + B \rightarrow$ Produkte ist $z_B = 0$ daher $\frac{k}{k_o} = 1$.

KIN- 43: Die Anfangsbedingungen sind y = 0 bei t = 0. Daher ist $\int_0^y \frac{b+y}{a_o - y}\,dy = \int_0^t k\,dt$.

Mit der Substitution $u = a_o - y$ erhält man als Lösung $(a_o + b)\ln\frac{a_o}{a_o - y} - y = k\,t$.

Berechnung von k und b: Es sei vereinfacht $A = \ln\frac{a_o}{a_o - y} \Rightarrow (a_o + b)A - y = k\,t$.

Formt man um auf $a_o - \frac{y}{A} = k\frac{t}{A} - b$, setzt $z = a_o - \frac{y}{A}$ und $x = \frac{t}{A}$, dann bekommt man die Gleichung einer Geraden z = k x - b mit der Steigung k und dem Ordinatenabschnitt -b.

Die folgende Tabelle zeigt die Ergebnisse.

t min	y mol/l	t/A min	a_o - y/A mol/l	Linearregression	
2	0,0156	24,6275	0,00791	r	0,9999984
5	0,0242	38,7686	0,01236	Steigung	0,000320
10	0,0337	54,1935	0,01737	Ordinatenabschnitt	$-3{,}83.10^{-6}$
20	0,0464	75,7675	0,02422		
40	0,0633	105,1169	0,03365	k (mol/l.min)	$3{,}20.10^{-4}$
60	0,0754	126,7939	0,04066	b (mol/l)	$3{,}83.10^{-6}$
100	0,0929	160,1142	0,05125		
200	0,1205	216,7880	0,06939		

KIN- 44: Die Integration der Geschwindigkeitsgleichung ergibt

(1) $v \ln\frac{p_A}{p_o} + p_A - p_o = -ut$; Für eine Gasreaktion A → 2 B gilt, $p_o = 0{,}5p_\infty$ und $p_A = p_\infty - p$, wie in Beispiel KIN- 9 erläutert. Aus den Messwerten kann man damit den Anfangsdruck p_o und die Partialdrücke p_A berechnen. u und v wird je nach vorhandenen Rechenhilfsmitteln berechnet:

a.) Die einfachste Methode ist, jeweils zwei Wertepaare (t, p_A) in die Gleichung (1) einzusetzen und das entstehende Gleichungssystem nach u und v aufzulösen. Nach mehrmaliger Durchführung dieser Methode mit verschiedenen Wertepaaren bildet man den Mittelwert für u und v. Die Auswahl der Wertepaare wird man so vornehmen, dass alle Messwerte gleich oft verwendet werden.

b.) Besser ist es, aber auch mit mehr Rechenaufwand verbunden, eine Regressionsfunktion zu berechnen, da dann die Fehler minimiert werden. Die Gleichung für p_A ist transzendent daher kann p_A nicht explizit dargestellt werden. Man kann aber

$t = \left(\frac{v}{u}\ln p_o + \frac{p_o}{u}\right) - \frac{1}{u}p_A - \frac{v}{u}\ln p_A$ als Regressionsfunktion verwenden (vgl. Beispiel GR- 36 aus Kap.1.7.3). In der Schreibweise von Kap.1.7.3 ist dies eine Ausgleichsfunktion z(x) = A + B x + C lnx mit den Koeffizienten

$A = \frac{v}{u}\ln p_o + \frac{p_o}{u}$, $B = -\frac{1}{u}$ und $C = -\frac{v}{u}$. Daher ist $u = -\frac{1}{B}$ und $v = \frac{C}{B}$.

A dient zur Kontrolle: Ein aus u und v nach $A = \frac{v}{u}\ln p_o + \frac{p_o}{u}$ berechnetes A sollte gut mit dem aus der Regression erhaltenen A übereinstimmen.

Die wichtigsten Ergebnisse der Rechnung zeigt die folgende Tabelle.

Zeit (min)	p (hPa)	p_A (hPa)	Regression	
0	622	622	r	0,99999833
10	692	552	A	451,59
20	755	489	B	-0,029074
40	863	381	C	-67,3976
70	987	257		
100	1073	171	u (hPa/min)	34,40
140	1146	98	v (hPa)	2318
200	1203	41	A berechnet	451,65
Enddruck	1244			

Die kinetischen Gleichungen sind daher

$$-\frac{dp_A}{dt} = \frac{34{,}40\,p_A}{2318 + p_A} \quad \text{und} \quad t = 451{,}59 - 0{,}0291p_A - 67{,}40\ln p_A$$

KIN- 45: E = 73,39 kJ/mol

KIN- 46: E = 63,42 kJ/mol; H = $4{,}29.10^7$ s^{-1}

KIN- 47: H = $1{,}62.10^{15}$ s^{-1}; τ_2 = 557,5 s

KIN- 48: t = 475°C

KIN- 49: τ(30°C) = 2,14 s; f = 2,835

KIN- 50: t = 18,7°C

KIN- 51: $\frac{k_1}{k_2} = e^{-\frac{A}{R}\left(\frac{1}{T_1} - \frac{1}{T_2}\right)}$; die Quotienten sind 1,9 bzw. 2,5 bzw. 3,2

KIN- 52: Hängen E und H nicht von der Temperatur ab, dann ist der Graph der Funktion

$\ln k = \ln H - \frac{E}{R}.\frac{1}{T}$ eine Gerade, wenn man y = lnk und x = 1/T setzt. Man zeichnet ein Diagramm mit diesen Koordinaten und sieht, dass der Graph eine Gerade ist. Eine Linearregression mit y = lnk und x = 1/T ergibt als Steigung ST = -7635,39 und Ordinatenabschnitt OA = 15,60. E = 63,48 kJ/mol und H = $5{,}95.10^6\ s^{-1}$.

KIN- 53: Für die Geschwindigkeitskonstante k muss, wenn die Annahme $H = u\sqrt{T}$ richtig ist, die Gleichung $k = u\sqrt{T}\,e^{-\frac{E}{RT}}$ gelten. Diese Gleichung wird durch logarithmieren und umformen linearisiert: $\ln k - 0{,}5\ln T = \ln u - \frac{E}{R}.\frac{1}{T}$. Setzt man y = lnk - 0,5 lnT und $x = \frac{1}{T}$ und zeichnet ein Diagramm mit diesen Variablen, dann sieht man, dass der Graph eine Gerade ist. Die Annahme $H = u\sqrt{T}$ ist also richtig. Eine entsprechende Linearregression ergibt als Steigung ST = -22012 und Ordinatenabschnitt OA = 21,349. Daraus erhält man E = 183,0 kJ/mol und $H = 1{,}87.10^9\sqrt{T}$.

KIN- 54: Für die Fälle 1 und 2 vergleiche man Aufgabe KIN- 52 und Aufgabe KIN- 53. Man sieht, dass diese Fälle nicht zutreffen.

Fall 3: Es ist $\ln k = \ln u + v\ln T - \frac{E}{R}.\frac{1}{T}$. Hier führt man eine nichtlineare Regression durch. Man vergleiche dazu Kap. 1.7.3, Beispiel GR- 36. Die Funktionen sind z(x) = lnk; f(x) = 1; g(x) = lnT und h(x) = 1/T. Die zu berechnenden Konstanten sind lnu, v und $\frac{E}{R}$. Der Korrelationskoeffizient für diese Regression ist fast genau 1. Modell 3 beschreibt die Kinetik richtig. Folgende Tabelle fasst die Rechnung zusammen.

t(°C)	T (K)	k	lnk	Regression	
250	523,2	0,00562	-5,1814	lnu	40,452
300	573,2	0,0943	-2,3613	v	-1,821
350	623,2	0,993	-0,007025	-E/R	-17909
400	673,2	7,30	1,9878	u	$3{,}70.10^{17}$
450	723,2	40,3	3,6964	v	-1,82
500	773,2	177	5,1761	E (kJ/mol)	148,9

Das Ergebnis ist also E = 148,9 kJ/mol und $H = 3{,}70.10^{17}.T^{-1{,}8}$ l/mol.s.

7 STRAHLUNG UND TEILCHEN

ST- 1: $\varepsilon_{kin} = mc^2 - m_oc^2 = m_oc^2\left(\frac{1}{\sqrt{1-\beta^2}} - 1\right)$

Wenn $v \ll c$, dann kann $\frac{1}{\sqrt{1-\beta^2}}$ vereinfacht werden.

Es gilt allgemein $(1-x)^n = 1 - nx + ...$ (binomische Reihe!). Für $x \ll 1$ kann man nach dem zweiten Glied abbrechen.

Mit x = β^2 und $n = -\frac{1}{2}$ wird $\frac{1}{\sqrt{1-\beta^2}} = \left(1-\beta^2\right)^{-\frac{1}{2}} = 1 + 0,5\beta^2$.

Daher ist $\frac{1}{\sqrt{1-\beta^2}} - 1 \approx 1 + 0,5\beta^2 - 1 = 0,5\beta^2$ und $\varepsilon_{kin} = m_o c^2 \frac{\beta^2}{2} = \frac{m_o c^2 v^2}{2c^2} = 0,5\, m_o v^2$

ST- 2: Nach der Unschärfebeziehung ist $\Delta t.\Delta\varepsilon \geq \frac{h}{4\pi}$. Mit $\Delta\varepsilon$ = h $\Delta\nu$ $\Rightarrow$ $\Delta\nu \geq \frac{1}{4\pi}.\frac{1}{\Delta t}$.

Der Unschärfe der Energie entspricht auch eine Schwankung der Frequenz $\Delta\nu$. Je größer die mittlere Lebensdauer Δt, desto schärfer die Linie.

a.) Die Frequenz des Laserlichtes ist $\nu = \frac{c}{\lambda} = 5.10^{14}\,\text{Hz}$. Die Frequenzunschärfe ist

$\Delta\nu \geq \frac{1}{4\pi}.\frac{1}{\Delta t} = 80\,\text{Hz}$. Die relative Linienbreite ist daher $\frac{\Delta\nu}{\nu} = 1,6.10^{-13}$.

b.) Analog erhält man für das sichtbare Licht $\nu = \frac{c}{\lambda} = 5.10^{14}\,\text{Hz}$; $\Delta\nu = 8.10^7$ Hz.

Relative Linienbreite daher $\frac{\Delta\nu}{\nu} = 1,6.10^{-7}$.

c.) Für die γ-Strahlung ist $\nu = 2,4.10^{20}$ Hz; $\Delta\nu = 8.10^{13}$ Hz und $\frac{\Delta\nu}{\nu} = 3,3.10^{-7}$

Man sieht, dass das Laserlicht durch die relativ lange Lebensdauer des energiereicheren Niveaus, eine extrem scharfe Spektrallinie hat.

ST- 3: $\Delta x = 10^{-15}$ m; die für ein Elektron im Kern gegebene Impulsunschärfe ist daher

$\Delta p \geq \frac{h}{4\pi\Delta x} \approx 5,3.10^{-20}\,\text{kg m/s}$. Dies entspricht einer Unschärfe der kinetischen Energie des Elektrons von $\Delta\varepsilon = \Delta p\, c = 1,6.10^{-11}$ J = 100 MeV.

Es muss relativistisch gerechnet werden, da die Geschwindigkeit der Elektronen sicher in der Nähe der Lichtgeschwindigkeit ist! Bei nichtrelativistischer Rechnung wäre

$\Delta\varepsilon = \frac{(\Delta p)^2}{2m} = \frac{(5,3.10^{-20})^2}{2.9,1.10^{-31}} = 1,5.10^{-9}$ J = 10 GeV.

Das Elektron kann also leicht den Kern verlassen.

Dieses Phänomen gilt ganz allgemein: Jedes Teilchen, das auf einen bestimmten Aufenthaltsbereich eingeschränkt ist (ein „gebundenes Teilchen") hat stets eine gewisse Bewegungsenergie („Nullpunktsenergie"). Diese ist um so größer, je kleiner der Aufenthaltsbereich ist. Z. B. besitzen Moleküle auch im absoluten Nullpunkt noch einen Rest an Schwingungsenergie. Bei zweiatomigen Molekülen ist dieser Energiebetrag $\varepsilon_o = \frac{1}{2} h\, \nu_o$, wobei ν_o die Eigenfrequenz des schwingenden Systems ist.

Makroskopisch kann man die Nullpunktsenergie beim Helium beobachten. Wegen der hohen Nullpunktsenergie der Heliumatome wird flüssiges Helium bei einem Druck von 1 bar nicht fest, soweit man auch bis jetzt die Temperatur an den absoluten Nullpunkt annähern konnte. Erst bei einem Druck von 30 bar gelingt die Kristallisation.

ST- 4: $\nu = 5,00.10^{14}$ Hz; $\tilde{\nu} = 16667\ \text{cm}^{-1}$; E = $3,31.10^{-19}$ J = 2,07 eV; p = $1,10.10^{-27}$ kg.m/s; m = $3,68.10^{-36}$ kg

ST- 5: λ = 0,451 pm; $\nu = 6,65.10^{20}$ Hz; p = $1,47.10^{-21}$ kg.m/s; m = $4,90.10^{-30}$ kg

ST- 6: $E = Pt$; $\varepsilon = h\nu$ $\Rightarrow$ $Nh\nu = Pt$ $\Rightarrow$ $N = \frac{Pt\lambda}{hc} = 2,97.10^{21}$ Photonen.

Sei p der Impuls eines Photons. Wird das Photon reflektiert, dann ist die Impulsänderung p - (-p) = 2p. Wird es absorbiert, ist die Impulsänderung nur p. Ist der relative Reflexionsgrad r, dann ist die gesamte Impulsänderung

$\Delta p = 2p.N.r + N.p(1 - r) = N.p.(r + 1)$

Nach dem Impulssatz entspricht die Impulsänderung einem Kraftstoß $\Delta p = F\ \Delta t$

Der Strahlungsdruck SD ist daher $SD = \frac{F}{A} = \frac{\Delta p}{A\,\Delta t} = \frac{Np(r+1)}{A\,\Delta t} = 0{,}0634$ Pa.

ST- 7: K_α: $\lambda = 22{,}8$ pm; $\tilde{\nu} = 4{,}39.10^{10}\ m^{-1}$; $\nu = 1{,}31.10^{19}\ s^{-1}$

K_β: $\lambda = 19{,}2$ pm; $\tilde{\nu} = 5{,}20.10^{10}\ m^{-1}$; $\nu = 1{,}56.10^{19}\ s^{-1}$

ST- 8: Der Beugungswinkel α ist der halbe Ablenkwinkel. Aus der Bragg-Gleichung (FST 2 und FST 3) berechnet man die Wellenlänge der Röntgenstrahlung. Die stärkste Intensität besitzt die K_α -Strahlung. Mit der Moseley-Gleichung (ST 8) erhält man die Ordnungszahl des gesuchten Metalls. Z = 42; Molybdän

ST- 9: $\lambda_G = \frac{hc}{\varepsilon_{kin}}$; $\varepsilon_{kin} = m_o c^2 \left(\frac{1}{\sqrt{1-\beta^2}} - 1 \right)$. Mit $\beta = 0{,}9$ erhält man $\lambda_G = 1{,}9$ pm

ST- 10: Man verwende die Gleichungen

(1) $a = d\sqrt{h^2 + k^2 + l^2}$

(2) $2d\sin\alpha_G = n\lambda_G$; n = 1, da die erste Beugungsordnung verwendet wird.

(3) $\lambda_G = \frac{hc}{eU}$

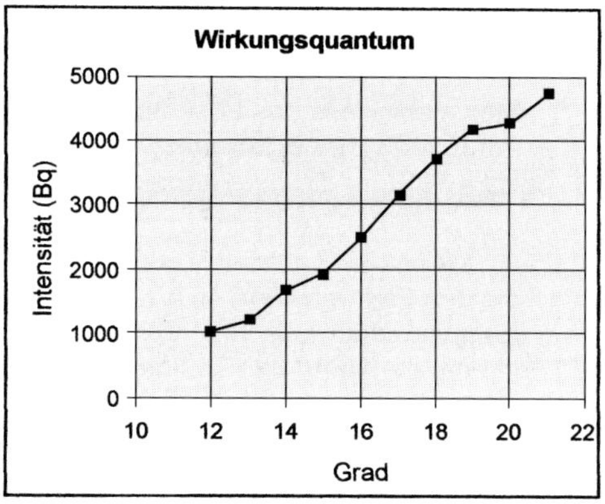

Stellt man die Messwerte graphisch dar, dann sieht man, dass die Strahlungsintensität relativ gut linear mit dem Drehwinkel zunimmt. Die Ergebnisse einer Linearregression mit den Messwerten sind: Steigung ST = 452,84, Ordinatenabschnitt OA = -4656,80 und Korrelationskoeffizient r = 0,9942. Die Abszisse des Schnittpunktes der berechneten Geraden mit der x-Achse ist der doppelte Grenzwinkel α_G. Daraus erhält man mit (2) die Grenzwellenlänge λ_G und mit (3) das Plancksche Wirkungsquantum.

$2\alpha_G = -\frac{OA}{ST} \Rightarrow \alpha_G = 5{,}142°$; $\lambda_G = 4{,}144.10^{-11}$ m = 41,44 pm. $h = 6{,}64.10^{-34}$ J.s

ST- 11: Bewegt sich ein Teilchen mit einer Geschwindigkeit in der Nähe der Lichtgeschwindigkeit, dann ist die kinetische Energie $\varepsilon_{kin} = mc^2 - m_o c^2 = m_o c^2 \left(\frac{1}{\sqrt{1-\beta^2}} - 1 \right)$.

Damit die Cerenkov-Strahlung in einem Stoff auftritt, muss die Teilchengeschwindigkeit v größer sein als die Lichtgeschwindigkeit in diesem Stoff.

Mit $v \geq c_{Stoff}$ und den Gleichungen $c_{Stoff} = \frac{c}{n}$ bzw. $\beta = \frac{v}{c}$ folgt $\beta \geq \frac{1}{n}$. Daher gilt für die kinetische Energie $\varepsilon_{kin} \geq m_o c^2 \left(\frac{n}{\sqrt{n^2 - 1}} - 1 \right)$. $\varepsilon_{kin}(e^-) \geq 174{,}2$ keV; $\varepsilon_{kin}(p^+) \geq 320{,}6$ MeV.

ST- 12: Das Teilchen könnte ein μ-Lepton mit einer Ruheenergie von 105,7 MeV sein. Die Ruheenergie ε_o müsste 107 MeV oder kleiner sein, wie die folgende Ungleichung zeigt:

$$\varepsilon_{kin} \geq \varepsilon_o\left(\frac{n}{\sqrt{n^2-1}}-1\right) \Rightarrow \varepsilon_o \leq \frac{\varepsilon_{kin}}{\left(\frac{n}{\sqrt{n^2-1}}-1\right)} = 107\,\text{MeV}$$

ST- 13: Die relativistischen Abweichungen sind hier noch so gering, dass mit den klassischen Formeln gerechnet werden kann. λ = 0,202 pm.

ST- 14: λ = 1,42 pm; v = 2,587.10[8] m/s; $\frac{m}{m_o} = 1{,}979$, Massenzuwachs 97,9%; λ_G= 2,48 pm.

ST- 15: Aus $a = d\sqrt{h^2+k^2+l^2}$ und $2d\sin\alpha = n\lambda$ bekommt man die Wellenlänge der Neutronen (s. Kap. 2.3). Es genügt die nichtrelativistische Rechnung. ε = 4,17.10^{-21}J = 0,0260 eV und v = 2230 m/s.

ST- 16: U = 14,83 kV (relativistisch gerechnet)

ST- 17: U = 100000 V ; ε_{kin}=1,602.10^{-14} J ; v = 4,372.10^{6} m/s

ST- 18: β = 0,1404; ab 14,04% der Lichtgeschwindigkeit; dies sind v = 4,208.10^{7} m/s. $\lambda(e^-)$ = 17,1pm; $\lambda(p^+)$ = 0,009 pm

ST- 19: Nichtrelativistisch: $\lambda = \frac{h}{\sqrt{2m_oeU}}$

Relativistisch: $\lambda = \frac{hc}{\sqrt{\varepsilon^2-\varepsilon_o^2}} = \frac{hc}{\sqrt{\left(eU+m_oc^2\right)^2-\left(m_oc^2\right)^2}} = \frac{hc}{\sqrt{eU\left(eU+2m_oc^2\right)}}$

ST- 20: ${}^3_1H \to {}^3_2He + {}^0_{-1}e$; ${}^{40}_{19}K + {}^0_{-1}e \to {}^{40}_{18}Ar$; ${}^{40}_{19}K \to {}^{40}_{18}Ar + {}^0_1e$; ${}^{226}_{88}Ra \to {}^{222}_{86}Rn + {}^4_2He$

ST- 21: ${}^{14}_7N + {}^4_2He \to {}^{17}_8O + {}^1_1H$, ${}^{14}_7N\ (\alpha,p)\ {}^{17}_8O$; ${}^7_3Li + {}^1_1H \to {}^4_2He + {}^4_2He$, ${}^7_3Li\ (p,\alpha)\ {}^4_2He$;

${}^{27}_{13}Al + {}^4_2He \to {}^{30}_{15}P + {}^1_0n$, ${}^{27}_{13}Al\ (\alpha,n)\ {}^{30}_{15}P$; ${}^9_4Be + {}^4_2He \to {}^{12}_6C + {}^1_0n$, ${}^9_4Be\ (\alpha,n)\ {}^{12}_6C$.

ST- 22: ${}^{238}_{92}U + {}^1_0n \to {}^{239}_{92}U \to {}^{239}_{93}Np + {}^0_{-1}e$ ${}^{239}_{93}Np \to {}^{239}_{94}Pu + {}^0_{-1}e$

${}^{232}_{90}Th + {}^1_0n \to {}^{233}_{90}Th \to {}^{233}_{91}Pa + {}^0_{-1}e$ ${}^{233}_{91}Pa \to {}^{233}_{92}U + {}^0_{-1}e$

ST- 23: Allgemein gilt: ${}^{A_1}_{Z_1}X \to {}^{A_2}_{Z_2}Y + a\,{}^4_2He + b\,{}^0_{-1}e$; $A_1 = A_2 + 4a \Rightarrow a = \frac{A_1 - A_2}{4}$

$Z_1 = Z_2 + 2a - b \Rightarrow b = Z_2 - Z_1 + \frac{A_1 - A_2}{2}$

Daher wird emittiert bei a.) 8 α und 6 β b.) 7 α und 4 β c.) 6 α und 4 β d.) 7 α und 4 β e.) 8 α und 4 β f.) 8 α und 4 β g.) 3 α und 2 β

ST- 24: E = 8,99.1013 J; 2996 t, also fast 3000 t Kohle

ST- 25: 4,4 Millionen Tonnen Masse verbraucht die Sonne pro Sekunde

ST- 26:

Stoff	Werte pro Atomkern			Werte pro Nukleon		
	Δm (g)	ΔE (MeV)	ΔE (J)	Δm (g)	ΔE (MeV)	ΔE (J)
${}^2_1H$	-3,966.10^{-27}	-2,23	-3,564.10^{-13}	-1,983.10^{-27}	-1,112	-1,782.10^{-13}
${}^4_2He$	-5,044.10^{-26}	-28,30	-4,533.10^{-12}	-1,261.10^{-26}	-7,07	-1,133.10^{-12}
${}^6_3Li$	-5,704.10^{-26}	-31,99	-5,126.10^{-12}	-9,506.10^{-27}	-5,33	-8,544.10^{-13}
${}^{56}_{26}Fe$	-8,775.10^{-25}	-492,25	-7,887.10^{-11}	-1,567.10^{-26}	-8,79	-1,408.10^{-12}
${}^{238}_{92}U$	-3,212.10^{-24}	-1801,69	-2,887.10^{-10}	-1,350.10^{-26}	-7,57	-1,213.10^{-12}

ST- 27: Eine Bindungsenergie von 8 MeV entspricht einem Massendefekt von 0,0086 u. Die mittlere Atommasse der beiden Nukleonen p und n ist etwa 1,0082 u. Daher ist die relative Atommasse der Nukleonen im gebundenen Zustand ziemlich genau 1u.

ST- 28: $8{,}21.10^{13}$ J; 22806 MWh. Für 1 MWh benötigt man 43,85 mg ^{235}U.

ST- 29: 1052,4 g ^{235}U

ST- 30: $3{,}12.10^{16}$ Atome

ST- 31: a.) 5360,3 MWh; 179,1 MWh b.) 22806 MWh; 177717 MWh

ST- 32: Ein Jahr ist gegenüber der Halbwertszeit so klein, dass die Änderung der Uranmenge in dieser Zeit vernachlässigt werden kann. Die Aktivität und damit die Anzahl der Spaltvorgänge pro Jahr ist dann $A = \lambda N = \frac{\ln 2}{\tau} . \frac{m N_L}{M} = \frac{\ln 2 . 10^8 . N_L}{7{,}04.10^8.235} = 2{,}523.10^{20}$.

$^{235}_{92}U \rightarrow {}^{231}_{90}Th + {}^{4}_{2}He$. Der Massendefekt für diese Kernreaktion ist -0,0050227 u (die Reaktion ist exotherm!). Dies entspricht einer Energie von -4,679 MeV oder $-7{,}496.10^{-13}$ J pro Zerfall. $E_{ges} = -1{,}89.10^8$ J oder -52,53 kWh.

ST- 33: Bei der Reaktion $^{233}_{92}U + n \rightarrow {}^{234}_{92}U$ werden 6,84 MeV an Energie frei daher ist die Spaltung möglich. ^{235}U : frei werden 6,54 MeV, Spaltung möglich; ^{238}U frei werden 4,81 MeV, Spaltung nicht möglich; ^{239}Pu frei werden 6,53 MeV, Spaltung möglich; ^{232}Th frei werden 4,79 MeV, Spaltung nicht möglich.

ST- 34: 1,755 mg; $-1{,}577.10^{11}$ J; 45,6Tage

ST- 35: a.) 22,37 MeV pro Teilchen; 599,6 MWh pro mol Lithium
b.) 17,59 MeV pro Teilchen; 471,4 MWh pro mol Tritium

ST- 36: Berechnung mit dem Energieerhaltungssatz. μ = 7,016 u

ST- 37: 2,80 MeV

ST- 38: $\gamma \rightarrow e^+ + e^-$; nach dem Energieerhaltungssatz ist $h\,\nu = 2\, m_e\, c^2$. ε_γ = 1,022 MeV; $\nu = 2{,}47.10^{20}$ Hz; λ = 1,213 pm.

ST- 39: 9,01 mCi; $1{,}04.10^{16}$ Atome; 3250,7 mCi; 0,2771%.

ST- 40: $\frac{A}{A_o} = 1 - e^{-\ln 2 \frac{t_B}{\tau}} = 1 - \left(e^{-\ln 2}\right)^{\frac{n.\tau}{\tau}} = 1 - \frac{1}{2^n}$.

Man erreicht 50% der Sättigungsaktivität für n = 1, 75% für n = 2.

ST- 41: σ = 37,2 barn.

ST- 42: Gesucht wird das Minimum der Bethe-Weizsäcker-Gleichung: $Z = \frac{0{,}71 + 94{,}8\, A^{\frac{1}{3}}}{1{,}42 + 189{,}6\, A^{-\frac{2}{3}}}$

Für A = 53 ist Z = 24,02. Tatsächlich ist $^{53}_{24}Cr$ das einzige stabile Isotop mit der Massenzahl 53.

ST- 43: μ_o = 4,99 D; μ_m = 3,50 D; μ_p = 2,43 D. Literaturwerte 4,33; 3,40 und 2,57 D

ST- 44: μ_o = 0,65 D; μ_p = 0.

ST- 45: $\mu = 1{,}13.10^{-30}$ C.m = 0,34 D; $\alpha = 1{,}38.10^{-39}$ C.m^2/mol.

Die Literaturwerte für μ liegen zwischen 0,34 und 0,37 D. Das Dipolmoment des Toluols ist noch so klein, dass die Abweichungen von Gleichung ST 17 gering sind, obwohl die Messungen mit dem flüssigen unverdünnten Toluol gemacht wurden.

ST- 46: Zunächst muss die Dichte mit $\frac{\rho_1 T_1}{p_1} = \frac{\rho_2 T_2}{p_2}$ (vgl. GA 14) auf eine Temperatur von 20°C umgerechnet werden. ρ = 3,39567 g/dm^3

P = 22,14 cm^3/mol; P_O = 14,21 cm^3/mol.

Daher ist $P_V = P - P_O$ = 7,93 cm^3/mol und $\alpha = 3{,}50.10^{-40}$ C.m^2/V

ST- 47: $\mu = 5{,}26.10^{-30}$ C.m bzw. 1,58 D. $\alpha = 1{,}50.10^{-39}$ C.m^2/V.

ST- 48: Die Molrefraktion ist $P_E = \frac{n^2-1}{n^2+2}.\frac{M}{\rho}$

Die Werte liegen auf einer Geraden mit der Gleichung P_E = 0,3310 M -2,3465.
Auf dieser Geraden liegen nicht nur die n-Alkohole sondern auch die iso-Formen!
$\Delta P_E(CH_2)$ = 0,3310.14,03 = 4,64 cm^3/mol.

Stoff	M (g/mol)	P_E (cm^3/mol)	Linearregression	
CH_3OH	32,04	8,23	Korrelationskoeffizient	0,9999731
C_2H_5OH	46,07	12,92	Ordinatenabschnitt (cm^3/mol)	-2,3465
1-C_3H_7OH	60,10	17,53	Steigung (cm^3/g)	0,3310
2-C_3H_7OH	60,10	17,62		
1-C_4H_9OH	74,12	22,16	Steigung pro CH_2-Gruppe	4,64
2-C_4H_9OH	74,12	22,18		

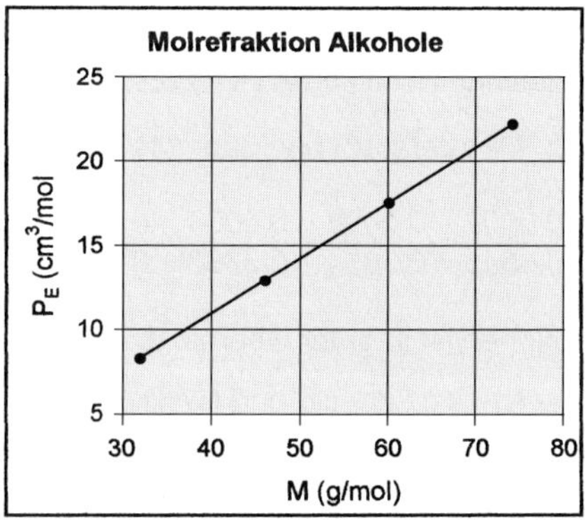

ST- 49: a.) 70 µm (infrarotes Licht)
b.) Unter diesen Bedingungen ist das Besetzungsverhältnis 0,99999356. Das höhere Energieniveau ist fast gesättigt. Von den im Grundniveau vorhandenen Teilchen können nur noch wenige Licht absorbieren.

ST- 50: Die Extinktion einer Lösung, die sowohl das Anion I^- wie die undissoziierte Säure HI enthält ist $E = \varepsilon_S.c_S.d + \varepsilon_B.c_B.d$.
Für den weiteren Rechengang vergleiche man Beispiel EL- 14.
(1) $E = \varepsilon_S.c_S.d + \varepsilon_B.(c_o - c_S).d$
(2) Ist die Lösung stark sauer, dann ist $c_B = 0$ und $E_S = \varepsilon_S.c_o.d$
(3) Ist die Lösung stark basisch, dann ist $c_S = 0$ und $E_B = \varepsilon_B.c_o.d$
Aus (2) und (3) berechnet man die Konstanten ε_S und ε_B und mit (1) schließlich c_S.
Die Protolysenkonstante ist $K = \frac{h(c_o - c_S)}{c_S}$, der Dissoziationsgrad $\alpha = \frac{c_o - c_S}{c_o}$.
Die Werte sind: ε_S = 43495 l/mol.cm, ε_B = 31247 l/mol.cm, $c_S = 7{,}659.10^{-6}$ mol/l, α = 0,5792 und $K = 4{,}35.10^{-7}$.

ST- 51: a.) Zeichnet man ein Diagramm mit v als Abzisse und E als Ordinate, dann stellt man fest, dass bis v = 35 ml die Linearität erfüllt ist. Ist $a = \frac{50}{2000}$ mg/ml die Konzentration der Stammlösung und b = 100 ml das Volumen auf das verdünnt wurde, dann ist

$c = \frac{a.v}{b.M}$ die Stoffmengenkonzentration der verdünnten Lösung. Die Grenze liegt also bei c = $2{,}14.10^{-5}$ mol/l.

b.) $E = \varepsilon c d = \frac{\varepsilon a d}{bM} v$. Eine Linearregression im linearen Bereich (also zwischen v = 0 und v = 35ml) mit den Variablen v und E ergibt als Korrelationskoeffizient r = 0,99999707, Ordinatenabschnitt OA = 0,0000857 und Steigung ST = 0,038701. Der Ordinatenabschnitt sollte null, der Korrelationskoeffizient eins sein. Beides ist gut erfüllt. Die Steigung ist $ST = \frac{\varepsilon a d}{bM}$. Daher ist $\varepsilon = \frac{ST.b.M}{a.d}$ = 63160 l/mol.cm

c.) $-\lg\frac{I}{I_o} = \varepsilon c d \Rightarrow \frac{I}{I_o} = 10^{-\varepsilon c d} = 0{,}234$. 23,4% des eintretenden Lichtes durchdringen die Schicht.

ST- 52: Für die Konzentrationen im Gleichgewicht gilt $A \rightleftharpoons B + C$

$$c_o(1-\alpha) \quad c_o\alpha \quad c_o\alpha$$

(1) $K = \frac{c_o\alpha^2}{1-\alpha}$ ist die Gleichgewichtskonstante. Da nur A absorbiert gilt für die Extinktion (2) $E = \varepsilon\, d\, c_o\, (1-\alpha)$. Mit zuerst (2) und dann (1) erhält man

c_o (mol/l)	0,0001	0,0002	0,0003	0,0004	0,0005
α	0,7645	0,6545	0,5854	0,5362	0,4986

Für alle fünf Konzentrationen ist in guter Übereinstimmung K = $2{,}48.10^{-4}$ mol/l.

ST- 53: Es gilt $\ln(I-N) = \ln(I_o - N) - k d$; $k = \mu \rho$ und $HWD = \frac{\ln 2}{k}$.

Man zeichnet zunächst ein Diagramm mit der Abszisse d und der Ordinate ln(I - N). Ist die γ-Strahlung monochromatisch, dann liegen die Punkte auf einer Geraden. Dies trifft bei ^{137}Cs zu. Sind Ausreißer vorhanden, dann müssen diese Messungen wiederholt werden.
Durch eine Linearregression ln(I-N) gegen d erhält man aus der Steigung k (ST = -k). Der Ordinatenabschnitt OA ist $\ln(I_o - N)$. Er wird verglichen mit dem ersten Messwert und dient daher zur Kontrolle. Achten auf die richtigen Einheiten!
Siehe folgende Tabelle.

d (cm)	I (Bq)	I-N (Bq)	ln(I-N)		
0,0	3221	3203	8,072	Korrelationskoeff.	-0,9999538
0,2	2387	2369	7,770	OA	8,0799
0,4	1770	1752	7,469	ST	-1,526
0,6	1320	1302	7,172		
0,8	977	959	6,866	k (1/cm)	1,53
1,0	727	709	6,564	HWD (cm)	0,454
1,2	538	520	6,254	μ (cm^2/g)	0,135
1,4	399	381	5,943	I_o berechnet	3247
1,6	295	277	5,624		

ST- 54: Die Messpunkte liegen gut auf einer Geraden. $\alpha = [\alpha]_D^{20}\, c\, d$. Eine Linearregression von α gegen c ergibt die Steigung ST = 104,76 = $[\alpha]_D^{20}\, d$. Daher ist $[\alpha]_D^{20}$ = 52,4. Korrelationskoeffizient (r = 0,9999964; sollte theoretisch eins sein) und Ordinatenabschnitt (OA = -0,00696; sollte theoretisch null sein) dienen zur Kontrolle der Messgenauigkeit.

ST- 55: $[\alpha]_D^{20}$ = 66,51°. Dieser Wert stimmt mit dem Wert von Saccharose $[\alpha]_D^{20}$ = 66,45° gut überein. Die Vermutung stimmt.

ST- 56: Pro Teilchen gilt: $\varepsilon = h\nu$ und $\nu = \frac{c}{\lambda} \Rightarrow \varepsilon = hc\frac{1}{\lambda} \Rightarrow \varepsilon\lambda = hc$

Pro Mol daher $E\,\lambda = h\,c\,N_L$ = 0,1196 J.m/mol
E = 0,1196.$\tilde{\nu}$ J/mol, wenn $\tilde{\nu}$ in m^{-1} eingesetzt wird oder
E = 11,96.$\tilde{\nu}$ J/mol für $\tilde{\nu}$ in cm^{-1}.
E = 120 J/mol; 6,0 kJ/mol; 300kJ/mol.

ST- 57: B = 8,341 cm^{-1}; a.) $\tilde{\nu}$ = 66,73 cm^{-1}, λ = 149,9 μm b.) Dort gilt J = 3→5, $\tilde{\nu}$ = 150,14 cm^{-1}

ST- 58: Zunächst rechnet man die Wellenlängen in Wellenzahlen um. Die Differenz zweier benachbarter Wellenzahlen ist jeweils 2B. Daraus bekommt man als Mittelwert B = 1,932 cm^{-1}; I = 1,449.10^{-46} kgm^2; r_e = 112,8 pm

ST- 59: Ab J = 1 sind im Ramanspektrum die Differenzen zwischen benachbarten Wellenzahlen 4B. Aus den Differenzen der Wellenzahlen erhält man als Mittelwert B = 10,43 cm^{-1}; I = 2,684.10^{-47} kgm^2; r_e = 128,4 pm.

ST- 60: IR-Absorptionsspektrum, ΔJ = 1. $\varepsilon = \frac{h^2}{8\pi^2 I} J(J+1) - Dhc\, J^2(J+1)^2$ daher ist

$$\Delta\varepsilon = \varepsilon_{J+1} - \varepsilon_J = \frac{h^2}{8\pi^2 I}\left[(J+2)(J+1)-(J+1)J\right] - Dhc\left[(J+2)^2(J+1)^2-(J+1)^2J^2\right]$$

$$= 2\frac{h^2}{8\pi^2 I}(J+1) - Dhc(J+1)^2\left[(J+2)^2-J^2\right] = 2\frac{h^2}{8\pi^2 I}(J+1) - 4Dhc(J+1)^3.\ \text{Mit } \tilde{\nu} = \frac{\Delta\varepsilon}{hc} \Rightarrow$$

$\tilde{\nu} = 2B(J+1) - 4D(J+1)^3$ Analog für ΔJ = -1.

$|\tilde{\nu}| = 2B(J+1) - 4D(J+1)^3$. J = 0, 1, 2...

Ramanspektrum, ΔJ = 2

$$\Delta\varepsilon = \varepsilon_{J+2} - \varepsilon_J = \frac{h^2}{8\pi^2 I}\left[(J+3)(J+2)-(J+1)J\right] - Dhc\left[(J+3)^2(J+2)^2-(J+1)^2J^2\right]$$

$$= 2\frac{h^2}{8\pi^2 I}(2J+3) - Dhc\left(8J^3+36J^2+60J+36\right).$$

Division durch hc und Umformen auf Potenzen von (2J + 3) ergibt schließlich

$$\tilde{\nu} = (2B-3D)(2J+3) - D(2J+3)^3$$

ST- 61: Wasserstoff: I = 4,608.10^{-48} kgm^2; q = 6,834.10^{-34} kgm^2/s; E = 30,53 kJ/mol; n = 2,36.10^{13} Umdrehungen/s; Der Atomabstand hat um 1,63% zugenommen. Chlor: I = 1,152.10^{-45} kgm^2; q = 6,834.10^{-34} kgm^2/s; E = 0,1221 kJ/mol; n = 9,44.10^{10} Umdrehungen/s; Der Atomabstand hat nur um 0,0016% (also praktisch nicht) zugenommen.

ST- 62: Für die Wellenzahlen gilt: $\tilde{\nu} = 2B(J+1) - 4D(J+1)^3$. Eine Regressionsrechnung mit der Funktion $y = ax + bx^3$, wobei y = $\tilde{\nu}$ und x = J + 1 gesetzt wird, ergibt a = 16,6845

und b = -0,0013052. a = 2B $\Rightarrow$ B = 8,342 cm^{-1}; b = -4D $\Rightarrow$ D = 3,26.10^{-4} cm^{-1}.
I = 3,356.10^{-47} kgm^2 ; r_e = 1,425.10^{-10} m

ST- 63: a.) Nach GA 18 ist $N_i = A\,.\,g_i.e^{-\frac{\varepsilon_i}{kT}}$ die Anzahl der Moleküle im Energieniveau ε_i.
Die Rotationsniveaus sind (2J + 1)-fach entartet.

Daher ist N_o = A und $N_J = A(2J+1)e^{-\frac{h^2J(J+1)}{8\pi^2 I.kT}} = A(2J+1)e^{-\frac{Bhc\,J(J+1)}{kT}}$

$$f(J) = \frac{N_J}{N_o} = (2J+1)e^{-\frac{h^2J(J+1)}{8\pi^2 I\,kT}} = (2J+1)e^{-\frac{Bhc\,J(J+1)}{kT}} \qquad J = 0,\ 1,\ 2,..$$

Die Rotationsquantenzahl mit der maximalen Besetzung erhält man durch Nullsetzen der ersten Ableitung von f(J).

$J_{max} = \sqrt{\frac{kT}{2Bhc}} - \frac{1}{2} = 0,5895\sqrt{\frac{T}{B}} - \frac{1}{2}$, wenn man T in K und B in cm^{-1} angibt.

Mit steigender Temperatur und fallender Rotationskonstanten B werden immer mehr Rotationsniveaus besetzt. Die Besetzung der Niveaus steigt dabei zunächst an und fällt erst nach Erreichen eines Maximums rasch ab. Die Intensität der Rotationslinien nimmt demgemäss zuerst zu und dann erst ab.
b.) B = 10,42 cm^{-1}. Die Werte für die grafische Darstellung sind

J	0	1	2	3	4	5	6	7	8	9	10	11	12
N_J/N_o	1	2,71	3,70	3,84	3,31	2,46	1,59	0,91	0,47	0,21	0,086	0,031	0,010

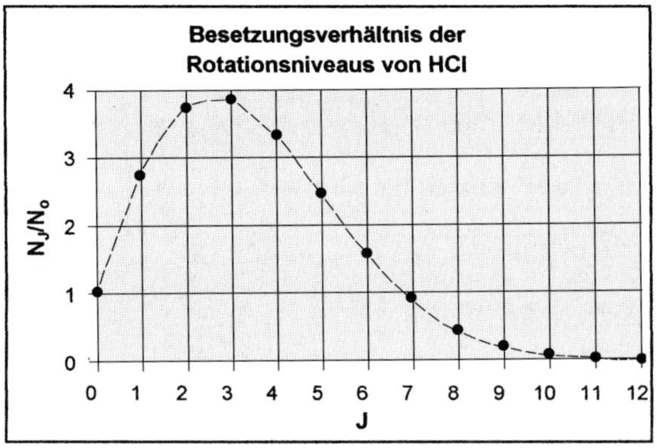

ST- 64: a.) Es ist $\varepsilon = h\nu_e\left(v + \frac{1}{2}\right)$. Die Auswahlregel ist Δv = 1.

$\varepsilon_{v+1} - \varepsilon_v = \Delta\varepsilon = h\nu_e \Rightarrow \frac{\Delta\varepsilon}{hc} = \tilde{\nu} = \tilde{\nu}_e$ Alle Übergänge besitzen die gleiche Energiedifferenz (die doppelte Nullpunktsenergie!) und damit auch die gleiche Wellenzahl der Spektrallinie. Das harmonisch schwingende Molekül absorbiert nur bei der einen Wellenzahl $\tilde{\nu}_e$.

b.) Hier gilt $\varepsilon = h\nu_e\left(v + \frac{1}{2}\right) - x\,h\nu_e\left(v + \frac{1}{2}\right)^2$

Da jetzt $|\Delta v| \geq 1$ sein kann, sei die Quantenzahl des Ausgangszustandes v_1, die des Endzustandes v_2.

$\Delta\varepsilon = \varepsilon_2 - \varepsilon_1 = h\nu_e \left[(v_2 - v_1) - x\left(\left(v_2 + \frac{1}{2}\right)^2 - \left(v_1 + \frac{1}{2}\right)^2 \right) \right]$. Umformen ergibt schließlich

$\Delta\varepsilon = h\nu_e (v_2 - v_1)\left[1 - x(1 + v_2 + v_1)\right]$ und für die Wellenzahlen der Spektrallinien

$\tilde{\nu} = \tilde{\nu}_e (v_2 - v_1)\left[1 - x(1 + v_2 + v_1)\right]$

So ist beispielsweise für den häufigsten Übergang von v = 0 auf v = 1: $\tilde{\nu} = \tilde{\nu}_e(1 - 2x)$.

ST- 65: Die Energieniveaus sind bei der Schwingung nicht entartet, $g_v = 1$.

$$N_o = Ae^{-\frac{\varepsilon_o}{kT}} = Ae^{-\frac{h\nu_e}{2kT}} \text{ und } N_v = Ae^{-\frac{\varepsilon_v}{kT}} = Ae^{-\frac{h\nu_e\left(v+\frac{1}{2}\right)}{kT}} \Rightarrow \frac{N_v}{N_o} = e^{-\frac{h\nu_e v}{kT}}$$

Für v = 1 ist daher

Gas	Besetzungsverhältnis N_v/N_o	
	300 K	1000 K
H_2	$6{,}31.10^{-10}$	$1{,}74.10^{-3}$
J_2	0,36	0,73

Bei Wasserstoff und anderen „leichten" Stoffen wird bei Zimmertemperatur nicht einmal bis zum ersten Schwingungsniveau eine nennenswerte Anzahl von Molekülen angeregt. Dies hat z. B. zur Folge, dass im Ramanspektrum dieser „leichten" Moleküle keine Anti-Stokes-Schwingungslinien sichtbar sind.
Beim Jod hingegen macht bei 300 K die Teilchenanzahl im ersten Schwingungsniveau immerhin schon 36% der Teilchenanzahl des Grundniveaus aus.

ST- 66: Da die Schwingung harmonisch ist, gilt $\tilde{\nu} = \tilde{\nu}_e = 3600\ \text{cm}^{-1}$; $\nu_e = 1{,}08.10^{14}$ Hz;
f = 719 N/m (es genügt mit den ganzzahligen molaren Massen 16 und 1 zu rechnen);
λ = 2,78 μm
b.) $\tilde{\nu}_e = 650\ \text{cm}^{-1}$. $\nu_e = 1{,}95.10^{13}$ Hz; f = 222 N/m (M = 12 und 35); λ = 15,4 μm

ST- 67: $\tilde{\nu} = \tilde{\nu}_e = 1702\ \text{cm}^{-1}$. $\nu_e = 5{,}10.10^{13}$ Hz; λ = 5,9 μm

ST- 68: $f = 4\pi^2\mu\nu_e^2 = 967$ N/m; E = 24,76 kJ/mol, 74,29 kJ/mol, 123,81 kJ/mol.
Da die Schwingung harmonisch ist, sind alle Energiedifferenzen gleich groß, nämlich $\Delta\varepsilon = h\ \nu_e = 100.h.c.\ \tilde{\nu}_e = 8{,}2239.10^{-20}$ J. Dies entspricht ΔE = 49,53 kJ/mol.
$\tilde{\nu} = \tilde{\nu}_e = 4140\ \text{cm}^{-1}$; λ = 2,42 μm.

Die Amplitude ergibt sich aus $h\nu_e\left(v + \frac{1}{2}\right) = 2\pi^2\nu_e^2\,\mu\,A^2$. Für v = 0 ist A = 9,2 pm, das sind 10% der Bindungslänge. Die beiden anderen Werte sind 17,4% und 22,5%.

ST- 69: $\mu\nu_e^2 = \frac{f}{4\pi^2} = \text{konstant}$. Je größer die reduzierte Masse wird, desto kleiner wird die Schwingungsfrequenz. HF: $\tilde{\nu}_e = 4140\ \text{cm}^{-1}$, λ = 2,42 μm ; DF: $\tilde{\nu}_e = 3002\ \text{cm}^{-1}$,
λ = 3,33μm

ST- 70: a.) Die Schwingungsquantenzahl ändert sich von v = 0 auf v = 1, die Rotationsquantenzahl von J auf J+1.

$$\varepsilon(0,J) = h\nu_e\left(\frac{1}{2} - \frac{1}{4}x\right) + \frac{h^2}{8\pi^2 I}J(J+1); \quad \varepsilon(1,J+1) = h\nu_e\left(\frac{3}{2} - \frac{9}{4}x\right) + \frac{h^2}{8\pi^2 I}(J+1)(J+2) \Rightarrow$$

$$\Delta\varepsilon = h\nu_e(1-2x) + \frac{2h^2}{8\pi^2 I}(J+1) \text{ und } \tilde{\nu} = \frac{\Delta\varepsilon}{hc} = \tilde{\nu}_e(1-2x) + 2B(J+1) \quad J = 0,1,2,\ldots$$

Diese Linien bilden den sogenannten R-Ast des Spektrums.
Analog erhält man für J+1 → J $\tilde{\nu} = \tilde{\nu}_o(1-2x) - 2B(J+1)$ den P-Ast.

b.) $\varepsilon(2, J+1) = h\nu_e\left(\frac{5}{2} - \frac{25}{4}x\right) + \frac{h^2}{8\pi^2 I}(J+1)(J+2)$

$$\Delta\varepsilon = 2h\nu_e(1-3x) + \frac{2h^2}{8\pi^2 I}(J+1) \text{ und } \tilde{\nu} = 2\tilde{\nu}_e(1-3x) + 2B(J+1)$$

c.) $\Delta\varepsilon = h\nu_e(1-2x)$ und $\tilde{\nu} = \tilde{\nu}_e(1-2x)$ Zentrale Linie, die im IR-Spektrum verboten ist.

d.) $\varepsilon(1, J+2) = h\nu_e\left(\frac{3}{2} - \frac{9}{4}x\right) + \frac{h^2}{8\pi^2 I}(J+2)(J+3)$

$$\Delta\varepsilon = h\nu_e(1-2x) + \frac{2h^2}{8\pi^2 I}(2J+3) \text{ und } \tilde{\nu} = \tilde{\nu}_e(1-2x) + 2B(2J+3)$$

ST- 71: B = 1,850 cm^{-1}; r_e = 115,3 pm; x = 0,006031; $\tilde{\nu}_e$ = 2170 cm^{-1}; ν_e = 6,505.10^{13} s^{-1} ; f = 1902 N/m; D_o = 1063 kJ/mol.

ST- 72: Die Differenz zwischen 5241 und 3055 cm^{-1} entspricht 36B. B = 60,72 cm^{-1}; r_e = 74,2 pm; x = 0,02973; $\tilde{\nu}_e$ = 4418 cm^{-1}; ν_e = 1,324.10^{14} s^{-1}; f = 579,5 N/m; D_o = 418 kJ/mol.

ST- 73: Stickstoff: C_p = 29,11 und 32,54 J/mol.K; Sauerstoff: C_p = 29,35 und 34,60 J/mol.K

ANH- 2 t-Verteilung

Werte von z zu gegebenen Werten F(z) der t -Verteilung mit f Freiheitsgraden

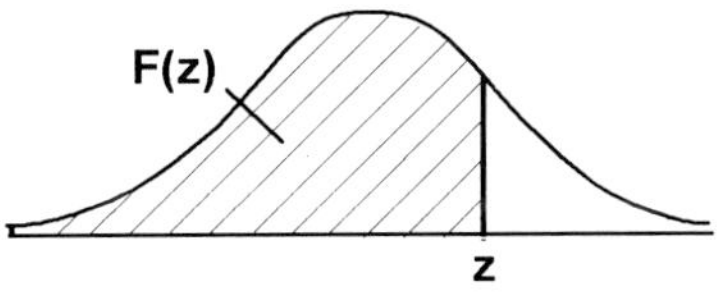

f	F(z)=P 0,95	0,975	0,99	0,995	0,999	0,9995
1	6,314	12,71	31,82	63,66	318,3	636,6
2	2,920	4,303	6,965	9,925	22,33	31,60
3	2,353	3,182	4,541	5,841	10,21	12,92
4	2,132	2,776	3,747	4,604	7,173	8,610
5	2,015	2,571	3,365	4,032	5,894	6,869
6	1,943	2,447	3,143	3,707	5,208	5,959
7	1,895	2,365	2,998	3,499	4,785	5,408
8	1,860	2,306	2,896	3,355	4,501	5,041
9	1,833	2,262	2,821	3,250	4,297	4,781
10	1,812	2,228	2,764	3,169	4,144	4,587
12	1,782	2,179	2,681	3,055	3,930	4,318
14	1,761	2,145	2,624	2,977	3,787	4,140
16	1,746	2,120	2,583	2,921	3,686	4,015
18	1,734	2,101	2,552	2,878	3,610	3,922
20	1,725	2,086	2,528	2,845	3,552	3,850
25	1,708	2,060	2,485	2,787	3,450	3,725
30	1,697	2,042	2,457	2,750	3,385	3,646
40	1,684	2,021	2,423	2,704	3,307	3,551
50	1,676	2,009	2,403	2,678	3,261	3,496
100	1,660	1,984	2,364	2,626	3,174	3,390
200	1,653	1,972	2,345	2,601	3,131	3,340
∞	1,645	1,960	2,326	2,576	3,090	3,290

ANH- 3 F-Verteilung für F(z) = 0,95 (95% statistische Sicherheit)
Werte von z zu gegebenen Werten F(z) der F-Verteilung für (f_1, f_2) Freiheitsgrade.

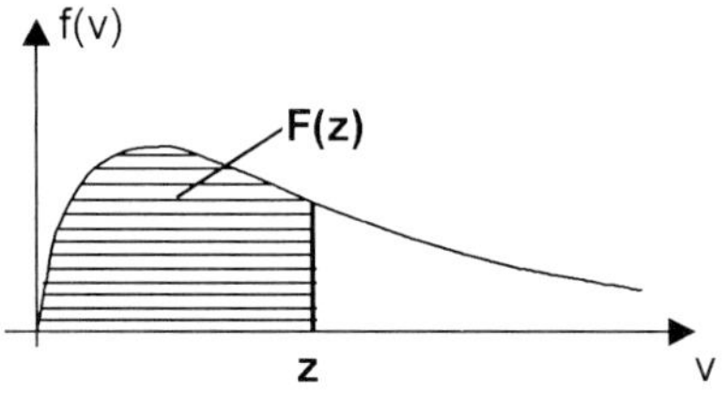

f_2	f_1																
	1	2	3	4	5	6	7	8	9	10	15	20	30	40	50	100	200	∞
1	161	199	216	225	230	234	237	239	241	242	246	248	250	251	252	253	254	254
2	18,5	19,0	19,2	19,2	19,3	19,3	19,4	19,4	19,4	19,4	19,4	19,4	19,5	19,5	19,5	19,5	19,5	19,5
3	10,1	9,55	9,28	9,12	9,01	8,94	8,89	8,85	8,81	8,79	8,70	8,66	8,62	8,59	8,58	8,55	8,54	8,53
4	7,71	6,94	6,59	6,39	6,26	6,16	6,09	6,04	6,00	5,96	5,86	5,80	5,75	5,72	5,70	5,66	5,65	5,63
5	6,61	5,79	5,41	5,19	5,05	4,95	4,88	4,82	4,77	4,74	4,62	4,56	4,50	4,46	4,44	4,41	4,39	4,37
6	5,99	5,14	4,76	4,53	4,39	4,28	4,21	4,15	4,10	4,06	3,94	3,87	3,81	3,77	3,75	3,71	3,69	3,67
7	5,59	4,74	4,35	4,12	3,97	3,87	3,79	3,73	3,68	3,64	3,51	3,44	3,38	3,34	3,32	3,27	3,25	3,23
8	5,32	4,46	4,07	3,84	3,69	3,58	3,50	3,44	3,39	3,35	3,22	3,15	3,08	3,04	3,02	2,97	2,95	2,93
9	5,12	4,26	3,86	3,63	3,48	3,37	3,29	3,23	3,18	3,14	3,01	2,94	2,86	2,83	2,80	2,76	2,73	2,71
10	4,96	4,10	3,71	3,48	3,33	3,22	3,14	3,07	3,02	2,98	2,85	2,77	2,70	2,66	2,64	2,59	2,56	2,54
15	4,54	3,68	3,29	3,06	2,90	2,79	2,71	2,64	2,59	2,54	2,40	2,33	2,25	2,20	2,18	2,12	2,10	2,07
20	4,35	3,49	3,10	2,87	2,71	2,60	2,51	2,45	2,39	2,35	2,20	2,12	2,04	1,99	1,97	1,91	1,88	1,84
25	4,24	3,39	2,99	2,76	2,60	2,49	2,40	2,34	2,28	2,24	2,09	2,01	1,92	1,87	1,84	1,78	1,75	1,71
30	4,17	3,32	2,92	2,69	2,53	2,42	2,33	2,27	2,21	2,16	2,01	1,93	1,84	1,79	1,76	1,70	1,66	1,62
40	4,08	3,23	2,84	2,61	2,45	2,34	2,25	2,18	2,12	2,08	1,92	1,84	1,74	1,69	1,66	1,59	1,55	1,51
50	4,03	3,18	2,79	2,56	2,40	2,29	2,20	2,13	2,07	2,03	1,87	1,78	1,69	1,63	1,60	1,52	1,48	1,44
100	3,94	3,09	2,70	2,46	2,31	2,19	2,10	2,03	1,97	1,93	1,77	1,68	1,57	1,52	1,48	1,39	1,34	1,28
200	3,89	3,04	2,65	2,42	2,26	2,14	2,06	1,98	1,93	1,88	1,72	1,62	1,52	1,46	1,41	1,32	1,26	1,19
∞	3,84	3,00	2,60	2,37	2,21	2,10	2,01	1,94	1,88	1,83	1,67	1,57	1,46	1,39	1,35	1,24	1,17	1,00

ANH- 4 F-Verteilung für F(z) = 0,99 (99% statistische Sicherheit)
Werte von z zu gegebenen Werten F(z) der F-Verteilung für (f_1, f_2) Freiheitsgrade.

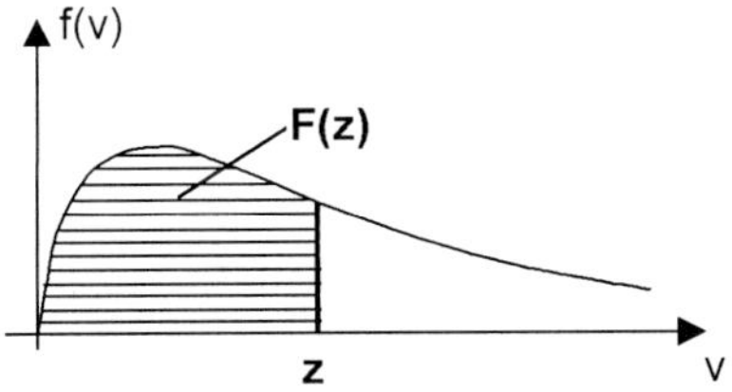

f_2	f_1																	
	1	2	3	4	5	6	7	8	9	10	15	20	30	40	50	100	200	∞
1	4052	4999	5404	5624	5764	5859	5928	5981	6022	6056	6157	6209	6260	6286	6302	6334	6350	6366
2	98,5	99,0	99,2	99,3	99,3	99,3	99,4	99,4	99,4	99,4	99,4	99,4	99,5	99,5	99,5	99,5	99,5	99,5
3	34,1	30,8	29,5	28,7	28,2	27,9	27,7	27,5	27,3	27,2	26,9	26,7	26,5	26,4	26,4	26,2	26,2	26,1
4	21,2	18,0	16,7	16,0	15,5	15,2	15,0	14,8	14,7	14,5	14,2	14,0	13,8	13,7	13,7	13,6	13,5	13,5
5	16,3	13,3	12,1	11,4	11,0	10,7	10,5	10,3	10,2	10,1	9,72	9,55	9,38	9,29	9,24	9,13	9,08	9,02
6	13,7	10,9	9,78	9,15	8,75	8,47	8,26	8,10	7,98	7,87	7,56	7,40	7,23	7,14	7,09	6,99	6,93	6,88
7	12,2	9,55	8,45	7,85	7,46	7,19	6,99	6,84	6,72	6,62	6,31	6,16	5,99	5,91	5,86	5,75	5,70	5,65
8	11,3	8,65	7,59	7,01	6,63	6,37	6,18	6,03	5,91	5,81	5,52	5,36	5,20	5,12	5,07	4,96	4,91	4,86
9	10,6	8,02	6,99	6,42	6,06	5,80	5,61	5,47	5,35	5,26	4,96	4,81	4,65	4,57	4,52	4,41	4,36	4,31
10	10,0	7,56	6,55	5,99	5,64	5,39	5,20	5,06	4,94	4,85	4,56	4,41	4,25	4,17	4,12	4,01	3,96	3,91
15	8,68	6,36	5,42	4,89	4,56	4,32	4,14	4,00	3,89	3,80	3,52	3,37	3,21	3,13	3,08	2,98	2,92	2,87
20	8,10	5,85	4,94	4,43	4,10	3,87	3,70	3,56	3,46	3,37	3,09	2,94	2,78	2,69	2,64	2,54	2,48	2,42
25	7,77	5,57	4,68	4,18	3,85	3,63	3,46	3,32	3,22	3,13	2,85	2,70	2,54	2,45	2,40	2,29	2,23	2,17
30	7,56	5,39	4,51	4,02	3,70	3,47	3,30	3,17	3,07	2,98	2,70	2,55	2,39	2,30	2,25	2,13	2,07	2,01
40	7,31	5,18	4,31	3,83	3,51	3,29	3,12	2,99	2,89	2,80	2,52	2,37	2,20	2,11	2,06	1,94	1,87	1,80
50	7,17	5,06	4,20	3,72	3,41	3,19	3,02	2,89	2,78	2,70	2,42	2,27	2,10	2,01	1,95	1,82	1,76	1,68
100	6,90	4,82	3,98	3,51	3,21	2,99	2,82	2,69	2,59	2,50	2,22	2,07	1,89	1,80	1,74	1,60	1,52	1,43
200	6,76	4,71	3,88	3,41	3,11	2,89	2,73	2,60	2,50	2,41	2,13	1,97	1,79	1,69	1,63	1,48	1,39	1,28
∞	6,63	4,61	3,78	3,32	3,02	2,80	2,64	2,51	2,41	2,32	2,04	1,88	1,70	1,59	1,52	1,36	1,25	1,00

ANH- 5 **Relative Atommassen** (Auswahl)

Name	Symbol	OZ	A	Name	Symbol	OZ	A
Aluminium	Al	13	26,982	Kalium	K	19	39,098
Antimon	Sb	51	121,757	Kohlenstoff	C	6	12,011
Argon	Ar	18	39,948	Krypton	Kr	36	83,80
Arsen	As	33	74,922	Kupfer	Cu	29	63,546
Barium	Ba	56	137,327	Lithium	Li	3	6,941
Beryllium	Be	4	9,012	Magnesium	Mg	12	24,305
Bismuth	Bi	83	208,908	Mangan	Mn	25	54,938
Blei	Pb	82	207,2	Natrium	Na	11	22,990
Bor	B	5	10,811	Neon	Ne	10	20,180
Brom	Br	35	79,904	Nickel	Ni	28	58,693
Cadmium	Cd	48	112,411	Phosphor	P	15	30,974
Cäsium	Cs	55	132,905	Platin	Pt	78	195,078
Calcium	Ca	20	40,078	Quecksilber	Hg	80	200,59
Chlor	Cl	17	35,453	Rubidium	Rb	37	85,468
Chrom	Cr	24	51,996	Sauerstoff	O	8	15,999
Cobalt	Co	27	58,933	Schwefel	S	16	32,066
Eisen	Fe	26	55,845	Silber	Ag	47	107,868
Fluor	F	9	18,998	Silicium	Si	14	28,086
Gallium	Ga	31	69,723	Stickstoff	N	7	14,007
Germanium	Ge	32	72,61	Strontium	Sr	38	87,62
Gold	Au	79	196,967	Thallium	Tl	81	204,383
Helium	He	2	4,003	Wasserstoff	H	1	1,008
Indium	In	49	114,818	Zink	Zn	30	65,39
Jod	J	53	126,904	Zinn	Sn	50	118,710

ANH- 6 Fundamentale physikalische Konstante

Konstante	Symbol	Wert
Loschmidtkonstante, Avogadrokonstante	N_L	$6{,}022.10^{23}$ mol^{-1}
Gaskonstante	R	8,3145 J.mol^{-1}.K^{-1}
Boltzmannkonstante $k = \frac{R}{N_L}$	k	$1{,}38066.10^{-23}$ J.K^{-1}
Elementarladung	e	$1{,}6022.10^{-19}$ C
Faradaykonstante $F = e.N_L$	F	96485 C.mol^{-1}
Elektrische Feldkonstante	ε_0	$8{,}8542.10^{-12}$ A.s.V^{-1}.m^{-1}
Magnetische Feldkonstante $\varepsilon_0.\mu_0.c^2 = 1$	μ_0	$4\pi.10^{-7} = 12{,}5664.10^{-7}$ V.s.A^{-1}.m^{-1}
Lichtgeschwindigkeit im Vakuum	c	299792458 m.s^{-1}
Planckkonstante	h	$6{,}6261.10^{-34}$ J.s
Stefan-Boltzmann-Konstante	σ	$5{,}6705.10^{-8}$ W.m^{-2}.K^{-4}
Rydbergkonstante	R_∞	$1{,}0974.10^{7}$ m^{-1}

ANH- 7 Vielfache und Teile von Einheiten

Vorsatz	Abkürzung	Zehnerpotenz	Vorsatz	Abkürzung	Zehnerpotenz
Deka	da	10^{1}	Dezi	d	10^{-1}
Hekto	h	10^{2}	Zenti	c	10^{-2}
Kilo	k	10^{3}	Milli	m	10^{-3}
Mega	M	10^{6}	Mikro	μ	10^{-6}
Giga	G	10^{9}	Nano	n	10^{-9}
Tera	T	10^{12}	Piko	p	10^{-12}
Peta	P	10^{15}	Femto	f	10^{-15}
Exa	E	10^{18}	Atto	a	10^{-18}
Zetta	Z	10^{21}	Zepto	z	10^{-21}
Yotta	Y	10^{24}	Yocto	y	10^{-24}

ANH- 8 Thermodynamische Werte zur Berechnung von Gitterenergien

Alle Werte sind für Standardbedingungen (T = 298,15 K, p = 101325 Pa) und in der Einheit kJ/mol gegeben.

Metall	ΔH_{Subl}	I	Nichtmetall	$\Delta H_{Diss}(X_2)$	EA
Li	159	513	F_2	158	-328
K	89	419	Cl_2	243	-349
Mg	146	2189	Br_2	224	-325
Ba	182	1469	J_2	213	-295

Bildungsenthalpie ΔH^o_B der Salze				
	F	Cl	Br	J
Li	-617	-408	-351	-270
K	-569	-437	-394	-328
Mg	-1124	-642	-524	-367
Ba	-1208	-859	-758	-605

ANH- 9 Griechisches Alphabet

Α	α	Alpha	Ι	ι	Iota	Ρ	ρ	Rho
Β	β	Beta	Κ	κ	Kappa	Σ	σ	Sigma
Γ	γ	Gamma	Λ	λ	Lambda	Τ	τ	Tau
Δ	δ	Delta	Μ	μ	My	Υ	υ	Ypsilon
Ε	ε	Epsilon	Ν	ν	Ny	Φ	φ	Phi
Ζ	ζ	Zeta	Ξ	ξ	Xi	Χ	χ	Chi
Η	η	Eta	Ο	ο	Omicron	Ψ	ψ	Psi
Θ	θ	Theta	Π	π	Pi	Ω	ω	Omega

ANH- 10 Dampfdruck von Wasser

t (°C)	10	20	30	40	50	60	70	80	90	100
p (hPa)	12	23	42	74	123	199	312	474	701	1034

STICHWORTVERZEICHNIS

A

B

C

D

G

H

I

S

Springer-Verlag und Umwelt

Als internationaler wissenschaftlicher Verlag sind wir uns unserer besonderen Verpflichtung der Umwelt gegenüber bewußt und beziehen umweltorientierte Grundsätze in Unternehmensentscheidungen mit ein.

Von unseren Geschäftspartnern (Druckereien, Papierfabriken, Verpackungsherstellern usw.) verlangen wir, daß sie sowohl beim Herstellungsprozeß selbst als auch beim Einsatz der zur Verwendung kommenden Materialien ökologische Gesichtspunkte berücksichtigen.

Das für dieses Buch verwendete Papier ist aus chlorfrei hergestelltem Zellstoff gefertigt und im pH-Wert neutral.